磺化反应和磺化产品应用

SULFONATION REACTION AND APPLICATION OF SULFONATED PRODUCTS

李忠义 李　新 张秀红　编著

大连理工大学出版社
Dalian University of Technology Press

图书在版编目(CIP)数据

磺化反应和磺化产品应用 / 李忠义，李新，张秀红编著. -- 大连：大连理工大学出版社，2019.6(2022.1重印)
ISBN 978-7-5685-1807-9

Ⅰ.①磺… Ⅱ.①李… ②李… ③张… Ⅲ.①磺化剂 Ⅳ.①TQ047.1

中国版本图书馆CIP数据核字(2018)第291032号

磺化反应和磺化产品应用
HUANGHUA FANYING HE HUANGHUA CHANPIN YINGYONG

大连理工大学出版社出版
地址:大连市软件园路80号　邮政编码:116023
发行:0411-84708842　邮购:0411-84708943　传真:0411-84701466
E-mail:dutp@dutp.cn　URL:http://dutp.dlut.edu.cn
大连永发彩色广告印刷有限公司印刷　大连理工大学出版社发行

幅面尺寸:185mm×260mm　印张:21　字数:479千字
2019年6月第1版　2022年1月第2次印刷

责任编辑:于建辉　责任校对:周　欢
封面设计:奇景创意

ISBN 978-7-5685-1807-9　定　价:58.00元

本书由
大连市人民政府资助出版
The published book is sponsored by the Dalian Municipal Government

前 言

磺化反应始于18世纪60年代。随着生产力的发展，磺化反应和磺化产品的应用越来越广泛。使用硫酸、发烟硫酸为磺化剂时，磺化反应后会有大量废酸、酸水产生，难以处理，易造成环境污染。这在一定程度上限制了磺化反应的应用。直到18世纪80年代，硫酸、发烟硫酸一直占据着磺化剂的统治地位。科学和生产力的发展总是要克服各种困难，冲破重重阻力。经广大科学工作者发奋努力，磺化反应有了许多重大改进，特别是磺化能力最强、最有效、最经济、能较好进行磺化反应的三氧化硫磺化剂得到了较广泛的应用。近三十年来，用三氧化硫为磺化剂的新型工艺、新型磺化反应装置不断出现。以三氧化硫为磺化剂，一般磺化产品质量好、产率高、三废少。近些年来，磺化产品的应用范围从民生应用到高科技使用，范围越来越广泛。在此情况下，梳理、归纳磺化反应的发展历程是非常必要的。

磺化反应是基本有机合成和精细化学品生产中广泛应用的重要基本反应之一。本书作者在多年教学和科研知识经验积累的基础上，收集并查阅了近三十年来的相关书籍、科技杂志中有关磺化反应的一些新方法、新工艺、新型反应器及新型磺化产品等成果，汇集编写成本书。

本书介绍了近三十年来国内外磺化反应的新进展和取得的成就；讨论了各种磺化剂和多种类型磺化反应的机制、被磺化物的结构性质及一些反应条件对磺化反应的影响，重点讨论了以三氧化硫为磺化剂的多种磺化工艺和所用的新型反应器；系统介绍了磺酸及其衍生物，磺酸酐，磺酸酯，磺酰卤，磺酰胺，砜和亚砜的制备、性质和用途；最后，列举了多种多样的磺化物在人们日常生活用品和工农业生产及高新科技中的广泛应用。

本书可供从事基本有机化工、精细化学相关工作的工程技术人员和科研院所的科技工作者使用和参考，可供高等院校化学化工教师、研究生及高年级本科生使用和参考。

本书初稿由李忠义、李新、张秀红共同完成，由李忠义统稿并最后定稿。

本书的出版得到了大连理工大学化工与环境生命学部领导的支持。得到了大连理工大学精细化工国家重点实验室主任彭孝军院士以及中科院大连化学物理研究所王振隆高级工程师两位专家的推荐。本书由大连市人民政府资助出版。在此一并表示感谢！

限于编者的学识和水平，本书疏漏和不当之处在所难免，敬请读者批评指正！

编著者

2019年5月

目　录

绪　论

磺化反应是基本有机合成和精细化工中重要的基本反应，应用广泛。磺化产品作为基本化学品产销量很大，磺化产品用于国计民生各个方面，包括高新科技、航天航空、耐辐射耐高温新材料等。人们日常生活用品中有很多不同类型的磺化有机化工产品。精细化工11类产品中有多种磺化产品，如表面活性剂中，磺酸盐硫酸盐表面活性剂占表面活性剂总量的30%～40%；十几大类染料中，上千个实用品种中有半数以上都含有磺酸基、磺酰基、磺酰胺基；在三四百种有机颜料中，有20%以上都有磺酸基、磺酰胺基；医药中磺酰化合物也很多，如在中华人民共和国2005年版药典二部中，化学原药有500多种，其中有磺酸基、磺酰基和磺酰胺基的原药近10%；农药(特别是除草剂)中含磺酸基、磺酰胺基和磺酰脲类非常多，而且含磺酰脲类除草剂为近代合成除草剂的主要方向；食品添加剂中合成色素和合成甜味剂半数以上都含有磺酸基、磺酰基和磺酰胺基。许多助剂中，如石油开采和油品助剂、合成材料和加工助剂、金属防护和加工助剂、纺织和印染助剂、建筑助剂等，都有许多磺化物。从以上可见磺化反应及其产品在国计民生中的重要意义。

磺化反应研究始于19世纪中叶。1856年英国有机化学家帕金以工业苯胺制得苯胺紫，这是第一个人工合成染料，能染毛和丝，1857年投入工业生产。1862年人们从苯胺、甲苯胺和喹啉出发合成了俾斯麦棕、翡翠兰、喹啉兰等，有些酸性染料，如苯胺兰用浓硫酸磺化就变成了水溶性酸性染料，可直接染毛和丝。

此后，工程师卡罗发现了蒽醌在足够高温度下与浓硫酸共热得到的水溶性磺化物，再与强碱熔融，可以得到高产率的(90%)的茜素，这是第一个人工合成的天然染料。1871年人工合成茜素产品上市了。1875年，用发烟硫酸与天然油脂和石油产品制取土耳其红油的磺化工艺出现了。其后，雷姆森以甲苯为原料用浓硫酸磺化，再用五氯化磷处理，经氨化、氧化脱水合成了比蔗糖甜550倍的糖精。此后许多磺化硫酸化工艺相继出现。到20世纪80～90年代，以硫酸、发烟硫酸为磺化剂的磺化工艺一直占据着统治地位。

近三四十年来，全世界广大化学、化工工作者都奋力改变着磺化反应工艺，并取得了极大的进展。如以硫酸为磺化剂的，有共沸脱水磺化工艺、螺旋桨式烘焙工艺、液相烘焙工艺。以发烟硫酸为磺化剂，依据底物结构性质不同，分批段投入不同浓度发烟硫酸的磺化工艺，提高了磺化产品质量和收率，改善了磺化产品生产环境。特别是用三氧化硫为磺化剂代替硫酸、发烟硫酸取得极大的进展，气体三氧化硫磺化法、液体三氧化硫磺化法、三氧化硫溶剂法、三氧化硫络合物法都有应用。随之出现了许多新型反应器。用三氧化硫代替硫酸、发烟硫酸为磺化剂的新型工艺不断出现。已有许多磺化反应都使用磺化能力强、最有效、最经济、较为环保的三氧化硫作为磺化剂，其产品质量好、收率高，缩短了磺化工艺过程，减少了设备，降低了能耗，避免了大量废酸生成，减少了三废，改善了磺化产品生产(工艺)过程和环境，使磺化反应朝绿色化工方向前进。

三氧化硫为磺化剂一般收率都很好，如苯二胺用三氧化硫磺化，产率达94.1%。另外一些类型的磺化反应也取得了很好的效果。如磺酰胺与尿素反应制磺酰脲产率可达97%，氯乙酸与亚硫酸反应，可制得纯度100%的氨基乙磺酸。

据估测，采用三氧化硫为磺化剂其成本比用硫酸节省65%，比采用发烟硫酸节省39%。与此相似，以液态三氧化硫代替氯磺酸进行月桂醇的硫酸化，其成本可降低56.3%，还不包括用氯磺酸后处理部分。因此，逐步以三氧化硫取代硫酸、发烟硫酸和氯磺酸为磺化剂是今后改进磺化与硫酸化工艺的发展方向。

近几十年来，我国在改革开放方针指导下，经引进先进磺化工艺和生产技术，在吸收消化基础上，对三氧化硫为磺化剂的工艺和技术进行了创新和发展。

用三氧化硫为磺化剂被广泛研究和应用，其方法有多种，液体三氧化硫磺化法、直接用三氧化硫磺化法、三氧化硫溶剂法、三氧化硫络合物法、气体三氧化硫磺化法等。与其相适应的磺化设备与工艺也有许多开发与创新。先自主开发出罐组式(又称阶梯式)三氧化硫磺化生产装置用于烷基苯磺酸生产。又通过科研、设计和生产三结合，研制出有二次保护风和有机物多孔分布器的双膜磺化反应器及其生产装置。引进新型双膜和多管膜式三氧化硫磺化装置的同时，中国日化研究院等单位研制出24N列管式磺化反应器，并在国内得到推广应用。从此进入三氧化硫磺化装置引进和国内开发同步发展时代。与此同时，除表面活性剂之外，我国已有数十种磺化产品以三氧化硫为磺化剂进行工业生产。我国的磺化反应技术不论是磺化工艺、磺化反应器的研制，还是磺化产品的开发都取得了很大的发展，已经与国际水平相近。三氧化硫为磺化剂的磺化技术和磺化产品的开发是受人们关注的热点。从1982年我国引入生产能力为1 t/h的磺化烷基苯的磺化装置以来，一些原料供给厂和洗涤剂生产厂商对大型磺化装置非常感兴趣。继吉林化工集团从美国CHEMITHON公司引入生产能力为8 t/h的两套磺化和中和组成用于脂肪醇及其EO醚的三氧化硫磺化装置后，南京金桐公司引进了一套意大利BALLESTRA公司的3.5 t/h(90N管)多管降膜式三氧化硫装置。抚顺洗化厂和天津大智公司也从意大利BALLESTRA公司各引进一套生产能力为5 t/h的磺化装置用于烷基苯磺化。北京紫晶石精细化工技术有限公司、浙江赞成科技有限公司与运城南风集团合作研制成功90N多管膜式磺化反应器。近十几年来，三氧化硫磺化装置最受关注。大型三氧化硫磺化反应器及其磺化装置已实现了国产化，我国的三氧化硫磺化技术已进入了成熟期，无论磺化装置的建设还是磺化产品的开发都达到了世界先进水平，具备了参与国内外竞争的能力。

磺化反应在现代化工领域中占有重要地位，是合成多种有机化工产品和有机精细化工产品的重要单元操作，具有广泛应用前景。我国三氧化硫磺化技术经三十多年的发展，通过技术引进和自行开发创新，不断采用新技术、新工艺，使用三氧化硫为磺化剂的磺化技术水平和磺化产品质量不断提高。在磺化反应器方面也不断创新，如甲苯磺化反应器有多种：传统釜式磺化反应器、全混釜式鼓泡磺化反应器、降膜式磺化反应器、文丘里喷射管式磺化反应器、喷射环流磺化反应器以及超重机磺化反应器等。目前，国内三氧化硫磺化技术水平，特别是磺化反应器的开发研究和计算机控制技术的应用开发已接近世界先进水平。为更进一步提高磺化技术水平，加速磺化反应及磺化产品的研制和开发，我们仍需继续努力。

参考文献

[1] 中国技术协会.绿色高新化工技术[M].北京:化学工业出版社,2004.
[2] 黄洪周.中国表面活性剂总览[M].北京:化学工业出版社,2003.
[3] 周春隆.有机颜料品种及应用手册[M].2 版.北京:中国石化出版社,2013.
[4] 沙家俊.国外农药品种手册[M].北京:化学工业部出版社,1992.
[5] 化学发展简史编写组.化学发展史[M].北京:科学出版社,1980.
[6] 蒋嵩,张淑芬,杨锦宗.磺化反应新进展(二)[J].精细与专用化学品,2003(12):18-20.
[7] 孙明和,方银军.三氧化硫磺化技术的新进展[J].精细与专用化学品.2005(20):12-15.
[8] 张麟书.我国近年表面活性剂技术与设备引进概况[J].精细化工,1993,10(2):1-6.
[9] 孟明扬,马瑛,谭立哲,等.磺化新工艺与设备[J].精细与专用化学品,2004,12(12):8-10.

第 1 章　磺化剂

磺化反应是在有机化合物分子中引入磺酸基(—SO_3H)的反应，它是重要有机化工基本反应之一，广泛用于基本有机化工和精细化工产品的合成。磺化反应所用的试剂称为磺化剂，主要有两类：一类是三氧化硫和含有三氧化硫的混合物；另一类是二氧化硫和含二氧化硫的混合物。不同类型有机化合物引入磺基的方法不同，所用的磺化剂也不同。不同种类有机化合物进行磺化，所用的磺化剂也不同。所以磺化反应有多种不同反应类型：有亲电取代反应和亲核取代反应；有亲电加成反应和亲核加成反应；有自由基取代反应和自由基加成反应等。

1.1　含三氧化硫的磺化剂

1.1.1　三氧化硫

三氧化硫又称硫酸酐，在室温和标准大气压下，未聚合时是液体。三氧化硫临界常数如下：

临界温度　218.3 ℃

临界压力　8 490 kPa

临界密度　0.633 g/cm^3

三氧化硫结构是单分子平面等边三角形，硫原子处于等边三角形的中心，氧原子在三个角上。键角为 120°，S—O 键长为 0.143 nm，可用路易斯结构表示：

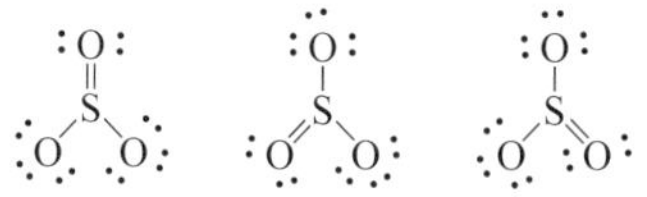

分子中有两个 S—O 和一个 S═O，硫原子倾向 π 键键合，说明它具有亲电性。

三氧化硫有三种聚集状态，在气态和液态三氧化硫中，存在单体 SO_3 和环状三聚体 S_3O_9 之间的平衡：

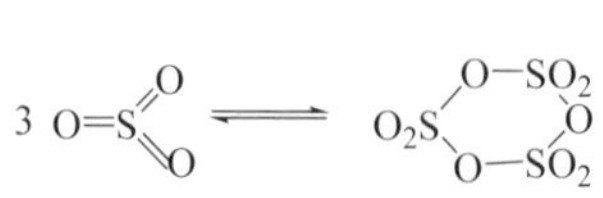

$$3\ O{=}SO_2 \rightleftharpoons (O_2S{-}O)_3$$

在较低温度时，平衡向三聚体 S_3O_9(γ 体)方向移动。

1. 气态三氧化硫

气态三氧化硫无色透明，当它与大气混合时，立即与空气中的水蒸气反应，生成硫酸雾，这些悬浮于空气中的硫酸雾，粒径在微米级以下，呈白雾状。气态三氧化硫相对分子质量为 80.062，相对密度为 3.57 g/L。

2. 液态三氧化硫

液态三氧化硫为无色透明状，将它暴露于空气中则会产生白雾。气态三氧化硫在 27 ℃以下冷凝，得 γ 型液体三氧化硫。固态的 α-SO_3 和 β-SO_3 在熔化时也都成为 γ-SO_3。液态三氧化硫在温度低于 27 ℃储存会发生分子聚合，从液相中析出石棉状结构，它们是 β-SO_3 和 α-SO_3 的混合物。液态三氧化硫中即使有痕量的水和硫酸（如 1 mol 水/10 000 mol SO_3）都会加速聚合进程。液态三氧化硫储存应保持在 25～35 ℃，最适应温度为29～32 ℃。

为防止液态三氧化硫聚合，除避免低温储存外，还可加入稳定剂。如加入少量（0.1%）含 B、P 和 S 的化合物，硼酐、二苯砜和硫酸二甲酯等。加入稳定剂的液态三氧化硫称为稳定液态三氧化硫，稳定剂可抑制其聚合，降低凝固点，延长保存时间。即使是凝固了也能加热到不高于 40 ℃就熔融。液体三氧化硫能以任何比例与硫酸相混合。液态三氧化硫主要物理常数见表 1-1。

表 1-1　液态三氧化硫主要物理常数

物理常数	数值	物理常数	数值
密度（γ 型，20 ℃）/($g \cdot cm^{-3}$)	1.922 4	蒸气压（16.8 ℃）/kPa	21.9
凝固点/℃	16.8	蒸发热（44.8 ℃）/($kJ \cdot mol^{-1}$)	41.8
膨胀系数（20～50 ℃）	0.000 256	介电常数（18 ℃）	3.11
比热（25～35 ℃）/($kJ \cdot kg^{-1} \cdot K^{-1}$)	3.2	导电率	（极低）
沸点（10.03 kPa）/℃	44.8	—	—

3. 固态三氧化硫

固态三氧化硫是三种三氧化硫聚合体的混合物，它的主要物理性质见表 1-2。

表 1-2　固态三氧化硫的主要物理性质

聚合形式	结构	形态	熔点/℃	蒸气压/kPa 23.9℃	蒸气压/kPa 51.7℃	蒸气压/kPa 79.4℃	密度 g/cm³	熔解热 kJ/mol	升华热 kJ/mol
γ 型	环状：O_2S 经 O—SO_2、O—SO_2 及 O 连接成环	液态	16.8	1 903	9 098	3 280.6	1.995（13 ℃）	94.1	49.5
β 型	—O—$S(=O)_2$—(O—$S(=O)_2$—O)$_n$—$S(=O)_2$—O—	丝状纤维状	32.5	1 662	9 080	3 280.6	1.97（20 ℃）	151.7	54.4
α 型	与 β 型相似有连接层与层的键	针状纤维状	62.3	62.0	699.1	3 280.6	—	324.3	68.2

固态三氧化硫结构复杂，已知至少有 γ-SO_3、β-SO_3 和 α-SO_3 三种形态。γ-SO_3 是一种环状结构三聚体：

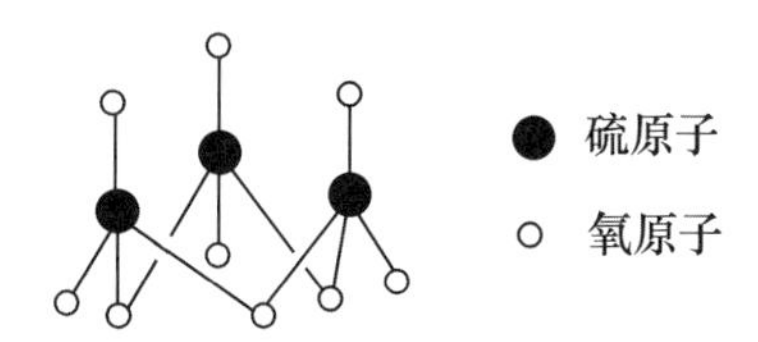

三个硫原子通过氧原子以单键连接成环状，另外，每个硫原子与两个氧原子以双键相

连。β-SO_3 比较稳定，它是由许多四面体的 SO_4 基团彼此相连构成的链状结构：

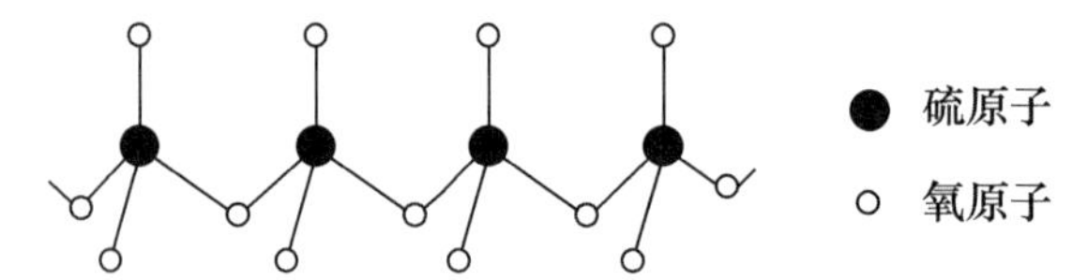

这种结构要有痕量水存在才能形成，此时长的 SO_3 链端与水形成的 $HO-\overset{O}{\underset{O}{\overset{\|}{\underset{\|}{S}}}}-O-(SO_3)_n-\overset{O}{\underset{O}{\overset{\|}{\underset{\|}{S}}}}-OH$ 多硫酸为白色石棉状结构。α-SO_3 最为稳定，它的结构与 β-SO_3 相似，但链形复杂，分子间结成网状，或由许多相同的链状聚合物组成片状结构，是石棉状结晶，为高度聚合的三氧化硫。α-SO_3 聚合体不能用常压下加热的办法转化为较低的聚合体。当液态三氧化硫中出现固态聚合物时，可以在加压下加热至 50～70 ℃使它熔化。

当在温度低于 27 ℃的条件下储存液态三氧化硫时，它会转变成 β-SO_3 和 α-SO_3 混合组成的固态聚合物，为石棉状，交互生成针状结晶，其组成视含量而定。固态三氧化硫可溶于液态二氧化硫。

三氧化硫热稳定性好，化学性质活泼，能与金属、金属氧化物反应，但在绝对干燥条件下，三氧化硫与绝大多数金属不反应，在较高温度下同金属氧化物反应生成相应的金属硫酸盐。与碱性氧化物、碱、碱金属或碱土金属氧化物、氢氧化物反应都生成相应金属的硫酸盐。与氨反应生成氨基磺酸 H_2NSO_3H 和氨基磺酸铵 $H_2NSO_3NH_4$ 以及硫酸铵等固态混合物。三氧化硫与水发生剧烈反应生成硫酸，并放出大量的热。液态三氧化硫与动植物组织中的水化合，并使它们碳化。固态三氧化硫与水的反应及其碳化作用并不十分强烈。它的化学活泼性随熔点的升高而降低。β-SO_3 的化学活泼性比 γ-SO_3 稍弱，最弱的是 α-SO_3。液体三氧化硫同硫反应，生成纯二氧化硫。

$$2SO_3(L)+S(L)=\!=\!=3SO_2(g)$$

三氧化硫能把磷和碳分别氧化成五氧化二磷和二氧化碳，本身被还原成二氧化硫。三氧化硫是很强的磺化剂，可使有机物的氢原子被磺酸基取代。三氧化硫与氯化氢反应生成氯磺酸：

$$SO_3+HCl=\!=\!=HSO_3Cl$$

但三氧化硫与溴化氢反应是溴化氢被氧化成溴，而三氧化硫被还原为二氧化硫。所以三氧化硫是强氧化剂，也是强磺化剂，能使一些有机化合物发生磺化反应。由于三氧化硫活泼，磺化时易发生多元取代、生成氧化焦油化等副反应，所以在用三氧化硫进行磺化反应时，需加惰性溶剂。常用的惰性溶剂有液态二氧化硫、低沸点的卤代烃和石蜡等。

在用气态三氧化硫作磺化剂时常采用干燥空气、氮气和气态二氧化硫作稀释剂。一般都选用 2%～8%的三氧化硫和干燥空气的混合物为磺化剂或硫酸化剂。

三氧化硫能与有机碱形成络合物，可作为磺化剂使用。三氧化硫与几种有机碱形成的络合物活泼性顺序如下：

SO_3-噁烷＞SO_3-二甲基甲酰胺＞SO_3-吡啶＞SO_3-三乙胺

商品三氧化硫都是液体，可由 25%发烟硫酸蒸发制取。也可用焚硫接触装置制取气体三氧化硫，直接用于磺化。

1.1.2　硫酸和发烟硫酸

硫酸为无色透明油状液体，其结构为 $O=S(=O)(OH)_2$。主要物理性质见表 1-3。

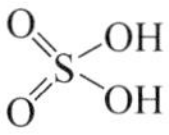

表 1-3　100%硫酸的主要物理性质

物理性质	数值
密度(20 ℃)/(g·cm^{-3})	1.830 5
熔点/℃	10.37±0.05
沸点/℃	275±5
蒸气压/Pa	0.67(25 ℃)　27(100 ℃)
熔解热(10.37 ℃)/(kJ·mol^{-1})	10.7
摩尔热熔(0 ℃)/(J·mol^{-1}·K^{-1})	104

工业上用 92%～93%的绿矾油和 98%～100%的硫酸是硫酸的水溶液和纯硫酸。

发烟硫酸为无色透明油状液体，含有焦硫酸分子 $HO-S(=O)_2-O-S(=O)_2-OH$。它暴露于空气中会产生白雾。它是三氧化硫的硫酸溶液。工业上用的发烟硫酸也有两种规格，分别含游离三氧化硫 20%～25%和 60%～65%。硫酸和发烟硫酸的浓度都可用硫酸含量的百分比表示。x%的发烟硫酸的含义是指每 100 g 酸中含有 x g 游离的三氧化硫和(100－x)g 纯硫酸。可以把发烟硫酸的浓度换算成硫酸的浓度，以 60%发烟硫酸为例：

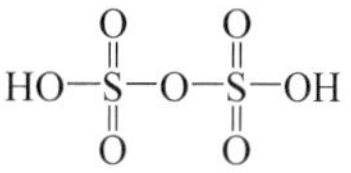

$$c_{H_2SO_4}=100\%+\frac{18}{80}\times 60\%=(100+0.225\times 60)\%=(100+13.5)\%=113.5\%$$

发烟硫酸的浓度可以用三氧化硫的含量 c_{SO_3}(质量分数)表示，也可以用硫酸的含量 $c_{H_2SO_4}$ 表示。两种浓度换算公式如下：

$$c_{H_2SO_4}=100\%+0.225c_{SO_3}$$

$$c_{SO_3}=4.44(c_{H_2SO_4}-100\%)$$

100%硫酸在其沸点以下蒸发时，浓度逐渐降低，沸点逐渐升高，直到含硫酸98.5%、水 1.5%，形成恒沸混合物，共沸点为 326±5 ℃。

1. 密度

在一定温度下，硫酸密度随浓度的增加而增加。常温下，硫酸浓度为 97%时，其密度最大，从 97%到 100%密度稍减，达到一个最小值。工业上利用硫酸密度与其浓度对应关系，在 0～93%浓度范围内，利用密度测定确定其浓度。93%以上硫酸密度随浓度变化很小，需用化学分析法确定浓度。

发烟硫酸密度随游离三氧化硫含量增加而增大。在 20 ℃时游离三氧化硫含量达到 58%～63%时，密度达到最大。此后随三氧化硫含量增加而减小。提高温度，此最大值向浓度较低的游离三氧化硫方向移动。

2. 结晶温度

硫酸和三氧化硫浓度与结晶温度的关系如图 1-1 所示。

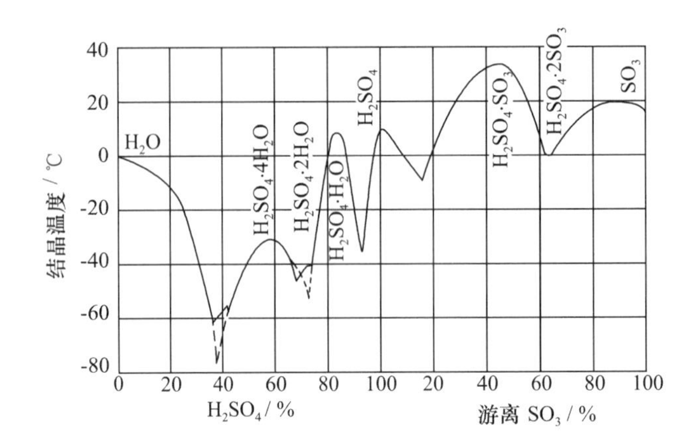

图 1-1 硫酸和三氧化硫浓度与结晶温度的关系

结晶温度不随浓度变化。是由于在三氧化硫-水的体系中，从无硫酸到 100％三氧化硫范围内存在六种水合三氧化硫（表 1-4）。

表 1-4 水合三氧化硫结晶温度

化学式	H_2SO_4/％	游离 SO_3/％	结晶温度/℃
$SO_3\cdot5H_2O$ 或 $H_2SO_4\cdot4H_2O$	57.64	—	−28.36
$SO_3\cdot3H_2O$ 或 $H_2SO_4\cdot2H_2O$	73.13	—	−39.51
$SO_3\cdot2H_2O$ 或 $H_2SO_4\cdot H_2O$	84.48	—	8.56
$SO_3\cdot H_2O$ 或 H_2SO_4	100.00	—	10.07
$2SO_3\cdot H_2O$ 或 $H_2SO_4\cdot SO_3$	110.11	44.91	35.15
$3SO_3\cdot H_2O$ 或 $H_2SO_4\cdot2SO_3$	113.95	62.02	1.20

这些水合物在结晶温度曲线上处于最高点。工业上为了运输和使用方便，硫酸和发烟硫酸的产品只有 92％～93％的硫酸绿矾油和 98％～100％的硫酸，20％～25％和 60％～65％的发烟硫酸。这两种发烟硫酸具有低共熔点（−11～−4 ℃和 1.6～7.7 ℃），在常温下均为液体，当硫酸或发烟硫酸用水稀释，或两种不同浓度的硫酸相互混合时，将产生稀释热或混合热，其热效应可以通过计算硫酸热焓变化而得到。相反从硫酸中蒸发掉水，或从发烟硫酸中蒸出三氧化硫，除供给蒸发热或三氧化硫的汽化热外，还需供给脱水热或三氧化硫分离热。

硫酸是二元强酸，能发生电离：

$$H_2SO_4 + H_2O \rightleftharpoons H_3O^+ + HSO_4^-$$

$$HSO_4^- + H_2O \rightleftharpoons H_3O^+ + SO_4^{2-}$$

100％的硫酸仅有少部分按下列两式电离：

$$2\,H_2SO_4 \rightleftharpoons H_3SO_4^+ + HSO_4^-$$

$$2\,H_2SO_4 \rightleftharpoons H_3O^+ + HS_2O_7^-$$

发烟硫酸中焦硫酸也能发生电离，但不完全：

$$H_2S_2O_7 + H_2SO_4 \rightleftharpoons H_3SO_4^+ + HS_2O_7^-$$

硫酸具有氧化性、吸水性、脱水性，可与有机、无机单质和化合物反应，是具有磺化作用的强酸。发烟硫酸的氧化性和磺化作用尤为强烈，其化学性质类似三氧化硫。它们曾是被广泛使用的磺化剂。

对于用三氧化硫、发烟硫酸和硫酸为磺化剂合成磺化产品的成本，三氧化硫比硫酸低，能节省 65%；比发烟硫酸低，能节省 39%，而且没有或极少有废酸，符合节能减排环保要求。

1.1.3　氯磺酸

氯磺酸分子式为 HSO_3Cl，结构式为 $\mathrm{O{=}\overset{\displaystyle OH}{\underset{\displaystyle O}{S}}{-}Cl}$，为正四面体结构，相对分子质量为 116.531。氯磺酸为无色或浅黄色油状液体，有强腐蚀性和吸水性，其物理性质见表 1-5。

表 1-5　氯磺酸的物理性质

物理性质	数值
沸点(伴有分解)/℃	151～152
凝固点/℃	−81～−80
密度/($g \cdot cm^{-3}$)	1.753(20 ℃) 1.800(−10 ℃)
汽化热(沸点)/($J \cdot mol^{-1}$)	53.6×10^3
水中溶解热(18 ℃)/($J \cdot mol^{-1}$)	168.7×10^3
蒸气压(p 以 Pa，T 以 K 表示)	$\lg p = 11.495 - \frac{2\,752}{T}$

氯磺酸加热至沸点分解成二氧化硫、氯气和水，可与三氧化硫、纯硫酸和焦硫酰氯以任何比例混合，能溶于二氯甲烷、氯仿、1，1，2，2-四氯乙烷、2，2-二氯乙烷、乙酸、乙酐、三氯乙酸和二氧化硫，难溶于二氧化碳、四氯化碳。氯化氢在其中的溶解度为 0.5 g/(100 g 水)(20 ℃)。氯磺酸为稳定的强酸。由于它四面体结构的分子中有一个较弱的 S—Cl 键，所以有很高的化学活性，几乎能与所有金属反应放出氢气，有强烈的吸湿性，与水反应剧烈，可产生爆炸，放出白烟。

$$HSO_3Cl + H_2O = HCl\uparrow + H_2SO_4$$

氯磺酸与三氧化硫、五氧化二磷等脱水剂反应生成焦硫酰氯：

$$2\,HSO_3Cl + SO_3 = S_2O_5Cl_2 + H_2SO_4$$

$$2\,HSO_3Cl \xlongequal{P_2O_5} S_2O_5Cl_2 + H_2O$$

氯磺酸能与有机化合物，如芳烃、烷烃、醇、酚和胺类反应，生成磺酸、磺酸酯和磺酰胺。它虽然是强酸，但实际应用中不是用它的酸性，而是用它作为磺化剂、氯磺化剂及烷基硫酸酯化剂：

$$RH + ClSO_3H \longrightarrow RSO_3H + HCl$$

$$ROH + ClSO_3H \longrightarrow ROSO_3H + HCl$$

如果有过量氯磺酸，会发生氯磺化作用：

$$C_6H_6 + 2\,ClSO_3H \longrightarrow C_6H_5SO_2Cl + HCl + H_2SO_4$$

$$(CH_3)_2CHOH + 2\,ClSO_3H \longrightarrow (CH_3)_2CHOSO_2Cl + HCl + H_2SO_4$$

氯磺酸过量很多就会生成砜，例如用过量氯磺酸制二苯砜。

工厂连续生产氯磺酸采用三氧化硫和干燥的氯化氢反应，生成氯磺酸气体经冷却分离得到液体产品。三氧化硫来自沸腾的发烟硫酸或工厂稀释的混合气体。氯化氢必须经干燥，含水量必须严格控制，因为水会使氯磺酸分解。三氧化硫和氯化氢在合成塔内一旦接触即刻发生反应：

$$SO_3 + HCl \longrightarrow ClSO_3H$$

反应自发进行，并放出大量热。也会发生一些副反应：

$$2\,ClSO_3H + SO_3 \longrightarrow S_2O_5Cl_2 + H_2SO_4$$

$$S_2O_5Cl_2 + H_2SO_4 \longrightarrow HS_2O_5Cl_2^+ + HSO_4^-$$

为减少副反应要严格控制温度。

用25%～35%发烟硫酸为三氧化硫来源，在0.1～0.5 kPa压力下进行气相反应，把生成的氯磺酸冷却至30 ℃，最后冷却至40 ℃，可制成98.5%的氯磺酸。

1.1.4　氟磺酸

氟磺酸分子式为FSO_3H，物理性质：沸点162.5 ℃，凝固点−88.98 ℃，密度1.726 g/mL。

氟磺酸为极强的酸，称为超强酸，比100%硫酸酸性强千倍。热稳定性好，900 ℃以上才发生分解，分解成SO_3和HF。氟磺酸能快速发生水解：

$$FSO_3H + H_2O \longrightarrow H_2SO_4 + HF$$

水解时强烈放热，可使水解离：

$$FSO_3H + H_2O \rightleftharpoons H_3O^+ + SO_3F^-$$

$$SO_3F^- + H_2O \rightleftharpoons HSO_4^- + HF$$

当氟磺酸加入五氟化锑时，其酸性为100%硫酸的10^{13}倍。

氟磺酸可与有机物发生反应：

$$C_6H_6 + FSO_3H \longrightarrow C_6H_5SO_3H + HF$$

$$ROH + FSO_3H \longrightarrow ROSO_3H + HF$$

$$RCOOH + FSO_3H \longrightarrow RCOF + H_2SO_4$$

$$RNH_2 + FSO_3H \longrightarrow RNHSO_3H + HF$$

氟磺酸制备方法如下：

(1)用SO_3和氟化氢反应：

$$SO_3 + HF \longrightarrow FSO_3H$$

(2)用氟化钙、硫酸和三氧化硫反应：

$$H_2SO_4 + 2SO_3 + CaF_2 \longrightarrow CaSO_4 + 2FSO_3H$$

(3)用氯磺酸和 HF 反应：

$$ClSO_3H + HF \longrightarrow FSO_3H + HCl \quad (\text{收率可达 } 97\% \sim 98\%)$$

氟磺酸和五氟化锑作为磺化剂非常活泼，在温和条件下，一步可合成砜类化物。如二苯砜的合成：

$$C_6H_6 \xrightarrow{FSO_3H} C_6H_5{-}SO_3H \xrightarrow{FSO_3H} C_6H_5{-}SO_3F \xrightarrow{FSO_3H} [C_6H_5{-}SO_2^+] \xrightarrow{C_6H_6} C_6H_5{-}SO_2{-}C_6H_5$$

当加入五氟化锑(与苯物质的量之比为 1∶1.5)时，二苯砜收率为 94%。

1.1.5　氨基磺酸

氨基磺酸分子式为 H_2NSO_3H，相对分子质量为 97.09，是一种重要的精细化学品。氨基磺酸是一种白色正交晶体，不挥发，不吸潮，无味无臭，常温下很稳定。

易溶于水和液氨，水溶液呈强酸性，不溶于乙醇和乙醚。熔点为 205 ℃，分解温度为 209 ℃，相对密度 d_4^{25} 为 2.126，在水中溶解度随水温升高而增加：

温度/℃	0	10	30	50	80
溶解度/[g·(100 g 水)$^{-1}$]	14.68	18.58	26.09	32.82	47.08

氨基磺酸有氨基和磺酸基双官能团，能发生多种化学反应。

分解反应：加热至 209 ℃就开始分解，当加热到 260 ℃时：

$$2H_2NSO_3H \longrightarrow SO_2\uparrow + SO_3\uparrow + H_2O\uparrow + N_2\uparrow + 2H_2\uparrow$$

与金属氧化物、金属盐、金属氢氧化物反应：

$$FeO + 2H_2NSO_3H \longrightarrow Fe(SO_3NH_2)_2 + H_2O$$

$$CaCO_3 + 2H_2NSO_3H \longrightarrow Ca(SO_3NH_2)_2 + H_2O + CO_2\uparrow$$

$$Ni(OH)_2 + 2H_2NSO_3H \longrightarrow Ni(SO_3NH_2)_2 + 2H_2O$$

氨基磺酸的氨基能被氧化，氢被取代，如：

$$KClO_3 + 2H_2NSO_3H \longrightarrow 2H_2SO_4 + KCl + H_2O + N_2\uparrow$$

$$HOCl + H_2NSO_3H \longrightarrow ClHNSO_3H + H_2O$$

与亚硫酰氯反应：

$$H_2NSO_3H + SOCl_2 \longrightarrow H_2NSO_2Cl + HCl\uparrow + SO_2\uparrow$$

与含羟基的化合物(如醇和酚)反应：

$$ROH + H_2NSO_3H \longrightarrow ROSO_2NH_2 + H_2O$$

$$C_6H_5{-}OH + H_2NSO_3H \longrightarrow C_6H_5{-}OSO_2NH_2 + H_2O$$

与水能发生放热反应生成盐：

$$H_2NSO_3H + H_2O \longrightarrow NH_4HSO_4$$

其生产方法有多种：二氧化硫与羟胺反应的羟胺法；亚硫酸或硫酸盐与液氨反应的氨化法；尿素与氯磺酸反应的氯磺化法；尿素与三氧化硫、硫酸反应的液相法；NH_3 与三氧化硫反应的气相法。实用的主要是液相法和气相法。

(1)液相法

尿素、三氧化硫和硫酸在液相进行反应：

$$(H_2N)_2CO + SO_3 \longrightarrow HSO_3NHCONH_2$$

$$HSO_3NHCONH_2 + H_2SO_4 \longrightarrow 2H_2NSO_3H + CO_2$$

总反应为

$$(H_2N)_2CO + SO_3 + H_2SO_4 \longrightarrow 2H_2NSO_3H + CO_2$$

把硫酸和尿素按一定比例加入带搅拌并已装入一定发烟硫酸的反应器中，在 20～40 ℃搅拌 8 h，然后升温至 70～80 ℃，经液固分离，得粗产品氨基磺酸，经重结晶，干燥，得成品。

(2)气相法

用 NH_3、三氧化硫和硫酸反应

$$3NH_3 + 2SO_3 \longrightarrow NH(SO_3NH_4)_2$$

$$NH(SO_3NH_4)_2 + NH_3 \longrightarrow 2H_2NSO_3NH_4$$

$$2H_2NSO_3NH_4 + H_2SO_4 \longrightarrow 2H_2NSO_3H + (NH_4)_2SO_4$$

或

$$NH_2SO_3NH_4 + HNO_3 \longrightarrow NH_2SO_3H + NH_4NO_3$$

本法氨基磺酸纯度为 99.5%。但副产硫酸铵多，氨基磺酸粘反应器壁严重。

氨基磺酸是固体无机酸，用于金属清洗，木材、纤维、纸张漂白，水处理杀菌，棉纤维阻燃，农药中间体，树脂固化，固体磺化剂等。

氨基磺酸作为固体磺化剂有许多应用，如合成甜味剂安赛蜜、6-甲基-1，2，3-噁唑嗪-4-酮-2，2-二氧化物、双氧噁噻嗪钾（结构式：H_3C—C=CH—C(=O)—NK—$S(=O)_2$—O—，成环）。其反应如下：

$$\text{(双烯酮)} + H_2NSO_3H + (C_2H_5)_2NH \longrightarrow CH_3C(=O)CH_2C(=O)NH{-}SO_2OH \cdot NH(C_2H_5)_2 \xrightarrow[-H_2SO_4]{nSO_3}$$

$$\text{(环状 } O{=}C{-}CH{=}C(CH_3){-}O{-}SO_2{-}NH\text{)} \cdot (n-1)SO_3 \xrightarrow[-(n-1)H_2SO_4]{(n-1)H_2O} \text{(环状 } O{=}C{-}CH{=}C(CH_3){-}O{-}SO_2{-}NH\text{)} \xrightarrow[-H_2O]{KOH} \text{(环状 } O{=}C{-}CH{=}C(CH_3){-}O{-}SO_2{-}NK\text{)}$$

安赛蜜为高甜度的甜味剂，3%水溶液甜度为蔗糖的 200 倍。现已用于 1 800 多种食品，有多个国家应用。氨基磺酸用于合成甜蜜素，还用于制备脂肪醇硫酸盐、聚氧乙烯醚硫酸盐，极为方便，不需中和即可得到相应的硫酸铵盐。

1.2　含二氧化硫的磺化剂

1.2.1　二氧化硫

二氧化硫分子式为 SO_2，是无色有刺激性气味的气体，有毒，不自燃，不助燃，易液化。二氧化硫的一般物理性质见表 1-6。

表 1-6　二氧化硫的一般物理性质

物理性质	数值	物理性质	数值
相对分子质量	64.06	临界温度/℃	157.6
熔点/℃	−72.7	临界压力/kPa	79.1
沸点/℃	−10.02	临界体积/($cm^3 \cdot g^{-1}$)	1.50
密度(液体，−20 ℃)/($g \cdot cm^{-3}$)	1.50	蒸发热(−10 ℃)/($kJ \cdot mol^{-1}$)	24.92
溶解度(101.3 kPa)/[g·(100 g 水)$^{-1}$]	0 ℃　22.971 10 ℃　16.413 20 ℃　11.577 30 ℃　8.247 40 ℃　<5.881	蒸气压/kPa	10 ℃　230 20 ℃　330 30 ℃　460 40 ℃　630

二氧化硫极易溶于水，20 ℃时 1 体积水可溶 36 体积二氧化硫。二氧化硫溶液中不存在 H_2SO_3，实为 $SO_2 \cdot 7H_2O$。液态二氧化硫是电的不良导体，溶于水。在许多有机溶剂，如丙酮、甲酸中，溶解度都很大，1 体积溶剂可溶数百体积二氧化硫。液态二氧化硫可作非水溶剂和反应介质。如生产烷基苯磺酸时，液态二氧化硫作为三氧化硫的溶剂大量应用。在自由基引发剂或光照下，二氧化硫和氧与链烃反应生成磺酸，就是用二氧化硫为磺化剂进行的磺化氧化反应，如：

$$2C_6H_{14} + 2SO_2 + O_2 \xrightarrow{\text{引发剂或光照}} 2\,C_6H_{13}SO_3H$$

同样，二氧化硫与氯气在光照或引发剂作用下，与链烷烃发生反应，生成烷基磺酰氯，称为氯磺化反应。如：

$$C_8H_{18} + SO_2 + Cl_2 \xrightarrow{\text{引发剂或光照}} C_8H_{17}SO_2Cl + HCl$$

1.2.2　亚硫酸氢钠

亚硫酸氢钠分子式为 $NaHSO_3$，相对分子质量为 104.06，白色块状或粉末，密度为 1.48 g/cm^3，不稳定，易被空气氧化。溶于水，微溶于醇。有强还原性，是较强的亲核试剂，与醛、酮类化合物能发生亲核加成反应，生成羟基磺酸类化合物。亚硫酸氢钠也用于磺甲基化反应，如由丙烯酰胺、亚硫酸氢钠合成磺甲基化聚丙烯酰胺。

1.2.3　亚硫酸钠

亚硫酸钠分子式为 Na_2SO_3，相对分子质量为 126.04，白色六方棱柱形结晶，密度为

2.633 g/cm³，有无水和有水两种。易溶于水，33.4 ℃时在水中溶解度最大，为28 g/(100 g水)，水溶液呈碱性。在低于33.4 ℃时生成 $Na_2SO_3 \cdot 7H_2O$ 结晶，高于33.4 ℃时生成 Na_2SO_3 结晶。溶于甘油，不溶于液氯、液氨、乙醇等大多数有机溶剂。亚硫酸钠是化学工业中广泛使用的还原剂。在废水处理、纺织、造纸、皮革加工等方面有广泛用途。亚硫酸钠是很强的亲核试剂，在磺酸盐类化合物合成中被用作引入磺酸基的磺化剂，通过亲核取代反应、亲核加成反应或自由基反应来实现。亚硫酸根离子的高度亲核性可用结构式 $O \cdots \ddot{S}(=O) \cdots O$ 来说明，在该结构式中，硫原子和氧原子之间有相当的 pd-π 键，硫原子处于 sp^3 杂化状态，这就为新键的形成提供了有效的和高度极化的轨道。

1.2.4 硫酰氯

硫酰氯分子式为 SO_2Cl_2，相对分子质量为134.968，是具有强烈刺激性的无色液体。硫酰氯的一般物理性质见表1-7。

表1-7 硫酰氯的一般物理性质

物理性质	数值	物理性质	数值
密度(25 ℃)/(g·cm⁻³)	1.667	汽化热/(kJ·mol⁻¹)	27.93
熔点/℃	−54	蒸气压/kPa	8 ℃ 12.69
沸点/℃	69.5		68.7 ℃ 97.8

硫酰氯在冷水中逐渐分解，在热水和碱液中分解很快。与冰醋酸、乙醚等许多有机溶剂互溶，但不溶于乙烷。硫酰氯在水中能水解，但很慢：

$$SO_2Cl_2 + 2H_2O \longrightarrow H_2SO_4 + 2HCl\uparrow$$

硫酰氯在有机反应中作为氯磺化剂和氯化剂，能与链烃发生氯化和氯磺化反应：

$$RCH_3 + SO_2Cl_2 \longrightarrow RCH_2Cl + HCl\uparrow + SO_2\uparrow$$

$$RCH_3 + SO_2Cl_2 \longrightarrow RCH_2SO_2Cl + HCl\uparrow$$

硫酰氯与链烯烃能发生加成反应，生成氯代磺酰氯：

$$RCH{=}CH_2 + SO_2Cl_2 \xrightarrow{\text{吡啶}} RCH(Cl)CH_2SO_2Cl$$

硫酰氯与环氧乙烷反应，生成氯乙烯化合物，为有机合成、染料、药物除草剂中间体。

$$2SO_2Cl_2 + 2\,H_3C\text{-}\overset{O}{\triangle}\text{-}CH_3 \longrightarrow 2\,CH_3CH{=}C(Cl)CH_3 + 2SO_2\uparrow + 2HCl\uparrow$$

硫酰氯与羟基化合物反应：

$$SO_2Cl_2 + 2\,(\text{4-羟基喹啉}) \longrightarrow 2\,(\text{4-氯喹啉}) + H_2SO_4$$

硫酰氯与醚在黑暗中反应有高度选择性，生成α,β-三氯醚。

$$3SO_2Cl_2 + CH_2Cl(CH_2)_3OCH_3 \longrightarrow CH_2ClCH_2CCl_2CHClOCH_3 + 3SO_2\uparrow + 3\,HCl\uparrow$$

$$3SO_2Cl_2 + (\text{四氢吡喃}) \longrightarrow (\text{2,2,3-三氯四氢吡喃}) + 3SO_2\uparrow + 3HCl\uparrow$$

硫酰氯与烷基胺反应生成氨基磺酰氯，为除莠剂原料。

$$RNH_2.HCl + SO_2Cl_2 \longrightarrow RNHSO_2Cl + 2HCl$$

硫酰氯的生产方法有气相法和液相法。

(1)气相法

等物质的量的 SO_2 和 Cl_2 在活性炭的催化下通入反应器，反应如下：

$$SO_2 + Cl_2 \Longleftrightarrow SO_2Cl_2$$

先用硫酰氯处理催化剂，催化剂有活性炭、缩二脲、苯甲酰脲、二甲基甲酰胺等。反应收率达 99%，纯度大于 99%。

(2)液相法

用樟脑、萜烯、醚或酯作催化剂，在 0 ℃把等物质的量的氯气通入液体二氧化硫中，生成硫酰氯，再进行蒸馏提纯。

硫酰氯为有机合成的氯化剂、磺化剂和氯磺化剂。生成的氯磺化聚乙烯还是聚乙烯交联剂。合成的乙酰乙酸衍生物可作为咪唑类药物、杂环杀菌剂中间体，还用于除草剂合成。硫酰氯用于锂电池，作为阴极电解液，能提高电池使用寿命和低温工作性能。

参考文献

[1]　化工百科全书编辑委员会. 化工百科全书[M]. 北京：化学工业出版社，1998.

[2]　李琳，王树兰. 液体三氧化硫的工业化生产[J]. 硫酸工业，1992(2)：51-54.

[3]　陈华. 液体三氧化硫的生产工艺[J]. 硫磷设计与粉体工程，2006(2)：30-33.

[4]　林秀杰. 氨基磺酸的制备及应用前景[J]. 当代化工，2001(4)：235-236.

[5]　施剑波. 氯磺酸的清洁生产工艺[J]. 化工环保，2004(3)：221-223.

第 2 章　引入磺酸基的方法

向有机化合物分子中引入磺酸基有直接引入和间接引入两种方法。直接引入磺酸基的应用比较广泛。

2.1　直接引入磺酸基

2.1.1　有机化合物与三氧化硫及含三氧化硫的磺化剂反应

三氧化硫和含三氧化硫的磺化剂直接与有机化合物反应，是制取含磺酸基化合物的主要方法。芳烃、稠环芳烃、杂环化合物及其衍生物，以及脂肪烃及其衍生物，与浓硫酸、发烟硫酸、三氧化硫及氯磺酸都能发生反应，生成相应的磺酸化合物。

近些年引入磺酸基方法有很多改进：如用 93%硫酸通入 150 ℃过热苯蒸气，共沸脱水磺化，苯磺酸收率达 96.5%。对甲苯胺用浓硫酸为磺化剂烘焙磺化，2-甲基-5-氨基苯磺酸收率达 98%。用 20%发烟硫酸磺化萘生产 1,5-萘二磺酸、1,6-萘二磺酸，用 65%发烟硫酸分段加酸磺化萘制得 1,3,6-萘三磺酸，收率都很高。用三氧化硫为磺化剂，磺化甲苯、硝基苯、氯苯、邻硝基甲苯、对硝基甲苯、对十八烷基甲苯，制得相应磺化产品；对甲苯磺酸、间硝基苯磺酸、对氯苯磺酸、间硝基对甲苯磺酸、间硝基邻甲苯磺酸，收率都在 90%以上。一些磺酸盐型表面活性剂用 SO_3 为磺化剂生产，得到高收率产品。

脂肪族不饱和烃类与三氧化硫、发烟硫酸及硫酸反应，得到脂肪磺酸化合物。如合成中间体 β-苯乙烯磺酸钠及 β-苯乙烯磺酰氯等。

$$C_6H_5-CH=CH_2 \xrightarrow[CH_2Cl_2或\ 二噁烷]{SO_3,\ 5\sim10\ ℃} C_6H_5-CH=CHSO_3H \longrightarrow \begin{cases} \xrightarrow{NaOH} C_6H_5-CH=CHSO_3Na \\ \xrightarrow{PCl_5} C_6H_5-CH=CHSO_2Cl \end{cases}$$

链烯烃与三氧化硫、发烟硫酸或氯磺酸反应，可制得磺化物。可用此法合成一大类阴离子磺酸型表面活性剂，例如 α-烯烃磺酸盐、AOS 等。

烷烃难与磺化剂三氧化硫、发烟硫酸和硫酸反应。在激烈的反应条件下，烃分子中各种氢原子都可发生取代反应，因此生成混合磺酸化合物，故不宜合成单一磺酸化合物。

这些年来也有报道脂肪烃与三氧化硫在氢气流中、在 254 nm 光敏的汞催化下生成一系列亚磺酸类化合物，继而在过氧酸氧化下生成高产率磺酸的情况。反应如下：

$$Hg \xrightarrow{245\ nm光敏} Hg\cdot$$

$$RH \xrightarrow[SO_3,\ H_2]{Hg\cdot} RSOOR + RSOOH + RSOSO_2R + RSO_3R \xrightarrow{RCO_3H} RSO_3H$$

烯烃在类似磺化条件下亦可生成加成产物——烷基磺酸。

$$\text{CH}_3\text{CH}_2\text{CH}_2\text{CH}=\text{CH}_2 \xrightarrow{\text{Hg}\cdot,\ SO_3,\ H_2} \text{CH}_3\text{CH}_2\text{CH}_2\text{CH}(SO_3H)\text{CH}_3$$

脂肪烃的一些含氧化合物可与磺化剂反应，生成单一磺化物。如醛、酮、羟基酸及其酯类可与三氧化硫发生反应，生成醛、酮、羟基酸及其酯类的 α-磺酸化合物；樟脑在 20 ℃以下加入冷却的乙酐硫酸中则生成樟脑-10-磺酸。

$$\text{樟脑}(CH_3) + H_2SO_4 \xrightarrow[-H_2O]{\text{乙酐}} \text{樟脑-10-磺酸}(CH_2SO_3H)$$

苯乙酮在室温下与三氧化硫的 1,4-二氧六环的络合物反应，生成苯乙酮-α-磺酸。

$$C_6H_5\overset{O}{\overset{\|}{C}}CH_2 + SO_3\cdot O(CH_2CH_2)_2O \xrightarrow{\text{室温}} C_6H_5\overset{O}{\overset{\|}{C}}CHSO_3H$$

把液体三氧化硫滴入 5～10 ℃的软脂酸的四氯化碳溶液中，在 50～60 ℃反应，则生成 α-磺酸基软脂酸：

$$CH_3(CH_2)_nCH_2COOH + SO_3 \xrightarrow[50\sim60\ ^\circ C]{CCl_4} CH_3(CH_2)_n\underset{SO_3H}{\underset{|}{C}}HCOOH$$

收率为 68%～75%。脂肪酸酯用三氧化硫磺化，生产表面活性剂，已有许多种产品。

氯磺酸是很强的磺化剂，具有极强的活性。氯磺酸能与芳烃及其衍生物和脂烃的衍生物发生磺化反应。

$$C_{10}H_8 + ClSO_3H \xrightarrow[\text{邻硝基乙苯}]{0\sim5\ ^\circ C} C_{10}H_7SO_3H + HCl\uparrow$$

$$C_{10}H_7OH + ClSO_3H \xrightarrow[\text{邻硝基乙苯}]{-5\ ^\circ C} C_{10}H_6(OH)SO_3H + HCl\uparrow$$

用过量氯磺酸磺化可制得磺酰氯，如制取 2-甲基-5-硝基苯磺酰氯（$CH_3C_6H_3(SO_2Cl)NO_2$）。把对硝基甲苯加到过量的氯磺酸中升温至 40～45 ℃，搅拌 3.5 h，经冷却过滤，水洗干燥后得产品。

$$CH_3C_6H_4NO_2 + 2ClSO_3H(\text{过量}) \xrightarrow{40\sim50\ ^\circ C} CH_3C_6H_3(SO_2Cl)NO_2 + H_2SO_4 + HCl$$

醇、酚和聚氧乙烯醚与三氧化硫、浓硫酸及氯磺酸反应，生成烷基硫酸盐、烷基酚硫酸盐和脂肪醇聚氧乙烯醚硫酸盐。这是硫酸化反应。

2.1.2 有机化合物与二氧化硫及含二氧化硫的化合物反应

1. 氧磺化、氯磺化反应

二氧化硫和氧气在一定条件下与正构烷烃进行反应，生成仲烷基磺酸。如十六烷和二氧化硫、氧气反应：

$$CH_3(CH_2)_{13}CH_2CH_3 + SO_2 + \frac{1}{2}O_2 \xrightarrow{\text{光照或引发剂}} CH_3(CH_2)_{13}\underset{}{\overset{SO_3H}{\overset{|}{C}}}HCH_3$$

此反应属于氧磺化反应，是自由基类型反应。

二氧化硫和氯气在一定条件下与正构烷烃反应，生成烷基磺酰氯，如十四烷的氯磺化反应。这类反应叫氯磺化反应，是自由基类型反应。

$$CH_3(CH_2)_{11}CH_2CH_3 + SO_2 + Cl_2 \xrightarrow{\text{光照或引发剂}} CH_3(CH_2)_{11}CH_2CH_2SO_2Cl + HCl$$

2. 以亚硫酸氢钠为磺化剂

醛、脂肪族甲基酮及脂环酮能与亚硫酸氢钠发生加成反应，生成 α-羟基磺酸钠。许多酮酸、酮酸酯也能与亚硫酸氢钠加成，生成 α-羟基磺酸类化合物，如甲醛、丙酮与亚硫酸氢钠的加成反应：

$$H_2C{=}O + :\overset{OH}{\underset{O}{S}}{-}ONa \longrightarrow H_2C(ONa)(SO_3H) \longrightarrow HOCH_2SO_3Na$$

$$(H_3C)_2C{=}O + :\overset{OH}{\underset{O}{S}}{-}ONa \longrightarrow (H_3C)_2C(ONa)(SO_3H) \longrightarrow (H_3C)_2C(OH){-}SO_3Na$$

再如雄甾-4-烯-11，20-二醇-3-酮-21-醛与亚硫酸氢钠的加成反应，收率为 66%。亚硫酸氢钠与醛、甲基酮加成是 α-羟基磺酸的一个重要制法。

（反应式：雄甾-4-烯-11,20-二醇-3-酮-21-醛（侧链 CHOHCHO，11位 HO）+ HO—S(:)(=O)—ONa $\xrightarrow[25\ ℃]{CH_3OH/H_2O}$ 侧链为 CHOH—HOCHSO$_3$Na 的加成产物）

芳香酮不能与亚硫酸氢钠加成。

亚硫酸氢钠与环氧化物反应是制取 β-羟基磺酸的重要方法之一。如环氧乙烷、环氧氯丙烷与亚硫酸氢钠的反应。

$$H_2C\underset{O}{-}CH_2 + NaSO_3H \longrightarrow HOCH_2CH_2SO_3Na$$

$$ClCH_2HC\underset{O}{-}CH_2 + NaSO_3H \longrightarrow ClCH_2\overset{OH}{\overset{|}{C}}HCH_2SO_3Na$$

这类磺酸化合物都是基本有机化工和精细有机化工的重要中间体。

在氧或过氧化物存在下，烯烃与亚硫酸氢钠可以发生加成反应，生成磺酸钠。反应为自由基机理。加成方向是反马尔科夫规则。如异丁烯与亚硫酸氢钠水溶液在加压条件下进行反应，生成 2-甲基-2-丙磺酸钠。

$$(CH_3)_2C{=}CH_2 + NaHSO_3 \xrightarrow[\text{加压}]{\text{室温}} (CH_3)_2C(SO_3Na)CH_3 \quad (62\%)$$

当 C═C 双键上连有吸电子基，则加成反应易于进行，加成产物收率高。如 α，β 不饱和酸、α，β 不饱和硝基化合物与亚硫酸氢钠加成反应能够非常顺利地进行。

$$CH_3CH{=}CHCOOH + NaSO_3H \longrightarrow CH_3CH(SO_3Na)CH_2COOH$$

$$CH_3CH{=}CHNO_2 + NaSO_3H \longrightarrow CH_3CH(SO_3Na)CH_2NO_2 \quad (78\%)$$

纺织品整理助剂（柔软剂 MA）的合成反应如下：

$$\text{马来酸酐} + 2CH_3(CH_2)_{10}CH_2OH \xrightarrow[\triangle]{H_2SO_4} \begin{array}{l} CHCOOCH_2(CH_2)_{10}CH_3 \\ \| \\ CHCOOCH_2(CH_2)_{10}CH_3 \end{array} \xrightarrow[80\sim100\,^\circ C,\ CH_3OH]{NaSO_3H} \begin{array}{l} CH_2COOCH_2(CH_2)_{10}CH_3 \\ | \\ CHCOOCH_2(CH_2)_{10}CH_3 \\ | \\ SO_3Na \end{array}$$

炔与亚硫酸氢钠加成能生成有良好产率的二元磺酸，如丁炔酸与两分子亚硫酸氢钠加成生成 β，β-二磺酸基丁酸。

$$CH_3C{\equiv}CCOOH + NaSO_3H \longrightarrow CH_3C(SO_3Na){=}CHCOOH \xrightarrow{NaSO_3H} H_3C{-}C(SO_3Na)_2{-}CH_2COOH \quad (80\%)$$

亚硫酸氢钠与较活泼的卤代烃反应是常用的引入磺酸基的重要方法之一，这是亲核取代反应。如 2，4-二硝基氯苯与亚硫酸氢钠反应生成 2，4-二硝基苯磺酸，用 MgO 催化，收率可达 80%～87%。

$$\text{2,4-二硝基氯苯} + NaSO_3H \xrightarrow{MgO} \text{2,4-二硝基苯磺酸钠} + HCl$$

抗结核药丙基异烟胺的合成反应如下：

$$\text{4-氯-3-丙基吡啶} \xrightarrow{NaSO_3H} \text{3-丙基吡啶-4-磺酸} \xrightarrow{NaCN} \text{4-氰基-3-丙基吡啶} \xrightarrow{(NH_2)_2S} \text{3-丙基吡啶-4-硫代甲酰胺}\ (H_2N{-}C{=}S)$$

3. 以亚硫酸钠为磺化剂

邻氨基苯磺酸新的合成方法是以邻硝基氯苯为原料、以亚硫酸钠为磺化剂反应得到邻硝基苯磺酸，再经还原反应制得邻氨基苯磺酸。

$$\text{(2-氯硝基苯)} \xrightarrow[80\sim100\ ^\circ C,\ 10\ h]{Na_2SO_3} \text{(2-硝基苯磺酸钠)} \xrightarrow{H^+} \xrightarrow{还原} \text{(2-氨基苯磺酸)}$$

本法原料易得，消耗低、污染少、产品纯度高。

卤代烷与亚硫酸钠反应可合成烷基磺酸，如1,2-二氯乙烷与过量亚硫酸钠反应：

$$ClCH_2CH_2Cl + Na_2SO_3 \longrightarrow ClCH_2CH_2SO_3Na + NaCl$$

产物β-氯代乙磺酸钠是合成高级脂肪酰胺磺酸盐的重要原料，也用于合成牛磺酸等。

氯代乙胺与亚硫酸钠反应可合成高纯度的氨基乙磺酸，纯度可达100%。

$$ClCH_2CH_2NH_2 + Na_2SO_3 \longrightarrow H_2NCH_2CH_2SO_3Na + NaCl$$

若二卤代物与过量的亚硫酸盐反应，则会生成二磺酸。

$$O[(CH_2)_4Cl]_2 + 2Na_2SO_3\ (过量) \xrightarrow{\triangle} O[(CH_2)_4SO_3Na]_2\ (80\%) + 2NaCl$$

卤代烷与亚硫酸盐反应是制低级烷基磺酸的重要反应之一。

还可用亚硫酸钠取代硝基化合物的硝基制取磺酸化合物。

$$\text{1-硝基蒽醌} + Na_2SO_3 \xrightarrow{100\sim120\ ^\circ C} \text{蒽醌-1-磺酸钠} + NaNO_2$$

把两作用物的水溶液或者醇溶液共热，该反应就能顺利完成。利用该反应能方便地除去间二硝基苯中的邻二硝基苯和对二硝基苯。该反应也用于提纯2,4,6-三硝基甲苯。用亚硫酸钠可把三硝基甲苯中的2,3,4-三硝基甲苯和2,4,5-三硝基甲苯除去。

亚硫酸钠可与连有吸电基的C═C双键加成，如丁烯二酸单酯与亚硫酸钠，制得磺酸化合物，产率达96%。

$$\begin{matrix}CHCOOR\\ \|\\ CHCOOH\end{matrix} + Na_2SO_3 \longrightarrow \begin{matrix}SO_3Na\\ |\\ CHCOOR\\ |\\ CH_2COONa\end{matrix}$$

4. 用硫酰氯引入磺酸基

氯磺化聚乙烯的一种制法就是用硫酰氯与聚乙烯进行氯磺化反应。

$$+\!\!\!\!-[H_2C-CH_2]_n + mSO_2Cl_2 \xrightarrow{引发剂或光照} [H_2C-CH_2]_{n-m}[\underset{H}{\overset{Cl}{C}}-\underset{SO_2Cl}{CH}]_m$$

氯磺化聚乙烯有高耐油、耐臭氧、耐热等特点，广泛用于建筑领域及生产电缆、电线、汽车零部件、日用胶带、胶版和胶管等。

2.2 间接引入磺酸基

2.2.1 通过缩合反应或聚合反应引入磺酸基

通过缩合反应或聚合反应向有机化合物分子中引入磺酸基，在一些精细化学品生产中有许多应用。如制革用的合成鞣剂 DLT-4 的合成，苯酚、甲醛与亚硫酸氢钠之间发生的磺化和缩合反应：

$$(2n+1)\ C_6H_5OH + 2n\,HCHO \xrightarrow{-2nH_2O} \left[\text{—}C_6H_3(OH)\text{—}CH_2\text{—}C_6H_3(OH)\text{—}CH_2\text{—}\right]_n C_6H_4OH \xrightarrow{HCHO,\,NaHSO_3}$$

$$HO_3SH_2C\text{—}C_6H_2(OH)\text{—}CH_2\text{—}\left[C_6H_3(OH)\text{—}CH_2\right]_{n-2}\text{—}C_6H_2(OH)\text{—}CH_2SO_3H$$

建筑用的化学品 BW 高效减水剂是萘磺酸的甲醛缩合物，其反应如下：

$$n\ C_{10}H_8 \xrightarrow{nH_2SO_4} n\ C_{10}H_7\text{—}SO_3H \xrightarrow{(n-1)HCHO} H\text{—}C_{10}H_6\text{—}\left[CH_2\text{—}C_{10}H_5(SO_3H)\right]_{n-1}\text{—}H$$

有一种水处理剂是反丁烯二酸与丙烯磺酸钠聚合物：

$$n\ HOOC\text{—}CH{=}CH\text{—}COOH + n\,CH_2{=}CH\text{—}CH_2SO_3Na \longrightarrow \left[\text{—}CH(COOH)\text{—}CH(COOH)\text{—}CH(CH_2SO_3Na)\text{—}CH_2\text{—}\right]_n$$

有阻垢和缓蚀双重性能。

绿色阻垢剂 AMPS 是由丙烯酰胺与丙烯磺酸共聚生成的：

$$n\,CH_2{=}CH\text{—}CONH_2 + n\,CH_2{=}CH\text{—}CH_2SO_3H \longrightarrow \text{—}\!\left(CH_2\text{—}\underset{}{CH}(CONH_2)\right)_n\!\left(CH_2\text{—}CH(CH_2SO_3H)\right)_n\text{—}$$

该共聚物具有多种功能。突出优点是不受水中存在的金属离子和 P、S、Ca、Ba、$Mg(OH)_2$ 和 $CaCO_3$ 等影响，特别是不受磷酸钙的影响，有良好的抑制作用，磺酸基能有效阻止 $Ca_3(PO_4)_2$ 垢的生成。

石油钻井用的化学品有许多是通过聚合、缩合反应合成的，如磺甲基苯酚、尿素、甲醛缩合物是用尿素、苯酚、磺化苯酚、亚硫酸钠、甲醛，按一定的配比缩合的产物。丙烯酰胺、2-丙烯酰胺基-2-甲基丙磺酸、甲基丙烯酸、二烯丙基二甲基氯化铵四元共聚物，都是含磺酸基的高分子聚合物，具有优良的降滤失作用。

2.2.2　通过含硫有机化合物氧化引入磺酸基

利用硫醇、硫醚、硫酚和二硫化物等有机硫化物易发生氧化反应的性质，可用氧化剂氧化来引入磺酸基、磺酰基。常用的氧化剂有浓硝酸、高锰酸钾、铬酸、溴水和过氧化氢等。

硫醇、硫酚、异硫氰酸酯和二硫化物氧化制取磺酸，如：

$$CH_3SCN \xrightarrow{HNO_3} CH_3SO_3H + CO_2 + H_2O + NO_2$$

$$CH_3SH + 2H_2O_2 \xrightarrow[2\ h]{100\sim110\ ℃} CH_3SO_3H + H_2O \qquad (85\%\sim90\%)$$

C_2～C_8 硫醇用硝酸氧化可引入磺酸基，特别是硫醇的金属盐氧化收率更高：

$$(RS)_2Pb + 6HNO_3 \longrightarrow (RSO_3)_2Pb + 6HNO_2$$

$$(RSO_3)_2Pb + 2HCl \longrightarrow 2RSO_3H + PbCl_2$$

$$C_6H_5SH \xrightarrow{\text{浓 } HNO_3} C_6H_5SO_3H$$

2-(3-吡啶基)乙硫醇用浓硝酸氧化，制 2-(3-吡啶基)乙磺酸。

$$C_5H_4N{-}CH_2CH_2SH \xrightarrow[100\ ℃]{\text{浓 } HNO_3} C_5H_4N{-}CH_2CH_2SO_3H$$

硝酸是常用的强氧化剂，能高效地把硫醇氧化成磺酸。

$$CH_3CH_2CH_2CH_2SH \xrightarrow{\text{浓 } HNO_3} CH_3CH_2CH_2CH_2SO_3H \quad (96\%)$$

十二烷基硫醇用硝酸氧化可制取十二烷基磺酸：

$$CH_3(CH_2)_{10}CH_2SH \xrightarrow{\text{浓 } HNO_3} CH_3(CH_2)_{10}CH_2SO_3H \quad (75\%)$$

末端烯烃或环烯烃与硫代乙酸加成，生成的乙酸硫醇酯用过氧化氢氧化，收率为59%～91%。如：

$$n\,C_{14}H_{29}CH{=}CH_2 + CH_3\overset{O}{\overset{\|}{C}}{-}SH \longrightarrow n\,C_{14}H_{29}CH_2CH_2S\overset{O}{\overset{\|}{C}}{-}CH_3$$

活性芳卤化物与二硫化钠反应生成二芳基二硫化物，该类化合物在三氟乙酐中用过氧化氢氧化，可制取用直接磺化法难制取的芳磺酸。如：

$$2\,O_2N{-}C_6H_3(NO_2){-}Cl \xrightarrow{NaS_2} O_2N{-}C_6H_3(NO_2){-}S{-}S{-}C_6H_3(NO_2){-}NO_2 \xrightarrow[90\%\ H_2O_2,\ 0\ ℃]{CF_3COOH} 2\,O_2N{-}C_6H_3(NO_2){-}SO_3H$$

把溴水滴入冷的 α-巯基软脂酸的碳酸钠水溶液中就会发生氧化反应，生成 α-磺酸基软脂酸。

$$CH_3(CH_2)_n\overset{SH}{\overset{|}{C}}HCO_2H + 3NaBrO \longrightarrow CH_3(CH_2)_n\overset{SO_3H}{\overset{|}{C}}HCO_2H + 3NaBr$$

用过氧酸或亚硝酸氧化半胱氨酸可制取磺酸基取代的氨基酸。

$$HOOC{-}CH(NH_2){-}CH_2SH \xrightarrow[\text{或 } HNO_3]{RCO_3H} HOOC{-}CH(NH_2){-}CH_2SO_3H$$

用三氟乙酸铊[$(CF_3COO)_3Tl$]氧化胱氨酸，可制取磺基取代的氨基酸。

$$\left(HOOC{-}CH(NH_2){-}CH_2S{-}\right)_2 \xrightarrow{(CF_3COO)_3Tl} 2\,HOOC{-}CH(NH_2){-}CH_2SO_3H$$

1S,2S,5R 新薹基磺酸的合成：

$$\text{(薄荷硫醇)}-SH \xrightarrow[20\ ℃]{O_2/DMF/KOH} \text{(薄荷基)}-SO_3H$$

2,4-二硝基-5-甲基苯磺酸的制备：

$$\text{(2,4-二硝基-5-甲基苯基)}-S-S-\text{(2,4-二硝基-5-甲基苯基)} \xrightarrow[CH_2Cl_2,\ 0\ ℃]{H_2O_2/(CF_3CO)_2O} 2\,O_2N-C_6H_2(CH_3)(NO_2)-SO_3H \quad (83\%)$$

硫醇、硫酚氧化可生成磺酰氯，乙基磺酰氯可由乙硫醇氧化制取，用氯气氧化。

$$CH_3CH_2SH \xrightarrow[0\sim5\ ℃]{Cl_2 \cdot H_2O} CH_3CH_2SO_2Cl \quad (\text{收率 }95\%\text{，纯度可达 }98\%)$$

用氯气、冰醋酸及硝酸为氧化剂氧化对硝基硫酚。

$$p\text{-}O_2N-C_6H_4-SH \xrightarrow{Cl_2,\ CH_3COOH,\ HNO_3} p\text{-}O_2N-C_6H_4-SO_2Cl \quad (98.1\%)$$

用三甲基二氯化硅硝酸盐氧化硫醇、硫酚。

$$H_3C-C_6H_4-SH \xrightarrow[CH_2Cl_2,\ 50\ ℃]{(CH_3)SiCl_2,\ KNO_3} H_3C-C_6H_4-SO_2Cl \quad (86\%)$$

二硫化物用氯氧化，如：

$$o\text{-}O_2N-C_6H_4-S-S-C_6H_4-NO_2\text{-}o \xrightarrow{HNO_3,\ Cl_2,\ H_2O} 2\ o\text{-}O_2N-C_6H_4-SO_2Cl \quad (90\%\text{以上})$$

用氯气为氧化剂制磺酰化合物，很多情况下生成的磺酰氯为中间体，再与胺类反应生成磺酰胺。如一些药物的合成：

$$\text{(1-}H_3COOC\text{-环己基)}-CH_2-SOCCH_3 \xrightarrow[\text{② 1-(4-氯苯基)哌嗪}]{\text{① }Cl_2,\ CH_3Cl} \text{(1-}H_3COOC\text{-环己基)}-CH_2-SO_2-N(\text{哌嗪})N-C_6H_4-Cl \quad (56\%)$$

邻溴苯磺酸的制备：

$$o\text{-}Br-C_6H_4-SH + ClCH_2OCH_3 \xrightarrow{-HCl} o\text{-}Br-C_6H_4-SCH_2OCH_3 \xrightarrow{Cl_2,\ H_2O} o\text{-}Br-C_6H_4-SO_2Cl \quad (90\%)$$

在二氯甲烷中，用含水硅胶硝酸铈氧化硫醚可制取亚砜，收率为 80%～100%。

$$R-S-R \xrightarrow[CH_2Cl_2]{\text{湿硅胶},\ Ce(NO_3)_2} R-\overset{O}{\overset{\|}{S}}-R$$

不对称硫醚用手性催化剂、异丙基苯基过氧化物氧化，生成手性亚砜。如：

$$H_3C-C_6H_4-S-CH_3 \xrightarrow[\text{异丙基苯基过氧化物}]{TiOPr} H_3C-C_6H_4-S(\rightarrow O)-CH_3 \quad (99\%)$$

手性亚砜有广泛应用，在药物研究中使用广泛。许多手性亚砜有药物活性。

硫醚可用过氧化氢、乙酸或三氟乙酸氧化成砜：

$$C_6H_5-S-CH(CH_3)_2 \xrightarrow{CH_3COOH,\ H_2O_2} C_6H_5-SO_2CH(CH_3)_2$$

在三氟乙酸中，用尿素、过氧化氢氧化硫醚可生成砜。

$$R-S-R' \xrightarrow[CH_3CN]{UFP/TFAC} R-SO_2-R' \quad (90\%\sim98\%)$$

用二甲基二氧杂环丙烷(DDO)在二氯甲烷中氧化1,4-二甲基噻吩：

$$\text{2,5-二甲基噻吩} \xrightarrow[CH_2Cl_2]{DDO} \text{2,5-二甲基噻吩-1,1-二氧化物} \quad (93\%)$$

β-内酰胺酶抑制剂舒巴坦的合成：

$$\text{6-氨基青霉烷酸} \xrightarrow[Br_2]{NaNO_2,\ H^+} \text{6,6-二溴青霉烷酸} \xrightarrow[H_3PO_4]{KMnO_4} \text{6,6-二溴青霉烷酸砜}$$

分子中硫醚被氧化成砜基。

如4,6-二甲氧基-2-甲磺酰基嘧啶合成的最后一步：

$$\text{4,6-二甲氧基-2-}(S-CH_3)\text{嘧啶} \xrightarrow{O_2} \text{4,6-二甲氧基-2-}(SO_2-CH_3)\text{嘧啶}$$

又如兰索拉唑的合成：

$$\text{苯并咪唑-S-嘧啶}(OCH_3)(CH_3) \xrightarrow{(O)} \text{苯并咪唑-S(=O)-嘧啶}(OCH_3)(CH_3)$$

硫醇、硫醚氧化成亚砜、砜和磺酸等有很多应用，如：

地美司钠的制备：

$$NaS-CH_2CH_2-SO_3Na \xrightarrow{O_2/AcOH/H_2O} NaO_3S-CH_2CH_2-S-S-CH_2CH_2-SO_3Na$$

用过氧化氢为氧化剂制备质子泵抑制剂(奥美拉唑、潘多拉唑、兰索拉唑、雷贝拉唑和艾美拉唑)：

$$\text{苯并咪唑-S-CH(CONH)-吡啶}(CH_3)(OCH_3)(CH_3) \xrightarrow[\text{间氯过氧苯甲酸}]{MCPBA} \text{苯并咪唑-S(=O)-CH(CONH)-吡啶}(CH_3)(OCH_3)(CH_3) \quad (90\%)$$

用叔丁基过氧化物为氧化剂制备兰索拉唑：

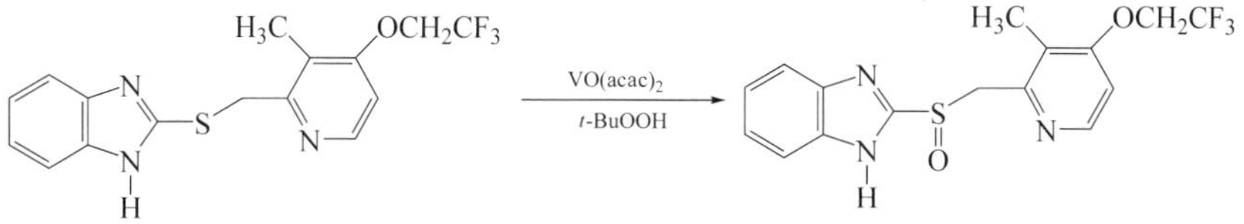

H_3C　OCH_2CF_3　N　S　N　N　H　$\xrightarrow[t\text{-BuOOH}]{VO(acac)_2}$　H_3C　OCH_2CF_3　N　S　O　N　N　H　(85%)

用有机过氧酸为氧化剂氧化硫醚广泛用于头孢菌素的合成：

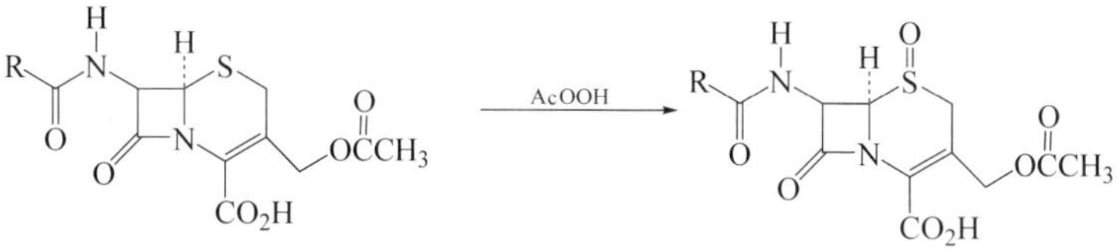

R　H　N　O　H　S　O　N　O　$OCCH_3$　CO_2H　$\xrightarrow{AcOOH}$　R　H　N　O　H　S　O　O　N　O　$OCCH_3$　CO_2H　(95%)

用无机氧化剂进行氧化，如用硼酸钠、次氯酸钠等为氧化剂：

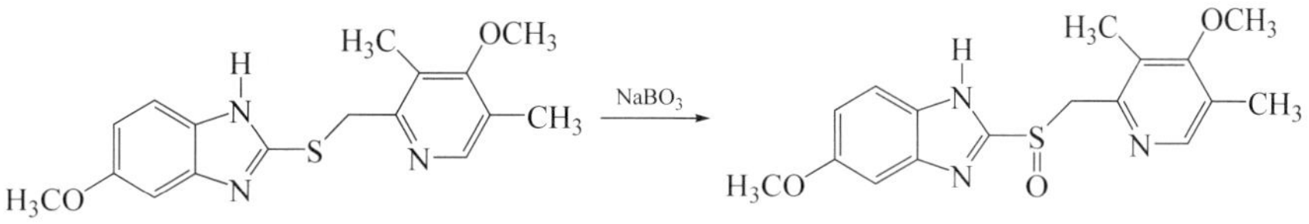

H　N　H_3CO　N　S　H_3C　OCH_3　N　CH_3　$\xrightarrow{NaBO_3}$　H　N　H_3CO　N　S　O　H_3C　OCH_3　N　CH_3　(77%)

H　N　H_3CO　N　S　H_3C　OCH_3　N　CH_3　$\xrightarrow{NaOCl \cdot H_2O}$　H　N　H_3CO　N　S　O　H_3C　OCH_3　N　CH_3　(81%)

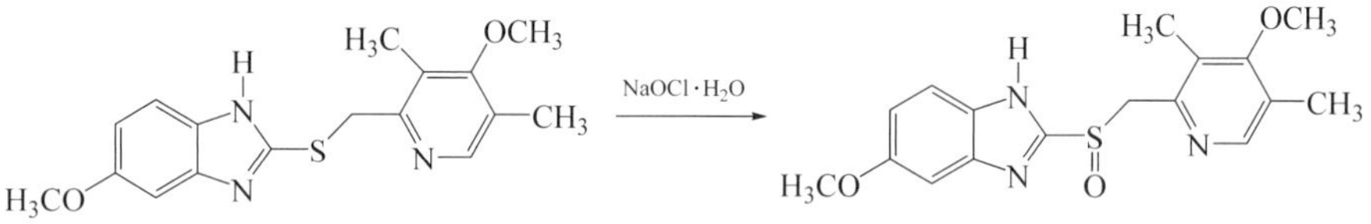

用过氧化氢为氧化剂在过渡金属盐（如钨酸钠）催化下，合成碳酸酐酶抑制剂中间体：

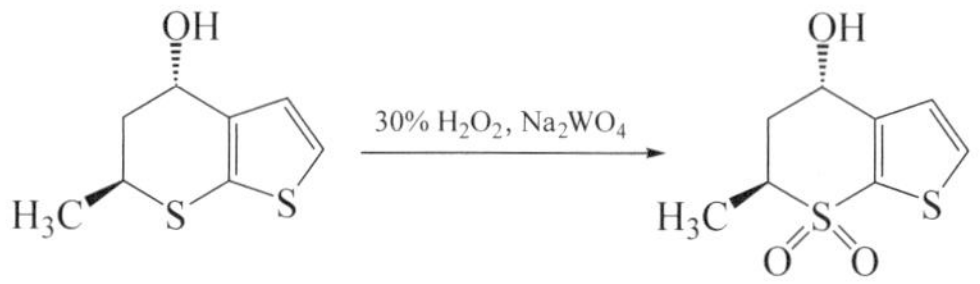

OH　H_3C　S　S　$\xrightarrow{30\%\ H_2O_2,\ Na_2WO_4}$　OH　H_3C　S　O　O　S　(68%)

用过氧酸为催化剂制备抗菌药氟苯尼考中间体：

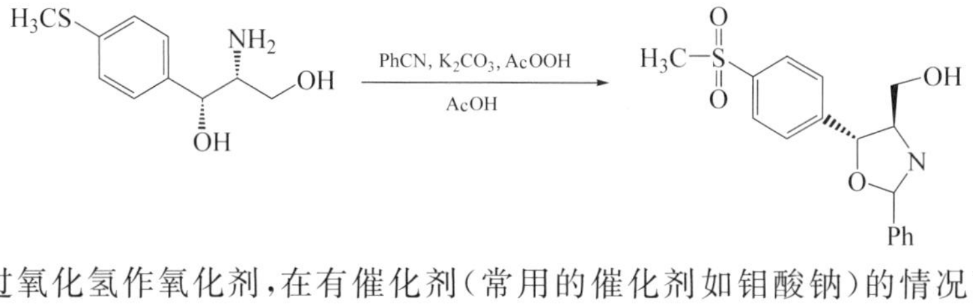

H_3CS　NH_2　OH　OH　$\xrightarrow[AcOH]{PhCN,\ K_2CO_3,\ AcOOH}$　H_3C　S　O　O　OH　N　O　Ph　(93%)

用过氧化氢作氧化剂，在有催化剂（常用的催化剂如钼酸钠）的情况下，用 N-苯基硫脲制备脒磺酸：

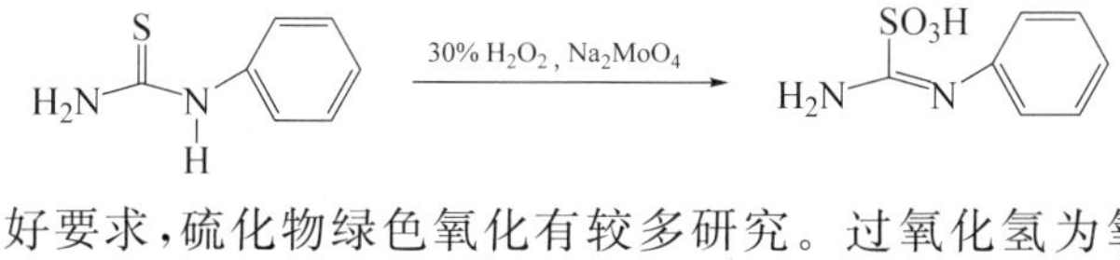

S　H_2N　N　H　$\xrightarrow{30\%\ H_2O_2,\ Na_2MoO_4}$　SO_3H　H_2N　N　(80%)

因环境友好要求，硫化物绿色氧化有较多研究。过氧化氢为氧化剂的均相催化氧化可把硫醚氧化成砜或亚砜，如：

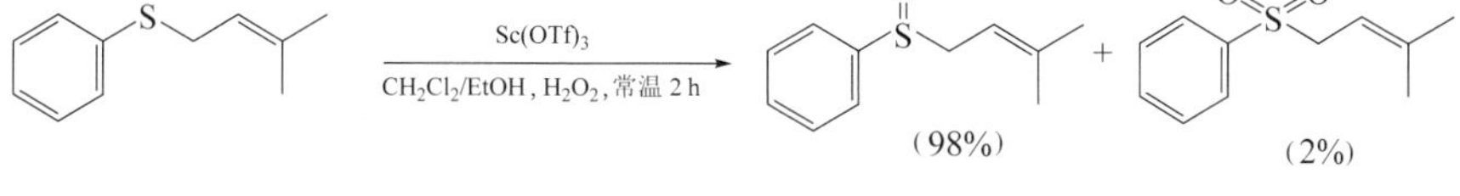

S　$\xrightarrow[CH_2Cl_2/EtOH,\ H_2O_2,\ 常温\ 2\ h]{Sc(OTf)_3}$　O　S　(98%)　+　O　S　O　(2%)

过氧化氢的多相催化：

$$\text{H}_2\text{N-C(=S)-NH-C}_6\text{H}_5 \xrightarrow{30\%\ H_2O_2,\ Na_2MoO_4} \text{H}_2\text{N-C(SO}_3\text{H)=N-C}_6\text{H}_5 \quad (80\%)$$

$$\text{4,6-二甲基嘧啶-2-基-S-CH}_2\text{C}_6\text{H}_5 \xrightarrow[H_2O_2,\ 25\ ℃,\ 2.5\ h]{MoO_3} \text{4,6-二甲基嘧啶-2-基-SO}_2\text{-CH}_2\text{C}_6\text{H}_5 \quad (100\%)$$

用氧气均相催化氧化：

$$C_6H_5SCH_3 \xrightarrow[\text{聚乙二醇},\ O_2,\ 115\ ℃,\ 16\ h]{H_5PV_2NO_{10}O_{40}} C_6H_5S(O)CH_3\ (77\%) + C_6H_5SO_2CH_3\ (23\%)$$

用氧气多相催化氧化(把 OsO_4 置于镁铝水滑石中处理)：

$$4\text{-}ClC_6H_4SCH_3 \xrightarrow[t\text{-}BuOH,\ O_2,\ 55\ ℃,\ 5\ h]{LPH\text{-}OsO_4} 4\text{-}ClC_6H_4S(O)CH_3 \quad (96\%)$$

用氧气氧化、光催化，以铅钸烧绿石(PyL)为催化剂，$[Ru(byy)_3]^{2+}$ 为光敏剂，嵌入Nafion膜中：

$$4\text{-}CH_3COC_6H_4SCH_3 \xrightarrow[CH_3CN/H_2O,\ O_2,\ 500\ W\text{汞灯},\ 3\ h]{PyL,\ [Ru(byy)_3]^{2+},\ Nafion} 4\text{-}CH_3COC_6H_4S(O)CH_3 \quad (96\%)$$

黄素(Flavin)是一种生物体系催化剂。以黄素为催化剂，对不饱和硫醚氧化。

$$(CH_3)_2C{=}CHCH_2SC_6H_5 \xrightarrow[CH_3OH,H_2O_2,\text{常温},\ 25\ h]{Flavin} (CH_3)_2C{=}CHCH_2S(O)C_6H_5 \quad (92\%)$$

2.2.3 通过间接磺化法引入磺酸基

表面活性剂、N-甲基油酰胺磺酸盐的合成可用油酰氯和N-甲基牛磺酸缩合，引入磺酸基：

$$C_{17}H_{33}COCl + HN(CH_3)CH_2CH_2SO_3Na \longrightarrow C_{17}H_{33}CON(CH_3)CH_2CH_2SO_3Na + HCl$$

$$RNH_2 + ClCH_2CH_2SO_3Na \longrightarrow RNHCH_2CH_2SO_3Na + HCl$$

$$RNH_2 + HOCH_2CH_2CH_2SO_3Na \xrightarrow{\text{高温高压}} RNHCH_2CH_2CH_2SO_3Na + H_2O$$

磺甲基化也是间接引入磺酸基的方法，如磺甲基树脂的合成，先合成羟甲基磺酸钠：

$$2HCHO + NaHSO_3 + Na_2SO_3 + H_2O \longrightarrow 2HOCH_2SO_3Na + NaOH$$

再与酚类化物反应，最后缩合。

又如，由聚丙烯酰胺与甲醛、亚硫酸氢钠缩合，再在碱作用下引入磺甲基，制得磺甲基化聚丙烯酰胺。

2.3　三氧化硫对有机金属化合物的插入反应

三氧化硫与碳—金属键的插入反应是芳卤、烯卤制备磺酸的较好途径。有机锂是一种有效的反应底物。常用三氧化硫络合物,如三氧化硫吡啶或三氧化硫三甲胺复合物。

三氧化硫三甲胺复合物在无水乙醚或四氢呋喃中与有机锂化合物反应,反应温度控制在−78 ℃～室温,得到磺酸盐,酸化得到磺酸。

$$R{-}Li + SO_3\cdot HNO_3 \xrightarrow[-78℃\sim室温]{THF} R{-}SO_3Li \xrightarrow{H^+} RSO_3H \quad (60\%\sim79\%)$$

三氧化硫亦可对芳基硅烷的 C—Si 键进行插入。如三氧化硫-1,4-二氧杂环己烷复合物与 2-甲氧基苯基三甲基硅烷在室温下反应 1 h,然后用正四丁基硫酸氢铵的碱溶液处理,即得芳基磺酸四丁基铵,产率达 89%。当芳环上有吸电子基时此反应不能进行。

TMSi, OCH3 → (1,4-二氧六环 · SO3) → SO3TMS, OCH3 → (n-BuNHSO3 / NaOH, H2O) → SO3N(n-Bu)9, OCH3 (89%)

参考文献

[1]　张斌斌,袁亦然,樊晓东. 三氧化硫气相磺化甲苯制高纯度对甲苯磺酸的实验研究[J]. 硫酸工业,1995(6):46-48.

[2]　兰泽冠,夏利群,姚顺喜,等. 苯磺酸钠的合成及中试生产[J]. 湖北化工,1995(4):37-39.

[3]　石权达,孟明扬. 三氧化硫磺化芳香化合物的新发展[J]. 化工中间体,2005(7):13-17.

[4]　宋相丹,刘有智,姜秀平,等. 磺化剂及磺化工艺技术研究进展[J]. 当代化工,2010,39(1):83-85.

[5]　张广良,杨效益,郭朝华,等. 气相 SO_3 磺化法合成染料中间体 3-乙氨基-4-甲基苯磺酸[J]. 印染助剂,2011,28(6):21-23.

[6]　关晓明,张鹏远,陈建峰. 液相磺化法制备三次采油用石油磺酸盐[J]. 高校化学工程学报,2010,24(2):296-300.

[7]　陆豪杰. 甲代烯丙基磺酸钠的合成[J]. 化学工程师,2010,24(12):63-64.

[8]　孙昌俊. 有机氧化反应原理与应用[M]. 北京:化学工业出版社,2013.

[9]　穆文菲. 亚砜类化合物的应用进展[J]. 精细与专用化学品,2012,20(6):31-33.

[10]　阮建兵,金学平,李健雄,等. 正十二烷基甲基亚砜的制备方法及应用探讨[J]. 化学试剂,2013,35(11):991-994.

[11]　徐建,李学强,姚新波,等. 硫醚氧化成砜的新方法[J]. 合成化学,2014,22(4):526-528.

[12]　尤启冬. 药物化学[M]. 北京:化学工业出版社,2016.

第3章 磺化硫酸化反应历程及动力学

3.1 以硫酸、发烟硫酸为磺化剂的活泼质点

以硫酸、发烟硫酸及三氧化硫为磺化剂进行的烃及其衍生物的磺化反应，绝大多数都是典型的亲电取代反应。磺化剂自身离解提供多种亲电质点。在100%的硫酸中，硫酸分子通过氢键生成缔合物，缔合物随温度升高而降低。100%的硫酸略能导电，综合散射光谱的测定证明有 HSO_4^- 存在，这是因为100%的硫酸中有少量分子按下列几种方式离解：

$$2H_2SO_4 \rightleftharpoons SO_3 + H_3O^+ + HSO_4^- \tag{1}$$

$$2H_2SO_4 \rightleftharpoons H_3SO_4^+ + HSO_4^- \tag{2}$$

$$3H_2SO_4 \rightleftharpoons H_2S_2O_7 + H_3O^+ + HSO_4^- \tag{3}$$

$$3H_2SO_4 \rightleftharpoons HSO_3^+ + H_3O^+ + 2HSO_4^- \tag{4}$$

若在100%的硫酸中加入少量水，则按下式完全离解：

$$H_2O + H_2SO_4 \longrightarrow H_3O^+ + HSO_4^-$$

生成的 H_3O^+ 和 HSO_4^- 使式(2)和式(3)平衡向左移动，$H_3SO_4^+$ 和 $H_2S_2O_7$ 的浓度下降。并且加入的水越多，$H_3SO_4^+$ 和 $H_2S_2O_7$ 的浓度越低。

发烟硫酸也略能导电。从联合发散光谱可以看到，发烟硫酸中除有 SO_3 以外，还有 $H_2S_2O_7$、$H_2S_4O_{13}$、$H_3SO_4^+$ 和 $HS_2O_7^-$ 等质点。这是因为发生了以下反应：

$$SO_3 + 2H_2SO_4 \rightleftharpoons H_3SO_4^+ + HS_2O_7^-$$

$$H_2S_2O_7 + H_2SO_4 \rightleftharpoons H_3SO_4^+ + HS_2O_7^-$$

因此硫酸和发烟硫酸是一个有多种亲电质点的体系，其中存在着 SO_3、$H_2S_2O_7$、H_2SO_4、HSO_3^+ 和 $H_3SO_4^+$ 等。实际上它们都是不同溶剂化的 SO_3，都能参加磺化反应，其含量随磺化剂浓度变化而变化。在发烟硫酸中，亲电质点以 SO_3 为主；在浓硫酸中，亲电质点以 $H_2S_2O_7$（$H_2SO_4 \cdot SO_3$）为主；在80%～85%的硫酸中，以 $H_3SO_4^+$（$H_3O^+ \cdot SO_3$）为主；在浓度更低的硫酸中，以 H_2SO_4（$H_2O \cdot SO_3$）为主。

在发烟硫酸中，各种亲电质点的亲电能力强弱次序为 $SO_3 > H_2S_4O_{13}$（$H_2SO_4 \cdot 3SO_3$）$> H_2S_3O_{10}$（$H_2SO_4 \cdot 2SO_3$）$> H_2S_2O_7$（$H_2SO_4 \cdot SO_3$）$> H_3SO_4^+$（$H_3O^+ \cdot SO_3$）$>$ H_2SO_4（$H_2O \cdot SO_3$）。

各种亲电质点参加磺化亲电反应的活性差别很大，在 SO_3、$H_2S_2O_7$、$H_3SO_4^+$ 三种常见质点中，SO_3 活性最大，$H_2S_2O_7$ 次之，$H_3SO_4^+$ 最小，而反应的选择性则刚好相反。磺

化动力学研究必须考虑那些能产生亲电质点的试剂之间的平衡，也要考虑那些能够导致 σ 络合物产生和消去的产物之间的平衡。

3.2　磺化反应历程和动力学

3.2.1　芳香族化合物亲电取代磺化反应历程和动力学

芳香族化合物一般比较容易引入磺酸基，就其引入方法而言，可以分为直接引入和间接引入。芳香族化合物磺化可形成芳磺酸或芳磺酰氯。磺化反应按亲电取代历程进行。常用的磺化剂有三氧化硫、发烟硫酸、硫酸和氯磺酸等，针对被磺化物的不同，可选择不同的磺化剂。芳香族化合物磺化时分两步进行：第一步，亲电质点向芳环进攻，生成 σ 络合物；第二步，在碱的作用下 σ 络合物脱去质子得到芳磺酸。反应历程如下：

$$C_6H_6 \underset{-H_2SO_4}{\overset{+SO_3,\ H_2SO_4}{\rightleftharpoons}} C_6H_6SO_3^- \underset{-H_2SO_4}{\overset{+HSO_4^-}{\rightleftharpoons}} C_6H_5SO_3H$$

$$C_6H_6 \underset{-H_3O^+}{\overset{+SO_3,\ H_3O^+}{\rightleftharpoons}} C_6H_6SO_3^- \underset{-H_2SO_4}{\overset{+HSO_4^-}{\rightleftharpoons}} C_6H_5SO_3^-$$

$$C_6H_6 \underset{-H_2O}{\overset{+SO_3,\ H_2O}{\rightleftharpoons}} C_6H_6SO_3^- \underset{-H_2SO_4}{\overset{+HSO_4^-}{\rightleftharpoons}} C_6H_5SO_3^-$$

$$C_6H_6 \overset{+SO_3}{\rightleftharpoons} C_6H_6SO_3^- \rightleftharpoons C_6H_5SO_3H$$

σ-络合物

实验证明，用浓硫酸磺化时，脱质子是整个反应速率的控制阶段；用稀硫酸磺化时，生成 σ 络合物较慢，第一步限制了整个反应速率。

用三氧化硫、发烟硫酸或浓硫酸磺化芳香族化合物时，其反应动力学可表示如下：

磺化质点为 SO_3 时，

$$v=K_{SO_3}[ArH][SO_3]=K'_{SO_3}[ArH][H_2O]^{-2}$$

磺化质点为 $H_2S_2O_7$ 时，

$$v=K_{H_2S_2O_7}[ArH][H_2S_2O_7]=K'_{H_2S_2O_7}[Ar][H_2O]^{-2}$$

磺化质点为 $H_3SO_4^+$ 时，

$$v=K_{H_3SO_4^+}[ArH][H_3SO_4^+]=K'_{H_3SO_4^+}[ArH][H_2O]^{-1}$$

由以上三式可以看出，磺化反应速率与磺化剂中含水量有关。当以浓硫酸为磺化剂、水很少时，磺化反应速率与水浓度的平方成反比，即生成的水量越多，反应速率下降越快，所以用浓硫酸磺化时，硫酸浓度和反应中生成的水量对磺化反应速率有重要影响。用三氧化硫磺化时，反应速率只与三氧化硫浓度有关。如在三氯氟甲烷中用三氧化硫磺化二氯苯，反应速率同二氯苯和三氧化硫浓度成正比。动力学方程为 $v=K[C_6H_4Cl_2][SO_3]$。在硝基苯或硝基甲烷中，芳烃用三氧化硫磺化，磺化反应速率同芳烃浓度、三氧化硫浓度的平方成正比：$v=K[ArH][SO_3]^2$，对于低活性芳香族化合物，如苯基三甲氨基正离子，

反应速率 $v=K[C_6H_5N^+(CH)_3][SO_3][H^+]$。

芳香族化合物的磺化产物芳磺酸在一定温度下于含水的酸性介质中可发生脱磺酸基的水解反应，即磺化反应的逆反应。此时亲电质点为 H_3O^+，它与带有供电子基的芳磺酸作用，使其磺酸基水解。

$$ArSO_3H + H_2O \xrightleftharpoons{H^+} ArH + H_2SO_4$$

带有吸电子基的磺酸，其磺酸基不易水解。芳磺酸的磺酸基不仅可发生水解反应，而且在一定条件下还可以从原来的位置转移到其他热力学更稳定的位置上去，这被称为磺酸基转位或磺酸基异构化。由于磺化、水解再磺化和磺酸基异构化的共同作用，使烷基苯等芳香烃衍生物的最终磺化产物含有邻位、间位和对位的各种异构体，而且随反应温度变化以及磺化剂种类及浓度的不同，各种异构体比例也不同，尤其是温度影响更大。磺酸基进入芳环的位置随反应温度不同而改变。如甲苯用硫酸磺化，磺酸基进入的位置随温度不同而改变：

$$C_6H_5CH_3 \xrightarrow{H_2SO_4} \begin{cases} \xrightarrow{0\ ℃} \text{邻-}CH_3C_6H_4SO_3H\ (43\%) + \text{间-}CH_3C_6H_4SO_3H\ (4\%) + \text{对-}CH_3C_6H_4SO_3H\ (53\%) \\ \xrightarrow{100\ ℃} \text{邻-}CH_3C_6H_4SO_3H\ (13\%) + \text{间-}CH_3C_6H_4SO_3H\ (8\%) + \text{对-}CH_3C_6H_4SO_3H\ (79\%) \\ \xrightarrow{170\ ℃} \text{对-}CH_3C_6H_4SO_3H\ (100\%) \end{cases}$$

对难磺化的芳香族化合物进行磺化时，可采用三氟化硼、锰盐、汞盐、矾盐作催化剂。苯在室温下用浓硫酸磺化生成苯磺酸，在 70～90 ℃用浓硫酸磺化苯，间苯二磺酸收率为 90％。间苯二磺酸钠在汞盐催化下，用 15％发烟硫酸在 275 ℃磺化，生成 1,3,5-苯三磺酸，收率为 71％。

芳香族化合物的氯磺化反应是亲电取代反应。用氯磺酸磺化时，首先生成磺酸，在有过量氯磺酸存在时，生成的磺酸转化成磺酰氯，如甲苯的氯磺化：

$$C_6H_5CH_3 + ClSO_3H \longrightarrow \text{对-}CH_3C_6H_4SO_3H + HCl\uparrow$$

当反应混合物中有过量氯磺酸时，则发生如下反应：

$$CH_3C_6H_4SO_3H + ClSO_3H \rightleftharpoons CH_3C_6H_4SO_2Cl + H_2SO_4$$

多数芳香族化合物与氯磺酸能快速反应，最初主要生成芳磺酸及少量磺酰氯，只有氯磺酸过量时，生成的磺酸在过量氯磺酸作用下才能转化成磺酰氯，这个反应可逆。高温条件下则不可逆，因 $ClSO_3H$ 会分解，放出 HCl 和 SO_3。H_2SO_4 的存在不利于氯磺化反应，一方面它降低了 $ClSO_3H$ 浓度，另一方面又能把磺酰氯转化为磺酸。所以氯磺化反应中氯磺酸都是过量的，有的过量几倍。

芳香族化合物氯磺化反应分两步：

$$ArH + ClSO_3H \longrightarrow ArSO_3H + HCl\uparrow$$

$$ArSO_3H + ClSO_3H \rightleftharpoons ArSO_2Cl + H_2SO_4$$

氯磺酸过量有利于反应进行。

3.2.2　长碳链饱和脂肪酸及其酯的磺化反应

饱和脂肪酸和酯用三氧化硫进行磺化，是脂肪酸 α 位进行的单磺化反应，生成 α-磺酸基脂肪酸或 α-磺酸基脂肪酸酯。首先生成混酐，混酐在高温下重排而形成 α-磺化脂肪酸，反应过程可表示如下：

$$RCH_2COOH + SO_3 \xrightarrow{\text{加成，快}} RCH_2C(=O)-OSO_3H \xrightleftharpoons{\text{重排，慢}} RCH(SO_3H)-C(=O)-OH$$

脂肪酸酯与三氧化硫的反应过程可表示如下：

$$RCH_2C(=O)-OR' \xrightarrow{SO_3} RCH_2C(\overset{+}{O}R')(OSO_3^-) \xrightarrow{SO_3} RCH(SO_3H)-C(\overset{+}{O}R')(OSO_3^-) \xrightarrow{\text{加热}} RCH(SO_3H)-C(OR')=O \xrightarrow{NaOH} RCH(SO_3Na)-C(OR')=O$$

这是一个亲电取代反应。

脂肪酸甲酯用三氧化硫进行磺化，在低于 70 ℃的温度下的磺化反应动力学及反应历程如下：

$$RH_2C-C(=O)-OR'CH_3 + SO_3 \underset{K_2}{\overset{K_1}{\rightleftharpoons}} RH_2C-\overset{+}{C}(OCH_3)(OSO_3^-) \underset{-K_2}{\overset{K_2}{\rightleftharpoons}} RHC=C(OCH_3)(OSO_3H)$$

$$RH_2C-\overset{+}{C}(OCH_3)(OSO_3^-) \xrightarrow[<70\ ℃]{K_5} RHC(SO_3H)-C(=O)-OCH_3$$

$$RHC=C(OCH_3)(OSO_3H) \xrightarrow{SO_3,\ K_3} RCH-C(OCH_3)(OSO_3H)\ (\text{环：}SO_2-O) \xrightarrow{K_4} RHC(SO_3H)-C(=O)-OCH_3$$

$$RCH-C(OCH_3)(OSO_3H)\ (\text{环：}SO_2-O) \xrightarrow{NaOH} RCH(SO_3Na)-C(=O)-ONa$$

研究指出，最后一步（即 K_4）是反应速率控制步骤。二钠盐随 SO_3/甲酯浓度比增加而增加，随反应温度升高而降低。在保证转化率的情况下，SO_3/甲酯浓度比越低越好。

3.2.3 不饱和烃亲电加成磺化反应历程

烯烃的磺化加成反应首先生成离子中间体或自由基中间体，最后得到的是双键全部被加成的产物或者取代产物。

α-烯烃用三氧化硫磺化是烯烃的亲电加成反应。首先是亲电试剂与链烯烃的 π 电子系统之间形成一个键，其产物主要为末端磺化产物，或亲电体三氧化硫与链烯烃反应生成磺酸内酯和烯基磺酸等。其反应历程如下：

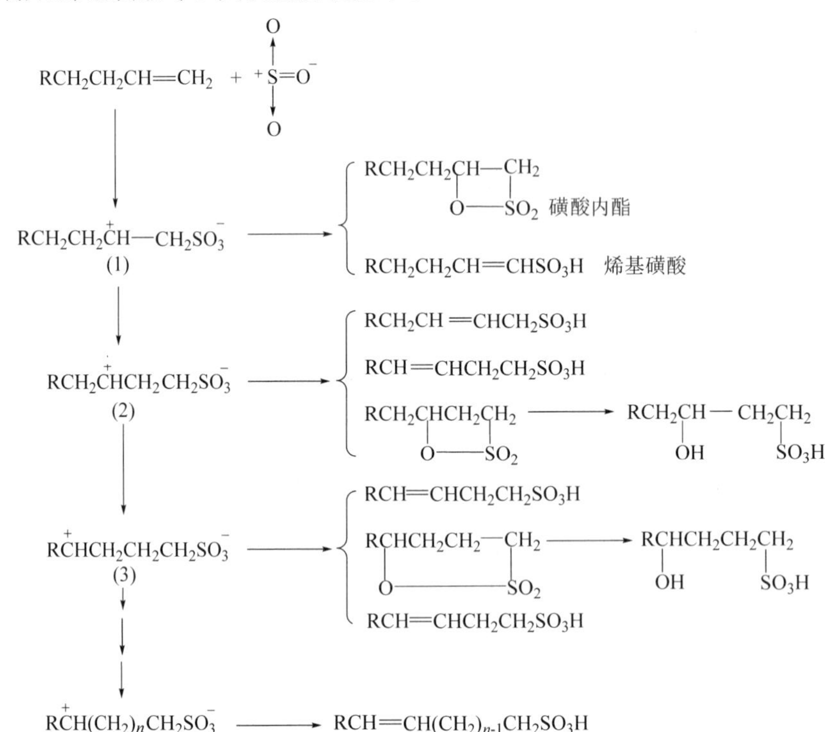

烯烃与 SO_3 发生亲电加成生成正碳离子(1)，正碳离子(1)脱质子生成 α-烯基或环化生成 1,2-磺酸内酯，还能发生氢转移反应，生成正碳离子(2)或(3)。正碳离子(2)和(3)也可脱质子，发生环化或氢转移反应。各烯基磺酸还可进一步与 SO_3 加成，生成多磺酸或磺酸内酯等。

α-烯烃与三氧化硫反应生成 1,2-磺酸内酯是强放热反应，不可逆，可在瞬间完成。所以进行反应时，要用低浓度三氧化硫进行磺化。

烯烃磺化反应加成规则与马尔科夫规则预期的一致。α-烯烃的磺化通常都是端位磺酸盐。在气相或惰性溶剂中都是 2-链烯-1-磺酸等。用液体二氧化硫为溶剂时，则生成可达 10%的 1-链烯-1-磺酸。在除生成链烯磺酸混合物，还有磺酸内酯和链烷磺酸。丙烯磺化比较困难，转化率低，在苛刻条件下反应产品质量不好。

3.2.4　自由基型磺化反应历程

烷烃也可被多种磺化剂磺化，生成磺酸。常用的磺化剂有硫酸、发烟硫酸、三氧化硫等。烷烃比较难磺化，又由于烷烃分子中各种 C—H 键都可能发生反应，会生成磺酸混合物，故不能合成纯净的单一磺酸。脂肪烃磺化反应按自由基历程进行，需过氧化物或光引发，磺化反应难，收率低。但含十几个碳原子的饱和直链烷烃用二氧化硫、氧或氯气，经引发可进行磺化反应，称为氧磺化或氯磺化反应，得到广泛应用。

1. 烷烃的氯磺化反应历程

二氧化硫和氯气及烷烃的混合物在光照下得到烷基磺酰氯，这种方法称为 Reed 过程。这种氯磺化方法在烷烃类磺酰氯及其衍生物的制造和各类聚烯烃的改性上有许多应用。

烷烃氯磺化机理：烷烃与二氧化硫及氯气在光照下反应得到烷基磺酰氯。反应通过光照、γ 射线或自由引发剂引发，产物主要是烷基单磺酰氯，还有少量的二磺酰氯及多磺酰氯以及烷基氯化物。其基元反应如下：

链引发

$$Cl_2 \xrightarrow{h\nu} 2Cl\cdot$$

链增长

$$RH + Cl\cdot \longrightarrow R\cdot + HCl$$

$$R\cdot + SO_2 \longrightarrow R\dot{S}O_2$$

$$R\dot{S}O_2 + Cl_2 \longrightarrow RSO_2Cl + Cl\cdot$$

链终止

$$Cl\cdot + Cl\cdot \longrightarrow Cl_2$$

总反应

$$RH + Cl_2 + SO_2 \longrightarrow RSO_2Cl + Cl\cdot$$

副反应

$$R\cdot + Cl_2 \longrightarrow RCl + Cl\cdot$$

$$R\cdot + O_2 \longrightarrow ROO\cdot$$

$$RSO_2Cl \xrightarrow{h\nu} RCl + SO_2$$

$$RSO_2Cl \xrightarrow{\triangle} RCl + SO_2$$

此反应也可用过氧化物、四乙基铅、AIBN 及其他自由基引发剂，产生烷烃类自由基，然后发生链反应。

$$R'OOR' \longrightarrow 2R'O\cdot$$

$$R'O\cdot + RH \longrightarrow R\cdot + R'OH$$

γ 射线在反应液中引起的自由基是溶剂分子或烃分子。如

$$RH \longrightarrow R\cdot + H\cdot$$

或

$$CCl_4 \xrightarrow{h\nu} Cl\cdot + \cdot CCl_3$$

当两自由基结合时，链就终止：

$$Cl\cdot + Cl\cdot \longrightarrow Cl_2$$

氧能够阻止氯磺化反应进行：

$$R\cdot + O_2 \longrightarrow R\dot{O}_2$$

磺酰氯对光和热敏感，能使其分解。

五个碳原子以上的正烷烃中，伯碳—氢键和仲碳—氢键反应比例为 1∶3，十二烷主要生成仲十二烷基磺酰氯。

硫酰氯（SO_2Cl_2）用作氯磺化剂，通过光引发进行氯磺化反应早有应用。长碳链烷烃与硫酰氯在光照下可发生反应，生成烷基磺酰氯，烷基磺酰氯水解生成烷基磺酸。如制取十二烷基磺酸钠的反应：

$$C_{12}H_{26} + SO_2Cl_2 \xrightarrow{\text{光照}} \underset{\text{（十二烷基磺酰氯）}}{C_{12}H_{25}SO_2Cl} + HCl\uparrow$$

$$C_{12}H_{25}SO_2Cl \longrightarrow \begin{cases} \xrightarrow{H_2O} C_{12}H_{25}SO_3H + HCl\uparrow \\ \xrightarrow{2NaOH} C_{12}H_{25}SO_3Na + H_2O + NaCl \end{cases}$$

其反应机理为

$$SO_2Cl_2 \xrightarrow{\text{光}} \dot{S}O_2Cl + Cl\cdot$$

$$C_{12}H_{26} + Cl\cdot \longrightarrow \dot{C}_{12}H_{25} + HCl\uparrow$$

$$\dot{C}_{12}H_{25} + SO_2Cl_2 \longrightarrow \dot{C}_{12}H_{25}SO_2Cl + Cl\cdot$$

当两自由基结合时，反应终止。

2. 烷烃的氧磺化反应历程

长碳链烷烃 R—H（如 C_{12}～C_{18}烷烃）的氧磺化反应，是用二氧化硫和空气中的氧为磺化剂的自由基链反应。反应生成的产物为仲烷基磺酸：

$$RCH_2CH_3 + SO_2 + \frac{1}{2}O_2 \xrightarrow{h\nu} \underset{\underset{SO_3H}{|}}{RCHCH_3}$$

紫外线、γ 射线、臭氧和过氧化物或其他自由基引发剂都能引发该反应。其反应历程可简述如下：

链引发

$$R-H \xrightarrow{\text{光或引发剂}} R\cdot + H\cdot$$

$$R\cdot + SO_2 \longrightarrow R\dot{S}O_2$$

链增长

$$R\dot{S}O_2 + O_2 \longrightarrow RSO_2\dot{O}_2$$

$$RSO_2\dot{O}_2 + RH \longrightarrow RSO_3H + R\dot{O}$$

$$RSO_2\dot{O} + RH \longrightarrow RSO_3H + R\cdot$$

$$RH + \dot{O}H \longrightarrow R\cdot + H_2O$$

副反应

$$RSO_2O_2H + H_2 + SO_2 \longrightarrow RSO_2H + H_2SO_4$$

生成烷基磺酸产品的反应速率控制步骤是过磺酸 RSO_2O_2H 的生成。过磺酸在 40 ℃左右的温度下相当稳定，但水的存在可促使其分解成磺酸。用氧磺化反应制得的磺酸绝大多数为仲碳磺酸，因仲碳原子上的氢原子比伯碳原子上的氢原子活泼两倍。低碳烷烃氧磺化反应是一个催化反应，一旦发生，自由基就不需要再提供引发剂，而长碳链烷烃氧磺化反应需不断提供引发剂，通常是加乙酐使反应连续进行。

3. 烯烃自由基磺化反应历程

在氧或过氧化物存在下，烯烃与亚硫酸氢钠的加成反应是自由基链反应，其加成方向是反马尔科夫尼科夫规则的。反应机理可表示如下：

链引发

$$HSO_3^- \xrightarrow{\text{引发剂}(O_2\text{或过氧化物})} H\cdot + \dot{S}O_3^-$$

$$RCH{=}CH_2 + \dot{S}O_3^- \longrightarrow R\dot{C}HCH_2SO_3^-$$

链增长

$$R\dot{C}H{-}CH_2SO_3^- + HSO_3^- \longrightarrow RCH_2CH_2SO_3^- + \dot{S}O_3^-$$

该类反应实际应用于高碳 α-烯烃（C_{10}～C_{20}）与亚硫酸氢钠的加成，加成产物为高碳伯烷基磺酸，是合成性能较好的阴离子表面活性剂的好方法。

3.2.5　亲核历程的磺化反应

1. 亲核取代的磺化反应历程

许多卤代烃能与亚硫酸盐反应，生成磺酸盐。

$$RX + Na_2SO_3 \longrightarrow RSO_3Na + NaX$$

伯卤代烃与亚硫酸盐反应生成伯烃基磺酸盐，产率较高，在 70%～90%。仲卤代烃、叔卤代烃与亚硫酸钠反应生成的磺酸盐产率较低。如溴代叔丁烷与亚硫酸钠反应生成磺酸钠的产率只有 23%。

卤代烃与亚硫酸钠反应是亲核取代反应。亚硫酸根 $O{=}\overset{O}{\underset{O}{S}}{:}$ 中的硫原子上有未共用电子对，是亲核试剂。卤代烃的 C—X 键有一对成键电子，由于卤素原子电负性大于碳原子，电子偏近于卤素原子，使与卤素原子相连的碳原子有部分正电荷。其反应历程可表示如下：

$$O{=}\overset{ONa}{\underset{ONa}{S}}{:} + \underset{H\;\;H}{\overset{R}{C}}{-}X \underset{}{\xrightarrow{\text{慢}}} \left[\begin{matrix} NaO\;\;R \\ O{=}S\cdots C\cdots X \\ NaO\;\;H\;H \end{matrix}\right] \xrightarrow{\text{快}} RCH_2SO_3Na + NaX$$

是 SN_2 亲核取代反应。

丙烯腈聚合用的第三单体甲基丙烯磺酸钠的制备反应如下：

$$CH_2{=}\underset{CH_3}{\underset{|}{C}}{-}CH_2Cl + Na_2SO_3 \longrightarrow CH_2{=}\underset{CH_3}{\underset{|}{C}}{-}CH_2SO_3Na + NaCl$$

2,4-二氨基苯磺酸是合成染料的重要中间体，用于生产多种活性染料。其制备反应如下：

$$\text{1-Cl-2,4-}(NO_2)_2C_6H_3 \xrightarrow[\text{MgO}]{NaHSO_3} \text{1-}SO_3Na\text{-2,4-}(NO_2)_2C_6H_3 \xrightarrow[HCl,H_2O]{Fe} \text{1-}SO_3Na\text{-2,4-}(NH_2)_2C_6H_3$$

精细化工产品中间体2-氯乙磺酸的制备反应如下：

$$ClCH_2CH_2Cl + NaHSO_3 \longrightarrow ClCH_2CH_2SO_3H + NaCl$$

2. 环氧化物的磺化反应历程

环氧化物与亚硫酸氢钠反应是制取β-羟基磺酸的方法。其反应如下：

$$RCH\underset{O}{-}CH_2 + NaHSO_3 \longrightarrow RCH(OH)CH_2SO_3Na$$

环氧化物的三环结构使其成环各原子的轨道正面不能充分重叠，而是以一种称之为弯曲键的方式互相连接。由于这种原因，分子中存在一种张力，使之不稳定，极易与多种试剂反应，打开环结构。亚硫酸氢钠与环氧化物的反应是SN_2亲核取代反应。反应发生在空间阻碍较小的位置上。

$$R-CH\underset{O}{-}CH_2 + HO-\ddot{S}(=O)-ONa \longrightarrow RCH(OH)-CH_2SO_3Na$$

如羟乙基磺酸的合成，即环氧乙烷与亚硫酸的反应：

$$\underset{O}{\triangle} + H_2SO_3 \longrightarrow HOCH_2CH_2SO_3H$$

3. 亲核加成的磺化反应历程

(1)醛酮与亚硫酸氢钠亲核加成的磺化反应历程

亚硫酸氢钠能够与醛和某些活泼的酮(如甲基硐)发生羰基加成反应，生成α-羟基磺酸。亚硫酸氢钠的硫原子亲核性强，不用加任何催化剂就能发生反应。如乙醛与亚硫酸氢钠的加成，生成α-羟基乙磺酸钠：

$$CH_3CHO + NaHSO_3 \rightleftharpoons CH_3CH(OH)SO_3Na$$

只需过量的亚硫酸氢钠饱和水溶液，而不用加任何催化剂。

亚硫酸氢钠与醛、酮加成反应是亲核加成反应。其反应历程可表示如下：

$$\underset{(H_3C)H}{R}\!>\!C=O + HO-S(=O)-\overset{-}{O}\overset{+}{Na} \rightleftharpoons R(H_3C)H\,C(ONa)(SO_3H) \rightleftharpoons R(H_3C)H\,C(OH)(SO_3Na)$$

一般醛都能发生该反应。由于酮分子中的烃基空间阻碍，因此只有甲基酮才能发生加成反应，环酮可以与亚硫酸氢钠发生亲核加成反应。

醛、酮与亚硫酸氢钠的加成物α-羟基磺酸易溶于水，但在饱和亚硫酸氢钠溶液中会析出结晶，可用于鉴别醛、甲基酮和环酮。亚硫酸氢钠与醛、甲基酮的加成反应是可逆反应，在稀酸和碱作用下，亚硫酸氢钠可从α-羟基磺酸中分解出来。这是羟基磺酸的特性，可利用这个性质分离提纯醛、甲基酮和环酮。

不同的羰基化合物与亚硫酸氢钠加成能力不同。当物质的量之比为 1∶1 时，加成产物收率如下：

$$\underset{(89\%)}{H_3C-\overset{\displaystyle O}{\overset{\|}{C}}-H}\qquad \underset{(56\%)}{H_3C-\overset{\displaystyle O}{\overset{\|}{C}}-CH_3}\qquad \underset{(36\%)}{H_3CH_2C-\overset{\displaystyle O}{\overset{\|}{C}}-CH_3}$$

$$\underset{(12\%)}{(H_3C)_2HC-\overset{\displaystyle O}{\overset{\|}{C}}-CH_3}\qquad \underset{(6\%)}{(H_3C)_3C-\overset{\displaystyle O}{\overset{\|}{C}}-CH_3}\qquad \underset{(2\%)}{H_3CH_2C-\overset{\displaystyle O}{\overset{\|}{C}}-CH_2CH_3}$$

由于磺酸基能被其他基团（如氰基）取代，利用这一性质制备腈类化合物，可避免使用有毒的氢化氰。此法收率较好。

$$R-\overset{H(CH_3)}{\overset{|}{\underset{\underset{\displaystyle O}{\|}}{C}}} + NaHSO_3 \rightleftharpoons R-\overset{H(CH_3)}{\overset{|}{\underset{\underset{\displaystyle OH}{|}}{C}}}-SO_3Na \xrightarrow{NaCN} R-\overset{H(CH_3)}{\overset{|}{\underset{\underset{\displaystyle OH}{|}}{C}}}-CN + NaHSO_3$$

当醛或甲基酮与其他化合物混合时，向混合物中加入亚硫酸氢钠后生成醛或甲基酮磺酸，醛或甲基酮磺酸溶于水与其他化合物分离。再加酸或碱，使羟基磺酸分解，分出纯净的醛或甲基酮。

$$R-\overset{H(CH_3)}{\overset{|}{C}}=O + NaHSO_3 \rightleftharpoons R-\overset{H(CH_3)}{\overset{|}{\underset{\underset{\displaystyle OH}{|}}{C}}}-SO_3Na \longrightarrow R-\overset{H(CH_3)}{\overset{|}{\underset{\underset{\displaystyle O}{\|}}{C}}} + NaHSO_3$$

$$NaHSO_3 \longrightarrow \begin{cases} \xrightarrow{Na_2CO_3} NaHCO_3 + Na_2SO_3 \\ \xrightarrow{HCl} NaCl + SO_2\uparrow + H_2O \end{cases}$$

（2）碳碳重键与亚硫酸氢钠亲核加成的磺化反应历程

烯烃与磺化剂三氧化硫可发生亲电加成反应生成磺酸。烯烃与亚硫酸氢钠在氧、氧化物或引发剂催化下可发生自由基加成反应，进行磺化。除此之外，当烯烃的重键共轭的碳原子上带有吸电子基如（羰基、硝基和氰基等）时，这类烯烃与亚硫酸氢钠能发生加成反应，这类加成反应不是按自由基反应历程加成，而是亲核加成历程。如把 $\underset{\underset{\displaystyle NO_2}{|}}{CH}=CH-CH_3$ 在 $-5\sim0$ ℃时滴入亚硫酸氢钠水溶液中进行反应，然后升温至 40 ℃使反应完全，则生成 1-硝基丙烷-2-磺酸钠。

$$CH_3CH=CHNO_2 + NaHSO_3 \longrightarrow CH_3\underset{\underset{\displaystyle SO_3Na}{|}}{C}HCH_2NO_2$$

α-丁炔酸可与两分子亚硫酸氢钠加成，生成 2，2-二磺酸基丁酸钠，反应可表示如下：

$$CH_3C\equiv CCOOH + NaHSO_3 \longrightarrow CH_3\underset{\underset{\displaystyle SO_3Na}{|}}{C}=CHCOOH \xrightarrow{NaHSO_3} \underset{(80\%)}{H_3C-\overset{SO_3Na}{\overset{|}{\underset{\underset{\displaystyle SO_3Na}{|}}{C}}}-CH_2COOH}$$

琥珀酸酯磺酸盐的合成是亚硫酸盐与带有吸电基团的不饱和化合物加成制取磺酸盐的又一实例。其反应可表示如下：

$$\begin{array}{l} HC-C(=O)-OR \\ \| \\ HC-C(=O)-OR \end{array} + NaHSO_3 \longrightarrow \begin{array}{l} HC-C(=O)-OR \\ | \\ HC(SO_3Na)-C(=O)-OR \end{array}$$

综上所述,磺化反应是有多种反应机理的反应。所用的反应物、试剂和反应条件不同,磺化反应历程也不同。有亲电取代反应历程、亲电加成反应历程、亲核取代反应历程、亲核加成反应历程、自由基取代反应历程和自由基加成反应历程。

3.3 硫酸化反应历程和动力学

3.3.1 醇的硫酸化反应历程和动力学

醇的硫酸化反应从形式上看是硫酸的酯化。醇类用硫酸进行的硫酸化反应是一个可逆反应。

$$ROH + H_2SO_4 \rightleftharpoons ROSO_3H + H_2O$$

其反应速率不仅与硫酸和醇的浓度有关,也与酸度和平衡常数有关。反应速率方程为

$$v = K[ROH][H_2SO_4]$$

此反应可逆,等物质的量的醇和硫酸的硫酸化反应在最有利条件下只能完成65%。

醇类硫酸化,硫酸既是反应物又是催化剂,反应历程中包括S—O键断裂。

$$H_2SO_4 \xrightleftharpoons{H^+} H_2\overset{+}{O}-SO_3H \xrightleftharpoons{ROH} R-\overset{+}{\underset{H}{O}}-SO_3H \xrightleftharpoons{-H^+} ROSO_3H$$

醇类硫酸化时,反应条件选择不当则会产生一系列副反应,如脱水产生烯烃。对于仲醇,尤其是叔醇,生成烯烃的量更多。此外,硫酸会把醇氧化成醛、酮,并进一步发生树脂化和缩合等反应。

醇类用氯磺酸进行硫酸化,是通用的实验室方法,收率高。反应式如下:

$$ROH + ClSO_3H \longrightarrow ROSO_3H + HCl\uparrow$$

$$ClSO_3H + ROH \rightleftharpoons Cl-\underset{ROH}{SO_3H} \longrightarrow Cl^- + R\overset{+}{\underset{H}{O}}-SO_3H \longrightarrow HCl + ROSO_3H$$

反应对醇和氯磺酸为一级反应:

$$v = K[ROH][ClSO_3H]$$

当用气态 SO_3 进行醇的硫酸化反应时,反应几乎立刻发生,反应速率受气体扩散控制,反应在液相界面进行。由于硫原子存在空轨道,能与氧原子结合,形成配键化合物,而后转化为硫酸烷基酯。

$$ROH + SO_3 \rightleftharpoons \underset{SO_2O^-}{R\overset{+}{O}H} \longrightarrow ROSO_3H$$

若两分子三氧化硫与乙醇作用,会发生硫酸化和磺化反应。在0 ℃时,一分子三氧化硫与一分子乙醇作用生成硫酸乙酯。在50 ℃时,硫酸乙酯与三氧化硫进一步反应,生成 $HO_3SCH_2CH_2OSO_3H$。硫酸乙酯被三氧化硫磺化,这是由于三氧化硫进攻硫酸乙酯环

状中间体，再通过氢原子的亲电位移而发生的。

总反应如下：

$$CH_3-CH_2-OH \xrightarrow[0\ ℃]{SO_3} CH_3-CH_2-O-SO_3H \xrightarrow[50\ ℃]{SO_3} HO_3S-CH_2-CH_2-O-SO_3H$$

除脂肪醇外，单甘油酯以及存在于蓖麻油中的羟基硬脂酸酯都可进行硫酸化，如制表面活性剂。

3.3.2　烯烃的硫酸化反应历程

烯烃的硫酸化反应是硫酸与烯烃的亲电加成反应。正烯烃加成产物为仲烷基磺酸盐。加成方向符合马尔科夫尼科夫规则。反应历程为

$$RCH{=}CH_2 \overset{H^+}{\rightleftharpoons} R\overset{+}{C}H-CH_3$$

生成正碳离子的中间过程是反应速率的控制步骤。后边为正碳离子与 HSO_3^- 加成，生成烷基磺酸酯。（由烯烃与硫酸反应得到的加成产物是仲烷基硫酸盐。）

$$RCH{=}CH_2 \overset{H^+}{\rightleftharpoons} R\overset{+}{C}H-CH_3 \overset{HSO_4^-}{\rightleftharpoons} RCH(OSO_3H)-CH_3$$

但在碳链骨架不变的情况下，氢原子能发生转移，快速产生异构体，因而可得到磺酸酯基处于不同位置的仲烷基磺酸酯混合物。

$$RCH_2CH_2\overset{+}{C}HCH_3 \rightleftharpoons RCH_2\overset{+}{C}HCH_2CH_3 \rightleftharpoons R\overset{+}{C}HCH_2CH_2CH_3$$

$$\downarrow HSO_4^- \qquad \downarrow HSO_4^- \qquad \downarrow HSO_4^-$$

$$RCH_2CH_2CH(OSO_3H)CH_3 \qquad RCH_2CH(OSO_3H)CH_2CH_3 \qquad RCH(OSO_3H)CH_2CH_2CH_3$$

烯烃与硫酸反应还可继续进行，得到一烷基硫酸酯、二烷基硫酸酯，以及烯烃聚合物。当硫酸中有水时，还会有醇、醛生成。

$$RCH{=}CH_2 \rightleftharpoons R\overset{+}{C}HCH_3 \longrightarrow \begin{cases} \xrightarrow[-H^+]{H_2SO_4} RCH(OSO_3H)CH_3 \xrightarrow[-H^+]{R\overset{+}{C}HCH_3} RCH(CH_3)-O-SO_2-O-RCH-CH_3 \\ \xrightarrow[-H^+]{+H_2O} RCH(OH)CH_3 \xrightarrow[-H^+]{R\overset{+}{C}HCH_3} RCH(CH_3)OCH(CH_3)-R \\ \xrightarrow[-H^+]{RCH=CH_2} R\overset{+}{C}H-CH_2(RCHCH_3) \xrightarrow[-H^+]{RCH=CH_2} \text{聚合物} \end{cases}$$

3.3.3　醇的硫酸化反应动力学

醇的硫酸化反应动力学方程是

$$v = Kh_0\left([H_2SO_4][ROH] - \frac{1}{K}[ROSO_3H][H_2O]\right)$$

式中，h_0 为介质的酸度；K 为平衡常数。

醇的硫酸化反应的速率不仅与硫酸和醇的浓度有关，而且与反应介质的酸度、反应平

衡常数有关。

醇用氯磺酸进行硫酸化反应时，其反应动力学方程为

$$v=K[ROH][ClSO_3H]$$

氯磺酸活泼性高，在室温下就能反应。醇分子对氯磺酸分子中的硫原子攻击是反应速率的控制步骤。

醇用气态三氧化硫进行硫酸化，反应发生极快，反应速率受三氧化硫气体扩散速率控制，反应只是在液体表面进行。

用浓硫酸进行烯烃的硫酸化时，烯烃形成正碳离子中间产物的反应是反应速率的控制步骤。其反应动力学方程为

$$v=Kh_0[RCH=CH_2]$$

烃类的磺化反应、烯烃和醇类的硫酸化反应都是放热反应。用三氧化硫磺化的热效应约为217.7 kJ/mol，用20%的发烟硫酸磺化的热效应约为180 kJ/mol，用浓硫酸磺化的热效应通常为146.5 kJ/mol。芳烃磺化的热效应一般为117.2 kJ/mol。1 mol醇用1.9 %(物质的量分数)的浓硫酸硫酸化时，热效应为146.5 kJ/mol，用浓硫酸为磺化剂进行磺化时，反应热效应包括两部分：磺化反应生成热和反应中生成的水稀释了反应剂硫酸放出的稀释热。磺化剂所用的酸浓度越高，稀释热越大。所以磺化、硫酸化反应热效应与所用酸的浓度、用量有直接关系。

磺化反应的热效应与磺化剂种类有关，其估算通式如下：

$$\Delta H_C=\Delta H_V-\Delta H_D$$

式中，ΔH_C 是以三氧化硫构成的化合物为磺化剂的热效应；ΔH_V 为以气态三氧化硫为磺化剂的反应热效应；ΔH_D 是磺化剂分解成结合剂和三氧化硫气体时的分解热。三氧化硫与结合剂结合时反应热相等，但符号相反。ΔH_D 对不同浓度的硫酸或发烟硫酸是不同的。

磺化反应热效应受多种因素影响，每个磺化反应确切的热效应需要通过实验求得。

磺化反应热效应比较大，尤其是用三氧化硫为磺化剂时，热效应大，反应快。这就需要考虑解决快速移出反应热的问题，以使反应顺利进行。这是设计、制造磺化反应器要考虑的一个极其重要的问题。

参考文献

[1] 吕春绪，钱华，李斌栋，等. 药物中间体化学[M]. 北京：化学工业出版社，2014.

[2] 宋东明，李树德. 对硝基甲苯邻磺酸合成工艺研究[J]. 精细化工，1996(1)：48-50.

[3] 袁少明，周庚生，牛金平，等. 脂肪酸甲酯磺化新工艺[J]. 化工生产与技术，2003(6)：18-20.

[4] 孟海林，孙明和. α-烯基磺酸盐的生产和应用开发[J]. 日用化学工业，1994(2)：13-19.

[5] 韩向丽. 脂肪酸甲酯磺化新工艺[J]. 山西化工，2003(3)：22-24.

[6] 毛立新. 制备硬脂酸甲酯磺酸盐的研究[J]. 河南化工，2001(11)：17-18.

[7]　兰云军，谷雪贤.氧化亚硫酸化植物油的研制[J].西北皮革，2003(6)：39-41.

[8]　曹声春，蔺万斯，杨礼嫦，等.催化合成磺氯化油的连续工艺[J].化学世界，1986(4)：17-19.

[9]　潘宇农，孔德林.十二醇硫酸钠的合成[J].天然气化工，1999(3)：48-49.

[10]　巢骏.三氧化硫硫酸化十二醇的生产工艺[J].日用化学工业，1993(1)：11-13.

[11]　蒋文贤.气体三氧化硫磺化十二醇新工艺的研究[J].硫酸工业，1986(1)：8-12.

第 4 章　磺化反应热力学

4.1　磺化反应的可逆性

磺化反应是可逆反应。在 100～200 ℃时苯与 73％的硫酸可以达到平衡。在此状态下，若使反应向某一方向进行，需改变反应条件。如果要得到磺酸，需要将反应生成的水蒸出去以破坏平衡，使平衡反应向右移动。

$$C_6H_6 + H_2SO_4 \overset{\triangle}{\rightleftharpoons} C_6H_5SO_3H + H_2O$$

苯磺酸与稀硫酸一起加热，在 100～175 ℃时反应向左移动，苯磺酸转化为苯和硫酸。常在反应混合物中通入过热蒸汽，以蒸汽带出易挥发的苯，使反应向左进行。

磺化反应的逆反应是磺酸的水解反应。磺酸水解也是亲电取代反应，与磺化历程相反，是质子为亲电试剂取代磺酸基。

$$C_6H_5SO_3H \overset{H^+}{\rightleftharpoons} [C_6H_5(H^+)(SO_3^-)]^{\oplus} \overset{-H^+,\,-SO_3^-}{\rightleftharpoons} C_6H_6$$

SO_3^- 和 H^+ 都是好的离去基团。中间体 $[C_6H_5(H^+)(SO_3^-)]^{\oplus}$ 去掉质子转化成磺酸；与其相反，脱去三氧化硫，恢复苯环。两者所需能量相差很小，如图 4-1 所示。

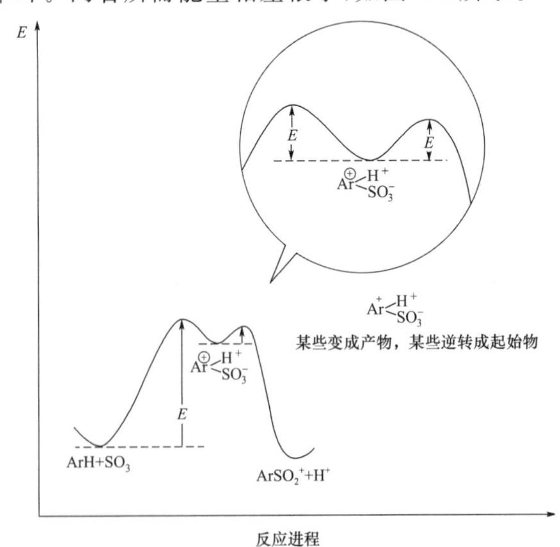

图 4-1　磺化反应的可逆历程

脱磺酸基是亲电取代反应，当芳环上电子密度高时有利于磺酸基脱去。脱去磺酸基的反应通常是将磺酸与硫酸一起加热进行的反应。有时以磷酸代替硫酸。当磺酸的芳环上有烷基存在时，磺酸基易于脱去。如用磷酸使苯磺酸脱磺酸基需 227 ℃，而用 2,4-二甲基苯磺酸脱磺酸基仅需 137 ℃，2,4,6-三甲基苯磺酸在盐酸中脱磺酸基只需 80 ℃，五甲基苯磺酸在硫酸中于室温下即可脱去磺酸基。磺化反应的可逆性在稠环芳烃磺化中同样可以看到，如萘在 60 ℃用浓硫酸磺化，主要生成 α-萘磺酸。如将磺化液用水稀释，并在 140 ℃左右通入水蒸气，生成的 α-萘磺酸即被水解成萘，并随水蒸气蒸出。

$$C_{10}H_8 + H_2SO_4 \xrightarrow{60\ ℃} \alpha\text{-}C_{10}H_7SO_3H \xrightarrow[140\ ℃\ 水蒸气]{H_2O} C_{10}H_8 + H_2SO_4$$

如果把萘的磺化液加热到 160 ℃或萘在 160 ℃时用浓 H_2SO_4 磺化，则主要生成 β-萘磺酸。α-萘磺酸在 160 ℃下发生磺酸基转位，生成 β-萘磺酸。

$$C_{10}H_8 + H_2SO_4 \longrightarrow \begin{cases} \xrightleftharpoons{60\ ℃} \alpha\text{-}C_{10}H_7SO_3H + H_2O \\ \quad\downarrow \\ \xrightleftharpoons{160\ ℃} \beta\text{-}C_{10}H_7SO_3H + H_2O \end{cases}$$

磺酸的水解和异构化反应都是可逆反应。

4.2　磺化产物的异构化

在一定条件下，磺化产物中的磺酸基会从原来位置转移到其他位置，这种现象称为磺酸的异构化。如上述的 α-萘磺酸在 160 ℃时加热生成 β-萘磺酸。通常认为，在有水的磺酸中，磺酸的异构化是一个水解再磺化反应；而在发烟硫酸中，则是分子内重排反应。

萘在浓硫酸中磺化时，磺化温度对生成异构体比例的影响见表 4-1。

表 4-1　　磺化温度对生成异构体比例的影响

温度/℃	α 位比例/%	β 位比例/%	温度/℃	α 位比例/%	β 位比例/%
80	96.5	3.5	129	44.4	55.6
90	90.0	10.0	138.5	28.4	71.6
100	83.0	17.0	150	18.3	81.7
110.5	72.6	27.4	160	18.4	81.6
124	52.4	47.6	—	—	—

平衡混合物中 α 异构体随硫酸浓度提高而增加。低温、反应时间短有利于 α 异构体的生成，而高温、长时间、加热有利于 β-萘磺酸生成。稳定的磺化产物受热力学控制。

同理，将萘用硫酸、发烟硫酸磺化制取萘二磺酸时，高温生成 β-萘二磺酸。反应式如下：

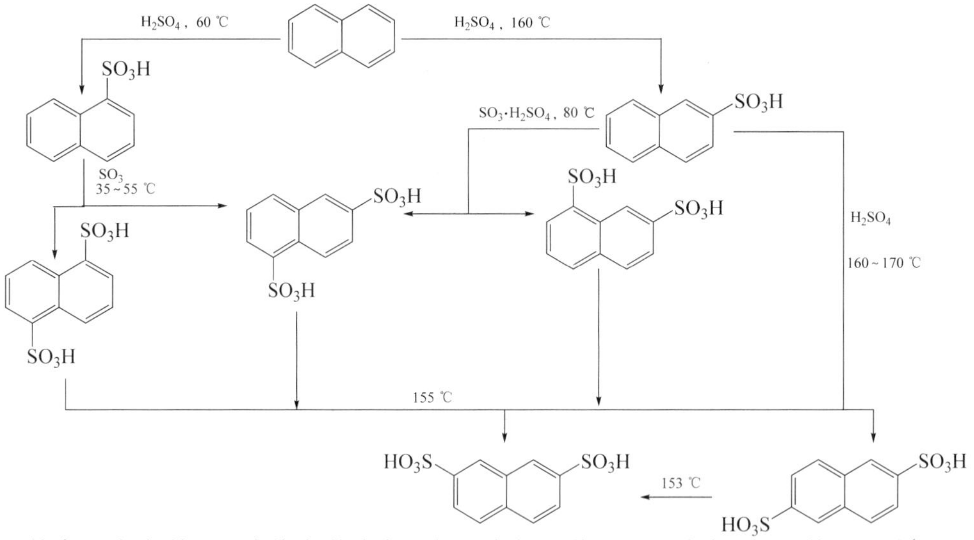

较高温度有利于生成热力学稳定性好的产物。苯系列也类似，如甲苯用98%的硫酸磺化时，温度对异构体生成比例有明显影响。在0 ℃时磺化得到的邻甲苯磺酸含量为42.7%，对甲苯磺酸含量为53.5%；在150 ℃时磺化得到的对甲苯磺酸含量最高达到89.3%，而邻甲苯磺酸为5.7%。当磺化温度升至200 ℃时，则主要得到间甲苯磺酸，含量为94.6%，此时邻甲苯磺酸含量为5.3%，对甲苯磺酸含量为35.2%。用浓硫酸磺化甲苯，温度对各异构体含量的影响见表4-2。

表4-2 温度对甲苯磺酸异构体含量的影响

异构体	含量/%							
	0	35 ℃	75 ℃	100 ℃	150 ℃	175 ℃	190 ℃	200 ℃
邻甲苯磺酸	42.7	31.9	20.0	13.3	7.8	6.7	6.8	4.3
对甲苯磺酸	53.5	62.0	72.1	78.7	83.2	70.7	56.2	35.2
间甲苯磺酸	3.8	6.1	7.9	8.0	8.9	19.9	33.9	54.1

将甲苯蒸气在120 ℃通入98%的硫酸中进行共沸脱水磺化时，磺化产物组成：甲基苯磺酸88.3%、硫酸4.7%、砜0.7%、甲苯1.0%、水5.3%。磺酸中对甲苯磺酸含量为86%，邻甲苯磺酸含量为10%，间甲苯磺酸含量为4%。

又如间二甲苯在150 ℃用浓硫酸磺化，主要磺化产物为3,5-二甲基苯磺酸。

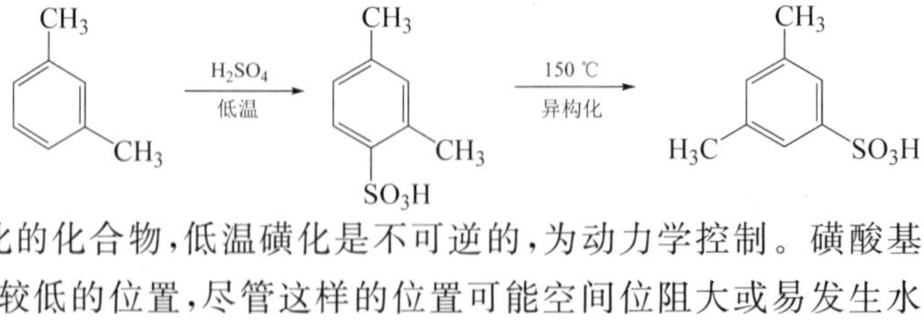

对于易磺化的化合物，低温磺化是不可逆的，为动力学控制。磺酸基主要进入电子云密度高、活化能较低的位置，尽管这样的位置可能空间位阻大或易发生水解。高温是磺化热力学控制条件，磺酸基可以通过水解再磺化或异构化而转移到空间位阻较小或不易再水解的位置，不论活化能高低。

4.3　芳磺酸的水解反应

芳磺酸在含水的酸性介质中、在一定温度下会发生水解反应脱去磺酸基。这是磺化反应的逆反应，是亲电取代反应，亲电质点为 H_3O^+。反应历程为

$$C_6H_5SO_3^- \underset{}{\overset{H_3O^+}{\rightleftharpoons}} C_6H_5SO_3\cdots H\cdots H_2O \underset{}{\overset{-H_2O}{\rightleftharpoons}} [C_6H_5(H)SO_3^-]^+ \underset{}{\overset{+H_2O}{\rightleftharpoons}} C_6H_6 + H_2SO_4$$

通常 H_3O^+ 浓度越大，水解速度越快，常在 30%～60%硫酸中进行水解。水解反应温度越高，则水解反应进行越快，一般水解温度为 120～160 ℃。常压水解一般在沸腾硫酸水溶液中进行。如果需要硫酸的浓度低一些，水解的温度就要高一些，这时可加压水解。

芳磺酸环上有供电基，如甲基、氨基等，并处于磺酸基的邻、对位，磺酸水解较容易。当芳磺酸的芳环上有吸电基(如硝基)时，磺酸难水解。α-萘磺酸易水解，而 β-萘磺酸难水解。

在酸性水溶液中进行磺酸水解，其速率常数与温度是线性关系，质子化的分子中C—S键断裂速率是反应速率的控制步骤。

$$K = -H_0 + 常数$$

式中，K 是速率常数，与磺酸性质相关；H_0 为酸度函数。

磺酸在常压下水解，一般是在沸腾的硫酸水溶液中进行的。硫酸的浓度和沸点的关系如图 4-2 所示。

芳磺酸的水解在工业生产上有重要用途。将芳香族化合物先磺化占位，接着进行下一步反应，然后再把磺酸基水解的合成路线用于制备一些重要化工产品，如邻氯甲苯、2,6-二氯苯胺、邻硝基苯甲酸、丁酸、4-硝基-4′-氨基二苯胺、4,4′-二氨基二苯胺等。

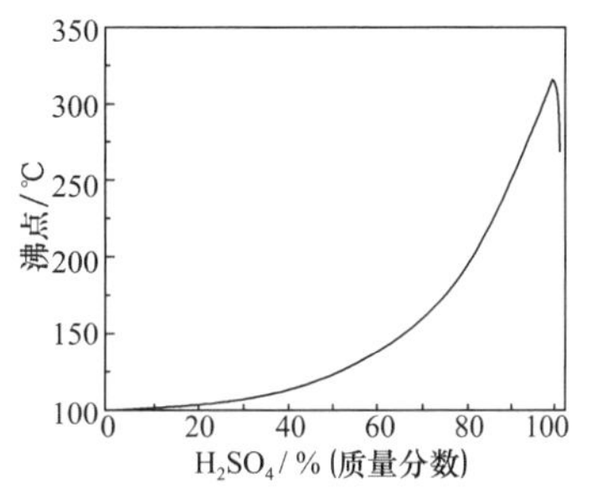

图 4-2　不同浓度硫酸的沸点

磺化反应可逆性也被用于一些化合物的分离提纯。例如，混合二甲苯的分离，鉴别醛和甲基酮及其提纯和分离，间二硝基苯、α-萘胺的提纯等。

参考文献

[1]　王积涛. 有机化学[M]. 3 版. 天津：南开大学出版社，2009.

[2]　蓝仲薇. 有机化学基础[M]. 北京：海洋出版社，2008.

第 5 章　影响磺化硫酸化反应的因素

影响磺化硫酸化反应的因素比较多。如被磺化物的结构和性质、磺化剂的种类和用量、反应温度、磺化产物的化学稳定性以及辅助剂等，都会影响磺化硫酸化反应的进行和产物的收率等。

5.1　被磺化物的结构和性质对磺化反应的影响

脂肪烃、芳烃、杂环化合物及其多种衍生物(如卤代烃，醇、酚、醚、醛、酮、羧酸及其衍生物、酯等)都能发生磺化反应。因其结构、性质不同，磺化反应难易不同，历程各异，磺化速率和磺化产品收率也不同。

1. 脂肪烃结构对磺化反应的影响

脂肪烃可被多种磺化剂磺化，生成磺酸类化合物。常用的磺化剂有硫酸、发烟硫酸、三氧化硫、二氧化硫、氧、氯气、亚硫酸盐等。

低级烷烃在一般温度下不能与磺化剂发生反应。烷烃只能溶于酸中，在高温下，烷烃可被浓硫酸、发烟硫酸或三氧化硫磺化，如丁烷可被浓硫酸磺化：

$$CH_3CH_2CH_2CH_3 + H_2SO_4 \xrightarrow{400\ ℃} CH_3CH_2CH_2CH_2SO_3H + H_2O$$

磺化产物不是单一的，是多种小分子磺化物。在高温时，磺化的同时碳链会发生断裂，生成多种小分子磺化混合物。中等或较长碳链烷烃在控制条件下能与发烟硫酸反应，生成单磺酸、二磺酸等：

$$R{-}H + H_2SO_4(SO_3) \longrightarrow R{-}SO_3H + H_2O$$

如十二烷基磺酸钠的制备。以石蜡为原料磺化得到的磺酸盐通常是单磺酸、二磺酸或多磺酸的混合物。

烃分子中叔碳原子上的氢原子最容易被取代，所以支链较多的烷烃最容易发生磺化反应。但由于烷烃中各种 C—H 键的键能相差较小，各种氢原子均能被磺酸基取代。因而烷烃磺化常常生成混合物，不适宜合成单一的磺化物。长碳链直链烷烃用二氧化硫、氧气或氯气在引发剂或过氧化物、臭氧及其他引发剂作用下能发生磺氧化、磺氯化反应，用于制取长碳链磺酸盐(SAS)。正构长碳链($C_{14}\sim C_{16}$)烷烃在紫外线照射下发生磺氧化、磺氯化反应，用于制取阴离子表面活性剂。长碳链烷烃由空气氧化，得长碳链烷基氢过氧化物，再同过量的亚硫酸氢盐水溶液反应，可制得烷基磺酸盐：

$$RH \xrightarrow{O_2} ROOH \xrightarrow{2NaHSO_3} RSO_3Na + NaHSO_4 + H_2O$$

这一反应的原料和产物与磺氧化反应一样，但反应过程是分步进行的。

直链烷烃在二氯乙烷中与三氧化硫反应，在低温下把三氧化硫滴入直链烷烃 1,2-二氯乙烷中，使其反应。反应后除去多余的三氧化硫，经中和、除水干燥，能制得单磺酸、二磺酸和羟基磺酸等一些性质相近的混合物。

一些石油磺酸盐的制备，用三氧化硫作磺化剂，可以用二氯乙烷作溶剂，把三氧化硫溶于二氯乙烷后，喷入循环的石油气流中；也可以把石油原料中加入添加剂，再用三氧化硫连续磺化，制得的石油磺酸用于三次采油添加剂。

烯烃用浓硫酸、三氧化硫进行磺化，是亲电加成反应。C＝C 电子云密度越高越易发生加成，亲电质点与双键上电子云密度高的碳原子结合成键，是依马尔科夫尼科夫规则进行的加成反应。亲电质点与双键含氢原子较多的碳原子结合成键。

三氧化硫与 1，4-二氧六环络合物滴加到苯乙烯的二氯甲烷溶液中，放置过夜，再加热回流反应，生成 β-苯乙烯磺酸：

$$C_6H_5-CH{=}CH_2 + SO_3\cdot O(CH_2CH_2)_2O \longrightarrow C_6H_5-CH{=}CHSO_3H$$

环己烯与三氧化硫反应，生成环己烯-3-磺酸：

$$\text{环己烯} + SO_3\cdot O(CH_2CH_2)_2O \longrightarrow \text{环己烯-3-}SO_3H$$

浓硫酸与环己烯反应则生成 2-羟基环己烷磺酸：

$$\text{环己烯} + H_2SO_4(\text{浓}) \xrightarrow{\text{乙酸-乙酐}} \text{2-羟基环己烷}SO_3H$$

α-烯烃用三氧化硫磺化，其产品主要为末端磺酸，亲电质点三氧化硫与链烯烃反应生成链烯烃磺酸和极少量羟基链磺酸。烯烃用三氧化硫磺化，烯烃与三氧化硫之比为1∶1.2～1∶1.3，转化率达 85％。

$$RCH_2CH_2CH{=}CH_2 + SO_3 \longrightarrow \begin{cases} \longrightarrow RCH{=}CHCH_2CH_2SO_3H \\ \longrightarrow RCH_2CH(OH)CH_2CH_2SO_3H \end{cases}$$

烯烃与亚硫酸盐加成生成磺酸盐，反应按自由基反应历程进行。加成方向是按马尔科夫尼科夫规则进行的。如异丁烯在空气催化下与亚硫酸氢钠水溶液在压力瓶中加成，生成 2-甲基-2-丙基磺酸钠：

$$(CH_3)_2C{=}CH_2 + NaHSO_3 \xrightarrow{\text{室温}} (CH_3)_2C(SO_3Na)-CH_3\ (62\%)$$

烯烃结构对磺化反应有影响，加成产率较低，一般只有 12％～62％，难于应用于工业生产。烯烃双键的碳原子上连有吸电子基时，磺化反应就容易进行。如已工业化的商品 AOT 以及低刺激性的表面活性剂、磺化丁烯二酸酯等。

$$\begin{matrix} CH-C(=O)-OCH_2CH(C_2H_5)C_4H_9 \\ \| \\ CH-C(=O)-OCH_2CH(C_2H_5)C_4H_9 \end{matrix} + Na_2S_2O_5 + H_2O \xrightarrow{110\sim120\ ^\circ C} \begin{matrix} HC(SO_3Na)-C(=O)-OCH_2CH(C_2H_5)C_4H_9 \\ | \\ H_2C-C(=O)-OCH_2CH(C_2H_5)C_4H_9 \end{matrix}$$

当C═C双链上连有吸电子基时，加成反应容易进行，生成高产率加成产物。α，β-不饱和硝基化合物、α，β-不饱和羰基化合物、α，β-不饱和酸、酯都能顺利与亚硫酸氢钠加成。如1-硝基-1-丙烯加到亚硫酸氢钠溶液中，加热至40 ℃时反应可进行完全，生成1-硝基丙烷-2-磺酸钠：

$$CH_3CH{=}CHNO_2 + NaHSO_3 \longrightarrow CH_3\underset{}{\overset{SO_3Na}{\overset{|}{C}}}HCH_2NO_2 \quad (78\%)$$

炔烃也能发生类似的加成反应，生成二元磺酸，产率比较高。如丁炔酸能与两分子亚硫酸氢钠加成，生成β，β-二磺酸钠丁酸：

$$CH_3C{\equiv}CCOOH + NaHSO_3 \longrightarrow CH_3\underset{SO_3Na}{\underset{|}{C}}{=}CHCOOH \xrightarrow{NaHSO_3} CH_3\overset{SO_3Na}{\overset{|}{\underset{SO_3Na}{\underset{|}{C}}}}{-}CH_2COOH \ (80\%)$$

2. 卤代烃与亚硫酸氢钠反应

多种卤代烃都能与亚硫酸氢钠反应，生成磺酸钠。特别是一些活泼的卤化物更容易与亚硫酸氢钠反应。亚硫酸氢钠与卤代烃的反应是亲核取代反应。卤代烃与亚硫酸氢钠反应产率较高，一般在70%～90%。仲卤代烃、叔卤代烃产率很低，如溴代叔丁烷与亚硫酸氢钠反应，生成2-甲基-2-丙磺酸钠，产率只有23%：

$$CH_3{-}\overset{CH_3}{\overset{|}{\underset{CH_3}{\underset{|}{C}}}}{-}Br + NaHSO_3 \longrightarrow CH_3{-}\overset{CH_3}{\overset{|}{\underset{CH_3}{\underset{|}{C}}}}{-}SO_3Na \ (23\%) + HBr$$

通常卤代烃与亚硫酸氢钠水溶液一起加热，反应就能顺利进行。

如β-氯乙基苯基醚与饱和亚硫酸氢钠水溶液一起加热回流，生成β-苯氧基乙基磺酸钠。

$$C_6H_5OCH_2CH_2Cl + NaHSO_3 \xrightarrow{\triangle} C_6H_5OCH_2CH_2SO_3Na \ (43\%) + HCl$$

在不同卤代烃中，以碘代烃最活泼，溴代烃次之，氯代烃不够活泼。直链卤代烃中以相对分子质量较小的最易发生取代反应。而对于相对分子质量比较大的卤代烃，与饱和亚硫酸氢钠水溶液反应必须高温，甚至要加压才能进行反应。

卤代烃分子中是否含有氨基、烷氧基、羰基和羧基等均无影响，都可与饱和亚硫酸氢钠水溶液进行磺酸基亲核取代反应。

芳香族活泼的卤化物，如卤苄或芳环上有吸电子基的卤代芳烃，能与亚硫酸盐、亚硫酸氢钠、亚硫酸钠等反应，卤原子被取代生成磺酸盐，如氯苄与亚硫酸钠反应：

$$C_6H_5CH_2Cl + Na_2SO_3 \xrightarrow{190\sim200\ ℃} C_6H_5CH_2SO_3Na + NaCl$$

邻硝基氯苯与亚硫酸钠反应后再还原，制得邻氨基苯磺酸，收率达90%。

1，2-二氯乙烷与亚硫酸钠在相转移催化剂作用下，可制得2-氯乙磺酸钠和乙二磺酸钠。

$$ClCH_2CH_2Cl + Na_2SO_3 \xrightarrow{[C_{12}H_{25}N(CH_3)_3]Br} ClCH_2CH_2SO_3Na + NaO_3S{-}CH_2CH_2SO_3Na$$

3. 醇类化合物的硫酸化反应

醇与磺化剂的反应是硫酸化反应。醇与硫酸发生分子间脱水，生成硫酸氢酯。反应是可逆的，如乙醇与硫酸反应。反应的平衡常数与醇的性质有关。当同样的物质的量比，伯醇硫酸化的转化率达 65%，仲醇硫酸化的转化率为 40%～45%，叔醇硫酸化的转化率则更低。反应活性顺序也如此，伯醇的反应活性大约为仲醇的 10 倍。醇类在硫酸存在下极容易脱水生成烯烃。产生脱水副反应由易到难的顺序为叔醇＞仲醇＞伯醇。高级醇的硫酸酯钠盐，如月桂醇硫酸酯的钠盐 $C_{12}H_{25}OSO_3Na$ 等，是一类表面活性剂。

4. 环氧化合物的磺化、硫酸化反应

环氧乙烷用亚硫酸氢钠磺化，是合成 α-羟基乙磺酸的好方法：

$$\underset{\diagdown O \diagup}{CH_2-CH_2} + NaHSO_3 \longrightarrow \underset{OH}{CH_2}CH_2SO_3Na$$

不对称取代环氧乙烷，如环氧丙烷与亚硫酸氢钠反应，生成 α-羟基丙磺酸钠：

$$CH_3-\underset{\diagdown O \diagup}{CH-CH_2} + NaHSO_3 \longrightarrow CH_3\underset{OH}{CH}CH_2SO_3Na$$

当用硫酸对环氧丙烷硫酸化时，生成 α-羟基硫酸酯：

$$CH_3-\underset{\diagdown O \diagup}{CH-CH_2} + HOSO_3H \longrightarrow CH_3\underset{OSO_3H}{CH}CH_2OH$$

5. 醛和甲基酮的结构对磺化反应的影响

醛、酮化合物与含三氧化硫的磺化剂都能发生反应，由于含三氧化硫的磺化剂氧化性很强，醛易被磺化剂氧化。酮与含三氧化硫的磺化剂能发生磺化反应，生成 α-酮磺酸。

如苯乙酮、三氧化硫与 1,4-二氧六环络合物在室温下反应，生成苯乙酮-α-磺酸：

$$C_6H_5-\overset{O}{\overset{\|}{C}}-CH_3 + SO_3\cdot O(CH_2CH_2)_2O \longrightarrow C_6H_5-COCH_2SO_3H \quad (70\%)$$

又如樟脑在乙酐—浓硫酸中发生链端磺化。把乙酐滴入冰浴冷却的浓硫酸中，控制温度在 20 ℃以下，然后加入樟脑，在室温下反应，得到樟脑-10-磺酸。

$$\text{樟脑}(CH_3) + H_2SO_4 \longrightarrow \text{樟脑-10-磺酸}(CH_2SO_3H) + H_2O \quad (38\%\sim42\%)$$

醛和甲基酮（$CH_3\overset{O}{\overset{\|}{C}}R$）可与亚硫酸氢钠饱和水溶液（40%）发生加成反应，生成结晶的亚硫酸氢钠加成产物——α-羟基磺酸钠：

$$R-\underset{H(CH_3)}{C}=O + :\overset{OH}{\underset{ONa}{S}}=O \rightleftharpoons \begin{matrix} R & & SO_3H \\ & C & \\ (H_3C)H & & ONa \end{matrix}$$

不同结构的醛、甲基酮与亚硫酸氢钠加成活性不同。如不同结构的醛、甲基酮与1 mol 亚硫酸氢钠在 1 h 内生成加成产物的产率如下：

$$H_3C-CHO\ (89\%)\quad (H_3C)_2C{=}O\ (56\%)\quad C_2H_5(H_3C)C{=}O\ (36\%)$$

$$(H_3C)_2H_2C(H_3C)C{=}O\ (13\%)\quad (H_3C)_3C(H_3C)C{=}O\ (6\%)\quad (C_2H_5)_2C{=}O\ (2\%)$$

芳香酮与亚硫酸氢钠很难加成，而醛都能与亚硫酸氢钠加成，如4-孕甾烯-11，20-二羟基-21-醛与亚硫酸氢钠饱和水溶液加成，生成α-羟基磺酸钠结晶。

$$\text{R-CHOH-CHO} + NaHSO_3 \xrightarrow[25\ ℃]{CH_3OH/H_2O} \text{R-CHOH-CH(OH)SO}_3\text{Na}\quad (66\%)$$

许多酮酸酯(如丙酮酸酯、乙酰乙酸乙酯)也能与亚硫酸氢钠发生加成反应生成磺酸。

6. 脂肪酸和脂肪酸甲酯的磺化

脂肪酸和脂肪酸酯能与三氧化硫发生磺化反应，如将液体三氧化硫滴入5～10 ℃的软脂酸四氯化碳溶液中，于50～65 ℃反应，则生成α-磺酸软脂酸：

$$CH_3(CH_2)_{13}CH_2COOH + SO_3 \longrightarrow CH_3(CH_2)_{13}CH(SO_3H)COOH$$

有多种脂肪酸酯可用三氧化硫磺化制取脂肪酸甲酯磺酸盐。

脂肪酸甲酯磺酸盐(MES)是一种性能优越的新型表面活性剂，以C_{12}～C_{20}直链饱和羧酸为原料，如月桂酸(C_{12})、肉冠酸(C_{14})、棕榈酸(C_{16})、硬脂酸(C_{18})和山嵛酸(C_{20})等为原料，经酯化、磺化和中和三步生产脂肪酸甲酯磺酸盐。袁少明等研究了用气体三氧化硫磺化脂肪酸甲酯连续生产新工艺，脂肪酸甲酯磺酸盐收率达95%，三氧化硫转化率达99%。

反应过程如下：

$$RCH_2COOCH_3 + SO_3(\text{气态}) \xrightarrow{\text{络合(快)}} RCH_2COOSO_2OCH_3$$

$$RCH_2COOSO_2OCH_3 + SO_3(\text{气态}) \xrightarrow{\text{加成(快)}} RCH(SO_3H)COOSO_2OCH_3$$

$$RCH(SO_3H)COOSO_2OCH_3 \xrightarrow{\text{重排(慢)}} RCH(SO_3H)COOCH_3 + SO_3$$

7. 芳香族化合物的结构和性质对磺化反应的影响

脂肪族化合物比芳香族化合物磺化反应难得多。磺化反应是芳香族化合物的特征反应之一，已有较深入的研究，应用广泛。芳香族化合物磺化的难易主要受其取代基影响。

芳环上的取代基通过诱导或共轭效应使芳环电子云密度增加，反应活性增强。芳环的反应活性因下列取代基的影响而增强：

—R　　+I，+C

$—OH<—NH_2<—NHR<—NR_2$　　+C>−I

$—O^-$　　$+C>-I$

如果芳环上的取代基通过诱导或共轭效应使环上电子云密度降低，芳环的反应活性因下列取代基的影响而减弱：

—COR　—COOH　—COOR　—CN　$—NO_2$　　$-C,-I$

—X　　$+C<-I$

$—NR_2$　　$-I$

根据取代基的性质及其对芳香亲电取代的影响可以将取代基分为两类：

邻、对位定位基亦称第一类定位基，主要使第二个取代基进入其邻位和对位。这类取代基使芳环电子云密度增加，即活化亲电取代反应的基团和卤素。

间位定位基亦称第二类定位基，主要使第二个取代基进入其间位。这类取代基包括使苯环电子云密度降低、钝化亲电取代反应的基团。

两类定位基见表 5-1。

表 5-1　　邻、对位定位基和间位定位基

	邻、对位定位基					间位定位基	
取代基	$—O^-$	$—NR_2$ —NHR $—NH_2$ —OH —OR	—NHCOR —OCOR	—NHCHO $—C_6H_5$ $—CH_3$ $—CR_3$	—F —Cl，—Br，—I $—CH_2Cl$ $—CH=CHCO_2H$ $—CH=CHNO_2$	$—\overset{+}{N}H_3$ $—\overset{+}{N}R_3$	$—CF_3$，$—NO_2$ $—CCl_3$，—CN $—SO_3H$，—CHO —COR，$—CO_2H$ $—CO_2R$，$—CONH_2$
定位强度	最强	强	中	弱	弱	最强	强
电子效应	$+I$ $+C$	$-I<+C$ $+I$			$-I>+C$	$-I$	$-I,-C$
性质	活化基				钝化基		

取代基的定位规律是经验规律，仅表示第二个取代基进入芳环位置的定向影响。在一般情况下，邻、对位定位基(卤素除外)使芳环活化(尤其是邻、对位)，第二个取代基主要进入其邻、对位，使反应速度比苯快。间位定位基使苯环钝化，尤其是邻位、对位钝化更大，因而第二个取代基主要进入间位，使反应速度比苯慢。

第一类定位基在用硫酸或发烟硫酸磺化时，除$—N(CH_3)_2$ 和$—NH_2$ 外，其反应速度比苯快，且依次递减。而由于$—N(CH_3)_2$ 和$—NH_2$ 是碱性的，用硫酸、发烟硫酸磺化时能成盐，当用过量酸磺化时，它们将变成间位定位基。只有当磺化剂用量与其为等物质的量时，加热磺化，其产物主要为对位产物。

第二类定位基在用硫酸和发烟硫酸磺化时，反应比苯难，其磺化反应速度依次递减。芳环上电子云密度越大，磺化反应的活化能越低，磺化反应越易进行。磺化反应的活化能与芳环上电子云密度的关系如图 5-1 所示。

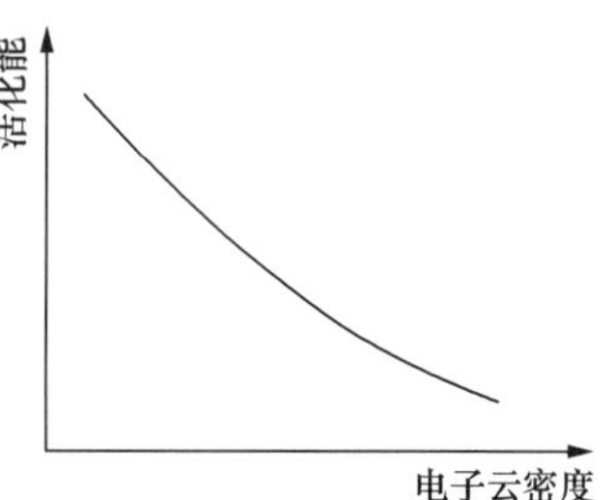

图 5-1　磺化反应的活化能与芳环上电子云密度的关系

芳烃及其衍生物用硫酸和三氧化硫磺化时的反应速率常数和活化能见表 5-2、表 5-3。

表 5-2 芳烃及其衍生物用硫酸磺化时的反应速率常数和活化能

被磺化物	反应速率常数 k (40 ℃)/ $[10^{-6}L\cdot(mol\cdot s)^{-1}]$	活化能(E)/ $(kJ\cdot mol^{-1})$	被磺化物	反应速率常数 k (40 ℃)/ $[10^{-6}L\cdot(mol\cdot s)^{-1}]$	活化能(E)/ $(kJ\cdot mol^{-1})$
萘	111.3	25.5	溴苯	9.5	37.0
间二甲苯	116.7	26.7	间二氯苯	6.7	39.5
甲苯	78.7	28.0	对硝基甲苯	3.3	40.8
1-硝基苯	26.1	35.1	对二氯苯	0.98	40.0
对氯甲苯	17.1	30.9	对二溴苯	1.01	40.4
苯	15.5	31.3	1,2,4-三氯苯	0.73	41.5
氯苯	10.6	37.4	硝基苯	0.24	46.2

表 5-3 芳烃及其衍生物用三氧化硫磺化时的反应速率常数和活化能

被磺化物	反应速率常数 k (40 ℃)/ $[L\cdot(mol\cdot s)^{-1}]$	活化能(E)/ $(kJ\cdot mol^{-1})$	被磺化物	反应速率常数 k (40 ℃)/ $[L\cdot(mol\cdot s)^{-1}]$	活化能(E)/ $(kJ\cdot mol^{-1})$
苯	48.8	20.1	硝基苯	7.85×10^{-6}	47.7
氯苯	2.4	32.3	对硝基甲苯	9.53×10^{-4}	46.2
溴苯	2.1	32.8	对硝基甲醚	6.29	18.1
间二氯苯	4.36×10^{-2}	38.5	—	—	—

磺酸基的体积较大，对磺化空间效应影响较大，特别是当芳环上原在基团体积较大时。由于 σ 络合物内的磺酸基位于平面之外，原取代基几乎不存在空间阻碍，但 σ 络合物在质子转移后，磺酸基与原取代基在同一平面上，就有空间阻碍存在。原取代基体积越大，位阻越大，磺化反应越难进行，反应速率越慢。而且还影响磺酸基进入的位置，如烷基苯磺化时，叔丁苯反应速率最慢，且没有邻位取代物生成。(表 5-4，表 5-5)

表 5-4 烷基苯在硝基苯中用硫酸磺化的相对速率

烷基苯	甲苯	乙苯	异丙苯	叔丁苯	二甲苯
相对速率	1.00	0.95	0.66	0.56	3.50

表 5-5 烷基苯单磺化各异构体比例(25 ℃，89.1%H_2SO_4)

烷基苯	相对反应速率(与苯比)	异构体比例/%			邻/对
		邻	间	对	
甲苯	28	44.04	3.57	50	0.88
乙苯	20	26.67	4.15	68.5	0.39
异丙苯	5.5	4.85	9.31	84.84	0.057
叔丁苯	3.3	0	12.12	85.85	0

空间位阻对磺化定位作用非常敏感，如以三氧化硫为磺化剂时，在硝基甲烷中，在 25 ℃进行甲苯磺化，可得到 12%邻位和 86%对位产物。而在同样条件下异丙苯磺化时，由于异丙基的体积较大，对位产物大于 98%。

在芳烃的亲电取代反应中，萘环比苯环活泼。在 80%的硫酸及 25 ℃的反应条件下，萘的磺化速率是苯的磺化速率的 80 倍。萘磺化时低温有利于磺酸基进入 α 位，高温有利于磺酸基进入 β 位。

萘 + H_2SO_4 —80 ℃→ α-萘磺酸（SO_3H）+ H_2O　（96.5%）

萘 + H_2SO_4 —160 ℃→ β-萘磺酸（SO_3H）+ H_2O　（81.6%）

当把 80 ℃磺化时的磺化液加热，α 位的磺酸基会移到 β 位。萘衍生物进行磺化时，磺酸基进入的位置由原有取代基的性质和所在位置而定。当一个环上有邻、对位定位基，如 OCH_3、$-NHC(=O)CH_3$、$-C(=O)-CH_3$、$-CH_3$、$-Cl$、$-Br$、$-I$、$-CH_2COOH$ 等时，原在基在 1 位（α 位），磺酸基主要进入同环的 4 位，其次是 2 位。若原在基在 2 位（β 位），则磺酸基进入同环的 1 位或异环的 6、8 位。若萘环上原在基为间位定位基，如 $\overset{+}{N}(CH_3)_3$、$-NO_2$、$-CN$、$-SO_3H$、$-CHO$、$-COOH$、$-COOCH_3$ 等时，磺化时磺酸基进入异环取代，主要进入 5 位或 8 位。

邻、对位定位基可活化萘环，使磺化反应比萘磺化容易进行；而间位定位基钝化萘环，磺化反应时比萘难进行。

依据磺化反应温度，磺化剂浓度、用量和反应时间的不同，可制得萘的各种单磺酸和多磺酸产物，如图 5-2 所示。

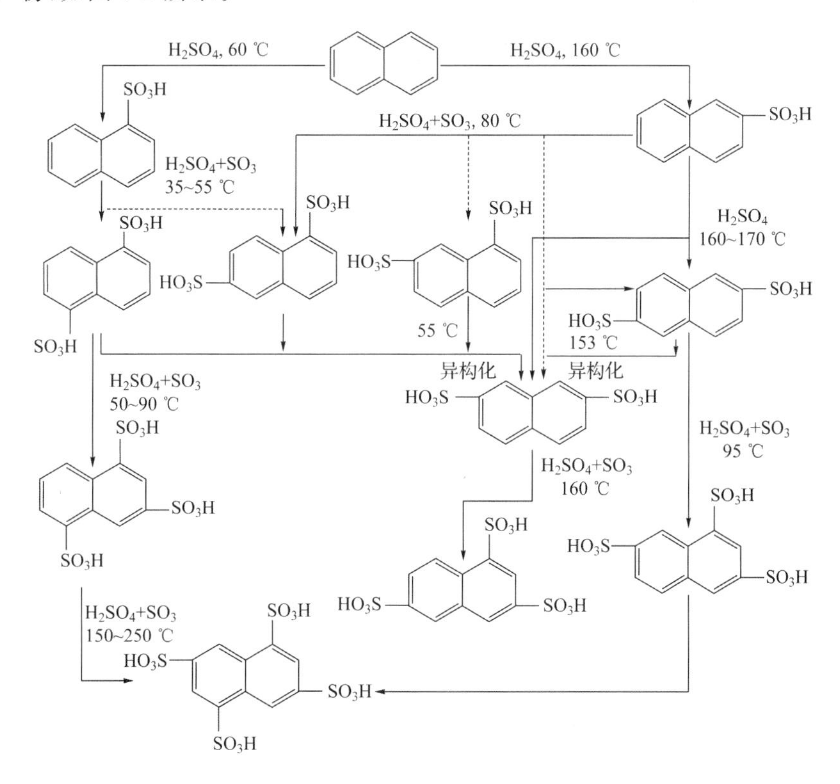

图 5-2　萘在不同条件下磺化时的主要产物（虚线表示副反应）

羟基为第一类定位基,2-萘酚磺化比萘容易。用不同磺化剂在不同磺化条件下可制取不同的 2-萘酚磺酸,如图 5-3 所示。

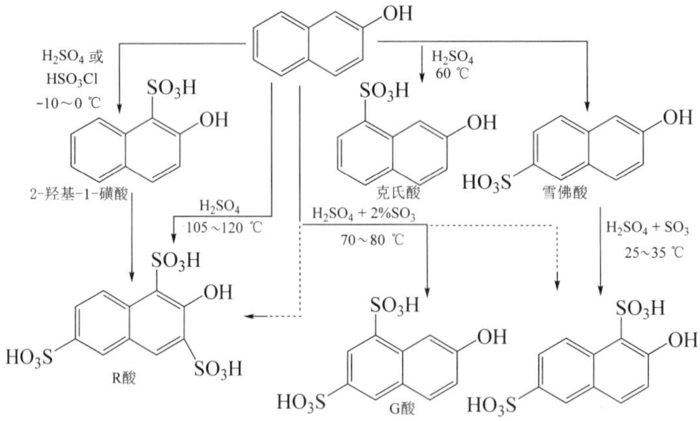

图 5-3 2-萘酚磺化时的主要产物(虚线表示副反应)

蒽可发生各类取代反应,比萘容易。但硝化、磺化产物均为混合物,所以在制备上没有重要意义和价值。在特殊条件下可制取 9 位取代产物,如用乙酐和硝酸硝化蒽可制得 9-硝基蒽,而 9-硝基蒽的硝基比较容易与其他基团置换。如用磺酸基取代,反应如下:

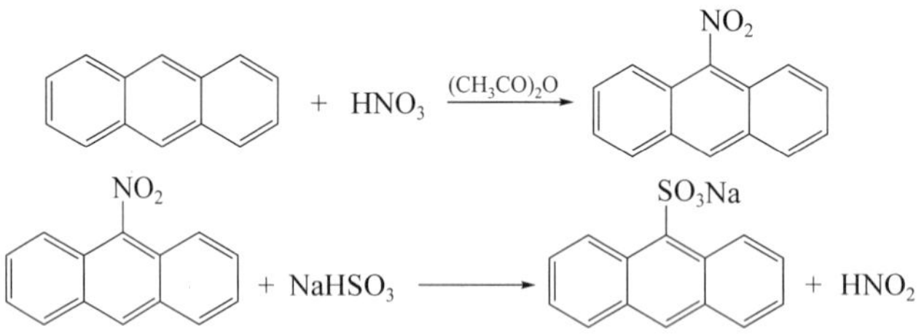

蒽的重要衍生物蒽醌也很不活泼,在普通温度下与浓硫酸不发生反应。用发烟硫酸或更强的磺化剂才能发生磺化反应,主要得到 β-蒽醌磺酸,在有汞盐存在时,生成 α-蒽醌磺酸:

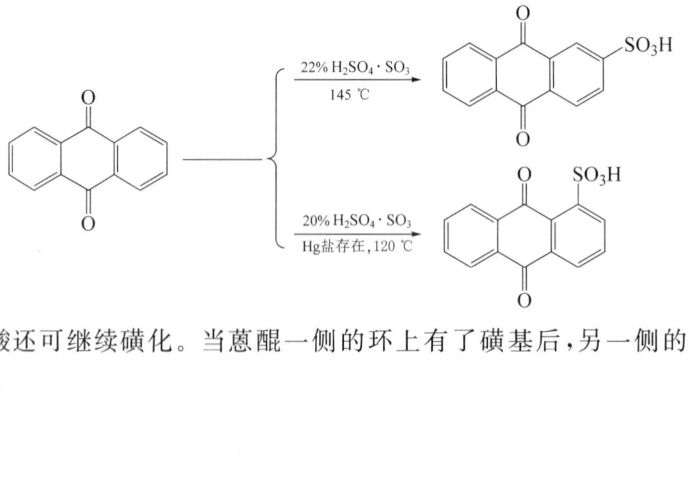

α-蒽醌磺酸还可继续磺化。当蒽醌一侧的环上有了磺基后,另一侧的环仍能继续磺化生成二磺酸:

$$\text{1-蒽醌磺酸}\xrightarrow[\text{Hg盐存在,125 ℃}]{36\%H_2SO_4\cdot SO_3}\text{1,5-蒽醌二磺酸}$$

$$\text{1-蒽醌磺酸}\xrightarrow[Na_2SO_4,\ 150\ ℃]{48\%H_2SO_4\cdot SO_3}\text{1,7-蒽醌二磺酸}$$

为制取蒽醌磺酸，可采用低转化率方法进行部分磺化，循环使用未磺化蒽醌。α-蒽醌磺酸和β-蒽醌磺酸的磺酸基易被其他基团取代，在一些重要中间体的制备中有重要应用。如β-蒽醌磺酸与氢氧化钠熔融就能制取β-羟基蒽醌。β-羟基蒽醌是茜素染料中间体，用空气氧化就可制得茜素，这是茜素的生产方法。其过程如下：

$$\text{β-蒽醌磺酸}\xrightarrow[\triangle]{NaOH}\text{β-羟基蒽醌}\xrightarrow{\text{空气氧化}}\text{茜素(1,2-二羟基蒽醌)}$$

从以上可看出，芳烃的磺化活泼顺序为：萘＞甲苯＞苯＞蒽醌。

8. 杂环化合物的磺化反应

呋喃、噻吩、吡咯具有芳香共轭体系，因此可以发生亲电取代反应，由于这些环上的杂原子有给电子的共轭效应，可使杂环活化，比苯容易发生亲电取代反应。发生亲电取代反应的顺序是：

$$\text{吡咯} > \text{呋喃} > \text{噻吩} > \text{苯}$$

许多杂环化合物（如吡咯、呋喃、吲哚、苯并呋喃）及其衍生物遇强酸和氧化剂很容易使环破坏，应避免直接用硫酸进行磺化，常用温和非质子磺化剂进行磺化，如吡啶与三氧化硫的络合物：

$$2\,\text{呋喃} + 3\,C_5H_5N\cdot SO_3 \xrightarrow[\text{室温}]{C_2H_4Cl} \text{呋喃-2-}SO_3^-\cdot C_5H_5NH^+ + \text{呋喃-2,5-}(SO_3^-)_2\cdot 2\,C_5H_5NH^+$$

$$\text{噻吩} + C_5H_5N\cdot SO_3 \xrightarrow[\text{室温}]{C_2H_4Cl}\xrightarrow{Ba(OH)_2}(\text{噻吩-2-}SO_3^-)\cdot Ba^{2+}$$

$$\text{吡咯} + C_5H_5N\cdot SO_3 \xrightarrow{100\ ℃} C_5H_5NH^+\cdot\text{吡咯-2-}SO_3^- \xrightarrow{HCl}\text{吡咯-2-}SO_3H$$

反应首先得到吡啶的磺酸盐，再用无机酸转化成磺酸。当吡啶、三氧化硫络合物与呋喃作用时，可制取 α-呋喃磺酸。

当呋喃环上有吸电子基团，如苯甲酰基、羧基、酯基等负电性取代基时，吡咯环的稳定性增加，可在一般条件下进行磺化反应。如呋喃甲酸可以用发烟硫酸磺化，磺酸基进入另一 α 位：

$$\text{呋喃-2-COOH} + H_2SO_4 \cdot SO_3 \longrightarrow HO_3S\text{-呋喃-COOH}$$

吡咯可用二噁烷与三氧化硫络合物为磺化剂进行磺化，生成吡咯-2-磺酸。在二氯乙烷中，0～20 ℃磺化，反应如下：

$$\text{吡咯(N-H)} \xrightarrow[0\sim20\ ℃]{\text{二噁烷}\cdot SO_3} \text{吡咯-2-}SO_3H$$

噻吩比较稳定，亲电取代比苯容易。在室温下可与浓硫酸发生磺化反应，生成 α-噻吩磺酸，生成物能溶于浓硫酸。

利用这一反应可把粗苯中的噻吩除去，从而提纯苯。

$$\text{噻吩} + (\text{浓})H_2SO_4 \longrightarrow \text{噻吩-2-}SO_3H + H_2O$$

分出噻吩磺酸，然后进行水解，把磺酸基去掉，又得到噻吩。

六元杂环吡啶能发生亲电取代反应，但比苯难。取代基进入 β 位，因吡啶分子中氮原子电负性大，使芳环电子云密度分布与硝基苯相似，磺化反应比较难，用浓硫酸磺化要在高温下反应：

$$\text{吡啶} \xrightarrow[230\ ℃]{\text{浓}H_2SO_4,\ HgSO_4} \text{吡啶-3-}SO_3H \longrightarrow \text{吡啶-3-}SO_3^-$$

吡啶及其衍生物与三氧化硫反应，首先是三氧化硫与吡啶环上的氮原子形成吡啶三氧化硫两性离子加合物，此加合物是一种温和的磺化剂，在剧烈条件下加合物转化取代物，也就是进行取代反应。反应如下：

$$\text{吡啶} \xrightarrow{SO_3} \text{吡啶-}N^+\text{-}SO_3^- \xrightarrow{\triangle} \text{吡啶-3-}SO_3H$$

但 2,6-二叔丁基吡啶磺化时不同，由于吡啶环内氮原子受两叔丁基空间屏蔽作用，不会与磺化剂三氧化硫形成加合物，因此用三氧化硫进行磺化时，只需用二氧化硫为溶剂，在－10 ℃就能发生磺化反应。磺酸基进入 2,6-二叔丁基吡啶的 3 位：

$$\text{2,6-}[(H_3C)_3C]_2\text{吡啶} + SO_3 \xrightarrow[-10\ ℃]{SO_2\ \text{溶剂}} \text{2,6-}[(H_3C)_3C]_2\text{吡啶-3-}SO_3H$$

芳环上原在基体积比较大时，由于空间阻碍，不但影响磺化反应速率和取代基进入环上的位置，而且还会影响反应历程。

喹啉磺化比吡啶容易。稠杂环喹啉的吡啶环对亲电试剂极不活泼，所以喹啉进行磺化反应，磺酸基进入喹啉的苯环：

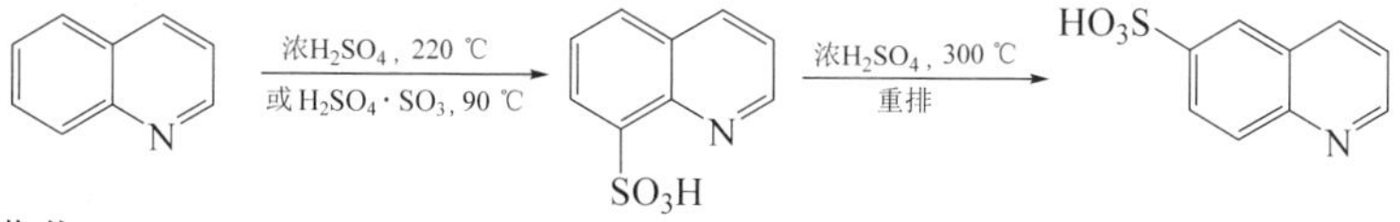

浓H_2SO_4, 220 ℃
或$H_2SO_4 \cdot SO_3$, 90 ℃
浓H_2SO_4, 300 ℃
重排
N
SO_3H
HO_3S

异喹啉磺化：

$H_2SO_4 \cdot SO_3$, 300 ℃
SO_3H
N

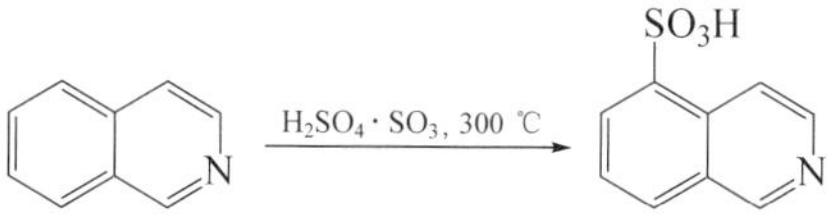

5.2　磺化剂的性质、浓度和用量对磺化反应的影响

磺化剂的选择需要依据被磺化物的结构和性质。不同磺化剂的磺化能力不同，三氧化硫的磺化能力最强，其次是发烟硫酸，磺化能力随其浓度降低而降低；浓硫酸磺化能力比发烟硫酸低，并随其浓度降低而降低；氯磺酸磺化能力比较强。难磺化的被磺化物选择磺化能力强的磺化剂。不同浓度的磺化剂对磺化速率影响很大。对硝基甲苯用 2.4％的发烟硫酸磺化，反应速率比用 100％的硫酸高 100 倍，在 92％～98％的硫酸中磺化，其反应速率与硫酸中水的浓度的平方成反比，即硫酸浓度由 92％提高至 99％时，磺化反应速率提高 64.4 倍。不同浓度的磺化剂不仅关系到磺化反应速率，还会影响异构体生成的比例及引入磺酸基的个数，如甲苯用不同浓度硫酸磺化生成异构体组成见表 5-6。

表 5-6　　硫酸浓度对甲苯磺化物组成的影响

磺化条件	异构体组成/％		
	邻位	间位	对位
78％H_2SO_4(25 ℃)	21	2	77
96％H_2SO_4(25 ℃)	50	5	45

萘用不同浓度硫酸在近似相同的温度下磺化，其磺化产物不同：

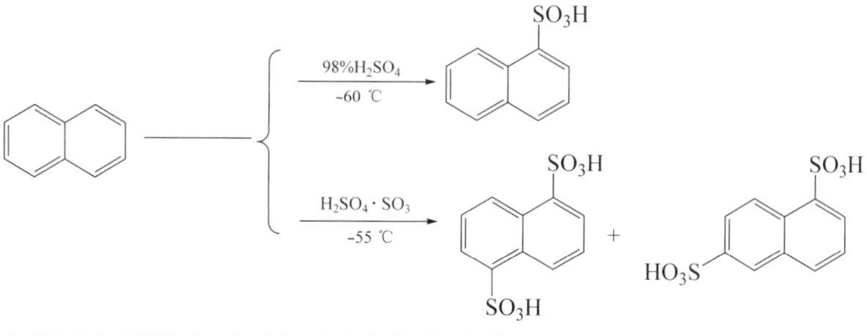

98%H_2SO_4
~60 ℃
SO_3H
$H_2SO_4 \cdot SO_3$
~55 ℃
SO_3H
SO_3H
+
SO_3H
HO_3S

2-萘酚在接近相同温度下，用不同浓度硫酸磺化，其磺化产物不同：

OH
H_2SO_4
90 ℃
OH
HO_3S
SO_3H
OH
$H_2SO_4 \cdot SO_3$
70～80 ℃
HO_3S

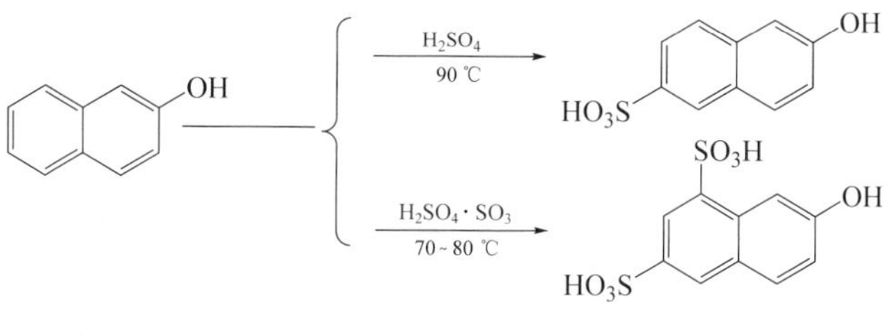

1-萘酚与三氧化硫物质的量比为 1∶1 时，磺化产物为 1-萘酚-2-磺酸和 1-萘酚-4-磺酸的混合物。当三氧化硫浓度增至 4 倍时，则产物为 O(氧)、2,4-三磺酸。2-萘酚与三氧化硫物质的量比为1∶1时，1、8 位产物之比为 85∶15，当三氧化硫浓度增至 2 倍时，1 位产物消失，出现 5、6、8 位产物，其比例为 8∶14∶78。2-氯萘、2-溴萘和等物质的量三氧化硫反应时，得到含 85%的 8 位磺化物和少量 4 位磺化物；当三氧化硫浓度增加，可得到 4,7和 6,8-二磺酸产物。蒽醌磺化制取单磺酸和二磺酸由所用发烟硫酸浓度和用量所决定，制取一取代磺酸，用三氧化硫含量≤70%的发烟硫酸，磺化剂与蒽醌的物质的量比为 1∶1～1∶3。若制取二磺酸，一般用三氧化硫或游离三氧化硫含量≥95%再加 5%硫酸，磺化剂与蒽醌比为 3∶1～6∶1。

芳环磺化反应速率明显地依赖于硫酸浓度。动力学研究表明，在浓硫酸(92%～99%)中，磺化速率与硫酸中所含水分浓度的平方成反比。当用浓硫酸为磺化剂时，被磺化物每引入一个磺酸基就生成一分子水，随着磺化反应进行，硫酸浓度逐渐降低，磺化反应速度逐渐下降。当硫酸浓度降至某一程度时，反应即自行停止。此时剩余的硫酸叫废酸。磺化反应能进行的硫酸的最低浓度称为磺化剂极限浓度。1919 年 Guyot 用“π”值表示这种废酸的浓度，π 值是将废酸中所含硫酸的质量换算成三氧化硫的质量后的质量分数，当按投料计，π 值可用下式计算：

$$\pi=\frac{\text{废酸中所含 } H_2SO_4 \text{ 质量}\times\frac{80}{98}}{\text{原用硫酸质量}-\left(\text{消耗的 } H_2SO_4 \text{ 质量}\times\frac{80}{98}\right)}\times 100$$

π 值也可用磺化液中硫酸和水的质量分数来估算：

$$\pi=\frac{100\times\frac{80}{98}\times w(H_2SO_4)}{w(H_2SO_4)+w(H_2O)}=81.63\times\frac{w(H_2SO_4)}{w(H_2SO_4)+w(H_2O)}$$

几个芳烃化合物磺化反应的 π 值见表 5-7。

表 5-7 几个芳烃化合物磺化反应的 π 值和废酸 $w(H_2SO_4)/[w(H_2SO_4)+w(H_2O)]$

化合物	苯	萘	萘	萘	萘	萘	硝基苯	对硝基甲苯
磺化程度	单磺化	单磺化	二磺化	单磺化	二磺化	三磺化	单磺化	单磺化
磺化温度/℃	—	55～65	160	10	86～90	160	—	—
π 值	66.40	56	52	≤82	80	66.5	82	82
$\frac{w(H_2SO_4)}{w(H_2SO_4)+w(H_2O)}$	81.34%	68.6%	63.7%	100.45%	≤98%	81.46%	100.45%	100.45%

容易磺化的化合物的 π 值较小，难磺化的化合物的 π 值较大。不同磺化温度的 π 值不同。

当磺化剂起始浓度确定之后，利用被磺化物的 π 值，可用下式计算磺化所需硫酸或发烟硫酸的用量：

$$x=\frac{80(100-x)n}{a-\pi}$$

式中，x 为磺化剂用量，$kg\cdot kmol^{-1}$；a 为磺化剂起始浓度；n 为被磺化物分子上引入磺酸基个数。

SO_3 质量分数为

$$100 \times \frac{80}{98} = 81.63\%$$

所用磺化剂的起始浓度 a 越高，用量越少。当所用磺化剂是三氧化硫，$a=100$ 时，反应不生成水，$x=80$ kg，即为相对理论量。用发烟硫酸和硫酸为磺化剂时，磺化剂起始浓度低，磺化剂用量大，当 a 接近 π 值时，磺化剂用量增加至无限大。

利用 π 值的概念，只能定性说明磺化剂起始浓度对磺化剂用量的影响。实际上，对具体磺化过程，硫酸浓度、用量、反应温度以及反应时间都是通过最优化实验而综合确定的。

另外，磺化剂的 π 值与反应温度也有关系，低温下 π 值较高，高温下 π 值较低，图 5-4 表示不同温度下 π 值变化趋势。

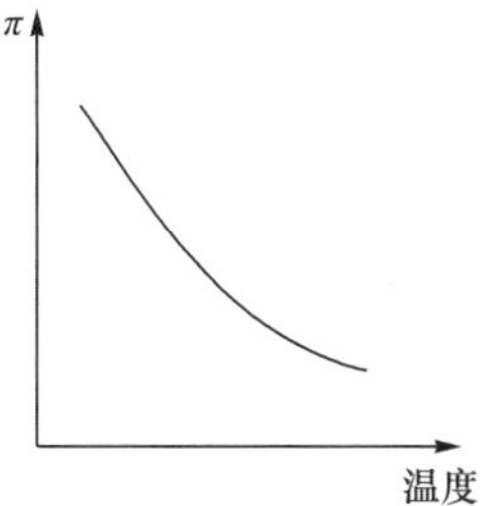

图 5-4　不同温度下 π 值变化趋势

用浓硫酸为磺化剂，为避免产生大量废酸不能回收利用，对易挥发、沸点不高并能与水形成共沸物的被磺化物，可采用共沸脱水法。对于易遭氧化的被磺化物，不能使用发烟硫酸为磺化剂，可用浓硫酸磺化，用溶剂共沸脱水法磺化。

由于废酸一般难回收利用，为减少排放，应采用高浓度发烟硫酸和三氧化硫进行磺化反应。工业上为减少高浓度三氧化硫引起的副反应，控制副反应，避免多磺化，多采用惰性气体稀释法，如用干燥空气与三氧化硫的混合物，一般三氧化硫体积分数为 2%～8%。高浓度磺化剂有利于生成多元磺化物。

三氧化硫磺化能力强，反应后又不产生水，只需稍过量就可以完成磺化反应。如十二烷基苯磺化用三氧化硫，只需过量 3%就可完成磺化反应。

5.3　反应温度和反应时间对磺化反应的影响

磺化反应有可逆性，选择合适的反应温度和反应时间对保证反应速率和产物组成有非常重要的影响。一般情况下，反应温度较低时，反应速度慢，反应时间长；反应温度高时，反应速率快，完成反应时间短，但容易引起多元磺化、氧化、生成砜和树脂化等许多副反应。反应温度还能影响磺酸基引入芳环的位置，如甲苯的单磺化，低温反应时，主要生成邻、对位磺化产物；反应温度升高时，间位产物增加，邻位产物明显下降，对位产物也减少，见表 5-8。

表 5-8　甲苯单磺化的反应温度对产物的影响

被磺化物	磺化产物的组成/%								
	0	35 ℃	75 ℃	100 ℃	150 ℃	160 ℃	175 ℃	190 ℃	200 ℃
苯甲酸	—	—	—	—	2.0	2.0	2.5	3.0	5.5
邻甲苯磺酸	42.7	31.9	20.0	13.3	5.7	8.9	6.7	6.8	4.3
间甲苯磺酸	3.8	6.1	7.9	8.0	8.9	11.4	19.9	33.7	54.1
对甲苯磺酸	53.5	62.0	72.1	78.7	83.2	77.5	70.7	56.2	35.2
苯基甲磺酸	—	—	—	—	0.2	0.2	0.2	0.3	0.9

反应温度对萘的磺化产物也有重要影响。萘单磺化时，低温磺化的磺酸基主要进入

α 位；而高温时，磺酸基主要进入 β 位，具体见表 5-9。

表 5-9 萘磺化的反应温度对产物的影响

异构体	不同温度磺化产物的组成/%						
	80 ℃	90 ℃	100 ℃	110.5 ℃	124 ℃	138 ℃	161 ℃
α 异构体	96.5	90.0	83.0	72.6	52.4	23.4	18.4
β 异构体	3.5	10.0	17.0	27.4	47.6	76.4	81.6

2-萘酚用浓硫酸作为磺化剂在不同温度下磺化，其主产物不同：

H_2SO_4 −10~0 ℃；H_2SO_4 60 ℃；H_2SO_4 90 ℃；H_2SO_4 105~120 ℃

2-萘酚用发烟硫酸作为磺化剂在不同温度下磺化，其主产物不同：

$H_2SO_4 \cdot SO_3$ 25~35 ℃；$H_2SO_4 \cdot SO_3$ 70~80 ℃

反应温度对芳环磺化的一元和二元取代物比例有很大影响。如 4-氨基偶氮苯用发烟硫酸磺化时，反应温度为 0 ℃，反应 36 h，只有一元磺化产物。当反应温度为 10～20 ℃，反应 24 h，一元磺化产物、二元磺化产物各占二分之一。当反应温度为 19～30 ℃时，反应 12 h，反应产物全部为二元磺化产物。升高温度对副反应生成砜和二元磺化都有利。

反应温度对醇类硫酸化也有很大影响。副产物烯烃、羰基化合物生成量随温度升高而增加。一般情况下醇的硫酸化反应温度在 20～40 ℃时可以减少副反应。

用浓硫酸为磺化剂进行磺化，当反应到终点时，应立即分离处理，不应延长反应时间，否则将会促使磺化物发生水解反应，若在高温下反应，则更有利于水解反应进行。

实际上，磺化过程的加料温度、反应温度和保温时间都是通过优化实验确定的。

磺化反应温度对磺化产物的异构体及一元、二元产物的生成都有重要影响。但磺化反应温度和时间对蒽醌同系列磺化物异构体生成影响很小。

5.4 助剂对磺化反应的影响

在某些磺化反应中加入少量助剂，往往对反应有明显影响。

1. 加入助剂影响磺酸基进入芳环的位置

在许多芳烃及其衍生物的磺化反应中，加入汞盐可以改变取代基的定位。如苯甲酸用发烟硫酸磺化时，主要生成间羧基苯磺酸，但当加入少量硫酸汞磺化时，主要生成对羧基苯磺酸：

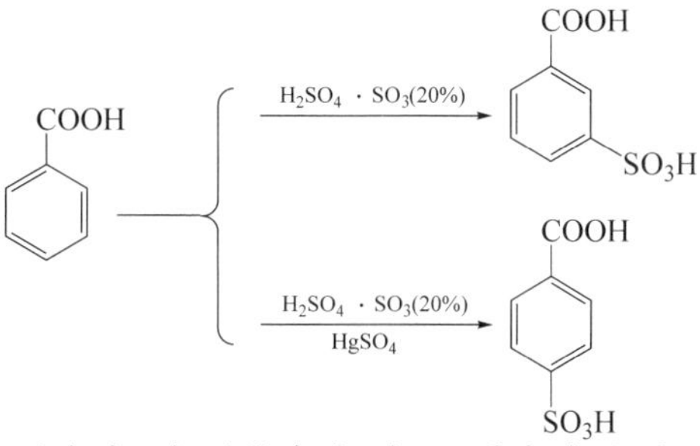

COOH　$H_2SO_4 \cdot SO_3(20\%)$　COOH　SO_3H

$H_2SO_4 \cdot SO_3(20\%)$　$HgSO_4$　COOH　SO_3H

蒽醌用发烟硫酸磺化反应中，有汞盐存在时，几乎完全生成 α-蒽醌磺酸，而没有汞盐时，则只生成 β-蒽醌磺酸：

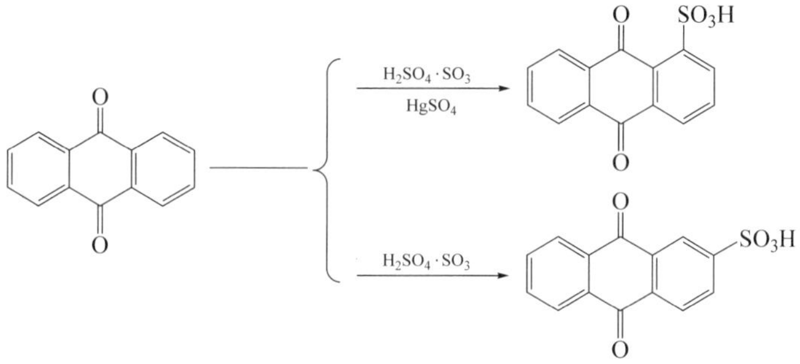

O　O　$H_2SO_4 \cdot SO_3$　$HgSO_4$　O　SO_3H　O

$H_2SO_4 \cdot SO_3$　O　SO_3H　O

除汞盐外，钯、铊和铑盐对蒽醌磺化生成 α-蒽醌磺酸也有很好的定位效应。

萘在高温磺化时，加入 10%的硫酸钠或加入 S-苄基硫脲，可使 β-萘磺酸的含量提高到 95%以上。

2. 加入助剂促使磺化反应进行

有些磺化反应加入助剂后速率加快，产率提高，反应变得温和，有的甚至可使难进行的反应顺利进行。如用三氧化硫磺化吡啶时，加入少量汞，可使产率从 50%提高到 71%。在 2-氯苯甲醛与亚硫酸的反应中加入铜盐，可使芳环上不甚活泼的氯原子易于发生取代而生成磺酸盐。

3. 有些磺化反应加入助剂可抑制副反应

当芳烃(如苯、甲苯或二甲苯)用三氧化硫或其他强磺化剂磺化，磺化剂浓度大、反应温度高时会发生一些副反应，如生成多元磺化物，生成砜等。当反应中加入醋酸时可抑制砜生成，硫酸钠、苯磺酸钠也有同样作用。羟基蒽醌磺化时常常加入硼酸，使其与游离羟基反应生成硼酸酯，以阻碍氧化副反应的发生。在进行萘酚磺化时，加入硫酸钠可以抑制硫酸的氧化作用。

4. 溶剂对磺化反应产物的影响

溶剂稀释了被磺化物，使原料浓度降低，似乎对反应不利，但溶剂也稀释了磺化产物，对选择性有利。更重要的是，溶剂可使局部反应热减少，溶剂本身又分散部分反应热，避免局部过热，对温度效应有好处。

溶剂对磺化速率和选择性产生影响。例如甲苯和苯磺化速率之比和甲苯磺化时对位与邻位之比，在用四氯化碳为溶剂时分别为 8.8 和 4，而改用溴甲烷作溶剂时则为 242 和 29。

参考文献

[1] 邢其毅. 基础有机化学[M]. 4 版. 北京：北京大学出版社，2017.

[2] 孟海林，孙明和. α-烯基磺酸盐的生产和应用开发[J]. 日用化学工业，1994(2)：13-19.

[3] 刘力. 樟脑磺酸钠冻干粉针制剂及其制备方法：200310111395.4[P]. 2005-05-18.

[4] 张跃军，华平. 磺基琥珀酸酯盐类表面活性剂的研究进展[J]. 江苏化工，2001(6)：16-21.

[5] 张丹阳. 脂肪醇聚氧乙烯醚硫酸钠盐的研制[J]. 辽宁化工，2002(7)：280-281.

[6] 赫罗特. 工业磺化/硫酸化生产技术[M]. 方云，译. 北京：轻工业出版社，1993.

[7] 刘家明. G 盐生产中乙萘酚磺化过程的 π 值——关于磺化剂硫酸浓度的探讨[J]. 江苏化工，1981(4)：51-53.

[8] 曾铁鼎. 磺氧化反应的机理探讨[J]. 日用化学工业，1994(1)：10-13.

[9] 陈庄. 关于 α-甲酯磺酸盐生产[J]. 日用化学工业，1997(6)：17-18.

[10] 石权达，孟明扬. 三氧化硫磺化芳香化合物的新发展[J]. 化工中间体，2005(7)：13-17.

[11] 唐培堃. 精细有机合成化学及工艺[M]. 2 版. 天津：天津大学出版社，2002.

[12] 吕春绪，钱华，李斌栋，等. 药物中间体化学[M]. 2 版. 北京：化学工业出版社，2014.

第6章 磺化反应工艺

磺化和硫酸化反应都是强放热反应，易在高温时发生串联反应、异构化、水解及氧化脱水等副反应。如何及时移除反应热，使磺化和硫酸化反应在选定的温度下进行，是设计磺化和硫酸化反应器及工艺时需考虑的一项重要因素。另外，在磺化反应进程中，随着磺化反应的进行，反应产物增加，黏度逐渐增大，并随反应深度的增加而急速增大，因此强化传质过程也是必须要考虑的另一重要因素。由于磺化反应的一些副反应（如异构化、水解等）的存在，磺化反应完成后，要及时进行产物后处理，防止一些副反应的发生。

6.1 以浓硫酸为磺化剂的磺化工艺

硫酸曾是被应用最多的磺化剂。被磺化物在过量的硫酸中进行磺化称为过量硫酸磺化法。硫酸在磺化体系中既是磺化剂，也是溶剂、脱水剂，过量硫酸也起到降低反应时黏度的作用，有利于传质、传热，在化工工业中有广泛应用。用浓硫酸为磺化剂，每引入一个磺酸基就生成一分子水，随着反应进行，硫酸浓度降低，为使磺化反应顺利进行，及时移出反应热和反应中生成的水是十分必要的。工业上采用加入过量硫酸的方法，通常过量几倍。这样就产生了大量废酸的后处理和环境污染及生产能力低、设备庞大、投资多等问题。但此类磺化工艺过程较简单、易操作，所以曾广泛应用于制取芳磺酸类化合物。下面列举几例。

6.1.1 以浓硫酸为磺化剂的过量硫酸磺化工艺

1. 2-萘磺酸钠的生产工艺

在有搅拌装置的夹套搪瓷釜磺化反应釜中，加入 400 kg（近 3 kg/mol）精萘，升温至 130～140 ℃，徐徐加入 340 kg（3.5 mol）98%的浓硫酸，升温至 160～165 ℃，保温 2 h。在磺化中有少量的 1-萘磺酸生成，通过在 140～150 ℃水解脱磺酸基，1-萘磺酸脱磺酸基转化成萘和硫酸。用水蒸气吹出萘，同时加入氢氧化钠溶液进行中和，生成 2-萘磺酸钠结晶。过滤，得产品 2-萘磺酸钠。已实现工业化生产。

2. 2-萘酚-6-磺酸的制备工艺

在有搅拌装置的夹套搪瓷反应釜中，加入 1 050 kg 98%的浓硫酸，再加入 1 970 kg 2-萘酚，开动搅拌装置，加热至 90 ℃进行磺化。磺化后冷却，用 100%的液碱中和，然后加入食盐盐析，过滤得产品。

用类似工艺，可用 2-萘酚制备 2-萘酚-8-磺酸。

以上是过量硫酸法。

6.1.2 以浓硫酸为磺化剂的共沸脱水磺化工艺

为克服过量硫酸法硫酸用量大、产生大量废硫酸、磺化剂利用率低、污染较重等缺点，在工业生产中对挥发性较高的被磺化物，可与水形成共沸物，利用共沸原理除去反应中生成的水，使磺化剂保持能够顺利进行磺化的浓度，直到磺化剂全部参加反应为止。此法是用过量的过热被磺化物蒸气通入温度较高的浓硫酸中进行磺化，磺化反应生成的水与未反应的被磺化物形成共沸物一起蒸出。因而保持磺化剂浓度稍有下降，使磺化剂得到充分利用。未反应的被磺化物经冷凝后与水分开，经脱水干燥后可循环利用。该法也被称为气相磺化法。

此法只适用于沸点不高、易于挥发的芳烃类，如苯、甲苯、二甲苯和其他烷基苯等。所用的硫酸浓度为92%～93%，不能太高，否则会使反应过快，温度难以控制，还会发生多元取代。当反应进行到硫酸浓度降至4%～5%时，应停止通入被磺化物，避免生成副产物砜。

1. 苯磺酸的制备工艺

其反应如下：

$$C_6H_6 + H_2SO_4 \longrightarrow C_6H_5SO_3H + H_2O$$

在细长的、长径比为1.5∶1～2∶1的带夹套的磺化反应釜中，加2 400 L 93%的浓硫酸。将苯以2 500～3 000 L/h的流量送入蒸发器汽化，并经过热器升温到150 ℃以上，通过鼓泡器送入磺化釜进行磺化反应。磺化釜温度控制在170 ℃左右。经10 h左右，当磺化釜内游离的硫酸浓度为3%～3.5%时停止反应。含苯的苯磺酸经真空脱苯器脱苯得到苯磺酸，磺化收率为96.5%。酸性苯经碱中和，用食盐脱水后可循环使用。现已有许多厂家用此法生产。反应工艺流程如图6-1所示。

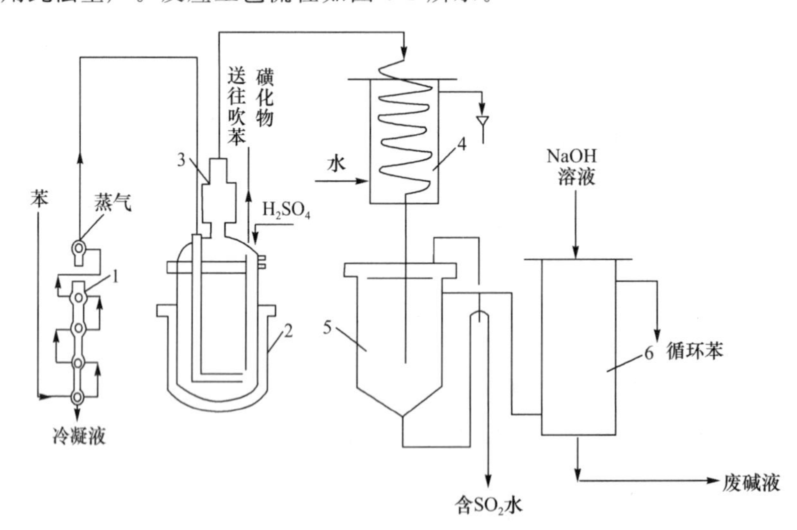

图6-1 苯的气相磺化工艺流程

1—苯的汽化器；2—磺化锅；3—泡沫捜集器；4—回流苯冷凝器；5—苯水分离器；6—中和器

2. 对甲苯磺酸的生产工艺

对甲苯磺酸是中间体，是对甲苯磺酰胺、对甲苯磺酰氯、氯胺 T、对甲苯磺酸钠等的原料，又是强酸性催化剂，用于酸化、缩醛、脱水烷基化、脱烷基、贝克曼重排、聚合、解聚等酸性催化反应。

甲苯磺化能生成邻、间和对位三种异构体。较高的反应温度利于对位异构体生成，如在 0 ℃时，磺化混合物中对位产物含 53.5%，而在 100 ℃混合物中对位异构体含 84%。用低浓度的硫酸为磺化剂也有利于对位异构体的生成。而甲苯与硫酸的用量对各异构体生成的影响不大。以硫酸为磺化剂制备对甲苯磺酸有几种工艺，典型工艺为共沸脱水工艺。其磺化工艺为：先将 50%～60%的硫酸加到长径比较大的带夹套的磺化釜中，然后加热到 120～180 ℃。把经汽化过热过量的甲苯蒸气通入磺化釜中进行磺化。未反应的甲苯蒸气和反应生成的水共沸物一起经冷凝后进入分水器，分去水，未反应的甲苯经干燥后，继续汽化，过热后再送入磺化反应釜。待反应釜中的硫酸全部转化成对甲苯磺酸后，终止磺化反应。

对甲苯磺酸可通过真空精馏法、水稀释法或苯-乙醇法精制。如苯-乙醇法，向 70 ℃的磺化混合物中，加对甲苯磺酸质量的 24%以及 35%的乙醇和苯，经搅拌后自然冷却到 25 ℃，再降温至 15 ℃，最后分离出对甲苯磺酸结晶，含量可达 98%。

采用甲苯磺酸磺化结晶法，制取对甲苯磺酸。甲苯与硫酸在 110 ℃下磺化 5 h 后，在 80 ℃时加入一定量水，使对甲苯磺酸与水形成结晶析出。其他两异构体送回反应器继续使用。由于甲苯磺化生成的邻、间和对位异构体在反应中处于平衡状态，所以在后继的反应中，因已有邻、间位异构体存在，因而抑制了后续磺化反应中邻、间位异构体生成，使甲苯较多地生成对甲苯磺酸。

三种二甲苯混合物用共沸脱水磺化法分离间二甲苯也是很有效的。用甲苯制备对甲苯磺酸，以硫酸为磺化剂的有多种工艺。

3. 二苯砜的生产工艺

用苯和硫酸反应制备二苯砜，反应如下：

$$2\,C_6H_6 + H_2SO_4 \xrightarrow{200\sim215\,℃} C_6H_5-SO_2-C_6H_5 + 2H_2O$$

把浓硫酸加到反应釜中，加热到 130 ℃，然后通入苯蒸气进行反应，反应生成的水由未反应的苯蒸气带出，使反应继续进行，经 0.5 h 后，将反应温度升至 180 ℃，2 h 后，把釜温升至 205～215 ℃，恒温继续通入苯蒸气 10～12 h。当苯蒸气中不再有水(冷凝液接近透明)时，停止反应。把反应物冷却至 30～40 ℃，放入水中，析出沉淀，过滤后用热水洗涤，干燥得二苯砜。

气相磺化法还可用于二甲苯、氯苯等易挥发的芳烃及其衍生物的磺化。气相萘磺化主要得到萘-2,7-二磺酸。

4. 4,4′-二氯二苯砜的合成工艺

氯苯用浓硫酸磺化先制备对氯苯磺酸，经 3 h 反应，温度在 90 ℃，制得对氯苯磺酸，收率达 95%。硫酸、对氯苯磺酸和氯苯按 0.1∶1∶(4～6)配比，边加料，边连续加热回流，在 200～220 ℃下以氯苯水共沸脱水，再经水蒸气蒸馏，回收氯苯。产品经重结晶，得白色粉末，熔点为 140～144 ℃，收率为 54%。

6.1.3 以浓硫酸为磺化剂的烘焙磺化工艺

烘焙磺化法多用于芳香伯胺的磺化。将芳香伯胺与等物质量的硫酸混合制成芳胺硫酸盐，然后高温烘焙，脱水生成 N-芳基氨基磺酸，随即发生分子内重排，主要得到对氨基芳磺酸。以苯胺为例，反应过程如下：

$$C_6H_5NH_2 \xrightarrow{H_2SO_4} C_6H_5\overset{+}{N}H_3\overset{-}{SO_4} \xrightarrow[180\sim190\ ℃]{-H_2O} [C_6H_5NHSO_3H] \longrightarrow p\text{-}\overset{+}{N}H_3C_6H_4\overset{-}{SO_3}$$

产物因分子内含有酸性和碱性两种基团即可成盐，故称为内盐。苯胺经过烘焙磺化生成对氨基苯磺酸(以内盐存在)。当芳香伯胺的对位已有取代基时，磺酸基则进入氨基的邻位，生成邻氨基芳磺酸。

烘焙磺化法的工艺有两种，一种是把芳香伯胺与等物质量硫酸混合制取固体芳胺硫酸盐。然后把固体芳胺硫酸盐放在托盘中送入烘焙炉，于 180～230 ℃下烘焙。这种工艺劳动强度大，劳动环境差，生产能力低，被称为固相烘焙法。这种老式方法已经被淘汰，现在用转鼓式球磨机，如对氨基苯磺酸的生产工艺。

在转鼓式反应器内加入 450 kg 98%的浓硫酸，转鼓转动以后 1 h 内加入 406 kg 苯胺，将炉温升至 160 ℃，开动喷射式真空泵，使系统真空度达到 53.3 kPa 以上，炉温再升至 200 ℃，保温 0.5 h，继续升温至 260 ℃，保温至转位完全，以视镜出现黑粉、铜球发出响声为反应终点。降温，关闭喷射泵，回转 10 min，即可得 850 kg 对氨基苯磺酸。总收率为 86.5%。工艺流程如图 6-2 所示。

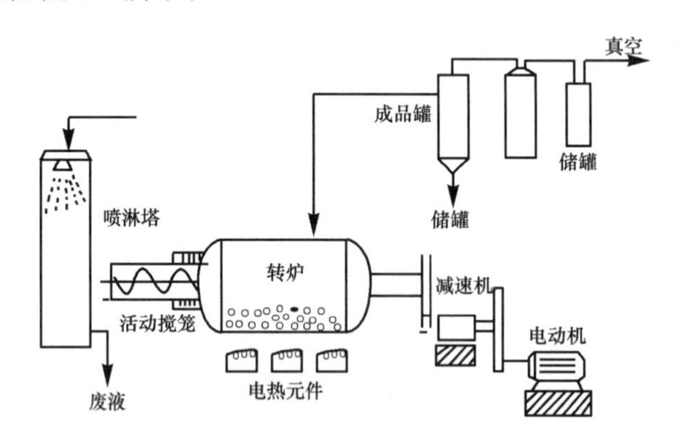

图 6-2 对氨基苯磺酸磺化工艺流程

另外，有用螺旋反应器生产对氨基苯磺酸类化合物的工艺，此法为连续生产。把苯胺与浓硫酸按物质的量比为 1∶1.01～1∶1.05 混合，制成苯胺硫酸盐。把苯胺硫酸盐加到螺旋反应器中，螺旋反应器以 4～10 r/min 转动。加热升温至 120～150 ℃，之后再升温至 200～226 ℃，保温一定时间。冷却出料，得到产品对氨基苯磺酸，转化率达 98.5%。

烘焙磺化法的另一种工艺称为液相烘焙法。

1. 2-氨基-5-甲基苯磺酸的制备

液相烘焙法就是用高沸点的溶剂，如氯苯、二氯苯、三氯苯或二苯砜，在较高的温度下脱水烘焙，蒸出烘焙中磺化反应脱下的水。如 2-氨基-5-甲基苯磺酸的制备。在带有夹套，装有搅拌器、冷凝器、计量分水器的磺化釜中，加入邻二氯苯和对甲苯胺，升温至 100～110 ℃，开始搅拌，在 1.5 h 内加入与对甲苯胺等物质的量的浓硫酸。升温到 160～180 ℃，通过邻二氯苯蒸发，将磺化反应生成的水带出反应釜，经冷凝分去水相，溶剂返回反应釜。当磺化反应完成后，蒸出邻二氯苯。降温至 70 ℃，调节 pH＝6.7。加入活性炭脱色、过滤，调节 pH 使产品析出，过滤，水洗，干燥，得产品。

2. 3-硝基-4-氨基苯磺酸的制备

在装有搅拌装置和回流冷凝管下端连有水分离器的 3 L 四颈反应器中加入 3 mol 干燥的邻硝基苯胺和 1 500 mL 氯苯或二氯苯，开动搅拌装置同时加热至 90 ℃后，在 2 h 内加入 3.06 mol 硫酸。继续搅拌升温至溶剂沸腾，回流反应 6 h，其间定期放水并将分离器中积存的溶剂放回反应器。反应至无水蒸出，待反应温度降至室温后，蒸出溶剂，再向反应器中加入 100% 氢氧化钠溶液中和至 pH＝8。再用水蒸气蒸出残留的溶剂后，趁热过滤，滤液和洗涤液合并蒸发至 2 400 mL，然后加入 900 mol 饱和食盐溶液，放置盐析，过滤，滤饼在不高于90 ℃时烘干。收率为 90.9%。

3. 5-氯-2-氨基苯磺酸

将对氯苯胺和二苯砜溶剂加入反应釜，然后滴加比对氯苯胺稍过量的 100% 的浓硫酸。反应剧烈进行，缓慢加热至 150～185 ℃，同时蒸出反应生成的水，反应物为亮紫色结晶，在减压下继续蒸 7 h。之后将熔融物冷却，再加热水溶解，然后过滤出生成的砜。冷却后有白色针状结晶，用水洗涤滤饼，干燥，得产品，收率达 94%。

$$\text{Cl}-\text{C}_6\text{H}_4-\text{NH}_2 \xrightarrow{\text{H}_2\text{SO}_4} \text{Cl}-\text{C}_6\text{H}_4-\text{NH}_2\text{H}_2\text{SO}_4 \xrightarrow{150\sim185\ ^\circ\text{C}} \text{Cl}-\text{C}_6\text{H}_3(\text{SO}_3\text{H})-\text{NH}_2$$

用同样方法可制取 4-氨基-3-甲基苯磺酸，收率可达 98%。4-氨基-3-甲基苯磺酸、3-氯-4-氨基苯磺酸、4-氨基萘磺酸等均可用烘焙磺化法磺化制取，而且收率都很高。

液相烘焙法反应中加入有机溶剂，利用其与反应中生成的水共沸不断从反应中移出，便于反应进行完全，同时有机溶剂可防止局部过热，反应中温度均匀，也降低了磺化反应温度，使反应焦化明显减少。但所用反应器一般为釜式反应器，所用搅拌器为框式或锚式，所以磺化反应中挂壁较严重。使用如图 6-3 所示的反应器和搅拌器可能效果会更好。

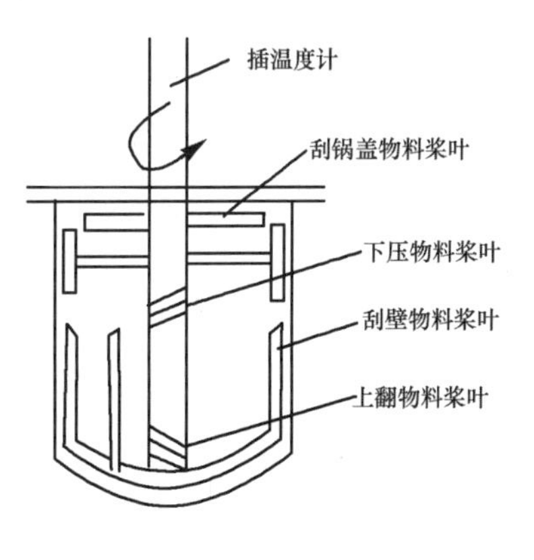

图 6-3　反应釜示意图

因为烘焙法一般反应温度比较高。当被磺化物芳环上有羟基、烷氧基、硝基和多卤化物(如邻氨基苯甲醚、2,5-二氯苯胺和 5-氨基水杨酸等)时，为防止氧化、焦油化和树脂化，不宜用此法，一般可用发烟硫酸法制备。

以硫酸为磺化剂，溶剂法磺化效果也很好。如以偏三甲苯为溶剂合成2,4′-二羟基二苯砜。以二氯苯和均四甲苯为溶剂合成4-氨基-萘-1-磺酸，收率达95.1%。邻硝基苯胺在氯苯-邻二氯苯混合溶剂中用浓硫酸磺化，制取4-氨基-3-硝基苯磺酸的收率在90%以上。

6.1.4 α-烯烃与浓硫酸的硫酸化工艺

α-烯烃与浓硫酸间发生如下反应：

$$RCH{=}CH_2 + H_2SO_4 \longrightarrow \underset{\displaystyle CH_3}{RCHOSO_3H}$$

反应按马尔科夫尼科夫规则进行。此反应可发生副反应，生成二烷基硫酸盐，异构化或聚合等。为抑制副反应，反应温度要低，反应时间不能过长。工业上为生产仲烷基硫酸钠，采用下列工序：

硫酸化、中和、水解、破乳、脱油 → 回收油；→ 成品

在带有搅拌、冷却系统的耐酸反应釜中，反应可连续进行。烯烃与硫酸物质的量比为1∶1.2～1∶1.5，反应温度为10～20 ℃反应。硫酸化反应完成时有大量硫酸未反应，采用加水分出部分硫酸，然后中和，中和温度在40 ℃以下，保持碱性，中和后升温水解，水解温度90～95 ℃，1.0～1.5 h。二烷基硫酸盐水解反应为

$$ROSO_2OR + NaOH \longrightarrow ROSO_3Na + ROH$$

水解后有乳化，需加乙醇破乳，破乳在50～60 ℃下进行，保温分层，上层为油，下层为仲烷基硫酸钠的乙醇溶液，下层蒸发浓缩得活性物为25%的成品。上层经处理为副产物。

仲烷基硫酸钠可由仲醇经三氧化硫气体硫酸化，硫酸化深度可达96.2%。

6.1.5 脂肪和油脂的硫酸化工艺

土耳其红油是纤维染色的匀染剂，也用于金属加工切削液，杀虫剂中油喷淋剂、润湿和灭菌剂。原来都是以硫酸为硫酸化剂生产土耳其红油，其反应如下：

$$CH_3(CH_2)_5\underset{\displaystyle OH}{CH}{-}CH_2CH{=}CH(CH_2)_7\overset{\displaystyle O}{\overset{\|}{C}}{-}OH \xrightarrow{H_2SO_4} CH_3(CH_2)_5\underset{\displaystyle OSO_3H}{CH}CH_2CH{=}CH(CH_2)_7\overset{\displaystyle O}{\overset{\|}{C}}{-}OH + H_2O$$

用蓖麻油为原料经硫酸化可制得土耳其红油。

现在改用气体三氧化硫为硫酸化剂，代替了硫酸。缩短了反应时间，产品中没有无机盐，游离脂肪酸含量也较少。蓖麻油和三氧化硫在降膜反应器中进行硫酸化，收率可达92%，双键保留率达95%。

6.1.6　脂肪酸酯的硫酸化工艺

油酸丁酯、蓖麻油酸丁酯经硫酸化可制得阴离子表面活性剂，如磺化油 AH 是由油酸丁酯经硫酸化制得：

$$CH_3(CH_2)_7CH{=}CH(CH_2)_7COOC_4H_9 + H_2SO_4 \xrightarrow{0\sim5\ ℃} CH_3(CH_2)_7\underset{\displaystyle OSO_3H}{\underset{|}{C}}H(CH_2)_8COOC_4H_9$$

6.1.7　多糖的硫酸化工艺

硫酸多糖是指糖羟基上带硫酸根的多糖，包括经天然提取和经硫酸修饰制得的各种硫酸多糖，如肝素、海藻硫酸多糖、香菇硫酸多糖及大蒜硫酸多糖。它们有着广泛的生物活性。多糖的硫酸化，可用吡啶三氧化硫、氯磺酸吡啶和浓硫酸。

6.2　以发烟硫酸为磺化剂的磺化工艺

发烟硫酸除了可克服浓硫酸易被磺化反应所生成的水稀释的缺点外，由于其磺化能力比硫酸强，最适于活泼性较低的化合物磺化，并可按被磺化物活性及要求的磺化程度采用不同浓度的发烟硫酸和不同反应温度。反应快，反应温度也可控制在较低水平。

6.2.1　1,5-萘二磺酸的制备

1,5-萘二磺酸经碱熔可制取 1,5-二羟基萘，是氨基 G 酸的原料。其制备工艺如下：

$$\text{萘} \xrightarrow{H_2SO_4 \cdot SO_3} \text{1,5-萘二磺酸}（1,5\text{-}(SO_3H)_2C_{10}H_6）$$

将 500 kg 20％的发烟硫酸加入钢制的或铸铁的、有夹套并带有搅拌装置的磺化釜中，搅拌 1.5 h，缓慢地把 210 kg 精萘粉加入反应釜，控制温度在 25～30 ℃，搅拌 0.5 h，在 40 ℃保温 1 h。反应至物料能全溶于水。降温至 20 ℃以下，再在 10 h 内先慢后快加入 1 700 kg 20％的发烟硫酸，反应温度控制在 25～30 ℃，保温搅拌 4 h 后，把反应物放入 20％的氯化钠水溶液中，冷却过滤。把滤饼溶于热水，用氢氧化钠调至中性，过滤，干燥，得产品 1,5-萘二磺酸钠。目前已实现工业化生产。

6.2.2　2,6;2,7-蒽醌二磺酸的制备

2,6;2,7-蒽醌二磺酸是染料中间体，还是水煤气和半水煤气脱硫剂。可以蒽醌为原料，用过量的 36％的发烟硫酸磺化制得。反应过程如下：

$$\text{蒽醌} \xrightarrow[150\sim165\ ℃]{36\%\text{发烟}H_2SO_4} \text{蒽醌二磺酸}（HO_3S,\ SO_3H）$$

先将 208 kg 蒽醌和 555 kg 36%的发烟硫酸加入，在有搅拌器的、有夹套的磺化釜中使其润湿后，开始搅拌，搅拌几分钟后，升温至 150～165 ℃，保温搅拌 6 h，用热水测定终点，如未到终点，再保温搅拌几小时，达到终点为止。然后把磺化物放入 3 000 L 水中，用蒸汽直接加热至 60 ℃。再慢慢加入碳酸钠中和，至 pH=8。然后加热至 85～90 ℃，趁热压滤，弃去滤饼。滤液送至蒸发锅浓缩，浓缩至含水量小于 50%后，进行烘干。产品收率为 70%～75%。

6.2.3 1,3,6-萘三磺酸的制备

用过量硫酸或发烟硫酸制备多元磺酸化物，为了减少过量磺化剂的用量，常常分段使用不同浓度的酸进行磺化，即在不同的时间和不同的温度条件下加入不同浓度的磺化剂。目的是使每个磺化阶段都能选择最适宜的磺化剂浓度和磺化温度，以使磺酸基进入预定位置，并能充分使用磺化剂，还可减少磺化剂的用量。如由萘制备 1,3,6-萘三磺酸就是用分段加酸磺化法，反应过程如下：

100%H_2SO_4, 145 ℃ → SO_3H ; 65%发烟H_2SO_4, 60~80 ℃ → HO_3S, SO_3H

异构化 → HO_3S, SO_3H ; 65%发烟H_2SO_4, 155 ℃ → SO_3H, HO_3S, SO_3H

其工艺过程为：向有夹套并带有搅拌器的磺化釜中加入无水硫酸，升温至 40～60 ℃，开始搅拌，加入精萘，升温至 145 ℃，保温搅拌 1 h，降温至 100 ℃，再加硫酸，继续降温至 60 ℃，加入 65%发烟硫酸，控制温升不超过 85 ℃，加完酸后升温至 155 ℃，保温搅拌 3 h，在 153 ℃以下加入 65%发烟硫酸，再升温至 155 ℃，保温 1 h，然后冷却至 110 ℃，加水搅拌，得成品。本品为染料中间体，也是合成偶氮染料的原料。

以过量硫酸和发烟硫酸为磺化剂的磺化工艺比较成熟，易于控制规模，可大可小，开停容易，适用面广。但生产能力小、废酸量大、难以处理、污染严重。项目上马比较容易。所以迄今为至，在染料及中间体生产和其他许多精细化工产品生产中仍然普遍使用。

常用的磺化反应器都是带有搅拌装备和夹套或盘管的釜式反应器，可间歇操作，也可数个锅串联连续操作。容量可大可小，开停容易，适用面广。

6.3 以氯磺酸为磺化剂的磺化工艺

氯磺酸磺化能力强，在一定条件下几乎全部与被磺化物定量反应，副反应少，产品纯度高，收率好。所以该工艺得到了一定的应用，尤其是制备磺酰氯。氯磺酸遇水立即水解为硫酸和氯化氢并放出大量热，向氯磺酸中快速加水会引起爆炸。所以用氯磺酸为磺化剂时，磺化所用设备、原料和溶剂必须无水干燥。

氯磺酸价格贵，在磺化反应中产生副产物氯化氢，必须配有吸收氯化氢的设备。因而实际工业上只有一些由于产品定位需要用氯磺酸引入磺酸基，如 2-萘酚制 2-萘酚-1-磺酸等。氯磺酸磺化工艺主要用于制取芳磺酰氯。

用氯磺酸磺化，氯磺酸用量不同，可制取芳磺酸或芳磺酰氯。生产中一般先把氯磺酸加入磺化釜，然后把被磺化有机物慢慢加到氯磺酸中，以避免较多砜生成。固体被磺化物通常需要使用溶剂，常用的溶剂有硝基苯、邻硝基乙苯、邻二氯苯、二氯乙烷、四氯乙烷和四氯乙烯等。

6.3.1　2-氨基苯磺酸的制备

以苯胺为原料合成2-氨基苯磺酸，用氯磺酸为磺化剂。反应方程式如下：

$$\text{(苯环)}-NH_2 + ClSO_3H \longrightarrow \text{(苯环)}(NH_2)(SO_3H) + HCl$$

在1 000 L有搅拌器、回流冷凝器和氯化氢尾气吸收系统的夹套磺化釜中，加入400 kg四氯乙烷和93 kg苯胺，开动搅拌器，滴加由120 kg氯磺酸和100 kg四氯乙烷组成的磺化剂，在滴加过程中控制釜温不高于68 ℃。由于苯胺与氯磺酸成盐，并难溶于四氯乙烷，反应釜中物料变得黏稠。全部氯磺酸滴完，反应釜升温至80 ℃，有氯化氢放出，控制升温速度。当氯化氢放出速度减慢，再逐渐升高反应温度至120 ℃。逐渐升温至反应物沸腾，温度在146～148 ℃。回流4～5 h后，进行水蒸气蒸馏，蒸出四氯乙烷，直到冷凝器出清水为止。向反应釜中加入40%的氢氧化钠溶液至呈微碱性，继续搅拌破坏乳浊液。再进行水蒸气蒸馏，蒸馏出苯胺。然后加热浓缩，直到剩200～300 kg，加入盐酸调节pH，冷却至室温，析出2-氨基苯磺酸结晶，过滤，水洗，干燥，产品收率近80%。本产品为活性染料中间体，可用于合成多种艳红染料。

6.3.2　1-萘磺酸的制备

用浓硫酸磺化萘，其产物萘磺酸、1-萘磺酸和2-萘磺酸的质量比为5∶1。

用氯磺酸磺化萘。萘、氯磺酸、溶剂邻硝基乙苯物质的量比为1∶1.1∶3。在带有搅拌器和氯化氢吸收装置的夹套磺化釜中，先加入溶剂和萘搅拌使其溶解，再在0～5 ℃下滴加氯磺酸，滴完后赶出氯化氢。分出溶剂，洗涤干燥得成品。1-萘磺酸含量达97%。1-萘磺酸为有机合成中间体。

6.3.3　4-羟基萘磺酸的制备

将邻硝基乙苯溶剂压入带有搅拌器和夹套的磺化釜中，开动搅拌器，把1-萘酚加入釜中，降温至0 ℃，用真空吸入氯磺酸，由于磺化反应进行，釜温上升，当温度升至4 ℃时，停止加氯磺酸，冷剂进入釜夹套冷却，当釜内温度降至0 ℃时，再加氯磺酸。反复进行。按1-萘酚、氯磺酸物质的量比为1∶1.1，氯磺酸加完后，在10 ℃以下保温2 h。取样分析，以含被磺化物不超过1%为终点。如未达终点，按测试结果，未磺化物每公斤再补一公斤氯磺酸，再保温搅拌0.5～1 h。分出溶剂后经处理得产品4-羟基萘磺酸。本品为中间体，可转化为4-氨基萘磺酸。

用类似工艺可合成 2-羟基萘磺酸：

$$\text{OH} + \text{ClSO}_3\text{H} \xrightarrow[\text{CH}_3\text{CH}_2\text{C}_6\text{H}_4\text{NO}_2]{-5\ ℃} \text{SO}_3\text{H},\ \text{OH} + \text{HCl}$$

也可合成 1-硝基蒽醌-2-磺酸：

$$\text{O},\ \text{NO}_2,\ \text{O} + \text{ClSO}_3\text{H} \xrightarrow[\text{Cl-C}_6\text{H}_4\text{-Cl}]{130\ ℃} \text{O},\ \text{NO}_2,\ \text{SO}_3\text{H},\ \text{O} + \text{HCl}$$

6.3.4 芳基磺酰氯的制备

以氯磺酸为磺化剂是制备芳基磺酰氯的主要方法，因为该反应是可逆的，所以制备芳基磺酰氯时，氯磺酸必须过量。被磺化物与氯磺酸物质的量比一般为 1∶3～1∶5。

甲苯进行氯磺化，反应式如下：

$$2\ \text{CH}_3 + 2\text{ClSO}_3\text{H} \xrightarrow{3\text{~}5\ ℃} \text{CH}_3,\ \text{SO}_2\text{Cl} + \text{CH}_3,\ \text{SO}_2\text{Cl} + 2\text{H}_2\text{O}$$

先将计量好的氯磺酸加入磺化釜，磺化釜夹套通入冷水，开动搅拌装置，控制釜温为 3～5 ℃。按甲苯与氯磺酸物质的量比为 1∶3.65 计量，把甲苯加入高位槽中，慢慢滴入磺化釜，滴加甲苯约需 4 h。加完甲苯保温 2 h，产生的氯化氢用水吸收。磺化反应完成后，把磺化物慢慢放入有适量冰水的分离锅，控制分离锅温度在 10～20 ℃，开动搅拌装置，吸收氯化氢，并不断加入冰块。加完反应物，停止搅拌，分层放出酸水后，分离产物，放入过滤桶。经过滤，固体为对甲苯磺酰氯，油状物为邻甲苯磺酰氯，分别甩干，得成品。本品为分散、冰染酸性染料中间体，又是医药工业制取甲磺灭脓的原料。

6.3.5 间硝基苯磺酰氯的制备

制备间硝基苯磺酰氯的反应如下：

$$\text{NO}_2 + \text{ClSO}_3\text{H} \longrightarrow \text{NO}_2,\ \text{SO}_2\text{Cl} + \text{H}_2\text{O}$$

先向磺化釜中加入 163 kg 氯磺酸，调温至 25～30 ℃，在不断搅拌 5～6 h 同时加入 430.5 kg干燥的硝基苯，加完后搅拌 0.5 h，然后慢慢在 3 h 内升温至 105 ℃，搅拌 8 h，降温至35 ℃后，在稀释釜中加入 600 L 清水、800 kg 冰，然后细流注入磺化物，并用加冰控制温度在 45 ℃以下。用 2～2.5 h 进行稀释，稀释完成后，抽滤。滤饼用水漂洗数次，直至对刚果红不变蓝为止，得间硝基苯磺酰氯，收率为 80％～85％。

6.4 以三氧化硫为磺化剂的磺化工艺

三氧化硫是磺化能力最强的磺化剂，性质十分活泼，磺化反应速度快，反应产热大。以三氧化硫为磺化剂的用量接近理论量，磺化剂利用率高达 90%。反应中不生成水，没有废酸，所以三废少，最经济合理，利于环保。

以三氧化硫为磺化剂的磺化工艺主要有以下几种。

6.4.1 用液体三氧化硫为磺化剂的磺化工艺

用液体三氧化硫为磺化剂生产的磺化产品已有数十种。下边介绍几个典型实例。

(1)直接用液体三氧化硫的磺化工艺

直接用液体三氧化硫进行磺化主要用于不活泼的被磺化物，磺化产物在磺化反应温度下可流动且不太黏稠。如硝基苯用液体三氧化硫磺化：

$$C_6H_5NO_2 + SO_3(\text{液态}) \xrightarrow{80\sim120\ ℃} m\text{-}NO_2C_6H_4SO_3H \xrightarrow{NaOH} m\text{-}NO_2C_6H_4SO_3Na + H_2O$$

工艺过程：在带有冷凝器和电动搅拌装置的磺化反应釜中加入 667 kg 硝基苯，开动搅拌装置。从保温计量罐把 285 L 液体三氧化硫慢慢滴入磺化釜中。随着三氧化硫滴入，反应逐渐升温，温度升至70～80 ℃。3 h 左右滴完液体三氧化硫，加热把釜温升至 100～120 ℃，保温反应至硝基苯完全消失。在稀释釜中加入适量的清水，把磺化产物放入稀释釜。用液碱中和至中性，间硝基苯磺酸钠析出，过滤，浓缩，结晶，干燥，得产品。间硝基苯磺酸钠收率达 96%。上海有以液体三氧化硫为磺化剂的间硝基苯磺酸生产线。氯苯用液体三氧化硫磺化，反应温度为 35～42 ℃，制备对氯苯磺酸的收率达 98%。

对硝基甲苯用液体三氧化硫磺化产率也很高。邻硝基甲苯也可用液体三氧化硫磺化制取成功。

6.4.2 用溶剂三氧化硫为磺化剂的磺化工艺

此法应用广泛，适用范围广。其优点是反应温和易控制、副反应少、产品纯度和收率高，适用于被磺化物和磺化产物均为固体的情况。常用的无机溶剂有硫酸和液体二氧化硫，有机溶剂有 1,2-二氯乙烷、二氯甲烷、四氯乙烷、石油醚和硝基甲烷等。

(1)间苯二甲酸二甲酯-5-磺酸钠的生产工艺

间苯二甲酸二甲酯-5-磺酸钠(SIPM)是涤纶染色改性剂，是合成改性涤纶的第三组分，其加入量为对苯二甲酸二甲酯的 3%～5%(物质的量)。加入后使合成的改性涤纶易染色，可用分散染料染成各种鲜艳的颜色，并能防静电，不起球，使涤纶性质得以改善。可用发烟硫酸为磺化剂合成。

$$\text{间苯二甲酸(COOH, COOH)} + SO_3(\text{液态}) \xrightarrow[180\sim200\ ^\circ\text{C}]{\text{少量}H_2SO_4} \text{(COOH, }HO_3S\text{, COOH)} \xrightarrow[60\sim80\ ^\circ\text{C}]{CH_3OH}$$

$$\text{(}COOCH_3\text{, }HO_3S\text{, }COOCH_3\text{)} \xrightarrow{Na_2CO_3} \text{(}COOCH_3\text{, }NaO_3S\text{, }COOCH_3\text{)}$$

工艺过程：在 500 L 装有电动搅拌器和冷凝器的夹套搪瓷釜中，先加入 5～10 kg 浓硫酸，再把 250 kg 间苯二甲酸（固体）加入釜中，冷凝器通入冷水。再用氮气把液体三氧化硫从保温贮罐中经计量槽，按间苯二甲酸与三氧化硫物质的量比为 1∶1.05 的量，加入磺化釜。磺化釜升温，当釜内温度升至 80 ℃左右时，试着开启电动搅拌器，并逐渐升温，当釜温达 150 ℃时，在该温度下反应 0.5～1 h 后，再把釜温升至 180～200 ℃。保温搅拌 3～4 h，取样分析，当磺化率达 96%以上时，停止磺化，降温。采用一锅煮的方式在磺化釜内酯化。当釜温降至 130 ℃时，开大冷凝器水流量。将甲醇总量的 1/5 左右加入反应釜，继续降温酯化，当釜温降至 60～70 ℃时，开始正常加入甲醇，按 0.6～1 h 把全部甲醇滴完，在 60～70 ℃保温搅拌，酯化 3～3.5 h，取样分析，当酯化率达 95%时，完成酯化反应。然后把酯化液放入加有一定量清水或中和母液的中和釜中，降温冷却，用碳酸钠液中和至 pH 为 6.5～7。冷却过滤，滤饼经脱色，在 60～80 ℃用活性炭和锌粉脱色，在 80～90 ℃搅拌 0.5～1 h，经热过滤除去活性炭。放入结晶釜，冷却析出结晶，再过滤，抽干，送去干燥。经分析，含水量、皂化值等合格时为成品，收率达 84.6%。

（2）2-氯-5-硝基苯磺酸的生产工艺

以液体三氧化硫为磺化剂的被磺化物一般是不活泼的化合物，对硝基氯苯不活泼，用液体三氧化硫磺化的反应式如下：

$$Cl-C_6H_4-NO_2 + SO_3 \xrightarrow{110\sim117\ ^\circ\text{C}} Cl-C_6H_3(SO_3H)-NO_2$$

在带有冷凝器的磺化反应釜中，先加入约 100 L 硫酸。然后加入 1 730 L 对硝基氯苯。升温至110 ℃，通过转子流量计计量，在 5 h 内通入 1.55 t 三氧化硫，反应温度保持在110～116 ℃，并在该温度下保温 10～13 h，取样测量，对硝基氯苯含量降到 0.1%以下为反应终点。反应完成后，在该温度下压入盛有 500 L 水的溶解釜中，使磺化物浓度在 420～430 g/L，降温至 70 ℃。过滤除去在反应过程中生成的砜类化合物。然后把滤液降温，结晶，过滤，干燥，得产品。收率达 99.4%。

（3）以液体二氧化硫为溶剂、用液体三氧化硫的磺化工艺

蒽醌-1-磺酸的制备反应方程式如下：

$$\text{蒽醌} + SO_3(\text{液态}) \xrightarrow[SO_2\text{液态}]{110\sim130\ ^\circ\text{C}} \text{蒽醌-1-}SO_3H$$

工艺过程：把2.15 kg/mol液体三氧化硫溶于含有二氧化硫质量的0.05%汞的液体二氧化硫，加到耐压磺化釜中，再将1.5 kg/mol的蒽醌分批加入反应磺化釜。开动搅拌器，加热升温至110～130 ℃，在4～4.5 MPa下保温反应4～6 h。反应结束后把反应物转移至压力较低的容器中，蒸出溶剂，二氧化硫回收，滤出未反应的汞盐循环使用。通入氮气吹出未反应的三氧化硫。此时反应物料呈泥状，在分离器中向物料中加入热水使其溶解，冷却，使未反应的蒽醌沉淀过滤，干燥后重复使用。蒽醌转化率达91%，蒽醌-1-磺酸产率可达100%。

用该法也可生产蒽醌-1,5-二磺酸和蒽醌-1,8-二磺酸。

(4)在有机溶剂中用液体三氧化硫的磺化工艺

可用液体三氧化硫为磺化剂的磺化反应的有机溶剂有多种。通常选用三氧化硫的溶解度在25%以上的、不溶解磺化产物的有机溶剂。

①萘二磺酸的制备

反应方程式如下：

$$\text{萘} + 2SO_3(\text{液态}) \xrightarrow[-10\ ℃]{CH_2Cl_2} \text{1,5-萘二磺酸}(SO_3H, SO_3H)$$

在带有搅拌器和夹套的磺化反应釜中，先加入二氯甲烷，再加入160 kg精萘。开始搅拌使萘全溶。把釜温降至－10 ℃，在搅拌下滴加220 kg液体三氧化硫，边滴加边冷却，控制滴加三氧化硫的速度，使反应温度保持在－10 ℃。反应至终点，蒸出二氯甲烷，得358 kg产品，其中1,5-萘二磺酸占61%。

②α-磺基棕榈酸的合成

在有机溶剂中用液体三氧化硫磺化棕榈酸，合成α-磺基棕榈酸的反应方程式如下：

$$CH_3(CH_2)_{13}CH_2COOH + SO_3(\text{液态}) \xrightarrow{C_2Cl_4} CH_3(CH_2)_{13}\underset{\displaystyle SO_3H}{\underset{|}{C}}HCOOH$$

将256 kg棕榈酸溶于1 000 L四氯乙烯中开始搅拌，缓慢加入128 kg液体三氧化硫，控制反应温度。反应完成后，反应混合物用碱中和，得α-磺基棕榈酸钠，再用丙酮萃取，粗产品收率达80%～90%。

③β-苯乙烯磺酸钠和β-苯乙烯磺酰氯的制备

用液体三氧化硫在有机溶剂中磺化苯乙烯，制得β-苯乙烯磺酸。β-苯乙烯磺酸用氢氧化钠溶液中和得到β-苯乙烯磺酸钠。β-苯乙烯磺酸与五氯化磷反应得到β-苯乙烯磺酰氯。

$$C_6H_5{-}CH{=}CH_2 + SO_3(\text{液态}) \xrightarrow[6\sim10\ ℃]{CH_2Cl_2\text{或二氧六环}} C_6H_5{-}CH{=}CHSO_3H$$

$$\longrightarrow \begin{cases} \xrightarrow{NaOH} C_6H_5{-}CH{=}CHSO_3Na \\ \xrightarrow[5\sim10\ ℃]{PCl_5} C_6H_5{-}CH{=}CHSO_2Cl \end{cases}$$

国外一些大公司对丁酸、H酸、γ酸、DSD酸、吐氏酸、周位酸和间苯二甲酸-5-磺酸钠等产品的生产均采用三氧化硫在有机溶剂中进行磺化的生产方法。我国一些单位使用液体三氧化硫为磺化剂对多种染料中间体的磺化工艺进行改进。

④对氨基苯磺酰胺的制备

$$C_6H_5Cl + SO_3 \xrightarrow[2h]{40\ ℃} ClC_6H_4SO_3H \xrightarrow[80\sim150\ ℃,\ 0\sim3h]{SOCl_2} ClC_6H_4SO_2Cl \xrightarrow[10\ ℃]{NH_2OH} ClC_6H_4SO_2NH_2 \xrightarrow[CuO,\ 150\sim160\ ℃]{NH_2OH} H_2NC_6H_4SO_2NH_2$$

向装有氯苯的反应器中滴加液体三氧化硫，反应在40 ℃下进行，后几步反应条件如上述反应式所示。

6.4.3 用气体三氧化硫为磺化剂的磺化工艺

1. 用气体三氧化硫间歇磺化工艺

这种磺化工艺，一般采用干燥空气或其他惰性气体把三氧化硫稀释至4%～8%作为磺化剂，磺化剂通过分布器进入间歇操作反应釜。反应釜带有夹套，釜内装有折流板、冷却盘管和强而有力的搅拌装置，反应釜有足够的传热面积。

①3-硝基-4-甲基苯磺酸的生产工艺

以邻硝基甲苯为原料生产3-硝基-4-甲基苯磺酸，本品是3-氨基-4-甲基苯磺酸和2,2′-二磺酸基-4,4′-二氨基-5,5′-二甲基联苯的原料。反应方程式如下：

$$H_3C-C_6H_4-NO_2 + SO_3 \xrightarrow{40℃,\ 100\sim115\ ℃} H_3C-C_6H_3(NO_2)-SO_3H$$

在磺化釜中加入480 kg邻硝基甲苯，升温至40 ℃，开始搅拌，把用干燥空气稀释至4.5%的三氧化硫气体以550 m^3/h的速度通过釜中分布器进入磺化釜。通过釜内盘管和釜外夹套控制釜内反应温度在40 ℃，经2 h左右通完三氧化硫气体。然后升温至100～115 ℃，保温搅拌3 h。反应中三氧化硫用量为理论用量的100%～110%。反应完成后，把反应物放入其质量的75%水中，水蒸气蒸出未反应的邻硝基甲苯，滤液加活性炭脱色，过滤。把滤液蒸发至泥状，干燥，得到3-硝基-4-甲基苯磺酸，收率达98.2%。

②5-硝基-2-甲基苯磺酸的制备

用对硝基甲苯为原料，反应方程式如下：

$$H_3C-C_6H_4-NO_2 + SO_3(气态) \xrightarrow{60\sim125\ ℃} H_3C-C_6H_3(SO_3H)-NO_2$$

工艺过程：把对硝基甲苯加入带有搅拌器和夹套的磺化反应釜，加热至60 ℃使其熔化，开动搅拌器，继续升温至95 ℃，用氮气携带气体三氧化硫通入磺化釜。三氧化硫用量与对硝基甲苯按物质的量比为1.1∶1，用夹套水温保持反应釜中温度，经1 h左右把三氧化硫通完。慢慢升温至125 ℃，保温维持0.5 h。测终点，降温，小心加冷水，在90 ℃继续搅拌0.5 h。再降温至60 ℃，过滤除去副产物砜。滤液中加入活性炭在85 ℃脱色过滤，蒸发水后析出结晶，成品收率达96%～97%。

用气体三氧化硫磺化制备间苯二胺磺酸：

$$\text{间苯二胺}\xrightarrow{SO_3(\text{气态})}\text{2,4-二氨基苯磺酸}(NH_2, NH_2, SO_3H)$$

氯苯在 50～55 ℃下用三氧化硫磺化制备 4,4′-二氯二苯砜，收率可达 95%。

$$2\,Cl\text{-}C_6H_5 + SO_3(\text{气态}) \xrightarrow{50\sim55\ ℃} Cl\text{-}C_6H_4\text{-}SO_2\text{-}C_6H_4\text{-}Cl + H_2O$$

2. 用气体三氧化硫连续磺化工艺

连续磺化工艺的磺化反应器先后用过釜式、多管膜式、双膜式、文丘里喷射式和薄膜式，近几年发展起一类应用于生物化工领域的新型喷射环流式反应器。这些类型的磺化反应器可适用于各种原料，如烷基苯、醇、醇醚、酚醚、烯烃和脂肪酸酯等的磺化和硫酸化。

(1)用气体三氧化硫连续磺化甲苯

对甲苯磺酸是一种重要的有机化工中间体，主要用于制药、农药、纺织、染料、涂料和塑料，可直接转化为对甲苯磺酸钠、对甲苯磺酰氯、对甲苯磺酰胺、氯胺 T 和对甲苯酚等产品。对甲苯磺酸也是强酸性催化剂，能催化多种类型有机反应。

甲苯可用硫酸、发烟硫酸和氯磺酸磺化，但这些磺化剂磺化能力低，反应速度慢，有的会产生废酸、废气，成品中邻位产品多，难分离，成品色泽差，还有设备腐蚀问题。用气体三氧化硫为磺化剂能较好地解决上述问题。温度对三氧化硫磺化甲苯反应的影响见表 6-1。

表 6-1　温度对三氧化硫磺化甲苯反应的影响

反应温度/℃	收率/%	对邻位比	砜含量/%	甲苯损耗量/%
28	78.0	88.94∶11.06	4.0	20.0
15	81.2	90.69∶9.31	3.4	17.5
8	85.4	93.54∶6.46	2.9	13.0

反应温度低，产物中对位产品增加，副产物砜减少，甲苯转化率增高，甲苯损失少。所以磺化反应一般在低温下进行，但温度低于 4 ℃时产物黏度增大，加入定位剂可增加对位产品，减少砜的生成。亚硫酸盐和有机酸是常用的定位剂，一般用量为甲苯的 1%。表 6-2 是定位剂对三氧化硫磺化甲苯制取甲苯磺酸对邻位比的影响。

表 6-2　定位剂对三氧化硫磺化甲苯制取甲苯磺酸对邻位比的影响

定位剂	反应温度/℃	对邻位比
有机酸	28	92.34∶7.66
	8	98.32∶1.68
无机盐	28	89.06∶10.94
	8	94.26∶5.74

从表 6-2 可见，有机酸定位效果好，甲苯磺酸的对邻位比接近 99%。反应温度低，则有机酸定位效果更好，见表 6-3。

表 6-3　用有机酸为定位剂时温度对产物对邻位比的影响

盐水浴/℃	反应温度/℃	对邻位比
5	9	97.53∶2.47
3	6	98.47∶1.53
0	4	99.03∶0.97

所以有机酸应是最理想的定位剂。有机酸是液体，能溶于甲苯，反应时分散均匀，作用均衡。从表 6-3 看出低温更有利于对位产物生成。

喷射环流式反应器是近几年发展起来的一类反应器。液体由喷嘴高速喷出以吸引气体与之密切接触，并能造成反应器内液体强烈循环，避免局部过热，使反应温度均衡，而且反应器结构简单，成本低，便于连续操作。

喷射环流式反应器装置中试流程简图如图 6-4 所示。

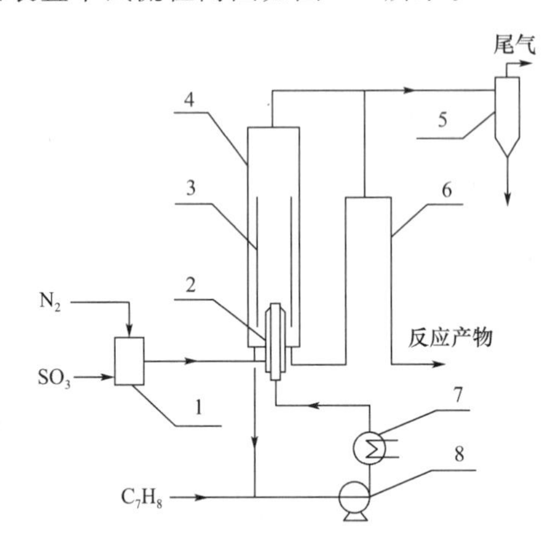

图 6-4　喷射环流式反应器装置图

1—配气罐；2—喷嘴；3—导流筒；4—反应器；5—旋风捕沫器；6—π 形管；7—循环冷却器；8—循环泵

工艺过程：甲苯从贮罐经计量后与由反应器底部引出的循环反应液一起由循环泵(8)打入循环冷却器(7)。来自液氮罐的干燥氮气经加热计量与经计量加热的三氧化硫气体在配气罐(1)混均，成为预定浓度混合气，经喷嘴(2)的环隙进入反应器，并与液体喷出口处大量高速喷流的循环液体接触，进行磺化反应，反应尾气由反应器顶部引出，经旋风捕沫器(5)及尾气吸收塔后排放。气体取样口设在尾管路和配气罐原管路上。反应液经 π 形管(6)进入接收罐，反应液取样口设在循环管路上。反应器(4)主体高 4 m，直径 300 mm，内部安装导流筒(3)。在喷嘴上方 15 cm 处和导流筒上端中心处设有两个测温点。

开始前反应器内先加入反应液和甲苯至溢流液位。开车先启动循环泵，再开氮气系统，达到正常流动状态，然后通入三氧化硫，开始磺化。

反应器关键部位喷嘴使气液充分接触，导流筒内外压差造成气液强烈环流，各处液体温度趋近均一，使反应器内不会局部过热。实验中两测温点温度差不超过 1 ℃。强制外循环换热器是磺化反应的关键之一，换热面积可随意调节，从而有效解决甲苯磺化反应热量大的问题，又能快速移出，使反应器内部温度保持在适宜范围。

喷射环流式反应器实验条件和结果见表6-4。

表6-4　喷射环流式反应器的实验条件和结果

实验条件	结果
甲苯进料量/($kg \cdot h^{-1}$)	10.4～19.1
气相SO_3体积分数/%	7.5
反应温度/℃	0～10
甲苯磺酸质量分数/%	46.3～55.1
对位异构体质量分数/%	85.1～85.3
间位异构体质量分数/%	1.02～1.16
邻位异构体质量分数/%	13.6～13.8
甲苯转化率/%	31.6～39.5
SO_3转化率/%	99.2～99.5

(2)用气体三氧化硫连续磺化长碳链烷基苯

长碳链烷基苯一般指C_{10}～C_{18}的烷基苯，其磺化产物大都用作表面活性剂，其中十二烷基苯磺酸钠是合成洗涤中产量最大、用途最广的阴离子表面活性剂。长碳链烷基苯的磺化反应与甲苯磺化相似，是强放热反应，易发生副反应。可用多种磺化剂磺化，但以浓硫酸为磺化剂时，易发生脱烷基等副反应。用发烟硫酸为磺化剂的多釜串联连续磺化工艺，我国自20世纪七八十年代起就有多套装置，有的尚未改造，仍在生产。但反应收率低，只有88%～90%，有较多砜副产物。用三氧化硫磺化烷基苯产品质量好、颜色较浅，产率可高达98%。其主要工艺条件是用惰性气体或干燥空气把三氧化硫稀释至5%～8%的气体为磺化剂，三氧化硫与烷基苯物质的量比为1.01∶1～1.05∶1，反应温度为35～55 ℃。其主要生产工艺和磺化反应器有多种类型。早些时候曾用过釜式反应器、罐组式三氧化硫磺化工艺。多釜串联三氧化硫磺化工艺流程如图6-5所示。

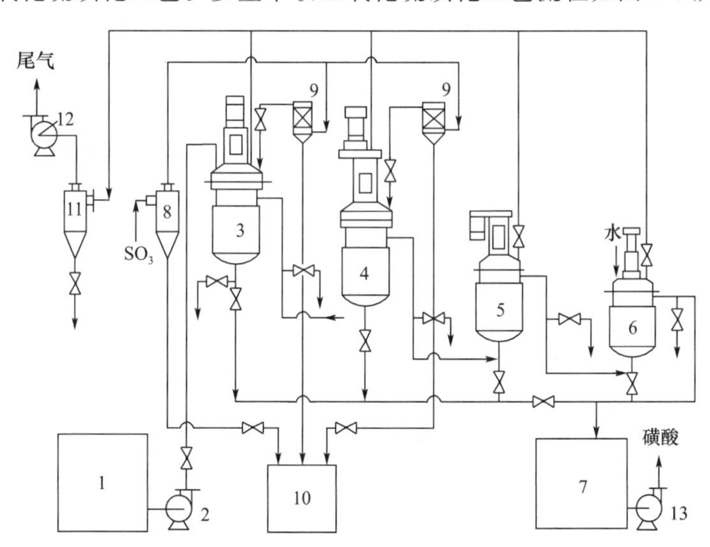

图6-5　多釜串联三氧化硫磺化工艺流程

1—烷基苯储槽；2—烷基苯输送泵；3—1号磺化反应器；4—2号磺化反应器；5—老化罐；6—加水罐；7—磺酸储槽；8—三氧化硫雾滴分离器；9—三氧化硫过滤器；10—酸滴暂存罐；11—尾气分离器；12—尾气风机；13—磺酸输送泵

以气体三氧化硫为磺化剂的磺化工艺主要磺化器有多种类型，其中双膜式的就有好几种，还有多管式的。多管式磺化反应器近些年发展很快，有单管式、多管式，我国自行设计制造的有 90 N 的，还有双套筒式、薄膜磺化反应器等。

气体三氧化硫薄膜磺化反应工艺流程如图 6-6 所示。

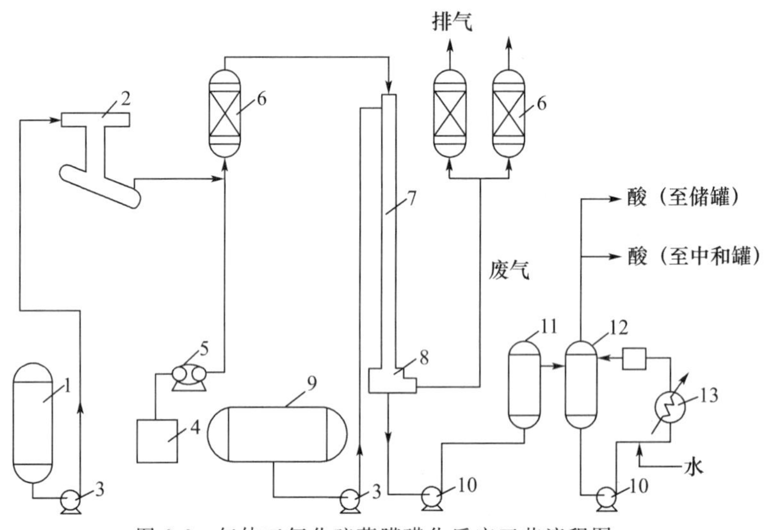

图 6-6　气体三氧化硫薄膜磺化反应工艺流程图

1—液体三氧化硫储罐；2—汽化器；3—比例泵；4—干空气；5—鼓风机；6—除沫器；7—薄膜磺化器；8—分离器；9—十二烷基苯储罐；10—比例泵；11—老化罐；12—水解罐；13—热交换器

工艺过程：从十二烷基苯储罐(9)由比例泵(3)把十二烷基苯打到列管式薄膜磺化反应器顶部的分散区，使其形成薄膜沿反应器壁向下流动。用另一台比例泵(3)把液体三氧化硫送入汽化器(2)，从汽化器出来的三氧化硫气体与来自鼓风机的干燥空气混成的3%～7%(体积比)的三氧化硫经除沫器(6)，进入薄膜磺化器(7)，与十二烷基苯沿反应器壁下流液膜接触，反应立即发生，边反应边流向反应器底部的气液分离区。分出磺酸产物后的废气经过滤碱洗除去过程中产生的微量二氧化硫副产物。反应进行中，反应器冷却空间一直通入冷水冷却，以保证反应温度在规定范围内，出口处温度为 35～55 ℃。

分离的磺酸用比例泵(10)送到老化罐(11)，老化 5～10 min，然后送入水解罐(12)，加入 5%的水破坏残余酸酐，得到产品十二烷基苯磺酸。

气体三氧化硫磺化的关键设备是薄膜磺化器，现已有多种类型的薄膜磺化器。图6-7 是应用较广泛的一种管式薄膜磺化器。

反应器由带有内外冷却夹套的两个不锈钢同心圆筒组成。装置分原料分配区、反应区和产物分离区。十二烷基苯经上部环形分布器均匀分布，沿内外反应管壁自上而下流动，形成均匀内膜和外膜。空气和三氧化硫从上方进入两同心圆筒间的环隙反应区，与烷基苯液膜并流下降，气液两相充分接触而发生反应。在反应区，三氧化硫浓度逐渐下降，被磺化的十二烷基苯逐渐增加，磺化液黏度逐渐增加，到磺化区底部磺化反应基本完成。反应中生成的热量由夹套的冷却水移出，废气和磺化物在分离区分离，产品和废气由不同出口排出。

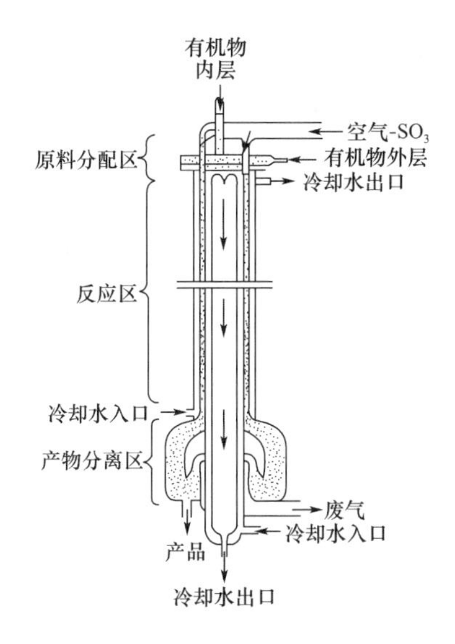

图 6-7　管式薄膜磺化器

十二烷基苯用气体三氧化硫磺化是气液非均相反应，几乎瞬间完成，总反应速度取决于气体三氧化硫分子向液相十二烷基苯的扩散速度，又是强放热反应，反应热高达 711.75 kJ/kg，迅速移出反应热，控制好反应温度是反应的关键。磺化产物黏度大，50 ℃时十二烷基苯的黏度为 1 mPa·s，而磺化产物的黏度为 1.2 Pa·s。黏度大增将严重影响反应的传质传热，易产生局部过热。为减少副反应发生，必须选择接近理论量的原料配比，一般选三氧化硫与十二烷基苯物质的量比为 1.03∶1，混合气体中三氧化硫占 3%～7%（体积比）。由于反应受气体扩散控制，所以进入薄膜磺化器必须高速，保证气液接触是湍流状态，已磺化产物快速离开反应区域，反应温度在磺化物出口处为 35～55 ℃，控制好温度，磺化物黏度大但能快速离开反应区域。

（3）用气体三氧化硫磺化硫酸化 α-烯烃的工艺

烯烃磺化一般指 C_{14}～C_{18} 直链 α-烯烃和 C_{10}～C_{22} 内烯烃与磺化剂进行的磺化反应。烯烃磺化产品具有很好的相溶性和表面活性，极好的泡沫结构、稳定性和抗硬水能力，易生物降解，在主要阴离子表面活性剂品种当中是毒性最小的，对人皮肤的刺激性也小，是洗涤剂的重要成分。α-烯烃磺酸盐简称 AOS，由烷基羟基磺酸盐和链烯基磺酸盐的多种异构体组成。

α-烯烃磺化反应复杂，主要是磺化和水解两个过程，反应生成多种不同位置的异构体：

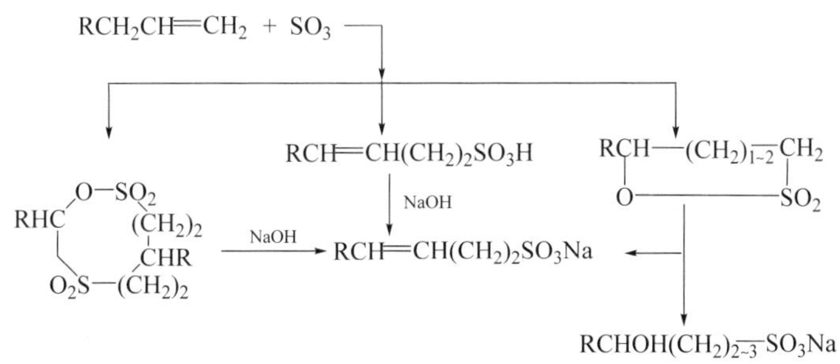

第一步，α-烯烃与三氧化硫经磺化反应生成烯烃磺酸、1,3-磺内酯和1,4-磺内酯以及二磺酸内酯等混合物，它们的含量分别为40%、40%及20%。第二步，磺化混合物经过水解得到以烯基磺酸盐、羟基磺酸盐和二磺酸盐为主的最终产物。因磺内酯不溶于水且没有表面活性，所以采用在碱性条件下使其水解成烯烃磺酸盐和羟基磺酸盐。

α-烯烃与气体三氧化硫磺化生产AOS的工艺流程如图6-8所示。

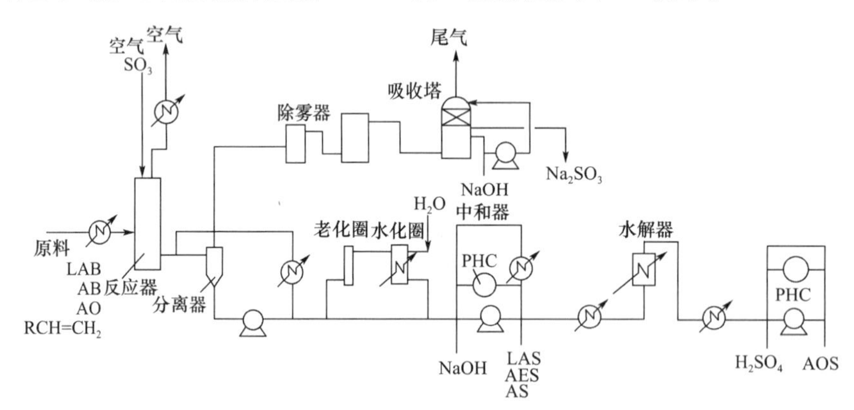

图6-8 α-烯烃制取AOS的工艺流程

工艺条件选择浓度为3%～5%的气体三氧化硫，磺化温度为40 ℃，三氧化硫与α-烯烃物质的量比为1.05∶1。中和后在130～160 ℃下水解20 min。

由于α-烯烃和气体三氧化硫的反应速度比烷基苯快100倍，磺化反应热$\Delta H=209.3$ kJ/mol。反应初作用激烈，膜温最高达120 ℃。所以三氧化硫浓度要低一些，并引入二次保护风，在膜反应器上部适当隔开一些三氧化硫与α-烯烃的接触，降低上部液膜内三氧化硫浓度。反应器中流动的液膜，在上部转化率低、黏度低、膜薄，下部转化率高、黏度大、膜厚。为此控制上部冷却水温为30 ℃、中部冷却水温为35 ℃、下部冷却水温为50 ℃这样的液膜适宜。

当三氧化硫与α-烯烃物质的量比低于1.05∶1时，随比值增加单磺酸含量同时上升，转化率提高。当三氧化硫增加大于1.05时，二磺酸含量增加，而单磺酸含量下降，因而选择以1.05为宜。在三氧化硫与α-烯烃物质的量比为1时，二磺酸含量最低，随温度提高变化不大，α-烯烃在50 ℃时转化出现最大值，可能出现α-烯烃异构化而影响磺化反应，所以在三氧化硫不过量情况下，以温度不高于50 ℃为主。因为磺内酯的非水溶性，经氢氧化钠水解，磺内酯水解随温度升高而更彻底，所以反应温度选为130～160 ℃。

(4)用气体三氧化硫磺化高级脂肪酸酯的工艺

高级脂肪酸酯α-磺酸盐是可再生资源天然油脂经磺化、中和而制得的，具有优良的溶解度、水解稳定性和对硬水不敏感性，其生物降解性能好、刺激性低，而且毒性低，有良好的乳化和起泡性能。除了配制洗涤剂、洗发香波外，也可以用于塑料加工、皮革脱脂、丝绸印染、涂料、润滑油及矿物浮选等多种工业领域。

高级脂肪酸酯α-磺酸钠盐有很多品种。这里以高级脂肪酸甲酯为例。

高级脂肪酸甲酯用三氧化硫磺化时，提高三氧化硫与甲酯的物质的量比，可提高一钠盐含量,但二钠盐含量也相应增加。一钠盐随温度升高有明显增加,二钠盐也随之增加,在 40 ℃时出现最高值。总的磺化率受物质的量比和温度影响。总磺化率随温度升高而增加,但在物质的量比较低时,温度影响也较小。总磺化率也随物质的量比增加而增加。为使二钠盐含量降低,三氧化硫和高级脂肪酸甲酯物质的量比低些好,反应温度高些好。物质的量比太低,磺化率会太低。二钠盐含量最低时,三氧化硫与高级脂肪酸甲酯物质的量比与反应温度间的关系式为

$$Q=98.73T^{-0.9995}$$

其中,Q 为三氧化硫与高级脂肪酸甲酯物质的量比;T 为温度。

按此式,温度和物质的量比的关系如图 6-9 所示。

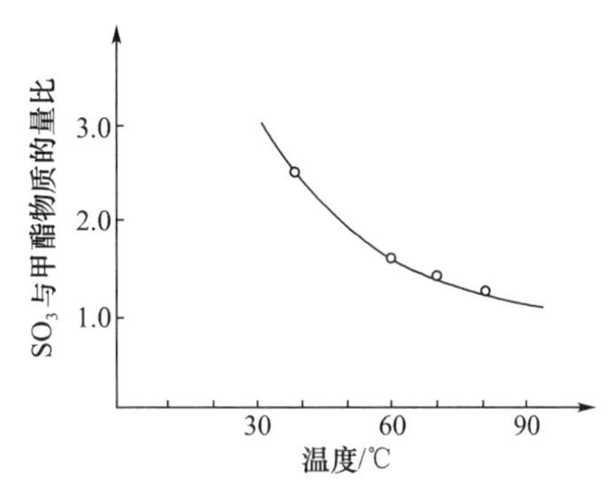

图 6-9　温度和物质的量比的关系

为减少二钠盐形成,老化过程应具有足够时间,以使中间物 $RCH-C(OSO_3H)-OCH_3$(RCH 与 C 之间经 O—S—O 桥连)及时重排成磺基脂肪酸甲酯,避免中间物进入中和阶段,水解成二钠盐。另外,中和时应加强搅拌,避免温度和碱性过高。

α-磺基高级脂肪酸甲酯(MES)生产流程如图 6-10 所示。

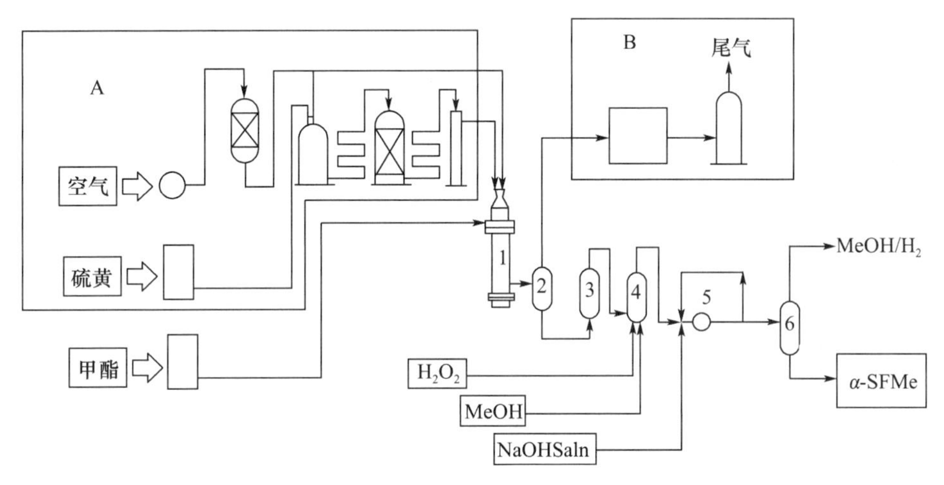

图 6-10　MES 生产流程简图

1—薄膜磺化器;2—分离器;3—老化器;4—再酯化及漂白装置;5—中和装置;6—甲醇回收装置

A—空气及 SO_3 系统;B—尾气净化系统

α-磺基高级脂肪酸甲酯(MES)生产工艺采用薄膜磺化器。用多管膜式反应器的工艺条件为:三氧化硫和高级脂肪酸甲酯物质的量比为 1.2∶1～1.25∶1,三氧化硫被稀释浓度为 5%～7%,反应温度为70～90 ℃。反应后应有充分老化时间,采用二次老化装置,一级老化在 90 ℃,停留时间 15 min,二次老化在 80 ℃,停留时间 20～40 min。漂白处理用次氯酸钠和过氧化氢。为减少产品水解,中和时 pH 在 8.5 以下,采用两次中和。

中国日用化学工业研究院袁少明等研究用喷射磺化反应器磺化脂肪酸甲酯并取得了良好的效果。实验工艺流程如图 6-11 所示。

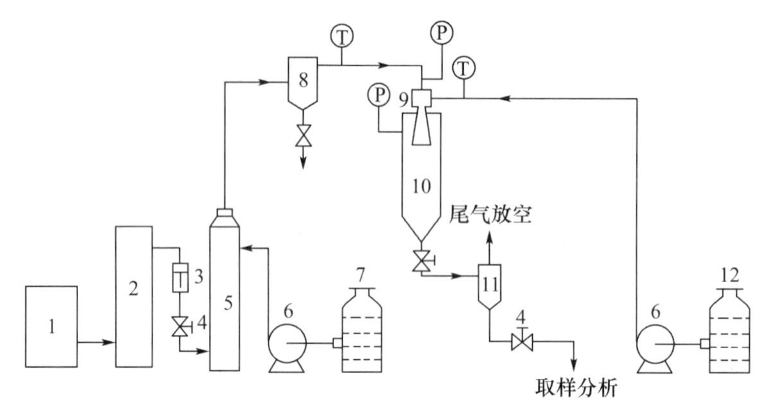

图 6-11 喷射磺化反应器实验工艺流程

1—空压机;2—干燥塔;3—流量计;4—调节阀;5—发烟酸蒸发器;6—计量泵;7—烟酸储罐;8—过滤器;9—喷嘴;10—反应器;11—气液分离器;12—甲酯储罐

反应用文丘里型喷嘴。实验条件和结果见表 6-5。

表 6-5 喷射式反应实验结果

甲酯流量/($g \cdot h^{-1}$)	气体流量/($m^3 \cdot h^{-1}$)	反应器出口温度/℃	甲酯转化率/%	SO_3 转化率/%
292	2.00	53	89.0	99.0
280	1.50	52	86.9	98.2
261	1.90	57	92.6	99.4
261	1.90	46	87.9	98.7
261	1.90	59	95.3	99.3
391	1.80	59	89.3	98.5

喷射磺化反应器与膜式反应器做了比较。用高 800 mm、内径 5 mm 工艺流程喷射反应器。实验条件与结果见表 6-6。

表 6-6 膜式反应器实验结果

甲酯流量/($g \cdot h^{-1}$)	气体量/($m^3 \cdot h^{-1}$)	反应器出口温度/℃	甲酯转化率/%
202	1.94	74	94.3
192	1.94	76	88.2
211	1.94	76	92.3
222	1.94	74	93.5
246	1.96	52	90.6
231	1.96	68	94.1

实验结果说明,喷射反应器对高级脂肪酸甲酯进行磺化生产是可行的,实验得到高级脂肪酸甲酯的转化率接近 90%,三氧化硫转化率接近 99%,MES 产率高达 95%,优于膜式反应器。喷射反应器结构简单、紧凑,制造成本低,有应用前景。

(5)气体三氧化硫磺化脂肪醇、醇醚、酚醚工艺

脂肪醇硫酸盐(AS)是重污垢洗涤剂的主要活性物之一,具有良好的生物降解性、去污力、起泡性和乳化性,在硬水中稳定,手感柔和,大量用于香波、化妆品和家庭及工业洗涤剂。脂肪醇硫酸盐的溶解度随碳链增长而下降,C_{12}~C_{14}醇硫酸盐溶解度较好,C_{14}~C_{18}醇硫酸盐具有较好的洗涤性,C_{18}醇硫酸盐溶解度低,C_{15}醇硫酸盐具有最大泡沫力,C_{12}以上醇硫酸盐具有优良的润湿性。仲醇硫酸盐中C_{15}~C_{17}醇硫酸盐具有最佳起泡能力,C_{15}~C_{18}醇硫酸盐去污能力强,C_{15}醇硫酸盐具有最高润湿能力。

醇醚硫酸盐(AES)比相应的醇硫酸盐的溶解度较高,并随着环氧基增加而增加。在有机溶剂中溶解度比相应的醇硫酸盐大,但去污能力不变。C_{14}~C_{15}醇聚氧乙烯醚硫酸盐去污能力最好。环氧乙烷加成较多的硫酸盐由于 HLB 值增加,去污能力、润湿性、乳化能力和起泡能力下降,一般用作染色助剂。

醇和醇醚用三氧化硫进行磺化反应,其产品收率较高,低盐,色浅,质量好。硫酸化反应快,放热量大,反应器应具有良好的传热传质条件。现在都用多管膜式反应器,其流程如图 6-12 所示。

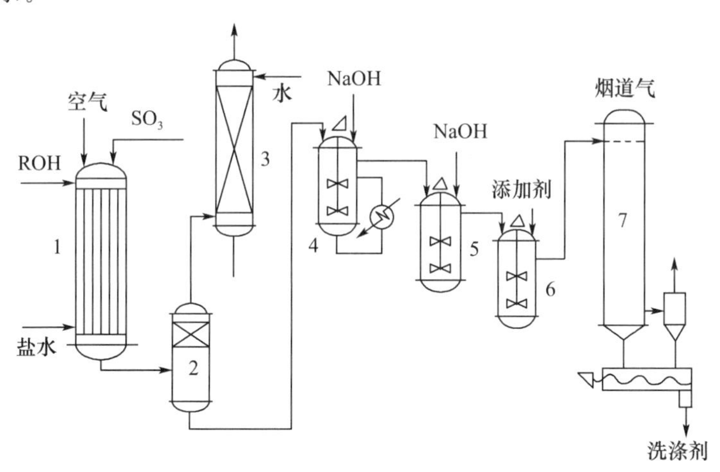

图 6-12 脂肪醇硫酸盐洗涤剂的生产流程

1—膜式反应器;2—分离器;3—吸收塔;4,5—中和设备;6—混合器;7—喷雾干燥塔

向膜式反应器连续通入醇和空气及用空气稀释的三氧化硫气体,经反应后再进入分离器,从液体中分出废气,通过吸收塔除去残留的三氧化硫。硫酸化产物在中和设备中用浓氢氧化钠溶液中和,以外循环冷却,使中和温度不超过 6 ℃,在另一中和器中中和至 pH=7。然后将硫酸化产物送往混合器,加入添加剂后,用泵打到喷雾干燥塔,干燥得到产品。主要工艺条件:用干燥空气把三氧化硫稀释至浓度为 4%~7%,反应温度平均为 34 ℃,醇与三氧化硫物质的量比为 1∶1.0~1∶1.05。C_{12}~C_{18}醇收率达 98.5%~99%,C_{16}~C_{18}醇收率达 97.5%~98%。

醇醚硫酸化反应条件:反应温度为 35~50 ℃,醇醚与三氧化硫物质的量比为 1∶1.04,三氧化硫浓度为 3%~4%,转化率为 97%。

由于硫酸酯在酸性条件下不稳定,硫酸化后应立即进行中和,且在中和过程中应避免

缺碱或内部缺碱，中和温度不能高于50℃。

乙氧基烷基酚用三氧化硫硫酸化会发生芳环上的磺化，有约12%的环上磺化物生成。以氨基磺酸为反应剂，当采用尿素-三氧化硫-硫酸进行硫酸化时则不生成环上磺化物，并且就地生成氨基磺酸，省去中和工序。本法适合烷基酚聚氧乙烯醚硫酸化。而美国采用膜式反应器生产壬基酚聚氧乙烯醚硫酸盐，为6%环上磺化物。

醇和醇醚硫酸化，可用的硫酸化剂有三氧化硫、氯磺酸、硫酸和氨基磺酸。用三氧化硫最经济，所以得到广泛应用。用氯磺酸价格贵，有气体氯化氢生成，中间物黏度大，为排气必须在设备上采取一些措施。

(6)用气体三氧化硫磺化大豆磷脂工艺

磺化大豆磷脂(SPS)资源丰富、价格低廉，是以大豆加工副产大豆油脚为原料，经三氧化硫膜式磺化，在磷脂中引入磺酸基团，开发出新型表面活性剂。用三氧化硫膜式磺化技术，较传统的浓硫酸磺化法生产的产品色泽浅、流动性好、产品质量稳定，极大地降低了污染。SPS的HLB值大大提高，使其乳化性高、渗透力强、稳定性好，易于生物降解，从而提高了产品附加值，拓宽了磷脂应用领域。SPS产品经复配后可用作皮革加脂剂，使皮革柔软、丰满，同时降低了成本。用于萤石矿选矿时，其捕收能力强于油酸，对温度敏感性低，且可降低矿物中有机物残留。产品现已开发成功，投入生产，进入市场。

6.5 以二氧化硫为磺化剂合成脂烃类磺酸盐工艺

正构C_{13}～C_{18}烷烃以二氧化硫和氧气或以二氧化硫和氯气用紫外线、γ射线或臭氧、过氧化物等引发自由基，合成烷基磺酸盐(SAS)，是20世纪50年代发展起来的，近几十年发展很快。目前表面活性剂行业生产该类产品的主要方法为氧磺化法和氯磺化法。

烷基磺酸盐在碱性、中性和弱酸性溶液中较为稳定，在硬水中有良好的润湿、乳化、分散和去污能力，具有优良的生物降解性能，在20℃两天后生物降解率达99.7%，还没有有毒代谢产物，对皮肤刺激性小。溶解度随碳原子增加而减小，润湿能力和脱脂能力以C_{13}～C_{16}为好，烷基磺酸盐是一类优良的表面活性剂，受到人们关注。

6.5.1 氧磺化法制备烷基磺酸盐工艺

以正构烷烃、二氧化硫和氧气为原料，进行氧磺化反应，反应方程式如下：

$$RCH_2CH_3 + SO_2 + O_2 \xrightarrow{\text{引发}} RCH(SO_3H){-}CH_3 \xrightarrow{NaOH} RCH(SO_3Na)CH_3$$

该反应用紫外线、γ射线、臭氧或过氧化物等引发剂引发自由基反应。控制反应的关键是过氧酸(RSO_2O_2H)的浓度不能过大，它是反应过程的中间产物。烷烃在引发剂作用下发生如下反应：

$$RH \xrightarrow{h\nu} R' + H\cdot$$

二氧化硫吸收能量从基态变成激发态：

$$SO_2(\text{基态}) \xrightarrow{h\nu} SO_2^*(\text{激发态})$$
$$RH + SO_2^* \longrightarrow R\cdot + H\cdot + SO_2$$
$$R\cdot + SO_2 \longrightarrow RSO_2\cdot$$
$$RSO_2\cdot + O_2 \longrightarrow RSO_2OO\cdot$$
$$RSO_2OO\cdot + RH \longrightarrow RSO_2OOH + R\cdot$$

通过加水和乙酐使过氧酸分解成产物而使其浓度不会过高。往反应中加水称为水-光氧磺化法，该法工艺流程如图 6-13 所示。

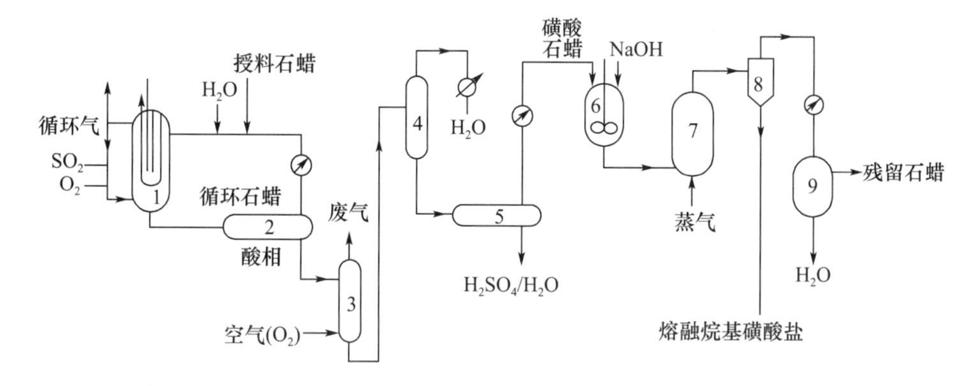

图 6-13　水-光氧磺化法生产烷基磺酸盐工艺流程

1—反应器；2，5，8—分离器；3—气体分离器；4，7—蒸发器；6—中和釜；9—油水分离器

该工艺包括氧磺化反应和后处理两部分，后处理又包括分离和中和等。

二氧化硫和氧气从反应器(1)底部的气体分布器进入，并很好地分布在由正构烷烃和水组成的液相中，反应温度≤40 ℃，反应器上部装有高压汞灯，液体物料在反应器中停留 6～7 min。反应物料经反应器下部进入分离器(2)，分出的油相经冷却器冷却与原料正构烷烃及水一起再进入反应器。一次通过反应器的二氧化硫和氧气转化率不高，未反应的气体从反应器顶部排出经加压后再返回反应器，由分离器(2)分出的磺酸液含 19%～23%磺酸、30%～38%烷烃、6%～9%硫酸，在气体分离器(3)中脱去二氧化硫。进入蒸发器(4)，从(4)下部流出物料进入分离器(5)，从其下部分出 60%的硫酸，上层为磺酸相，打入中和釜(6)，用 50%氢氧化钠溶液中和，中和后的浆料含 45%的 SAS 和部分烷烃。把浆料送入蒸发器(7)蒸发，再送入分离器(8)，从其下部放出高浓度 SAS。从顶部出来的物料进入油水分离器(9)经冷却分去水，油层为未反应烷烃。

由此工艺制得的成品包含：85%～87%的烷基单磺酸钠、7%～9%的烷基磺酸钠、5%的硫酸钠、1%的烷烃。

影响氧磺化反应的因素如下：

(1)原料烷烃要除去芳烃，使其浓度低于 50×10^{-6}，烯烃异构烷烃和酸会影响初始反应速率。

(2)温度影响。反应温度高会降低二氧化硫和氧气在烷烃中的溶解度，从而影响反应速率和产物生成量，还会引起副反应。温度太低，反应会变慢，因此适宜的温度为 30～40 ℃。

(3)氧磺化是气液相反应，增大气体空速有利于气液传质，以 3.5～5.5 L/(h・cm^{-2})为宜，气体单程转化率低，必须循环利用，循环利用率可达 95%以上。二氧化硫与氧气实际用量按 2.5∶1。氧磺化速度和二氧化硫浓度成正比。提高气体中二氧化硫比例对反应有利。因此有下列方程式：

$$RH + 2SO_2 + O_2 + H_2O \longrightarrow RSO_3H + H_2SO_4$$

(4)水加入量的影响。往反应中加水使反应中生成的磺酸从反应区抽出，避免磺酸继续磺化，降低反应区磺酸含量，使产品收率和质量提高。应加入生成磺酸的 2～2.5 倍的水量。加水多会导致乳化，难以分离磺酸。加水少，反应物仍处于互溶状态，磺酸不能分离出来。

醋酐、三氯甲烷、四氯乙烷、五氯乙烷、卤代烃、醋酐混合物、硝酸钠、亚硝酸钠、硝酸戊酯及亚硝酸环己酯都能加速反应进行，而且可以中止 γ 射线或紫外线的引发反应。加入醋酐可有如下反应：

$$2RSO_2OOH + (CH_3CO)_2O \longrightarrow 2RSO_2OOCOCH_3 + H_2O$$

$$RSO_2OOCOCH_3 + 7RH + 7SO_2 + 3O_2 + H_2O \longrightarrow 8RSO_3H + CH_3COOH$$

所以醋酐是氧磺化反应的促进剂。

6.5.2 氯磺化法制备烷基磺酸盐工艺

氯磺化反应通常被称为 Reed 反应，是直链烷烃与二氧化硫和氯气反应生成烷基磺酰氯，再与氢氧化钠反应，水解生成烷基磺酸盐。直链烷烃的氯磺化反应方程式如下：

$$RH + SO_2 + Cl_2 \longrightarrow RSO_2Cl + HCl\uparrow$$

$$RSO_2Cl + 2NaOH \longrightarrow RSO_3Na + NaCl + H_2O$$

直链烷烃氯磺化工艺过程包括氯磺化反应、脱气、皂化及后处理脱盐、脱油等工序。其工艺流程如图 6-14 所示。

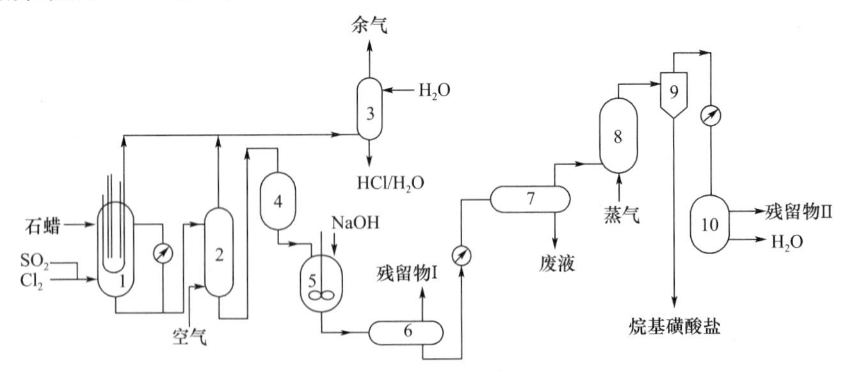

图 6-14 氯磺化法制取烷基磺酸钠工艺流程

1—反应器；2—脱气塔；3—气体吸收塔；4—中间储罐；5—皂化器；6，7—分离器；8—蒸发器；9—磺酸盐分离器；10—油水分离器

氯磺化反应：经过处理的正构烷烃(石蜡烃)从反应器(1)上部进入，二氧化硫和氯气

从反应器底部引入，在紫外线照射下氯磺化反应发生，反应后的反应物从反应器底部流出。一部分氯磺化产物经冷却器冷却返回反应器，使反应器内的温度保持在 30 ℃左右。另一部分氯磺化产物进入脱气塔(2)。

脱气：由脱气塔底部向脱气塔内氯磺化产物吹入空气，经空气气提脱出反应中生成的氯化氢气体，与从反应器顶部出来的氯化氢一起进入气体吸收塔(3)，用水吸收氯化氢。

皂化：脱气后的氯磺化产物送入中间储罐(4)，然后由皂化器(5)顶部进入，与皂化器中的氢氧化钠反应，生成烷基磺酸钠，同时有水和氯化钠生成。

后处理：中和后，物料送往分离器(6)，分去残留的原料烃，下层送入分离器(7)，经冷却进行脱盐，分出下层废液。物料送入蒸发器(8)，蒸出大量水和残留烃后物料进入磺酸盐分离器(9)，从下部分离出磺酸盐熔融物。蒸出的水和残留烃进入油水分离器(10)，进行静置分层使二者分开。

氯磺化反应条件和影响因素：原料直链烷烃中不能含有芳烃、烯烃、醇、醛、酮及其他含氧化物的杂质，因为这些物质会抑制自由基链反应。二氧化硫和氯气中的含氧量必须低于 0.2%。氯磺化反应是放热反应，反应热为 54 kJ/mol，反应热必须及时移出，温度过高会生成较多氯代烃。研究发现，在 120 ℃以上，磺酰氯会全部转化成氯代烃，所以反应温度不能过高。但是温度太低会使反应变慢，产率下降，所以一般控制反应温度为 30 ℃左右。从反应方程式来看，二氧化硫和氯气的比例为 1∶1，反应中氯中间物自由基能与烷烃反应生成氯代烷。为减少这一副反应，在增大二氧化硫比例的同时，降低氯气的比例，使其浓度降低些。所以一般采用的二氧化硫与氯气的物质的量比为 1.1∶1。

反应温度的影响：氯磺化反应也是串联反应，反应深度对其反应产物的组成影响较大。反应深度不同，产物的密度不同，所以可通过测定密度判断反应进行的深度。烷烃氯磺化反应深度、反应组成及相对密度见表 6-7。

表 6-7　烷烃氯磺化反应深度、反应组成及相对密度

产品名称	反应深度/%	单磺酰氯/%	多磺酰氯/%	未反应烷烃/%	含氯量/%	密度/(g·cm^{-3})
M30	约 30	95	5	70	0.5	0.83～0.84
M50	45～55	85	15	55～45	1.5	0.88～0.9
M80	80～82	60	40	20～88	4～6	1.02～1.03

从表 6-7 中可以看出，随着单程转化率增加，多磺酰氯产量增加。

M30 的反应深度低，多磺酰氯等副产物少，产品质量好。但原料烃只反应了约 30%，需后处理脱去大量烷烃。一般用静置分层脱油、冷冻降温脱盐方法。

M50 的皂化液先静置分层脱油，冷却脱盐，然后在 60 ℃用甲酸和水萃取烷烃。

M80 的皂化液因反应深度高，未反应烃含量少，先静置分层脱烃，下层浆状物冷却后离心脱盐，离心后得清液，然后用水稀释使残留烃析出。

6.6　以亚硫酸盐为磺化剂的磺化工艺

6.6.1　琥珀酸酯磺酸盐合成工艺

丁烯二酸 HOOCHC═CHCOOH，经酯化可以生成单酯和双酯，由于酯基和羧基的影响使丁烯二酸酯的双键与亲核试剂亚硫酸盐发生加成反应引入磺酸基，生成琥珀酸单酯磺酸盐和琥珀酸双酯磺酸盐，它们的通式如下：

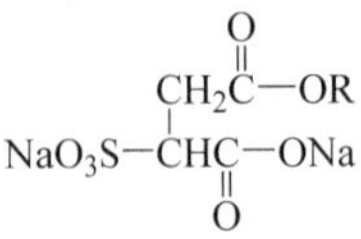

$$CH_2C(=O)-OR,\quad NaO_3S-CHC(=O)-ONa$$

单酯

$$CH_2C(=O)-OR,\quad NaO_3S-CHC(=O)-OR'$$

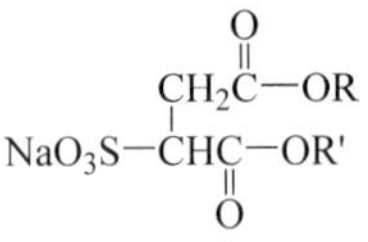

双酯

其中，R 和 R′为烷基，可相同也可不同。它们是磺酸型阴离子表面活性剂的一大类，现已有十多个系列，数十个品种已工业化生产。这类化合物可变性大，可根据应用需要改变分子结构。它们性能好，渗透力强，有良好的乳化、分散、润湿、增溶和对皮肤刺激性小等性能。而且原料来源广，合成工艺简易，生产成本低又无污染，所以备受重视。除用于日用化工外，还可用于涂料、印染、医药、农业、矿山、造纸、皮革和感光等数十种工业领域。在实际应用中，双酯比单酯应用更广泛。

它们的结构与性能关系：①双酯中碳原子数增加则其临界胶束浓度和表面张力均相应降低。当碳原子数相同时，正构烷基临界胶束浓度和表面张力略低于带支链的烷基。②琥珀酸双酯磺酸盐润湿性优良，烷基含碳原子在 7 个以下的，随碳原子增加润湿力增加，并随支链增加润湿力下降；烷基含碳原子在 7 个以上的，随碳原子增加润湿力下降，随支链增多润湿力增大。双酯磺酸盐润湿性优秀是由于磺酸盐基处于分子中间的结构。琥珀酸单酯磺酸盐由于亲水的磺酸盐基在一端，所以，润湿力较低，去污能力较好。

琥珀酸二异辛酯磺酸钠 Aerosol OT 是琥珀酸酯磺酸盐表面活性剂中最为重要的品种之一，其结构如下：

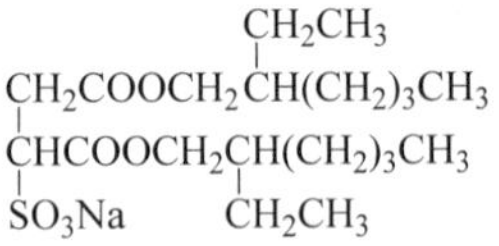

$$\begin{array}{l} CH_2COOCH_2CH(CH_2CH_3)(CH_2)_3CH_3 \\ | \\ CHCOOCH_2CH(CH_2CH_3)(CH_2)_3CH_3 \\ | \\ SO_3Na \end{array}$$

广泛应用于织物处理剂和农药乳化剂。其合成反应如下：

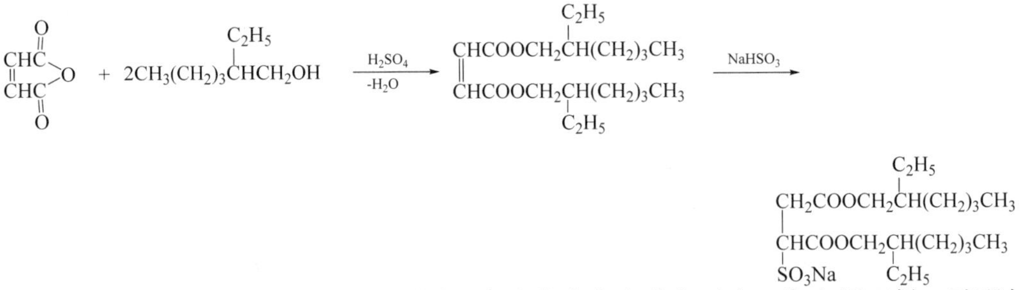

$$\text{(CHCO)}_2O + 2CH_3(CH_2)_3CH(C_2H_5)CH_2OH \xrightarrow[-H_2O]{H_2SO_4} \begin{array}{l} CHCOOCH_2CH(C_2H_5)(CH_2)_3CH_3 \\ \| \\ CHCOOCH_2CH(C_2H_5)(CH_2)_3CH_3 \end{array} \xrightarrow{NaHSO_3}$$

$$\begin{array}{l} CH_2COOCH_2CH(C_2H_5)(CH_2)_3CH_3 \\ | \\ CHCOOCH_2CH(C_2H_5)(CH_2)_3CH_3 \\ | \\ SO_3Na \end{array}$$

工艺过程：以商品 Aerosol OT 为例，合成分酯化和磺化两步。先由顺丁烯二酸酐与仲辛醇在硫酸或苯磺酸催化下合成丁烯二酸二异仲辛酯，然后丁烯二酸二异仲辛酯与亚硫酸氢钠加成，引入磺酸基。

酯化：在带有真空加热系统的反应釜中，顺丁烯二酸酐和仲辛醇按物质的量比 1∶3 和催化剂硫酸投入反应釜，在真空下加热，控制升温速度和真空度，使酯化反应生成的水不断蒸出，至蒸出极少的水为终点，然后用稀碱中和，水洗至中性。在真空下脱醇。酯化率达 95%以上。

磺化：按脱醇后的酯化产物量和亚硫酸氢钠的物质的量比为 1∶1.05 加入亚硫酸氢钠水溶液中，并加入适量的乙醇（一般在 15%～50%），在 110～120 ℃，压力为 0.1～0.2 MPa下反应 6 h，脱去乙醇，得到产品琥珀酸二仲辛酯磺酸钠。

改变酯化原料醇，按上述同样过程可制备不同碳链的顺丁烯二酸酯，再经磺化可制取不同的 Aerosol 型琥珀酸酯磺酸钠。

合成琥珀酸单酯磺酸盐的工艺与双酯大致相同。合成单酯的条件相对要求低一些，不需加催化剂，通过测量反应体系中的变化来控制反应终点。可用亚硫酸钠磺化，磺化前用碱中和单酯中的羧基，控制 pH 在 6～8。

6.6.2　脂肪醇聚氧乙烯醚琥珀酸单酯磺酸钠合成工艺

脂肪醇聚氧乙烯醚琥珀酸单酯磺酸钠被称为 AESM 或 AESS，其乳化、分散、润湿及增溶性能好。其通式为

$$\begin{array}{l}CH_2\text{-}CO(OCH_2CH_2)_nOR \\ | \\ CHCOONa \\ | \\ SO_3Na\end{array}$$

该类典型品种是月桂醇聚氧乙烯(3)醚琥珀酸单酯磺酸钠：

$$C_{12}H_{25}(CH_2CH_2O)_3OOCCH_2\underset{\displaystyle SO_3Na}{\underset{|}{C}}HCOONa$$

该表面活性剂广泛用于日用化学品配方中。其合成工艺也分为酯化和磺化两步反应，合成过程如下：

酯化：$$\begin{array}{l} CH-\overset{\displaystyle O}{\overset{\|}{C}} \\ \| \qquad\quad \rangle O \\ CH-\underset{\displaystyle O}{\underset{\|}{C}} \end{array} + C_{12}H_{25}(CH_2CH_2O)_3H \longrightarrow C_{12}H_{25}(CH_2CH_2O)_3OCHC{=}CHCOOH$$

磺化：$$C_{12}H_{25}(CH_2CH_2O)_3OOCHC{=}CHCOOH + Na_2SO_3 \longrightarrow C_{12}H_{25}(CH_2CH_2O)_3OOCCH_2\underset{\displaystyle SO_3Na}{\underset{|}{C}}HCOONa$$

脂肪醇聚乙烯醇即十二醇聚氧乙烯(3)醚和丁烯二酸酐按物质的量比 1∶1.05 投入酯化釜，加热温度控制在 60～90 ℃，用氮气保护，酯化 6 h，也可按酸值变化确定终点。

磺化按单酯与亚硫酸氢钠物质的量比 1∶1.05 加入 40%的亚硫酸氢钠水溶液中，反应温度控制在 80 ℃，反应 1 h 可完成反应。最终收率可达 98%。

6.6.3　2-羟基-3-氯丙烷磺酸钠合成工艺

以环氧氯丙烷和亚硫酸氢钠为原料，经下列反应：

$$ClCH_2\text{-}CH\text{-}CH_2 \ (\text{环氧，O 桥接}) + NaHSO_3 \xrightarrow{Na_2SO_3} ClCH_2\underset{\displaystyle OH}{\underset{|}{C}}HCH_2SO_3Na$$

工艺过程：按环氧氯丙烷和亚硫酸氢钠及亚硫酸钠物质的量比为 1∶1.05∶0.2 的配料比，把亚硫酸氢钠和亚硫酸钠加到装有其质量 4 倍的水的反应釜中，反应釜带有搅拌计量槽和控温计。把环氧氯丙烷加到计量槽中，开始搅拌，使亚硫酸氢钠、亚硫酸钠溶解。反应温度控制在 18～30 ℃，边搅拌边滴加环氧氯丙烷，1.5～2 h 滴加完。反应完成，经老化，水洗，干燥，得到高纯度 2-羟基-3-氯丙烷磺酸钠，收率在 95%以上。

6.6.4 β-苯氧乙基磺酸合成工艺

以β-氯乙基苯醚和亚硫酸氢钠为原料，合成反应如下：

$$C_6H_5OCH_2CH_2Cl + NaHSO_3 \longrightarrow C_6H_5OCH_2CH_2SO_3Na \xrightarrow{H^+} C_6H_5OCH_2CH_2SO_3H$$

工艺过程：3 kg/mol 亚硫酸氢钠溶于 13 mol 水中，把此溶液加到盛有 3 kg/mol β-氯乙基苯醚的反应釜中，开始搅拌，加热回流 21 h。反应结束后冷却至 21 ℃，β-苯氧乙基磺酸钠沉淀出来，滤去水，用乙醚洗涤，在 125 ℃以下干燥。得 289 kg 产品，收率达 43%。

把β-苯氧乙基磺酸钠经 DOWex 离子交换树脂（H^+型）的离子交换柱交换，蒸发除水，得到理论量的β-苯氧乙基磺酸。用五氧化二磷干燥后，熔点在 100 ℃以下。

6.6.5 1,4-二氨基蒽醌-2,3-二磺酸钠合成工艺

本品为制备分散翠兰 HBE 染料的中间体。以 1,4-二氨基-2,3-二氯蒽醌为原料，以亚硫酸钠为磺化剂在硼酸钠存在下进行合成反应。反应如下：

$$\text{1,4-二氨基-2,3-二氯蒽醌} + 2Na_2SO_3 \xrightarrow{\text{硼酸钠}} \text{1,4-二氨基蒽醌-2,3-二磺酸钠} + 2NaCl$$

合成工艺过程：向反应釜中先加入 90%的硫酸和 1,4-二氨基-2,3-二氯蒽醌，加热到 50～60 ℃，搅拌 2 h，再加入硼酸钠继续搅拌，再升温至 80 ℃，保温 4 h 后，冷却至 50 ℃，放入盛有水、磷酸二氢钠和碎冰的桶中，温度控制在 10 ℃以下，然后升温至 25～30 ℃，用液碱中和至 pH 为8～9，再加入亚硫酸钠，搅拌使其全溶，然后升温至 100～120 ℃，在此温度下保温 2 h 后，趁热过滤，滤液是 1,4-二氨基蒽醌-2,3-二磺酸钠盐的溶液。冷却，析出固体物，过滤，干燥，得产品，收率为 95%。

6.6.6 丙烯磺酸钠合成工艺

丙烯磺酸钠 $CH_2=CH-CH_2SO_3Na$ 是一种重要的聚合物单体，又是电镀的添加剂。是由氯丙烯和亚硫酸钠为原料经下列反应制取的：

$$CH_2=CHCH_2Cl + Na_2SO_3 \longrightarrow CH_2=CHCH_2SO_3Na + NaCl$$

合成工艺过程：先向反应釜中加入蒸馏水，开动搅拌装置后再加亚硫酸钠，使其全溶后，控制釜温在 40 ℃，在搅拌下缓慢滴加氯丙烯，加完后回流 7 h。反应完成后，过滤除去反应中生成的氯化钠，滤液减压蒸至干涸，再用乙酸重结晶，得到成品丙烯磺酸钠。

6.6.7 2-氨基乙磺酸钠合成工艺

2-氨基乙磺酸即牛磺酸，是生化剂，又是有机合成的原料。2-氨基乙磺酸具有特殊的生理功能，大量用于医药、食品工业，又是荧光增白剂的原料。其合成方法有乙醇胺法和丙烯酰胺法。

乙醇胺法：主要反应如下：

$$HOCH_2CH_2NH_2 + 2HCl \longrightarrow ClCH_2CH_2NH_2\cdot HCl + H_2O$$

$$ClCH_2CH_2NH_2\cdot HCl + Na_2SO_3 \longrightarrow H_2NCH_2CH_2SO_3Na + HCl$$

$$H_2NCH_2CH_2SO_3Na + HCl \longrightarrow H_2NCH_2CH_2SO_3H + NaCl$$

合成工艺过程：向反应釜中加入 36% 的浓盐酸，开始搅拌，在搅拌下慢慢滴加与浓盐酸等物质的量的乙醇胺。控制滴加温度不超过 40 ℃，充分搅拌。然后升温至 150 ℃，缓慢通入氯化氢，至饱和不再吸收为止，然后把反应液冷却至室温，加入适量乙酸，稀释反应物。冷却至 10 ℃以下过滤，用适量乙醇清洗滤饼，中间产物有氯化氢和 β-氯乙胺。

再将反应中间物配成 80% 的溶液，滴入沸腾的过量亚硫酸钠中，持续搅拌 5～6 h。然后升温蒸出水分，此时有氯化钠析出，趁热过滤出氯化钠。滤液冷却至 0 ℃时析出粗产品。粗产品加入适量水和活性炭，煮沸 0.5 h，趁热滤出活性炭。所得滤液经冷却、过滤、干燥，得到产品 2-氨基乙磺酸钠白色结晶粉末。

丙烯酰胺法：以丙烯酰胺与亚硫酸氢钠为原料，主要反应如下：

$$CH_2{=}CHCONH_2 + NaHSO_3 \longrightarrow NaO_3SCH_2CH_2CONH_2$$

$$NaO_3SCH_2CH_2CONH_2 + NaOCl \longrightarrow H_2NCH_2CH_2SO_3Na + CO_2 + NaCl$$

$$H_2NCH_2CH_2SO_3Na + HCl \longrightarrow H_2NCH_2CH_2SO_3H + NaCl$$

本法比乙醇胺法收率高。

6.7 硫醇、硫醚氧化合成磺酸及其衍生物工艺

硫醇、硫醚通过氧化制取磺酸及其衍生物在工业上已有不少应用。下面介绍几个典型例子。

6.7.1 邻氨基苯磺酸合成工艺

邻氨基苯磺酸是合成染料重氮的组分，可以合成多种类型的艳红色染料，如活性艳红 X-B、B-10B，活性艳红 K-2B、K-2BP，活性艳红 M-2B，活性紫 K-3R 等其他精细化学品原料。其合成工艺有两种：一是苯胺氯磺化工艺，二是邻硝基氯苯磺化工艺。这里只介绍以邻硝基氯苯为原料的合成工艺。

合成反应：

$$2\ (o\text{-}NO_2C_6H_4Cl) + Na_2S_2 \xrightarrow{C_2H_5OH} (o\text{-}NO_2C_6H_4)S{-}S(C_6H_4NO_2\text{-}o) + 2NaCl$$

氧化水解：

$$2\ (o\text{-}NO_2C_6H_4)S{-}S(C_6H_4NO_2\text{-}o) + 5NaClO + H_2O \longrightarrow 2\ (o\text{-}NO_2C_6H_4SO_2Cl) + 3NaCl + 2NaOH$$

$$2\ (o\text{-}NO_2C_6H_4SO_2Cl) + H_2O \xrightarrow{H^+} 2\ (o\text{-}NO_2C_6H_4SO_3H) + 2HCl$$

还原盐析：

$$\text{邻硝基苯磺酸}(NO_2, SO_3H) \xrightarrow[H_2O]{Fe,\ HCl} \text{邻氨基苯磺酸}(NH_2, SO_3H)$$

工艺过程：

(1)2,2′-二硝基二硫化苯的制备

向带有搅拌器和冷凝器的反应釜中加入水和相转移催化剂，然后按反应方程式的分子比量，加入邻硝基氯苯并开始搅拌升温，当达到要求的温度范围时，将事先配好的二硫化钠水溶液缓慢地滴加到反应釜中，进行硫化反应，约 2 h 后有棕黄色物料析出，反应完成后降温到 20～30 ℃，进行过滤，得到滤饼 2,2′-二硝基二硫化苯，收率达 90%～95%。

(2)邻硝基苯磺酸钠的制备

将所得的 2,2′-二硝基二硫化苯加到盛有稀盐酸的反应釜中，调整温度，在搅拌时，从反应液底部慢慢加入 10%的次氯酸钠溶液，待反应釜中悬浮于液面上的泡沫基本消失时，停止加入次氯酸钠，取样分析，分析合格后，用纯碱把反应物料中和至 pH=7，静止沉降，吸出上层清液进行浓缩，待相对密度达到要求后，冷却结晶，滤去母液，即可得到邻硝基苯磺酸钠，收率达 85%～88%。

(3)邻氨基苯磺酸的制备

先向还原釜中加入一定量的水，开始搅拌，在强烈搅拌下加入铁粉和盐酸。升温至沸腾后分次加入邻硝基苯磺酸钠，直到接近终点时，取样测定氨基值，计算转化率。当转化率达到 95%以上时停止反应。然后用碳酸钠将还原液中和至碱性，过滤除去铁泥，把滤液用盐酸酸化到刚果红试纸变蓝，这时从中和液中逐渐析出结晶，把中和液过滤甩干后，即可得到产品邻氨基苯磺酸。

6.7.2 邻甲氧羰基苄基磺酰胺和邻甲酸甲酯苄基磺酰基异氰酸酯合成工艺

以邻甲酸甲酯氯苄为原料，反应过程如下：

(1)邻甲氧羰基苄基磺酰胺合成过程

$$\text{(COOCH}_3\text{)}C_6H_4CH_2Cl \xrightarrow[\text{乙醇洗}]{(NH_2)_2CS} \text{(COOCH}_3\text{)}C_6H_4CH_2SC(=NH)-NH_2 \xrightarrow{Cl_2} \text{(COOCH}_3\text{)}C_6H_4CH_2SO_2Cl$$

$$\xrightarrow{NH_3} \text{(COOCH}_3\text{)}C_6H_4CH_2SO_2NH_2$$

合成工艺过程：

①邻甲酸甲酯苄基硫甲脒盐酸盐的制备

把 450 g 硫脲、1 500 mL 无水乙醇和 1 070 g 邻甲酸甲酯氯苄加到反应器中。加热回流 1 h 后，冷却至 60 ℃，加入 1 500 g 氯丁烷，继续冷却至室温，产生沉淀后过滤、洗涤、干燥，得到白色固体，熔点为 208～210 ℃。

②邻甲酸甲酯苄基磺酰氯的制备

把制得的 600 g 邻甲酸甲酯苄基硫甲脒盐酸盐和 4 000 mL 水加到反应釜中，用冰水冷却，通入氯气 1 h，再在 15～20 ℃下搅拌 0.5 h。经过滤、水洗及干燥得到白色固体，熔点为 82～86 ℃的为邻甲酸甲酯苄基磺酰氯。

③邻甲酸甲酯苄基磺酰胺的制备

将 700 g 邻甲酸甲酯苄基磺酰氯及 3 500 mL 无水乙醚加到反应釜中，调节温度至 5～15 ℃，通入氨气，并在 10～20 ℃下搅拌 1.5～2.0 h。然后蒸出乙醚，加入水后，过滤，水洗，干燥，即可得到白色晶体产品邻甲酸甲酯苄基磺酰胺，其熔点为 98～100 ℃。

(2)邻甲酸甲酯苄基磺酰基异氰酸酯的合成过程

把 470 g 邻甲酸甲酯苄基磺酰胺和 760 mL 二甲苯以及催化剂异氰酸正丁酯和三乙烯二胺加到反应釜中，开始搅拌，升温至 120 ℃，通入光气($COCl_2$)反应数分钟。然后通入氮气赶尽光气，蒸出二甲苯，即可得到产品邻甲酸甲酯苄基磺酰基异氰酸酯。

邻甲酸甲酯苄基磺酰胺是农药中间体。邻甲酸甲酯苄基磺酰基异氰酸酯是合成高效防除一年生和多年生阔叶杂草和莎草的苄嘧磺隆除草剂的重要中间体。

6.7.3　4,4′-二氨基二苯砜合成工艺

4,4′-二氨基二苯砜是环氧树脂固化剂，其特点是在高温时性能仍然优良，可用作电绝缘、黏合铸型材料，又是麻风病药物的重要中间体，可用于合成硫福宋钠、葡萄糖砜钠、苯丙砜等药物。其合成可以以对乙酰氨基苯磺酸钠和对硝基氯苯为原料，收率较好，也可以以 4-硝基-4′-氨基二苯硫醚为原料，收率较高，但目前只有小试结果。以对硝基氯苯和硫化钠为原料，合成反应如下：

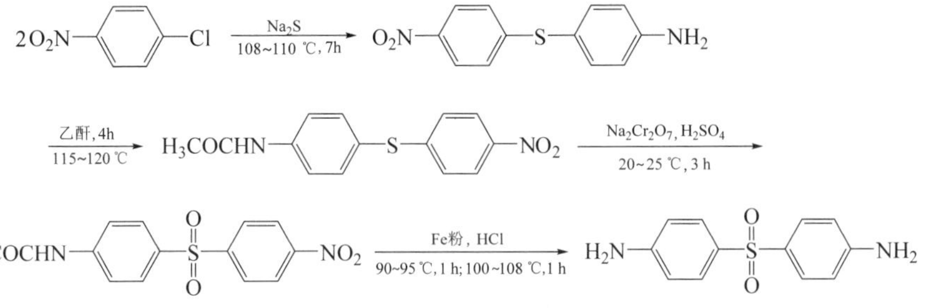

$$2O_2N-C_6H_4-Cl \xrightarrow[108\sim110\ ^\circ C,\ 7h]{Na_2S} O_2N-C_6H_4-S-C_6H_4-NH_2$$

$$\xrightarrow[115\sim120\ ^\circ C]{\text{乙酐},4h} H_3COCHN-C_6H_4-S-C_6H_4-NO_2 \xrightarrow[20\sim25\ ^\circ C,\ 3\ h]{Na_2Cr_2O_7,\ H_2SO_4}$$

$$H_3COCHN-C_6H_4-SO_2-C_6H_4-NO_2 \xrightarrow[90\sim95\ ^\circ C,1\ h;\ 100\sim108\ ^\circ C,1\ h]{\text{Fe粉},\ HCl} H_2N-C_6H_4-SO_2-C_6H_4-NH_2$$

合成工艺过程如下：

原料配料比：对硝基氯苯与硫化钠物质的量比为 1∶0.6。在反应釜中将硫化钠配成 20％的水溶液，并加热至 90～95 ℃，向反应釜中分批加入对硝基氯苯，继续升温至 108～110 ℃，再分批加入对硝基氯苯，加完后保温 7 h。然后用水蒸气蒸出未反应的对硝基氯苯回收。反应液放入冰水中，析出结晶，用水漂洗，过滤，干燥，得到成品 4-硝基-4′-氨基二苯硫醚。

按 4-硝基-4′-氨基二苯硫醚与冰醋酸和乙酐物质的量比为 1∶2∶0.513，把冰醋酸、乙酐和 4-硝基-4′-氨基二苯硫醚加到反应釜中，加热升温及回流 4 h 后回收冰醋酸。搅拌，冷却，结晶，过滤得到产品 4-硝基-4′-乙酰氨基二苯硫醚结晶。

按 4-硝基-4′-乙酰氨基二苯硫醚与硫酸和重铬酸钠物质的量比为 1∶4.29∶1.281，

把硫酸用冰冷却至 10 ℃后加入 4-硝基-4′-乙酰氨基二苯硫醚，在 10～16 ℃搅拌保温 0.5 h。滴加氧化剂（硫酸和重铬酸钠物质的量比为 0.74∶1.25），在 20～25 ℃保温 3 h，然后将反应液放入水中，析出沉淀，过滤后，洗涤得到 4-硝基-4′-乙酰氨基二苯砜。

配料按 4-硝基-4′-乙酰氨基二苯砜与盐酸、铁粉和活性炭物质的量比为 1∶2∶0.345∶0.04。在反应釜中把水和盐酸加热至 80～85 ℃，分批加入作用物，升温至 90～95 ℃，开始搅拌 1 h，进行水解。向反应液中分批加入铁粉，在 100～108 ℃下搅拌 4 h。然后加入活性炭脱色，脱色后过滤，把滤液冷却至 10 ℃，再用碳酸钠调节 pH 至 1.7～1.9。滤出沉淀物，水洗、干燥后，得到产品 4,4′-二氨基二苯砜。

6.7.4 双羟乙基砜合成工艺

双羟乙基砜是纺织物整理剂。以双羟乙硫醚为原料，经过氧化反应制备双羟乙基砜，合成反应如下：

$$HOCH_2CH_2SCH_2CH_2OH \xrightarrow[\text{磺酸}]{H_2O_2} HOCH_2CH_2\overset{O}{\underset{O}{\overset{\|}{\underset{\|}{S}}}}CH_2CH_2OH$$

合成工艺过程：在搪玻璃反应釜中，加入 61 kg 双羟乙硫醚和 1.22 kg 磷酸，微微加热升温至 40 ℃，在 40 ℃时开始加入 62 kg 30%的过氧化氢溶液，控制反应温度在 70 ℃以下。加完后，再升温至 90 ℃，继续加入 62 kg 30%过氧化氢水溶液，控制反应温度在 100～103 ℃，保温回流，直至反应终点。冷却后放料，得反应产物整理剂双羟乙基砜，产品为 85 kg，收率达 91.4%。

6.7.5 含硫化物经氧化制备甲磺酸工艺

甲磺酸是医药、农药合成的原料，还是涂料固化促进剂、纤维处理剂、电刷镀液添加剂。烯烃，如乙烯、丙烯、异丁烯、丁烯和 α-甲基苯乙烯生产相应低聚物的聚合催化剂，生产多环芳烃的环化促进剂等。

甲磺酸可以多种含硫化物，如异硫氰酸甲酯、甲基异硫脲硫酸盐、甲硫醇、甲硫醚、硫酸二甲酯等为原料，经氧化或取代反应制取。

甲硫醇（二甲硫）或甲硫醚氧化制甲磺酸所用氧化剂有硝酸、氯气和过氧化氢等。反应如下：

$$CH_3-S-S-CH_3 \xrightarrow{5\,H_2O_2} 2CH_3SO_3H + 4H_2O$$

6.8 通过缩合和聚合反应合成磺化物工艺

小分子磺化物经缩合反应和聚合反应可合成大分子磺化物。

6.8.1 通过缩合反应合成大分子磺化物工艺

用缩合和聚合反应合成磺化物，是合成高分子阴离子表面活性剂的一种方法，如合成各类扩散剂。下面举例介绍合成工艺。

1. 亚甲基双甲基萘磺酸钠(扩散剂 MF)的合成

亚甲基双甲基萘磺酸钠是甲基萘磺酸和甲醛的缩合物，其结构式为

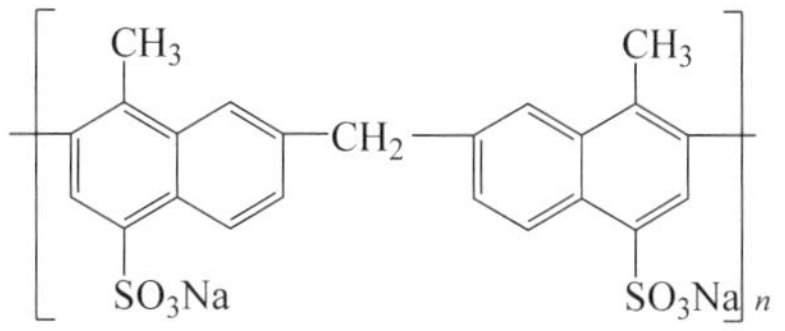

为阴离子表面活性剂，有优良的乳化分散性，可与阴离子表面活性剂混合使用。外观为棕色或深棕色，易溶于水，易吸潮，耐酸、耐碱、耐硬水。

反应过程：

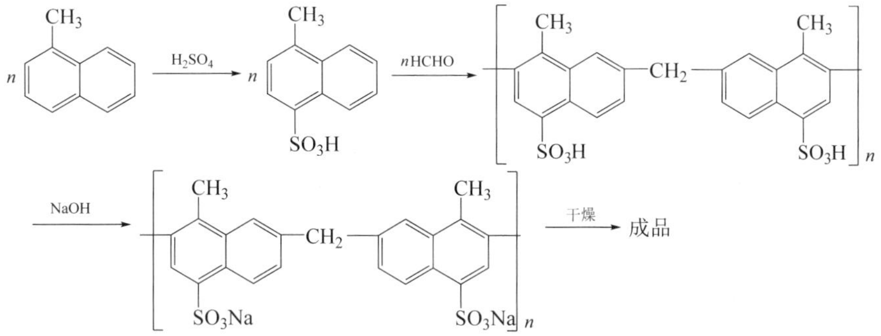

工艺过程：将 650 kg 甲基萘加到磺化釜中，加热熔化后开始搅拌，升温至130 ℃，逐渐从高位计量槽向反应釜内滴加浓硫酸，控制温度在 155 ℃以下，加完 650 kg 浓硫酸后，保持温度在 155～160 ℃磺化 2 h。然后加入 210 L 水，搅拌 10 min，冷却至 90～100 ℃，一次性加入 300 kg 37%的甲醛，反应会自然升温，加强搅拌，控制反应温度在 130～140 ℃，压力为 0.1～0.2 MPa，反应 2 h 以上。缩合反应完成后滴加 680 kg 30%的液碱，中和至 pH=7，可用喷雾干燥，烘干得成品。

本品为染料分散剂、匀染剂、建筑业用的水泥减水剂。

2. ASR 高效减水剂的合成

ASR 高效减水剂减水率高，能控制混凝土坍落度损失，使混凝土有良好的工作性能和耐久性，是当今最有前途的高效新型减水剂之一。ASR 高效减水剂属于氨基苯磺酸酚醛树脂，基本结构如下：

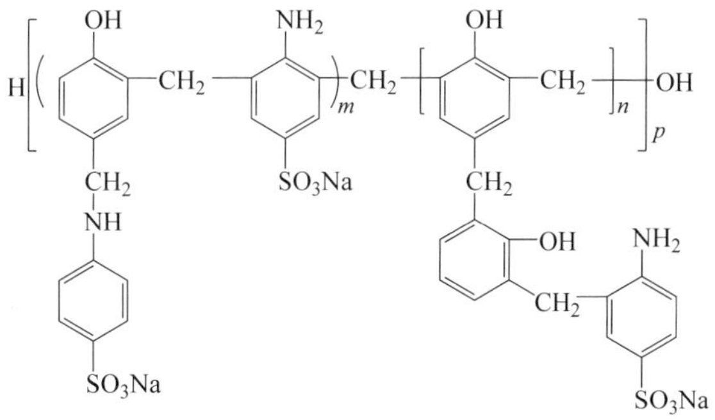

合成工艺：

对氨基苯磺酸、甲醛、加碱

苯酚 → 溶化（加入对氨基苯磺酸）→ 缩合（加入甲醛）→（尿素）→ 调pH（加碱）→ 成品

工艺过程：在反应釜中先加入一定量的水，通过夹套控制釜温为50～60 ℃，加入对氨基苯磺酸，开始电搅拌，待对氨基苯磺酸全溶后，再加入苯酚，搅拌40 min，升温至68 ℃，滴加甲醛水溶液。在1～2 h加完规定量的甲醛，以后每隔10 min滴加一定量甲醛，逐渐加大滴加量，因为加甲醛反应剧烈，需要加快搅拌速度。滴完甲醛后控制反应温度在90～95 ℃，反应4 h，然后加入一定量尿素，控制温度在80 ℃持续反应4 h。反应完后降温，用30%氢氧化钠调节pH为7～9，即可得成品ASR减水剂。

反应控制条件：对氨基苯磺酸与苯酚物质的量比为1∶1.15，甲醛与对氨基苯磺酸钠物质的量比为1.25∶1。

3. JM高效减水剂的合成

JM高效减水剂的化学成分是磺化三聚氰胺甲醛树脂，是水溶性聚合物，具有对水泥分散性好、热稳定性好、减水率高等优点，在掺量范围内可减水15%～25%，混凝土的永久性能显著提高。

合成工艺：三聚氰胺与甲醛之间发生羟甲基化反应，再与亚硫酸氢钠发生磺化反应，最后缩合成JM高效减水剂。反应式如下：

$$C_3N_3(NH_2)_3 + 3CH_2O \longrightarrow C_3N_3(NHCH_2OH)_3$$

$$C_3N_3(NHCH_2OH)_3 + NaHSO_3 \longrightarrow C_3N_3(NHCH_2OH)_2(NHCH_2SO_3Na) + H_2O$$

$$n\,C_3N_3(NHCH_2OH)_2(NHCH_2SO_3Na) \longrightarrow \left[OH_2CHN-C_3N_3(NHCH_2SO_3Na)-NHCH_2 \right]_n + nH_2O$$

工艺过程：在带有温度计、冷凝器和搅拌器的反应釜中依次加入三聚氰胺、水和37%甲醛水溶液，三聚氰胺与甲醛物质的量比为1∶2.5～1∶3。开动搅拌器并升温至60 ℃，反应液从乳白色转变成无色透明时，继续搅拌20 min后羟甲基化反应完成。然后用30%氢氧化钠溶液把反应液的pH调至10～11。

按三聚氰胺与亚硫酸氢钠物质的量比为1∶1～1∶0.8，把亚硫酸氢钠加入反应釜中，升温至80 ℃，维持反应液pH为10～11，反应2 h，其间不断测试反应液的pH，用30%氢氧化钠溶液调控，确保磺化反应顺利进行。

磺化结束后，将反应体系的温度降至50 ℃，用30%硫酸调节pH至5～6，在此pH

下进行缩合反应 3 h，加入 30%氢氧化钠溶液调节 pH 为 7～8，再升温至 85 ℃，调节 pH 为 8～9 时得到产品。

6.8.2　通过聚合反应合成大分子磺化物工艺

在石油开采和建筑行业中使用的一些含有磺酸盐的助剂，不少都是通过聚合或小分子化合物缩合反应制得，如降黏剂 XB-40。

1. 降黏剂 XB-40 的合成

它是由丙烯酸和丙烯磺酸钠共聚制取的，反应式如下：

$$n\,CH_2{=}CH{-}COOH + m\,CH_2{=}CH{-}SO_3Na \xrightarrow{\text{共聚}} {+}CH_2{-}\underset{\displaystyle COOH}{\underset{|}{CH}}{+}_n{+}CH_2{-}\underset{\displaystyle SO_3Na}{\underset{|}{CH}}{+}_m$$

工艺过程：把 80 份丙烯酸和 120 份水加到反应釜中，然后在搅拌下慢慢加入 60 份氢氧化钠。加完后，再加 20 份丙烯磺酸钠，搅拌使其溶解，可得到单体混合物。将反应得到的单体混合物升温至 60～70 ℃，待温度达到后将反应混合物移入聚合反应釜中，在搅拌时加入 10 份链转移剂，搅拌均匀后加入引发剂过硫酸铵和亚硫酸氢钠。继续搅拌 5～10 min，聚合反应即可发生，最后得到基本干燥的多孔的泡沫状产物。将产物在 100 ℃下烘干至含水量小于 5%，粉碎后即得到产品。

本品为水基钻井液降黏剂，有较强的抗温、抗盐、抗硬水、抗钙污染能力，适用于不分散钻井液，兼有降滤失、改善泥饼质量的作用。

2. HT-401 两性离子钻井液降黏剂的合成

本品为丙烯酸和丙烯磺酸钠、烯丙基三甲基氯化铵共聚物。合成反应如下：

$$n\,CH_2{=}\underset{\displaystyle COOH}{\underset{|}{CH}} + m\,CH_2{=}\underset{\displaystyle CH_2SO_3Na}{\underset{|}{CH}} + p\,CH_2{=}CHCH_2\overset{+}{N}(CH_3)_3Cl^-$$

$$\xrightarrow{\text{引发剂}} {+}CH_2{-}\underset{\displaystyle COOH}{\underset{|}{CH}}{+}_n{+}CH_2{-}\underset{\displaystyle CH_2SO_3Na}{\underset{|}{CH}}{+}_m{+}CH_2{-}\underset{\displaystyle CH_2\overset{+}{N}(CH_3)_3Cl}{\underset{|}{CH}}{+}_p .$$

工艺过程：把 76 份丙烯酸和 120～150 份水加到原料混合釜中，慢慢加入 20 份纯碱后开始搅拌，至无气泡产生为止。向上述混合物溶液中加入 24 份丙烯磺酸钠、2.6 份烯丙基三甲基氯化铵和 2.6 份相对分子质量调节剂，搅拌均匀后依次加入 8 份质量分数为 37.5%的过硫酸铵和 6.5 份质量分数为 25%的亚硫酸氢钠溶液，搅拌并迅速将配制的反应混合物加入事先放好 50 份纯碱的聚合反应釜中，搅拌 2～5 min 使其充分混合并快速反应，由于反应放热，使水分大量蒸发，最后得到干燥的多孔泡沫状产品，将产物在 100 ℃下烘至含水量小于 5%，粉碎即可得产品。

本品为两性离子型高分子质量多元共聚物，是钻井降黏剂，耐温抗盐。

3. 三次采油用的高分子驱油剂的合成

AM/AMPS 共聚物，化学名为丙烯酰胺-2-丙烯酰胺基-2-甲基丙磺酸二元共聚物。结构式如下：

$$\left[CH_2{-}\underset{\displaystyle CONH_2}{\underset{|}{CH}}\right]_n\left[\underset{\displaystyle H_3C{-}\overset{\displaystyle CH_3}{\overset{|}{C}}{-}CH_2SO_3H}{\overset{|}{CH}}{-}\underset{\displaystyle CONH_2}{\underset{|}{CH}}\right]_m$$

在引发剂引发下共聚制得，反应式如下：

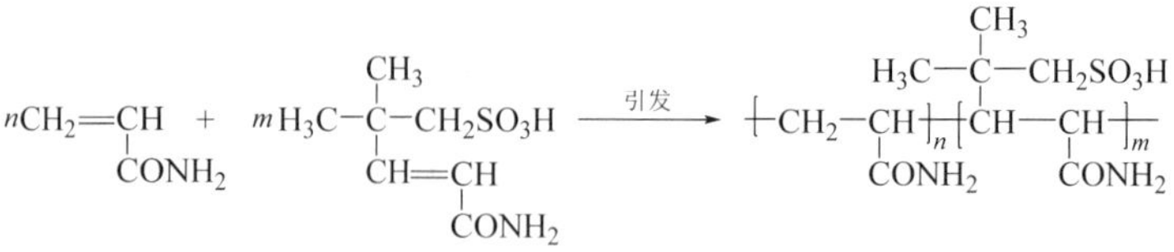

$$n\mathrm{CH_2{=}CH(CONH_2)} + m\,\mathrm{H_3C{-}C(CH_3)(CH_2SO_3H){-}CH{=}CH(CONH_2)} \xrightarrow{\text{引发}} \left[\mathrm{CH_2{-}CH(CONH_2)}\right]_n\left[\mathrm{CH(C(CH_3)_2CH_2SO_3H){-}CH(CONH_2)}\right]_m$$

工艺过程：把氢氧化钠和水按配方要求加入反应釜，搅拌使其溶解，全溶后降温至 20 ℃以下，继续冷却的同时慢慢加入 2-丙烯酰胺基-2-甲基丙磺酸，使其全溶后再加丙烯酰胺，继续搅拌使其全溶。用适当浓度的氢氧化钠溶液调节 pH 至要求值，同时补加水，使单体含量控制在 20%。把单体混合物一并加入聚合釜中。在氮气保护下升温至 40 ℃，加入引发剂，在 40 ℃下恒温反应 10 h，即可得到凝胶产物。将凝胶剪碎、造粒、烘干即可得产品 AM/AMPS 共聚物。

该聚合物溶于水成黏稠透明液体，在盐水、酸水中有较强的增稠能力。热稳定性好，耐温抗盐能力强，可用于高矿化度高温地层驱油，也可用作耐温抗盐的堵水调节剂。

4. 三元共聚驱油剂的合成

由丙烯酰胺、2-丙烯酰胺基-2-甲基丙磺酸和 2-丙烯酰胺基十六烷磺酸合成的三元共聚驱油剂，其结构式为

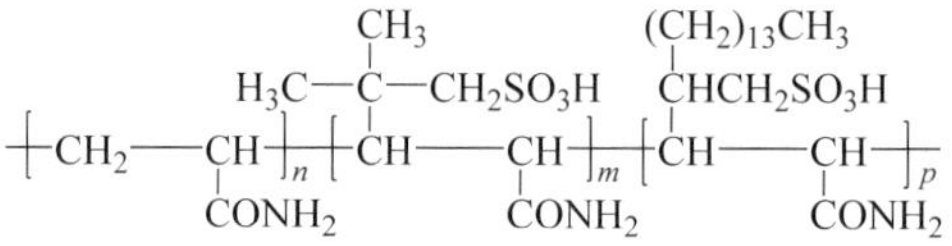

$$\left[\mathrm{CH_2{-}CH(CONH_2)}\right]_n\left[\mathrm{CH(C(CH_3)_2CH_2SO_3H){-}CH(CONH_2)}\right]_m\left[\mathrm{CH(CH((CH_2)_{13}CH_3)CH_2SO_3H){-}CH(CONH_2)}\right]_p$$

反应式可表示如下：

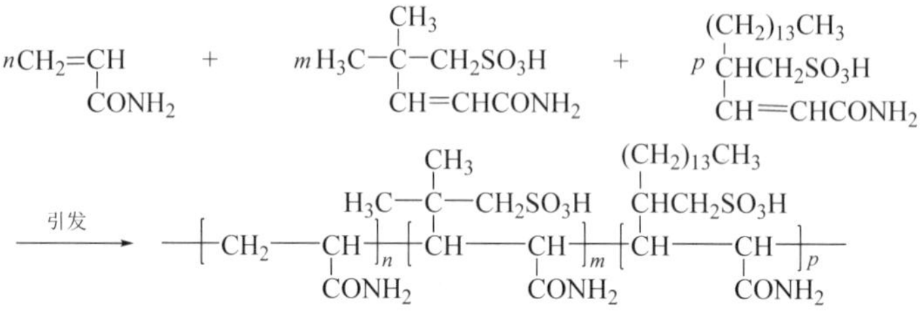

$$n\mathrm{CH_2{=}CH(CONH_2)} + m\,\mathrm{H_3C{-}C(CH_3)(CH_2SO_3H){-}CH{=}CHCONH_2} + p\,\mathrm{(CH_2)_{13}CH_3{-}CHCH_2SO_3H{-}CH{=}CHCONH_2}$$

$$\xrightarrow{\text{引发}} \left[\mathrm{CH_2{-}CH(CONH_2)}\right]_n\left[\mathrm{CH(C(CH_3)_2CH_2SO_3H){-}CH(CONH_2)}\right]_m\left[\mathrm{CH(CH((CH_2)_{13}CH_3)CH_2SO_3H){-}CH(CONH_2)}\right]_p$$

工艺过程：把氢氧化钠和水加入反应釜中，搅拌使其全溶，配成溶液，冷却的同时加入 2-丙烯酰胺基-2-甲基丙磺酸和 2-丙烯酰胺十六烷磺酸。然后加入丙烯酰胺，搅拌使其全溶。并用适当浓度氢氧化钠溶液调节 pH，然后补加水使其单体总浓度控制在 10%～15%。将其单体混合物加入聚合釜中，在氮气保护下升温至 40 ℃。加入引发剂，恒温反应 10 h，得到凝胶产品，将其剪碎，造粒，干燥，得到三元共聚物。

本品是耐温抗盐驱油剂，适用于高温、高盐、高矿化地质层条件。即使经过半年老化仍能保持较高的黏度，优于其他类型驱油剂。

还有油田用的降黏剂也是三元共聚物，由丙烯酸钠、磺化苯乙烯、顺丁烯二酸共聚（SSMA），有强力抗温、抗盐和抗钙能力：

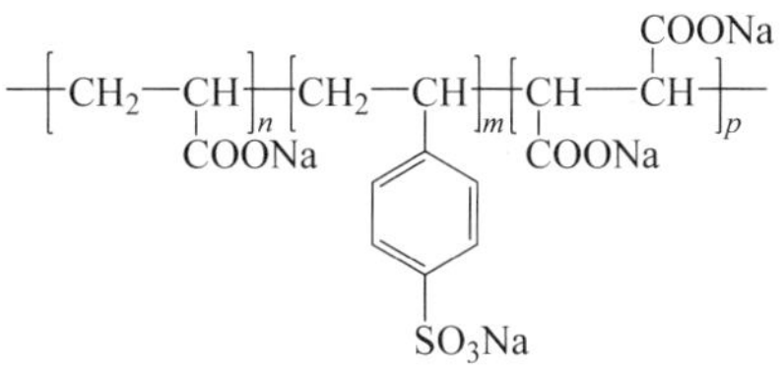

$$-\!\!\!\left[CH_2-\underset{\underset{COONa}{|}}{CH}\right]_n\!\!\left[CH_2-\underset{\underset{C_6H_4SO_3Na}{|}}{CH}\right]_m\!\!\left[\underset{\underset{COONa}{|}}{CH}-\overset{\overset{COONa}{|}}{CH}\right]_p\!\!\!-$$

一些不饱和磺酸化合物通过自聚或共聚可合成多种用途广泛的高聚磺化物，如 2-丙烯酰胺基-2-甲基丙磺酸是一种多功能水溶性阳离子表面活性剂单体，极易自聚共聚。一些聚合物广泛用于塑料、涂料、印染抗静电水处理剂、吸水树脂和油田化学品。与衣康酸共聚的聚合物为水泥缓凝剂，与 AA、AM 三元共聚的聚合物为压缩添加剂，与 AM、十八烷基烯丙基氯化铵共聚的聚合物为耐高温驱油剂，与 AA、丙烯酸羟丙酯（HPN）的共聚物用作水阻垢分散剂，与苯乙烯磺酸、AA 三元共聚物用作阻垢剂，还可与 AA 共聚合成吸水树脂。

5. 水处理剂的合成

水处理剂是丙烯酸、马来亚酸酐和烯丙基磺酸钠的共聚物，结构式为

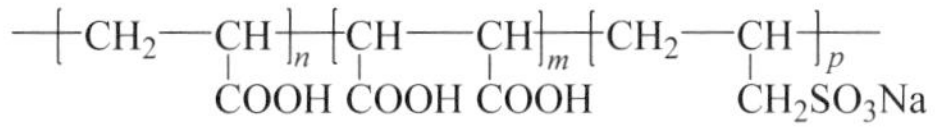

$$-\!\!\!\left[CH_2-\underset{\underset{COOH}{|}}{CH}\right]_n\!\!\left[\underset{\underset{COOH}{|}}{CH}-\underset{\underset{COOH}{|}}{CH}\right]_m\!\!\left[CH_2-\underset{\underset{CH_2SO_3Na}{|}}{CH}\right]_p\!\!\!-$$

共聚反应式：

$$n\,CH_2=\underset{\underset{COOH}{|}}{C}-H \;+\; m\,\begin{matrix}CH-C(=O)\\ \| \qquad\quad O \\ CH-C(=O)\end{matrix} \;+\; p\,CH_2=\underset{\underset{CH_2SO_3Na}{|}}{C}-H$$

$$\xrightarrow{\text{引发}} -\!\!\!\left[CH_2-\underset{\underset{COOH}{|}}{CH}\right]_n\!\!\left[\underset{\underset{COOH}{|}}{CH}-\underset{\underset{COOH}{|}}{CH}\right]_m\!\!\left[CH_2-\underset{\underset{CH_2SO_3Na}{|}}{CH}\right]_p\!\!\!-$$

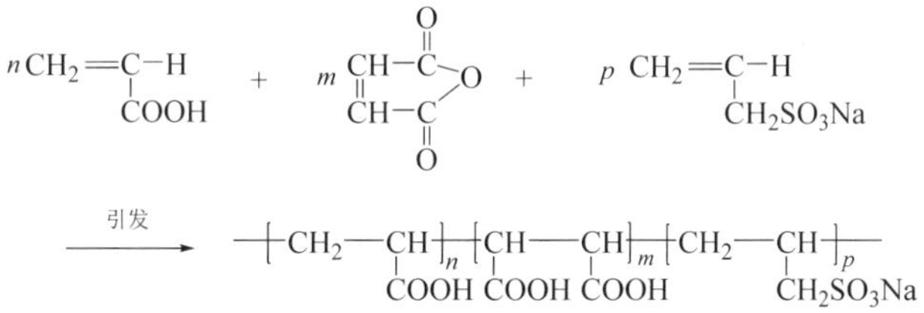

工艺过程：先将 525 份水加入反应釜，在搅拌下加入 127 份马来亚酸酐。升温至 70 ℃使马来亚酸酐全溶后，加入质量分数为 50% 的氢氧化钠水溶液将 pH 调为 4.0～5.0，保温反应 1 h 后，升温到 80 ℃，加入 44 份烯丙基磺酸钠和适量的催化剂，釜温升至 85 ℃。在此温度下加入 144 份丙烯酸及质量分数为 30% 的引发剂的水溶液。根据釜温控制加入速度，保证釜温不超过 160 ℃。所有物料加完后，在 90 ℃下反应 2～3 h。结束后，冷却至室温，即可得成品。

本品为磺酸型阻垢分散剂，呈酸性，溶于水，对碳酸钙和锌垢沉积有卓越的阻垢和分散性能，对锌盐有较好的稳定性，能阻止聚合物与水中钙离子缔合产生钙凝胶。本品低毒，无致癌、无致畸、无突变作用，耐高温不水解，在工业循环水系统和油田水回注系统中用作阻垢分散剂。

6.9　磺化物的分离与分析

6.9.1　磺化物的分离

磺酸是强酸，在水中溶解度很大。固体磺酸吸水性极强，易于潮解，所以通常制备的磺酸都有结晶水，而且大多数磺化物无确定熔点。有些磺酸是液体，与硫酸不同的是它们

的钙盐、钡盐可以溶于水。

磺酸主要利用溶解度差来进行分离。

(1)加水稀释分离法

某些磺酸化合物在中等浓度硫酸(50%～80%)中溶解度相对小得多,高于或低于此浓度其溶解度增大,因此可通过控制水量来达到分离目的,如十二烷基苯磺酸、对硝基氯苯邻磺酸、萘二磺酸。芳磺酰氯不溶于水,通常是将反应物料慢慢注入冰水中来实现分离。

(2)直接盐析法

用氯化钠、硫酸钠、氯化钾进行盐析:

$$ArSO_3H + NaCl \rightleftharpoons ArSO_3Na + HCl$$

可分离硝基磺酸、硝基甲苯磺酸、萘磺酸等。不同磺酸的金属盐具有不同的溶解度,利用此性质可分离磺酸异构体,如G酸和R酸:

2-萘酚-6,8-二磺 G 酸钾盐沉淀　　2-萘酚-3,6-二磺 R 酸钠盐沉淀

(3)中和盐析法

磺化后经过稀释再加入亚硫酸钠、氨水或氧化镁,中和后,产生的钠盐、镁盐、铵盐可进行分离。如:

$$2ArSO_3H + Na_2SO_3 \longrightarrow 2ArSO_3Na + H_2O + SO_2\uparrow$$

(4)石灰中和法

一些多磺酸用脱硫酸钙法,磺化后经过稀释,再加入氢氧化钙悬浮液进行中和,生成的硫酸钙难溶于水,过滤除去硫酸钙,得到磺酸钙溶液,再转化成磺酸钠,除去碳酸钙,得到磺酸钠溶液。过程如下:

$$\text{磺化物}\xrightarrow{\text{石灰水}}\text{过滤}\xrightarrow{\text{除 }CaSO_4}\text{磺酸钙溶液}\xrightarrow[\text{或硫酸液}]{\text{碳酸钠}}\text{过滤}\xrightarrow[CaSO_4]{\text{除 }CaCO_3}\text{磺酸钠溶液}$$

(5)萃取分离法

用叔胺和甲苯萃取磺化物,如叔胺与β-萘磺酸,可形成络合物进入甲苯层,分离后中和油层使磺酸回到水层,从而使磺酸与废酸分开,叔胺和甲苯回收再用。此法可分离出磺酸,废酸可回收利用。

6.9.2 磺化物的分析

中间体磺化物的量主要是通过分析磺化物中其他取代基的量来确定,如硝基和氨基磺酸可用重氮化法测定,羟基磺酸可用偶合法测定。

磺化过程的控制通常需要分析磺化物中磺酸的总量,一般采用滴定法和色层法。滴定法是用氢氧化钠标准液滴定磺酸样品,测定磺酸和硫酸的总量,将它完全按硫酸总量计算时,称为总酸度。在上述滴定液中加入过量的氯化钡,使硫酸根转变成硫酸钡沉淀,过量的钡离子用重铬酸钾标准溶液滴定,可测出硫酸的含量。计算总酸度和硫酸之差,即可

算出样品中磺酸的含量。

色层主要用于多磺酸的测定。纸色谱法主要用于芳磺酸的定性测定，薄板色层和柱色层主要用于芳磺酸的定量测定。色谱展开剂多是弱碱溶剂系统，常用的弱碱有碳酸氢钠、氨水和吡啶，有时加入乙醇、丙醇和丁醇等。酸性展开剂有时也使用丁醇盐酸和水、丁醇乙酸和水等。高压液相色谱仪配合紫外分光光度计可用于芳磺酸的快速分析。

绝大多数磺酸没有固定熔点，芳磺酸定性鉴定有时将其转变为具有固定熔点的磺酸盐或磺酸衍生物。可用于定性鉴定的磺酸衍生物主要有芳磺酰氯和芳磺酰胺。许多芳磺酸的结晶状S-苄基硫脲盐具有固定熔点，使磺酸在水溶液中与S-苄基硫脲生成沉淀，然后测定其熔点。

参考文献

[1] 孟明扬，马瑛，谭立哲，等.磺化新工艺与设备[J].精细与专用化学品，2004(12):8-10.

[2] 张遵，王旭峰，韩琳，等.磺化反应工艺研究进展[J].化学推进剂与高分子材料，2007(1):38-42.

[3] 徐亮，俞迪虎，陈新志.反应-结晶法生产对甲苯磺酸[J].化学世界，2004(12):647-649.

[4] 李忠义，吴宝庆.4-4′-二氯二苯砜合成新工艺[J].大连工学院学报，1987(4):98.

[5] 江西农药厂科学研究所.内导杀菌剂——对氨基苯磺酸钠的制备[J].化学世界，1959(12):599-600.

[6] 孟海林，孙明和.α-烯基磺酸盐的生产和应用开发[J].日用化学工业，1994(2):13-19.

[7] 苏玉光.磺化油生产技术[J].广西化工，1988(1):44-45.

[8] 李广平.丰满鱼油生产技术[J].中国皮革，1999(9):31.

[9] 曹声春，蔺万斯，杨礼嫦，等.催化合成磺氯化油的连续工艺[J].化学世界，1986(4):17-19.

[10] 杨希川.三种重要蒽醌型中间体的合成新技术的研究[D].大连:大连理工大学，2002.

[11] 李树德，赵东斌，程侣柏.用三氧化硫磺化制备1,3,6-萘三磺酸——H酸的工艺改进[J].染料工业，1992(2):24-28.

[12] 陈子涛，黄嘉栋，朱其顺，等.用对甲苯磺酰氯生产对氯苄氯[J].化学世界，1988(6):280-281.

[13] 李忠义，张刚.用SO_3为磺化剂合成涤纶染色改性剂SIPM[J].大连理工大学学报，1988(3):40.

[14] 高峰莲，汪颖，曾瑜.氯苯法合成磺胺新工艺研究[J].化工生产与技术，2002(5):4-6.

[15] 宋东明，李树德.对硝基甲苯邻磺酸合成工艺研究[J].精细化工，1996(1):

48-50.

[16] 宋光复,汪宝和,张德利,等.甲苯磺化反应工艺与设备的研究[J].化学反应工程与工艺,1998(2):216-219.

[17] 罗晟.烷基苯磺酸盐的合成研究[D].大庆:大庆石油学院,2003.

[18] 曾铁鼎.磺氧化反应的机理探讨[J].日用化学工业,1994(1):10-13.

[19] Weil J K, Stirton A J, Smith F D. Sulfonation of hexadecene-1 and octadecene-1[J]. Journal of the American Oil Chemists' Society, 1965, 42(10), 873-875.

[20] 石建明,李富荣,马海洪,等.气相三氧化硫甲苯磺化工艺及喷射环流反应器[J].化工机械,2001(1):22-25.

[21] 白鹏,吴金川,曹吉林,等.甲苯磺化技术新进展[J].现代化工,1999(1):14-16.

[22] 王笃政,杜宇,徐宴钧,等.对甲苯磺酸磺化反应器的研究进展[J].精细与专用化学品,2012,20(9):49-51.

[23] 贺维荣.无水十二烷基苯磺酸钙及其制作方法:98111373.7[P].1999-03-17.

[24] 李俊妮.脂肪酸甲酯磺酸盐的最新研究进展[J].精细与专用化学品,2012,20(1):5-8.

[25] 张跃军,华平.磺基琥珀酸酯盐类表面活性剂的研究进展[J].江苏化工,2001(6):16-21.

[26] 刘伟.辛基酚聚氧乙烯醚琥珀酸酯磺酸二钠盐的合成研究[J].表面活性剂工业,1998(4):10-11.

[27] 宋东明,李树德.邻氨基苯磺酸合成工艺改进[J].精细化工,1995(2):61-64.

[28] 丁学杰,林青,李卓端.牛磺酸新工艺[J].广东化工,1991(1):19-20.

[29] 王中华.AODAC/AA/AS两性离子型聚合物泥浆降粘剂的研制[J].油田化学,1996(1):28-32.

[30] 建筑材料科学研究院水泥研究所.混凝土减水剂[M].北京:中国建筑工业出版社,1979.

[31] 王中华.油田化学品应用现状及开发方向[J].精细与专用化学品,2006(24):1-4.

第 7 章　磺酸及其衍生物的性质

7.1　磺酸的物理和化学性质

7.1.1　磺酸的物理性质

磺酸是强酸。磺酸基的极性很强，磺酸极易溶于水和极性强的有机溶剂，不溶或微溶于极性弱的有机溶剂。磺酸的溶解度随烃基上碳原子数的增加而降低，如甲磺酸等低级磺酸在室温下能与水混溶，而十六烷基磺酸在室温下仅微溶于水。芳香磺酸为无色结晶体，常含有结晶水，不挥发，易溶于水，但在高温下能分解脱去结晶水，无水芳磺酸比相应羧酸的熔点低。无水芳磺酸难储存，芳磺酸不易挥发，有强吸水性，故很难制得无水结晶产品。芳磺酸因所含结晶水数目不同，熔点也不同，如用浓硫酸干燥过的苯磺酸（$C_6H_5-SO_3H$ 含 1.5～2 个结晶水）熔点为 43～44 ℃。通常把磺酸转化成其钠盐或钾盐，也可溶于水。低级芳磺酸的钙盐、钡盐和铅盐可溶于热水，而且比相应的硫酸盐溶解度大，由此可使磺酸与硫酸分离。低级脂肪磺酸难以在减压下蒸馏，也难以结晶，相对的芳香族磺酸较易结晶，特别是对位有取代基的磺酸，如对甲苯磺酸易结晶。因磺酸易溶于水，有较强的吸水性，一般都先制成其钠盐，如制备磺酸化物时，一般都采用磺化后用水稀释，再加入过量的食盐，生成磺酸钠盐即可沉淀析出。

磺酸的沸点、熔点和密度随烃基的相对分子质量大小的变化而变化。几个烷基磺酸的沸点、熔点和密度见表 7-1。

表 7-1　烷基磺酸的物理常数

烷基磺酸	沸点/℃(13.3 Pa)	熔点/℃	相对密度(d_4^{20})
甲磺酸	122	20	1.484
乙磺酸	123	−17	1.334
丙磺酸	136	7.5	1.254
丁磺酸	149	−15.2	1.120
戊磺酸	162	−15.7	1.122
己磺酸	174	16.1	1.102
十二烷基苯磺酸	315	10	—

磺酸热稳定性差，受热易分解，表 7-1 列出的几个化合物的沸点都是在高真空下测定的。芳香族磺酸热稳定性更差，即使在真空下蒸馏也会分解，只有苯磺酸、对甲苯磺酸比较稳定，它们在 13.3 Pa 压强下的沸点分别为 172 ℃和 187 ℃。但是在这样的高真空下进行精制十分困难，所以精制时一般采取萃取或盐析法进行分离提纯。

另外值得指出的是，当磺酸的烃基引入氟原子时，可以奇迹般地改变烷基磺酸的性质，使磺酸的沸点大幅度下降，稳定性明显提高，如三氟甲磺酸（F_3CSO_3H）在常压下沸点为 162 ℃，并有很高的热稳定性，即使加热到 350 ℃也不分解。其他含氟磺酸也类似，如全氟辛磺酸（n-$C_8H_{17}SO_3H$）常压下沸点为 260 ℃。

与相应的硫酸盐相比，磺酸熔点较低，如硫酸钠的熔点是 884 ℃，而甲磺酸钠的熔点只有345 ℃。而且硫酸盐比磺酸盐稳定，即使加热到 400 ℃以上也不会分解。

由于磺酸具有水溶性、吸湿性、表面活性、乳化性和发泡性，其在国计民生各领域均得到广泛应用，如表面活性剂、染料、颜料、食品添加剂、医药、农药及各种助剂、采油和油品助剂、采矿和金属表面保护及加工助剂、纺织制革印染助剂、涂料和建筑助剂等。

7.1.2 磺酸的化学性质

1. 强酸性和生成盐的反应

磺酸是有机化合物中最强的酸，其 pK_a 值为 0.7 左右，与硫酸相当。因其无氧化性，常常用其代替硫酸作为酯化、水解缩合等反应的催化剂，避免有机化合物碳化等反应的发生。磺酸能与电动序排列次序在氢前面的金属或其氧化物、氢氧化物和碳酸盐等反应生成磺酸盐。还能与碱金属、碱土金属的盐，如氯化钠、氯化钾、氯化钙、硫酸钠、硫酸镁和碳酸氢钙等，在水溶液中建立平衡：

$$RSO_3H + NaCl \rightleftharpoons RSO_3Na + HCl$$

利用这一性质可从磺化混合物中分出磺酸盐，用以制备磺酸盐。同时也可利用这一性质使磺酸型离子交换树脂具有净化水质的作用。普通水中有多种无机盐，地下水含无机盐更严重，使这种水通过磺酸型强酸性阳离子树脂，金属离子就被树脂的氢离子交换而吸附在树脂上。反应如下：

$$RSO_3H + Na^+(K^+、Ca^{2+}、Mg^{2+}等) \rightleftharpoons RSO_3Na\ (K^+、Ca^{2+}、Mg^{2+}等) + H^+$$

把 $RSO_3Na(K^+、Ca^{2+}、Mg^{2+}$等)通过 3%～10%的盐酸就可再生。

磺酸盐的水溶性、在水中溶解度均比硫酸盐大，见表 7-2。

表 7-2 磺酸盐与硫酸盐溶解度比较

阳离子	甲磺酸盐	乙磺酸盐	硫酸盐
NH_4^+	145	252	75
Ba^{2+}	70	73	2×10^{-5}
Ca^{2+}	—	87	3×10^{-5}
Co^{2+}	75	83	36
Cu^{2+}	68	90	21
Pb^{2+}	14.3	175	4×10^{-4}
Mg^{2+}	—	40	34
Li^+	142	210	35
K^+	106	141	11
Na^+	100	105	19
Ag^+	101	—	8×10^{-1}
Zn^{2+}	76	76	116

利用磺酸基的强酸性可以分离异构体。

工业上生产 α-萘胺时不可避免要产生微量的 β-萘胺，β-萘胺有致癌性，可利用 β-萘胺中 α 位活泼易磺化，生成的磺酸会增大它在酸中的溶解度，使其与 α-萘胺分开。

2. 磺酸基上的羟基反应

磺酸基上的羟基与羧酸中的羟基相似，当磺酸或其钠盐与五氯化磷、三氯氧化磷或亚硫酰氯反应时，羟基可被取代生成磺酰氯。

$$RSO_2OH + SOCl_2 \longrightarrow RSO_2Cl + SO_2 + HCl$$

$$2C_6H_5SO_2OH + PCl_3 \longrightarrow 2C_6H_5SO_2Cl + HCl + HPO_2$$

$$3C_6H_5SO_2ONa + PCl_5 \longrightarrow 3C_6H_5SO_2Cl + 2NaCl + NaPO_3$$

$$2C_6H_5SO_2ONa + POCl_3 \xrightarrow{74\sim87\ ℃} 2C_6H_5SO_2Cl + NaCl + NaPO_3$$

芳磺酰氯通常由芳香化合物与氯磺酸直接作用而制备。

$$ArH \xrightarrow[-HCl]{ClSO_3H} ArSO_3H \longrightarrow ArSO_2Cl + H_2SO_4$$

首先发生芳环上的亲电取代反应，生成磺酸，磺酸再与氯磺酸发生亲核取代，生成磺酰氯。由于氯磺化反应温度低，操作方便，故通常采用本法合成磺酰氯。

磺酰溴也可以按类似的方法，用三溴化磷和溴处理磺酸或磺酸盐制取。但磺酰溴在应用方面远不如磺酰氯重要。

磺酰氟可由氟磺酸作用于磺酸或磺酸盐而制取：

$$RSO_3H + FSO_3H \rightleftharpoons RSO_3F + H_2SO_4$$

磺酰氟的特点：磺酰氟基团比较稳定，不论分子中的烃基发生何种化学反应，磺酰氟基团仍保持不变。

3. 磺酸酐的生成

磺酸经五氧化二磷或亚硫酰氯处理，可生成磺酸酐：

$$2RSO_3H + P_2O_5 \longrightarrow (RSO_2)_2O + 2HPO_3$$

$$2RSO_3H + SOCl_2 \longrightarrow (RSO_2)_2O + 2HCl + SO_2$$

芳磺酸酐可由三氧化硫与硝基甲烷复合物直接处理芳烃而制得。

$$2ArH + 3SO_3 \longrightarrow (ArSO_2)_2O + H_2SO_4$$

酰基氯与磺酸作用能生成混酐，混酐是一种强力酰基化剂。

$$RSO_3H + R'COCl \longrightarrow RSO_2OCOR' + HCl$$

磺酸酐是比磺酰氯更好的磺酰化剂。例如，在三氯化铝催化下，苯与甲烷磺酸酐（$(CH_3SO_2)_2O$）反应：

$$C_6H_6 + (CH_3SO_2)_2O \xrightarrow{AlCl_3} C_6H_5SO_2CH_3 + CH_3SO_3H$$

又如，对甲苯磺酰溴在硝基甲烷溶液中，在 0 ℃时滴加三氟甲烷磺酸银的硝基甲烷溶液，首先生成磺酸酐，再与芳烃进行磺化，可高产率地生成苯基对甲苯基砜。

$$H_3C-C_6H_4-SO_2Br + AgOSO_2CF_3 \xrightarrow{CH_3NO_2} H_3C-C_6H_4-SO_2OSO_2CF_3 + AgBr\downarrow$$

$$H_3C-C_6H_4-SO_2OSO_2CF_3 + C_6H_6 \xrightarrow{80\sim100\ ℃} H_3C-C_6H_4-SO_2-C_6H_5 + CF_3SO_3H$$

磺酸与烃类反应可以生成砜，如芳烃与硫酸或发烟硫酸磺化生成芳磺酸，芳磺酸与芳烃可直接反应生成砜。又如，苯与苯磺酸反应时，不断除去反应中生成的水，可以较高的产率生成二苯砜：

$$2\,C_6H_6 + H_2SO_4 \xrightarrow[\triangle]{-H_2O} C_6H_5-SO_2-C_6H_5 \quad (80\%)$$

氯苯与浓硫酸在 200 ℃下反应 24 h，可生成 4，4′-二氯二苯砜：

$$C_6H_5Cl + H_2SO_4(浓) \xrightarrow{200\ ℃} Cl-C_6H_4-SO_2-C_6H_4-Cl + 2H_2O$$

在三氯化铝催化下，2，4，6-三甲基苯磺酰氯与 1，3，5-三甲基苯在二硫化碳中加热回流，可生成 2，4，6-三甲基二苯砜。

$$2,4,6-(CH_3)_3C_6H_2-SO_2Cl + 1,3,5-(CH_3)_3C_6H_3 \xrightarrow[回流]{AlCl_3,\ CS_2} 2,4,6-(CH_3)_3C_6H_2-SO_2-C_6H_2(CH_3)_3-2,4,6 + HCl$$

4. 磺酸基被取代的反应

磺酸基被其他基团取代多发生于芳磺酸。芳磺酸的磺基可被—Cl、—Br、—I、—CN、—COOH、—H、—NH_2、—$NHNH_2$、—OH、—OR、—NR、—RS 和—SH 基团所取代，能分别生成各种取代化合物。其反应机制是碳硫键断裂，其中键断裂的难易程度取决于取代基的几何形状和结构。

(1)磺酸基被—Cl 基团取代

$$3ArSO_3Na + 6HCl + NaClO_3 \longrightarrow 3ArCl + 4NaCl + 3H_2SO_4$$

1-磺酸钾蒽醌与氯酸钠加热反应，生成相应的 1-氯蒽醌：

$$3\ \text{(1-}SO_3K\text{-蒽醌)} \xrightarrow[96\sim98\ ℃]{NaClO_3,\ HCl} 3\ \text{(1-Cl-蒽醌)}$$

β-蒽醌磺酸盐同样可以发生取代反应，生成 β-卤代蒽醌。但反应比 α-蒽醌磺酸盐困难，产率低。脂肪烃磺酸中碳硫键的断裂只需加热就能发生，如脂肪烷烃磺酰氯加热到 150～250 ℃，就可得到相应的烷烃氯化物：

$$RSO_2Cl \xrightarrow{\triangle} RCl + SO_2$$

当加热烷烃磺酸盐时，可得到相应的烯烃：

$$RCH_2CH_2SO_2ONa \xrightarrow{\triangle} RCH{=}CH_2 + NaHSO_3$$

这个反应在工业上主要用于从炼油厂的酸渣(主要是石油磺酸)中回收副产品——烯烃类

化合物。

(2)磺酸基被羟基取代——磺酸的碱熔

芳磺酸的钾盐、钠盐与熔化的氢氧化钠或氢氧化钾共熔时,可发生亲核取代反应,磺酸基被羟基取代,生成酚类,如对甲苯磺酸钠和 β-萘磺酸钠的碱熔:

$$H_3C-C_6H_4-SO_3Na \xrightarrow[230\sim330\ ℃]{NaOH/KOH} H_3C-C_6H_4-ONa \xrightarrow{H^+} H_3C-C_6H_4-OH$$

$$C_{10}H_7SO_3Na \xrightarrow[300\sim310\ ℃]{KOH} C_{10}H_7ONa \xrightarrow{H^+} C_{10}H_7OH$$

磺酸基转化成羟基原来是酚类的重要制备方法之一,数十种酚类化合物用此法制备。其优点是工艺过程简单,适用于各种酚类的制备,缺点是需使用大量酸碱,三废多,易造成环境污染。现趋向于改用更为先进的生产工艺生产大吨位的酚类化合物,如苯酚、间甲酚、对甲酚和间苯二酚。但目前仍有不少酚类化合物仍使用碱熔法生产。

磺酸盐碱熔反应的第一步是氢氧根离子向芳环发生亲核进攻,生成 σ-络合物,然后转化为酚盐负离子,反应如下:

$$C_6H_5SO_3^- \underset{}{\overset{OH^-}{\rightleftharpoons}} [C_6H_5(OH)(SO_3)]^- \longrightarrow C_6H_5O^- + HSO_3$$

苯酚是苯磺酸钠经过碱熔制得的,反应如下:

$$C_6H_5SO_3Na \xrightarrow[290\sim300\ ℃]{NaOH} C_6H_5ONa \xrightarrow{HCl} C_6H_5OH$$

碱熔的反应条件选择依据酸的结构,如 1-萘磺酸比 2-萘磺酸活泼,反应温度就不同:

$$1\text{-}C_{10}H_7SO_3Na \xrightarrow[300\ ℃]{NaOH} 1\text{-}C_{10}H_7ONa \xrightarrow{HCl} 1\text{-}C_{10}H_7OH$$

$$2\text{-}C_{10}H_7SO_3Na \xrightarrow[320\sim340\ ℃]{NaOH} 2\text{-}C_{10}H_7ONa \xrightarrow{HCl} 2\text{-}C_{10}H_7OH$$

高温碱熔反应时间较短,一般向熔碱中加入磺酸盐,只需保温几十分钟反应即可达终点。当温度在 180～230 ℃时,碱熔在苛性钠溶液中进行,一般加完磺酸盐后需保温几小时。高温碱熔使用 90%以上熔碱,在理论上只需 2 mol 碱量,而实际上为 2.5 mol,中温碱熔所需碱量是理论量的 3～4 倍。

2-萘酚的主要生产方法仍是 2-萘磺酸钠高温碱熔法:

$$2\text{-}C_{10}H_7SO_3Na \xrightarrow[320\sim340\ ℃]{NaOH} 2\text{-}C_{10}H_7ONa \xrightarrow{HCl} 2\text{-}C_{10}H_7OH$$

收率达 73%～74%,纯度为 99%。

由2,6-二萘磺酸钠经碱熔可制备2,6-二萘酚：

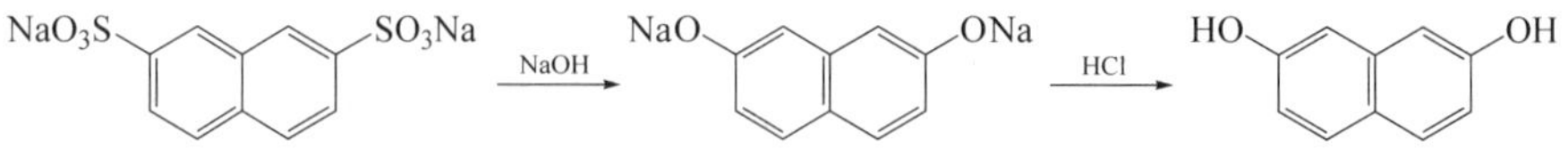

转化率达99%，选择性为88%。

1-氨基-8-萘酚-4-磺酸是以1-氨基-4,6-二磺酸为原料经过碱熔反应制备的：

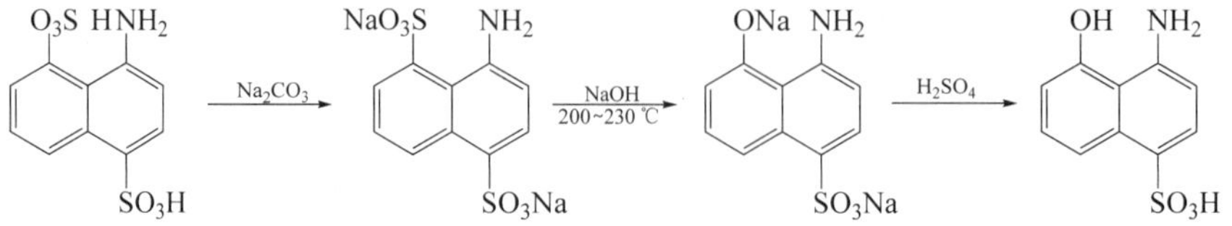

为增加熔融性，可使用氢氧化钠和氢氧化钾混合物为熔碱试剂，如间羟基-N，N-二乙基苯胺的制备：

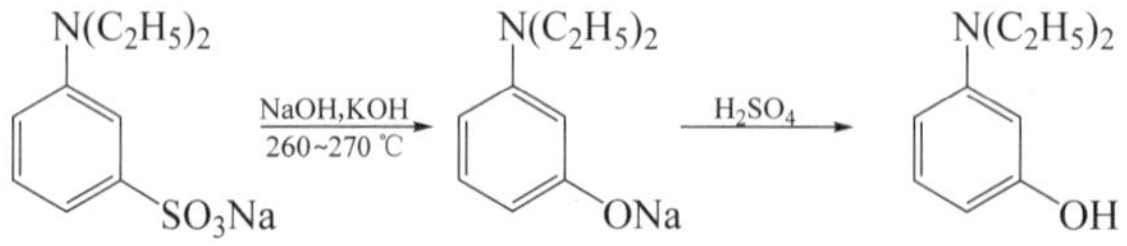

2-甲基-5-羟基-N-2-乙基苯胺的制备：

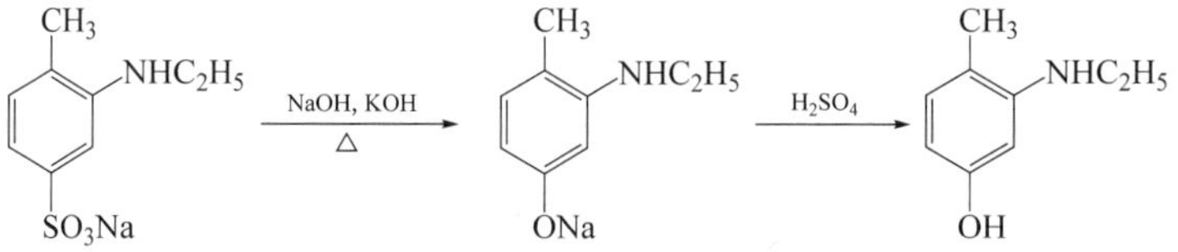

间氨基苯酚是医药、农药、染料中间体，也用于影印、复印等。我国仍采用间氨基苯磺酸碱熔法制备：

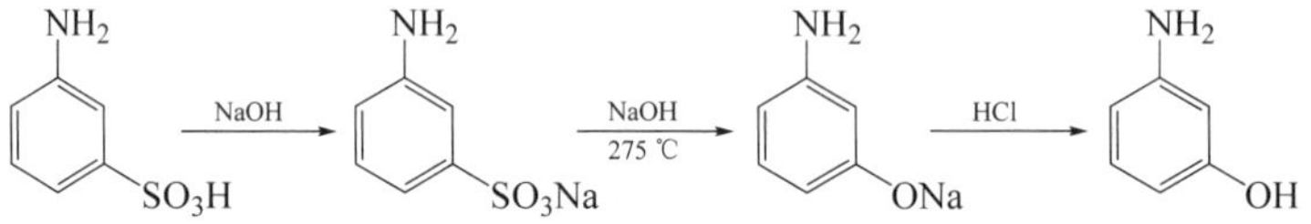

多种染料的中间体，如3-二乙氨基苯酚用3-二乙氨基苯磺酸碱熔法制备：

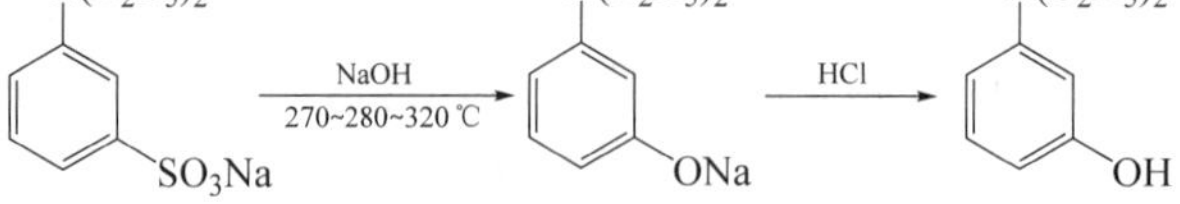

多种含酚羟基的重要染料中间体都是通过多元磺酸碱熔方法制备的，如下面几种染料中间体：

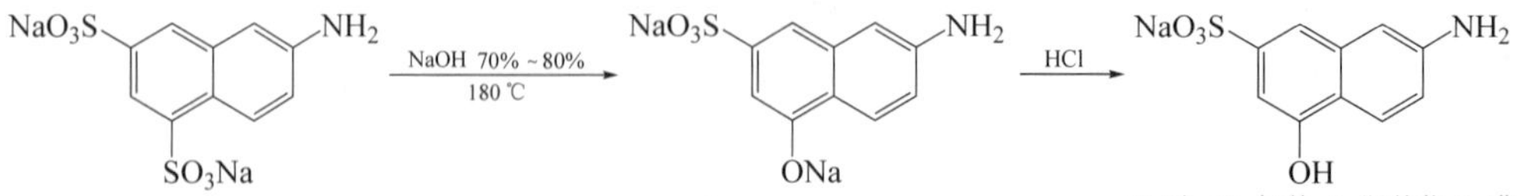

丁-酸（7-氨基-4-羟基萘-2-磺酸）

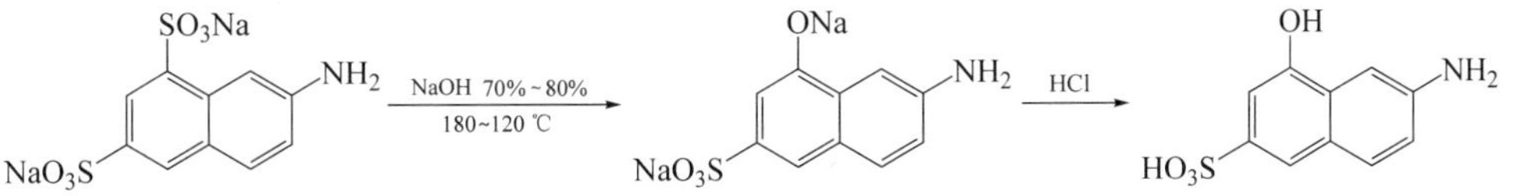

NaO_3S, SO_3Na, NH_2 → NaOH 70%~80%, 180~120 ℃ → ONa, NH_2, NaO_3S → HCl → OH, NH_2, HO_3S

Y-酸(6-氨基-4-羟基萘-2-磺酸)

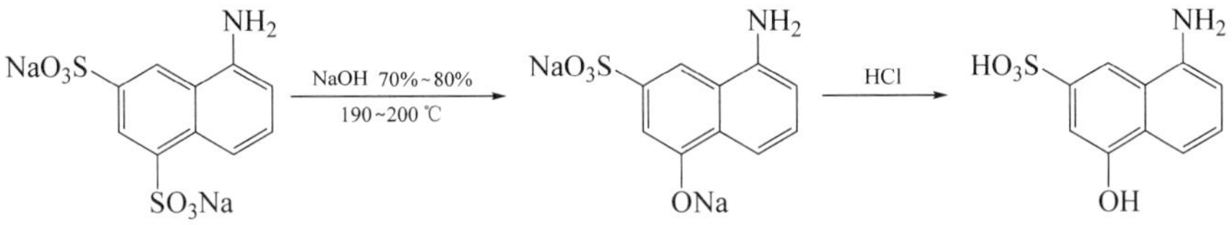

NH_2, NaO_3S, SO_3Na → NaOH 70%~80%, 190~200 ℃ → NaO_3S, NH_2, ONa → HCl → HO_3S, NH_2, OH

M-酸(8-氨基-4-羟基萘-2-磺酸)

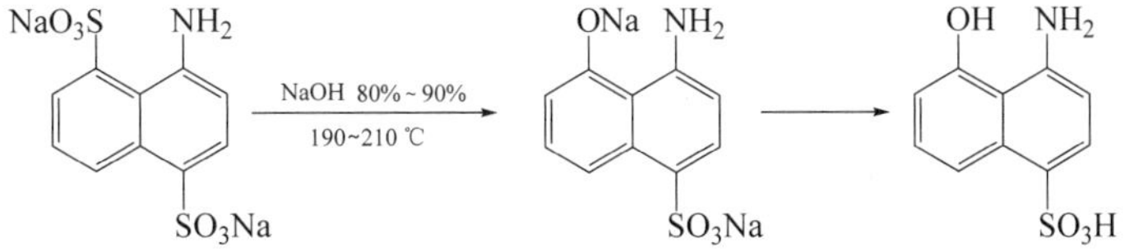

NaO_3S, NH_2, SO_3Na → NaOH 80%~90%, 190~210 ℃ → ONa, NH_2, SO_3Na → OH, NH_2, SO_3H

芝加哥-S酸(8-氨基-4-羟基萘-2-磺酸)

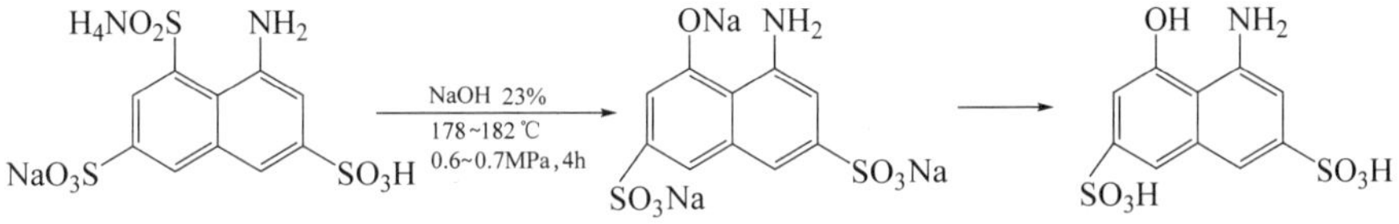

H_4NO_2S, NH_2, NaO_3S, SO_3H → NaOH 23%, 178~182 ℃, 0.6~0.7MPa, 4h → ONa, NH_2, SO_3Na, SO_3Na → OH, NH_2, SO_3H, SO_3H

H-酸(4-氨基-5-羟基萘-2,7-二磺酸)

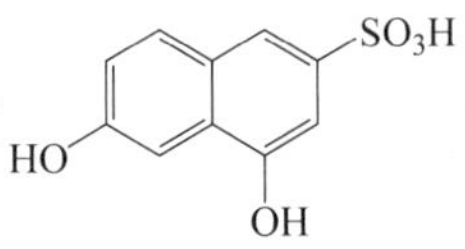

H_4NO_2S, NH_2, NaO_3S, SO_3H → NaOH 16%, 228 ℃, 3MPa, 10h → OH, OH, HO_3S, SO_3H

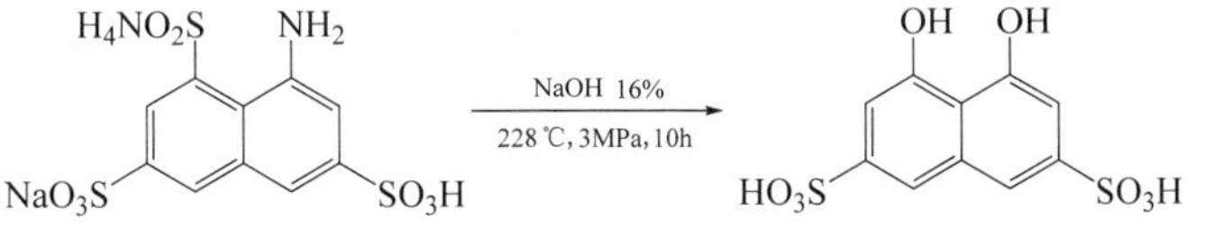

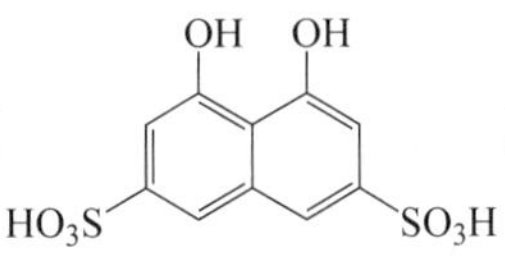

变色酸(4,5-二羟基-2,7-二磺酸)

还有 2,3-二羟基萘-6-磺酸(OH, OH, HO_3S)、4,6-二羟基萘-2-磺酸(SO_3H, HO, OH)、4,5-二羟基萘-2,7-二磺酸(OH, OH, HO_3S, SO_3H)、4-氨基-5-羟基萘-2,3-二磺酸(OH, NH_2, SO_3H, SO_3H)、3-氨基-5-羟基萘-2,7-二磺酸等仍然用碱熔法制备。

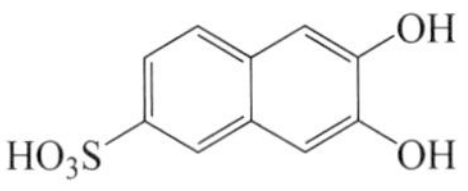

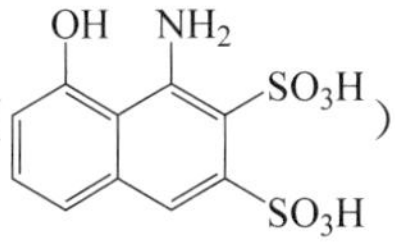

8-羟基喹啉是由 8-喹啉磺酸钠与氢氧化钠通过碱熔法制取的:

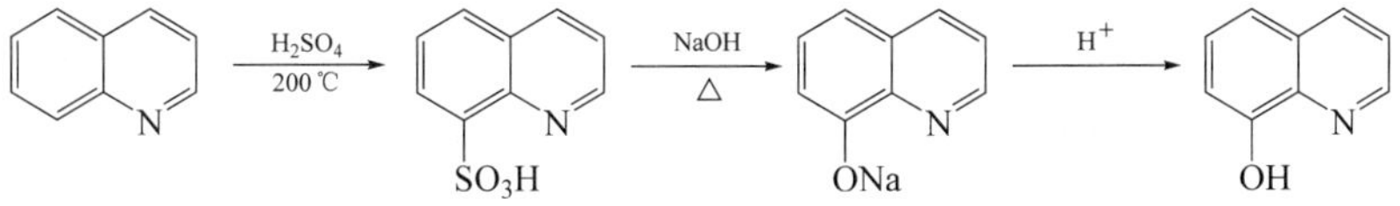

喹啉(N) → H_2SO_4, 200 ℃ → N, SO_3H → NaOH, △ → N, ONa → H^+ → N, OH

8-羟基喹啉易与金属离子生成稳定的难溶于水的络合物，在分析化学中用于沉淀某些金属离子。

β-蒽醌磺酸是合成染料的重要中间体，通过它可以合成很多染料，如茜素和阴丹士林蓝等。它与氢氧化钠、硝酸钾(氧化剂)共熔时，不仅磺基被取代，同时α位也会发生亲核取代而引入一个羟基，生成1,2-二羟基蒽醌。反应如下：

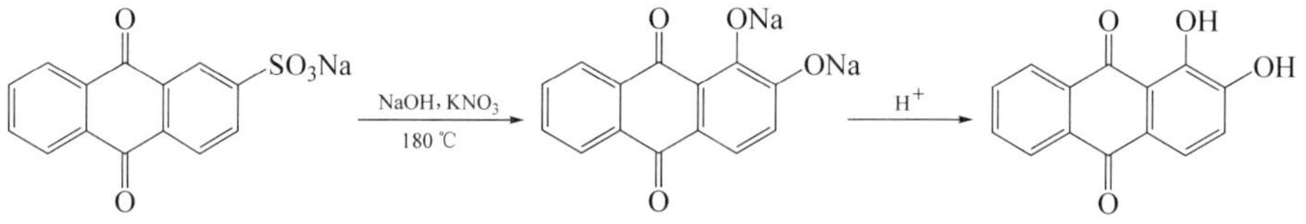

O O ONa O OH
SO_3Na $\xrightarrow[180\ ℃]{NaOH,\ KNO_3}$ ONa $\xrightarrow{H^+}$ OH
O O O

或者

O O O
SO_3Na $\xrightarrow[180\ ℃]{NaOH,\ KNO_3}$ ONa $\xrightarrow{H^+}$ OH
O O O

$\xrightarrow{空气氧化}$ O OH OH O

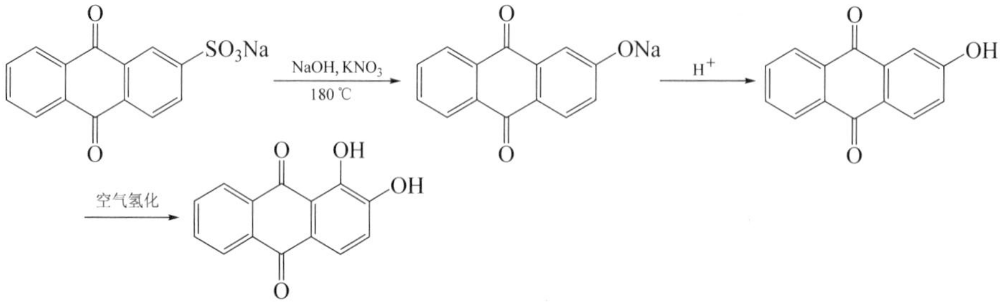

1,2-二羟基蒽醌俗称茜素，是一种天然染料，现在都由合成方法制备。茜素是红色针状结晶，熔点为289 ℃，难溶于水，易溶于乙醇、乙醚。因其有两个羟基，因而可溶于碱。

茜素与铝盐所生成的沉淀色素称为土耳其红，结构如下：

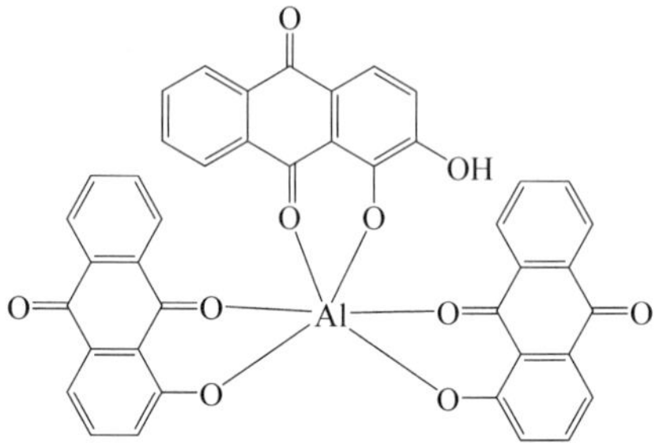

O OH O O
O= =O—Al—O= =O
O O

脂肪族磺酸盐可与碱共熔，发生消去反应，生成烯烃。如

$$C_2H_5SO_3Na + NaOH \xrightarrow{\triangle} CH_2{=}CH_2 + Na_2SO_3 + H_2O$$

(3)磺酸基被氰基取代

α-萘磺酸钠与氰化钠共熔，磺酸基被取代，生成α-萘腈。

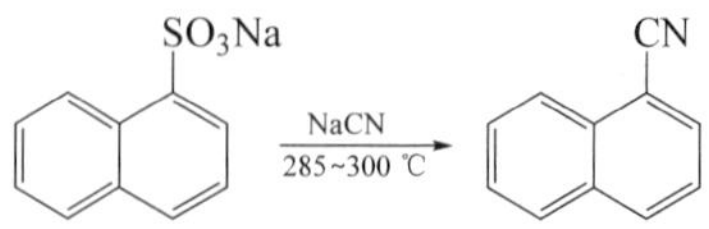

SO_3Na $\xrightarrow[285\sim300\ ℃]{NaCN}$ CN

收率达60%～70%。

同理用1,4-二氨基蒽醌-2,3-二磺酸与氰化钠共熔，可制取1,4-二氨基-2,3-二氰基蒽醌。

$$\text{1,4-二氨基蒽醌-2,3-二磺酸钠} + 2NaCN \xrightarrow{\triangle} \text{1,4-二氨基-2,3-二氰基蒽醌} + 2Na_2SO_3$$

如苦杏仁腈的制备：

$$C_6H_5CHO \xrightarrow{NaHSO_3} C_6H_5CH(OH)SO_3Na \xrightarrow{NaCN} C_6H_5CH(OH)CN$$

（苦杏仁腈）

间苯二腈可由间苯二磺酸盐制取：

$$m\text{-}C_6H_4(SO_3Na)_2 \xrightarrow{KCN} m\text{-}C_6H_4(CN)_2$$

磺酸盐与氰化钾、氰化钠共热反应可制取多种芳烃腈的衍生物，如萘、联苯及多种稠环含氰基衍生物。磺酸基被氰基取代在医药合成中有许多应用，如丙硫异烟胺的合成：

$$\text{4-Cl-2-}(CH_2CH_2CH_3)\text{吡啶} \xrightarrow{NaSO_3H} \text{4-}SO_3H\text{-2-}(CH_2CH_2CH_3)\text{吡啶} \xrightarrow{NaOH} \text{4-}SO_3Na\text{-2-}(CH_2CH_2CH_3)\text{吡啶} \xrightarrow[\triangle]{NaCN}$$

$$\text{4-CN-2-}(CH_2CH_2CH_3)\text{吡啶} \xrightarrow{(NH_3)_2S} \text{4-}(S{=}C{-}NH_2)\text{-2-}(CH_2CH_2CH_3)\text{吡啶}$$

甲醛合成 α-二甲氨基乙腈，是用甲醛与亚硫酸氢钠的加成产物与二甲胺、氰化钾在水中反应：

$$CH_2(OH)SO_3Na \xrightarrow{(CH_3)_2NH/KCN} (CH_3)_2NCH_2CN \quad (90\%)$$

又如 N,N-二甲基苯乙腈的制备，以苯甲醛为原料，反应过程如下：

$$C_6H_5CHO \xrightarrow{NaHSO_3} C_6H_5CH(OH){-}SO_3Na \xrightarrow{(CH_3)_2NH/NaCN} C_6H_5CH(N(CH_3)_2)CN$$

经减压蒸馏收馏分，收率达 87%～88%。

工业上制备腈醇或通过腈醇制备其他化合物，均用 α-羟基磺酸与氰化钠或氰化钾反应，氰基取代磺酸基，生成 α-羟基腈。此法优点是可避免使用氰化氢，而且收率高。

(4)磺酸基被氨基取代

磺酸基被氨基取代属于亲核取代反应。磺酸基被氨基置换只限于蒽醌系列，蒽醌环上磺酸基由于受到羰基活化作用，容易被氨基置换：

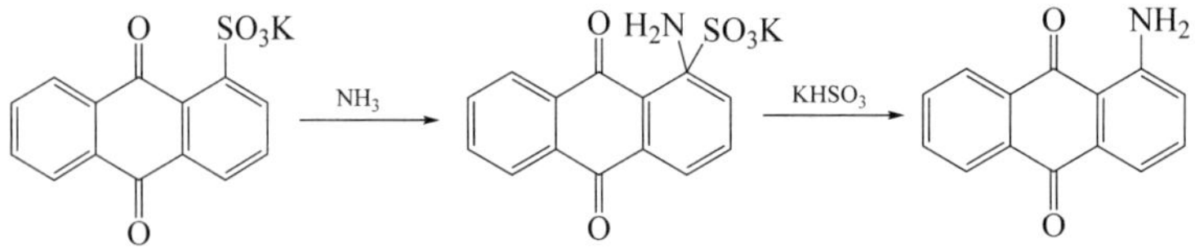

O SO_3K —NH_3→ O H_2N SO_3K —$KHSO_3$→ O NH_2

O O O

反应中生成亚硫酸盐能影响产物产率和质量，通常加入氧化剂把亚硫酸基氧化成硫酸盐。常用间硝基苯磺酸为氧化剂。

用蒽醌-2-磺酸与氨反应制备2-氨基蒽醌：

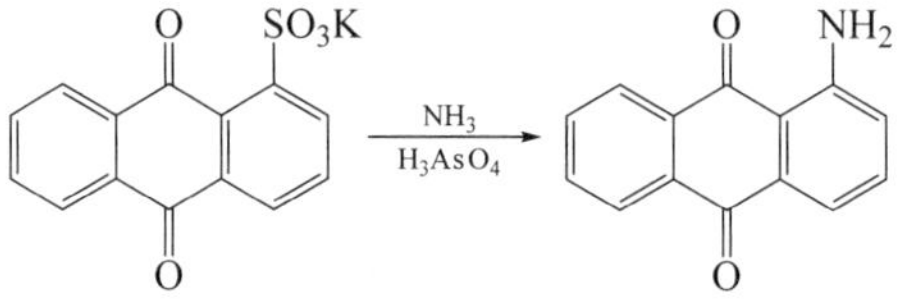

O SO_3K —NH_3, H_3AsO_4→ O NH_2

O O

用蒽醌-2,6-二磺酸制备2,6-二氨基蒽醌：

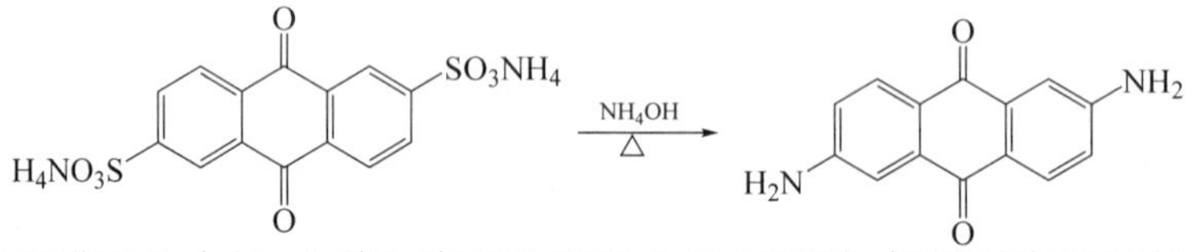

O SO_3NH_4 H_4NO_3S O —NH_4OH, △→ O NH_2 H_2N O

苯系、萘系磺酸化合物，尤其是当环上有吸电子基团时，氨解反应困难得多，需要用氨基钠溶液氨化在加压条件下进行反应，属于S_{N2}亲核取代反应。

苯磺酸钠与氨基钠反应可生成苯胺：

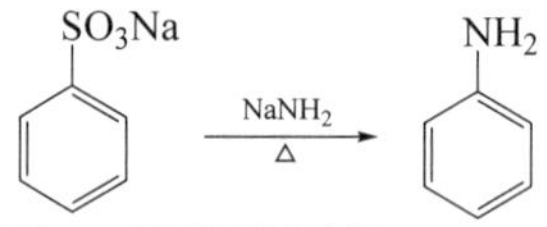

SO_3Na —$NaNH_2$, △→ NH_2

又如β-萘胺经布歇尔反应可从β-萘磺酸制得：

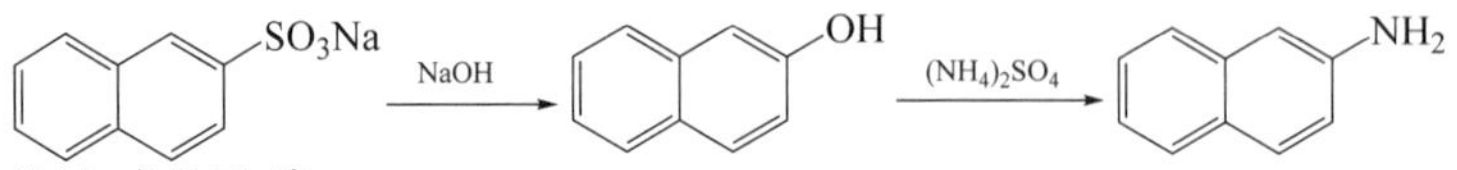

SO_3Na —NaOH→ OH —$(NH_4)_2SO_4$→ NH_2

(5)磺酸基被硝基取代

磺酸基被硝基取代最典型的反应为苦味酸的制备。由于苯酚最易被浓硝酸氧化，故不宜用硝酸直接硝化苯酚制备多硝基苯酚。

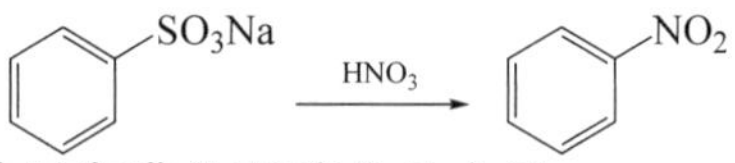

SO_3Na —HNO_3→ NO_2

为制取多硝基苯酚，可采用先磺化再硝化的办法。

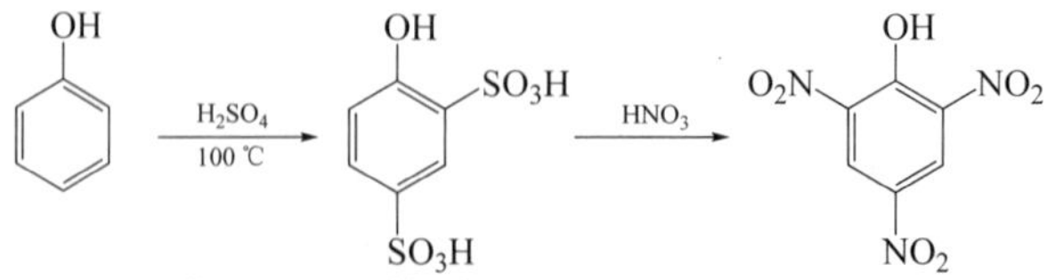

OH —H_2SO_4, 100 ℃→ OH SO_3H SO_3H —HNO_3→ OH O_2N NO_2 NO_2

苯酚先磺化，引入两个磺酸基，会使芳环钝化，因此硝化时不能再被硝酸氧化，同时两个磺酸基也被硝基取代。这一过程是亲电取代反应，硝酰正离子进攻磺酸基所在芳环上的碳原子，同时释放出三氧化硫。反应过程为

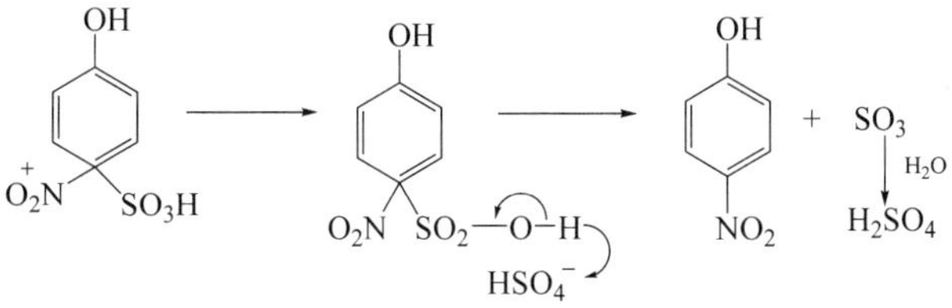

用磺酸基被硝基取代的方法可制取 2,4-二硝基萘酚、8-羟基-5,7-二硝基-2-萘磺酸等,这类化合物都是黄色染料。

苯酚易被氧化,一般不能用浓硝酸进行硝化。而苯酚易被磺化,生成的磺酸也易与硝酸反应,可使磺酸基被硝基取代,这样就可达到合成硝基酚的目的。

1-萘酚与浓硫酸在 100 ℃以下加热 1 h,即可制取 1-萘酚-2,4-二磺酸,本品不用分离,在低于 15 ℃的水溶液中冷却时直接加入浓硝酸,加完后逐渐升温至 50 ℃,反应数分钟,即可生成 2,4-二硝基-1-萘酚。

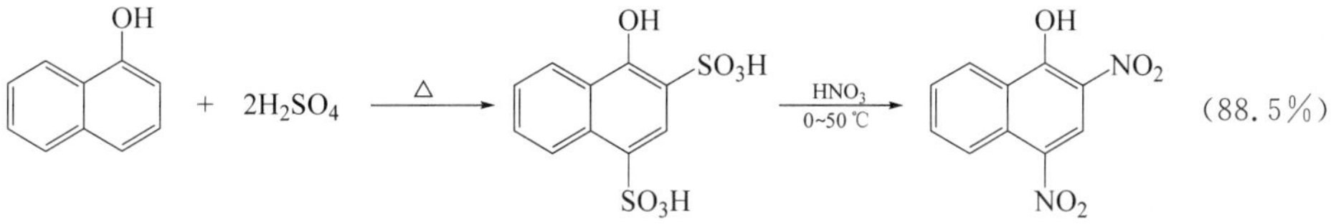

$$+\ 2H_2SO_4 \xrightarrow{\triangle} \xrightarrow[0\sim50\ ℃]{HNO_3} \quad (88.5\%)$$

当芳环上同时有羟基、烷氧基和醛基时,为防止氧化,一般采用先磺化后硝化的方法,可保护醛基。如

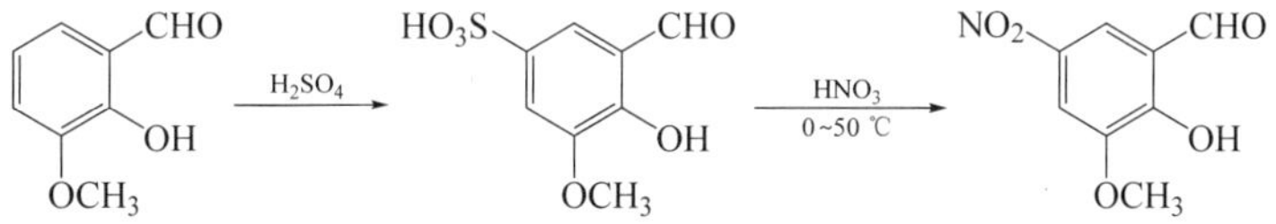

$$\xrightarrow{H_2SO_4} \xrightarrow[0\sim50\ ℃]{HNO_3}$$

又如硝基吡啶的制备,可用先磺化再硝化的方法,硝基取代磺酸基:

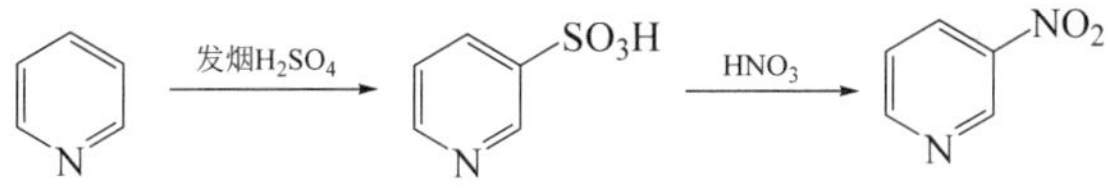

$$\xrightarrow{发烟H_2SO_4} \xrightarrow{HNO_3}$$

5. 磺酸烃基上的反应

磺酸基的存在对烃基部分的化学性质有不同的影响,如甲磺酸、乙磺酸就不能被氯化和氯磺化,这是由于磺酸基对其相连碳邻近的碳原子产生了阻碍作用。而长碳链的磺酸的氯化和氯磺化反应就可以顺利进行。可用电化学方法使磺酸或磺酰氯全氟化:

$$CH_3CH_2SO_2Cl + 6F_2 \longrightarrow CF_3CF_2SO_2F + 5HF + FCl$$

其反应收率随碳链增长而下降。C_8 全氟磺酸氟在工业上就是用该方法制取的。

磺酸分子中的其他官能团,如羟基、卤素、氨基以及烯基等,在有机合成反应中仍能照常参加反应。

如凡拉明兰盐染料合成中,原料之一的合成:

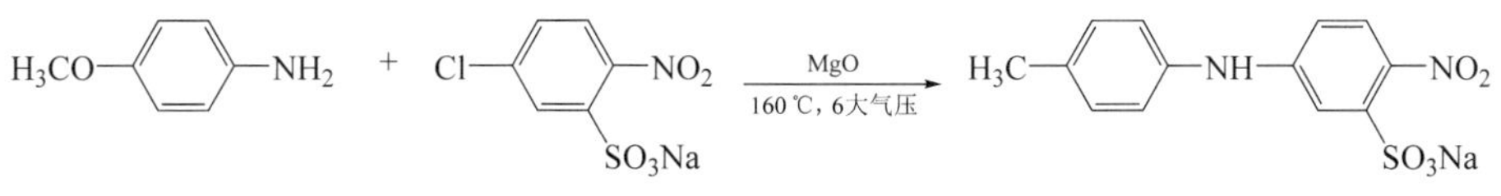

$$H_3CO-C_6H_4-NH_2 + Cl-C_6H_3(SO_3Na)-NO_2 \xrightarrow[160\ ℃,6大气压]{MgO} H_3C-C_6H_4-NH-C_6H_3(SO_3Na)-NO_2$$

又如苯酚磺酸与甲醛进行树脂化反应：

$$2n\ HO-C_6H_4-SO_3H + n\,HCHO \longrightarrow \left[-C_6H_2(OH)(SO_3H)-CH_2-C_6H_2(OH)(SO_3H)- \right]_n$$

还有建筑方面用的水泥混凝土中一些外加剂的合成，如 FDN-2 缓凝高效减水剂的合成，是 β-萘磺酸与甲醛融合物。

$$H\left[-C_{10}H_6-CH_2- \right]_n C_{10}H_6SO_3Na$$

（$n>9$，相对分子质量为 2 100～2 700）

是萘在 160～165 ℃时进行磺化，生成 β-萘磺酸，然后在 110～120 ℃时与甲醛混合，再用碱中和制取。

芳磺酸的芳环还可进行亲电取代反应，因为磺酸基为较强的吸电子基团，可使环上电子云密度降低，使亲电取代反应较难进行，新引入的基团将进入原有磺酸基的间位。芳磺酸可以进行卤代、磺化及硝化反应，但不能进行付瑞达尔-克拉夫慈反应，即烷基化、酰基化反应，如苯磺化生成苯磺酸，它可继续磺化、硝化：

$$C_6H_5SO_3H \xrightarrow[200\sim243\ ℃]{10\%发烟H_2SO_4} m\text{-}C_6H_4(SO_3H)_2\ (75\%) + p\text{-}C_6H_4(SO_3H)_2\ (25\%)$$

6. 磺酸水解脱磺酸基反应

磺酸和稀硫酸或磷酸、盐酸在高温下反应，磺酸基能被氢离子取代，生成芳香烃和硫酸。这是磺化反应的逆反应。

$$ArSO_3H \xrightarrow[\triangle]{稀H_2SO_4} ArH + H_2SO_4$$

芳磺酸在稀硫酸中之所以能发生逆向反应，是因为在高温或大量水的存在下，磺酸基—SO_3H 能解离成—SO_3^- 和 H^+。

$$C_6H_5SO_3H \underset{}{\overset{H_2O}{\rightleftharpoons}} C_6H_5SO_3^- + H^+$$

磺酸根负离子（$C_6H_5SO_3^-$）芳环上电子云密度增大，所以易遭亲电的氢离子进攻，氢离子可以加上去。最后芳磺酸根负离子失去 SO_3，生成芳烃。

$$C_6H_5SO_3^- + H^+ \rightleftharpoons C_6H_6(H)SO_3^- \longrightarrow C_6H_6 + SO_3$$

同时在磺化和逆向去磺酸基反应的进程中，正向反应与逆向脱磺酸基能量很相近。

活性正碳离子中间体向正逆两方向反应时，其活化能十分接近，所以在一定条件下，磺酸基能发生水解反应。

磺化反应的可逆性，磺酸的生成与水解在有些化合物分离提纯中有一定的应用价值，如用其分离混合三种二甲苯。三种二甲苯异构体沸点很相近，用常规物理方法难以分开。三种二甲苯的沸点见表 7-3。

表 7-3　三种二甲苯的沸点

邻二甲苯	144 ℃
间二甲苯	139 ℃
对二甲苯	138 ℃

工业上大规模生产使用的是分馏和分子筛相结合的方法，投资大，因此少量小规模的可用磺化-水解化学法分离，得到纯度较高的间二甲苯。

利用磺化反应的可逆性，可从混合二甲苯中分离出高纯度的间二甲苯。虽然三种二甲苯都有两个第一类定位基，甲基可活化其邻、对位，使其邻、对位易发生亲电取代反应。但在三种二甲苯中由于两个甲基所处位置不同，对二甲苯和邻二甲苯所空的四个位置中，每个位置只能受一个甲基活化，可表示为 CH_3 CH_3 ， CH_3 CH_3 。而间二甲苯所空的四个位置，其中两个位置分别受两个甲基共同活化，可表示为 CH_3 CH_3 ；另两个位置中的一个空阻大，另一个不能受甲基活化，为两甲基的间位。所以间二甲苯的亲电取代比邻、对两异构体容易，在间二甲苯能发生磺化反应的条件下，邻、对二甲苯不发生或很少发生磺化。所以用 93%硫磺酸作为磺化剂，在不太高的温度下，绝大多数邻、对二甲苯不被磺化。可利用二甲苯能与水共沸的性质先把未磺化的邻、对二甲苯蒸出，然后水解间二甲苯磺化物，边水解，边蒸出间二甲苯。得到的间二甲苯纯度为 98%～99%。本书作者于 1994 年较详细地研究了这个分离工艺条件，并在辽阳化学厂和江苏宝应第四化工厂分别投入生产。间二甲苯纯度达 98%以上，收率达 90%。

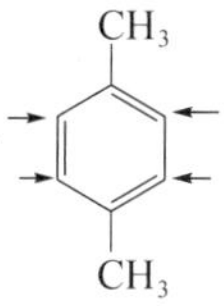

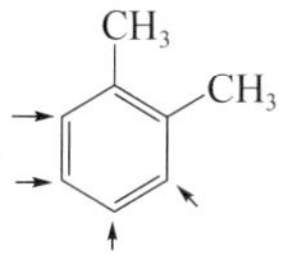

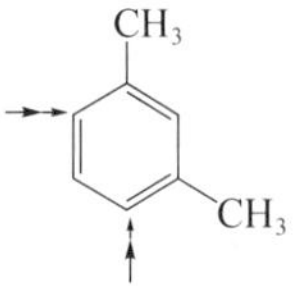

7. 用磺化法鉴别和分离醛和甲基酮

醛和甲基酮与亚硫酸氢钠加成，生成 α-羟基磺酸结晶，用此反应可鉴别醛和甲基酮。稀酸或稀碱能使 α-羟基磺酸水解，生成醛或甲基酮，用此反应可分离提纯醛和甲基酮。

8. 用磺化法鉴别和分离邻、间、对二硝基本

制备间二硝基苯时，总有近 10%的邻、对二硝基苯产生。邻、对二硝基苯磺酸溶于水，可用水洗去。

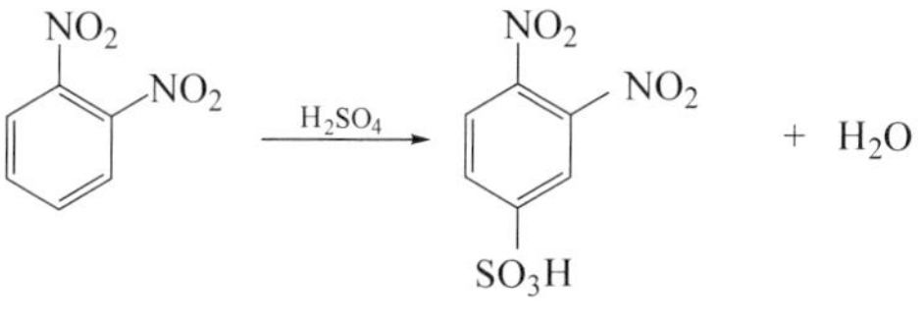

NO_2 NO_2 $\xrightarrow{H_2SO_4}$ NO_2 NO_2 SO_3H + H_2O

$$p\text{-}C_6H_4(NO_2)_2 \xrightarrow{H_2SO_4} 2,5\text{-}(NO_2)_2C_6H_3SO_3H + H_2O$$

9. 用磺化法鉴别和分离 α-萘胺和 β-萘胺

工业生产 α-萘胺不可避免地有微量 β-萘胺生成，利用 β-萘胺的 α 位易磺化，可先使其磺化，增大碱中溶解度，从而使之与 α-萘胺分开。

磺酸这一性质在有机合成中用途很广，如由苯酚直接溴化合成邻溴苯酚很困难，因为苯酚极易溴化生成 2,4,6-三溴苯酚。如果将苯酚与硫酸作用先磺化，使苯酚的邻位、对位先引入磺酸基，再进行溴化，然后脱去两个磺酸基，就可避免生成三溴苯酚，而制得邻溴苯酚。

$$C_6H_5OH + 2H_2SO_4 \xrightarrow[-2H_2O]{} HOC_6H_3(SO_3H)_2 \xrightarrow[-HBr]{Br_2} HOC_6H_2Br(SO_3H)_2 \xrightarrow[\triangle]{2H_2O} o\text{-}BrC_6H_4OH + 2H_2SO_4$$

7.1.3 磺酸中个别化合物及不同类型磺化反应

1. 甲烷磺酸

甲烷磺酸(CH_3SO_3H)是无色或微棕色油状液体，低温下为固体，凝固点为 13 ℃，熔点为 20 ℃，沸点为 127 ℃(13.33 kPa)，相对密度为 1.481(18 ℃)，可溶于水、醇醚，不溶于烷烃、苯等，在热水、热碱中不分解。对金属铁、铜、铅有强烈的腐蚀作用，但在 0.5%～1.0%的硫酸中对 18-8 不锈钢不腐蚀。甲烷磺酸可通过多种方法生产：硫氰酸酯硝酸氧化、甲基异硫脲氯化、氧化水解、硫酸二甲酯与亚硫酸钠反应、甲硫醇或二甲基二硫醚氧化。最后一种方法的甲烷磺酸收率可达 88%～89%，且质量好。

甲烷磺酸为有机合成中间体，是医药、农药的合成原料，可用作脱水剂、涂料促进剂、纤维处理剂、电镀、电刷镀液添加剂，又是乙烯、丙烯、丁烯、异丁烯和 α-甲基苯乙烯聚合的催化剂，还是酯化反应优良的促进剂。

2. 乙磺酸

乙磺酸可由氯乙烷与亚硫酸钠反应制取，是有机合成中间体，在制药、农药合成中有应用。

$$CH_3CH_2Cl + Na_2SO_3 \xrightarrow{-NaCl} CH_3CH_2SO_3Na \xrightarrow[-NaCl]{HCl} CH_3CH_2SO_3H$$

3. 丙烯磺酸

丙烯磺酸是白色结晶粉末，可溶于水和醇，微溶于苯，长时间受热易聚合，是重要的聚合单体，也是电镀辅助光亮剂。可以以 3-氯丙烯与亚硫酸盐为原料合成：

$$CH_2{=}CHCH_2Cl + Na_2SO_3 \xrightarrow{-NaCl} CH_2{=}CHCH_2SO_3Na \xrightarrow[-NaCl]{HCl} CH_2{=}CHCH_2SO_3H$$

4. 2-丙烯酰胺基-2-甲基丙磺酸

2-丙烯酰胺基-2-甲基丙磺酸是白色结晶，能溶于水和二甲基甲酰胺，微溶于甲醇、乙醇和丙醇。用途广泛，可合成表面活性剂、EP 染助剂、织物上浆剂、印染定型助剂、抗静电剂、镀铜添加剂，也可用于油墨和合成高分子化合物重要单体，如油田助剂，以及玻璃防雾剂。

5. 牛磺酸

牛磺酸即 2-氨基乙磺酸（$H_2NCH_2CH_2SO_3H$），具有特殊生理功能，大量用于医药、保健品、食品饮料，可防治感冒、发热、风湿关节炎、心衰高血压等。其制法有两种，一是由乙醇胺经下列反应：

$$HOCH_2CH_2NH_2 + HCl \longrightarrow ClCH_2CH_2NH_2 \cdot HCl$$

$$ClCH_2CH_2NH_2 \cdot HCl + Na_2SO_3 \longrightarrow H_2NCH_2CH_2SO_3H$$

二是由丙烯酰胺经下列反应：

$$CH_2{=}CHCONH_2 + NaHSO_3 \longrightarrow NaO_3SCH_2CHCONH_2$$

$$NaO_3SCH_2CHCONH_2 \xrightarrow{NaClO} NaO_3SCH_2CH_2NH_2 \xrightarrow{HCl} HO_3SCH_2CH_2NH_2$$

前法工艺简单，收率高。

6. 羟甲磺酸钠

羟甲磺酸钠是异烟肼磺钠、新砷凡拉明、癌敌等的中间体，可由甲醛与焦亚硫酸钠反应制取：

$$2HCHO + Na_2S_2O_5 + H_2O \longrightarrow 2HOCH_2SO_3Na$$

7. 羟乙磺酸钠

羟乙磺酸钠可由环氧乙烷与亚硫酸或亚硫酸钠反应制取：

$$H_2SO_3 + \underset{O}{\triangledown} \longrightarrow HOCH_2CH_2SO_3H$$

还可由羟基乙硫醇氧化制取：

$$HOCH_2CH_2SH + H_2O_2 \longrightarrow HOCH_2CH_2SO_3H$$

8. 乙烷二磺酸

乙烷二磺酸是非麻醉性止咳美劳（咳美芬乙基二磺酸盐）的中间体，由二氯乙烷与亚硫酸钠反应制取：

$$ClCH_2CH_2Cl + 2Na_2SO_3 \longrightarrow \begin{matrix} CH_2SO_3Na \\ | \\ CH_2SO_3Na \end{matrix} \xrightarrow{\text{离子交换}} \begin{matrix} CH_2SO_3H \\ | \\ CH_2SO_3H \end{matrix}$$

9. 间苯二磺酸

间苯二磺酸可转化成间苯二酚，也是医药中间体。它的合成通常用发烟硫酸分步磺化：

$$C_6H_6 + H_2SO_4(\text{发烟},20\%) \longrightarrow C_6H_5SO_3H \xrightarrow{\text{高浓度发烟}H_2SO_4} m\text{-}C_6H_4(SO_3H)_2$$

10. 对甲苯磺酸

对甲苯磺酸（CH_3 / SO_3H）用途广泛，现在用甲苯浓硫酸共沸脱水法制取。而徐亮采用结晶法，用硫酸磺化取得了对位高收率的较好效果。一般用氯磺酸为磺化剂，对甲苯磺酸收率达 90%～95%，但氯磺酸比较贵，反应中有副产品氯化氢。用三氧化硫为硫化剂是最理想的磺化法。反应中不生成水，无废酸，反应温度低，速度快，几乎按化学式计量投料，现国内已有应用。本法中有邻位异构体和砜生成。实验证明，反应中加入五氧化二磷能抑制异构体生成，加入硫化钠能大大抑制砜的生成。

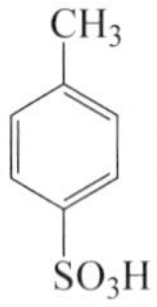

11. 4-氯苯磺酸

4-氯苯磺酸是医药、农药精细化工的原料。其生产方法有两种，一是对氨基苯磺酸重氮化，二是氯苯磺化，可用 10%发烟硫酸在 95～100 ℃磺化 5 h 得成品。王亲宝等用三氧化硫为磺化剂，在 30 ℃反应 2.5 h，得到了较满意的结果。

12. 间硝基苯磺酸

间硝基苯磺酸（NO_2 / SO_3H）是抗癌药和染料中间体。可从苯磺化，不分离加硝酸，硝化产率达 78%。

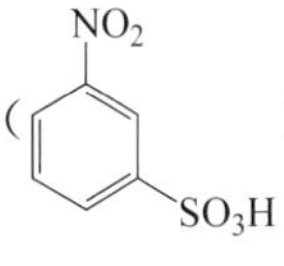

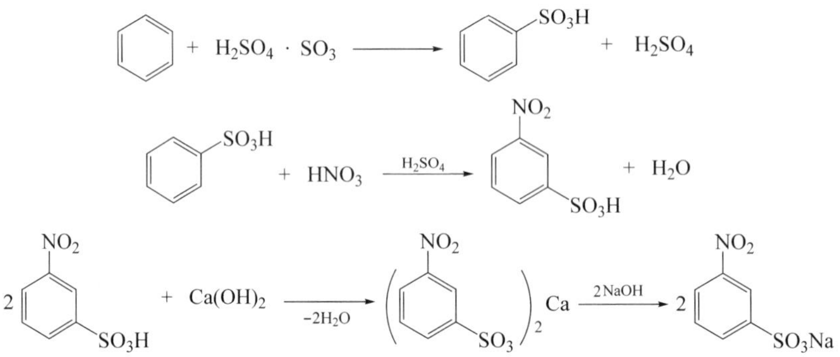

$$+\ H_2SO_4 \cdot SO_3 \longrightarrow \quad SO_3H \quad +\ H_2SO_4$$

$$SO_3H \quad +\ HNO_3 \xrightarrow{H_2SO_4} \quad NO_2,\ SO_3H \quad +\ H_2O$$

$$2\ (NO_2,\ SO_3H) \ +\ Ca(OH)_2 \xrightarrow[-2H_2O]{} \left(NO_2,\ SO_3\right)_2 Ca \xrightarrow{2NaOH} 2\ (NO_2,\ SO_3Na)$$

硝基苯用三氧化硫磺化，收率可达 96%，用三氧化硫溶于二氯乙烷，加入硝基苯，进行液相磺化。也可用气相磺化，用惰性气体把三氧化硫稀释至 3%～10%，在 30～60 ℃通入硝基苯中，然后逐渐升温，最后升温至 120 ℃。

13. 对氨基苯磺酸

对氨基苯磺酸（NH_2 / SO_3H）用途广，其制法是苯胺与硫酸近等物质量制成苯胺硫酸盐，在转鼓磺化反应器中，温度在 280～300 ℃，高真空磺化转位，经中和即得产品。

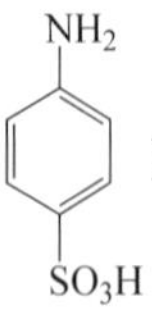

$$C_6H_5NH_2 + H_2SO_4 \longrightarrow C_6H_5NH_2 \cdot H_2SO_4 \xrightarrow{280\sim300\ ℃} p\text{-}H_2NC_6H_4SO_3H + H_2O$$

14. 硫代苯磺酸钠

硫代苯磺酸钠是新型农药杀虫磺的原料，可由苯亚磺酸钠与硫黄反应制取：

$$C_6H_5SO_2Na \xrightarrow{S} C_6H_5SO_2SNa$$

也可由苯磺酰氯与硫化钠或硫化氢反应制取：

$$C_6H_5SO_2Cl + Na_2S \longrightarrow C_6H_5SO_2SNa + NaCl$$

此法经南开有机所改进，产品收率可达 95%。

7.2　磺酸衍生物

磺酰卤、磺酰胺、磺酰酯和磺酸酐都是磺酰化合物，是有机合成和精细化工的重要中间体，主要用于合成染料、农药、医药、树脂、涂料、消毒剂、增塑剂、糖精、食用色素等。砜和亚砜也是磺酸和亚磺酸的衍生物。砜主要用于生产耐高温的工程塑料、农药、增塑剂、乙烯砜类活性染料。亚砜是高温溶剂、贵重金属络合萃取剂。磺酰化合物、砜和亚砜产量很大，用途很广，很受重视。糖精副产物对甲苯磺酰胺用以生产 N-二氯对甲苯磺酰胺，可作为创伤防腐剂、消毒剂。

甲磺酰氯、乙磺酰氯是医药、农药中间体。十六烷磺酰氯是合成感光材料的重要中间体。樟脑磺酸酯（带 CH_2SO_2OR 的樟脑结构）是拆分萘普生手性助剂，S-型萘普生药效是 R 型的 28 倍，而且 R 型又有副作用。医药、农药中有不少磺酸酯类化合物，如乙磺酸乙酯素（$CH_3CH_2S(=O)_2OC_2H_5$）是杀菌剂，苯磺酸对氯苯酯（$C_6H_5-S(=O)_2-O-C_6H_4-Cl$）是除螨剂，白消安（$-S(=O)_2-O-CH_2CH_2CH_2CH_2-O-S(=O)_2-$）是抗癌药烷基化剂。苯磺酰胺氨基上的氢被氯取代生成的 $C_6H_5SO_2NClNa$、$C_6H_5SO_2NCl_2$ 都是消毒用的有效氯剂。

磺胺衍生物在医药工业上应用广泛，20 世纪 50 年代曾达到高峰，合成了 5 000 多种磺胺衍生物，其中有磺胺嘧啶、磺胺噻唑等，二三十种有良好治疗效果的被广泛应用。自青霉素、头孢等抗菌药出现，磺胺药略有逊色。但有些具有独特疗效的，如磺胺嘧啶（$H_2N-C_6H_4-SO_2NH-C_4H_3N_2$）对脑膜炎、感冒效果好，磺胺胍（$H_2N-C_6H_4-SO_2NHC(=NH)-NH_2$）治疗肠炎效果好，仍在广泛使用。现在含磺酰胺基可治疗糖尿病、高血压和心血管类的药物也不少。含磺酰胺基农药，如磺胺类除草剂，是当今除草剂的重点品种。

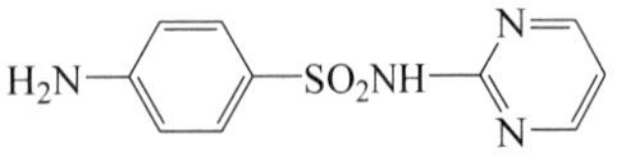

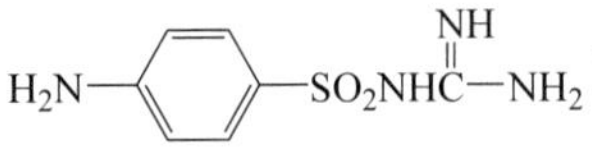

染料工业中用磺酰胺基合成中性染料或羊毛专用冰染染料的色酚、毛用防蛀剂、鞣革剂。

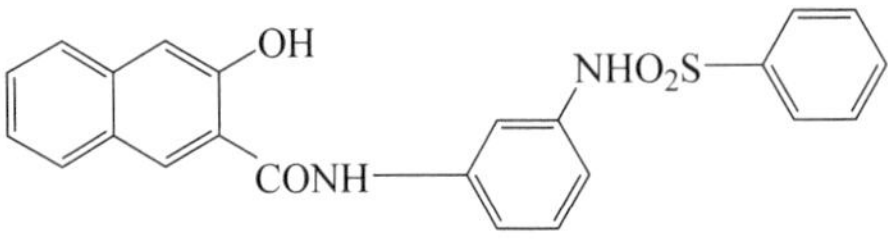

（色酚）

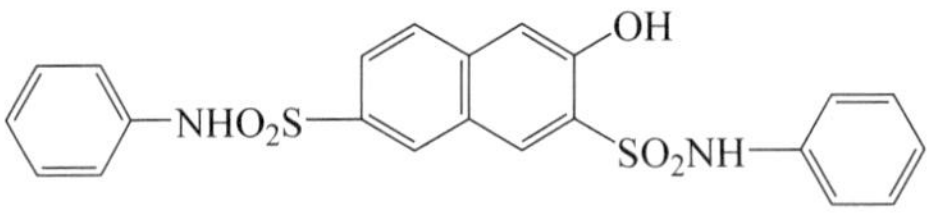

（色酚）

（毛用防蛀剂）

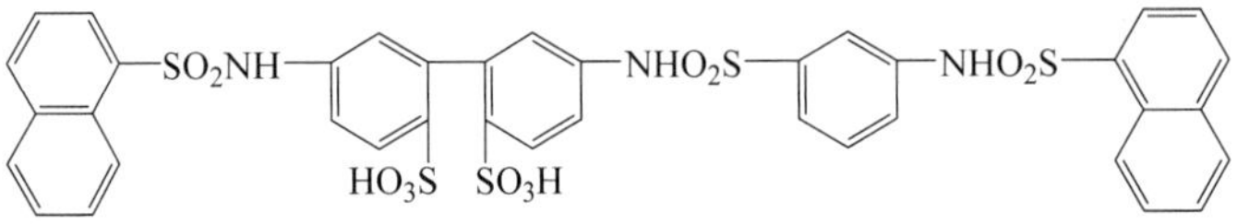

（鞣革剂）

冰染染料和酸性染料重氮组分都含有磺酰胺基，如：

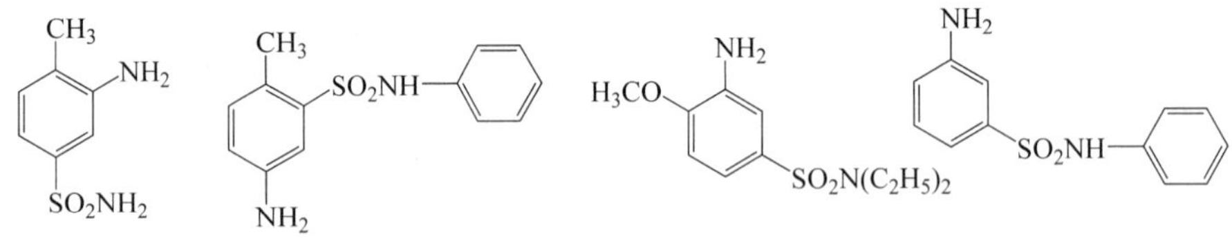

磺酸衍生物反应性能与羧酸衍生物反应性能极为相似，如图 7-1、图 7-2 所示。

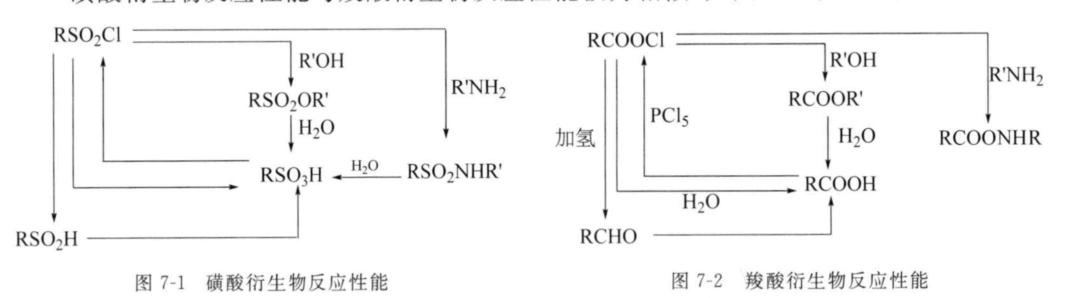

图 7-1 磺酸衍生物反应性能

图 7-2 羧酸衍生物反应性能

7.2.1 磺酰氯

芳香族磺酰氯主要通过芳烃及其衍生物氯磺化反应制取。反应分步进行，首先与第一分子氯磺酸反应生成磺酸，磺酸再与第二分子氯磺酸作用生成磺酰氯。

反应如下：

$$ArH + ClSO_3H \longrightarrow ArSO_3H + HCl$$

$$ArSO_3H + ClSO_3H \rightleftharpoons ArSO_2Cl + H_2SO_4$$

两步合起来可写成：

$$ArH + 2ClSO_3H \longrightarrow ArSO_2Cl + HCl + H_2SO_4$$

从反应方程式可以看出，1 分子磺酰氯需 2 分子氯磺酸。由于第二步反应为可逆反应，所以实际生产中需 4～5 分子氯磺酸才能完成第二步反应，如 2,4,6-三甲基苯磺酰氯的制备，反应方程式如下：

$$1,3,5\text{-}(CH_3)_3C_6H_3 + 2ClSO_3H \longrightarrow 2,4,6\text{-}(CH_3)_3C_6H_2SO_2Cl + HCl + H_2SO_4$$

实际投料 1,3,5-三甲基苯与氯磺酸物质的量比为 1∶2.5，收率达 92%。胺类的磺酰氯通常用酰化氨类氯磺化制备，如对乙酰氨基苯磺酰氯的制备，反应方程式如下：

$$CH_3COHN\text{-}C_6H_5 + 2ClSO_3H \xrightarrow{15\ ℃,\ 50\sim60\ ℃} CH_3COHN\text{-}C_6H_4\text{-}SO_2Cl + HCl + H_2SO_4$$

乙酰苯胺与氯磺酸物质的量比为 1∶4.7，收率达 80%。

制备烷氧基苯磺酰氯，为防止脱烷基，一般均在低温下进行，如对甲氧基苯磺酰氯的制备，反应方程式如下：

$$CH_3O\text{-}C_6H_5 + 2ClSO_3H \xrightarrow{-8\ ℃,\ 0\ ℃,\ 室温} CH_3O\text{-}C_6H_4\text{-}SO_2Cl + HCl + H_2SO_4$$

按物质的量比苯甲醚与氯磺酸为 1∶2。在 −8 ℃时加入氯磺酸，然后在 0 ℃时维持一段时间，再升温至室温，收率达 66%。

氯磺化第二步反应是氯置换羟基反应，除了用氯磺酸之外，还可用其他强氯化剂，如亚硫酰氯（$SOCl_2$）、三氯化磷（PCl_3）、五氯化磷（PCl_5）等，如 α-萘磺酰氯的制备：

$$\alpha\text{-}C_{10}H_7SO_3Na + PCl_5 \xrightarrow{\triangle} \alpha\text{-}C_{10}H_7SO_2Cl + POCl_3 + NaCl$$

其物质的量比为 1∶1.1，收率达 61%。

对甲苯磺酰氯的制备：

$$H_3C\text{-}C_6H_4\text{-}SO_3Na \cdot H_2O + SOCl_2 \longrightarrow H_3C\text{-}C_6H_4\text{-}SO_2Cl + H_2SO_4 + NaCl$$

β-苯乙烯磺酰氯的制备：

$$C_6H_5CH{=}CH_2 \xrightarrow[CH_2Cl_2,\ 二氧六环,\ 5\sim10\ ℃]{SO_3} C_6H_5CH{=}CHSO_3H \xrightarrow{NaOH} C_6H_5CH{=}CHSO_3Na$$

$$\xrightarrow{PCl_5} C_6H_5CH{=}CHSO_2Cl$$

烷基磺酰氯可用以饱和直链烷烃为主的石油产品烃类进行氯磺化反应制得，如十五烷基磺酰氯：

$$CH_3(CH_2)_{13}CH_3 + SO_2 + Cl_2 \xrightarrow{h\nu} CH_3(CH_2)_{13}CH_2SO_2Cl + HCl$$

经浓硫酸处理过的石蜡烃原料，以液氯和二氧化硫为氯磺化剂，以光照为引发剂引发催化反应，此反应为自由型反应。

原料烃经浓硫酸或发烟硫酸处理，可除去链烃中的芳烃、烯烃、异构烷烃、环烷烃、醇、醛酮及其他化合物，特别是含氧化合物。二氧化硫和氯气中氧含量必须小于0.2%。反应温度通常在30 ℃左右，二氧化硫与氯气用量比为1.1∶1，可通过测反应物密度控制反应深度，反应时间与反应深度、产品组成见表7-4。

表7-4 反应时间与反应深度、产品组成

反应时间/h	磺氯化深度/%	单磺酰氯含量/%	多磺酰氯含量/%	氯化物含量/%
4～6	30	95	5	0.5
6～8	40～50	85	15	1.5
16～18	70	60	40	4～6

硫醇或二硫化物在盐酸中能被氯磺化生成磺酰氯：

$$CH_3CH_2SH + 3Cl_2 + 2H_2O \xrightarrow[30\ ℃]{\text{浓盐酸}} CH_3CH_2SO_2Cl + 5HCl$$

$$C_{16}H_{33}SCH_2-C_6H_5 \xrightarrow{HAc/CH_2ClCH_2Cl} C_{16}H_{33}SO_2Cl + C_6H_5-CH_2Cl$$

对硝基苯磺酰氯的制备：

$$2O_2N-C_6H_4-Cl \longrightarrow O_2N-C_6H_4-S-S-C_6H_4-NO_2 + Cl_2 \xrightarrow[70\ ℃]{HNO_3,HCl} 2O_2N-C_6H_4-SO_2Cl$$

邻硝基苯磺酰氯除用邻硝基苯胺经重氮化制备外，也可用上述方法制备，产率可达95%。

用硫氰酸乙酸法制乙磺酰氯：

$$CH_3CH_2SCN + Cl_2 + H_2O \xrightarrow{0\sim5\ ℃} CH_3CH_2SO_2Cl + CO_2 + NO_2$$

收率达79%。

用十六硫醇与氯气氧化制备十六烷基磺酰氯：

$$C_{16}H_{33}SH + 3Cl_2 + 2H_2O \longrightarrow C_{16}H_{33}SO_2Cl + 5HCl$$

硫酚在三甲基二氯化硅和硝酸盐中氧化，得到磺酰氯，收率较好。

$$H_3C-C_6H_4-SH \xrightarrow[CH_2Cl_2\quad 50\ ℃]{(CH_3)_3SiCl_2\cdot KNO_3} H_3C-C_6H_4-SO_2Cl \quad (86\%)$$

用类似条件氧化硫酚，可得到相应的磺酰氯，见表7-5。

表 7-5　　硫酚氧化时间、相应产品及产率

原料	氧化时间/h	产品	收率/%
C_6H_5-SH	1	$C_6H_5-SO_2Cl$	85
$H_3C-C_6H_4-SH$	2	$H_3C-C_6H_4-SO_2Cl$	86
$Cl-C_6H_4-SH$	2.5	$Cl-C_6H_4-SO_2Cl$	88
$Br-C_6H_4-SH$	2	$Br-C_6H_4-SO_2Cl$	90
$F-C_6H_4-SH$	1	$F-C_6H_4-SO_2Cl$	95
$H_3CO-C_6H_4-SH$	1	$H_3CO-C_6H_4-SO_2Cl$	82

用氯气氧化二硫化物：

$$(CH_3)C_6H_4-S-S-C_6H_4(CH_3) + 5Cl_2 + 4H_2O \xrightarrow{HNO_3} 2\,(CH_3)C_6H_4-SO_2Cl + 8HCl$$

当二硫化物用$(CH_3)_3SiCl_2 \cdot HNO_3$氧化时，制得的磺酰氯收率非常好，见表 7-6 和表 7-7。

表 7-6　　二硫化物氧化时间、相应产品及产率

二硫化物	氧化时间/h	产品	收率/%
$C_6H_5-S-S-C_6H_5$	6	$C_6H_5-SO_2Cl$	85
$H_3C-C_6H_4-S-S-C_6H_4-CH_3$	4	$H_3C-C_6H_4-SO_2Cl$	86
$Cl-C_6H_4-S-S-C_6H_4-Cl$	5	$Cl-C_6H_4-SO_2Cl$	96
$O_2N-C_6H_4-S-S-C_6H_4-NO_2$	16	$O_2N-C_6H_4-SO_2Cl$	85
$CH_3-S-S-CH_3$	8	CH_3SO_2Cl	90
$H_3CH_2C-S-S-CH_2CH_3$	6	$CH_3CH_2SO_2Cl$	90
$H_3CH_2CH_2C-S-S-CH_2CH_2CH_3$	4	$CH_3CH_2CH_2SO_2Cl$	98

表 7-7 二硫化物用氯气氧化产率

二硫化物	氧化产物	收率/%
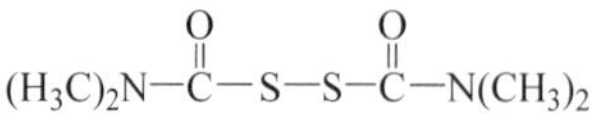 $(H_3C)_2N-C(=O)-S-S-C(=O)-N(CH_3)_2$	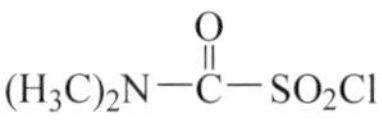 $(H_3C)_2N-C(=O)-SO_2Cl$	80
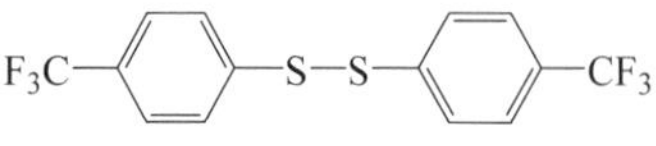 $F_3C-C_6H_4-S-S-C_6H_4-CF_3$	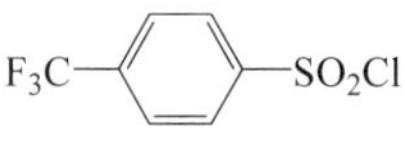 $F_3C-C_6H_4-SO_2Cl$	84

二硫化物用过氧化物，如 2,4-二硝基-5-甲基苯磺酰氯氧化制备：

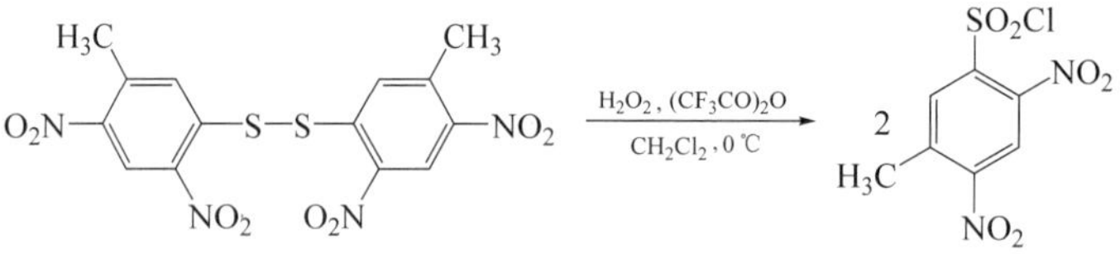

$$\text{(5-}H_3C\text{-2,4-}(O_2N)_2C_6H_2S)_2 \xrightarrow[CH_2Cl_2,\,0℃]{H_2O_2,\,(CF_3CO)_2O} 2\ \text{5-}H_3C\text{-2,4-}(O_2N)_2C_6H_2SO_2Cl \quad (83\%)$$

磺酰溴可按类似方法用三溴化磷与相应的磺酸或磺酸盐反应制备。磺酰溴在应用方面远不如磺酰氯重要。磺酰溴、磺酰碘还可由苯磺酰肼（$ArSO_2NHNH_2$）与溴或碘作用制备。

磺酰氟可由氟磺酸与磺酸或磺酸盐反应制取：

$$RSO_3H + FSO_3H \rightleftharpoons RSO_2F + H_2SO_4$$

磺酰氟的特点是磺酰氟基团比较稳定，不论分子中的烃基起何种化学反应，磺酰氟基团仍保持不变。

1. 磺酰氯的物理性质

磺酰氯的熔点、沸点比相应的磺酸低。芳香族磺酰氯中只有苯磺酰氯在常温下是液体，其他均为固体。几种磺酰氯化合物熔点、沸点和相对密度见表 7-8。

表 7-8 几种磺酸氯化合物的熔点、沸点和相对密度

化合物名称	熔点/℃	沸点/℃	相对密度 d_4^{20}
甲磺酰氯	−32	161	1.48
乙磺酰氯	黄色液体	177	1.357
三氯甲基磺酰氯	—	—	1.39
N,N-二甲基磺酰氯	—	238	1.14
十五烷基磺酰氯	—	—	0.89～0.95
苯磺酰氯	14.5	251.5	1.384
对甲苯磺酰氯	67～69	154～156	—
邻甲苯磺酰氯	10.2	154	1.338
对氯苯磺酰氯	53	141(2.0 kPa)	—
邻氯苯磺酰氯	28.5	144～146	—
对溴苯磺酰氯	74.5	$153^{15\ min}$	—
对硝基苯磺酰氯	79.5～80	—	—
邻硝基苯磺酰氯	65～67	—	—
间硝基苯磺酰氯	68.5～69	—	—

磺酰氯是较稳定的化合物，可以蒸馏不会分解，对水也比较稳定，可以进行水蒸气蒸

馏，也只有少部分分解。它与羧酰氯类似，可用作酰基化剂，但没有羧酰化剂活泼。

2. 磺酰氯的化学性质

磺酰氯通常可将各种磺酸转化为相应的磺酸酯、磺酰胺、亚磺酸、硫醇或硫酚等中间体。上述化合物除硫醇、硫酚外都不能从磺酸直接制备。

磺酰氯与醇的反应，在不加热时要许多天才能完成。一般在碱存在的条件下可使它与醇反应制取各种磺酸酯，如：

$$H_3C-C_6H_4-SO_2Cl + HOR \xrightarrow{\text{吡啶}} H_3C-C_6H_4-SO_2OR + HCl$$

$$H_3C-C_6H_4-SO_2Cl + HOCH_2CH_2CH_2CH_3 \xrightarrow{\text{吡啶}} H_3C-C_6H_4-SO_2OCH_2CH_2CH_2CH_3$$

如果不加碱，则生成的磺酸酯将继续与醇反应，即磺酸酯烷基化反应生成醚。

$$ArSO_2OR \underset{}{\overset{H^+}{\rightleftharpoons}} ArSO_2\overset{+}{O}(H)-R \xrightarrow[-H^+]{HOR'} ArSO_2OH + ROR'$$

正因如此，磺酸酯不能用磺酸与醇直接发生酯化反应来制取，只能通过磺酰氯与醇作用制取。磺酸酯是烷基化剂。

磺酰氯与氨气或胺反应生成磺酰胺：

$$ArSO_2Cl + RNH_2 \longrightarrow ArSO_2NHR + HCl$$

磺酰胺都是良好的固体结晶，可用于鉴别磺酸和胺类。

胺类中叔胺氮原子上没有氢原子，故与磺酰氯不能发生反应。伯胺、仲胺与磺酰氯都能发生反应，生成相应的磺酰胺类：

$$ArSO_2NHR \qquad ArSO_2NR_1R_2$$

由于磺酰基为强吸电子基，具有较强的吸电子效应，使由伯胺生成的磺酰胺氮原子上的氢原子显示出酸性，能与氢氧化钠作用生成盐溶于碱液中。仲胺生成的磺酰胺氮原子上没有氢原子，不显示酸性，不能溶于碱液中。叔胺与磺酰氯作用，可生成 $ArSO_2\overset{+}{N}R_3Cl$，但它能迅速水解，恢复成叔胺，因此可以认为叔胺与磺酰氯不发生作用。利用这个反应可分离和鉴别伯胺、仲胺和叔胺。

$$\left.\begin{matrix} RNH_2 \\ R_2NH \\ R_3N \end{matrix}\right\} + H_3C-C_6H_4-SO_2Cl \xrightarrow[H_2O]{NaOH} \left\{\begin{matrix} H_3C-C_6H_4-SO_2NHR \\ H_3C-C_6H_4-SO_2NR_2 \quad \text{不溶于碱、酸} \\ R_3N \quad \text{溶于酸中} \end{matrix}\right.$$

这个反应被称为兴斯堡(Hinsberg)反应。

芳磺酰胺容易结晶成固体，有固定的熔点，可用来鉴别芳香磺酸和胺类及某些衍生物，如甲苯磺酸的三种异构体，当分别使之转化成芳磺酰胺，其邻、间和对异构体的熔点分别为 153 ℃、108 ℃和 137 ℃，由此可以推出原来相应的各异构体的甲苯磺酸。

磺酰氯易还原生成亚磺酸、硫醇、硫酚、硫醚，如磺酰氯用锌粉、亚硫酸氢钠可还原生成亚磺酸，又如对甲苯磺酰氯可用锌粉还原：

$$H_3C-C_6H_4-SO_2Cl \xrightarrow{Zn} \left(H_3C-C_6H_4-SO_2\right)_2 \xrightarrow{Na_2CO_3} H_3C-C_6H_4-SO_2Na$$

若锌粉在酸性介质中，则可生成硫酚、硫醚。

$$2\,C_6H_5SO_2Cl + 6Zn + 5H_2SO_4 \longrightarrow 2\,C_6H_5SH + ZnCl_2 + 5ZnSO_4 + 4H_2O$$

$$m\text{-}BrC_6H_4SO_2Cl \xrightarrow{Zn/H_2SO_4} m\text{-}BrC_6H_4SH\ (55\%)$$

磺酰氯在氮气保护下，用六羰基钼在四甲基脲中可还原生成二硫化物：

$$2\,C_6H_5SO_2Cl \xrightarrow[70\ ℃]{N_2, Mo(CO)_6} H_3C{-}C_6H_4{-}S{-}S{-}C_6H_4{-}CH_3\ (80\%)$$

在三乙胺中，用三氯硅烷还原为

$$2\,m\text{-}O_2NC_6H_4SO_2Cl \xrightarrow[80\ ℃]{SiHCl_3} C_6H_5{-}S{-}S{-}C_6H_5\ (80\%)$$

用碘化氢还原为

$$2\,m\text{-}O_2NC_6H_4SO_2Cl + 10HI \xrightarrow{\triangle} m\text{-}O_2NC_6H_4{-}S{-}S{-}C_6H_4NO_2\text{-}m + 5I_2 + 2HCl + 4H_2O$$

磺酰氯用不同还原剂进行还原，还可得到不同的含硫化物。

亚磺酸性质与磺酸大不相同，亚磺酸不溶于水，酸性较弱，遇空气中的氧气或其他氧化剂时，会被氧化成磺酸。

亚磺酸可以以格氏试剂与二氧化硫为原料制备：

$$C_6H_5MgX + SO_2 \longrightarrow C_6H_5SO_2MgX \xrightarrow{H_2O} C_6H_5SO_2H$$

亚磺酸可还原得到硫酚：

$$C_6H_5SO_2H \xrightarrow[HSO_4]{Zn} C_6H_5SH$$

硫酚呈弱酸性，在空气中极易被氧化成稳定的二苯二硫醚（$C_6H_5{-}S{-}S{-}C_6H_5$）。

亚磺酰氯可由格氏试剂与二氧化硫和氯化亚砜合成。而亚磺酰氯、亚磺酸酯进行烃基化，与格氏试剂、重氢化物可合成亚砜化合物。

芳基磺酰氯可用作酰基化剂，利用 Friedel-Crafts 反应，在芳环上引入芳基磺酰基，合成砜类化合物：

$$C_6H_5SO_2Cl + C_6H_6 \xrightarrow{AlCl_3} C_6H_5{-}SO_2{-}C_6H_5$$

$$Cl{-}C_6H_4{-}SO_2Cl + C_6H_5{-}Cl \xrightarrow{AlCl_3} Cl{-}C_6H_4{-}SO_2{-}C_6H_4{-}Cl$$

$$2,4,6\text{-}(CH_3)_3C_6H_2SO_2Cl + 1,3,5\text{-}(CH_3)_3C_6H_3 \xrightarrow{AlCl_3,\ CS_2} 2,4,6\text{-}(CH_3)_3C_6H_2{-}SO_2{-}C_6H_2(CH_3)_3\text{-}2,4,6$$

2,4,6-三异丙基苯磺酰氯（$(H_3C)_2HC-C_6H_2(CH(CH_3)_2)_2-SO_2Cl$）是酯化反应催化剂，2,4,6-三甲基苯磺酰氯（$H_3C-C_6H_2(CH_3)_2-SO_2Cl$）是核苷偶联剂。

芳基磺酰氯中，除苯磺酰氯为液体外，其他皆为固体。芳基磺酰氯在某些有机化合物合成、鉴别、分离以及反应历程的研究中具有一定的重要作用，其中最常用的芳基磺酰氯是甲苯磺酰氯。由于醇羟基不易离去，所以某些醇难以直接发生亲核取代反应，若将其转化成对甲苯磺酸烷基酯的形式，亲核取代或消去反应就能顺利进行。与醇羟基相连的碳原子为手性中心的异构体，还可以通过对甲苯磺酸烷基酯确定产物的相对构型。因为醇与对甲苯磺酰氯的反应是醇羟基中的 O—H 键断裂，而不是醇中的 C—O 键断裂，即反应未涉及手性碳原子，因此手性构型保持。但当亲核试剂与对甲苯磺酸酯反应时，若是 S_N2 反应，则反应产物构型发生反转：

$$R(H)(R_1)C-OH + Cl-TS \longrightarrow R(H)(R_1)C-OTS$$

$$Nu^- + R(H)(R_1)C-OTS \xrightarrow[S_N2]{构型反转} Nu-C(R)(H)(R_1)$$

3. 磺酰氯的合成和用途

磺酰氯是有机合成的重要中间体，也是某些精细化学品合成的原料，合成染料、医药、农药、皮革加脂剂，合成感光材料，又是有机合成中某些反应的催化剂，也是酚醛树脂的固化剂等。

苯磺酰氯由苯与氯磺酸反应制取，是制造农药、染料和医药，如地塞米松醋酸酯、氟轻松醋酸酯的原料。

$$C_6H_6 + 2ClSO_3H \xrightarrow{20\sim30\ ℃} C_6H_5-SO_2Cl + HCl + H_2SO_4$$

对氯苯磺酰氯由氯苯与氯磺酸反应制取：

$$Cl-C_6H_5 + 2ClSO_3H \xrightarrow{23\sim60\ ℃} Cl-C_6H_4-SO_2Cl + HCl + H_2SO_4$$

是医药泰尔金、氯磺丙脲口服降血糖药物的原料，也是农药除螨酯的原料，还用于工程塑料等。

对甲苯磺酰氯由甲苯进行氯磺化制取，是冰染染料、分散染料和酸性染料中间体，可用来制备分散紫 RL、弱酸性大红 G、医药制甲磺灭脓。

$$H_3C-C_6H_5 + 2ClSO_3H \longrightarrow H_3C-C_6H_4-SO_2Cl + HCl + H_2SO_4$$

邻氯苯磺酰氯由邻氯苯胺经重氮化反应，然后在氯化亚铜催化下与亚硫酸氢钠反应制取：

$$\text{(2-Cl-C}_6\text{H}_4\text{)NH}_2 + NaNO_2 + 2HCl \longrightarrow \text{(2-Cl-C}_6\text{H}_4\text{)N}_2Cl + NaCl + 2H_2O$$

$$\text{(2-Cl-C}_6\text{H}_4\text{)N}_2Cl + NaHSO_3 \xrightarrow{CuCl_2 \cdot HCl} \text{(2-Cl-C}_6\text{H}_4\text{)SO}_2Cl + N_2 + NaCl + 3H_2O$$

是合成除草剂绿黄隆的中间体。

对硝基苯磺酰氯是由 4,4′-二硝基苯二硫经氯氧化制得的：

$$O_2N-C_6H_4-S-S-C_6H_4-NO_2 + Cl_2 \xrightarrow[70\,^\circ C]{HNO_3 \cdot HCl} 2\ O_2N-C_6H_4-SO_2Cl$$

是染料和有机合成的重要中间体。

甲基磺酰氯是酯化、聚合反应催化剂，聚酯染色改良剂，建筑用染料氯化剂，彩照成色的调节剂，液体硫铵稳定剂，还是一些医药的原料。乙烷磺酰氯是医药和磺酰脲类除草剂的原料。十五烷基磺酰氯是碳酸氢铵防结块剂、酚醛树脂固化剂、皮革的加脂剂。十六烷基磺酰氯为合成感光材料的重要中间体，又是粉状农药防结块剂。全氟辛烷磺酰氟是合成全氟表面活性剂原料，该类表面活性剂能满足各行业领域的需要，如电子、电镀、感光材料、农药、油田、选矿、纺织、皮草、造纸和印染等。

磺酰氯是一类重要中间体，如用芳磺酰氯可制备一系列有用的中间体，见表 7-9。

表 7-9 由芳磺酰氯制得的各种中间体

制得的中间体	结构式	主要反应剂
芳磺酰胺	$ArSO_2NH_2$	NH_3/氨水
N-烷基芳磺酰胺	$ArSO_2NHR$	RNH_2+NaOH
N,N-二烷基芳磺酰胺	$ArSO_2NRR'$	$RR'NH+NaOH$
芳磺酰芳胺	$ArSO_2NHAr'$	$ArNH_2+NaOH$
芳磺酸烷基酯	$ArSO_2R$	$ROH+NaOH$/吡啶
芳磺酸酯	$ArSO_2OAr'$	$ArOH+NaOH$
芳磺酰氟	$ArSO_2F$	KF
二芳砜	$ArSO_2Ar$	$ArH+AlCl_3$
烷基芳基砜	$ArSO_2R$	$ArSO_3Na+RX$
芳亚磺酸	$ArSO_2H$	还原，如用 $NaHSO_3$
硫酚	ArSH	用 Zn+HCl 还原

7.2.2 磺酸酯

多种磺酸酯是有机合成和精细化工的重要中间体。磺酸酯是很好的烃基化剂，磺酰基是很好的离去基，常作为中间物使用。如某些醇在进行亲核取代反应时易于发生副反应，或构型会发生转化，可先将醇用磺酰卤（如甲磺酰氯、对甲苯磺酰氯）转化为磺酸酯，再与亲核性试剂(如卤化剂)反应,生成所需的卤代烃。由于磺酰氯活性强,磺酸酯也很活泼,所以磺酰化和亲核卤基置换均可在温和条件下完成。常用的卤化剂为金属卤化物,如卤化钠、卤化钾和卤化锂等,常用的溶剂如丙酮、醇和二甲基甲酰胺等。比如 1,2,4,5-四羟甲基苯转化成 1,2,4,5-四亚甲基碘苯:

$$1,2,4,5\text{-}C_6H_2(CH_2OH)_4 \xrightarrow[0℃,3\,h]{TsCl,\,Py} 1,2,4,5\text{-}C_6H_2(CH_2OTs)_4 \xrightarrow[加热,4\,h]{NaI,(CH_3)_2CO} 1,2,4,5\text{-}C_6H_2(CH_2I)_4$$

$$1,2,4,5\text{-}C_6H_2(CH_2OH)_4 \xrightarrow{HBr} 1,2,4,5\text{-}C_6H_2(CH_2Br)_4 \xrightarrow[加热,90\,h]{NaI,(CH_3)_2CO} 1,2,4,5\text{-}C_6H_2(CH_2I)_4$$

又如

$$CH{\equiv}C{-}CH(CH_2CH_2OH){-}CH_2{-}C{\equiv}CH \xrightarrow[14\,h]{TsCl,\,Py} CH{\equiv}C{-}CH(CH_2CH_2OTs){-}CH_2{-}C{\equiv}CH \xrightarrow[45℃,30\,h]{NaI,(CH_3)_2CO} CH{\equiv}C{-}CH(CH_2CH_2I){-}CH_2{-}C{\equiv}CH\ (96\%)$$

OTs 是很好的离去基,常用于引入相对分子质量较大的烃基,如鲨肝醇的合成是以甘油为原料,利用缩甲醛保护两个羟基后,用对甲苯磺酸十八烷基酯对未保护的甘油伯羟基进行氧烷基化反应。

$$CH_2OH{-}CHOH{-}CH_2OH \xrightarrow[HCl]{HCHO} (CH_2O{-}CHO{-}\text{环}CH_2){-}CH_2OH \xrightarrow[>110℃,3h]{C_{18}H_{37}OTs,\ KOH} (CH_2O{-}CHO{-}\text{环}CH_2){-}CH_2OC_{18}H_{37} \xrightarrow[加热,3h]{C_2H_5OH,HCl} CH_2OC_{18}H_{37}{-}CHOH{-}CH_2OH$$

磺酸酯类化合物除作为中间体外,在农药、染料、感光材料和高分子材料中,也有许多含有磺酸酯的产品,如苯磺酸异丙酯用以合成农药速灭杀丁:

$$C_6H_5SO_2OCH(CH_3)_2 + Cl{-}C_6H_4{-}CH_2CN \longrightarrow Cl{-}C_6H_4{-}CH(CN){-}CH(CH_3)_2$$

农药中杀菌剂、杀螨剂有许多品种含有磺酸酯基团,如:

农药磺灭威($H_3C{-}SO_2O{-}C_6H_4{-}SC(O)NHCH_3$),乙蒜素($CH_3CH_2{-}SO_2{-}SCH_2CH_3$),

除螨酯($Cl{-}C_6H_4{-}O{-}SO_2{-}C_6H_5$),杀螨磺($Cl{-}C_6H_3(Cl){-}O{-}SO_2{-}C_6H_5$),

呋草磺($H_3CH_2C{-}SO_2{-}O{-}$3,3-二甲基-2,3-二氢苯并呋喃-5-基),吡唑特(含 H_3C、2,4-二氯苯甲酰基及 $O{-}SO_2{-}C_6H_4{-}CH_3$ 的吡唑结构)等,

可用以区分萘普生的樟脑磺酸酯（CH_2SO_2OR 樟脑结构），分出 R 型异构体。还有苯磺酸高级烷基酯（$C_6H_5-SO_2-OC_nH_{2n+1}$ $(n=12\sim18)$）是聚氯乙烯增塑料，电性能、机械性能好，挥发性低，有优良的耐候性，适用于人造膜、电缆、电线、制造鞋底等。还是合成和天然橡胶增塑剂。

1. 磺酸酯的制备

磺酸酯的合成常以磺酰氯为原料，脂肪族、芳香族磺酰氯与醇类反应生成磺酸酯，通常产率很高。一般都在碱介质中或吡啶介质中反应，如对甲苯磺酸酯的合成：

$$ROH + H_3C-C_6H_4-SO_2Cl \xrightarrow{C_5H_5N} H_3C-C_6H_4-SO_2OR + HCl$$

工艺过程：1 mol 醇与 4 mol 吡啶混合冷却至 −20 ℃，不断搅拌，分批滴加 1.1 mol 的对甲苯磺酰氯，加完后，在 20 ℃时搅拌 2 h，得到的混合物用 0.5 mol 醇、300 mL 浓盐酸及 1 L 水处理，然后抽滤、干燥，用乙醇或石油醚重结晶。C_{10} 以上的醇生成的酯为固体。对甲苯磺酸十二酯收率为 75%，十八醇酯收率为 57%。

甲基磺酸乙酯的合成：

$$CH_3SO_2Cl + C_2H_5OH \xrightarrow[0\sim10\ ^\circ C]{C_5H_5N} CH_3SO_3C_2H_5 + HCl$$

工艺过程：无水乙醇加入甲磺氯，冷却至 0 ℃以下，滴加吡啶，并控制温度在 10 ℃以下。滴完后，加入稀盐酸，然后用乙醚提取，再用水和碳酸钠溶液洗至 pH 为 7～8。干燥后，回收乙醚，减压蒸馏，即可得到产品。

用同样方法制得甲磺酸丁酯。

对甲苯磺酸甲酯以对甲苯磺酰氯和甲醇为原料制取，反应如下：

$$H_3C-C_6H_4-SO_2Cl + CH_3OH + NaOH \longrightarrow H_3C-C_6H_4-SO_2OCH_3 + NaCl + H_2O$$

工艺过程：将对甲苯磺酰氯和甲醇在反应釜中混合后，慢慢加入 25% 的氢氧化钠溶液，温度控制在 25 ℃以下，随时测 pH。当 pH=9 时，停止加碱，继续搅拌 2 h，放置过夜后，上层用苯提取，经回收苯后与下层合并，先用水洗，然后用碱洗，再用碳酸钾干燥，最后真空蒸馏即可得到产品。

用同样方法可合成苯磺酸甲酯、对甲苯磺酸乙酯等。

1，4-丁基磺酸内酯（环状 $-O-SO_2-$ 六元环）的制取可由四氢呋喃与乙酰氯合成乙酸氯丁酯，乙酸氯丁酯与亚硫酸钠反应制得羟基丁磺酸，羟基丁磺酸减压脱水即得到 1，4-丁基磺酸内酯。其反应如下：

$$\text{四氢呋喃} \xrightarrow[Zn]{CH_3COCl} CH_3COOCH_2CH_2CH_2CH_2Cl$$

$$CH_3COOCH_2CH_2CH_2CH_2Cl \xrightarrow[H_2O]{Na_2SO_3} HOCH_2CH_2CH_2CH_2SO_3Na$$

$$HOCH_2CH_2CH_2CH_2SO_3H \xrightarrow{-H_2O} \text{1,4-丁基磺酸内酯（环状 } O-SO_2\text{）}$$

工艺过程：将加入锌粉和四氢呋喃的反应釜降温至 10 ℃，慢慢滴入乙酰氯溶液，温度控制在 15～20 ℃。滴完后，在 40～60 ℃下搅拌 2～3 h，然后升温至 100 ℃，维持 4 h。反应完成后，减压蒸馏，收集 78～82 ℃(1.8 kPa)的馏分，得到无色乙酸氯丁酯。

把乙酸氯丁酯、无水亚硫酸钠和水加到反应釜中，加热搅拌，充氮回流 28 h，至反应液无油珠时为终点，充氮减压浓缩至釜壁有氯化钠结晶。冷却过滤，滤液中加入浓盐酸和甲醇，析出白色沉淀，再通入氯化氢至饱和。静止过滤，滤液在充氮情况下减压浓缩，脱除酸性醇后，得到的棕色黏稠液体为羟基丁磺酸。

羟基丁磺酸在氮气保护下减压脱水，先在 120～130 ℃(13 kPa)下保持 2 h，直至无水分流出。然后提高浴温至 200 ℃，收集 149～150 ℃(1.73 kPa)的馏分，得到 1,4-丁基磺酸内酯。

以环氧丙烷用类似方法可制得 1,3-丙基磺酸内酯。

对甲苯磺酸-β-氯乙酯的合成反应式如下：

$$H_3C-C_6H_4-SO_2Cl + HOCH_2CH_2Cl \xrightarrow{\triangle} H_3C-C_6H_4-SO_2OCH_2CH_2Cl + HCl$$

在带有回流冷凝器的反应釜中，加入 95 kg 对甲苯磺酰氯、100 kg 氯乙醇，进行回流。用水吸收反应中生成的氯化氢，反应 5～6 h。反应终止后，先蒸出氯乙醇，然后用稀氢氧化钠水溶液洗涤，用苯萃取，分出苯层，用碳酸钠干燥，除去干燥剂，蒸出苯，减压蒸馏，收集 208～210 ℃(2.80 kPa)的馏分，可得产品 102 kg，收率达 87%。

4,4′-二氯苯磺酸苯酯的合成反应式如下：

$$Cl-C_6H_4-SO_2Cl + HO-C_6H_5 + NaOH \longrightarrow Cl-C_6H_4-SO_2O-C_6H_5 + NaCl + H_2O$$

$$Cl-C_6H_4-SO_2O-C_6H_5 + Cl_2 \xrightarrow{FeCl_3} Cl-C_6H_4-SO_2O-C_6H_4-Cl + HCl$$

工艺过程：在缩合釜中，将苯酚溶于 40%的氢氧化钠水溶液中，加入对氯苯磺酰氯，开动搅拌装置。投料按对氯苯磺酰氯∶苯酚∶氢氧化钠质量比为 1∶1.1∶1.1。维持反应液 pH 在 8～9，反应温度在 90～95 ℃，反应 1 h，然后冷却至 30～40 ℃。过滤，干燥，得到对氯苯磺酸苯酯，收率达 90%。

对氯苯磺酸苯酯氯化。

工艺过程：在氯化釜中先加入对氯苯磺酸苯酯，再加入 0.2%的三氯化铁溶液，在 90～95 ℃时通氯气，通氯量为理论用量的 110%。反应结束后，将熔融状的产品放到冷水中，搅拌冷却，至析出结晶。经过滤，干燥，得到产品 4,4′-二氯苯磺酸苯酯。含量为 95%，收率在 90%以上。

2. 磺酸酯的物理性质

磺酸酯为液体或低熔点的固体。几种磺酸酯的熔点、沸点和相对密度见表 7-10。

表 7-10　几种磺酸酯的熔点、沸点和相对密度

磺酸酯	熔点/℃	沸点/℃	相对密度 d_4^{20}
1,3-丙磺酸内酯	35	180(4 kPa)	1.392
1,4-丁磺酸内酯	12.5～14.5	134～136(533 kPa)	1.331

（续表）

磺酸酯	熔点/℃	沸点/℃	相对密度 d_4^{20}
甲磺酸乙酯	—	85～86(1.33 kPa)	1.2～1.21
甲磺酸丁酯	—	105～106	1.107
苯磺酸甲酯	—	105(2 kPa)	1.273
对甲苯磺酸甲酯	28	292	1.231
对甲苯磺酸乙酯	32～33	221.3、173(2.0 kPa)	1.166
苯磺酸苄酯	59	—	—

磺酸酯比较稳定，可以蒸馏而不分解。磺酸酯比羧酸酯容易水解。

3. 磺酰酯的化学性质

磺酸酯中对甲苯磺酸酯比较重要，它们可与胺类、酚类发生反应，使胺、酚烃基化，所以常用其作烃基化剂，也经常作为羟基、氨基的保护剂。如对甲苯磺酸甲酯对胺和酚的甲基化反应：

$$H_3C-C_6H_4-SO_2OCH_3 + H_2NR \longrightarrow H_3C-C_6H_4-SO_3H + RNHCH_3$$

$$H_3C-C_6H_4-SO_2OCH_3 + C_6H_5OH \longrightarrow H_3C-C_6H_4-SO_3H + C_6H_5OCH_3$$

(1)磺酸酯的氨解

磺酸酯与氨或胺反应，可生成酰胺。用氨或相对分子质量低的胺反应，氨解通常需一定压力。而相对分子质量较大的高沸点的胺，如六氢吡啶，只需一般回流即可生成酰胺。对于甾族氨基化合物和氨基糖的合成，用磺酸酯合成法特别有效。在氨解反应中常常会发生构型逆转。因此，环己烷、十氢化萘、甾族化合物的 e 型、对甲苯磺酸酯可立体专一地生成 α 型氨基衍生物，如 5-α-胆甾烷-3-β-对甲苯磺酸酯与氨反应，转化成相应的 α-氨基衍生物：

$$\text{TsO-(steroid)} \xrightarrow{NH_3} H_2N\text{-(steroid)} \quad (72\%)$$

又如 6-(β-甲苯磺酰)-α-甲基葡萄糖甙与氨在甲醇中，在 120 ℃时加压反应生成 6-脱氧-6-氨基-甲基葡萄糖甙：

$$\text{(CH}_2\text{OTs, HO, HO, OH, OCH}_3\text{ glucoside)} \xrightarrow[\text{加压, 120 ℃}]{NH_3,\ CH_3OH} \text{(CH}_2\text{NH}_2\text{, HO, HO, OH, OCH}_3\text{ glucoside)} \quad (75\%)$$

在醋酸钯、B1NAP 存在下，对氰基三氟甲磺酸苯酯与吗啉反应，生成相应的叔胺：

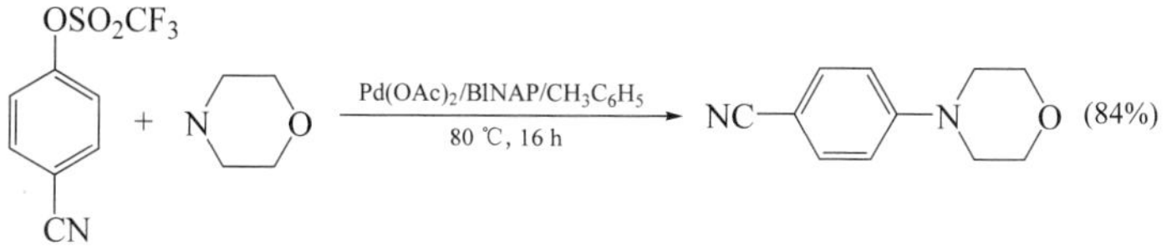

OSO_2CF_3　+　N　O　$\xrightarrow[80\ ℃,\ 16\ h]{Pd(OAc)_2/BINAP/CH_3C_6H_5}$　NC—　—N　O　(84%)

CN

利用磺酸酯的胺解可以合成叔胺，1，4-丁二醇双对甲苯磺酸酯与对甲苯胺反应可生成相应的环叔胺：

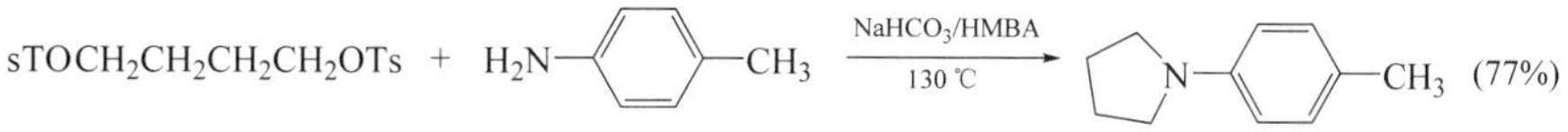

$sTOCH_2CH_2CH_2CH_2OTs + H_2N—C_6H_4—CH_3 \xrightarrow[130\ ℃]{NaHCO_3/HMBA}$ N—C_6H_4—CH_3　(77%)

伯胺与磺酸酯反应，为避免 N 的多烷基化，可把胺转化成金属衍生物，然后与磺酸酯反应，如 N-炔丙基胺制备：

$C_6H_5NH_2 \xrightarrow{CH_3MgBr/THF} C_6H_5NHMgBr \xrightarrow{OTs\ /\ C_6H_5CH_3}$ N-H

(2)磺酸酯与醇、酚作用

苄基三氟甲磺酸酯与醇（$C_{16}H_{33}OCH_2CH(OH)CH_2OSO_2—C_6H_5$）在中性介质中反应可生成相应的苄醚：

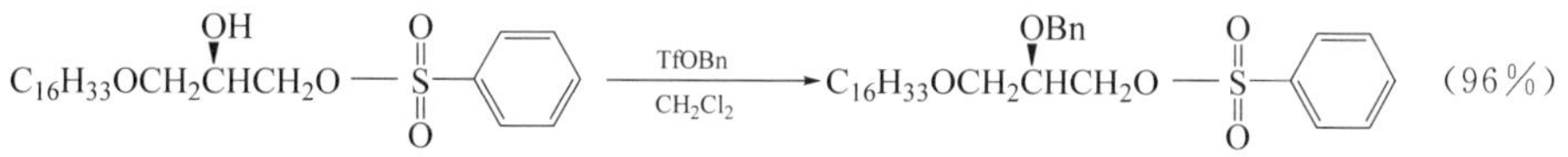

$C_{16}H_{33}OCH_2CH(OH)CH_2O—SO_2—C_6H_5 \xrightarrow[CH_2Cl_2]{TfOBn} C_{16}H_{33}OCH_2CH(OBn)CH_2O—SO_2—C_6H_5$　(96%)

6，8-二氯-2-甲砜基色满酮与苯酚在氢氧化钠存在条件下，可以高产率生成 6，8-二氯-2-苯氧基色满酮：

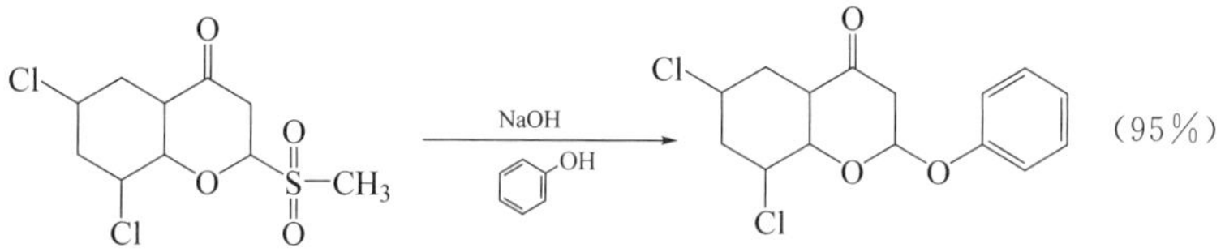

Cl　O　Cl　$—SO_2—CH_3$　$\xrightarrow[C_6H_5OH]{NaOH}$　Cl　O　Cl　O—C_6H_5　(95%)

该法简便、快捷，而且操作容易。本法适用于底物有吸电子基团和斥电子基团的结构，各种官能团不受影响。

磺酸酯与醇钠、酚钠作用：

$$RONa + H_3C—C_6H_4—SO_3R' \longrightarrow ROR' + H_3C—C_6H_4—SO_3Na$$

分子中有羰基、氰基、羧基和硝基等基团均不受影响。特别适合甾族化合物和糖的醚化：

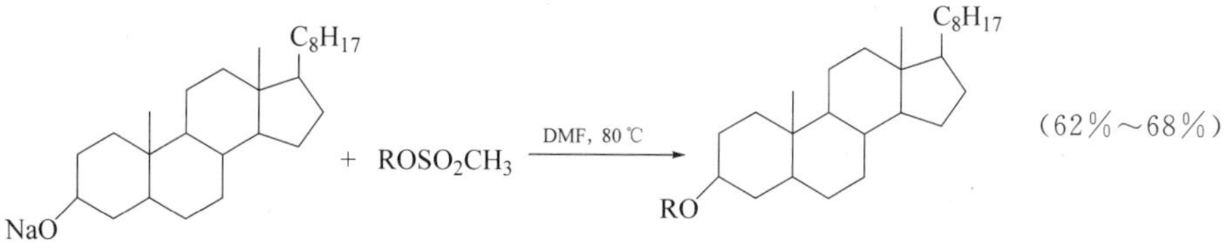

C_8H_{17}　NaO　+ $ROSO_2CH_3 \xrightarrow{DMF,\ 80\ ℃}$　C_8H_{17}　RO　(62%～68%)

磺酸酯与卤化物作用制备卤代烃。若把醇转化成磺酸酯，再与卤化物反应，可避免直接卤代所遇到的异构化困难。卤化物可用卤化钠、卤化钾、卤化钙和卤化镁等，在丙酮、醚醇、二甲亚砜及二甲基甲酰胺等存在条件下反应。

$$ROSO_2R' + NaX \longrightarrow RX + R'SO_3Na$$

如 3-溴戊烷的合成：

$$(C_2H_5)_2CHOH \xrightarrow{TsCl} (CH_2CH_3)_2CHOTs \xrightarrow{NaBr/OMSO} (CH_2CH_3)_2CHBr \quad (85\%)$$

烷基磺酸钠在 DMF 中与亚硫酰氯反应：

$$C_{12}H_{25}SO_3Na \xrightarrow[DMF,\ 100\ ℃]{SOCl_2} C_{12}H_{25}Cl \quad (81\%)$$

旋光活性磺酸酯在相转移催化剂氯化甲基三辛基胺存在的条件下，可在甲磺酸酯卤化钾水溶液中反应：

$$\underset{(R型)}{CH_3SO_2OCH(CH_3)C_6H_{13}—n} \xrightarrow[H_2O]{(n\text{-}C_8H_7)_3\overset{+}{N}CH_3Cl} \underset{(S型)}{nC_6H_{13}CH(CH_3)Cl}$$

收率达 83%，其中 ee 型收率为 89.2%。

3β-乙酰氧基-21-碘-4,4,14ₐ 三甲-Δ^8-5a-娠烯-20 酮的合成：

$$\text{3-AcO-甾体-}C(=O)CH_2OSO_2CH_3 \xrightarrow{NaI/CH_3COCH_3} \text{3-AcO-甾体-}C(=O)CH_2I \quad (90\%)$$

(3)磺酸酯与金属腈化物作用

磺酸酯亦可作为由醇制备腈的中间体。最常用的磺酸酯是甲磺酸酯和对甲苯磺酸酯。甲醇、乙醇、二甲基甲酰胺、N-甲基-2-吡咯烷酮、二甲基亚砜是常用的溶剂。非质子极性溶剂对该类反应尤为有利，腈的收率一般均在 80%以上，如标记乙腈的合成：

$$CH_3CH_2SO_2OCH_2CH_3 \xrightarrow[二甲基亚砜]{NaCN^*} CH_3CH_2CN \quad (90\%)$$

又如对甲苯磺酸酯与腈化钾在 95%乙醇中回流，即转化成相应的腈化物：

$$H_3CC(=O)\text{-}C_6H_4\text{-环己基}(CH_2CH_2OTs)_2 \xrightarrow[\triangle]{KCN/CH_3CH_2OH} H_3CC(=O)\text{-}C_6H_4\text{-环己基}(CH_2CH_2CN)_2$$

(4)磺酸酯与有机镁化合物反应

$$ArSO_2OR \xrightarrow{Ar'MgX} ArSO_2Ar'$$

用此法可合成砜类化合物，如苯甲烷磺酸苯酯与苯基溴化镁在室温下反应，可生成苯基苄基砜：

$$C_6H_5CH_2SO_2O\text{-}C_6H_5 + BrMg\text{-}C_6H_5 \xrightarrow[18\sim20℃]{乙醚} C_6H_5\text{-}CH_2SO_2\text{-}C_6H_5 \quad (84\%)$$

若用旋光活性的磺酸酯与有机镁试剂反应，可制取旋光活性的砜：

$$C_6H_5-CH_2-S(O_{16})(O_{18})-OR + H_3C-C_6H_4-MgX \longrightarrow C_6H_5-CH_2-S(O_{16})(O_{18})-C_6H_4-CH_3$$

磺酸基是很好的离去基。若醇难以脱水或在脱水过程中会发生其他反应，可把醇先转化成磺酸酯，然后再进行脱磺酰基，即可达到脱水的目的，又可避免其他反应的发生。

磺酸酯能被 $LiAlH_4$ 等还原成烃，如：

$$RH_2C-O-SO_2-C_6H_4-CH_3 \xrightarrow{LiAlH_4} RCH_3 + H_3C-C_6H_4-SO_3Li$$

磺酸酯在碱作用下，与高沸点非质子性溶剂，如 N，N-二甲基甲酰胺（DMF）在六甲基磷酰三胺（HMPA）中加热能发生消去反应，生成烯烃：

$$C_6H_5-CH_2CH_2O-SO_2-C_6H_4-CH_3 \xrightarrow[DMF,\ \triangle]{NaOH} C_6H_5-CH=CH_2 + H_3C-C_6H_4-SO_3Na$$

7.2.3　磺酰胺

磺酰胺的通用结构式为 $RSO_2NR'R''$，其中 R 代表有机基团，R′、R″代表氢或有机基团。依据 R 的类型不同，可分为脂肪磺酰胺、芳香族磺酰胺和杂环族磺酰胺三类。依据 R′、R″不同又可分为未取代磺酰胺（即 R′＝R″＝H）、N 位一取代磺酰胺（R′＝H，R″为有机基团）、N 位二取代磺酰胺（R′、R″均为有机基团）。

1. 磺酰胺的物理性质

磺酰胺一般是容易结晶的固体，有固定的熔点，可以用来鉴定磺酸及其衍生物。常见的磺酰胺及其衍生物的结构和熔点见表 7-11。

表 7-11　一些常见的磺酰胺及其衍生物的结构和熔点

名称	结构	熔点/℃
甲磺酰胺	$CH_3SO_2NH_2$	88
乙磺酰胺	$CH_3CH_2SO_2NH_2$	60
N-甲基乙磺酰胺	$C_2H_5SO_2NHCH_3$	3～7
N，N-二甲基乙磺酰胺	$C_2H_5SO_2N(CH_3)_2$	油状物
丙磺酰胺	$C_3H_7SO_2NH_2$	52
1，3-丙二磺酰胺	$CH_2(CH_2SO_2NH_2)_2$	169
乙烯磺酰胺	$CH_2=CHSO_2NH_2$	172.5～174.5
苯磺酰胺	$C_6H_5-SO_2NH_2$	153
对甲苯磺酰胺	$H_3C-C_6H_4-SO_2NH_2$	137

（续表）

名称	结构	熔点/℃
N-甲基苯磺酰胺	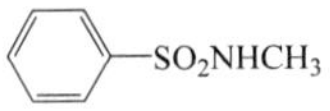 $-SO_2NHCH_3$	31
邻氯苯磺酰胺	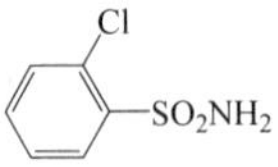 Cl, $-SO_2NH_2$	188
对溴苯磺酰胺	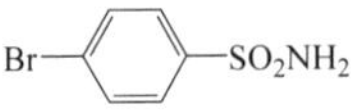 Br—, $-SO_2NH_2$	166
对氨基苯磺酰胺	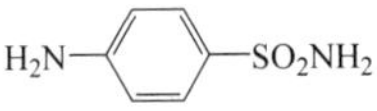 H_2N-, $-SO_2NH_2$	156.2
邻硝基苯磺酰胺	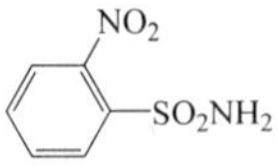 NO_2, $-SO_2NH_2$	165～167
对羧基苯磺酰胺	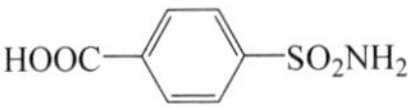 HOOC—, $-SO_2NH_2$	290～292(分解)
1-萘磺酰胺	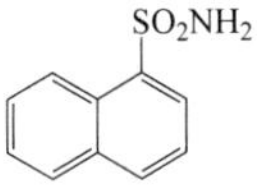 SO_2NH_2	150
2-萘磺酰胺	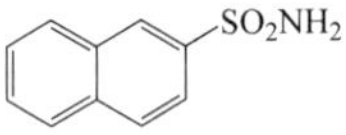 SO_2NH_2	212
3-吡啶磺酰胺	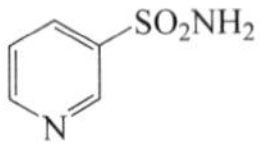 SO_2NH_2, N	110～111
6-喹啉磺酰胺	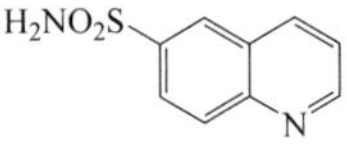 H_2NO_2S-, N	191～192
2-咪唑磺酰胺	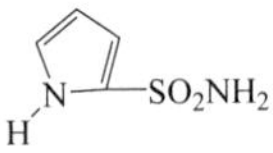 N, H, $-SO_2NH_2$	236～236.5
2-嘧啶磺酰胺	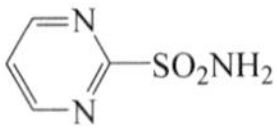 N, N, $-SO_2NH_2$	180.5～181
2-苯并咪唑磺酰胺	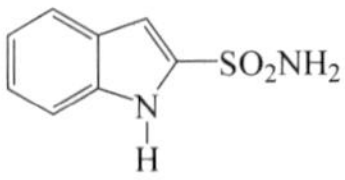 $-SO_2NH_2$, N, H	214
1,2,4-唑磺酰胺	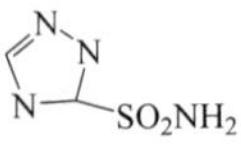 N, N, N, SO_2NH_2	224～224.5

未取代的短链脂肪族磺酰胺熔点低，可溶于水，简单的芳磺酰胺和杂环磺酰胺熔点较高，微溶于水，N-烷基取代的磺酰胺熔点有所降低。芳香磺酰胺是稳定的无色固体，而一些烷基磺酰胺为油状物。未取代和一取代的磺酰胺具有弱酸性，一般能溶于氢氧化钠溶液。磺酰胺的酸性随 R 和 R″的吸电子能力增大而增大。二取代的磺酰胺分子中不含可电离的氢，属于中性化合物。二磺酰胺酸性更强一些。几种磺酰胺及其衍生物的酸性见表 7-12。

表 7-12　几种磺酰胺及其衍生物的酸性

结构式	pK_a	结构式	pK_a
$CH_3SO_2NH_2$	10.8	$CF_3SO_2NHCH_3$	7.56
$H_2NC_6H_4SO_2NH_2$	10.34	$CF_3SO_2NH_2$	6.33
$C_6H_5SO_2NH_2$	10.1	$H_2NC_6H_4SO_2NHCOCH_3$	5.38
$H_2NC_6H_4SO_2NHC_6H_5$	9.6	$(H_2NC_6H_4SO_2)_2NH$	2.89
$CH_3SO_2NHC_6H_5$	8.85	$(P-O_2NC_6H_4SO_2)_2NH$	0.30

由于一些磺酰胺的酸性，未取代和一取代的磺酰胺可溶于碱而生成盐，这一性质可用于兴斯堡试验，区别伯胺、仲胺和叔胺。伯胺和仲胺在碱性溶液中与苯磺酰氯可反应生成相应的磺胺，而叔胺不能进行这一反应。由伯胺得到的一取代磺酰胺可以溶在碱中，而由仲胺得到的二取代磺酰胺不能溶于碱中。利用这三种胺类对磺酰氯不同的性质和作用，可以把它们从混合物中分离出来，这种分离、鉴别伯胺、仲胺和叔胺的方法叫兴斯堡法。

随着胺相对分子质量的增加，很容易达到一取代磺酰胺的溶解极限。应该指出的是，环己胺和环庚胺表现有所不同，它们的磺酰胺可溶于 10%氢氧化钾溶液而不溶于 10%氢氧化钠溶液。

磺酰胺一般为有一定熔点的结晶固体，所以可以通过测定磺酰胺的熔点来鉴别磺酸及其衍生物和某些胺类化合物。

2. 磺酰胺的化学性质

(1)水解反应

简单磺酰胺一般比较稳定，需要在强烈条件下才能水解。磺酰胺在碱溶液中不易水解，除非是在特别强烈的条件下或含氮部分为易离去基团。在 8%的碱溶液中，磺酰胺在 250 ℃可进行碱熔，仍不分解。但负性取代衍生物有时能产生碳硫键断裂而生成酚。二取代磺酰胺在异戊醇中加入异戊酸钠回流可发生醇解，用氨基钠能发生氨解。

$$ArSO_2NR_2 \xrightarrow[150\sim200\ ℃]{iC_5H_{11}ONa} ArSO_3Na + R_2NH$$

$$ArSO_2NR_2 + NaHNR' \longrightarrow ArSO_2NR'Na + R_2NH$$

芳香磺酰胺在稀碱溶液中加热可发生水解：

$$H_3C-C_6H_4-SO_2-N(\text{pyridine ring})-CH_2CHCOOCH_3 (NHO_2S-C_6H_4-CH_3) \xrightarrow[\triangle]{稀碱} H_3C-C_6H_4-SO_3H + HN(\text{ring})N-CH_2CHCOOCH_3 (NHO_2S-C_6H_4-CH_3)$$

当用浓氢氧化钠溶液进行酯基皂化时，其磺酰氨基不变。

前边提到过，在 RSO_2X 上的亲核取代与 RCOX 上的亲核取代反应一样，只是磺酰氯不如羧酰氯活泼，各反应机理不完全一样。这是因为四面体 $^{+}R-\overset{O^-}{\underset{O^-}{S}}\begin{smallmatrix}Y\\X\end{smallmatrix}$ 的中间体的中心硫原子上有五个基团，硫原子在它的价电子层里可以容纳十二个电子，并且有一个三角棱锥过渡态 $Y-\overset{R}{S}(O)(O)-X$。如 RSO_2X 中若有一个氧是 O^{18}，也许会有旋光性。这类磺酸酯与格氏试剂反应转化成砜时，会发生构型转化。

在 RSO_2X 带有 α-氢的某些情况下，会有某些反应以消去-加成机理发生，且是通过 Sulfene 中间体的，如甲磺酰氯与苯胺反应：

$$CH_3SO_2Cl \xrightarrow{碱} CH_2{=}SO_2 \xrightarrow{C_6H_5NH_2} H_3CO_2S-NH-C_6H_5$$

一些试剂对磺酰基硫具有亲核性，其顺序为 $OH^- > RNH_2 > N_2^- > F^- > AcO^- > Cl^- > H_2O > I^-$，类似羧基碳顺序。

(2)裂解反应

脂肪族磺酰胺、芳香族磺酰胺用浓盐酸或浓硫酸加热即能发生裂解，但反应太猛烈不好控制，因此需用温和断裂剂，如乙酸和草酸加入氯化锌或用吡啶氯化氢加热即能裂解。

磺酰胺还原裂解效果较好，如用氢溴酸和苯酚、锌粉和乙酸效果较好：

$$RSO_2NHR' \xrightarrow[乙酸]{Zn\ 粉} RSH + R'NH$$

脂肪磺酰胺用异戊醇和金属钠进行还原裂解，产率可达 80%～90%，但醇钠不适用。

(3)与酸反应

磺酰胺在低温下与硝酸反应生成硝酰胺：

$$RSO_2NH_2 + HNO_3 \longrightarrow RSO_2NHNO_2$$

脂肪磺酰胺在较高温度下与硝酸反应，非常猛烈，可能会发生爆炸：

$$C_2H_5SO_2NH_2 + HNO_3 \longrightarrow C_2H_5OH + N_2O + H_2O + SO_2$$

未取代的磺酰胺与亚硝酸在硫酸存在的条件下反应生成磺酸与氮气。

$$RSO_2NH_2 \xrightarrow[H_2SO_4]{HNO_3} RSO_3H + N_2$$

一取代磺酰胺在同样条件下生成 N-亚硝酸胺，可用于制造重氮烷。

$$RSO_2NHR \xrightarrow{HNO_3} RSO_2N(NO)R$$

(4)卤化反应

对甲苯磺酰胺在碱性溶液中进行氯化或用适量的次氯酸盐氯化，都可生成 N,N-二氯对甲苯磺酰胺，称二氯胺 T：

$$H_3C-C_6H_4-SO_2NH_2 + 2NaOCl \longrightarrow H_3C-C_6H_4-SO_2NCl_2 + 2NaOH$$

如次氯酸钠用量少一些，则生成 N-氯对甲苯磺酰胺，称氯胺 T，在水中很稳定：

$$H_3C-C_6H_4-SO_2NH_2 + NaOCl \longrightarrow H_3C-C_6H_4-SO_2NClNa + H_2O$$

把二氯胺 T 溶于热水中，冷却后可生成氯胺 T 结晶析出。

用类似方法可制取相应的 N 位溴取代物和 N，N-二溴取代磺酰胺。

N-氯对甲苯磺酰胺为结晶固体，与水作用能渐渐生成次氯酸：

$$H_3C-C_6H_4-SO_2NHCl + H_2O \longrightarrow H_3C-C_6H_4-SO_2NH_2 + HClO$$

所以它是有效的创伤防腐剂。N-氯对甲苯磺酰胺的钠盐（$H_3C-C_6H_4-SO_2NClNa$）被称为氯胺 T，能溶于水，它的稀溶液(0.2%)为外用杀菌剂，也可用于实验室代替次氯酸盐。氯胺 T 很稳定，酸化后即产生次氯酸：

$$H_3C-C_6H_4-SO_2NClNa \xrightarrow{HCl} H_3C-C_6H_4-SO_2NHCl \xrightarrow{H_2O} H_3C-C_6H_4-SO_2NH_2 + HClO$$

N，N-二氯对甲苯磺酰胺不溶于水，不能形成钠盐，能溶于有机溶剂中，如能溶于氯化石蜡中，可用作喷射消毒剂。

N，N-二氯对羧基苯磺酰胺常作为饮水消毒剂。它是由对甲苯磺酰胺经下列反应制取的：

$$H_3C-C_6H_4-SO_2NH_2 \xrightarrow[H_2SO_4]{Na_2Cr_2O_7} HOOC-C_6H_4-SO_2NH_2 \xrightarrow{NaClO} HOOC-C_6H_4-SO_2N_2Cl_2$$

N，N-二氯对羧基苯磺酰胺不溶于水，但能溶于碱溶液，常与碳酸钠混合制成片状被应用。

磺酰胺基氮原子的氢原子表现出酸性，在合成药物中有许多应用，如磺胺嘧啶银（$H_2N-C_6H_4-SO_2N(Ag)-C_4H_3N_2$）、磺胺嘧啶钠（$H_2N-C_6H_4-SO_2N(Na)-C_4H_3N_2$）、磺胺嘧啶锌（$[H_2N-C_6H_4-SO_2N(C_4H_3N_2)]_2Zn$）等。

在合成甜味剂的乙酰磺胺酸钾（H_3C、O、SO_2、NK、O 构成的六元环）和糖精（苯并环上 $C{=}O$、NNa、$S(=O)_2$ 构成的五元环）中的氮原子上的氢都可被金属离子替代。糖精是结晶固体，熔点为 229 ℃，难溶于水，当与氢氧化钠反应生成钠盐时，就易溶于水了。糖精无营养价值，但其极稀的水溶液很甜，糖精的甜度为蔗糖的 500 倍。

(5)烷基化反应与酰基化反应

只要磺酰胺的氮原子上有氢，就能进行烷基化、酰基化反应。烷基化是磺酰胺钠盐与卤代烃反应：

$$H_3C-C_6H_4-SO_2NHNa + ClCH_2CH_2CH_2N(C_2H_5)_2 \longrightarrow H_3C-C_6H_4-SO_2NHCH_2CH_2CH_2N(C_2H_5)_2 + NaCl$$

磺酰胺的酰基化是在水中加氢氧化钠或在有机溶剂中加叔胺或碳酸钠：

$$RSO_2NH_2 + R'COCl \xrightarrow{碱} RSO_2NHCOR' + NaCl$$

$$RSO_2NH_2 + R'SO_2Cl \xrightarrow{碱} RSO_2NHSO_2R' + NaCl$$

(6)α 位氢的反应

当磺酰胺的氮上没有氢原子时，α-碳上的氢就显出酸性，在丁基锂作用下就形成 α 位磺酰基负离子，用苄基氯或苯乙酮则能发生下列反应：

$$\text{N-}CH_3\text{-环状磺酰胺}(SO_2) \xrightarrow{C_6H_5CH_2Cl} \text{3-}(C_6H_5CH_2)\text{-N-}CH_3\text{-环状磺酰胺}(SO_2)$$

$$\text{N-}CH_3\text{-环状磺酰胺}(SO_2) \xrightarrow{C_6H_5COCH_3} \text{3-}[C(CH_3)(OH)C_6H_5]\text{-N-}CH_3\text{-环状磺酰胺}(SO_2)$$

磺酰胺与氢化钾和亚硝酸丁酯可发生如下反应：

$$C_6H_5-CH_2SO_2N(CH_3)_2 \xrightarrow[C_4H_9ONO]{KH} C_6H_5-C(=N-OH)SO_2N(CH_3)_2$$

(7)重排反应

N,N-二芳基和 N-烷基、N-芳基取代的芳磺酰胺在加热和浓硫酸存在下可发生 Fries 重排反应，得到邻氨基二苯基砜：

$$H_3C-C_6H_4-SO_2-N(CH_3)-C_6H_4-CH_3 \xrightarrow[浓H_2SO_4]{100\ ℃} H_3C-C_6H_4-SO_2-C_6H_3(NHCH_3)-CH_3$$

3. 磺酰胺的制备

各种类型的磺酰胺一般都可由磺酰氯与氨或胺反应制得。

$$RSO_2Cl + R'NH_2 \xrightarrow{碱} RSO_2NHR'$$

脂肪族磺酰胺和杂环类磺酰胺，用磺酰氯与胺反应容易进行。磺酰氯与某些碱性药的胺或杂环胺，不够活泼时反应很慢，必须采取特殊手段，一般使用吡啶或三乙胺作为缚酸剂，缚住反应中放出的氯化氢，使参加反应的胺不失活性。当采用 Schotten-Baumann 方式时是在悬浮水溶液中用氢氧化钠或碳酸钠缚住，也可使反应顺利进行。

另一种制法是将氧气通入亚磺酸与氨的混合物中而制取，还可用次磺酰胺与亚磺酰胺进行氧化制取磺酰胺：

$$RSNHR' + O_2 \longrightarrow RSO_2NHR'$$

未取代的磺酰胺可由磺酰异氰酸酯 $RSO_2N=C=O$ 水解制备，或者由磺酰基叠氮还原制备，或者由亚磺酰氯与氨水反应制备。

烃化反应可用于由简单磺酰胺制备取代磺酰胺。用卤代烃、硫酸酯在碱性条件下烃基化，制备取代的磺酰胺：

$$RSO_2NH_2 + R'X \xrightarrow{\text{碱}} RSO_2NHR' + HX$$

带有卤素原子的磺酰胺分子中，有的可以进行分子内烷基化，生成环状的磺酰胺，如：

$$ClCH_2CH_2CH_2CH_2SO_2NH-C_6H_5 \xrightarrow{NaAc} \text{(N-苯基环状磺酰胺，环中含 } SO_2 \text{ 与 N)}$$

(1)对甲苯磺酰胺的制备

由对甲苯磺酰氯与氨水反应制得，反应式为

$$H_3C-C_6H_4-SO_2Cl + 2NH_4OH \longrightarrow H_3C-C_6H_4-SO_2NH_2 + NH_4Cl + 2H_2O$$

工艺过程：先向反应釜中加入适量冰水，按对甲苯磺酰氯与纯氨质量比为 1∶0.2，依次加到反应釜中，开始搅拌，夹套冷却水控制反应温度不超过 70 ℃，然后降温至 30 ℃，过滤，并用温水洗涤滤饼，经干燥得到固体粉状粗品对甲苯磺酰胺。

精品对甲苯磺酰胺需精制。将 45 份 30%氢氧化钠、1 300 份水加到搪瓷釜中，通入蒸汽加热至 70 ℃，再加 100 份粗品对甲苯磺酰胺，当其全溶后加 2.5～3.5 份活性炭，搅拌 0.5 h，然后趁热过滤，用热水洗涤滤饼，吸干后再把滤饼加到精制锅中，用盐酸中和至 pH 为 2～3，降温至 30～35 ℃，进行吸滤，滤饼用水洗至中性，离心干燥得含水量为 1%的对甲苯磺酰胺。

(2)邻乙氧羰基苯磺酰胺的制备

由糖精与乙醇酯化制取，其反应式如下：

$$\text{糖精} + C_2H_5OH \longrightarrow C_6H_4(SO_2NH_2)(COOC_2H_5)$$

反应过程：先向 500 L 搪瓷釜中加入乙醇，浓硫酸和糖精回流反应 1 h，冷却降温后析出白色固体，过滤。把滤饼加到另一釜中，加水，用 5%碳酸钠中和，过滤，水洗，干燥，得到邻乙氧羰基苯磺酰胺，收率达 91%。

(3)3-硝基-4-羟基苯磺酰胺的制备

以邻硝基氯苯为原料，经下列反应：

$$C_6H_4(Cl)(NO_2) + 2ClSO_3H \longrightarrow C_6H_3(Cl)(NO_2)(SO_2Cl) + H_2SO_4 + HCl$$

$$C_6H_3(Cl)(NO_2)(SO_2Cl) + 2NH_3 \xrightarrow{35\sim38\,℃} C_6H_3(Cl)(NO_2)(SO_2NH_2) + NH_4Cl$$

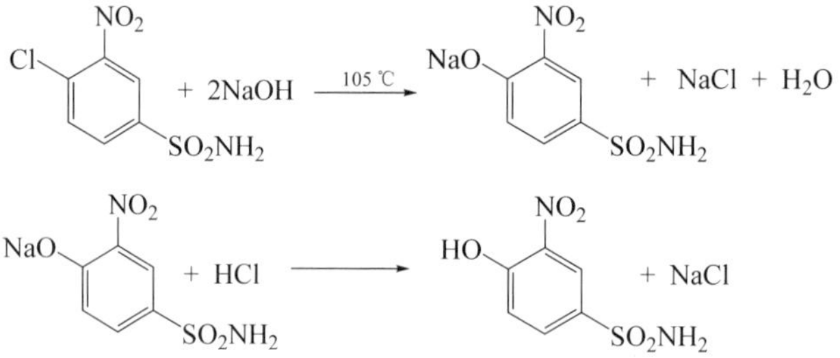

$$\text{Cl-C}_6\text{H}_3(\text{NO}_2)\text{SO}_2\text{NH}_2 + 2\text{NaOH} \xrightarrow{105\ ℃} \text{NaO-C}_6\text{H}_3(\text{NO}_2)\text{SO}_2\text{NH}_2 + \text{NaCl} + \text{H}_2\text{O}$$

$$\text{NaO-C}_6\text{H}_3(\text{NO}_2)\text{SO}_2\text{NH}_2 + \text{HCl} \longrightarrow \text{HO-C}_6\text{H}_3(\text{NO}_2)\text{SO}_2\text{NH}_2 + \text{NaCl}$$

工艺过程：在氯磺化釜中加入 1 000 kg 氯磺酸，温度在 60 ℃以下，并在 1 h 内加入 250 kg 熔融的邻硝基氯苯。在 60 ℃保温 1 h，再升温至 103～107 ℃，保温 6 h。降温至 40 ℃，用 200 kg 水稀释，温度冷却至 25 ℃以下。过滤，用水洗至 pH＝5，得到 2-硝基氯苯-4-磺酸氯滤饼。

在氨化锅中加入 1 200 L 水、320 kg 25％的氨水，在 15～20 ℃温度下，在 1 h 内把 2-硝基氯苯-4-磺酸氯滤饼加到氨化釜中，然后搅拌升温至 35～38 ℃，保温 4 h。升温至 95 ℃，加入 30％液碱710 kg，再升温至 105 ℃，保温 8 h。冷却至 40 ℃以下，加 340 kg 30％盐酸，调节至 pH＝2，在 30 ℃以下过滤，水洗至 pH＝5，得到 3-硝基-4-羟基苯磺酰胺滤饼，经过干燥得到产品 3-硝基-4-羟基苯磺酰胺成品。

4. 磺酰胺的用途

甲磺酰氯、对甲苯磺酰氯与各种胺反应所生成的磺酰胺，因为有固定的熔点，均可用于胺的鉴定。甲磺酰氯与各种氨基酸反应生成的磺酰氨基酸可用于氨基酸的鉴别。

磺酰胺具有重要用途，用于染料中间体可制取多种染料，如对甲苯磺酰胺为蒽醌型分散染料中间体。邻氨基苯磺酰胺、2-氨基苯酚-4-磺酰胺、2-氨基-N-乙基-N-苯基苯磺酰胺、4-羟基-3-硝基苯磺酰胺等都是多种染料中间体。磺酰胺在染料工业中应用广泛，由于对蛋白纤维有亲和力，可用于合成中性染料或羊毛专用的冰染色酚：

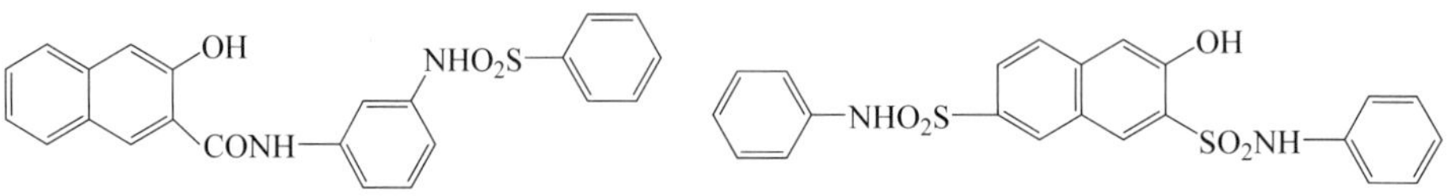

（结构式：OH、CONH、NHO_2S；NHO_2S、OH、SO_2NH）

其中还有羊毛用防蛀剂和鞣革剂：

（结构式：NHO_2S、SO_2NH）

（结构式：SO_2NH、SO_2NH、NHO_2S、NHO_2S、HO_3S、SO_3H）

磺胺衍生物在医药工业中曾受到高度重视。20 世纪 50 年代合成的磺胺衍生物有 5 000 多种，其中有二三十种有较好疗效，如磺胺嘧啶、磺胺噻唑等。尽管后来青霉素和其他类型抗生素出现，但是某些磺胺药对某种疾病有很好的治疗价值，如磺胺嘧啶对治疗脑膜炎很有效，磺胺胍治疗肠道细菌性痢疾很有效，且磺胺药疗效稳定，服用方便，易组织生产，成本低，目前世界范围内每年仍有不小的生产量。新型磺胺药也不断出现，如：

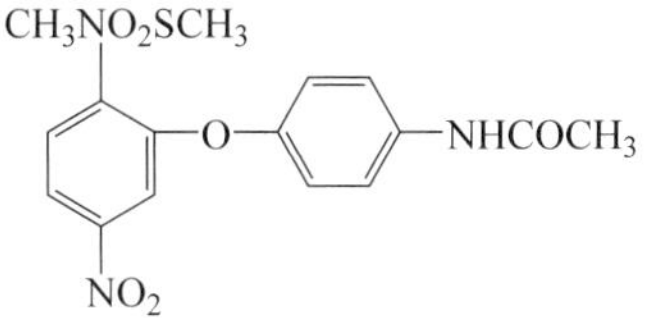

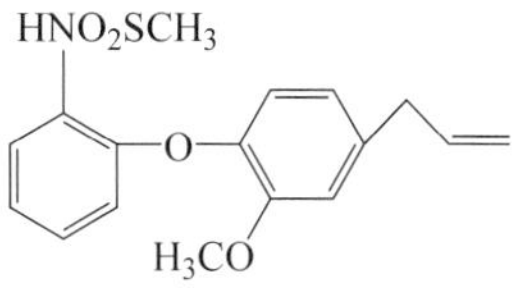

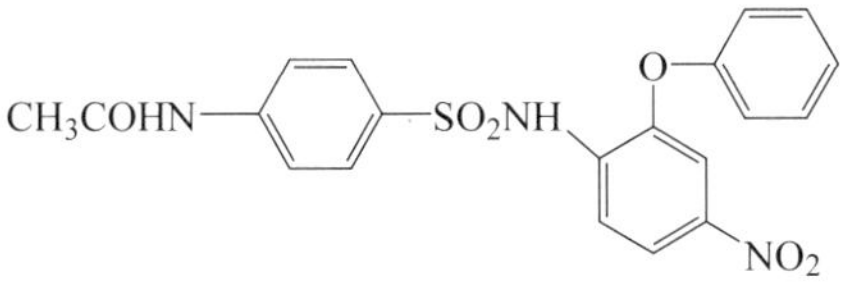

其他类型含磺酰胺基药物，如降血压药二氮嗪（ 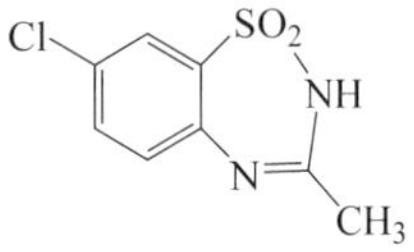　），适用于高血危重的急救，其中间体是 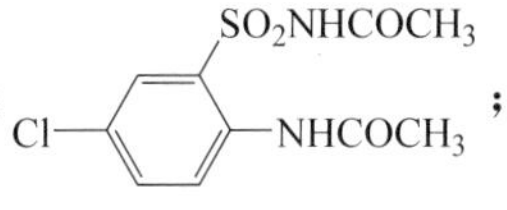　；吲达帕胺（ 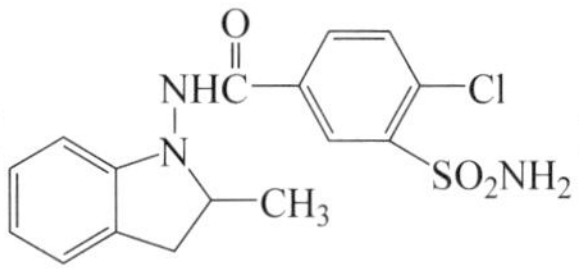　），对轻度、中度原发性高血压有良好疗效，其中间体是 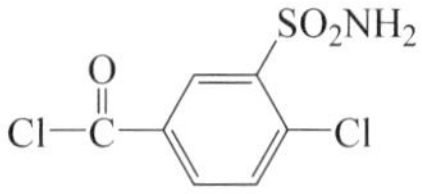　；盐酸氨磺洛尔（　· HCl），用于原发性高血压、褐色细胞瘤性高血压，其中间体是 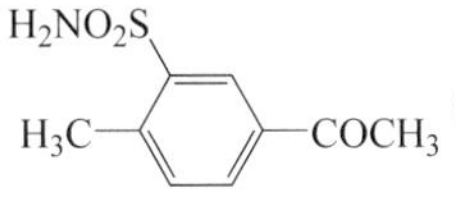　；用于治疗心、肝和肾等水肿药，阿佐塞米（ 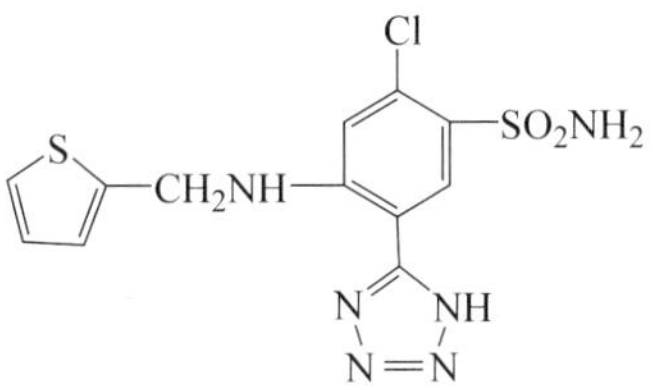　）利尿降压，其中间体是 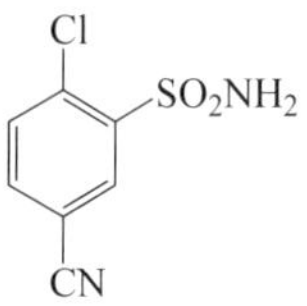　；替诺昔康（ 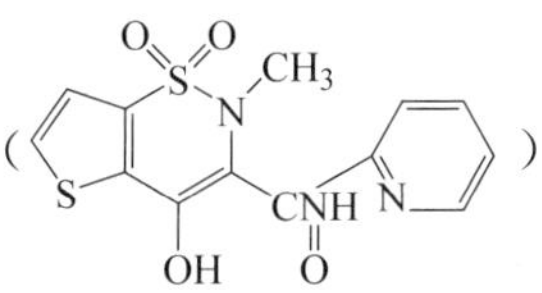　），用于慢性和变形性关节炎、腰痛及颈肩腕综合征，以及手术后和外伤的消炎镇痛；吡罗昔康（ 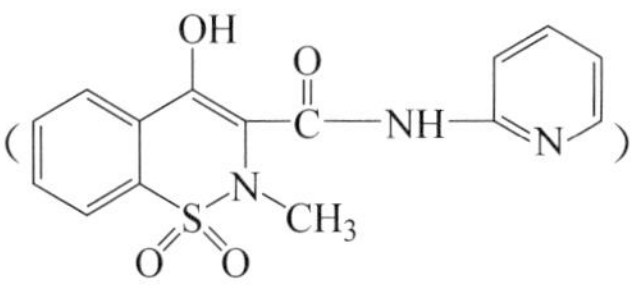　）可用于治疗风湿性和类风湿性关

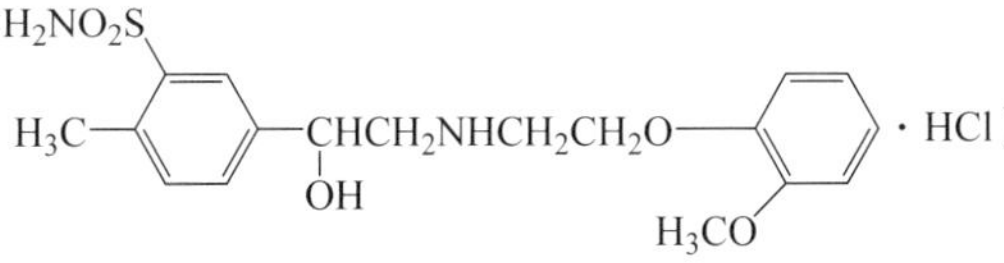

节炎，其中间体是 O $N-CH_2COOCH_3$ S $O\ O$ ；屈昔康（ O O N N O $N-CH_3$ S $O\ O$ ），为吡罗昔康前体药，是消炎药，可镇痛退烧；丙磺舒（$(CH_3CH_2CH_2)_2NO_2S-$ $-COOH$），用于慢性痛风治疗，其中间体是 CH_3- $-SO_2NH_2$；尼美舒利（ $NH-\overset{O}{\underset{O}{S}}-CH_3$ $O-$ NO_2 ），适用于类风湿性关节炎、骨关节炎、呼吸道炎、发烧和外伤炎痛；舒必利（ OCH_3 $\underset{O}{C}NHCH_2-$ N C_2H_5 H_2NO_2S ）是抗精神病药，抗木僵、退缩、幻觉、妄想及精神错乱，其中间体是 OH HO_3S $COOH$ ；唑尼沙胺（ O N $CH_2SO_2NH_2$ ），可用于治疗癫痫大发作、小发作，局限性发作及精神运动性发作，其中间体是 O N CH_2SO_2Cl ；舒噻美（ $O\ O$ S $N-$ $-SO_2NH_2$ ），主要用于治疗癫痫精神运动性发作，其中间体是 H_2N- $-SO_2NH_2$；左舒必利（ $\overset{O}{C}-NHCH_2-$ $O-CH_3$ N C_2H_5 H_2NO_2S ），可治疗由于功能性引起的消化不良综合征、原发性头痛和肌肉紧张性头痛、内源性和反应性抑郁症，其中间体是 OH H_2NO_2S $COOH$ ；泌尿系统药物，如呋塞米（ $COOH$ H_2NO_2S- $-NHCH_2-$ O Cl ），用于治疗心性水肿、肾性水肿、肝硬化腹水、功能性障碍或血管性障碍引起的水肿，其中间体是 $COOH$ H_2NO_2S- $-Cl$ Cl ；布美他尼

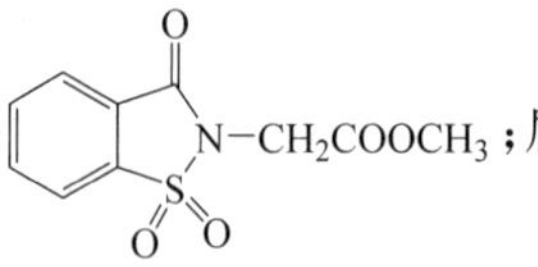

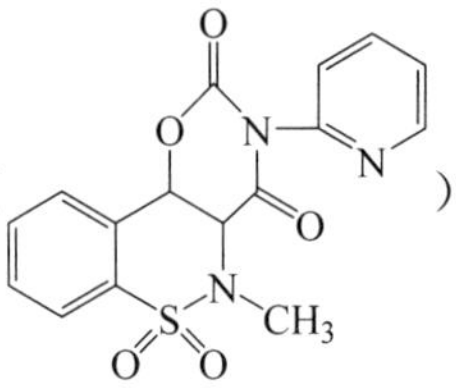

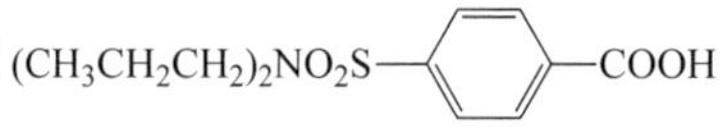

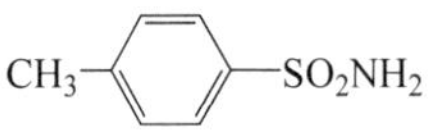

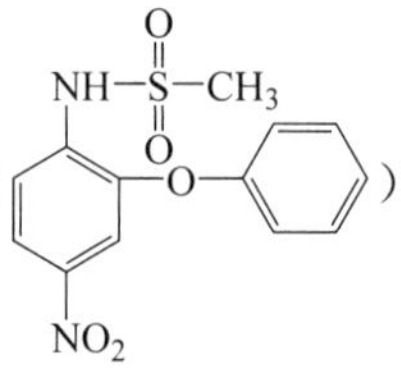

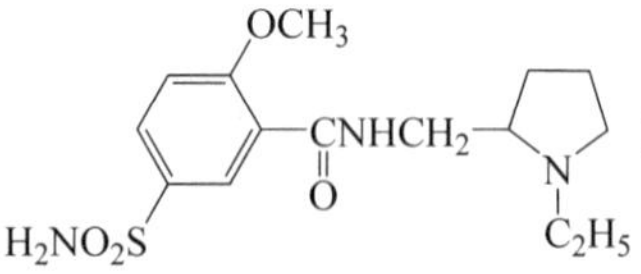

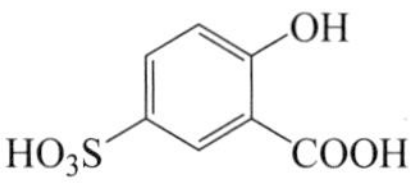

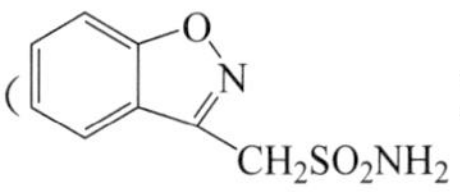

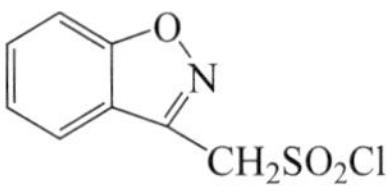

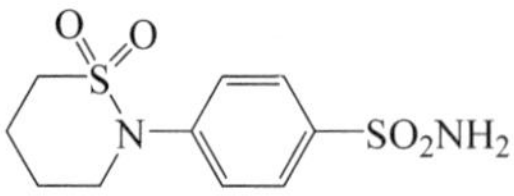

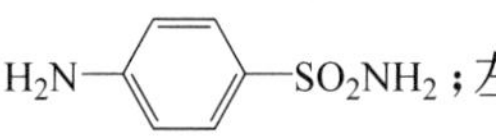

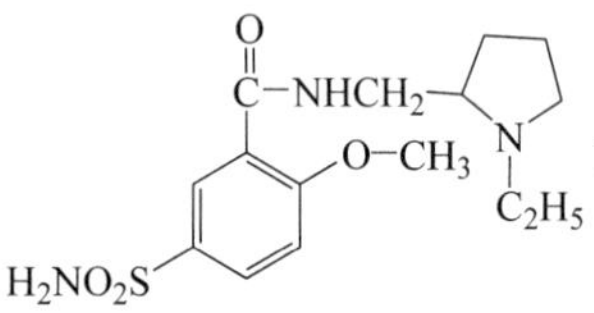

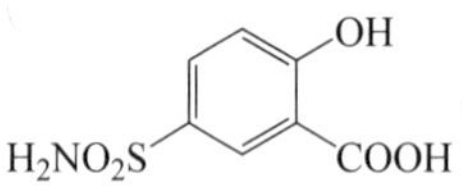

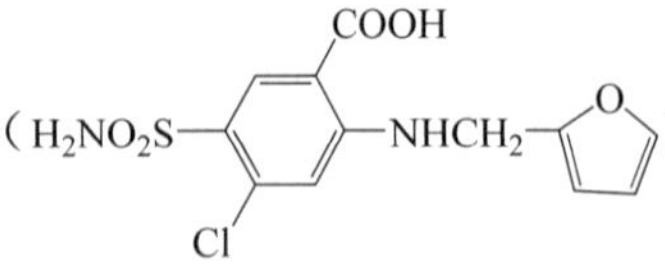

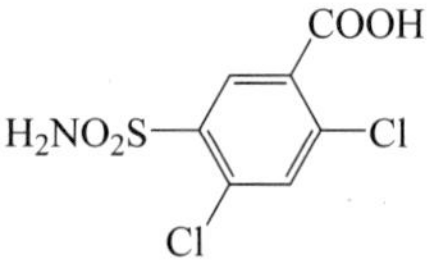

（H_2NO_2S，C_6H_5-O-，$H_3C(H_2C)_3HN$ 取代苯基$-COOH$）可用于各种顽固性水肿，对急慢性肾功能衰竭患者尤为适用，其中间体是（H_2NO_2S，C_6H_5-O-，O_2N 取代苯基$-COOH$）；氢氯噻嗪（H_2NO_2S，Cl，SO_2，NH，N-H 环状结构）用于各种水肿及各期高血压及尿崩症，其中间体是（Cl，H_2N，两个 SO_2NH_2 取代苯）；乙噻嗪（H_2NO_2S，Cl，$S(=O)_2$，NH，N-H，C_2H_5 环状结构）的作用同氢氯噻嗪、甲氯噻嗪、环戊噻嗪、三氯噻嗪等十几种，还有美托拉宗、喹乙宗、氯伯胺等多种利尿药。

醋甲唑胺（$H_3C-C(=O)-N=$ 噻二唑环（S，N-N，N-CH_3）$-SO_2NH_2$）用于治疗青光眼；二甲替嗪（吩噻嗪环 N-$CH_2CH(CH_3)N(CH_3)_2$，$-SO_2N(CH_3)_2$）的镇吐作用强，可用于治疗偏头痛；降血糖药中含磺酰胺类化合物，氯磺丙脲（$Cl-C_6H_4-SO_2NHC(=O)NHCH_2CH_2CH_3$）作为第一代磺胺类降糖药，降糖能力强。

醋酸己脲（$H_3C-C(=O)-C_6H_4-SO_2NHC(=O)-NH-C_6H_{11}$）用于糖尿病伴有痛风的病人，其中间体是（$H_3CC(=O)-C_6H_4-SO_2NH_2$）；格列本脲（$OCH_3$，Cl 取代苯基$-C(=O)NH(CH_2)_2-C_6H_4-SO_2NHC(=O)NH-C_6H_{11}$）是第二代降糖药。还有格列美脲、格列波脲等八九种。

牲畜药物中也有含磺酰胺的化合物，如磺胺喹噁啉（喹噁啉基$-NHO_2S-C_6H_4-NH_2$），磺胺苯（$H_2N-C_6H_4-SO_2NH-C_6H_5$）抗菌药是治疗家禽的球虫药，磺胺二甲嘧啶（$H_2N-C_6H_4-SO_2NH-$ 4,6-二甲基嘧啶基（N，N，两个 CH_3））也用于畜禽的球虫病。

磺酰胺类化合物作为农药和农药的中间体也不少，如邻氯苯磺酰胺是合成除草剂绿磺隆的中间体，该除草剂可除去多种杂草，半衰期短，不到两个月，有利于环保；邻甲氧羰基苯磺酰胺是小麦田除草剂苯磺隆的中间体；邻乙氧羰基苯磺酰胺是大豆田除草剂氯嘧磺隆的中间体，是甲酸乙酯苯磺酰异氰酸酯的原料。磺酰胺类除草剂种类很多，如磺草消（$(H_3CH_2CH_2C)_2N-C_6H_2(NO_2)_2-SO_2NH_2$）、磺草灵（$H_2N-C_6H_4-SO_2NHCOOCH_3$）、磺草膦（$CH_3SO_2N(CH_3)C(=O)-CH_2NHCH_2P(OH)_2$）。磺酰脲类除草剂，如甲磺隆（$C_6H_4(COOCH_3)-SO_2NHC(=O)-NH-$三嗪环$(OCH_3)(CH_3)$）、苄磺隆（$C_6H_4(COOCH_3)-CH_2SO_2NHC(=O)NH-$三嗪环$(OCH_3)(COOH)$）、苯磺隆（$C_6H_4(COOCH_3)-SO_2NHC(=O)-N(CH_3)-$三嗪环$(CH_3)(OCH_3)$）、绿磺隆（$C_6H_4(Cl)-SO_2NHC(=O)-NH-$三嗪环$(OCH_3)(CH_3)$）。磺酰胺嘧啶类新型除草剂，如$C_6H_4(NO_2)-SO_2NH-$三嗪环$(OCH_3)(CH_3)$。灭菌杀菌药，如抑菌灵（$C_6H_5-N(SCH_2F)-S(=O)_2-N(CH_3)_2$）、磺菌胺（$Cl-C_6H_3(CH_3)-SO_2NH-C_6H_3(Cl)-NO_2$）等。

磺酰胺基具有生物活性基团及药效基团，与一些杂环化合物及各种相应基团结合可表现出一定的生物活性，如杀菌、除草等。

7.2.4　砜和亚砜

砜类化合物不仅是有机合成中间体，而且多数都具有广谱生物活性，在杀虫、杀菌、除草、抗肿瘤、抗 HIV-1、抗涝等药物中表现出良好的作用，目前已广泛应用于农药和医药等领域。

1. 亚砜

亚砜是亚硫酸基$-\overset{O}{\overset{\|}{S}}-$与烃及烃的一些衍生物结合成的化合物，结构可表示为$Ar\overset{O}{\overset{\|}{S}}Ar'$、$Ar\overset{O}{\overset{\|}{S}}R$、$R\overset{O}{\overset{\|}{S}}R'$，其中 Ar、Ar′、R、R′代表不同的芳烃、脂烃、环烃、杂环及其衍生

物。亚砜类化合物在医药、农药合成中有较多的应用。亚砜中的二甲亚砜应用范围很广。近年来开发绿色环保的亚砜类化合物及其全新结构和新的作用方式已成为科研工作者研究的热点。

(1)亚砜的合成方法

①硫醚氧化法

亚砜通常采用硫醚的控制氧化法进行合成：

$$RSR' + [O] \longrightarrow R\overset{\overset{O}{\uparrow}}{S}—R'$$

在适当的控制条件下，硫醚可被多种氧化剂氧化生成亚砜。常用的氧化剂有过氧化物、活性二氧化锰、二氧化硒、过碘酸、硝酸、铬酸、四氧化二氮、次氯酸叔丁酯、N-溴代丁二酰亚胺、二氯化碘苯($C_6H_5ICl_2$)等。过氧化物中以过氧化氢的应用最为普遍，反应可被金属离子所催化。过碘酸盐亦是硫醚氧化的常用试剂，控制在较低的温度下，可使生成的亚砜中没有砜化合物，广泛用于脂肪族、脂环族及芳香族亚砜的合成，而且产率都较高，如表 7-13 中一些亚砜的合成。

表 7-13　　合成亚砜的结构、产率及熔点或沸点

结构	产率/%	熔点	沸点/℃
$H_2C<^{CH_2CH_2}_{CH_2CH_2}>SO$	97	100～110	—
$CH_3\overset{\overset{O}{\uparrow}}{S}(CH_2)_3COCH_3$	98	(99～101)(1.6 Pa)	22.5～23.5
$C_6H_5\overset{\overset{O}{\uparrow}}{S}C_6H_5$	98	69～71	207/(2 261 Pa)
$C_6H_5\overset{\overset{O}{\uparrow}}{S}CH_3$	99	29～30	83～85/(13 Pa)
$H_2C<^{CH_2CH_2}_{CH_2CH_2}>S\rightarrow O$	99	67～68	—
$O<^{(CH_2)_2}_{(CH_2)_2}>S\rightarrow O$	83	46～47.2	—
$[(C_2H_5)_2N(CH_2)_2]_2S\rightarrow O$	85	146～148	—
$C_6H_5CH_2\overset{\overset{O}{\uparrow}}{S}CH_2COCH_3$	89	126～126.5	—
$C_6H_5CH_2\overset{\overset{O}{\uparrow}}{S}CH_2COOH$	99	118～119.5	—
$(C_6H_5CH_2)_2S\rightarrow O$	96	135～137	—

其氧化用微过量碘酸钠（$NaIO_3$）在甲酸水溶液中进行，需在冰浴温度下，氧化 3～12 h。

以过氧化氢-乙酐为氧化剂氧化，烯基硫醚也能顺利氧化成亚砜：

$$C_6H_5-S-CH=CH_2 \xrightarrow[\text{室温}]{H_2O_2/(CH_3CO)_2O} C_6H_5-\overset{O}{\overset{\uparrow}{S}}-CH=CH_2 \quad (82\%)$$

以 N-溴代丁二酰亚胺(NBS)为氧化剂，在甲醇中于 10 ℃以下氧化二丙基硫醚：

$$CH_3CH_2CH_2SCH_2CH_2CH_3 \xrightarrow{NBS/CH_3OH} CH_3CH_2CH_2\overset{O}{\overset{\uparrow}{S}}CH_2CH_2CH_3 \quad (76\%)$$

以二氯化代碘苯为氧化剂，在－10～40 ℃下，滴入硫醚吡啶溶液中，反应能迅速进行：

$$C_6H_5-SC(CH_3)_2 + C_6H_5-I\cdot Cl_2 + 2C_5H_5N + H_2O \xrightarrow{-40\ ℃} C_6H_5-\overset{O}{\overset{\uparrow}{S}}-C(CH_3)_3 \quad (90\%)$$

在－78 ℃条件下，硫醚在二氯甲烷中被硫酰氯氧化成亚砜，产率均大于 90%。少量湿硅胶存在时，在室温条件下，反应几乎定量生成亚砜。

在室温条件下，以硫酰氯作为氧化剂，将甲基苯基硫醚与湿硅胶滴入二氯甲烷溶剂中，混合后反应生成甲基苯基亚砜。

$$C_6H_5-SCH_3 \xrightarrow{SO_2Cl_2/\text{湿硅胶}/CH_2Cl_2} C_6H_5-\overset{O}{\overset{\uparrow}{S}}CH_3 \quad (95\%)$$

在碱性条件下，三氯异氰尿酸能将硫醚氧化成亚砜，收率较好。反应如下：

$$R-S-R' + \text{三氯异氰尿酸} \xrightarrow[Py]{H_2O} R-\overset{O}{\overset{\|}{S}}-R' + \text{1,3,5-三羟基异氰尿酸} + HCl$$

硫醚氧化生成亚砜的产率及熔点见表 7-14。

表 7-14 硫醚氧化生成亚砜的产率及熔点

硫醚	亚砜	产率/%	熔点/℃
Ph—S—Ph	$Ph-\overset{O}{\overset{\|}{S}}-Ph$	88	124～125
Ph—S—CH_2Ph	$Ph-\overset{O}{\overset{\|}{S}}-CH_2Ph$	85	69～70
Ph—S—CH_3	$Ph-\overset{O}{\overset{\|}{S}}-CH_3$	88	33～34
Ph—S—Ph—NO_2-4	$Ph-\overset{O}{\overset{\|}{S}}-Ph-NO_2\text{-}4$	85	105～107
Ph—S—PhCH_3-4	$Ph-\overset{O}{\overset{\|}{S}}-PhCH_3\text{-}4$	91	69～70
Ph—S—Ph—Cl-4	$Ph-\overset{O}{\overset{\|}{S}}-Ph-Cl\text{-}4$	88	42～43

（续表）

硫醚	亚砜	产率/%	熔点/℃
$ClCH_3Ph—S—Ph—CH_3$-4	$ClCH_3Ph—S(=O)—Ph—CH_3$-4	89	92～95
$CH_3—S—Ph—Cl$—4	$CH_3—S(=O)—Ph—Cl$—4	98	140～142
$PhCH_2S—CH_2Ph$	$PhCH_2S(=O)—CH_2Ph$	90	134～135

两烃基不同的亚砜有手性，能拆分为对映体。例如：

两烃基不同的硫醚，选择用手性氧化剂氧化，如用异丙氧基钛 $Ti(O\text{-}Pr\text{-}i)_4$ 催化，以异丙基过氧化氢为氧化剂。

两烃基不同的硫醚用手性氧化剂氧化生成的亚砜的产率及 ee 见表 7-15。

表 7-15　　两烃基不同的硫醚用手性氧化剂氧化生成的亚砜的产率及 ee

硫醚	亚砜	收率/%	ee/%(R)
Ph—S—CH_3	Ph—S(=O)—CH_3	79	99.2(R)
$H_3C—C_6H_4—S—CH_3$	$H_3C—C_6H_4—S(=O)—CH_3$	75	99.5(R)
$H_3CO—C_6H_4—SCH_3$	$H_3CO—C_6H_4—S(=O)—CH_3$	78	97.3(R)
2-$CH_3C_6H_4$—S—CH_3	2-$OCH_3C_6H_4$—S(=O)—CH_3	75	95.3(R)
1-萘基—S—CH_3	1-萘基—S(=O)—CH_3	91	91.2(R)
2-萘基—S—CH_3	2-萘基—S(=O)—CH_3	87	77.5(R)

（续表）

硫醚	亚砜	收率/%	ee/%(R)
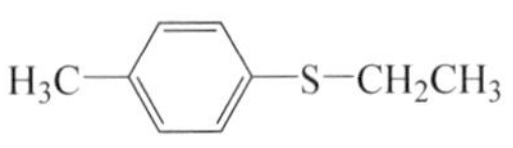 $H_3C-C_6H_4-S-CH_2CH_3$	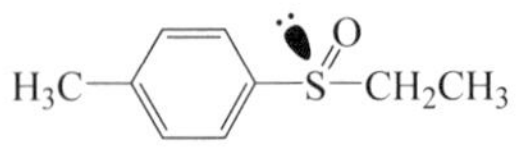 $H_3C-C_6H_4-S(O)-CH_2CH_3$	82	86.6(R)
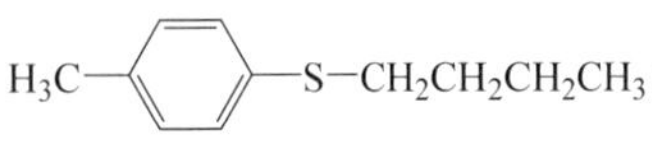 $H_3C-C_6H_4-S-CH_2CH_2CH_2CH_3$	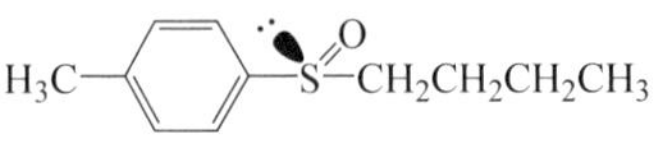 $H_3C-C_6H_4-S(O)-CH_2CH_2CH_2CH_3$	64	38.2(R)
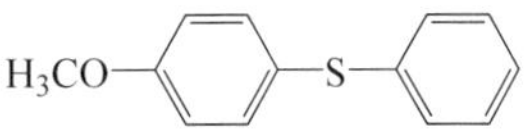 $H_3CO-C_6H_4-S-C_6H_5$	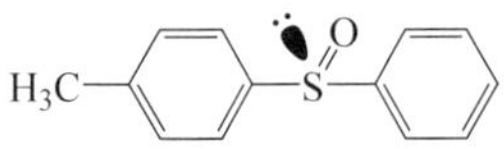 $H_3C-C_6H_4-S(O)-C_6H_5$	67	14.1(R)
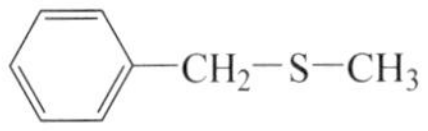 $C_6H_5-CH_2-S-CH_3$	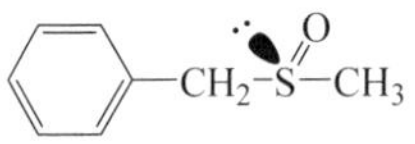 $C_6H_5-CH_2-S(O)-CH_3$	87	95.4(R)
$CH_3(CH_2)_6CH_2-S-CH_3$	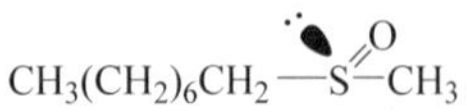 $CH_3(CH_2)_6CH_2-S(O)-CH_3$	63	85.1(R)

手性亚砜有广泛用途，在药物研究中有很多应用。许多手性亚砜具有药物活性，农药中有许多含亚砜类化合物。

②亚硫酰氯法

二芳香亚砜可用亚硫酰氯法来合成，如二苯亚砜，合成反应式如下：

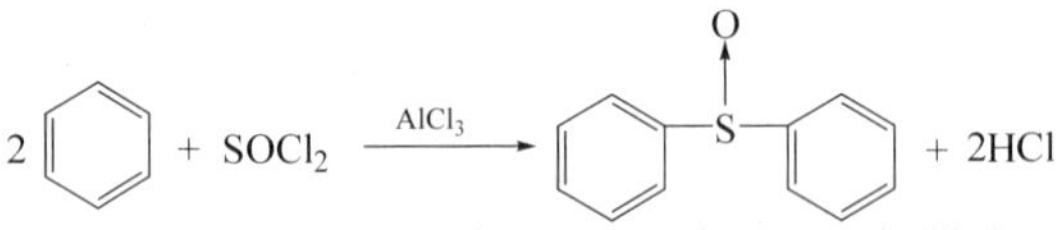

$$2\,C_6H_6 + SOCl_2 \xrightarrow{AlCl_3} C_6H_5-\overset{O\uparrow}{S}-C_6H_5 + 2HCl$$

将物质的量比为 0.64∶0.165 的苯与 $SOCl_2$ 加入反应器中，用水冷却，分多次少量添加 0.225 mol $AlCl_3$，直到无氯化氢气体放出为止，加一定苯在水浴中加热 0.5 h，然后冷却，加水会析出黄色油状产物，用水多次洗涤，除去苯，用石油醚重结晶。收率为50%～80%。

③亚磺酸酯与有机镁化物反应

$$Ar\overset{O\uparrow}{S}-OR + R'MgX \longrightarrow Ar-\overset{O\uparrow}{S}-R' + ROMgX$$

亚磺酸酯与有机镁反应生成亚砜，若亚磺酸酯有旋光性，则可合成旋光性亚砜。反应过程中硫原子构型发生逆转：

$$(O\uparrow)S(OR)(Ar) \xrightarrow{R'MgX} (O\uparrow)S(Ar)(R')$$

右旋亚磺酸酯、苄基亚磺酸薄荷酯与甲基溴化镁反应，生成构型逆转的右旋甲基苄基亚砜。

$$\text{(Rr)}S(\rightarrow O)CH_2C_6H_5 \xrightarrow{CH_3MgBr} S(\rightarrow O)(CH_3)CH_2C_6H_5 \quad (74\%) \quad R=\text{(薄荷基)}$$

用本法可合成含硅、含锗的亚砜：

$$C_6H_5-\overset{O}{\overset{\uparrow}{S}}-OCH_3 \xrightarrow{(CH_3)_3SiCH_2MgBr/THF} C_6H_5-\overset{O}{\overset{\uparrow}{S}}CH_2Si(CH_3)_3 \quad (90\%)$$

④亚磺酰氯烃化法

亚磺酰氯与重氮甲烷反应，是合成 α-氯代砜的好方法。

将过量的重氮甲烷滴入用冰浴冷却的丁烷亚磺酰氯醚溶液中，可生成氯甲基丁基亚砜：

$$CH_3(CH_2)_3\overset{O}{\overset{\uparrow}{S}}-Cl + CH_2N_2 \xrightarrow{(CH_3CH_2)_2O} CH_3(CH_2)_3\overset{O}{\overset{\uparrow}{S}}-CH_2Cl + N_2$$

α-氯代亚砜是有机合成的中间体。

⑤芳烃的亚磺化法

芳烃化合物在氟磺酸、五氟化锑形成的超强酸体系中可与二氧化硫发生亚磺化反应，生成对称芳基亚砜。控制好芳烃与超强酸的比例、反应温度和加料顺序，可以得到高收率的亚砜。

$$H_3C-C_6H_4 + FSO_3H\cdot SbF_5\cdot SO_2 \xrightarrow[-70\ ℃,\ N_2]{H_3C-C_6H_5} H_3C-C_6H_4-\overset{O}{\overset{\uparrow}{S}}-C_6H_4-CH_3 \quad (87\%)$$

⑥亚砜的烃基化和酰基化法

亚砜的 α-H 具有一定酸性，与强碱试剂如氢化钠、氨基钠、丁基锂反应，可生成 α-碳负离子金属盐，它可与卤代烃进行烃基化，生成 α-烃基亚砜，与酯可进行酯化反应，生成β-羰基亚砜，如二甲基亚砜在氢化钠的作用下，生成二甲基亚砜钠盐，再与 1-溴十二烷反应，生成甲基十三烷基亚砜：

$$CH_3\overset{O}{\overset{\|}{S}}CH_3 \xrightarrow[-70\ ℃]{NaH,N_2} CH_3\overset{O}{\overset{\|}{S}}CH_2Na \xrightarrow{CH_3(CH_2)_{11}CH_2Br} CH_3\overset{O}{\overset{\|}{S}}CH_2CH_2(CH_2)_{12}CH_3$$

在强碱作用下，与芳烃共轭的烯烃，如苯乙烯、二苯乙烯，在室温条件下能与二甲基亚砜迅速反应，定量生成 α 取代的亚砜：

$$CH_3\overset{O}{\overset{\|}{S}}CH_3 + CH_2=C(C_6H_5)_2 \xrightarrow[25\ ℃]{NaH} CH_3\overset{O}{\overset{\|}{S}}CH_2CH_2C(C_6H_5)_2 \quad (96\%)$$

在叔丁醇钾存在的条件下，二甲基亚砜与羧酸酯反应：

$$CH_3\overset{O}{\overset{\|}{S}}CH_3 + C_6H_5-COOC_2H_5 \xrightarrow[\text{室温}]{(CH_3)_3COK} C_6H_5-\overset{O}{\overset{\|}{C}}CH_2\overset{O}{\overset{\|}{S}}CH_3 \quad (87\%\sim95\%)$$

β-羰基亚砜的 α-C 上的氢更活泼，能进一步烃基化：

$$C_6H_5-COCH_2\overset{O}{\overset{\|}{S}}CH_3 + CH_3I \xrightarrow[\triangle]{NaI/THF} C_6H_5-COCH(CH_3)\overset{O}{\overset{\|}{S}}CH_3 \quad (86\%)$$

以有机碱 DBU 作为催化剂，α，β-不饱和亚砜与活泼亚甲基化物（如硝基烷烃）进行 Michael 加成反应，可生成 β-烃基亚砜。

$$RR'CHNO_2 + C_6H_5-\overset{O}{\overset{\|}{S}}CH=CH_2 \xrightarrow[\text{室温，2 h}]{DBU/CH_3CN} RR'\underset{NO_2}{\underset{|}{C}}CH_2CH_2\overset{O}{\overset{\|}{S}}-C_6H_5 \quad (81\%\sim98\%)$$

（2）亚砜的性质

亚砜分子呈棱锥形，棱锥四个顶点分别为碳、碳、硫、氧原子，如二甲亚砜的 $H_3C-\overset{+}{S}(-O^-)-CH_3$ 分子中硫氧键存在的形式，有下列共振杂化体：

$$(H_3C)_2\overset{+}{S}-\ddot{\underset{..}{O}}:^- \longleftrightarrow (H_3C)_2S=\ddot{\underset{..}{O}}:$$

硫原子是 sp^3 杂化，硫氧化 sp^3-p_x 形成 σ 键，d_{xy}-p_z（或 d_{yy}-p_y）形成 π 键，但（p-d）π 彼此重叠得很少，因此形成较强的极性键，氧原子上有较多的负电荷。这种结构形式使亚砜有较大的偶极矩，如二甲亚砜偶极矩为 4.03，和强碱性是一致的，但硫氧之间键长稍短，类似双键。

①亚砜的还原

亚砜的硫氧键都比较弱，容易断裂，故亚砜易被还原成硫醚。用锌和乙酸、二氧化锡、三氯化钛、碘化氢都能定量地把亚砜还原成硫醚：

$$(CH_3CH_2)_2\overset{+}{S}-\overset{-}{O} \rightleftharpoons \left[I^- \; (CH_3CH_2)_2\overset{-}{S}-\overset{+}{O}H_2\right] \xrightarrow{-H_2O} I^-\left[I-S(CH_2CH_3)_2\right]$$

$$\longrightarrow I_2 + CH_3CH_2SCH_2CH_3$$

还可用乙酰氯和碘化钾与亚砜反应，也能定量地把亚砜还原成硫醚：

$$(CH_3CH_2)_2\overset{+}{S}-\overset{-}{O} + CH_3COCl \xrightarrow{AcOH} \left[(CH_3CH_2)_2\overset{+}{S}-O-\overset{O}{\overset{\|}{C}}CH_3\right]\overset{-}{Cl} \xrightarrow{KI}$$

$$\left[I-\overset{+}{S}(CH_2CH_3)_2\right]\overset{-}{I} + CH_3\overset{O}{\overset{\|}{C}}OK + KCl$$

$$\longrightarrow CH_3CH_2SCH_2CH_3 + I_2$$

用硫代硫酸钠溶液滴定碘，可测定亚砜的含量。

②亚砜与乙酐作用生成 α-乙酰氧基亚砜

二甲亚砜与乙酐作用生成 α-乙酰氧基二甲硫醚，产物易水解生成甲硫醇、甲醛和乙酸。

$$CH_3\overset{O}{\overset{\uparrow}{S}}CH_3 + (CH_3CO)_2O \xrightarrow[80\ ^\circ C]{C_6H_6} \left[CH_3\overset{OCOCH_3}{\overset{\uparrow}{\underset{+}{S}}}CH_3\right]\overset{-}{O}COCH_3 \xrightarrow{-CH_3COOH}$$

$$\left[CH_3\overset{OCOCH_3}{\overset{|}{\underset{+}{S}}}-\overset{-}{C}H_2 \longleftrightarrow CH_3\overset{OCOCH_3}{\overset{|}{S}}=CH_2 \longleftrightarrow CH_3\overset{+}{S}(\overset{-}{O}COCH_3)=CH_2 \longleftrightarrow CH_3S(\overset{+}{O}COCH_3)-\overset{+}{C}H_2\right]$$

$$\xrightarrow{AcOH} CH_3SCH_2OCOCH_3 \xrightarrow{H_2O} CH_3SH + CH_2O + CH_3COOH$$

其他含有一个甲基或亚甲基的亚砜和酸酐也能反应，环状的亚砜进行该反应生成环状硫醚：

$$\text{(环状亚砜)} + (CH_3CO)_2O \longrightarrow \left[\text{(2-}OCOCH_3\text{-四氢噻喃)}\right]^{-}OCOCH_3 \longrightarrow \text{(四氢噻喃)}$$

亚砜和强碱试剂反应，再与酯进行酰基化，生成 β-羰基甲砜：

$$CH_3\overset{O}{\overset{\uparrow}{S}}CH_3 \xrightarrow{NaH} CH_3\overset{O}{\overset{\uparrow}{S}}CH_2Na \xrightarrow{RCOX} CH_3\overset{O}{\overset{\uparrow}{S}}CH_2COR$$

在室温条件下，叔丁醇钾存在时，羧酰酯与二甲基亚砜反应能得到良好产率的 β-羰基亚砜：

$$CH_3\overset{O}{\overset{\uparrow}{S}}CH_3 + C_6H_5COOC_2H_5 \xrightarrow[\text{室温}]{(CH_3)_3OK} CH_3\overset{O}{\overset{\uparrow}{S}}CH_2\overset{O}{\overset{\|}{C}}C_6H_5$$

产物有活泼亚甲基，还可进一步反应，如烃基化：

$$CH_3I + CH_3\overset{O}{\overset{\uparrow}{S}}CH_2\overset{O}{\overset{\|}{C}}C_6H_5 \xrightarrow{NaH/THF} CH_3\overset{O}{\overset{\uparrow}{S}}\underset{CH_3}{CH}\overset{O}{\overset{\|}{C}}C_6H_5$$

β-羰基亚砜是有机合成的重要中间体，由它可以合成多种类型的化合物：

$$C_6H_5COCH_2\overset{O}{\overset{\uparrow}{S}}CH_3 \xrightarrow[CH_3I]{NaH} C_6H_5COCH(CH_3)\overset{O}{\overset{\uparrow}{S}}CH_3 \xrightarrow[CH_3I]{NaH} C_6H_5COC(CH_3)_2\overset{O}{\overset{\uparrow}{S}}CH_3 \xrightarrow{Zn/CH_3COOH} C_6H_5COCH(CH_3)_2\ (86\%)$$

$$C_6H_5COCH(CH_3)\overset{O}{\overset{\uparrow}{S}}CH_3 \xrightarrow{Zn/CH_3COOH} C_6H_5COCH_2CH_3$$

$$C_6H_5COCH(CH_3)\overset{O}{\overset{\uparrow}{S}}CH_3 \xrightarrow{H_3PO_4} C_6H_5COCOCH_3\ (43\%)$$

$$C_6H_5COCH_2\overset{O}{\overset{\uparrow}{S}}CH_3 \xrightarrow{Al\text{-}Hg} C_6H_5COCH_3$$

$$C_6H_5COCH_2\overset{O}{\overset{\uparrow}{S}}CH_3 \xrightarrow{\text{碱}/BrCH_2COC_2H_5} C_6H_5CO\underset{}{CH}\overset{O}{\overset{\uparrow}{S}}CH_3 \xrightarrow{\text{碱}} C_6H_5COCH_2CH_2COOC_2H_5\ (52\%)$$

$$C_6H_5COCH_2\overset{O}{\overset{\uparrow}{S}}CH_3 \xrightarrow{H^+} C_6H_5COCH_2\overset{OH}{\overset{|}{S^+}}CH_3 \longrightarrow C_6H_5COCH(OH)SCH_3$$

$$C_6H_5COCH(OH)SCH_3 \xrightarrow{LiAlH_4} C_6H_5CH(OH)CH_2OH\ (80\%)$$

$$C_6H_5COCH(OH)SCH_3 \xrightarrow[CH_2Cl_2]{Cu(OAc)_2} C_6H_5COCHO\ (75\%)$$

③亚砜的烃基化反应

二甲亚砜在氮气中可与氢化钠于 70 ℃时发生反应，生成二甲亚砜-β-钠盐，再与 1-溴十二烷反应，生成甲基十三烷基亚砜，当甲基十三烷基亚砜加热分解成末端烯烃：

$$CH_3\overset{O\uparrow}{S}CH_3 \xrightarrow[70\,℃]{NaH/N_2} CH_3\overset{O\uparrow}{S}CH_2Na \xrightarrow{CH_3(CH_2)_{11}Br} CH_3(CH_2)_{12}\overset{O\uparrow}{S}CH_3 \xrightarrow{\triangle} CH_3(CH_2)_{10}CH{=}CH_2$$

当用强碱作用时，亚砜能与芳基共轭烯烃（如苯乙烯、二苯乙烯）发生反应，如二甲亚砜在室温下：

$$CH_3\overset{O\uparrow}{S}CH_3 + CH_2{=}C(C_6H_5)_2 \xrightarrow[70\,℃]{NaH/N_2} CH_3\overset{O\uparrow}{S}CH_2CH_2CH(C_6H_5)_2 \quad (96\%)$$

④亚砜的氧化作用

卤代烃与亚砜通过加热反应可制备醛，反应如下：

$$RCH_2X + CH_3\overset{O\uparrow}{S}CH_3 \xrightarrow{100\sim160\,℃} \left[RCH_2O-\overset{+}{S}(CH_3)_2\right]X^- \xrightarrow{-HX} \left[R\underset{H}{C}H-O-\overset{+}{S}\begin{matrix}CH_3\\CH_2\end{matrix}\right] \longrightarrow RCHO + CH_3SCH_3$$

亚砜把卤代烃氧化成醛。

一级醇、二级醇能被亚砜氧化成醛、酮，由醇向亚砜的硫原子进行亲核进攻，生成盐正离子，失水后得到产物。

$$C_6H_5CH_2OH + CH_3\overset{\overset{-}{O}H\uparrow}{\underset{+}{S}}HCH_3 \longrightarrow \left[C_6H_5CH_2\underset{H}{O} \longrightarrow {}^{+}S\begin{matrix}CH_3\\CH_3\end{matrix}-\overset{-}{O}\right]$$

$$\longrightarrow \left[C_6H_5\underset{H}{C}H-O-\overset{+}{S}\begin{matrix}CH_3\\CH_3\end{matrix}\quad \overset{-}{O}H\right] \xrightarrow{-H_2O} RCHO + CH_3SCH_3$$

用 N′,N′-二环己基碳二亚胺（DCCI）和磷酸效果较好。

$$(CH_3)_2\overset{+}{S}-\overset{-}{O} + C_6H_{11}N{=}C{=}NC_6H_{11} \xrightarrow{H^+} \left[C_6H_{11}N-\underset{\underset{\underset{H_3C\quad CH_3}{\overset{+}{S}}}{O}}{C}{=}NC_6H_{11}\right]$$

$$\xrightarrow{\begin{matrix}R\\R'\end{matrix}>CHOH} (CH_3)_2\overset{+}{S}-O-\underset{R}{\overset{H}{C}}-R' + O{=}\underset{\underset{H}{NC_6H_{11}}}{\overset{\overset{-}{N}C_6H_{11}}{C}} \longrightarrow CH_3SCH_3 + R\overset{O}{\overset{\|}{C}}R' + C_6H_{11}NH\overset{O}{\overset{\|}{C}}NHC_6H_{11}$$

用二甲基亚砜、乙酐也能顺利把醇氧化成醛、酮，反应如下：

$$(H_3C)_2\overset{+}{S}-\overset{-}{O} + (CH_3CO)_2O \longrightarrow \left[(H_3C)_2\overset{+}{S}-O\overset{O}{\overset{\|}{C}}CH_3\right]\overset{O}{\overset{\|}{O}}CCH_3$$

$$\xrightarrow[-CH_3COOH]{\begin{matrix}R\\R'\end{matrix}>CHOH} \left[(H_3C)_2\overset{+}{S}-O-\underset{H}{\overset{R}{C}}R'\right]\overset{-}{O}COCH_3 \longrightarrow CH_3SCH_3 + R\overset{O}{\overset{\|}{C}}R' + CH_3COOH$$

亚砜作为氧化剂，常用于氧化硫醇、硫酚及一硫羧酸氧化成二硫化物：

$$HSCH_2CH_2CH_2CH_2SH + CH_3\overset{+}{S}(\rightarrow\overset{-}{O})CH_3 \longrightarrow \begin{matrix} CH_2CH_2S \\ | \quad\ \ | \\ CH_2CH_2S \end{matrix} + H_2O + CH_3SCH_3$$

$$2\ C_6H_5SH + CH_3\overset{+}{S}(\rightarrow\overset{-}{O})CH_3 \longrightarrow C_6H_5-S-S-C_6H_5 + H_2O + CH_3SCH_3$$

$$2\ C_6H_5-\overset{O}{\overset{\|}{C}}-SH + CH_3\overset{+}{S}(\rightarrow\overset{-}{O})CH_3 \longrightarrow C_6H_5-\overset{O}{\overset{\|}{C}}-S-S-\overset{O}{\overset{\|}{C}}-C_6H_5 + H_2O + CH_3SCH_3$$

反应是这样进行的：

$$(CH_3)_2\overset{+}{S}-\overset{-}{O} + RSH \rightleftharpoons (CH_3)_2\overset{+}{S}-OH + RS^- \longrightarrow (CH_3)_2S(OH)-SR \overset{RSH}{\rightleftharpoons}$$

$$\left[(CH_3)_2S(OH)-SR \cdots RSH\right] \longrightarrow RSSR + CH_3SCH_3 + H_2O$$

⑤亚砜热解

亚砜热解时，发生顺式消除，生成烯烃。由于亚砜可由二甲基亚砜烃化制备，它的热解采用通过烃化剂增加一个碳原子末端烯的方法。如二苯乙烯与二甲基亚砜反应，在减压的条件下，150～200 ℃时热解，生成 3,3-二苯基丙烯。

$$(C_6H_5)_2C{=}CH_2 + CH_3\overset{O}{\overset{\uparrow}{S}}CH_3 \xrightarrow{NaH} (C_6H_5)_2CHCH_2CH_2\overset{O}{\overset{\uparrow}{S}}CH_3$$

$$\xrightarrow{\triangle} (C_6H_5)_2CHCH{=}CH_2 \qquad (96\%)$$

亚砜可由硫醚氧化制取。如果某种结构分子能加入一烃硫基，通过氧化继而热解，就可在该处形成碳碳双键。如：

$$\text{PhS-取代大环内酯（含 OH、二芳醚）} \xrightarrow[CH_3OH]{OXOH} \xrightarrow{甲苯} \text{相应的烯醇酯大环化合物} \qquad (98\%)$$

羰基化物的 α 位极易引入亚砜基，接着热分解。这是合成 α、β 不饱和羰基化合物常用的方法。

$$\text{三环酮}-\underset{O}{\underset{\|}{S}}\text{-TOL-P} \xrightarrow[\triangle]{CCl_4} \text{三环烯酮} \qquad (78\%)$$

此类反应不需催化剂。除二甲基砜之外，其他亚砜氧化效果也不错。亚砜的氧化能力:二甲基亚砜＞四亚甲基亚砜＞二异丙基亚砜＞二正丁基亚砜。

三级醇与亚砜反应得到的是端烯烃,亚砜不变,如:

$$\text{1-甲基环戊醇(}CH_3\text{, }OH\text{)} + (CH_3)_2S \rightarrow O \xrightarrow{160\,^{\circ}C} \text{1-甲基环戊烯}-CH_3 + CH_3\overset{O\uparrow}{S}CH_3$$

反应按下式进行:

$$\text{1-甲基环戊醇(}O{:}-H\text{)} + \overset{+}{S}(CH_3)_2-\overset{-}{O} \longrightarrow \left[\text{环戊基}(CH_3)(H)-O-\overset{+}{S}(CH_3)_2 \quad \overset{-}{O}H\right] \longrightarrow \text{1-甲基环戊烯}-CH_3 + H_2O + CH_3\overset{O\uparrow}{S}CH_3$$

(3)亚砜的用途和个别化合物

亚砜作为有机合成的中间体,逐渐获得重视。在医药、农药合成中有不少应用,含亚砜的农药有多种,如氰虫腈、乙虫腈、噻菌腈等。亚砜类化合物也可用于生产活性翠蓝KGL、活性嫩黄X-7G、MG以及KP44染料。还可用于相转移催化剂的阻燃剂。由于S═O官能团的固有特性,对胶黏剂、黏固剂起改进作用,能更安全有效,亚砜类胶黏剂或黏固剂施于塑料表面,在不使用压力、加热、紫外线和其他设备的情况下,能在合理时间内固化,在很多方面表现出良好的黏结固化性能。

在亚砜类化合物中二甲基亚砜更为重要。二甲基亚砜(DMSO)的结构式为 $CH_3\overset{\overset{\displaystyle O}{\|}}{S}CH_3$,相对分子质量为78.13。近年来二甲基亚砜的应用领域在不断扩大。

①二甲基亚砜的物理性质

二甲基亚砜是一种透明、无色无臭、呈苦味的液体,毒性极低,是一种水溶性化合物,能溶解绝大多数有机化合物,甚至对无机盐也能溶解。液态二甲基亚砜能高度缔合。二甲基亚砜的物理性质见表7-16。

表7-16 二甲基亚砜的物理性质

项目	数据	项目	数据
熔点/℃	18.55	闪点/℃	95
沸点/℃(10.13 kPa)	189.0	空气中爆炸极限(体积):(下限)	3.35
(1.6 kPa)	72.5	(上限)	42～63
密度/(g·cm^{-3})(20 ℃)	1.101	偶极矩/D(20 ℃)	4.3
(25 ℃)	1.094	与水混合热[50%物质的量]/(kJ·mol^{-1})	2.67
(50 ℃)	1.072		

与水混合物的沸点(0.01 MPa),见表7-17。

表7-17 与水混合物的沸点(0.01 MPa)

组成(水的质量分数)	沸点/℃	与水混合物冰点下降组成(水的质量分数)	冰点下降/℃
0	189	10	−4
10	147	25	−44
20	133	50	−44
30	122	60	−25

（续表）

组成（水的质量分数）	沸点/℃	与水混合物冰点下降组成（水的质量分数）	冰点下降/℃
40	114	70	−14
50	108	—	—
60	105	—	—
70	103	—	—
80	102	—	—
90	101	—	—
100	100	—	—

二甲基亚砜与水可任意混溶，溶液呈中性。在 20 ℃时能吸收氯化氢质量浓度的30%，二氧化氮质量浓度的 30%，二氧化硫质量浓度的 60%，并能缓慢反应。可以与乙醚、苯胺任意混溶，但当加水时会降低其溶解度。

②二甲基亚砜的化学性质

二甲基亚砜呈微弱碱性，对酸不稳定，与强酸反应能生成盐，对碱比较稳定。它是良好的有机物受体，能与无机盐作用生成络合物，易发生络合。在其沸点温度只发生微弱分解，生成甲醛。二甲基亚砜与氯气反应能生成多种含氯化合物；与强氧化剂氧化能生成砜；与还原剂反应能生成甲硫醚。在 160～175 ℃时，与其他有机硫化物可发生氧交换反应，有机硫化物氧化成相应的砜，而二甲基亚砜转化成甲硫醚：

$$(C_2H_5)_2S+(CH_3)_2S\rightarrow O \longrightarrow (CH_3CH_2)_2S\rightarrow O+(CH_3)_2S$$

在苯中能发生聚合。

③二甲基亚砜的生产方法

二甲基亚砜的生产方法有氧化法和电解法。

氧化法是以二甲硫醚为原料，多种氧化剂都能把其氧化成二甲基亚砜。反应式如下：

$$(CH_3)_2S+\frac{1}{2}O_2 \longrightarrow (CH_3)_2S\rightarrow O$$

由于二甲基亚砜可以被氧化成二甲基砜，所以必须选用能使二甲硫醚氧化生成二甲基亚砜的氧化剂，现在工业上都使用二氧化氮氧化法，如图 7-3 所示。用二氧化氮为氧化剂，连续液相氧化二甲硫醚生产二甲基亚砜，反应如下：

$$(CH_3)_2S+NO_2 \longrightarrow (CH_3)_2SO+NO$$

NO 与空气氧化生成 NO_2，可循环使用：

$$NO+\frac{1}{2}O_2 \longrightarrow NO_2+123.4\ kJ/mol$$

反应溶剂就是二甲基亚砜本身。

氧化的工艺过程：从储罐(3)来的液态二氧化氮在蒸发器(4)中蒸发为气体二氧化氮后，与从储罐(2)来的氧气混合，经细孔板(5)进入氧化塔(6)的底部。同时从氧化塔顶部溢流出的粗二甲基亚砜溶液经泵(9)与从储罐(1)来的液态二甲基硫醚混合，从细孔板(5)的上部进入氧化塔。二氧化氮、二甲基硫醚和氧气在氧化塔(6)内进行反应，生成二甲基亚砜。氧化塔内安装多个冷却器(8)，使塔内维持一定温度分布。氧化塔顶部设置洗涤器(7)，器内填充拉西环，从洗涤器顶部喷洒冷却过的粗二甲基亚砜，与从氧化塔顶部上升的气体逆流接触，回收被气体夹带的部分未反应的二甲基硫醚和二氧化氮，气体经洗涤器顶部排空。从氧化塔顶部溢出的粗二甲基亚砜需脱除易挥发组分，为此粗二甲基亚砜经泵(10)输送到过热器(11)，过热到 60～80 ℃后进入脱气塔(12)，与从塔底部通入的空气逆流接触，脱出易挥发组分。脱气后的粗二甲基亚砜，一部分经冷却器(14)循环回洗涤器顶部，用来回收二甲基硫醚和二氧化氮，另一部分经中和精制后成为二甲基亚砜产品。

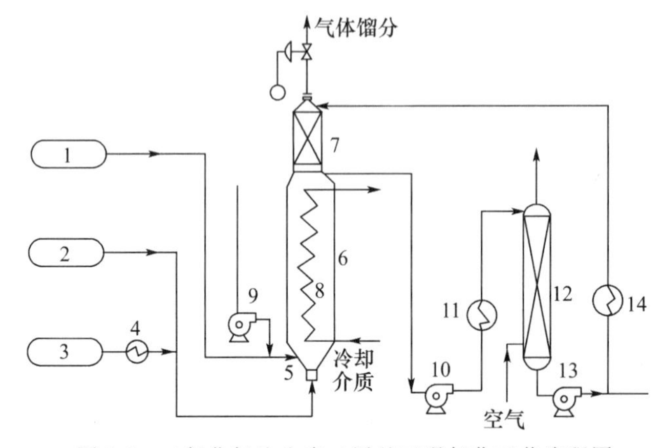

图 7-3 二氧化氮法生产二甲基亚砜氧化工艺流程图

1—二甲基硫醚储罐；2—氧气储罐；3—液态二氧化氮储罐；4—蒸发器；5—细孔板；6—氧化塔；7—洗涤器；8、14—冷却器；9、10、13—泵；11—过热器；12—脱气塔

生产能力为 3 t/d 的二甲基亚砜装置的反应条件、原料用量、二甲基亚砜收率见表 7-18。

表 7-18 生产能力为 3 t/d 的二甲基亚砜装置的反应条件、原料用量、二甲基亚砜收率

反应温度/℃			排空气体温度/℃	压力/kPa(表压)	二甲基硫醚进入量/($kg \cdot h^{-1}$)
底部	中部	顶部			
52	42	38	20	0.66	125

标准状态氧气/($mL \cdot h^{-1}$)	液态二氧化氮/($kg \cdot h^{-1}$)	粗二甲基亚砜/($kg \cdot h^{-1}$)	循环的二甲基亚砜/($kg \cdot h^{-1}$)	纯二甲基亚砜产率/%
23.5	8.0	141.5	140	90

电介法生产二甲基亚砜：在常规或有隔膜的电解槽中，以二甲基亚砜为溶剂，电解质中二甲基硫醚在阳极上氧化成二甲基亚砜。阳极氧化反应如下：

$$(CH_3)_2S + H_2O \xrightarrow{-2e} (CH_3)_2S \longrightarrow O + 2H^+$$

电解质为碱金属和碱土金属卤化物或硫酸、硝酸盐和磺酸盐。阳极为石墨或铂，阴极为铂或不锈钢，电解温度为 20～30 ℃。

近期有用发酵法、光氧化法从二甲基硫醚制备二甲基亚砜的报道。

④二甲基亚砜的用途

二甲基亚砜是选择性溶剂、分离混合物。提取金属化合物，已用二甲基亚砜从裂解石油产品中提取镍、钒化合物。选择性脱除酸性气体。如由 40%二异丙胺、40%二甲基亚砜、15%的水，在 2.0 MPa 压力下从煤气中脱除二氧化碳、硫化氢和硫氧化碳(COS)。

从乙烯、乙炔混合物中提取乙烯，从 C_4 馏分中提取丁二烯，从 C_5 馏分中分离、提取异戊二烯，从裂解或重正的石油产品中提取苯、甲苯和二甲苯。用含 25%水的二甲基亚砜从苯中分离出噻吩。二甲基亚砜对有机、无机硫化物有一种特有的亲和力，还用其脱除石油中的硫化物。可作为烯纤维的溶剂或丙烯腈与其他单体共聚物的溶剂。也用于其他合成纤维的溶剂，如聚酰胺聚砜溶剂。用于农药溶剂和添加剂。用作染料溶剂。还有其他方面的许多用途。

二甲基亚砜也是活泼的反应试剂，在有机合成中有广泛应用。

用亚砜、二甲基亚砜萃取金属离子方面有很多研究。如李耀伟用亚砜从 Sn 和 Rh 混合离子中萃取 Rh，萃取率达 99%。王文明研究用不同结构亚砜萃取 Ph。

二甲基亚砜用于农药时，可作为农药增效剂、渗透剂，也可作为溶剂溶解杀虫剂、杀菌剂增加药效。0.05%二甲基亚砜水溶液在大豆开花时喷洒，能使大豆增产 10%～15%。

二甲基亚砜是个好溶剂，也是好试剂，在制药、其他工业以及农业上有很大用途。但二甲基亚砜溶解能力和穿透能力都很强，使用时避免与皮肤接触，防止把各种化合物经皮肤带入体内，后果难以预料。因此有一定潜在危险，应加以防护。

2. 砜

砜是硫酰基 $-\overset{O}{\underset{O}{\overset{\|}{\underset{\|}{S}}}}-$ 与烃基结合而成的化合物，分子式可表示成 $ArS(=O)_2-Ar'$、$ArS(=O)_2-R$、$R-S(=O)_2-R'$，Ar、Ar′、R 和 R′为不同的烃基或其衍生物残基。砜是有机合成、合成药物、农药及高分子化合物的原料中间体，是优良的非质子溶剂。

(1)砜的合成

①硫醚氧化法

硫醚在温和的氧化条件下可氧化成亚砜，硫醚和亚砜可进一步被多种氧化剂氧化成砜。

$$R-SR' \xrightarrow{(O)} RS(=O)R' \xrightarrow{(O)} RS(=O)_2-R'$$

常用的氧化剂有过氧化物、高锰酸钾、三氧化铬、次氯酸钠和硝酸等。使用过氧化物为氧化剂，一般需用钒、钼等金属为催化剂或用乙酸、硫酸催化。用钨酸钠催化，过氧化氢为氧化剂，在丙酮中氧化是硫醚氧化成砜的好方法。本法收率好，无三废。

硫醚在二氯甲烷或丙酮水溶液中，用 30%的过氧化氢水溶液在室温下氧化生产高产率的砜：

$$C_2H_5SCH(CH_3)_2 + 2H_2O_2 \xrightarrow[CH_2Cl_2,\ H_2O]{\text{钼酸铵}} C_2H_5S(=O)_2CH(CH_3)_2 + 2H_2O$$

(98%)

用浓硝酸为氧化剂，砜的收率也很好：

$$3CH_3CH_2CH_2SCH_2CH_2CH_3 + 8HNO_3 \xrightarrow{115\sim150℃} 3CH_3CH_2CH_2S(=O)_2CH_2CH_2CH_3 + 6NO_2 + 2NO + 4H_2O$$

砜眠药的制备就是硫醚氧化法：

$$(CH_3)_2C{=}O + 2HSC_2H_5 \longrightarrow (CH_3)_2C(SC_2H_5)_2 \xrightarrow{(O)} (CH_3)_2C(SO_2C_2H_5)_2$$

当用甲、乙酮代替丙酮时，就可制得三乙砜眠药：

$$CH_3CH_2-C(CH_3)(SO_2C_2H_5)-SO_2CH_2CH_3$$

亚砜用硝酸氧化可制成砜，多种氧化剂都能把亚砜氧化成砜。

$$CH_3S(=O)CH_3 + 2HNO_3 \xrightarrow{115\sim150℃} CH_3S(=O)_2CH_3 + 2NO_2 + H_2O$$

用过氧化氢与氧化亚砜反应制备砜化物，如 3，3′-二磺酸-4，4-二氟苯砜的合成：

$$F-C_6H_5 \xrightarrow[NaClO_4]{SOCl_2} F-C_6H_4-S(=O)-C_6H_4-F \xrightarrow{H_2O_2} F-C_6H_4-S(=O)_2-C_6H_4-F \xrightarrow{发烟\ H_2SO_4} F-C_6H_3(SO_3H)-S(=O)-C_6H_3(SO_3H)-F$$

硫醚在尿素过氧化氢/三氟乙酸酐氧化体系中氧化，产品收率都很高：

$$CH_3-S-CH_2CH{=}CH_2 \xrightarrow[SiO_2,\ CH_2Cl_2]{尿素过氧化氢2.2倍} CH_3-S(=O)_2-CH_2CH{=}CH_2 \quad (100\%)$$

过硼酸钠($NaBO_3 \cdot nH_2O, n=1\sim4$)、硝基四氟化硼($NO_2BF_4$)及全氟代顺-2，3-二烷基氧杂氮杂环丙烷均是合成砜的有效氧化剂。如全氟代顺-2，3-二烷基氧杂氮杂环丙烷 (氧杂氮杂环丙烷结构式：N上连 R_f^1，C上连 R_f^2 和 F) ($R_f^1=nC_4F_9$ 或 nC_6F_{13}、$R_f^2=nC_3F_7$ 或 nC_5F_{11})是一种新的中性氧化剂，当氧化剂用量为硫醚的 2.2 倍时，砜产率可达 90%～98%。

$$R-S-R' + \text{(氧杂氮杂环丙烷)} \xrightarrow[-20\sim0℃]{CFCl_3-CHCl_3} R-S(=O)_2-R' + R_f^1-N{=}C(F)R_f^2$$

用分子氧和醛复合物可使硫醚氧化成砜，收率高且没有污染。以异丁醛和环己基甲醛与分子氧体系为最佳。

$$R-S-R' \xrightarrow[ClCH_2CH_2Cl,\ 2h]{O_2,\ (CH_3)_2CHCHO} R-S(=O)_2-R' \quad (95\%\sim97\%)$$

对于一些缺电性的硫醚，用 $HOF—CH_3CN$ 为氧化剂，当用量为硫醚的4～5倍时，砜收率高。

$$F-C_6H_4-S-C(CF_3)_3 \xrightarrow{HOF-CH_3CN} F-C_6H_4-SO_2-C(CF_3)_3 \quad (94\%)$$

②用亚磺酸盐烃化制取砜

亚磺酸盐与伯、仲卤代烷或磺酸酯是合成砜的重要方法。活性芳烃卤化物反应也能顺利进行：

$$H_3C-C_6H_4-SO_2Na + ICH_3 \xrightarrow[\triangle]{CH_3OH} H_3C-C_6H_4-SO_2CH_3 \quad (75\%)$$

对甲苯亚磺酸钠与溴化四丁胺在水和二氯甲烷中生成对甲苯亚磺酸氨盐，再与卤烃的四氢呋喃溶液反应生成砜：

$$H_3C-C_6H_4-SO_2Na + (n\text{-}C_4H_9)_4NBr \xrightarrow{HOCH_2Cl} (n\text{-}C_4H_9)_4NBr.\ NaO_2S-C_6H_4-CH_3$$

$$(n\text{-}C_4H_9)_4NBr\cdot NaO_2S-C_6H_4-CH_3 + Cl-C_6H_4-CH_2Br \xrightarrow{THF} H_3C-C_6H_4-SO_2-C_6H_4-Cl\ (90\%)$$

炔基高碘化物（$RC\equiv CI-C_6H_4-OTs$）在甲乙基溴化铵催化下与亚磺酸钠反应，生成炔基砜。

$$RC\equiv CIPhOTs + R'SO_2Na \xrightarrow[\text{室温}]{(C_2H_5)_4NBr/CH_2Cl_2,H_2O} RC\equiv CSO_2R' + PhI \quad (68\%\sim95\%)$$

③芳烃直接磺化制备砜化物

如氯苯用浓硫酸在200 ℃下磺化，不断以氯苯带水：

$$Cl-C_6H_5 + H_2SO_4 \xrightarrow{200\ ℃} Cl-C_6H_4-SO_2-C_6H_4-Cl$$

当用氯磺酸磺化时，反应更易发生：

$$1,3,5\text{-}(CH_3)_3C_6H_3 + HOSO_2Cl \longrightarrow 2,4,6\text{-}(CH_3)_3C_6H_2-SO_2Cl \xrightarrow{3,5\text{-}(CH_3)_2C_6H_3OH} [2,4,6\text{-}(CH_3)_3C_6H_2]_2SO_2$$

磺酰氯在三氯化铝催化下与芳烃进行磺化：

$$H_3C-C_6H_4-SO_2Cl + C_6H_5-CH_3 \xrightarrow{AlCl_3} H_3C-C_6H_4-SO_2-C_6H_4-CH_3$$

$$H_3C-C_6H_4-CH_3 + CH_3SO_2Cl \xrightarrow[50\,℃]{AlCl_3} H_3C-SO_2-C_6H_3(CH_3)_2 \quad (91\%)$$

芳磺酸在有酸性催化剂和脱水剂存在下，砜收率很高：

$$H_3C-C_6H_4-SO_3H + C_6H_5-CH_3 \xrightarrow[20\,℃]{CH_3SO_3H\cdot P_2O_5} H_3C-C_6H_4-SO_2-C_6H_4-CH_3 \quad (94\%)$$

磺酸酐与磺酰氯相比，是更好的磺化剂。如对甲苯磺酸与三氟甲磺酸混酐与苯反应：

$$H_3C-C_6H_4-SO_2OSO_2CF_3 + C_6H_6 \xrightarrow{0\,℃} H_3C-C_6H_4-SO_2-C_6H_5 \quad (93\%)$$

磺酸酯与有机镁化合物反应，如苯甲磺酸苯酯与溴化苯基镁于室温下反应，生成苄基苯砜：

$$C_6H_5-CH_2SO_2O-C_6H_5 + C_6H_5-MgBr \xrightarrow[18\sim20\,℃]{(C_2H_5)_2O} C_6H_5-CH_2-SO_2-C_6H_5 \quad (84\%)$$

在水介质中，有锌粉存在下，磺酰氯可与烷基卤化物反应生成砜：

$$RSO_2Cl + R'Br \xrightarrow[THF\sim NH_4Cl/H_2O,\ 0\,℃\sim室温]{Zn} RSO_2R' \quad (51\%\sim82\%)$$

④砜可烃化制取砜化物

砜的 α-H 有一定酸性，在碱作用下可形成 α-负碳离子，进一步烃化和酰化。如二苄基砜在液氨中与氨基钾生成双甲盐，能与苄基氯反应。

$$C_6H_5-CH_2-SO_2-CH_2-C_6H_5 \xrightarrow{KNH_2,\ NH_3} C_6H_5-CH(K)-S(O)(OK)-CH-C_6H_5 \xrightarrow{2\ C_6H_5CH_2Cl} C_6H_5-CH(C_6H_5)-SO_2-CH(C_6H_5)-C_6H_5$$

二甲砜与氢化钠在 65 ℃下反应，可生成二甲砜钠盐，可烃基化。如与苯甲酸甲酯反应：

$$CH_3SO_2CH_3 \xrightarrow[65\,℃]{NaH/DMSO} CH_3SO_2CH_2Na \xrightarrow[THF]{C_6H_5COOCH_3} CH_3SO_2-CH_2CO-C_6H_5 \quad (80\%)$$

(2)砜的理化性质

砜化物绝大多数都是固体。几种砜化物的沸点、熔点和密度等见表 7-19。

表 7-19　几种砜化物的沸点、熔点和密度

砜化物	沸点/℃	熔点/℃	密度/(g·cm^{-3})	溶解度	偶极矩
二甲砜	238	109	1.17	溶于水	—
二丙砜	270	28～30	1.028	—	—
环丁砜	287.3	28.4	1.296	—	4.69
二苯砜	379	128～129	—	—	
二苄砜	—	134	—	溶于热水	—
4,4′-二羟基二苯砜	—	7.245	1.366	难溶	—
4,4-二氨基二苯砜	—	178～179	1.33	难溶	—
3,3′-二氨基二苯砜	—	171～172	—	—	—
4,4-二氯二苯砜	$250^{2\ \text{kPa}}$	146～149	1.54	不溶	—
四溴双酚 A	—	289～292	—	不溶	—
三甲基环丁砜	275	—	1.191	—	—

砜的性质与其结构相关。硫价电子层构型与氧相似，所不同的是氧原子的价电子处于第二能层(L 层)，而硫原子的价电子则处于第三能层(M 层)。与氧原子相比，硫原子体积较大，电负性较小，电子离核较远，所以砜类偶极矩较大。砜和亚砜中心的硫原子是 sp^3 杂化态，$-\overset{\overset{\textstyle O}{\|}}{\underset{\underset{\textstyle O}{\|}}{S}}-$键中氧、硫原子之间存在 sp^3-p_x、d_{xp}-p_x 或 $p_y\pi$ 键，由于 d-p 重叠不多，如图 7-4 所示。故 S ═键为强极性键，硫原子带部分正电荷，而氧原子带部分负电荷，存在如下共振极限式：

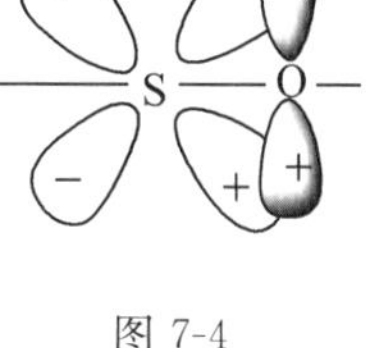

图 7-4

$$R-\overset{\overset{\textstyle O}{\|}}{S}-R' \longleftrightarrow R-\overset{\overset{\textstyle O^-}{|}}{\overset{+}{S}}-R'$$

$$R-\underset{\underset{\textstyle O}{\|}}{\overset{\overset{\textstyle O}{\|}}{S}}-R' \longleftrightarrow R-\underset{\underset{\textstyle O}{\|}}{\overset{\overset{\textstyle O^-}{|}}{\overset{+}{S}}}-R' \longleftrightarrow R-\underset{\underset{\textstyle O^-}{|}}{\overset{\overset{\textstyle O^-}{|}}{\overset{+}{S}}}-R'$$

因而砜和亚砜的 α-H 有一定酸性，氧原子有亲核性，硫原子氧化态较高，能被还原。

①砜的烃基化

砜的 α-H 有一定酸性，在碱试剂存在下，能发生烃化和酰基化反应，用此反应可合成多种类型的 α-取代砜，如二苄基砜在液氨中可与两分子苄基氯进行烃基化：

$$C_6H_5-CH_2-\underset{\underset{\textstyle O}{\|}}{\overset{\overset{\textstyle O}{\|}}{S}}-CH_2-C_6H_5 \xrightarrow{2KNH_2,\ NH_3} C_6H_5-\overset{\overset{\textstyle K}{|}}{CH}-\underset{\underset{\textstyle O}{\|}}{\overset{\overset{\textstyle O}{\|}}{S}}-\overset{\overset{\textstyle K}{|}}{CH}-C_6H_5$$

$$\xrightarrow{2\ C_6H_5CH_2Cl} C_6H_5-\overset{\overset{\textstyle C_6H_5}{|}}{\overset{\textstyle CH_2}{\overset{|}{CH}}}-\underset{\underset{\textstyle O}{\|}}{\overset{\overset{\textstyle O}{\|}}{S}}-\underset{\underset{\textstyle C_6H_5}{|}}{\underset{\textstyle CH_2}{\underset{|}{CH}}}-C_6H_5$$

氯代砜在过量氨基钠、乙二醇二甲醚中加热回流，可发生分子烃基化反应，生成环烷基砜：

$$\text{C}_6\text{H}_5\text{-CH}_2\text{-SO}_2\text{-(CH}_2)_6\text{Cl} \xrightarrow[\triangle]{\text{NaNH}_2,\ \text{DME}} \text{C}_6\text{H}_5\text{-CH}_2\text{-SO}_2\text{-C}_6\text{H}_{11}$$

二甲基砜在氢氧化钠、二甲基亚砜中加热到 65 ℃后，加入苯甲酸甲酯、四氢呋喃溶液，可得到高产率羰基砜：

$$CH_3SO_2CH_3 \xrightarrow[65\ ℃]{NaH,\ DMSO} CH_3SO_2CH_2Na \xrightarrow{C_6H_5COOCH_3} CH_3SO_2CH_2COC_6H_5 \quad (80\%)$$

β-羰基砜有活性更高的亚甲基，可进一步烃化、酰基化，生成 α-取代的 β-羰基砜。

$$C_6H_5COCH_2SO_2CH_3 \xrightarrow{NaH,\ DMSO} C_6H_5COCH(Na)-SO_2-CH_3 \xrightarrow{C_2H_5I} C_6H_5COCH(C_2H_5)-SO_2-CH_3 \quad (78\%)$$

上面砜的烷基化、酰基化都是经历 α-C 负离子的过程。当砜基 β-位上有不饱和键时，α-C 负离子更容易形成。用一定强度的碱，甚至较弱的碱，即可去氢。去氢后可烷基化、酰基化，由此可制取某些目标化合物：

$$C_6H_5-SO_2-CH_2CH{=}CH_2 \xrightarrow{碱} C_6H_5-SO_2-\overset{-}{C}HCH{=}CH_2 \xrightarrow{RX}$$

$$C_6H_5-SO_2-CH(R)CH{=}CH_2 \xrightarrow{异构化} C_6H_5-SO_2C(R){=}CHCH_3 \longrightarrow RCH{=}CHCH_3$$

如果砜基是 CF_3SO_2—，则比 $C_6H_5SO_2$—效果更好。

②α-砜基负离子与羰基化物反应

有 α-氢的砜在有机锂或有机镁作用下，可形成砜负离子，可与羰基化物发生加成反应：

$$C_6H_5-SO_2CH_3 \xrightarrow{烷基锂} C_6H_5-SO_2\overset{-}{C}H\ Li \xrightarrow{Me-CO-C_3H_5} C_6H_5-SO_2CH_2-C(OH)(CH_3)-C_3H_5$$

脱水后

$$C_6H_5-SO_2CH_2-C(OH)(CH_3)-C_3H_5 \xrightarrow{-H_2O} C_6H_5-SO_2CH{=}C(CH_3)-C_3H_5$$

又如缩合反应：

$$C_6H_5-SO_2CH_3 + OHC-C_6H_4-Cl \xrightarrow[相催化剂]{MeOH\cdot H_2O\cdot CH_2Cl_2} C_6H_5-SO_2CH{=}CH-C_6H_4-Cl$$

当砜与羰基化物缩合成 β-羰基砜，再用甲磺酰氯酰化及钠汞齐处理，会有良好产率，生成烯：

$$C_6H_5-SO_2CH_2CH_3 \xrightarrow{n\text{-}BuLi} \left[C_6H_5-SO_2\overset{-}{C}HCH_3\right]\overset{+}{Li} \xrightarrow{n\text{-}C_9H_{19}CHO}$$

$$C_6H_5-SO_2CH(CH_3)-CH(OH)(CH_2)_3CH_3 \xrightarrow[Na/Hg]{CH_3SO_2Cl} CH_3CH{=}CH(CH_2)_3CH_3 \quad 80\%$$

由癸醛转化成 1-十一烯：

$$CH_3SO_2\text{-(1,3-benzodithiol-2-yl)} + n\text{-}C_9H_{19}CHO \xrightarrow[\text{室温}]{LDA/THF,\ -78\ ℃} CH_2{=}CHC_9H_{19}$$

③α-砜基负离子可制取羰基化合物

$$RR'CHSO_2\text{—}C_6H_5 \xrightarrow[(Me_3SiO)_2]{BuLi} RR'CO + C_6H_5\text{—}SO_3Li$$

这是一锅煮反应。

$$RR'CHSO_2\text{—}C_6H_5 \longrightarrow RR'C(Cl)SO_2\text{—}C_6H_5 \xrightarrow[AgClO_4]{CF_3COOH} RR'C{=}O$$

④砜热解生成烯烃

常用于 α、β 不饱和羰基化物的合成。如：

$$\text{(BuO)}_2\text{(BuOCH}_2\text{)-吡喃环-C(CO}_2\text{Me)SO}_2\text{Ph} \xrightarrow{200\ ℃} \text{(BuO)}_2\text{(BuOCH}_2\text{)-二氢吡喃-C=SO}_2\text{Ph} \quad (88\%)$$

1,1-二氧硫代环丙烷是一类环状的砜，可由多种方法制得，继而热解成烯：

$$RR'CHSH \xrightarrow[(O)]{HCHO/HCl} RR'CHSO_2CH_2Cl \xrightarrow{MeOH} RR'C\text{—}CH_2(SO_2) \longleftarrow CH_2N_2 + RR'CHSO_2Cl$$

$$RR'C\text{—}CH_2(SO_2) \xrightarrow{\triangle} R_2C{=}CH_2$$

α-卤代砜在碱作用下容易消去生成烯：

$$O{=}S\text{(CHCl)}\text{环二炔}(CH_2)_3 \xrightarrow[THF]{t\text{-}BuOK} \text{环烯二炔}(CH_2)_3$$

与热解生成烯不同，β-酰氧基砜是在金属或金属盐作用下发生消去生成烯：

$$C_6H_5CH(OAc)CH_2SO_2Ph \xrightarrow[C_2H_5OH]{Mg/HgCl_2} C_6H_5CH{=}CH_2 \quad (98\%)$$

⑤砜的 α-氢的卤代反应

如环丁砜在紫外线照射下与氯化溴反应可生成一溴代环丁砜。如继续照射可生成 2,5-二溴环丁砜：

$$\text{环丁砜} + BrCl \xrightarrow{UV} \text{2-溴环丁砜} \xrightarrow[BrCl]{UV} \text{2,5-二溴环丁砜}$$

⑥砜的还原反应

用氢化锂与四氯化钛在四氢呋喃中回流则生成络合物，能把环丁砜还原成四氢噻吩：

$$\text{环丁砜} \xrightarrow[\text{四氢呋喃，回流}]{LiH\text{-}TiCl_4} \text{四氢噻吩}$$

甲基烯基硫醚的合成：

$$\text{R}-\text{CH}(\text{CH}_3)-\text{SO}_2\text{Ph} \xrightarrow{t\text{-BuLi}} \text{Me}-\text{C}(\text{R})(\text{Li})-\text{SO}_2\text{Ph} \xrightarrow{\text{Li}-\text{CH}(\text{SMe})-\text{SO}_2\text{TOl-P}} \text{Me}(\text{R})\text{C}=\text{CH}(\text{SMe}) \quad (85\%)$$

溴化氢在环丁砜中呈褐色，是由于有如下平衡反应：

$$\text{环丁砜}(\text{S}(=\text{O})_2) + 2\text{HBr} \rightleftharpoons \text{环丁亚砜}(\text{S}=\text{O}) + \text{Br}_2 + \text{H}_2\text{O}$$

环丁砜与 Lewis 酸能形成络合物，如与三氧化硫形成络合物，用作磺化剂的三氧化硫，与三氯化硼能形成 1∶1 的白色吸湿性固体。

(3)砜的用途和个别砜化合物

砜化合物的用途也是多方面的，不同的砜化合物有不同用途。作为溶剂，如环丁砜，最大用途是高效、低毒、低挥发性的稳定溶剂。环丁砜的主要物理常数——沸点：289.3 ℃，熔点：28.46 ℃，密度：1.276 g/cm^3，黏度：10.34 mPa・s(30 ℃)，溶解能力：有四十多种常见化合物室温下完全溶解，包括 30%氨水、93%硫酸，在 100 ℃完全混溶有近二十种。由于环丁砜结构特点而具有的特殊理化性能，使其具有许多用途。

①净化气体

净化天然气、氢气和合成气，脱出其中酸性组分，净化效果好，见表 7-20。

表 7-20 H_2S、COS 和 CH_3SH 的净化效果

物质	H_2S	$COS/10^{-6}$	$CH_3SH/10^{-6}$
净化前	1.5%(质量分数)	600	300
净化后	0.5×10^{-6}	3	5

不腐化设备。已被许多工厂使用，中国 20 世纪 70 年代建立了砜酸性脱出合成氨气中二氧化碳的装置，并创造性地开发了环丁砜-二异丙胺溶剂一次脱除合成氨原料气中硫化物净化技术。

②萃取芳烃

用环丁砜为溶剂萃取芳烃 B、T、X，工艺流程短、产品收率高、纯度高、经济。

③回收

环丁砜用于各种回收系统。如回收丁二烯，用环丁砜的丙酮或甲、乙酮混合溶剂进行萃取蒸馏，丁二烯回收率大于 95%。从不纯甲酸废水中回收甲酸和乙酸，从三氟乙酸溶液中回收钯催化剂，从 OXO 反应产物中回收钴。

④用于有机合成溶剂

用硫酸钯、环丁砜、三氧化硫磺化蒽醌，α-蒽醌磺酸选择性在 97%以上。以环丁砜为溶剂合成酞菁染料，收率达 99.1%，纯度为 99.8%。

⑤分离

二甲苯和苯乙烯用一般精馏方法分离，邻二甲苯和苯乙烯相对挥发度为 1.008，如加入环丁砜，相对挥发度为 1.35，容易分离。

分离二氯苯、邻二氯苯(沸点 179 ℃)、间二氯苯(沸点 173 ℃)、对二氯苯(沸点 173.9 ℃)，可精馏分离，但不经济。但间二氯苯与对二氯苯分离，加入环丁砜进行萃取精

馏可分别得到高纯度间二氯苯和对二氯苯。

苯乙烯和 C_8 分离：以环丁砜为溶剂，采用萃取精馏可由 C_8 混合物中分离出苯乙烯。

以环丁砜为溶剂进行萃取精馏可分离提纯多种结构、沸点相近的混合物，如环己烯和环己烷或环己烯和苯的混合物等。

⑥用作合成高聚物溶剂

以环丁砜为溶剂合成高聚物，性能得到提高。如提高聚氨酯橡胶性能，合成聚酰亚胺。以环丁砜为溶剂，4，4′-二氯二苯砜与4，4′-二羟基联苯或对苯二酚合成有韧性、耐热、防腐的热塑性聚合膜，制备半渗透膜等。

在环丁砜中，在有机磷催化下能把硫化物的二氧化硫转化成高纯度单质硫。

工业上专用二氧化硫与丁二烯进行 Diels-Alder 反应，生成环丁烯砜，环丁烯砜催化加氢而制取环丁砜：

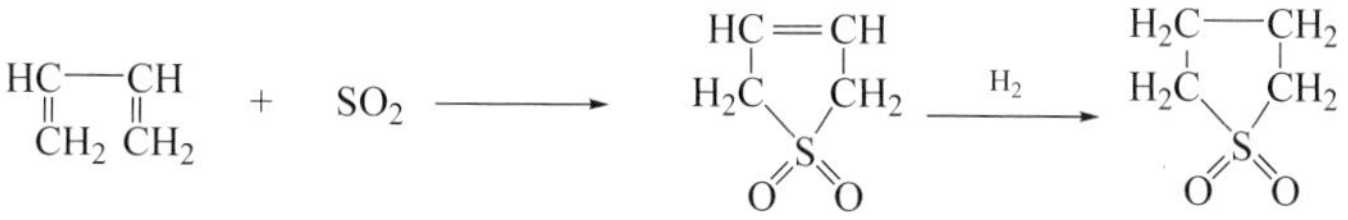

$$CH_2{=}CH{-}CH{=}CH_2 + SO_2 \longrightarrow \text{HC=CH, }H_2C\ \ CH_2\text{ (环丁烯砜, }SO_2\text{)} \xrightarrow{H_2} \text{H}_2\text{C—CH}_2\text{, }H_2C\ \ CH_2\text{ (环丁砜, }SO_2\text{)}$$

环丁砜化合物是用途广、用量大的化合物。

不少砜化合物是医药和农药合成的中间体。如二苄基砜-4，4′-二氯二苯砜、4，4′-二氨基二苯砜、对甲砜苯甲醛等。4，4′-二氨基二苯砜是合成能抑制麻风杆菌、用以治疗麻风病和防止该病传播的药物，如氨苯砜（$H_2N{-}C_6H_4{-}SO_2{-}C_6H_4{-}NH_2$）、二乙酰氨苯砜（$CH_3CO{-}NH{-}C_6H_4{-}SO_2{-}C_6H_4{-}NHCOCH_3$）、苯丙砜（$C_6H_5{-}CH(SO_3Na)CH_2CH(SO_3Na){-}NH{-}C_6H_4{-}SO_2{-}C_6H_4{-}NHCH(SO_3Na)CH_2CH(SO_3Na){-}C_6H_5$）、葡氨苯砜（$HOCH_2(CHOH)_4CH(SO_3Na){-}NH{-}C_6H_4{-}SO_2{-}C_6H_4{-}NHCH(SO_3Na)(CHOH)_4CH_2OH$）等。含砜基药物有多种，如抗生素中青霉烷砜中的舒巴坦（青霉烷砜结构，含 $S(=O)_2$、CH_3、CH_3、N、COOH）和他唑巴坦（青霉烷砜结构，含 $S(=O)_2$、CH_2-三唑基、CH_3、N、COOH）。对革兰阳性和阴性菌都有作用。当与青霉素、头孢菌素类合用时可显著提高抗菌作用。抗生素中甲砜霉素（$CH_3SO_2{-}C_6H_4{-}CH(OH){-}CH(NHCOCHCl_2)CH_2OH$）抗菌作用与青霉素相似，抗菌作用强，用于伤寒、呼吸道感染、尿路感染、败血症和脑炎等，副作用少。消炎药美洛昔康（含 OH、CONH-5-甲基噻唑基、SO_2 的苯并噻喃结构，CH_3）、氯诺昔康（含 CONH-吡啶基、SO_2 的苯并噻喃结构）都是选择性抑制环氧

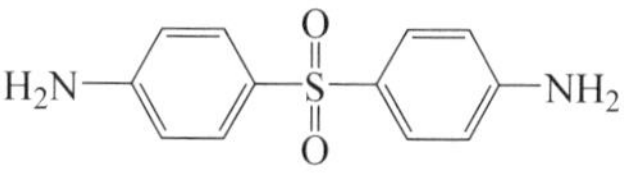

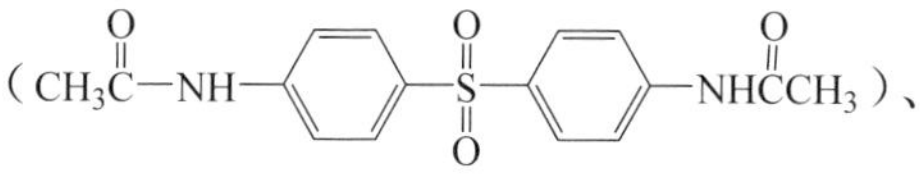

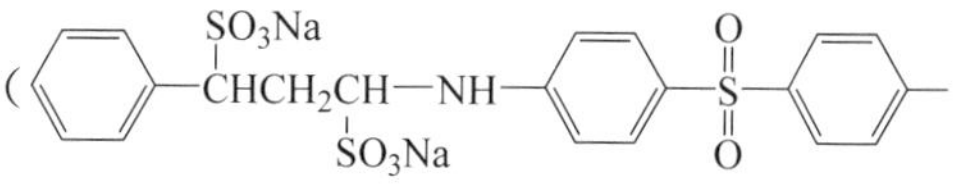

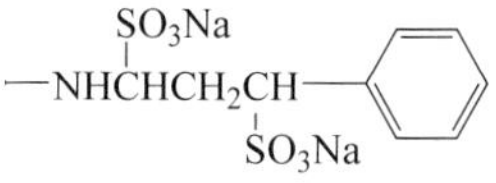

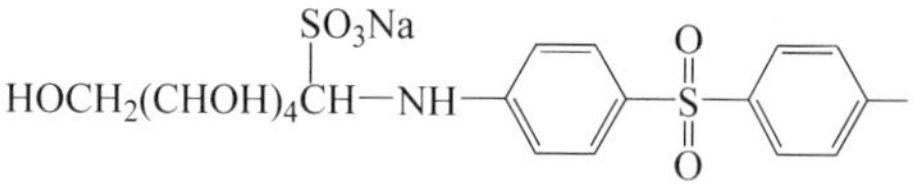

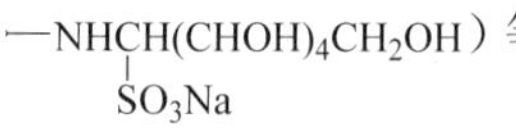

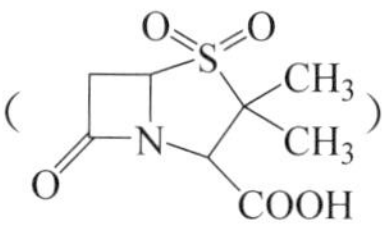

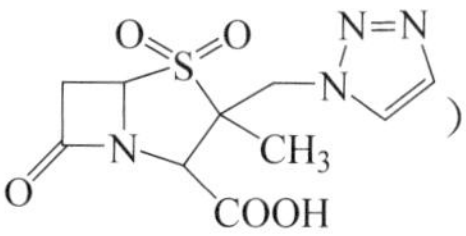

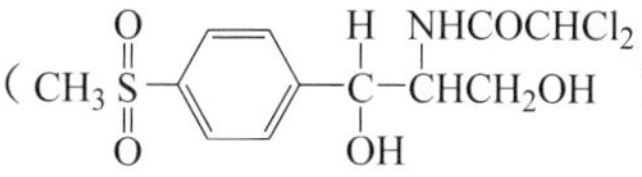

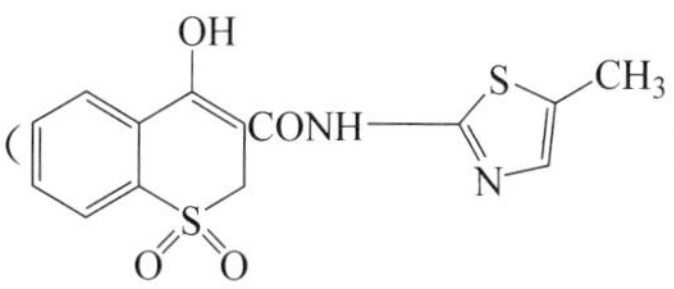

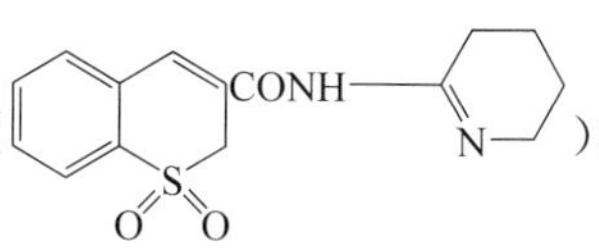

酶Ⅱ型，抗炎作用强、胃肠道反应少的消炎药。磺胺苯砜钠（H_2N—C6H4—SO_2—C6H3(NH_2)—SO_2NCOOH Na）抗麻风、抗结核、预防疱疹皮炎。磺胺吡啶（H_2N—C6H4—SO_2—吡啶基）用于疱疹皮炎。还有抗炎药磺吡酮（O S O O N），抗炎、抗风湿作用好。砜眠药三乙砜眠（$(CH_3)_2C(SO_2CH_2CH_3)_2$）、阿地砜钠（$NaO_3SCH_2NH$—C6H4—$SO_2$—C6H4—$NHCH_2SO_3Na$）抗菌药等。

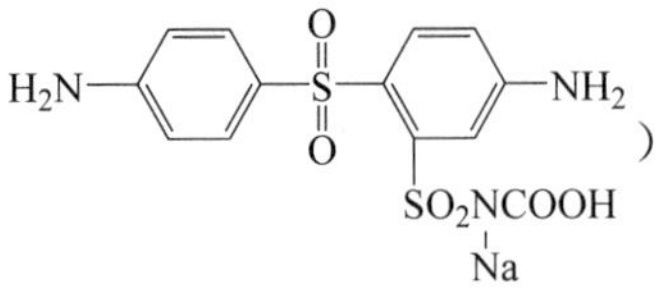

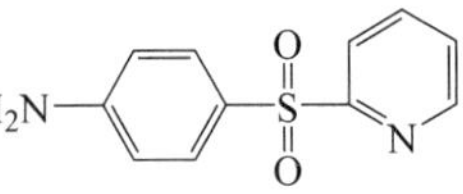

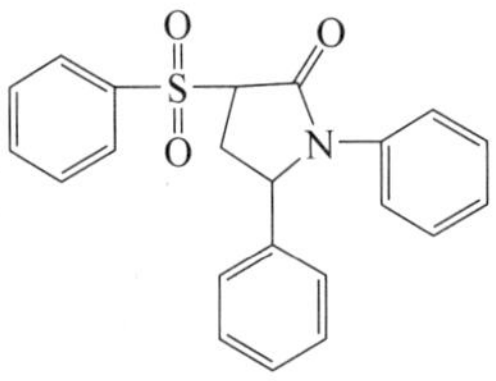

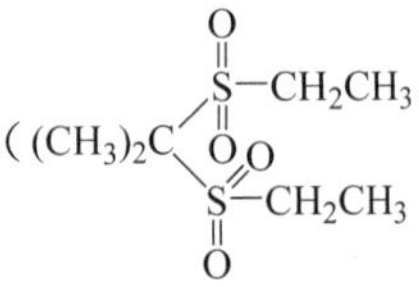

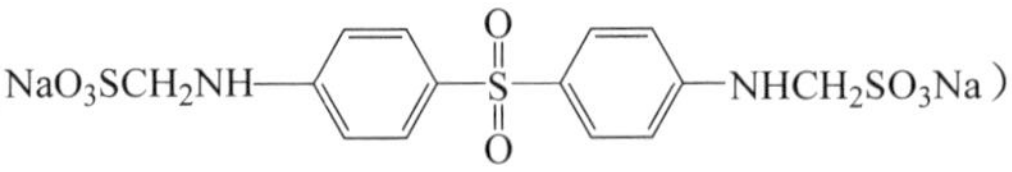

含砜类化合物的农药也很多，杀虫剂、除草剂和杀螨剂、杀菌剂都有一些砜类化合物。如五嘧磺隆（N S O O —NHCONH— N N N CH_3 CH_3 $CO_2C_2H_5$）、磺草酮（O O —CO— Cl —SO_2CH_3）、除锈灵（O CH_3 S O O CONH—）、磺乐多（CH_3S O O — NO_2 —$N(CH_2CH_2CH_3)_2$ NO）、磺吸磷（MeO MeO P—SO_2CH_2—S O O—C_2H_5）、一氯杀螨砜（Cl— —S O O— ）、三氯杀螨砜（Cl Cl Cl — S O O — —Cl）。靶酶 HPPD 抑制剂甲基磺草酮（O O O NO S O O—CH_3）、百农思（O CO_2CH_3 O CF_3）、四氯环丁砜等。有些砜类化合物有较强的抑菌作用，如（N—N O S O O—CH_3），该砜对大肠菌、枯草杆菌抑制作用很强。化合物

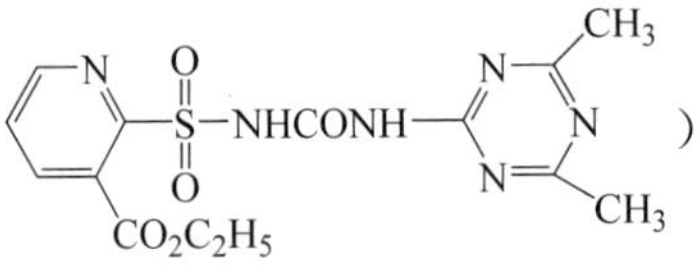

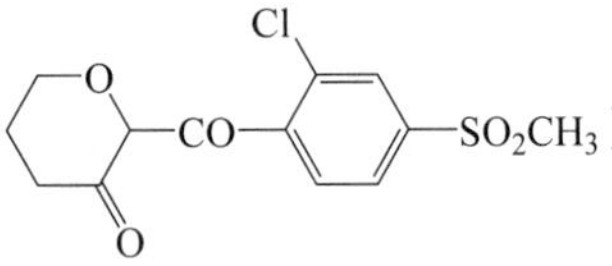

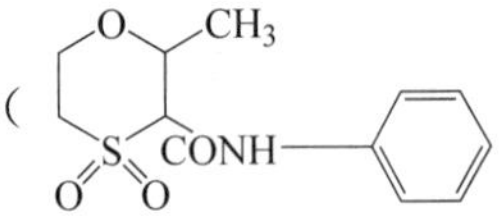

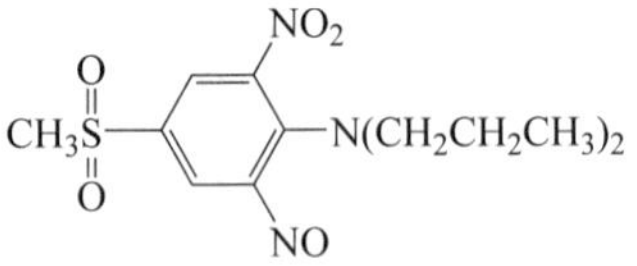

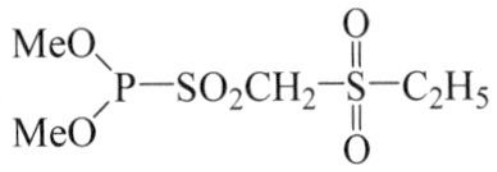

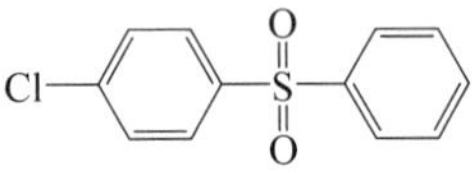

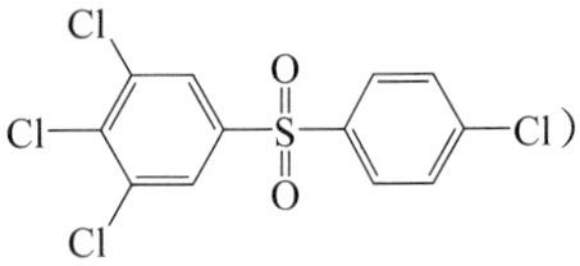

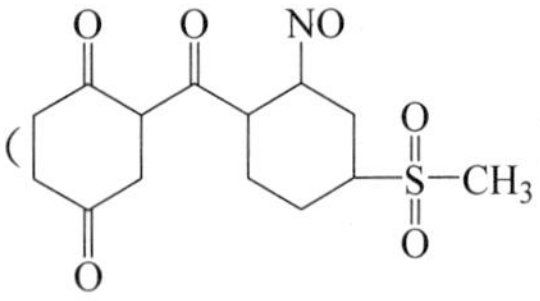

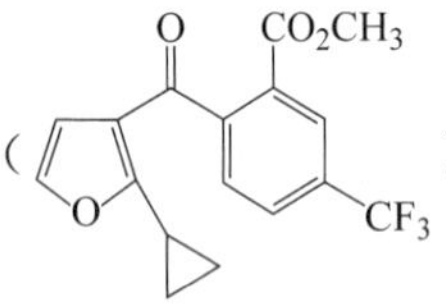

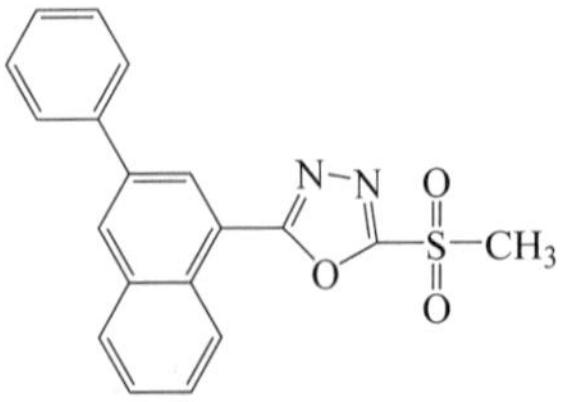

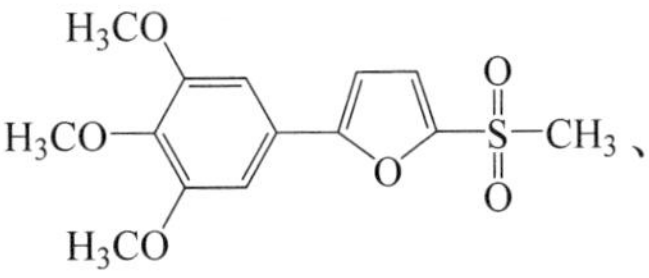

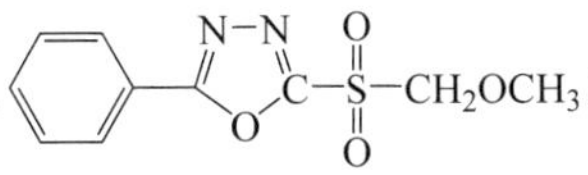

、对小麦霉病菌、油菜菌核病菌、黄瓜灰霉病菌有较强的抑制作用。砜化物和对小麦青霉菌、辣椒枯萎病菌、苹果腐烂病菌均有很强的抑制作用。4-甲基苯基二碘甲基砜（$H_3C-C_6H_4-SO_2-CHI_2$）用作真菌防腐剂。吡啶类有机抗菌剂如 $H_3C-SO_2-C_5Cl_4N$。

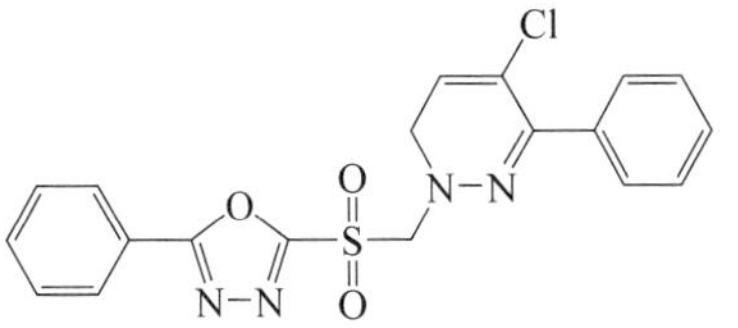

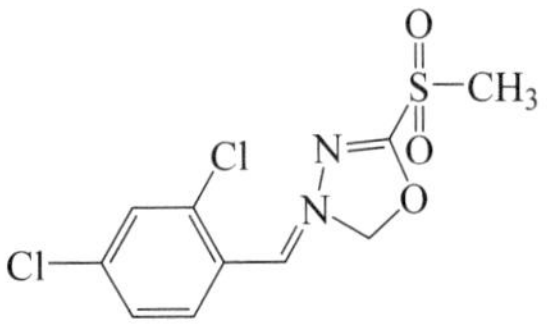

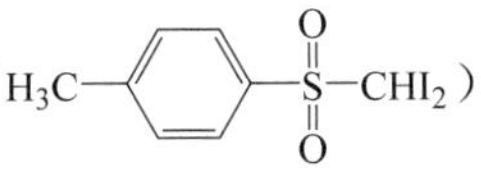

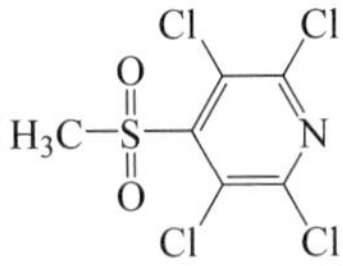

砜类化合物在合成染料和染料助剂方面也有许多应用。如 4，4′-二羟基二苯砜（$(HO-C_6H_4)_2SO_2$）、4，4′-二氯二苯砜（$(Cl-C_6H_4)_2SO_2$）、间氨基苯基-β-羟乙基砜（$H_2N-C_6H_4-SO_2-CH_2CH_2OH$）、对氨基苯基-β-羟乙基砜都是合成染料的中间体。间氨基苯基-β-羟乙基砜是合成乙烯砜型活性染料的中间体；对氨基苯基-β-羟乙基砜是合成 KN-型活性染料的中间体。4，4′-二羟基二苯砜是染色固色剂、分散剂，如用作尼龙纤维固色。又是合成聚酯、合成环氧树脂的原料，也是酚醛树脂促进剂，还是皮革砜桥型鞣剂的原料。如 nHO-C₆H₄-SO₂-C₆H₄-OH + nHCHO $\xrightarrow{98\sim110\ ℃}$ 。

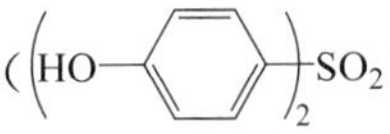

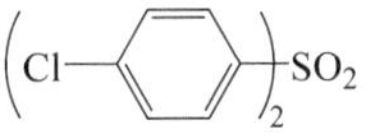

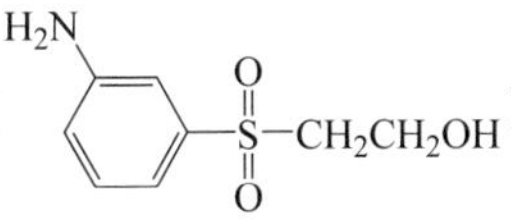

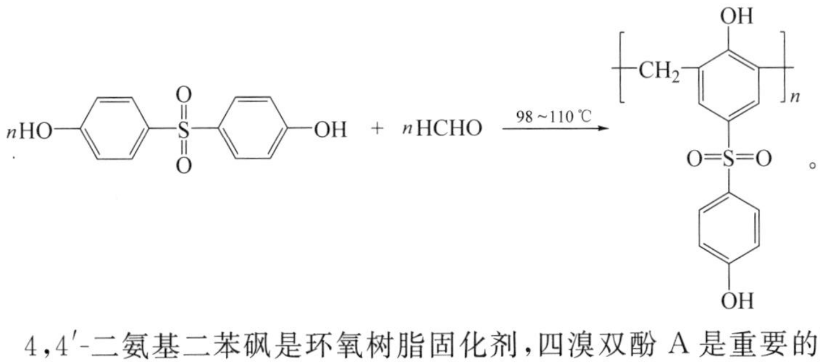

4，4′-二氨基二苯砜是环氧树脂固化剂，四溴双酚 A 是重要的阻燃剂。

环丁砜可用作双层电容器电介质组分，用于干电池，氢气逸出少，电池储存时免除电介质泄漏。二甲砜用作电镀浴溶剂、墨水和黏结剂的溶剂。2,3,5,6-四氯吡啶甲基砜（$CH_3\overset{O}{\underset{O}{S}}-C_5Cl_4N$，吡啶环 2,3,5,6 位各为 Cl）是极有效的抗菌剂。

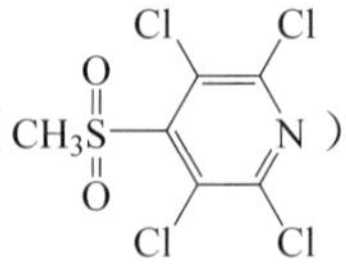

3. 磺酰基-α-碳负离子的制备和用途

亚砜、砜等亚磺酰和磺酰基的 α-氢都比较活泼，有一定酸性。它们的 α-H 的 pK_a 见表 7-21。

表 7-21　　亚砜、砜等 α-H 的 pK_a

化合物	pKa	化合物	pKa	化合物	pKa
CH_4	65	$CH_3\overset{O}{S}CH_3$	35.1	$Ph\overset{O}{\underset{O}{S}}CH_2CH_3$	31.0
$PhCH_3$	30.6	$CH_3\overset{O}{S}CH_3$	31.1	$Ph\overset{O}{\underset{O}{S}}CH_2Bn$	31.2
$CH_3\overset{O}{C}CH_3$	26.3	$CH_3\overset{O}{\underset{O}{S}}CH_3$	18.8	$Ph\overset{O}{\underset{O}{S}}CH_2Ph$	23.4
CH_3CN	31.3	$F_3C\overset{O}{C}\text{-}\underset{O}{S}CH_2CH_3$	20.4	$Ph\overset{O}{\underset{O}{S}}CH_2NO_2$	7.1
$CH_3(OH)_2$	11.1	$Ph\overset{O}{\underset{O}{S}}CH_3$	29.0	$Ph\overset{O}{\underset{O}{S}}CH_2COMe$	11.4
CH_3NO_2	17.2	$Ph\overset{O}{\underset{O}{S}}CH_2OCH_3$	30.7		

亚砜和砜在较强的碱作用下就能生成亚磺酰和磺酰负离子。它们在有机合成中有较广泛应用。前面在砜和亚砜制备中已讲到烃基化和酰基化反应，可用其合成新的亚砜和砜。

（1）α-亚磺酰碳负离子的制备与应用

由于四价硫对邻接的碳负离子有一定的稳定作用，对其研究与应用也比较多。其制备与应用如下：

$$CH_3\overset{O}{\overset{\|}{S}}CH_3 + NaH \longrightarrow \left[CH_3\overset{O}{\overset{\|}{S}}-\overset{-}{C}H_2 \longleftrightarrow CH_3\overset{O^-}{\overset{|}{S}}=CH_2\right]\overset{+}{Na}$$

$$\xrightarrow{(Ph_3\overset{+}{P}CH_3)Br^-} Ph_3P=CH_2 + CH_3\overset{O}{\overset{\|}{S}}CH_3$$

用酯类化合物与二甲基亚砜负离子反应，可合成甲基酮：

$$Me\overset{O}{\overset{\|}{S}}\overset{-}{C}H_2Na + RCOOMe \xrightarrow{Me\overset{O}{\overset{\|}{S}}CH_3} R\overset{O}{\overset{\|}{C}}CH_2SOMe \xrightarrow{\text{Al-Hg或Zn + }CH_3COOH} R\overset{O}{\overset{\|}{C}}CH_3$$

用醛与二甲基亚砜负离子反应也可以合成甲基酮化合物：

$$RCHO + \overset{-}{C}H_2\overset{O}{\overset{\|}{S}}Me \longrightarrow R\overset{OH}{\overset{|}{C}}HCH_2\overset{O}{\overset{\|}{S}}Me \xrightarrow{230\ ℃} R\overset{O}{\overset{\|}{C}}CH_3$$

用$LiCH_2\overset{O}{\overset{\|}{S}}CH_3$作为亚甲基化剂，由酮可以制备烯烃，如：

$$Ph\text{–}CH=CH\text{–}CH_2\text{–}CHO \xrightarrow{LiCH_2\overset{O}{\overset{\|}{S}}CH_3} Ph\text{–}CH=CH\text{–}CH_2\text{–}\overset{OH}{\overset{|}{C}}H\text{–}CH_2\overset{O}{\overset{\|}{S}}Me \xrightarrow{} Ph\text{–}CH=CH\text{–}CH=CH_2$$

(2)α-磺酰基负碳离子的制备与应用

砜在氢化钠、氨基钾等强碱作用下可生成磺酰基负碳离子，在有机合成中有些应用，如前面在砜的制备一节，用砜的烃基化和酰基化剂制备砜。下面再介绍磺酰基 α-C 负离子的几个反应。

①α-磺酰基负碳离子和羰基化合物的反应

$$Ph\overset{O}{\underset{O}{\overset{\|}{\underset{\|}{S}}}}\overset{-}{C}H_3 + LiH \longrightarrow Ph\overset{O}{\underset{O}{\overset{\|}{\underset{\|}{S}}}}CH_2Li \xrightarrow{Me\overset{O}{\overset{\|}{C}}\text{–}C_3H_5} Ph\overset{O}{\underset{O}{\overset{\|}{\underset{\|}{S}}}}CH_2\text{–}\overset{OH}{\underset{CH_3}{\overset{|}{\underset{|}{C}}}}\text{–}C_3H_5$$

与醛类化合物反应：

$$Ph\overset{O}{\underset{O}{\overset{\|}{\underset{\|}{S}}}}CH_3 + OHC\text{–}C_6H_4\text{–}Cl \xrightarrow[\text{相转移催化剂}]{\text{NaOH 水溶液,}CH_3OH} Ph\overset{O}{\underset{O}{\overset{\|}{\underset{\|}{S}}}}CH=CH\text{–}C_6H_4\text{–}Cl$$

②用磺酰基 α-碳负离子制备羰基化合物

$$RR'CHSO_2Ph \xrightarrow[(Me_3SiO)_2]{BuLi} RR'C=O + (Me_3Si)_2O + PhSO_2Li$$

$$RR'\overset{-}{C}SO_2Ph \xrightarrow{CCl_4} RR'\overset{Cl}{\overset{|}{C}}SO_2Ph \xrightarrow[AgClO_4]{CF_3COOH} RR'C=O$$

③Romkeng-Beeklund 反应由磺酰基碳负离子制备烯

$$ArSO_2\overset{-}{C}{<} \xrightarrow{Bu_3SnCH_2I} {>}\overset{SO_2Ar}{\overset{|}{C}}CH_2SnBu_3 \longrightarrow {>}C=CH_2$$

如

$$O_2S\text{(桥)–Cl 化合物} \xrightarrow{t\text{-BuOK}} \text{烯}$$

当磺酰基 β 位上有不饱和键时，更容易生成负碳离子，用一定强度碱即可去氢。如：

$$PhSO_2-CH_2CH=CH_2 \xrightarrow{碱} PhSO_2-\overset{-}{C}HCH=CH_2 \xrightarrow{RX} PhSO_2-\underset{}{\overset{R}{C}}HCH=CH_2$$

$$\xrightarrow{异构化} RCH=CHCH_3 + PhSO_2OH$$

当磺酰基是CF_3SO_2—时去氢更容易，用碳酸钠即能去氢。

(3)磺酰基β-碳负离子

由于磺酰基强负诱导作用，使处于β位或芳环邻位(O)的碳负离子稳定化。只有磺酰基在芳环邻位(O)上时，才使邻位上的C—H键的酸性加强。如二苯砜邻位上的氢就容易被金属离子取代，而形成稳定的碳负离子。

$$PhSO_2Ph \xrightarrow{RLi} (2\text{-}LiC_6H_4)SO_2Ph + (2\text{-}LiC_6H_4)SO_2(C_6H_4\text{-}2\text{-}Li)$$

利用这些反应可进行有机合成，如利用苯磺酰基的活性可把它换成烷基。

$$4\text{-}RC_6H_4SO_2R' \xrightarrow{R''Li} 2\text{-}Li\text{-}4\text{-}RC_6H_3SO_2R' \xrightarrow{R''Li} 2,6\text{-}Li_2\text{-}4\text{-}RC_6H_2SO_2R'$$

$$\xrightarrow[-R'SO_2Li]{更多的碱,\ 20\sim30\ ℃} [3\text{-}RC_6H_4Li] \xrightarrow{R^2Li} 4\text{-}RC_6H_4R''$$

同理可合成

$$t\text{-}Bu-C_6H_4-SO_2Bu\text{-}t \xrightarrow{BuLi} t\text{-}Bu-C_6H_4-Bu$$

又如：

$$2\text{-}C_{10}H_7SO_2R \xrightarrow{BuLi} [1\text{-}Bu\text{-}1\text{-}H\ 加合物] \xrightarrow{CO_2} 1\text{-}Bu\text{-}2\text{-}C_{10}H_6COOH + RSO_2Li$$

可利用这类反应合成：

$$Me_3CSO_2-C_6H_4-R \longrightarrow Me_3CSO_2-C_6H_3(X)-R$$

X可以是CO_2、CHO、Me、I、SR等。

(4)其他α-碳负离子

苯磺酸酯类，如对甲苯磺酸甲酯：

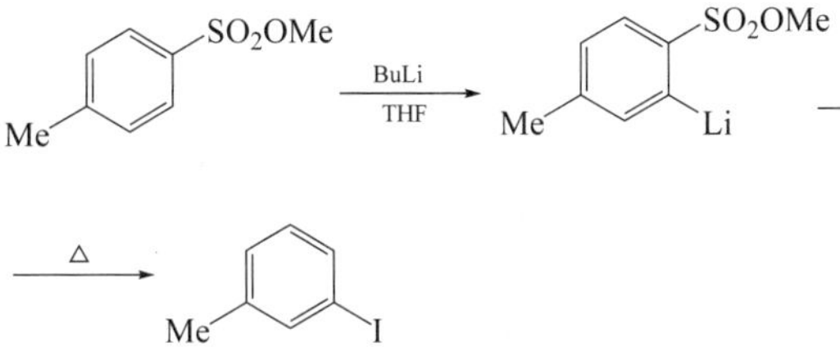

苯磺酰胺类：

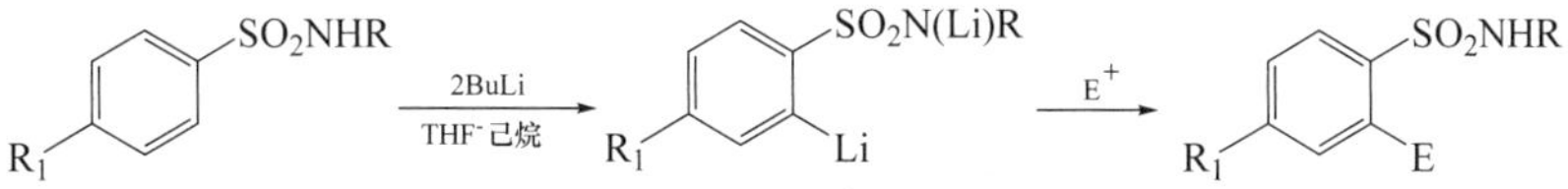

（E=COOH，CHO）

参考文献

［1］ 化工百科全书编辑委员会. 化工百科全书［M］. 北京：化学工业出版社，1998：671.

［2］ 张珂，周思毅. 造纸工业蒸煮废液的综合利用与污染防治技术［M］. 北京：中国轻工业出版社，1992.

［3］ 刘登科，黄长江，闫芳芳，等. 对二甲苯硝化还原法合成 2，5-二甲酚［J］. 精细化工中间体，2005(1)：38-39.

［4］ 崔小明. 苯酚生产技术进展及国内市场分析［J］. 四川化工，2004，(1)：19-23.

［5］ 黄宪. 新编有机合成化学［M］. 北京：化学工业出版社，2003.

［6］ 阮建兵，金学平，李健雄，等. 正十二烷基甲基亚砜的制备方法及应用探讨［J］. 化学试剂，2013，35(11)：991-994.

［7］ 王娅娅，洪学传，邓子新. 亚砜亚胺类化合物的合成及应用研究进展［J］. 有机化学，2012，32(5)：825-833.

［8］ 彭荣，刘安昌，夏强，等. 3，3′-二磺酸钠-4，4′-二氟苯砜的合成［J］. 合成化学，2011，19(3)：409-411.

［9］ 穆文菲. 亚砜类化合物的应用进展［J］. 精细与专用化学品，2012，20(6)：31-33.

［10］ 孙莉，杨振平，郭罕奇，等. MoO_3/Al_2O_3 催化氧化选择性合成亚砜［J］. 有机化学，2012，32(3)：624-626.

［11］ 陈春玉，李毅，肖英，等. 亚砜类化合物的合成及应用进展［J］. 有机化学，2011，31(6)：925-931.

［12］ 赵玉芬，赵国辉. 元素有机化学［M］. 北京：清华大学出版社，1998.

第8章 磺化反应、磺酸及其衍生物应用实例

8.1 磺化反应、磺酸及其衍生物在合成染料、颜料中的应用实例

磺化反应是合成染料、颜料最重要的基本反应之一。通过磺化反应，在染料分子上引入磺酸基赋予染料水溶性，有利于染色工艺过程，使染色工艺经济、方便；通过磺化反应，在染料分子上引入磺酸基，磺酸基能与被染织物中毛、丝和含氨基等织物结合成盐，而赋予染料对织物的亲和力，使其易染，增加染料对织物的牢度；通过磺化反应引入磺酸基，磺酸基可转化成其他基团，如—OH、—NH_2、—Cl、—NO_2、—CN 等，从而可制备酚类、胺类、腈类、卤化物和硝基化合物等一系列中间体，增加了染料中间体的品种，如染料中间体中含羟基的各种酚类，多数是通过磺酸基碱熔制备的。

8.1.1 含磺酸基、磺酰胺基的染料、颜料中间体

染料品种非常多，其结构特点是具有大π键共轭体系。一般染料分子都具有芳香环结构，因此染料合成主要将芳烃苯、甲苯、二甲苯、萘和蒽醌等作为基本原料，经一系列反应制得品种繁多的染料中间体。它们大多数是芳香环上含有一个或多个相同或不同的取代基的芳烃衍生物。重要的取代基有：—NO_2、—SO_3H、—Cl、—Br、—NHR（H）、—NHCOR、—OH、—OR、—OAr、—CN、—C═O、—COOH 等。这些基团中，—SO_3H、—NO_2可直接引入芳环，而—Cl、—Br 可直接或间接引入，—NH_2 可用—NO_2 还原。在染料中间体合成中，由—SO_3H 转化成—OH、—NH_2、—Cl、—Br。—NO_2、—CN 等是制备酚、胺、腈、卤代物和硝基化合物等中间体的一条途径。在染料中间体合成中引入羟基主要是—SO_3Na 经过碱熔获得。从上可见磺化反应在染料合成中具有重要作用。磺化反应可合成染料中一些重要的含羟基中间体，如萘酚、J 酸、H 酸和 γ 酸等。如下面几个反应式：

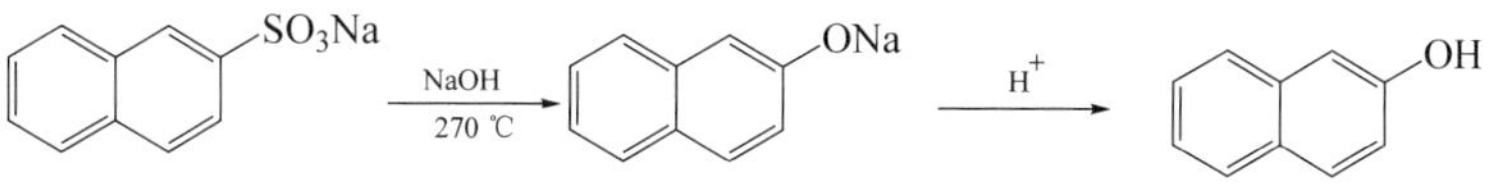

$$\text{2-萘磺酸钠} \xrightarrow[270\ ℃]{NaOH} \text{2-萘酚钠} \xrightarrow{H^+} \text{2-萘酚}\ (\beta\text{-萘酚})$$

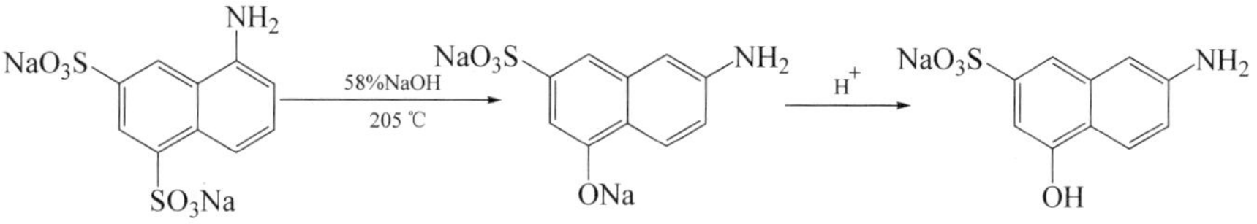

$$\text{NaO}_3\text{S}\text{-取代氨基萘二磺酸钠} \xrightarrow[205\ ℃]{58\%NaOH} \xrightarrow{H^+} \text{(J 酸)}$$

$$\xrightarrow[180\ ℃]{58\%NaOH} \xrightarrow{H^+} \text{(H酸)}$$

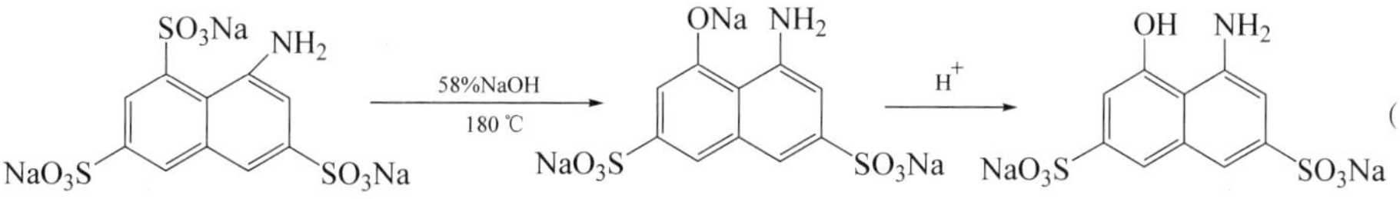

1. 苯系中间体

以苯和甲苯为起始原料，如以苯为起始原料，苯磺化后可转化为很多中间体：

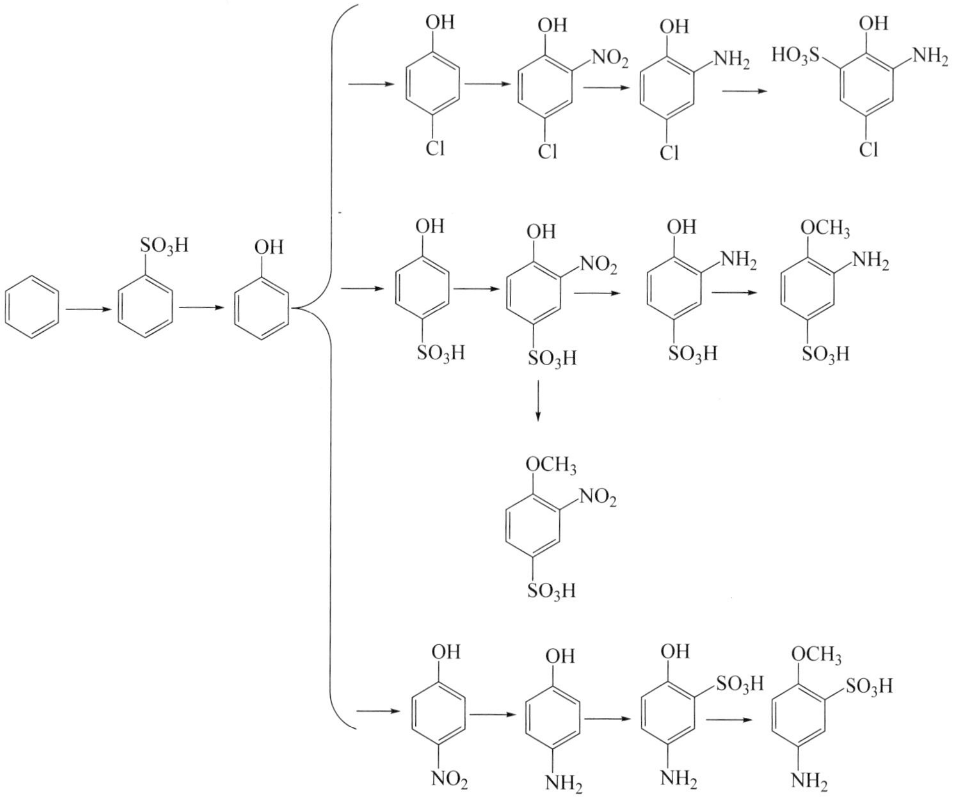

其中苯的氯代再磺化可制备一系列中间体：

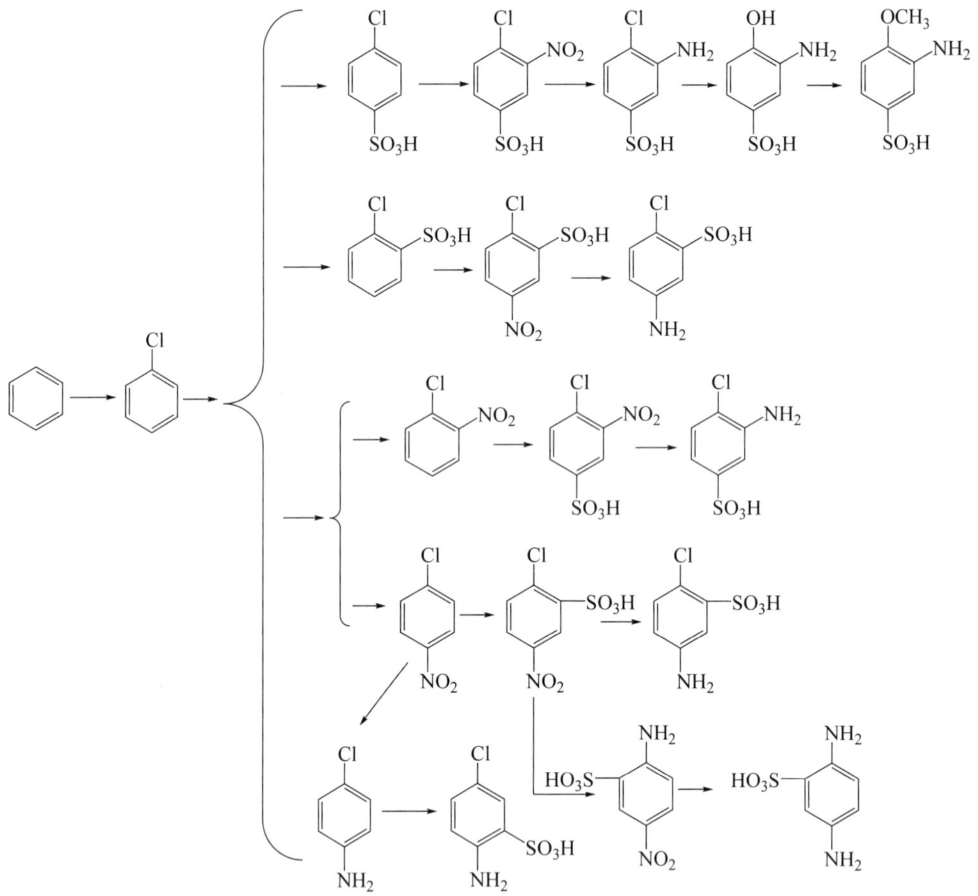

苯的硝化、还原、磺化可制得一些中间体：

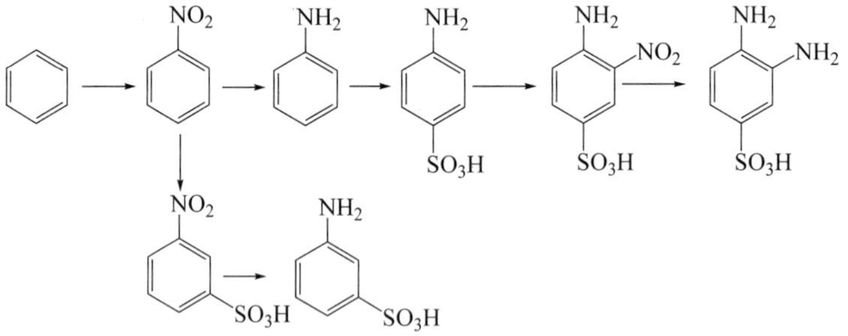

以甲苯为原料，经硝化、还原、磺化可制得中间体。甲苯磺化制得中间体如下：

以上列举的是含磺酸基的染料中间体的一小部分，这些含磺酸基的化合物是染料合成的重要中间体。其中，间氨基苯磺酸、对氨基苯磺酸可用于制备偶氮染料和硫化染料。如弱酸性深蓝 5R、GR，酸性金黄 G，酸性媒介棕 R，活性艳橙 X-GR、KR、KGN，酸性嫩黄 2G，酸性媒介深黄 GG，直接黄 GR，活性黄 K-RN 等；2-氨基-5-硝基苯磺酸可合成酸性红 BG-200，活性染料活性蓝、活性绿、活性黄等，作为偶氮组分；苯磺酸三元取代化合物，如 4-甲基-2-氨基苯磺酸、5-甲基-4-氯-2-氨基苯磺酸、5-硝基-3-氨基-2-羟基苯磺酸可用于合成酸性媒介藏青 RRN，以合成中性染料和媒介染料，如媒介 9 和媒介 19 等；苯胺-2，4-二磺酸、苯胺-2，5-二磺酸、4，6-二氨基-1，3 苯二磺酸是染料活性黄 86、活性嫩黄 KM-7G 等中间体。

多苯磺酸衍生物 4-硝基-4′-氨基二苯乙烯、2，2′-二磺酸、4，4′-二硝基二苯乙烯、2，2′-二磺酸、4，4′-二氨基二苯胺-二磺酸、4，4′二氨基联苯、2，2′-二磺酸都是染料重要的中间体，可合成直接染料、活性染料和荧光增白剂。4-硝基-4′-氨基二苯乙烯、2，2′-二磺酸可用于合成一系列直接染料，如耐晒荧光黄 2GL、直接黄 DN-F22、锡得橙 F3G、直接耐晒黄 3RLL、直接绿 GNB、直接黑 DN-EX、7GL 等。β-羟乙基砜磺酸酯中间体（$H_2N-C_6H_4-SO_2CH_2CH_2OSO_3H$、$H_2N-C_6H_4-SO_2CH_2CH_2OSO_3H$）中对、间 β-羟乙基砜磺酸酯苯胺可合成活性艳橙 KN-4R、活性艳蓝 KN-R、活性分散橙 R、活性分散红 GR 等。苯甲醛-2，4-二磺酸可用于合成活性深蓝、活性湖蓝 A、5-磺酸基水杨酸、苯肼 4-磺酸可用于合成食用色素柠檬黄，还是冰染染料的防染剂。

2. 萘系磺酸基染料中间体

以萘为原料，通过硝化、还原、磺化、碱熔及羟基、氨基互相转化能合成多种染料中间体。可表示如下：

NO$_2$ NH$_2$ NH$_2$ OH SO$_3$H SO$_3$H OH

NO$_2$ SO$_3$H NH$_2$ SO$_3$H NH$_2$ SO$_3$H HO$_3$S SO$_3$H SO$_3$H NH$_2$ OH HO$_3$S NH$_2$ OH SO$_3$H SO$_3$H SO$_3$H SO$_3$H NO$_2$ NH$_2$ SO$_3$H SO$_3$H OH SO$_3$H SO$_3$H

SO$_3$H SO$_3$H SO$_3$H NO$_2$ NH$_2$ HO$_3$S SO$_3$H NH$_2$ SO$_3$H SO$_3$H SO$_3$H

SO$_3$H SO$_3$H NO$_2$ SO$_3$H HO$_3$S SO$_3$H HO$_3$S SO$_3$H

NH$_2$ OH OH OH HO$_3$S SO$_3$H HO$_3$S SO$_3$H

NO_2 SO_3H NH_2 SO_3H

SO_3H NO_2 SO_3H NH_2

SO_3H OH SO_3H NH_2 SO_3H SO_3H NH_2 SO_3H

OH

HO_3S NH_2 SO_3H

OH HO_3S

SO_3H OH

OH HO_3S SO_3H 或 SO_3H OH HO_3S

OH HO_3S OH　OH OH HO_3S

OH $ClSO_3H$ SO_3H OH SO_3H NH_2

NH_2

H_2SO_4 50～60 ℃ NH_2 SO_3H

160～190 ℃ H_2SO_4 NH_2 HO_3S

稠环芳烃磺酸衍生物很多都是染料合成的中间体，如萘磺酸、2-萘磺酸、1，5-二萘磺酸、1，6-二萘磺酸、1，3，6-三萘磺酸，后者可用于制取 T 酸和变色酸，合成偶氮染料等。萘酚磺酸是重要的染料中间体，如萘酚-4-磺酸、萘酚-5-磺酸、萘酚-3，6-二磺酸、2-萘酚-6-磺酸及其钠盐、2-萘酚-8-磺酸、2-萘酚、3，6-二磺酸及其钠盐、2-萘酚-6，8-二磺酸钠、2，3-二萘酚-6-磺酸钠、2，8-二萘酚-6-磺酸钠、1，8-二萘酚-3，6-二磺酸，它们是合成酸性染料及其他染料的中间体，如酸性耐紫绿、绿光酸性天蓝、红光酸性铬蓝等。萘胺-4-磺酸、萘胺-5-磺酸、萘胺-6-磺酸、萘胺-7-磺酸、萘胺-8-磺酸分别是直接染料、酸性染料、活性染料和还原染料的重要中间体。2-萘胺磺酸、2-萘胺-5-磺酸、2-萘胺-6-磺酸、2-萘胺-1，5-二磺酸、2-萘胺-4，8-二磺酸、2-萘胺-5，7-二磺酸单钠盐、2-萘胺-6，8-二磺酸、2-萘胺-3，6，8-三磺酸，分别是合成偶氮染料、直接染料、酸性染料、媒介染料、活性染料的原料并可转化成其他中间体。

3. 蒽醌类磺酸衍生物染料中间体

蒽醌类染料中间体主要是蒽醌磺化物和磺酸基转化为其他官能团化合物。一些蒽醌磺化物的制备如下所示：

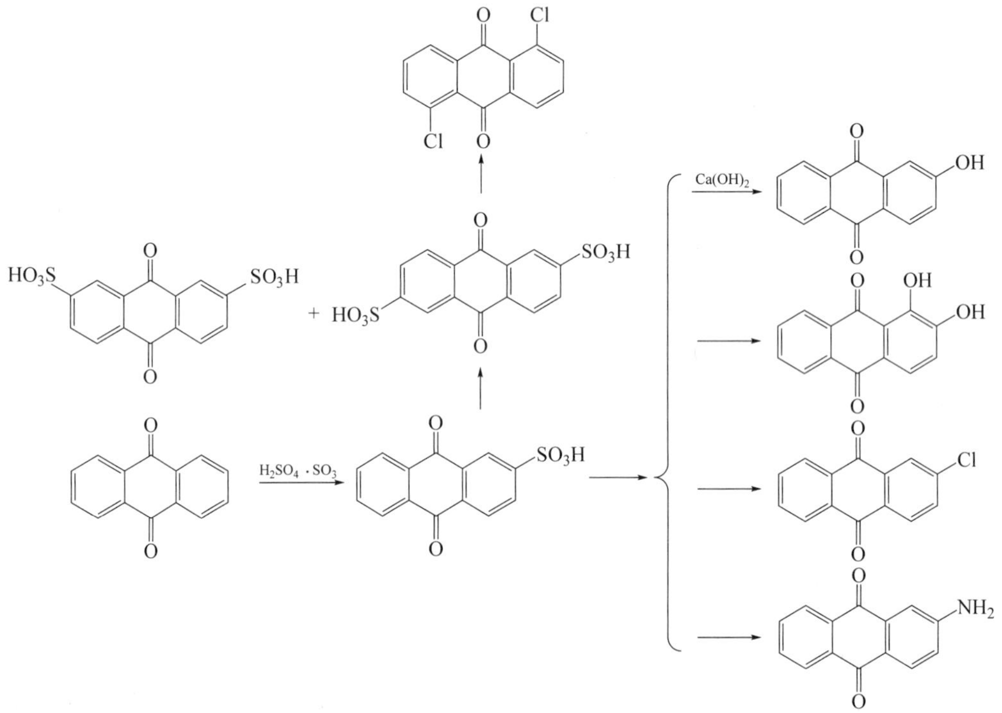

蒽醌-1-磺酸、蒽醌-2-磺酸、蒽醌-1，5-二磺酸、蒽醌-1，8-二磺酸中，有的可直接合成染料，有的可转化为染料其他中间体。1，4-二羟基蒽醌、2，3-二磺酸、1，5-二羟基蒽酯、2，6-二磺酸、1-氨基蒽醌-2-磺酸、1，4-二氨基-2-磺酸、1，4-二氨基蒽醌、2，3-二磺酸、1-氨基-4-溴蒽醌-2-磺酸，都是合成活性染料、酸性染料、分散染料的重要中间体，有的也可直接作为颜料用。

O Cl
O NH$_2$ Br
O O O SO$_3$H
O O Br
O NH$_2$ O NH$_2$ SO$_3$H
O O O O
O NH$_2$ SO$_3$H
O Br
SO$_3$H O SO$_3$H O SO$_3$H
O SO$_3$H O

8.1.2 含磺酸基的染料和颜料

染料按应用可分为酸性染料、阳离子染料、直接染料、活性染料、分散染料、还原染料、硫化染料、不溶染料和荧光增白剂等。已有商品排号的单一染料有 8 000 种以上，据不完全统计，其中具有一定产量和常年生产的有近千种(含磺酸基的染料有五六百种，占常年生产品种二分之一以上)。

有机颜料五分之一以上是含有磺酸基或磺酰胺基的。合成食品染料中有一半以上含有磺酸基。有机染料化合物中含有磺酸基的是各类有机化合物中最多的一种。近些年来对水溶性染料有较多的研究，为使染料具有水溶性，其中一个办法就是在保持该染料性能的基础上，增加水溶性基团，如引入磺酸基。如下面几个水溶性染料：

H F
N N=N NH N N
O N N N CH$_2$CH$_2$
N H NaO$_3$S SO$_3$Na O
H CH$_2$CH$_2$

F
SO$_3$Na NH N N
N=N N N CH$_2$CH$_2$
O
NaO$_3$S CH$_2$CH$_2$

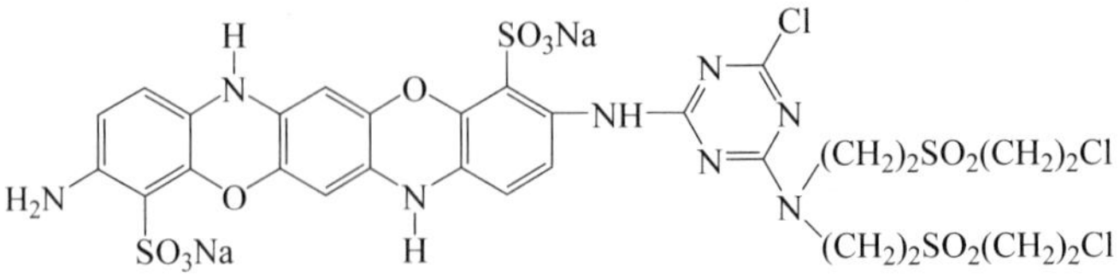

酸性染料是很重要的一类染料，品种很多，具有色谱齐全、色泽鲜艳等特点。酸性染料是带有酸性基团的水溶性染料，所含酸性基团绝大多数是以磺酸钠形式存在于染料分子中，仅有个别品种以羧酸钠形式存在。

酸性染料按化学结构又可分为偶氮类、蒽醌类、三芳甲烷类等。偶氮类酸性染料色谱较全，有黄、橙、红、棕、藏青和黑色，其中单偶氮染料居多，一般含有1～3个磺酸基。如：

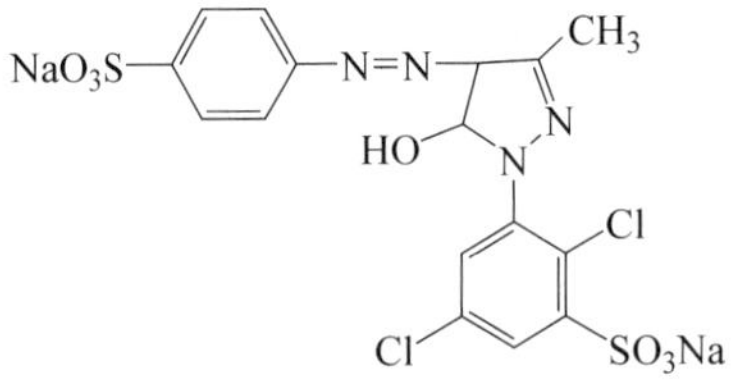

酸性嫩黄 2G

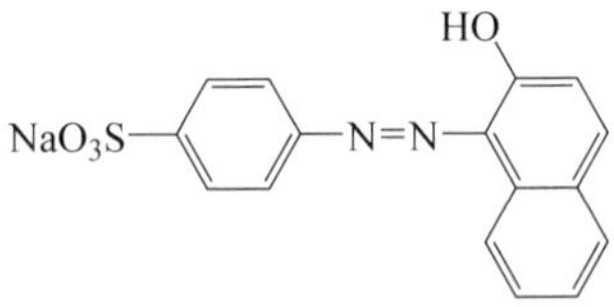

酸性橙Ⅱ

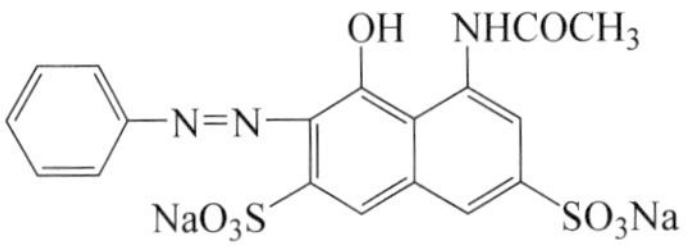

酸性红 G

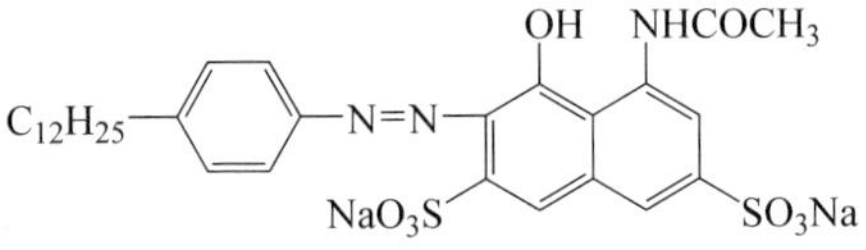

酸性桃红

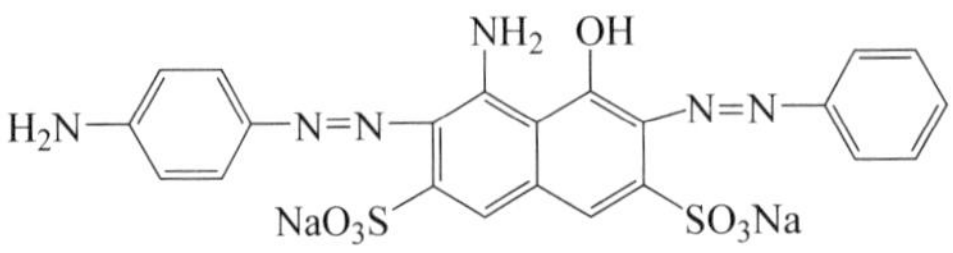

弱酸性绿 B

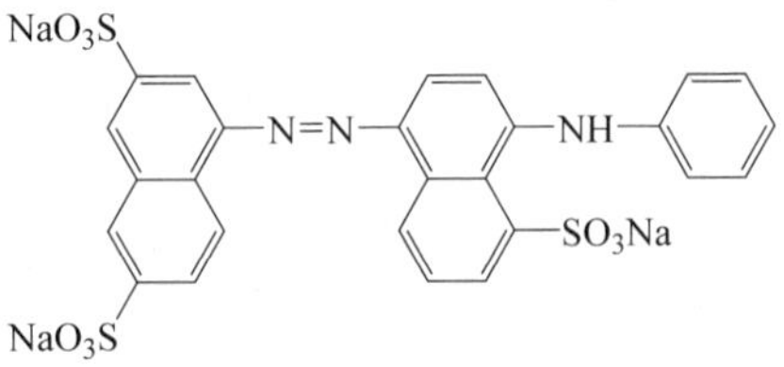

弱酸性藏青 R

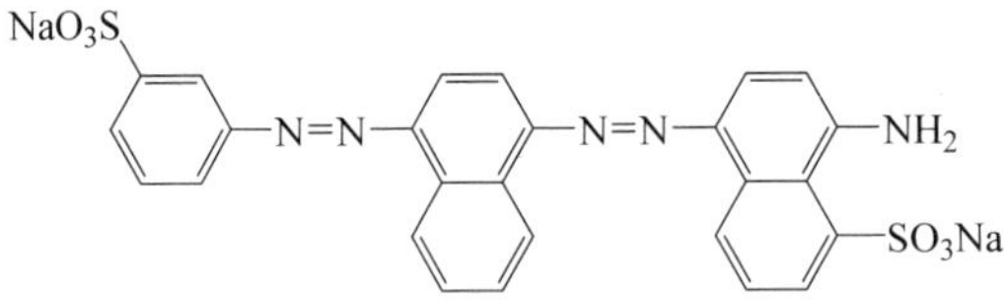

弱酸性深蓝 5R

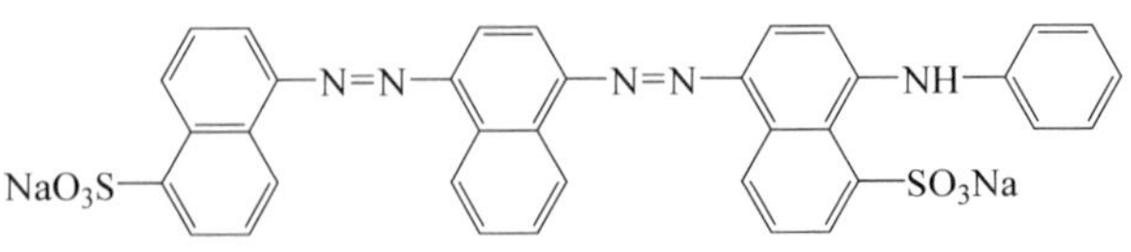

弱酸性黑 BR

1. 蒽醌酸性染料

蒽醌酸性染料是一类蒽醌 α 位有两个以上氨基、芳氨基、烷氨基和羟基的磺酸类化合物。蒽醌酸性染料大多以紫、蓝、绿色为主，深色居多。如：

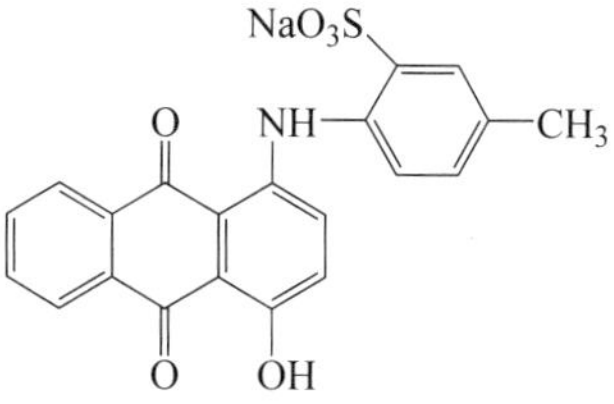

酸性紫 3B

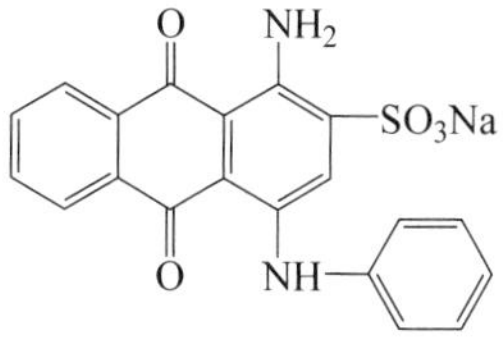

酸性蒽醌蓝

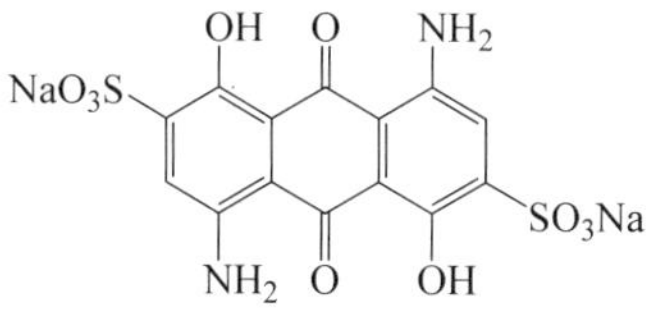

酸性蓝 B

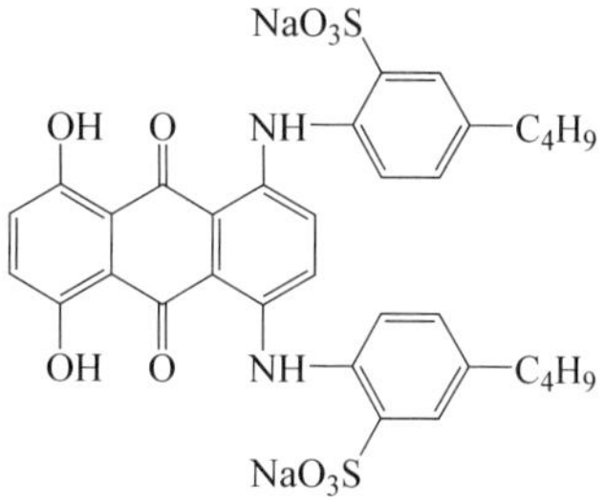

弱酸性绿

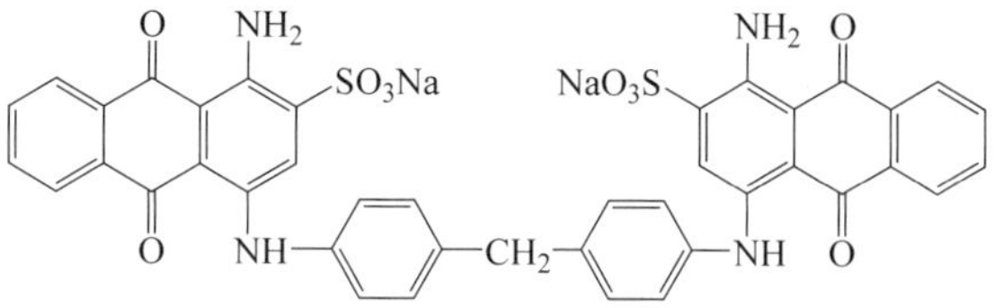

弱酸性艳蓝 GW

2. 三芳甲烷酸性染料

三芳甲烷酸性染料分子中都有两个以上磺酸基，大多数三芳甲烷酸性染料以浓艳紫蓝、绿色为主，发色力强，色泽鲜艳。如：

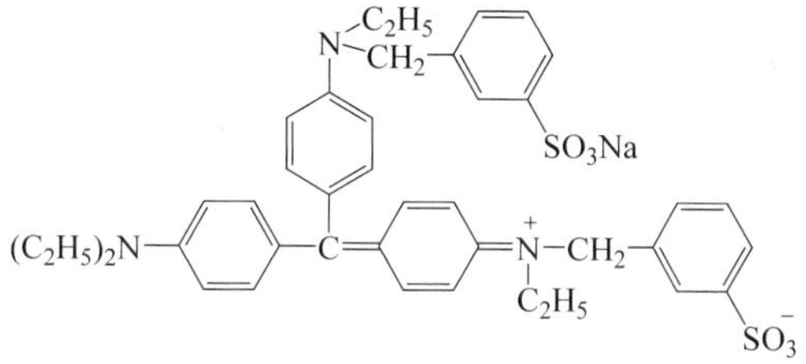

酸性紫 4BNS

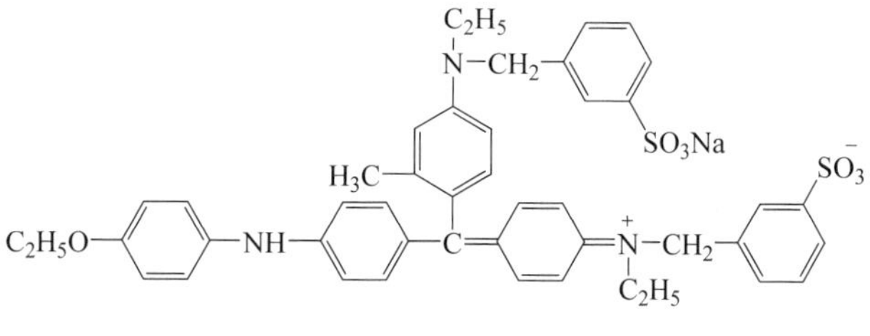

弱酸性艳蓝 G

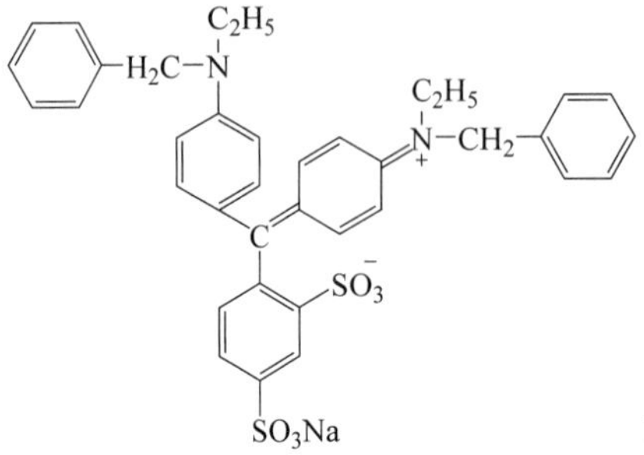

C_2H_5 H_2C-N C_2H_5 $\overset{+}{N}-CH_2$ C SO_3^- SO_3Na

弱酸性湖蓝 A

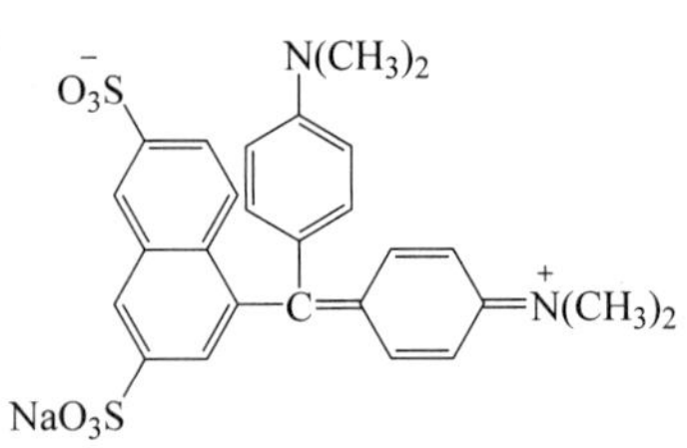

^-O_3S $N(CH_3)_2$ C $\overset{+}{N}(CH_3)_2$ NaO_3S

弱酸性绿 V

$(C_2H_5)_2N$ O $\overset{+}{N}(C_2H_5)_2$ C SO_3^- SO_3Na

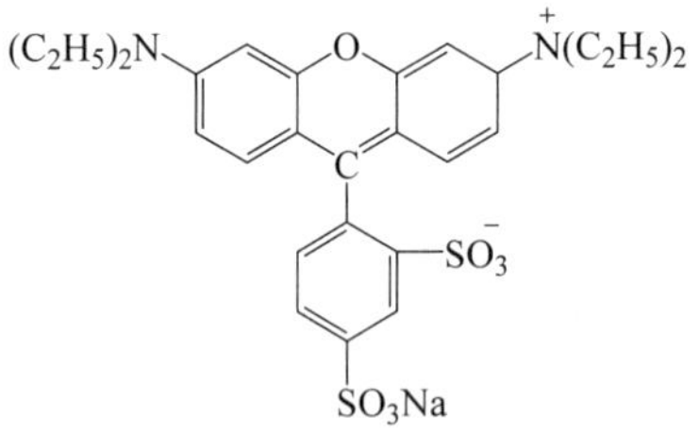

酸性玫瑰红 B

吖嗪类酸性染料不多，如 Sandolan 蓝 N-B：

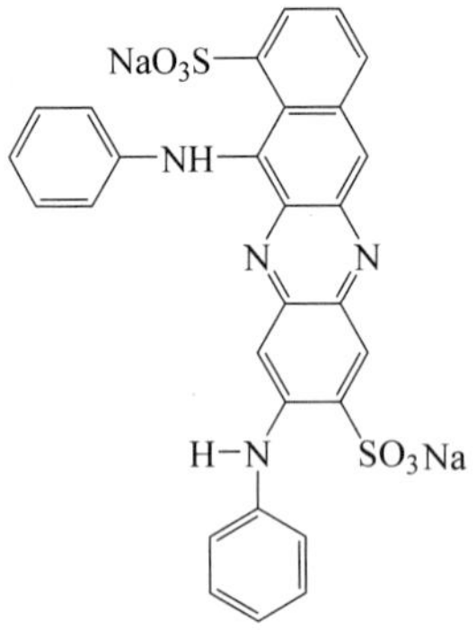

NaO_3S NH N N H—N SO_3Na

喹啉结构的有酸性黄 5：

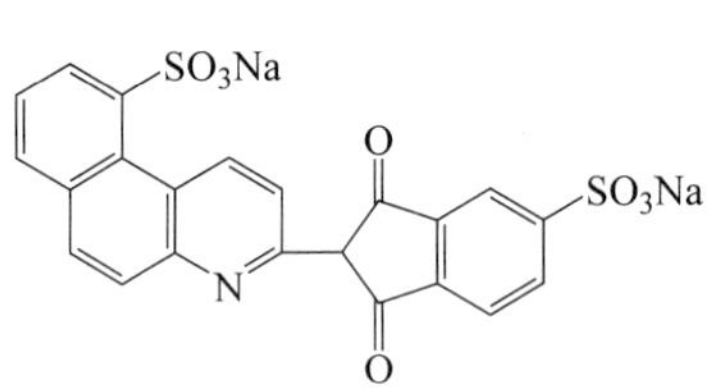

SO_3Na O SO_3Na N O

氨基酮结构的有酸性黄 7：

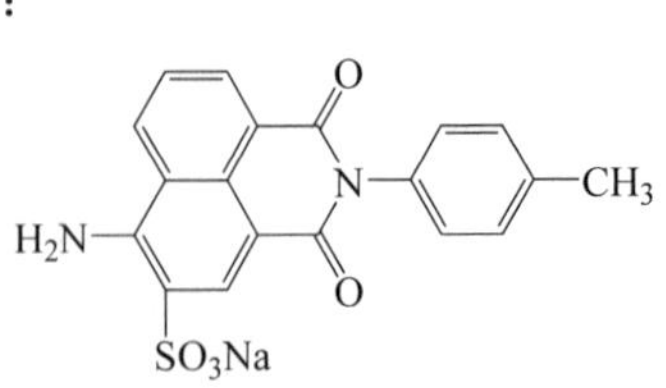

O N CH_3 H_2N O SO_3Na

3. 直接染料

直接染料是对纤维能直接上色的染料。从结构上看基本是偶氮染料，以双偶氮、三偶氮为主。分子结构中含有磺酸基，少量含有羧基，使染料具有较好的水溶性，分子中含有两个—SO_3Na 就使染料有足够的水溶性。

单偶氮染料数量、品种很少，仅限于具有苯并噻唑或 J 酸结构的染料。如直接嫩黄 5G：

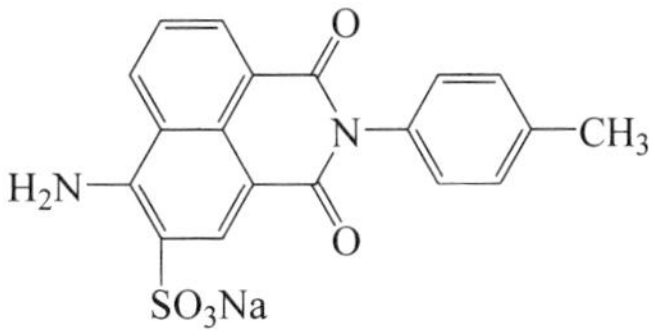

双偶氮直接染料中的联苯胺型合成工艺简单，色谱全，价格低廉，但联苯胺及其衍生物属于致癌芳香胺，因此这类染料被禁用。二氨基二苯乙烯二磺酸应用广泛，平面性好，直接性高于联苯胺类，色泽鲜艳，牢度好，价格低。现已有黄、橙、红等色谱品种。

如直接冻黄 G：

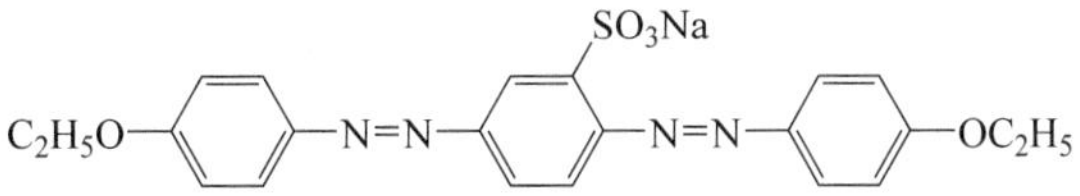

直接紫 D-N：

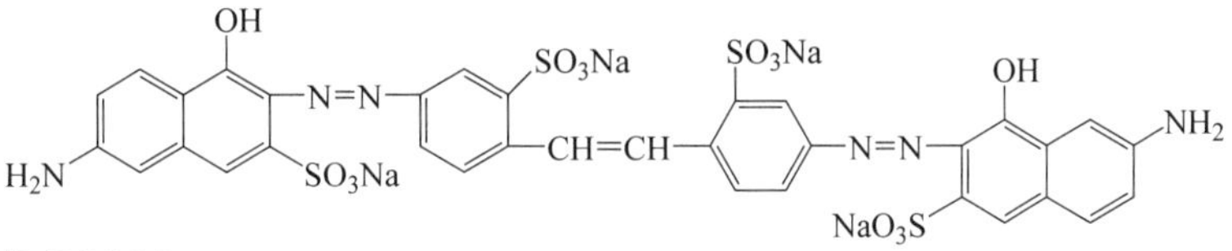

直接深棕 DN-M：

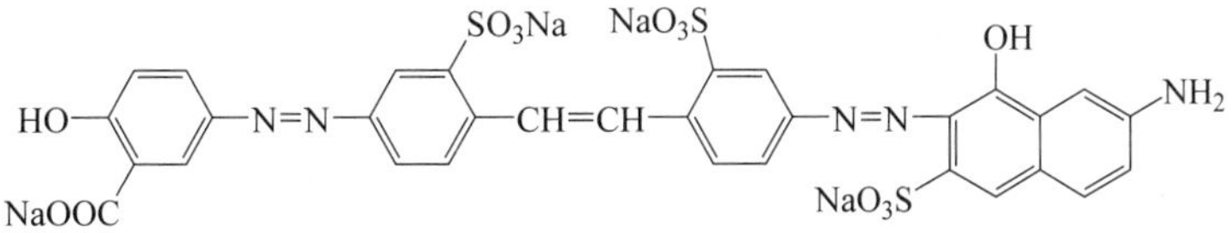

以 4，4′-二氨基苯甲酰替苯胺为中间体可生产一系列直接染料，如直接黑 N-BN：

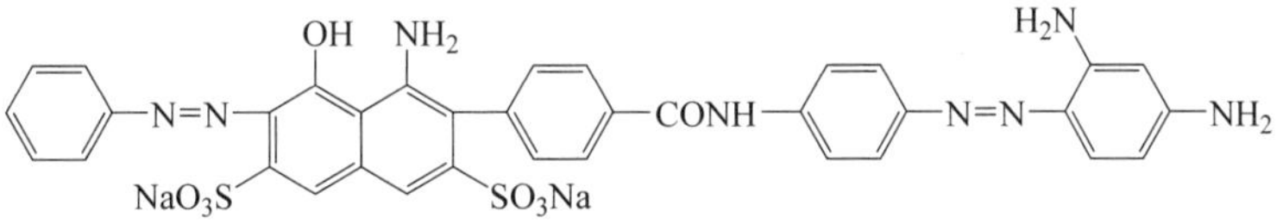

二芳基脲偶氮直接染料有较好的耐日晒牢度，其色泽以黄、橙、红、蓝等为主，如直接耐晒黄 RS：

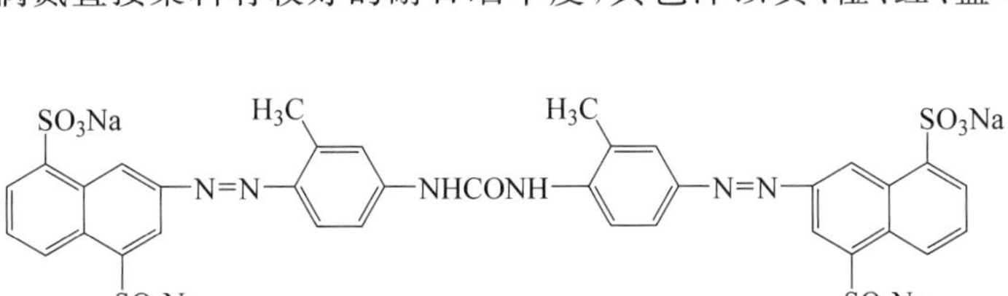

三聚氰胺偶氮直接染料一般有绿、红、蓝色，如直接耐晒绿 BLL：

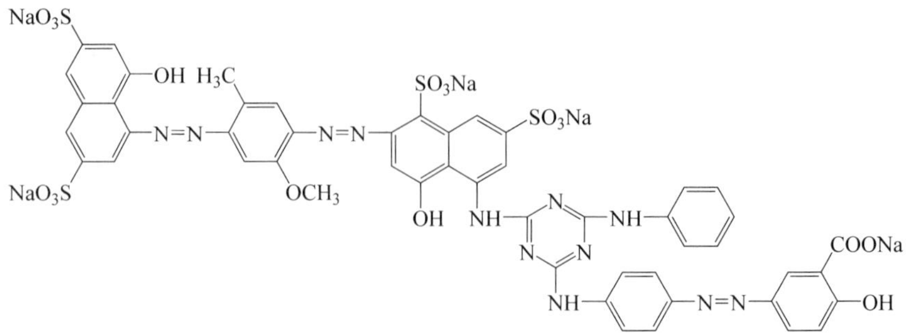

二噁嗪直接染料，如耐晒艳蓝 FF2G：

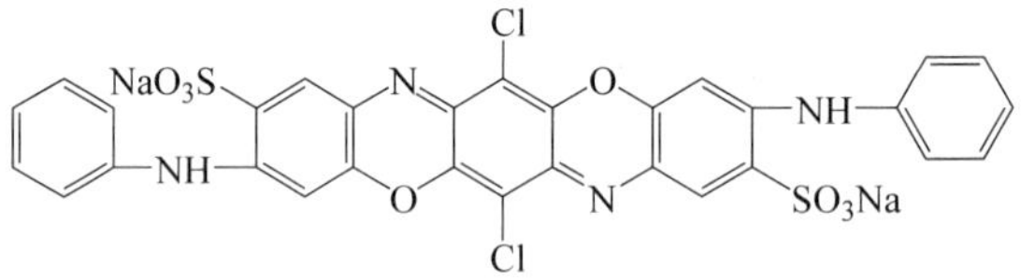

酞菁系直接染料主要为铜酞菁的衍生物，颜色鲜艳纯正，耐晒牢度好，如直接耐晒翠兰 GL：

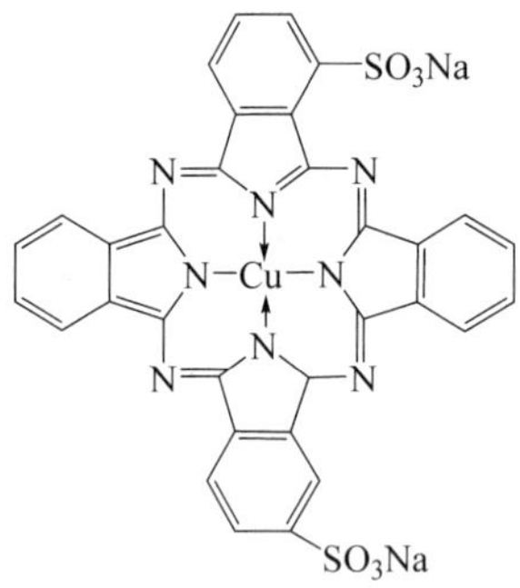

直接铜盐染料，如直接铜盐紫 3RL：

有的在染料合成时完成铜络合反应，如直接耐晒紫 2RLL：

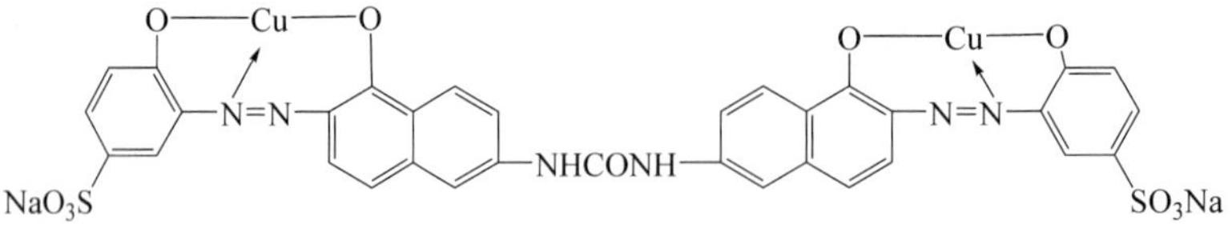

直接耐晒棕 8RLL：

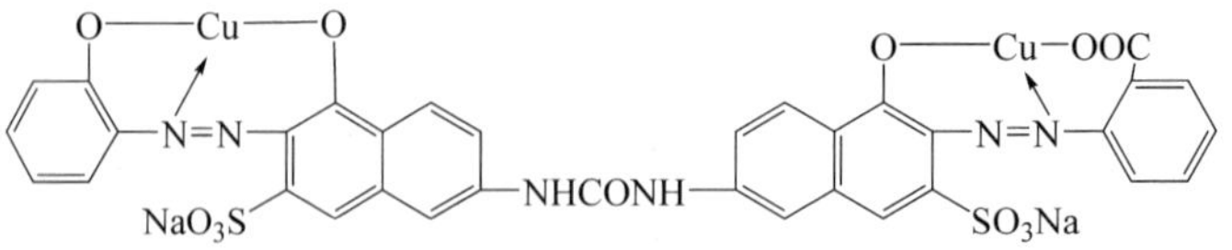

用 4,4′-二氨基二苯脲及 3,3′-二磺酸制备的直接染料，色谱以黄、红、紫、棕为主，如直接耐晒黄 GC：

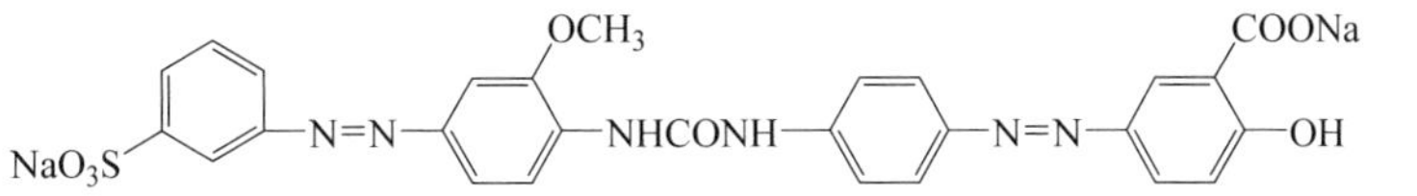

直接耐晒桃红 BK：

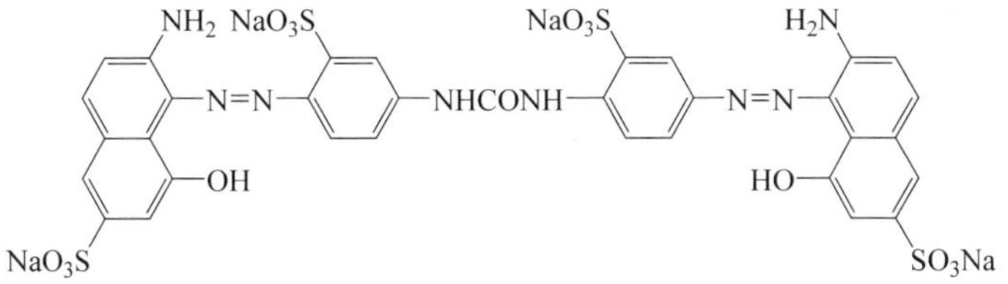

三聚氰胺型直接染料，如直接耐晒绿 5GLL：

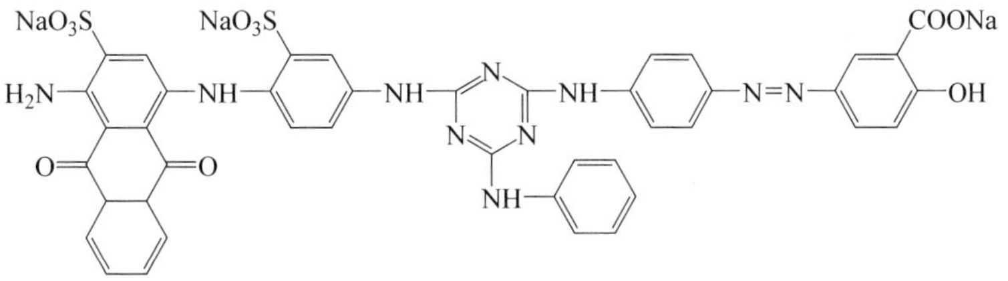

三偶氮和多偶氮的直接染料，如直接黑：

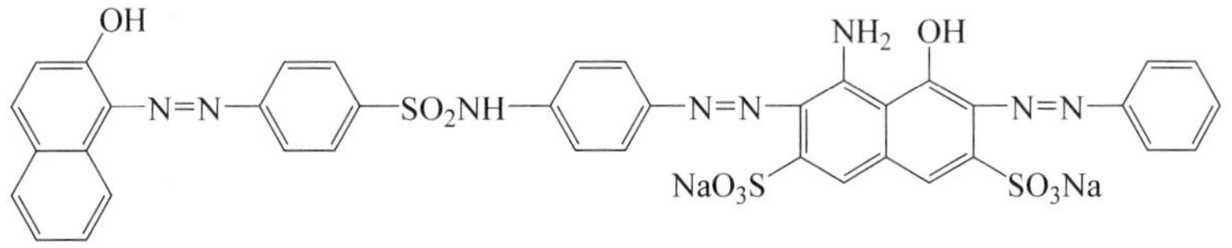

直接耐晒蓝 B2RL：

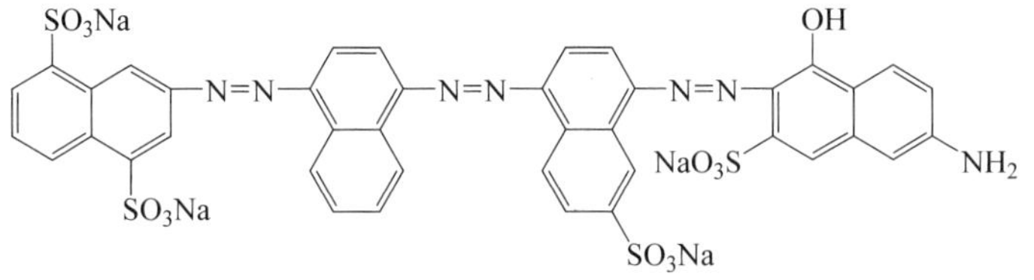

直接耐晒黑 GF：

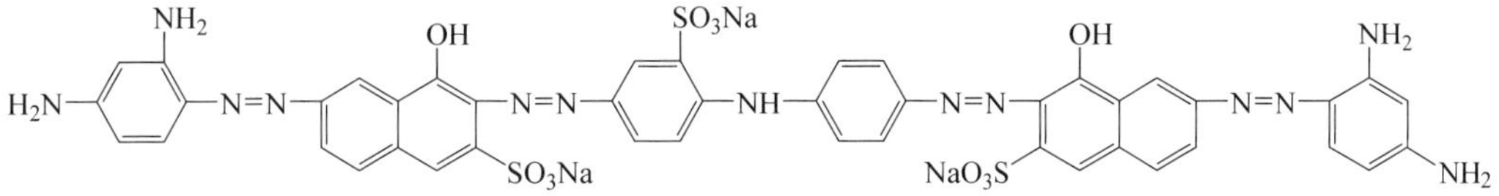

非偶氮的直接染料，如直接耐晒蓝 FFRL：

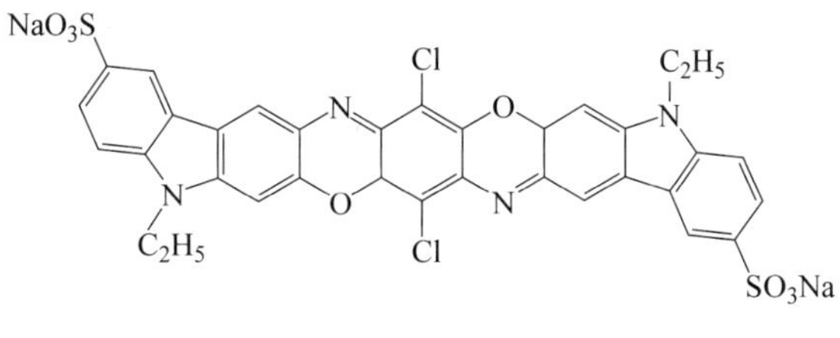

从以上各类直接染料实例可以看到，直接染料结构特点之一就是每个染料分子中含有两个以上—SO_3Na，使染料有较好的水溶性。

4. 活性染料

活性染料是一类在化学结构上含有活性基团的水溶性染料。主要有染料母体和能与纤维官能团反应的活性基，以及连接染料母体与活性基的连接基和水溶性基团。其水溶性基团都是磺酸基团，所以活性染料个个都有磺酸基。活性染料具有色泽鲜艳、色谱齐全、性能优异、各项牢度高、价格低廉、染色方法简便、适用性强、应用范围广等优点。目前活性染料已发展成为仅次于分散染料的第二大类纺织染料，产品基本能满足国内印染工业的需要，并且每年有大量出口。活性染料是如今最有发展潜力的染料品种之一，目前已成为纤维素纤维印染加工的第一大类染料。有适用于蛋白质纤维的专用活性染料，适用于涤棉混纺品-浴染色活性染料，和可用于锦纶印染加工的活性分散染料。

活性染料按母体染料的化学结构可分为偶氮类、蒽醌类、酞菁染料、甲腊结构染料。还可按活性基分类。

偶氮活性染料如活性艳红 K-2BP：

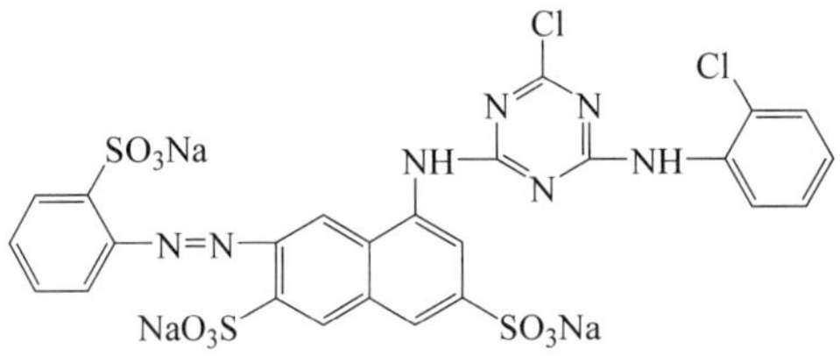

活性嫩黄 K-6G：

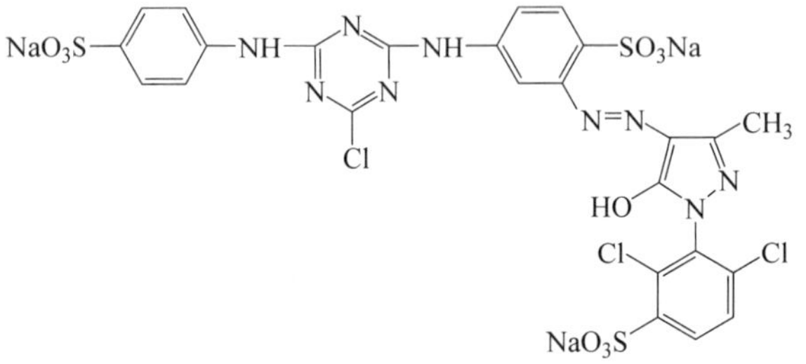

活性黑 KN-B：

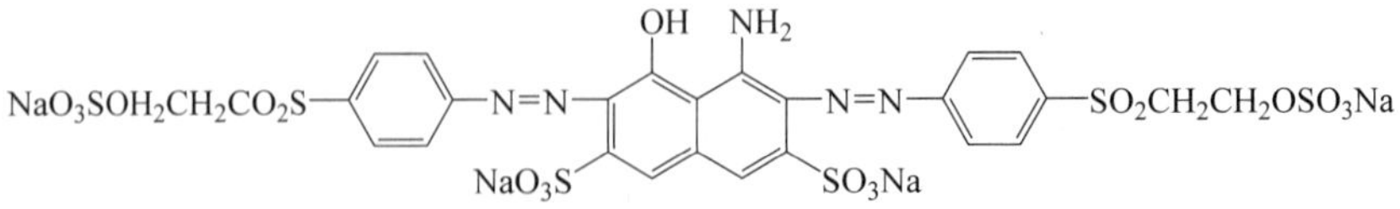

蒽醌类活性染料如活性艳蓝 X-BR：

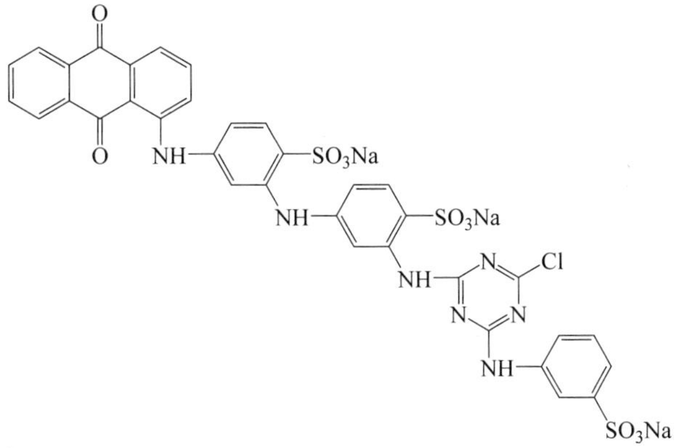

O
O NH— —SO_3Na
NH— —SO_3Na
NH— N Cl
N N
NH—
SO_3Na

活性艳蓝 KN-R：

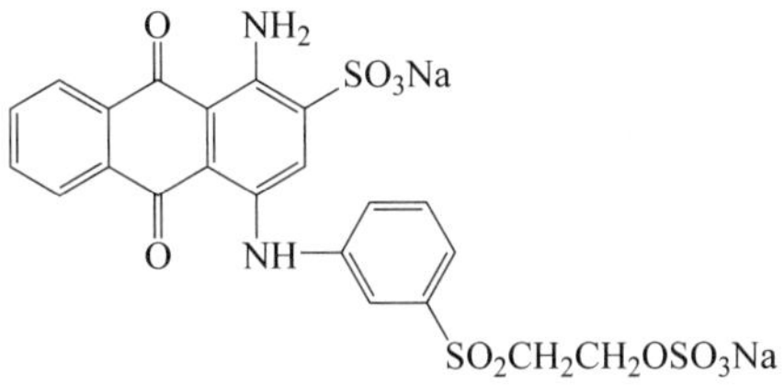

O NH_2
SO_3Na
O NH—
$SO_2CH_2CH_2OSO_3Na$

酞菁类活性染料如活性翠蓝 K-GL：

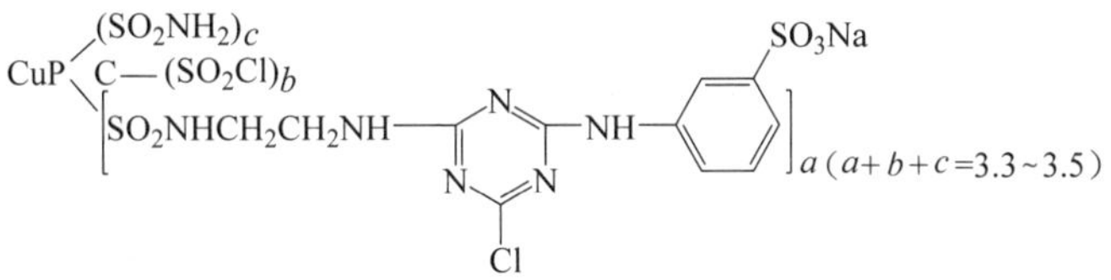

$(SO_2NH_2)_c$
CuP C—$(SO_2Cl)_b$
[$SO_2NHCH_2CH_2NH$— N —NH— SO_3Na]$_a$ $(a+b+c=3.3\sim3.5)$
N N
Cl

铝酞菁结构活性染料：

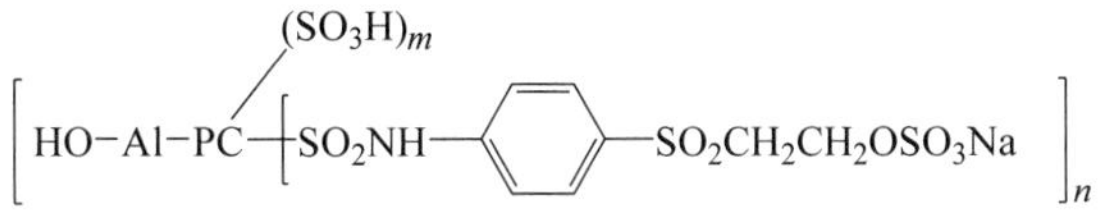

$(SO_3H)_m$
[HO—Al—PC—[SO_2NH— —$SO_2CH_2CH_2OSO_3Na$]$_n$

二氯硅酞结构活性染料：

$(SO_3Na)_m$
Cl
[Si—PC—[SO_2NH— —$SO_2CH_2CH_2OSO_3Na$]$_n$
Cl

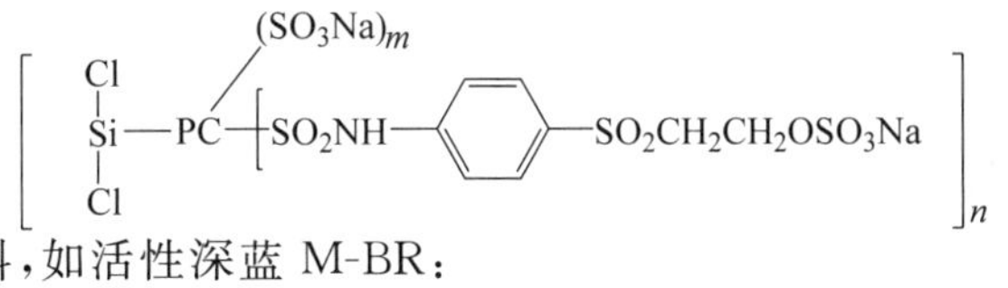

甲腊类活性染料，如活性深蓝 M-BR：

Cl
N N
O NH— N —N—
C—O O N C_2H_5
Cu $SO_2CH_2CH_2OSO_3Na$
N SO_3Na
N N
N
C

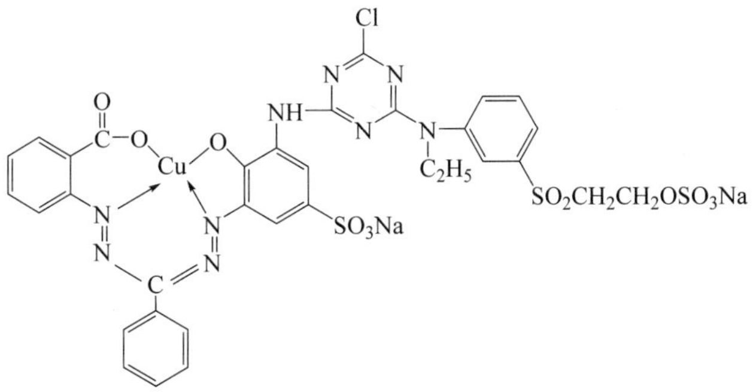

三苯二噁嗪类活性染料：

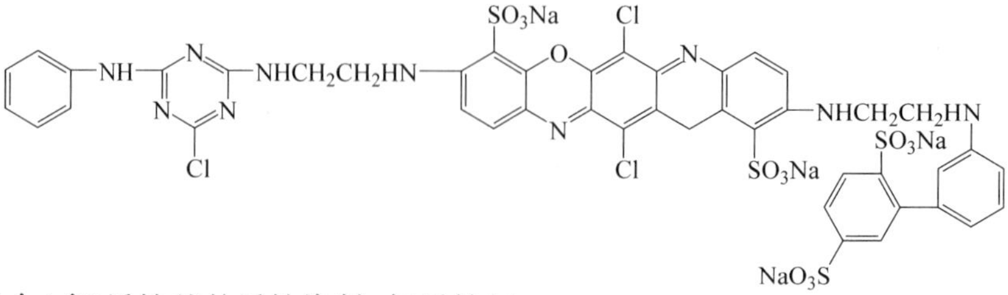

含复合(多)活性基的活性染料，如活性红：

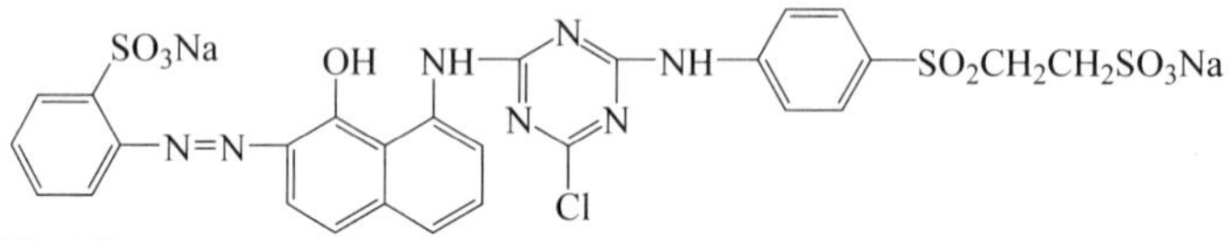

活性艳红 KP-5B：

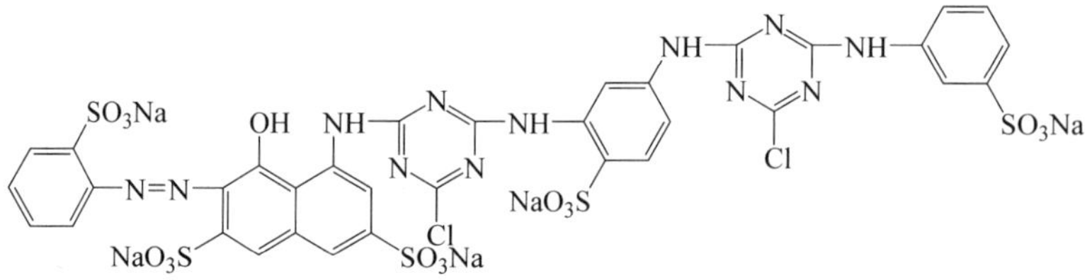

5. 酸性媒介染料和酸性含媒染料

酸性媒介染料可溶于水，绝大多数含有磺酸基，仅有少数含有羧基。酸性媒介染料主要应用于羊毛、蚕丝及锦纶。

酸性媒介染料绝大多数属于偶氮类，主要是单偶氮染料，还有三芳甲烷、蒽醌、氧蒽等。偶氮类媒介染料几乎包括整个色谱，只是蓝、紫、绿较少。这类染料耐光性较好。下面介绍几个典型染料。

酸性媒介黄 CR：

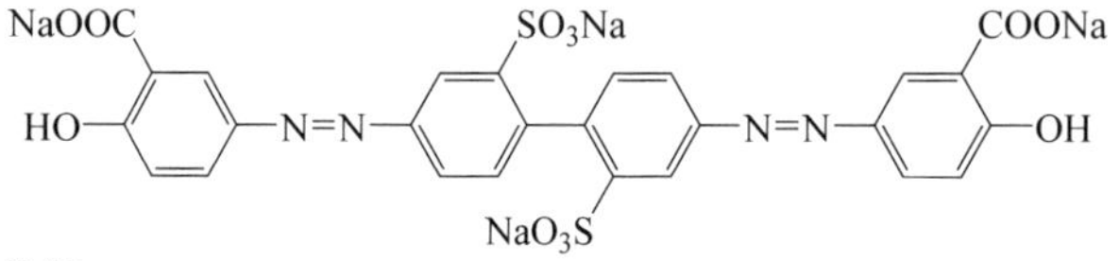

酸性媒介枣红 BH：

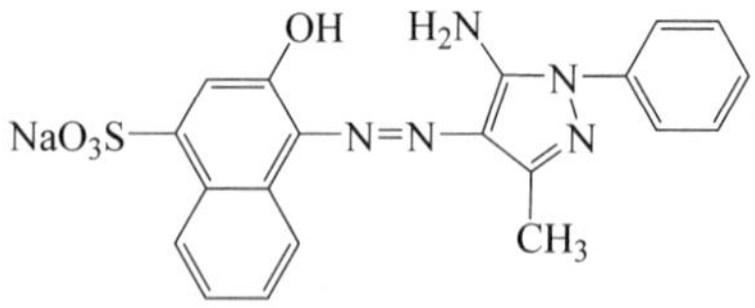

酸性媒介棕 RH：

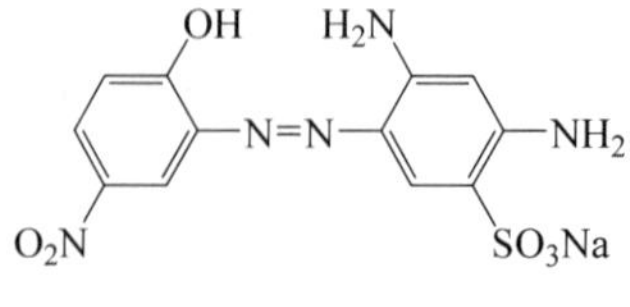

酸性媒介橙 R：

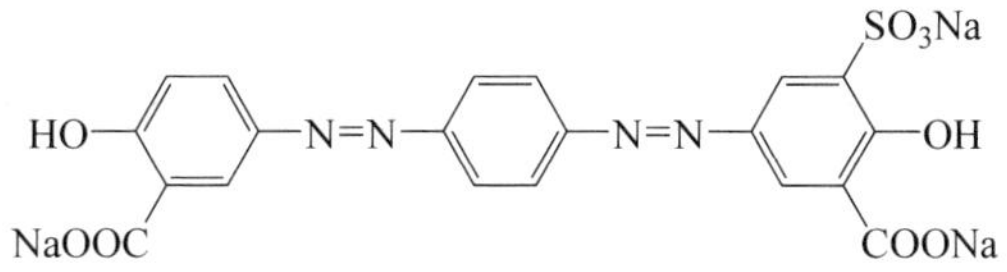

酸性媒介蓝 B：

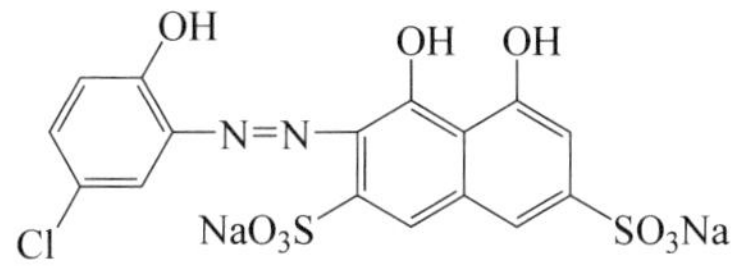

酸性媒介黑 T：

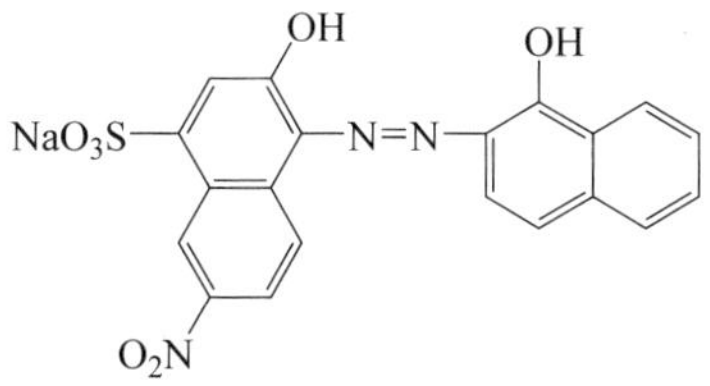

三芳甲烷酸性媒介染料典型的如酸性媒介蓝 R：

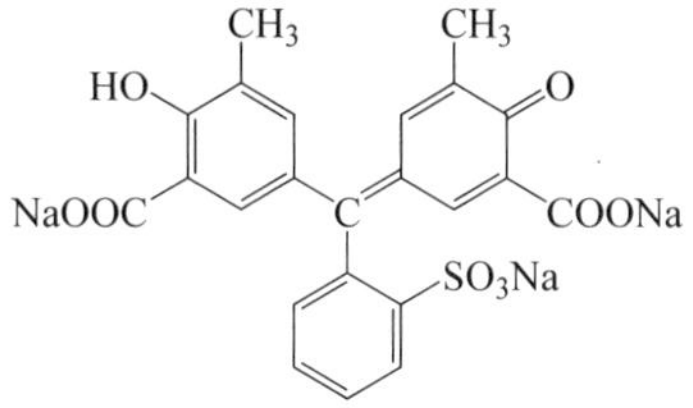

蒽醌类酸性媒介染料如媒介红 3：

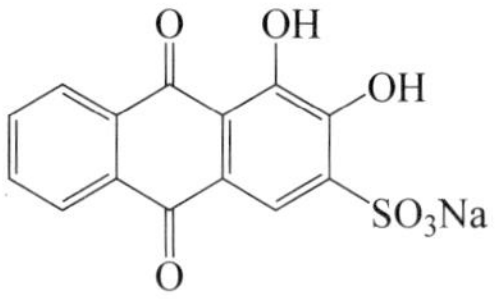

酸性媒介蓝黑：

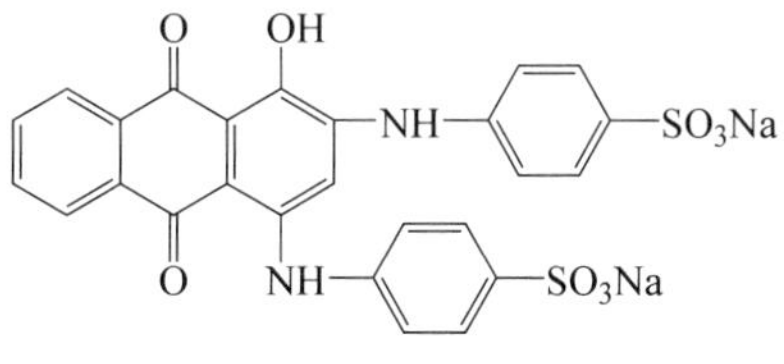

酸性含媒染料，如酸性红 183：

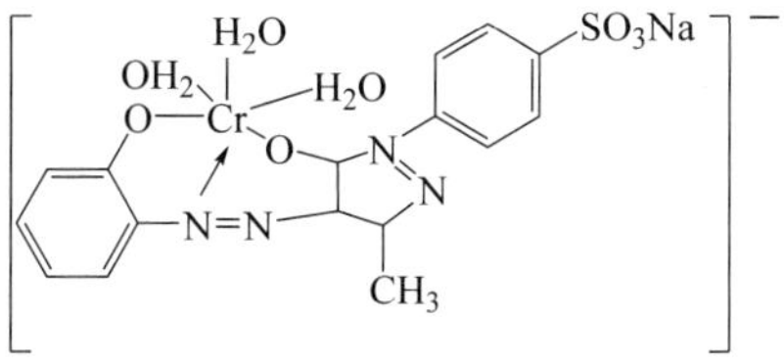

中性枣红 GRL：

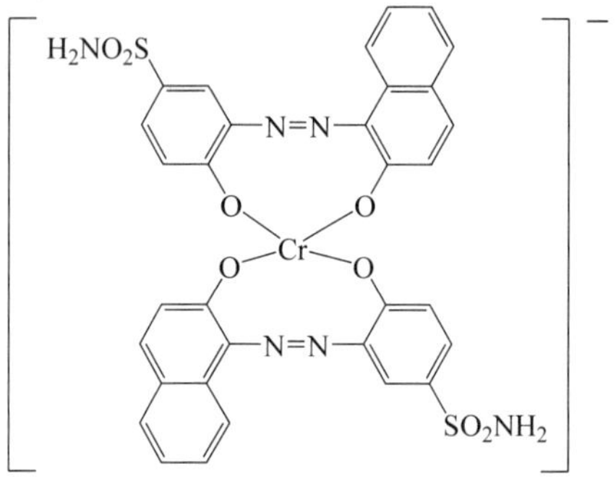

阳离子染料中有十多个含磺酸基的染料。除此之外还有与阳离子成盐的阴离子是α-萘磺酸的染料。还原染料和硫化染料中也有少量的含磺酸基的染料。在分散染料中有几个含磺酰胺基和砜基的染料。

6. 荧光增白剂

为得到满意的白度或某些浅色织物要增加鲜艳度，通常采用能发出荧光的有机化合物加工，这种物质称为荧光增白剂。荧光增白剂是一类含有共轭双键、具有良好平面型特殊结构的有机化合物。在日光照射下，它能吸收光线中肉眼看不见的紫外线（波长 300～400 nm）使分子激发，再恢复到基态时，紫外线能量就消失一部分，进而转化为能量低的紫外光发射出来。被作用物上的紫外光的反射量得以增加，抵消了原物体上因黄光反射量多而造成的黄光感觉，在视觉上产生白洁、耀目的感觉。

荧光增白剂已有十四五种结构，其中有 4，4′-二氨基二苯乙烯-2，2′-二磺酸（DSD 酸）与三聚氰胺缩合物，结构通式为

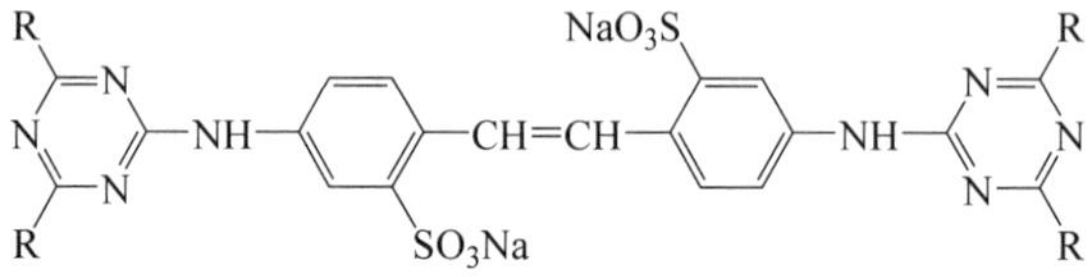

三嗪基氨基三苯乙烯类，具有该结构类型的荧光增白剂是现有已商品化的荧光增白剂中品种最多的，约 80%以上。我国生产荧光增白剂始于 20 世纪 80 年代，研究开发始于 20 世纪 60 年代。几十年相继有多个具有较大影响的荧光增白剂投入工业化生产。在多种不同结构的众多化合物中含有磺酸基的荧光增白剂占有很大比例。下边列举几个含磺酸基的不同结构类型荧光增白剂的例子。如磺酸类荧光增白剂，荧光增白剂 ATS-X：

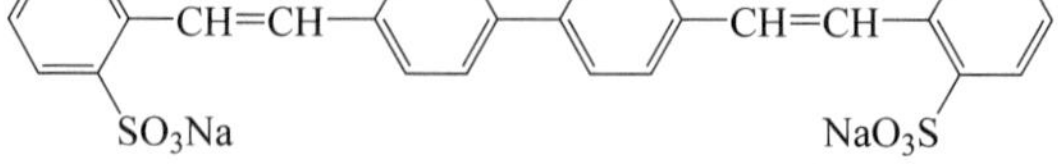

对纤维素纤维、蛋白质纤维、聚酰胺及棉、丝和毛均有良好的增白效果。有良好溶解分散性，溶于水。主要用于棉纤维、丝、羊毛等的增白。三嗪基氨基二苯乙烯型，如增白剂 33：

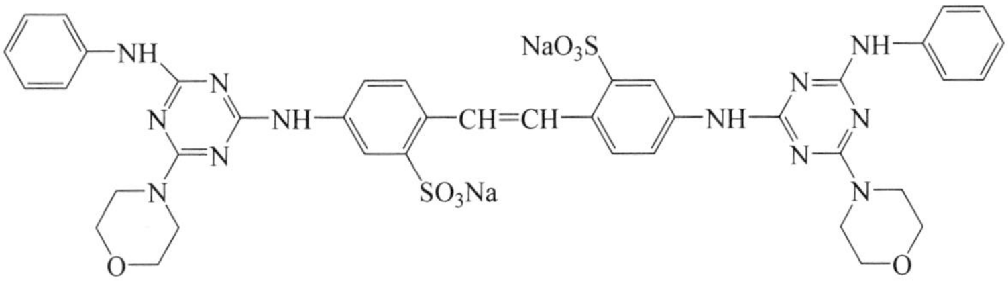

有 α-无定型黄色粉末、β 型白色结晶，β 型有良好的增白效果，用于棉纤维、尼龙织物增白，配洗衣粉，如增白剂 VBL：

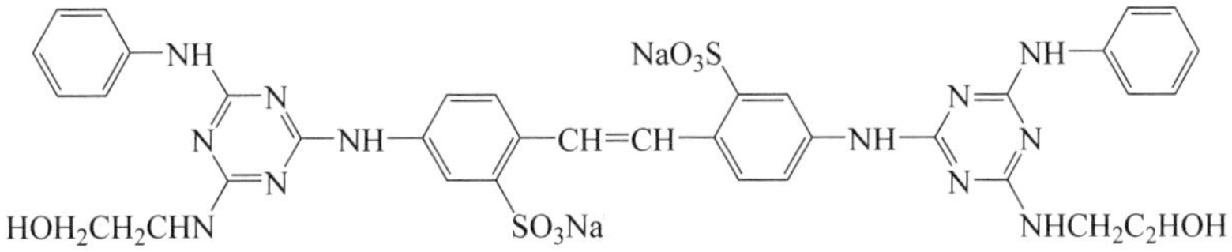

二苯乙烯三氮唑型，如增白剂 Tinopal PBS：

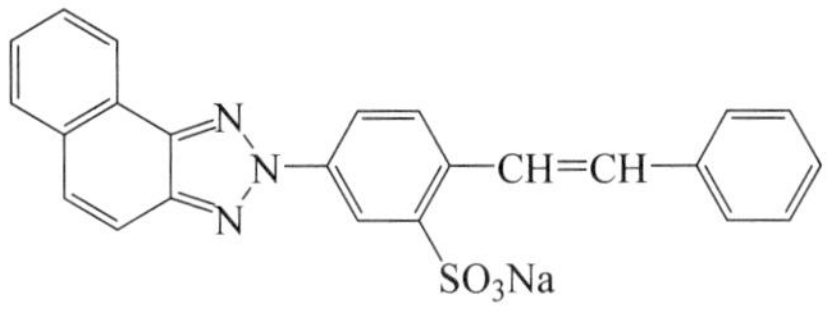

Blankophor BHC：

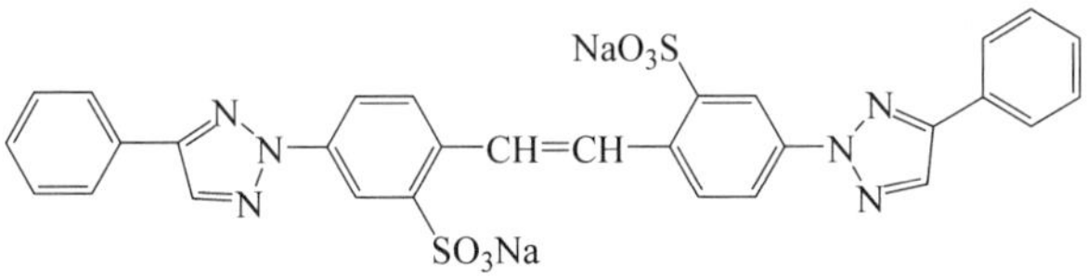

用于棉纤维增白。对合成纤维和塑料，特别是聚酯纤维，具有非常高的增白强度和良好的应用性能。还有增白剂 JD3：

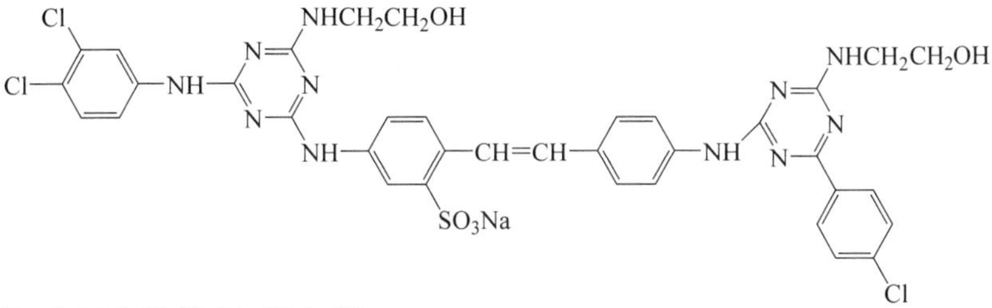

可用于纺织、造纸和洗涤剂、增白剂。

含磺酸基的苯并呋喃与联苯组合的荧光增白剂具有很好的水溶性，特别适用于锦纶、纤维素类的增白。其典型化合物为

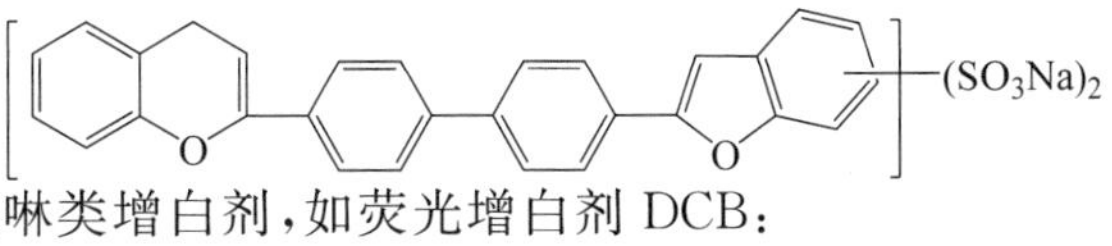

1,3-二苯基吡唑啉类增白剂，如荧光增白剂 DCB：

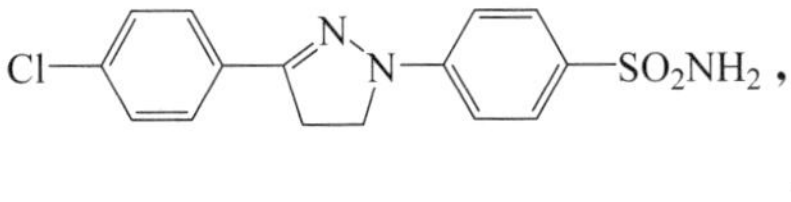

，用于腈纶增白。

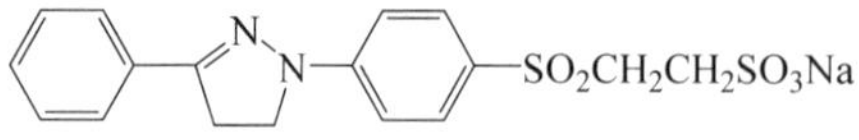

$-SO_2CH_2CH_2SO_3Na$，用于毛、丝增白。

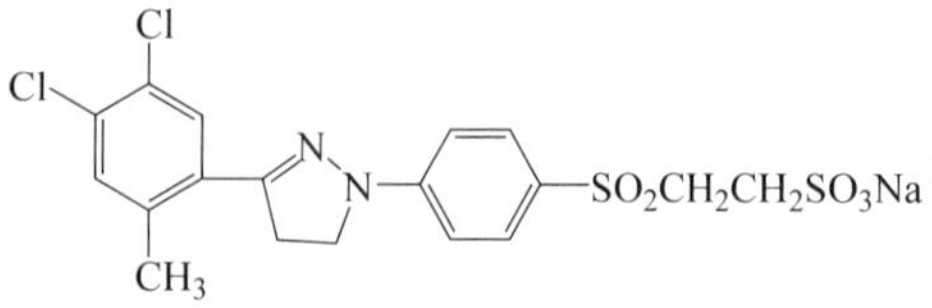

$-SO_2CH_2CH_2SO_3Na$，用于锦纶增白，日晒牢度优良。

综上所述，可见磺化反应及磺酸基化合物在合成染料、颜料工业中十分重要。

参考文献

[1] 侯毓芬. 染料化学[M]. 北京：化学工业出版社，1995.

[2] 化工部染料工业科技染料情报中心. 化工产品手册——染料[M]. 北京：化学工业出版社，1985.

[3] 沈永嘉. 有机颜料——品种与应用[M]. 北京：化学工业出版社，2001.

[4] 黄润秋. 有机中间体制备[M]. 北京：化学工业出版社，1998.

[5] 张继彤，杨新玮. 近年我国酸性染料的进展[J]. 染料工业，1999，36(3)：10-14.

[6] 杨新玮. 国内外酸性染料的进展[J]. 染料与染色，2006，43(2)：1-6.

[7] 章杰. 我国阳离子染料市场现状和发展趋势[J]. 纺织导报，2006(5)：66-70.

[8] 张治国，尹红，陈志荣. 还原/阳离子染料用匀染剂研究进展[J]. 纺织学报，2005，26(2)：146-148.

[9] 章杰. 有关环保型染料的几个热点问题[J]. 上海化工，2000，25(12)：4-8.

[10] 章杰. 现代活性染料技术进展[J]. 上海化工，2000，25(4)：21-26.

[11] 章杰. 当今染料工业发展新特点[J]. 上海化工，2000，25(3)：21-26.

[12] 章杰. 西欧染料工业最近动向[J]. 上海化工，2000，25(2)：28-31.

[13] 沈永嘉. 荧光增白剂[M]. 北京：化学工业出版社，2004.

[14] 宋波. 荧光增白剂及其应用[M]. 上海：华东理工大学出版社，1995.

[15] 许煦. 二苯乙烯苯类混合型荧光增白剂的合成和应用[J]. 上海染料，2003，31(2)：19-21.

[16] 杨崇岭，关丽清，谭寿再，等. 间苯二甲酸双羟乙酯-5-磺酸钠(SIPE)制备工艺研究[J]. 印染助剂，2012，29(9)：5-7，11.

8.2 磺化反应、磺酸及其衍生物在合成医药、农药中的应用实例

8.2.1 含磺酰基的医药

1. 含磺酸及其衍生物的医药中间体

医药中间体包括成品药的活性成分和制备活性成分的重要中间体。医药中间体品种繁多，其中含磺酸及其衍生物的品种数量不少，有的结构简单，有的结构很复杂。下面列

举几例：甲苯磺酸舒他西林（ ）合成用的中间体卡芦莫南钠（ ）。头孢咪唑钠（ ）合成用的中间体 4-吡啶乙磺酸（ ）。磺苄西林和头孢磺啶钠（ ）合成用的中间体 α-磺酸基苯乙酸（ ）。有多种用途的磺酸类医药中间体，如磺酸中的甲磺酸（CH_3SO_3H）、牛磺酸（$H_2NCH_2CH_2SO_3H$）、苯磺酸（ ）、对甲苯磺酸（ ）、对氯苯磺酸（ ）、间硝基苯磺酸（ ）、对氨基苯磺酸（ ）、5-磺基水杨酸（ ）、1，5-萘二磺酸（ ）、3-苯氨基-2-萘磺酸（ ）、5-异喹啉磺酸（ ）等。磺酰氯中的甲磺酰氯（CH_3SO_2Cl）、4-氯丁基磺酰氯（$ClCH_2CH_2CH_2CH_2SO_2Cl$）、苯磺酰氯（ ）、对甲苯磺酰氯（ ）、对氯苯磺酰氯（ ）、间硝基苯磺酰氯（ ）、2-甲基-4-硝基苯磺酰氯（ ）、3-甲基-8-四氢喹啉

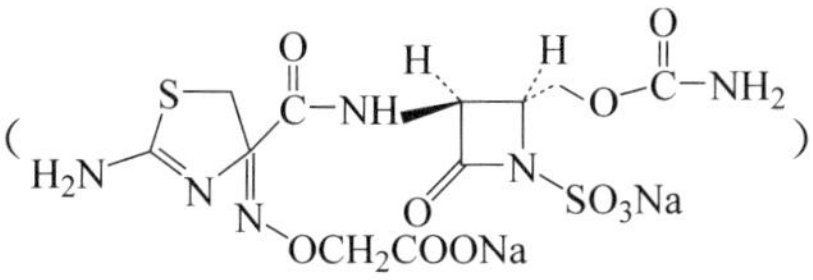

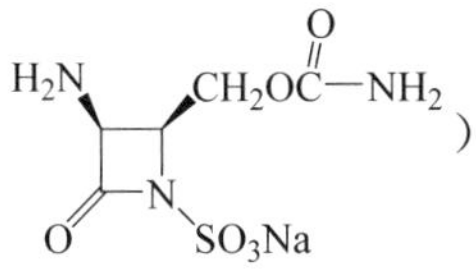

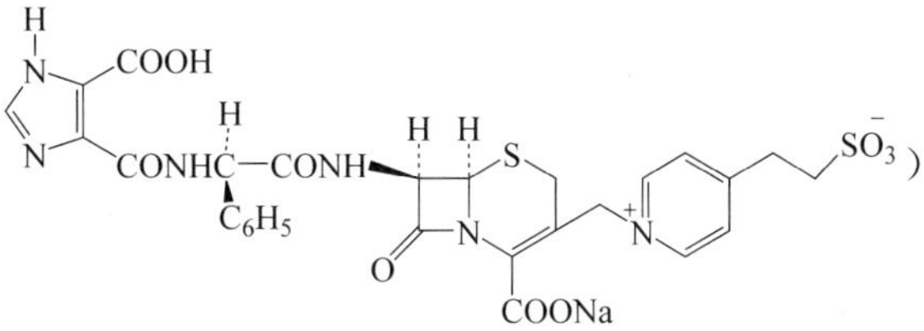

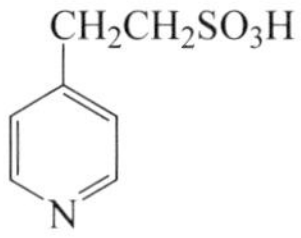

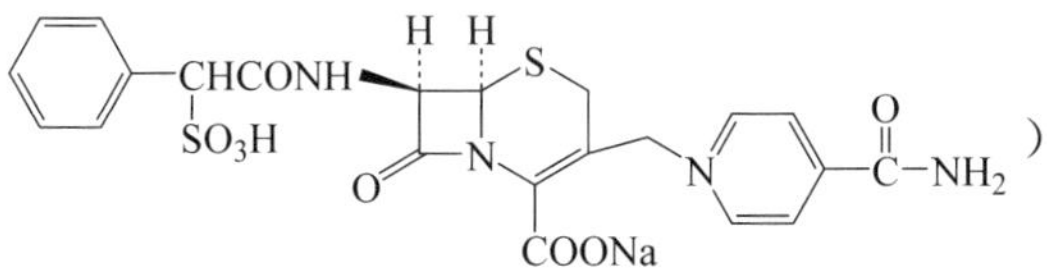

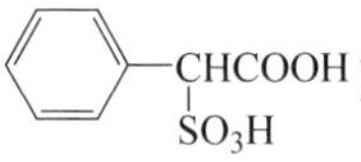

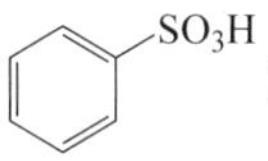

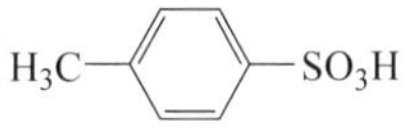

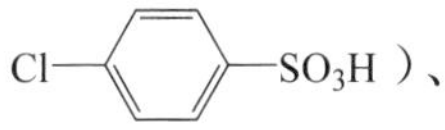

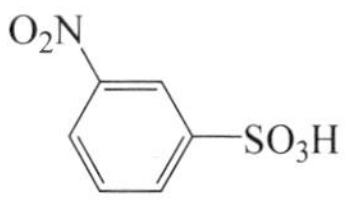

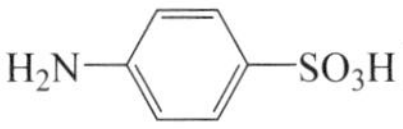

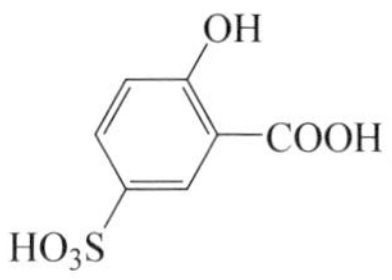

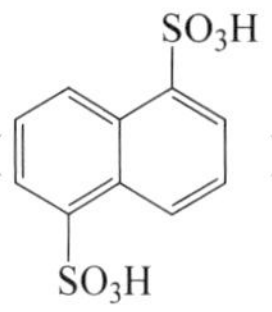

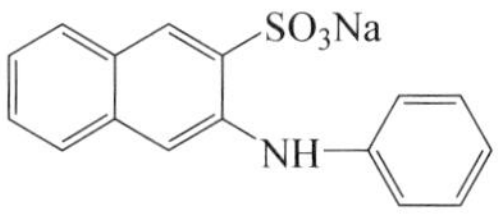

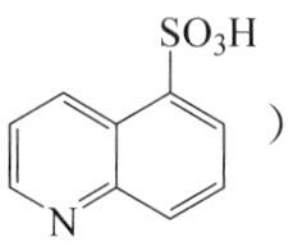

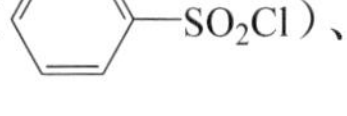

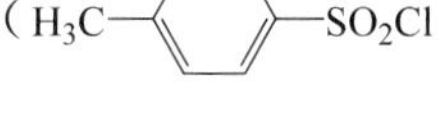

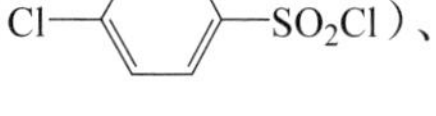

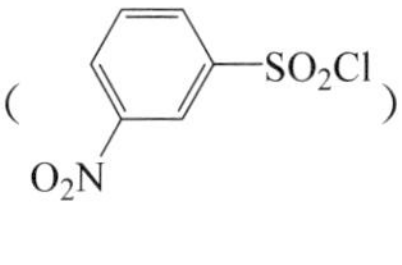

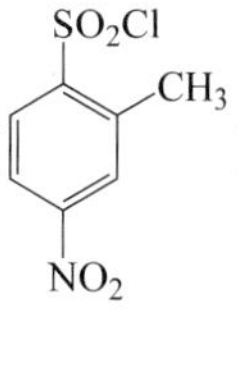

磺酰氯（CH_3 N SO_2Cl）、1,2-苯并噁唑-3-甲磺酰氯（O N CH_2SO_2Cl）、4-氯-3-磺酰氨基苯磺酰氯（SO_2Cl Cl SO_2NH_2）、2,4-二氯-1,3-苯二磺酰氯（SO_2Cl Cl Cl SO_2Cl）、4,5-二氯-1,3-苯二磺酰氯（SO_2Cl Cl SO_2Cl Cl）、4-氯-3-磺酰氨基苯磺酰氯（SO_2Cl SO_2NH_2 Cl）等。磺酸酯类中间体比较少，有对甲苯磺酸氟乙酯（$SO_3CH_2CH_2F$ CH_3）、对甲苯磺酸乙酯（$SO_3C_2H_5$ CH_3）、2-羟基-2-磺酸乙酯（$HOCH_2CH_2SO_3C_2H_5$）。磺酰胺类中间体最多，如苯磺酰胺（NH_2 SO_2）、对氯苯磺酰胺（SO_2NH_2 Cl）、邻氯苯磺酰胺（SO_2NH_2 Cl）、邻羧基苯磺酰胺（SO_2NH_2 COOH）、对羧基苯磺酰胺（SO_2NH_2 COOH）、磺胺脒（H_2N—⟨⟩—SO_2NH—$\overset{NH\cdot H_2O}{C}NH_2$）、4-氨基-N-α-吡啶基苯磺酰胺（N —$HNSO_2$—⟨⟩—$NH_2$）、2-乙酰氨基-5-氯-N-乙酰苯磺酰胺（$SO_2NHCCH_3$ O Cl— —$NHCCH_3$ O）、3-氨基磺酰基-4-氯苯甲酰氯（SO_2NH_2 Cl—C(=O)— —Cl）、4-氨基苄磺酰胺（H_2N—⟨⟩—$CH_2SO_2NH_2$）、2,4-二氯-5-羧基苯磺酰胺（SO_2NH_2 Cl COOH Cl）、2-氯-4-氟-5-腈基

苯磺酰胺（SO_2NH_2，Cl，CN，F）、6-氯-4-氨基-1，3-苯二磺酰胺（SO_2NH_2，H_2N，SO_2NH_2，Cl）、4-氨基-6-三氟甲基-1，3 苯二磺酰胺（SO_2NH_2，F_3C，SO_2NH_2，NH_2）、2-氯-4-N-乙酰氨基-5-羧基苯磺酰胺（$NHCOCH_3$，COOH，Cl，SO_2NH_2）、4-氯-3-磺酰氨基吡啶-N-氧（Cl，SO_2NH_2，N，O）、2-N，N-二甲磺酰氨基酚噻嗪（H，N，$SO_2N(CH_3)_2$，S）。砜和亚砜医药中间体也有一些，如 4，4′-二氨基二苯砜（H_2N—⟨⟩—SO_2—⟨⟩—NH_2）、苄基砜（⟨⟩—CH_2—SO_2—CH_2—⟨⟩）、2-甲氧基-5-甲磺酰基苯甲酸（OCH_3，COOH，SO_2CH_3）。以上仅为各类中间体的典型实例。

2. 磺酸及其衍生物在合成药物中的应用

磺酸衍生物在合成药物中有很多应用。最早的数量最大的合成抗菌药是磺胺类药物。早在 1933 年，Foerster 就使用百浪多息（CH_3CONH—，OH，—N=N—⟨⟩—SO_2NH_2，NaO_3S，SO_3Na）治疗感染葡萄球菌所致的败血症。其后 Trefenol 通过一系列化学结构改变和药物活性关系的研究，指出了百浪多息分子中对氨基苯磺酰胺基团是药物有效的活性部分。当时就以对氨基苯磺酰胺及其衍生物为中心，进行了大量研究工作。到 1940 年先后发现了疗效更好的磺胺吡啶（H_2N—⟨⟩—SO_2NH—吡啶基）、磺胺噻唑（H_2N—⟨⟩—SO_2NH—噻唑基）、磺胺嘧啶（H_2N—⟨⟩—SO_2NH—嘧啶基）、磺胺脒（H_2N—⟨⟩—$SO_2NHC(=NH)$—NH_2·H_2O）等。到 1946 年时，已合成磺胺类化合物 5 500 多种。其中应用于临床的有磺胺醋酰钠

（$H_2N-C_6H_4-SO_2NNa\overset{O}{\overset{\|}{C}}CH_3$）、磺胺吡啶（$H_2N-C_6H_4-SO_2NH-C_5H_4N$）、磺胺噻唑（$H_2N-C_6H_4-SO_2NH-C_3H_2NS$）及酞酰磺胺噻唑（$HOOC-C_6H_4-\underset{O}{\underset{\|}{C}}-NH-C_6H_4-SO_2NH-C_3H_2NS$）等。之后为改进药物溶解性能和减轻对肾脏的损害及降低其副作用，又进行深入一步的研究，到1958年又合成了磺胺异噁唑（$H_2N-C_6H_4-SO_2NH-C_3NO(CH_3)_2$）、磺胺索嘧啶（$H_2N-C_6H_4-SO_2NH-C_4HN_2(CH_3)_2$）等高溶解度、低毒性的磺胺药。与此同时，发现了第一个长效磺胺-磺胺甲氧嗪（$H_2N-C_6H_4-SO_2NH-C_4H_2N_2-OCH_3$）。当时临床使用青霉素较多，同时发现青霉素有严重过敏性、耐药性和不够稳定的缺点。这就促使磺胺药的研究工作出现了新高潮，相继研究出一些长效磺胺药，如磺胺甲氧嘧啶（$H_2N-C_6H_4-SO_2NH-C_4H_2N_2-OCH_3$）、磺胺地托辛（$H_2N-C_6H_4-SO_2NH-C_4HN_2(OCH_3)_2$）、磺胺甲氧吡嗪（$H_2N-C_6H_4-SO_2NH-C_4H_2N_2-OCH_3$）、磺胺多辛（$H_2N-C_6H_4-SO_2NH-C_4HN_2(OCH_3)_2$）等。

随着药物构效关系研究的深入，药学界认定药物应由药效团和药动团构成。药效团是药物分子与受体结合产生药效作用最基本的结构单元在空间的分布。药物作用特异性越高，药效团越复杂。药动团可以认为是药效团的载体。药动团通常可以模拟天然物质被转运的性质，经主动转运的机理，将药物运载到靶位处。

现有已研究确定的药效团近五十种基本结构，其中含有磺酸及其衍生物结构的有近五分之一。

磺胺类抗菌药的药效团是氨基苯磺酰胺（$H_2N-C_6H_4-SO_2NHR$），R可以是取代的苯环或取代的杂环。磺胺类是含有对氨基苯磺酰胺的化合物，是对氨基苯甲酸的抗代谢物。所说的抗代谢物是化学结构类似于必需代谢物，当取代了该代谢物在生物系统中的位置时，却没有原代谢物的功能，因而阻断或干扰了细胞的正常功能。由于对氨基苯磺酰胺与对氨基苯甲酸化学结构非常相似，分子的长度、宽度和电荷分布等几何形状和物理、化学性能都有近似性。

磺胺药物是二氢蝶酸合成酶的竞争性抑制剂。二氢蝶酸合成酶可催化对氨基苯甲酸与焦磷酸二氢蝶啶发生缩合反应，生成蝶酸。反应如下：

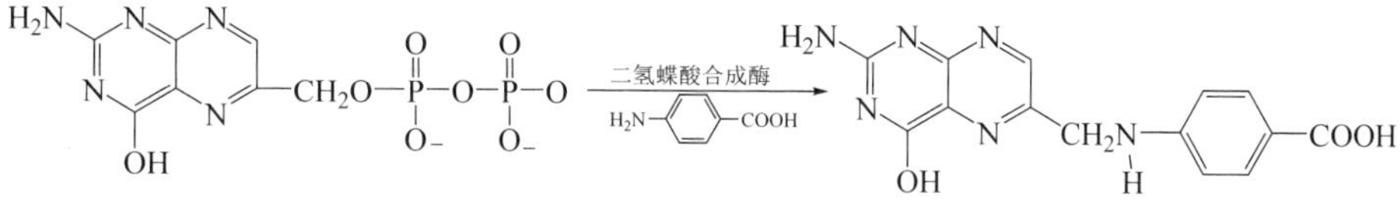

由氨基苯磺酰胺派生的含磺胺基的药物如下：

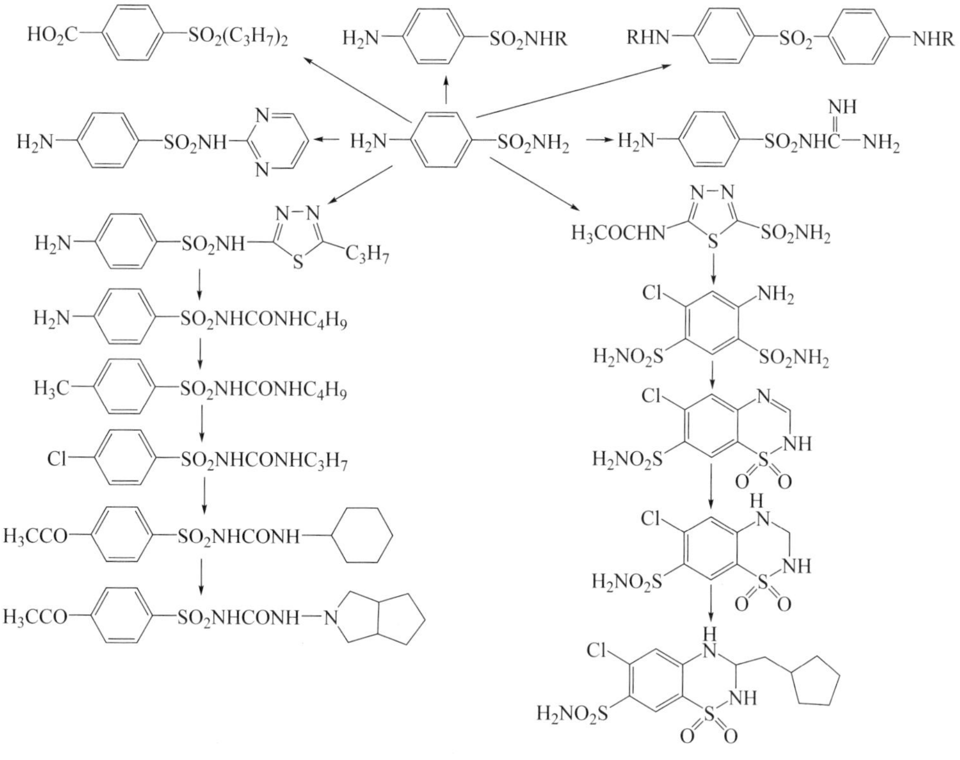

磺胺抗菌药品种很多，疗效很好，但副作用小的只有少数。随着抗生素及喹诺酮类抗菌药相继问世，磺胺药物的使用逐渐减少。但某些磺胺药对某些疾病具有很好的疗效，如磺胺嘧啶（H_2N—⟨苯环⟩—SO_2NH—⟨嘧啶环⟩）对治疗脑膜炎比较有效，是治疗流脑的首选药；磺胺甲噁唑（H_2N—⟨苯环⟩—SO_2NH—⟨5-甲基异噁唑环⟩）对多种炎症有较好的疗效；磺胺多辛

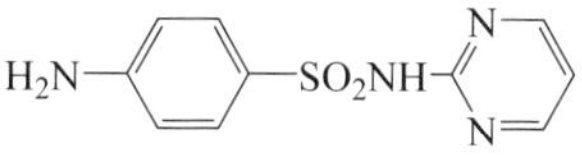

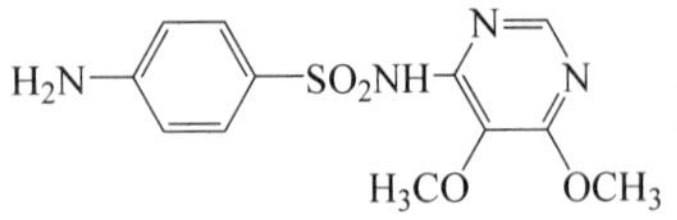

（H_2N—⟨苯环⟩—SO_2NH—⟨嘧啶环，N，N，H_3CO，OCH_3⟩）是长效磺胺药，适用于多种炎症；磺胺米隆（H_2N—⟨苯环⟩—SO_2NH_2）用于治疗烧伤、烫伤创面绿脓杆菌、金黄色葡萄球菌感染效果好；磺胺醋酰钠（H_2N—⟨苯环⟩—$SO_2N(Na)COCH_3$）用于治疗砂眼、结膜炎及其他眼病；二氯磺胺（Cl，Cl，SO_3NH_2，SO_3NH_2）可用于治疗青光眼。抑制肠道细菌的磺胺药有磺胺胍（H_2N—⟨苯环⟩—$SO_2N(H)-C(=NH)-NH_2$）。磺胺甲噁唑与甲氧苄胺嘧啶（H_3CO，H_3CO，H_3CO，N，NH_2，N，H_2N）组成的复合制剂在临床上仍有应用。

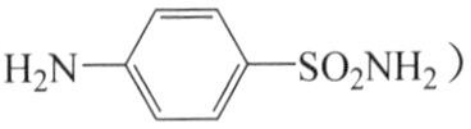

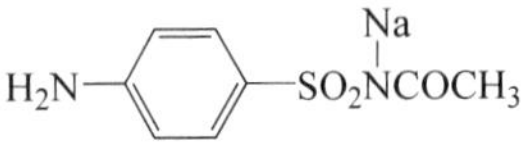

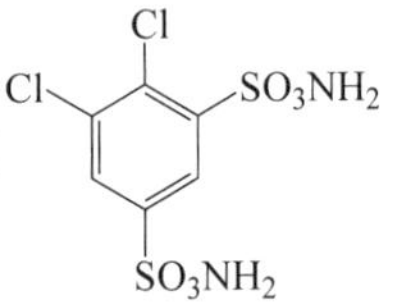

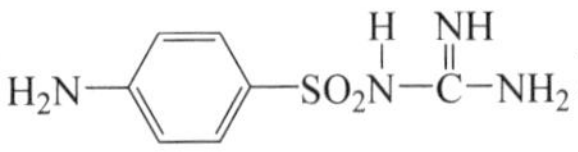

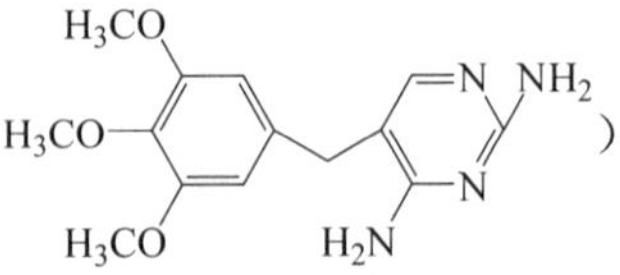

高血压是一种动脉压升高、超过正常范围的常见世界性疾病，是严重危害人类健康的疾病之一。在世界范围内的患病率高达10％～20％。

高血压治疗已有半个世纪的历史，目前上市的降压药已有100多种，而且新型药不断出现。高血压是一种多种因素导致的疾病，其用药有交感神经用药、离子通道用药、血管肽酶抑制剂等。用药种类多，但含有磺酰基的药物不太多，有二氮嗪（Cl，O，S，O，NH，N，CH_3），可松弛血管平滑肌，降低血管阻力，使血压急剧下降至正常，但降压血量不变，适用高血压危象急救。吲达帕胺（NHCO，N，CH_3，Cl，SO_2NH_2）是一种新的长效降压药，可使血管阻力下降，对轻度、原发性高血压有良好疗效。盐酸氨磺洛尔（H_2NO_2S，H_3C，$CHCH_2NHCH_2CH_2O$，OH，H_3CO，· HCl）对各种类型高血压一次给药，有迅速而持久的降压效果，而且耐受性好，广泛用于原发性高血压、褐色细胞瘤性高血压。氢氯噻嗪（Cl，H_2NO_2S，H，N，NH，S，O，O）降压药降压温和，与其他降压药合用可增加降压效果。喹唑啉酮类

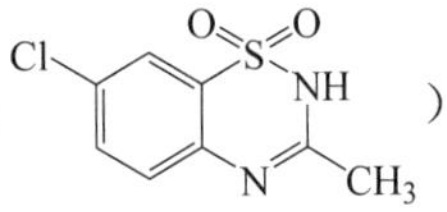

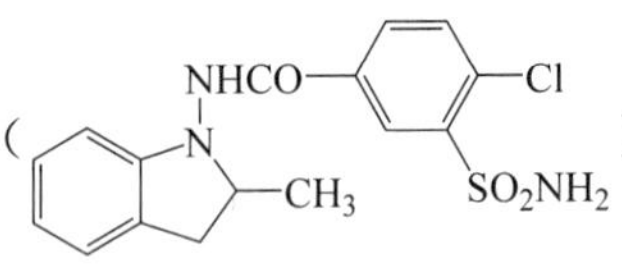

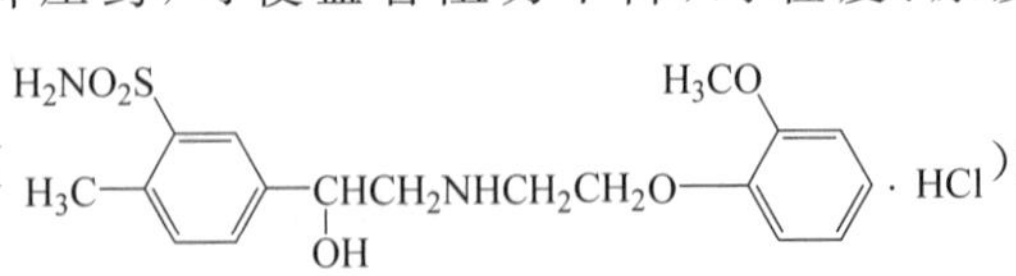

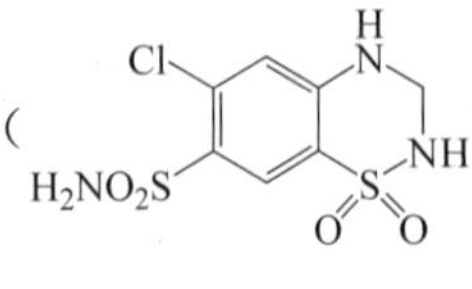

利尿降压药疗效较好的有喹乙醇（O N $CONHCH_2CH_2OH$ N CH_2 O）、美杠拉醇（Cl H N H_2NO_2S N O CH_3）、氯索隆（Cl N H_2NO_2S O）、氯噻酮（Cl SO_2NH_2 NH O）。

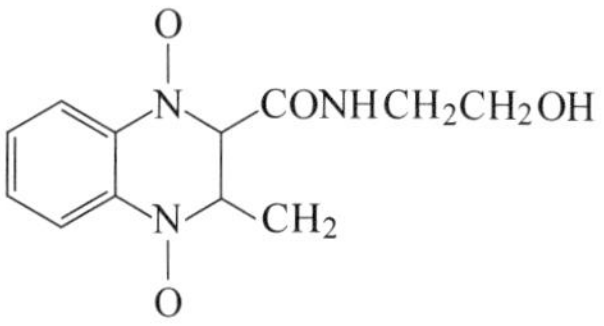

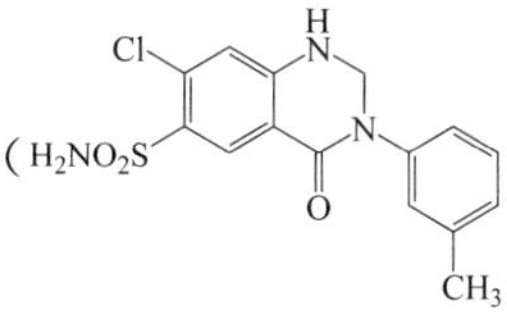

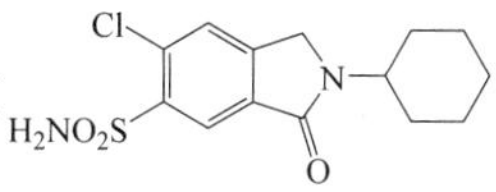

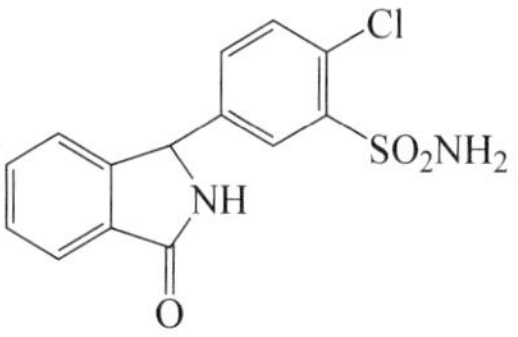

氯噻酮为临床应用最广的利尿降压药之一，一天一次用药，肠胃吸收完全，与红细胞结合，药效可持续 35～50 h。含磺酰胺的利尿药是强促尿盐排泄药，可阻止氯化钠转移，可将过量 25％或更多的氯化钠排出体外。这类药有呋塞米（Cl $NHCH_2$ O H_2NO_2S COOH）、他美地尼（$NH(CH_2)_3CH_3$ C_6H_5O H_2NO_2S COOH）、吡咯他尼（N C_6H_5O H_2NO_2S COOH），这类药起效快，半小时就能起到降压效果，可用于抗药性高血压。阿利克仑不仅可以降血压，而且有很好的耐受性，是一种潜能大的新型降压药。

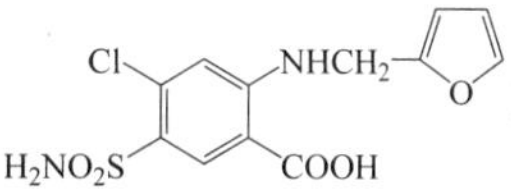

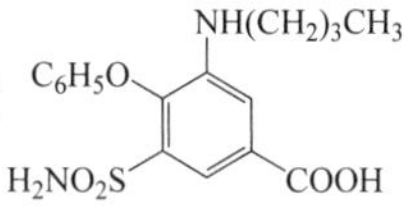

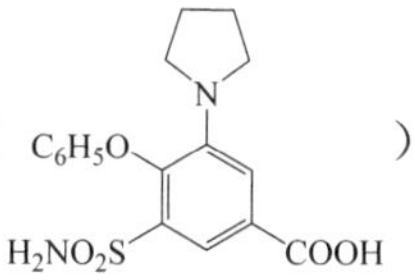

磺胺类化合物波生坦（O S NH O N N O OH N N）临床上用于治疗慢性心力衰竭，它的氨甲酰衍生物吡啶胺甲酰波生坦（OCH_3 O O S NH O N N O O H N O N N N）活力更强。

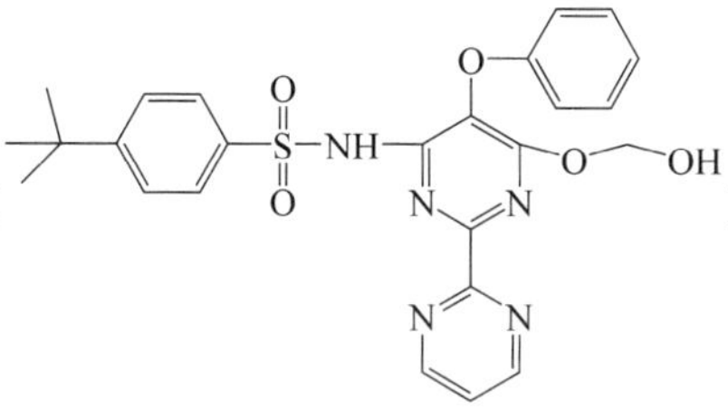

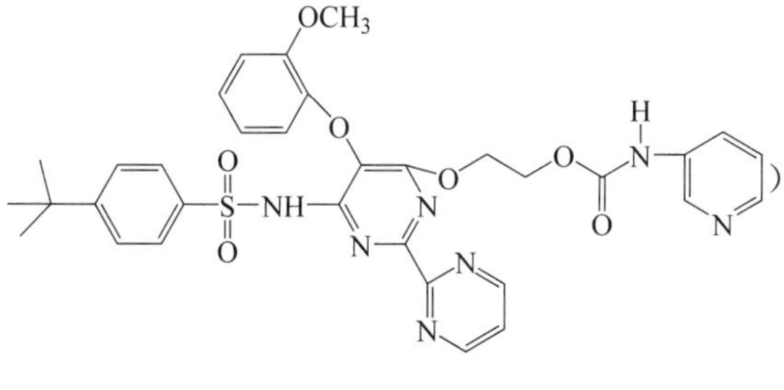

磺胺类利尿药的药效团为苯磺酰胺（O S NH_2 O）。在用磺胺治疗细菌感染的患者时，发现患者尿量增加，因此提出磺胺有利尿作用。研究证明，肾小管可分泌氢离子，使

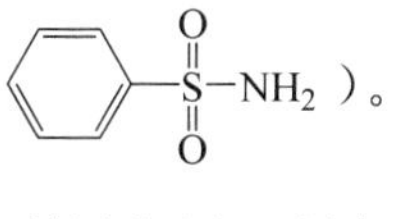

尿液呈酸性，氢离子是由碳酸酐酶催化二氧化碳与水反应生成碳酸，后者离解生成的。磺胺可抑制碳酸酐酶，导致 H^+ 与 Na^+ 交换量减少，使尿液呈碱性。Na^+ 与 HCO_3^- 同大量水排出，呈现利尿作用。为了达到利尿目的，需要用大剂量磺胺，会伴随许多副作用。进而推论，要增加磺胺的酸性，可提高与碳酸酐的结合。在合成大量磺酰胺化合物中，乙酰唑胺（）是第一个口服利尿药，后来研制出双氯非那胺（）。构效关系研究表明，苯环上有氯原子和酰胺基取代基有助于利尿。当酰胺基与磺酰胺基处于邻位时，可环合成苯并噻二嗪类化合物，其中氯噻嗪（）和氢氯噻嗪（）为口服降压药、中效利尿药，还有降压作用，并能提高其他药的降压效果。还有布噻嗪（），可用于治疗水肿和高血压；氢氟噻嗪（）、贝美噻嗪（）与氨苯蝶啶合用于治疗高血压和水肿。呋塞米（）用于治疗心性水肿、肾性水肿、肝硬化腹水、功能性障阻或血管障阻引起的周围性水肿，并能促使尿道结石排出，利尿作用迅速强大，多用于其他药无效的严重病人。还有长效利尿药环噻嗪（）、苯氟噻嗪（）。唑胺类型的希帕胺（）、美托拉

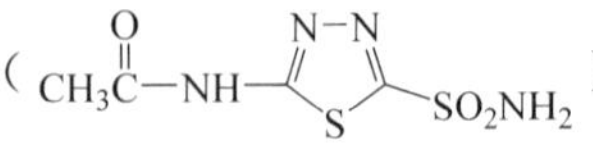

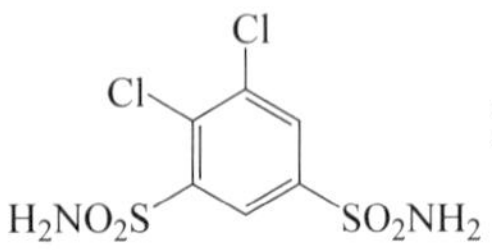

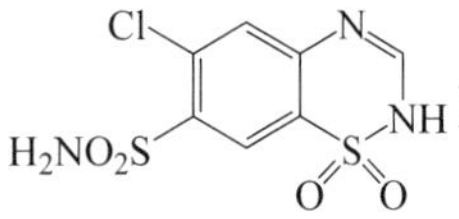

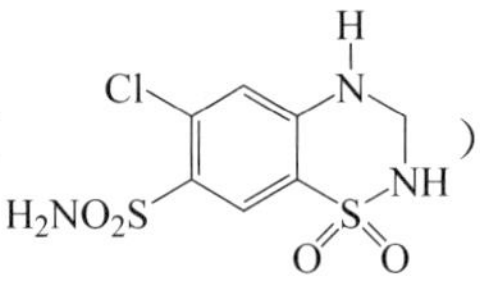

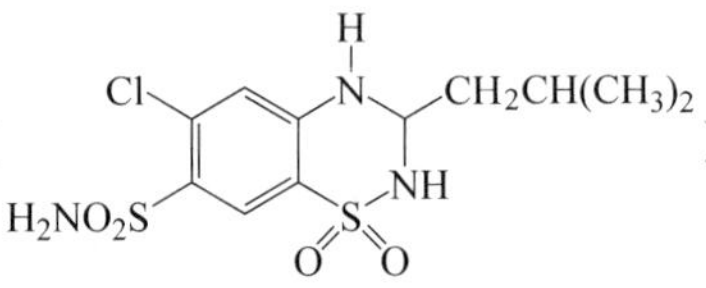

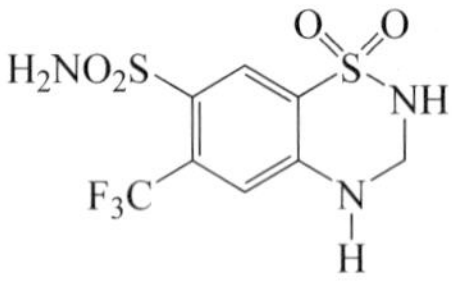

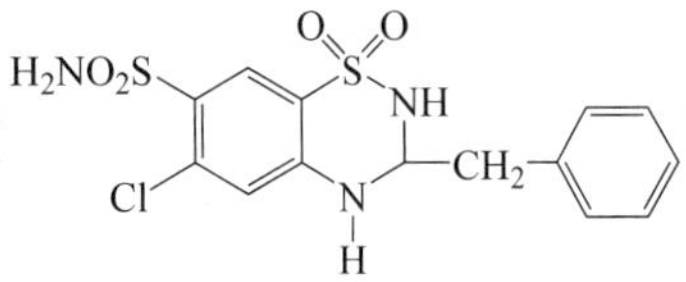

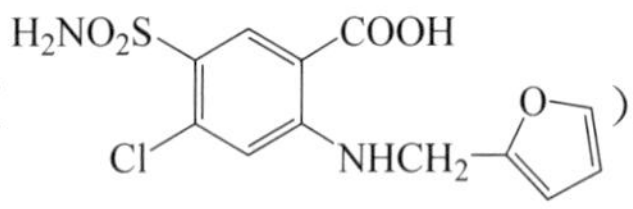

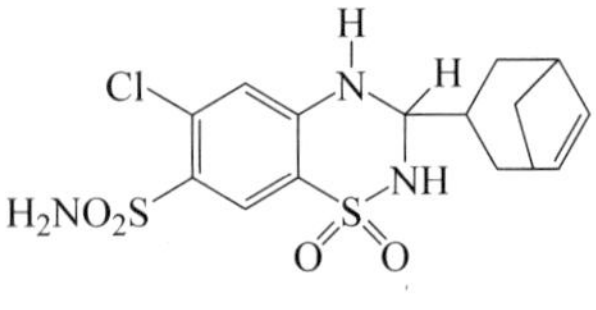

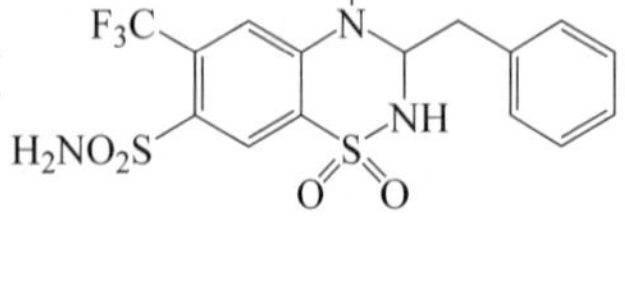

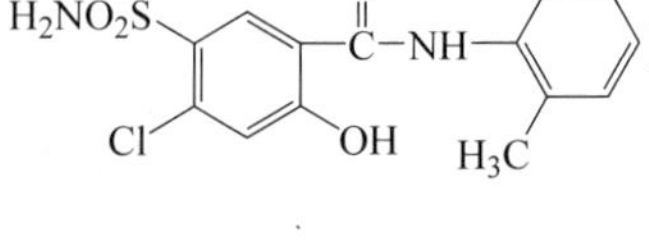

宗（ 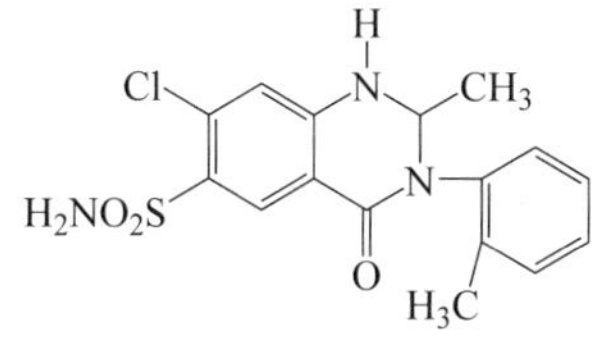　）、喹乙宗（ 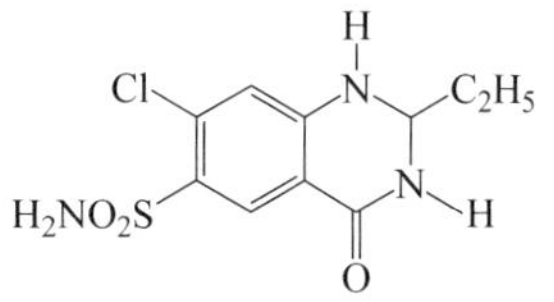　）、氯帕宗（ 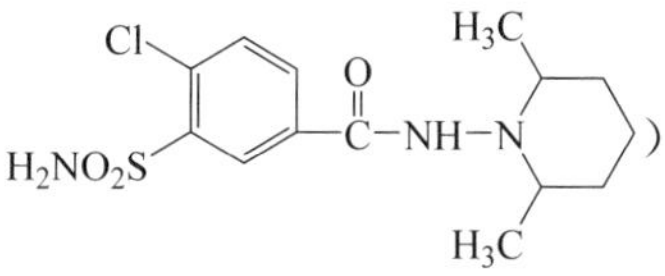　）等用于治疗水肿和高血压。

临床依据利尿效能将利尿药分为高效利尿药、中效利尿药和低效利尿药。

高效利尿药有呋塞米（ 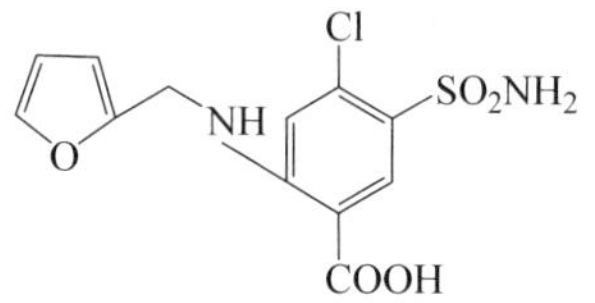　）、托拉塞米（ 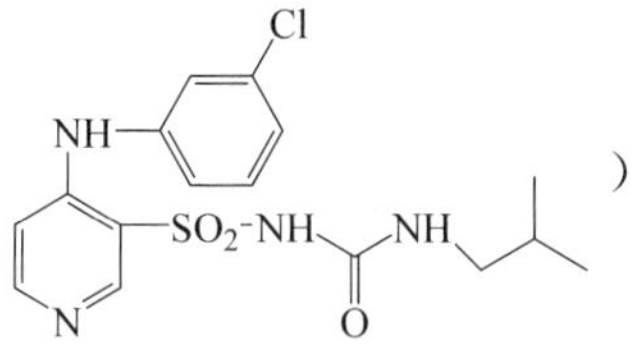　）、阿佐塞米（ 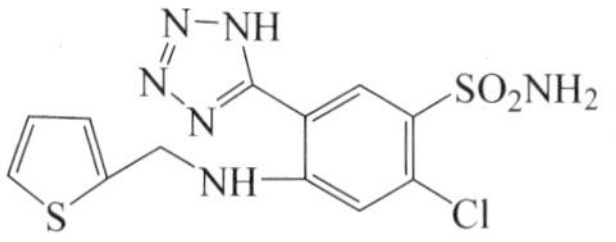　）、布美他尼（ 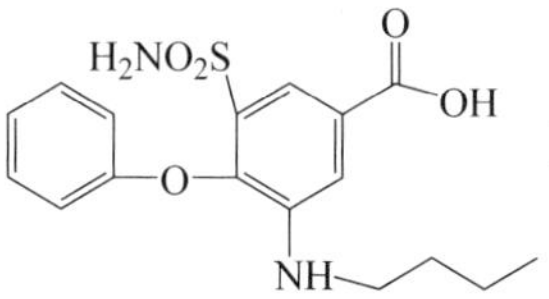　）、希帕胺（ 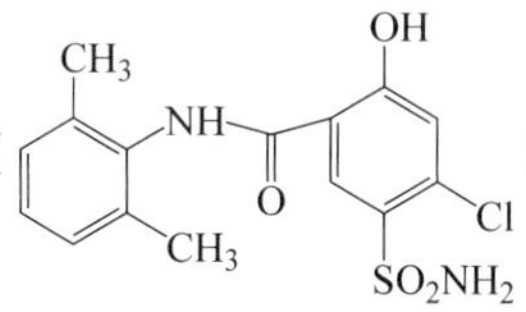　）。中效利尿药有氯噻嗪（ 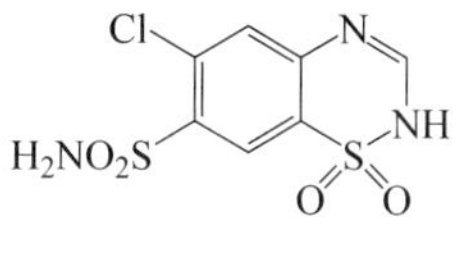　）、氢氯噻嗪（ 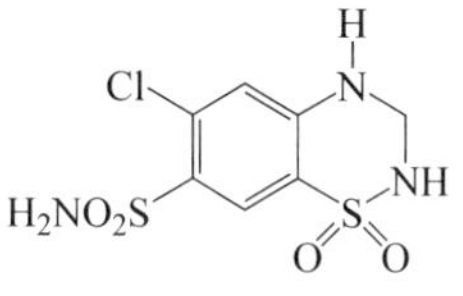　）、泊利噻嗪（ 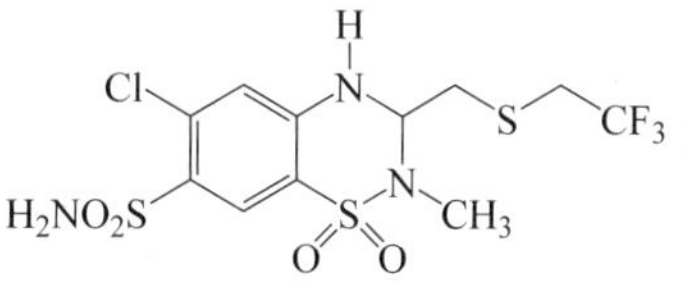　）、氢苄噻嗪（ 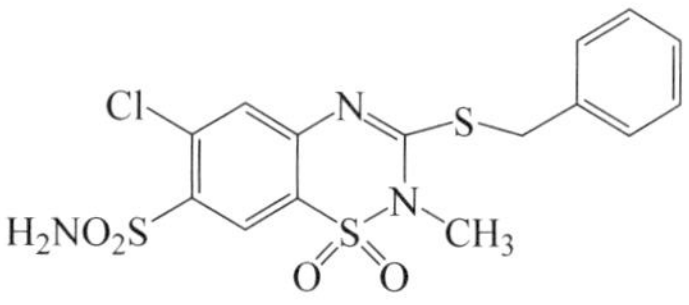　）、三氯噻嗪（ 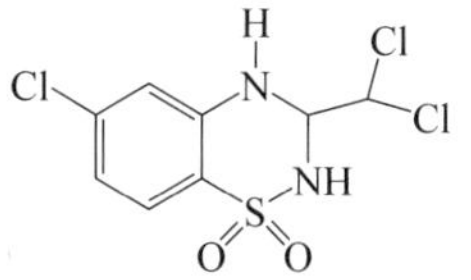　）、甲氯噻嗪（ 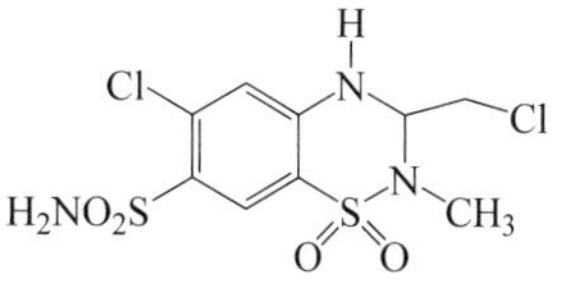　）、苄氟噻嗪（ 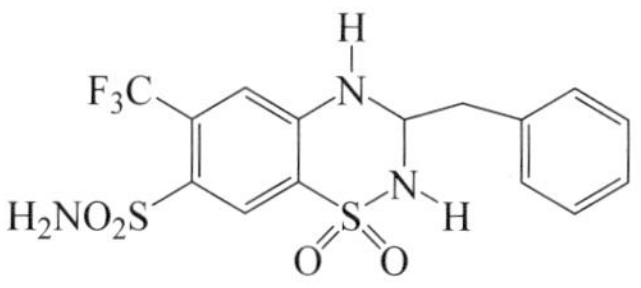　）、氢氟噻嗪（ 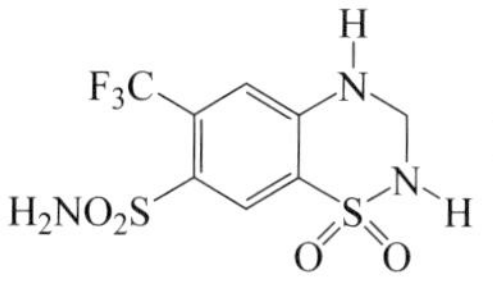　），还有美拉宗

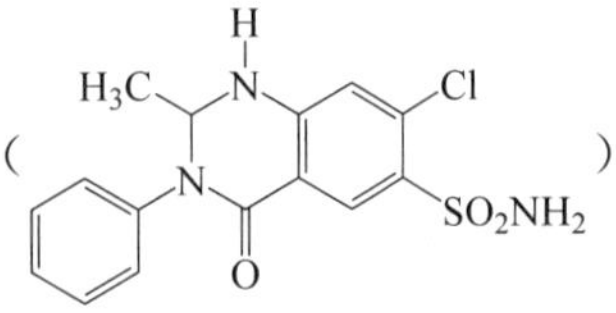

（H, H_3C, N, Cl, N, O, SO_2NH_2）和喹乙唑酮（H, N, Cl, HN, O, SO_2NH_2）。低效利尿药为碳酸酐酶抑制剂，有乙酰唑胺（H_2NO_2S—S, N—N—NH—C(=O)—）、醋唑胺（H_2NO_2S, S, N—N, =N, O）、双氯非那胺（H_2NO_2S, SO_2NH_2, Cl, Cl）、依索唑胺（H_2NO_2S—N, S—O—）等。

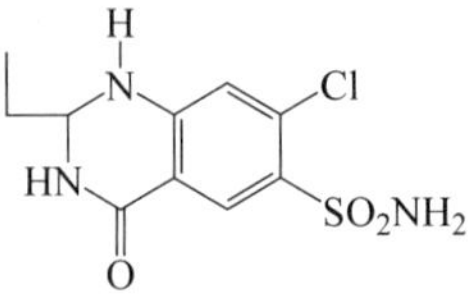

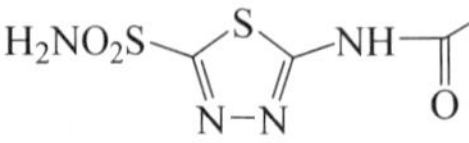

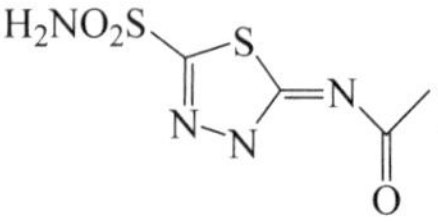

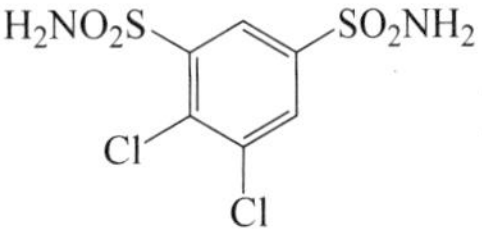

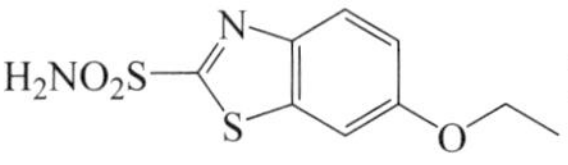

磺胺脲降血糖药的药效团为（R—◯—S(=O)(=O)—NHC(=O)—NHR）。在 20 世纪 50 年代，用磺胺异丙基噻二唑（H_2N—◯—SO_2N(H)—N—N, S—$CH(CH_3)_2$）治疗斑疹伤寒时，发现它有降血糖作用，后来发现氨丙磺丁脲（H_2N—◯—$SO_2NHCONHC_4H_9$）降血糖作用更强，并用于临床，但毒性较大。后来合成一系列磺胺脲类衍生物用于临床，如甲苯磺丁脲（H_3C—◯—S(=O)(=O)—$NHCONH(CH_2)_3CH_3$）为第一代降血糖药，作用高峰 4～6 h，作用持续 6～12 h。氯磺丙脲（Cl—◯—$SO_2NHC(=O)NHCH_2CH_2CH_3$）服用后 4 h 起作用，10 h 达高峰并能持续 60 h。醋酸己脲（H_3C—C(=O)—◯—$SO_2NHC(=O)NH$—◯）适用于糖尿病并伴有痛风者。格列齐特（H_3C—◯—$SO_2NHC(=O)NH$—N◯）是第二代磺酰脲降糖药，降糖作用强度为甲苯磺丁脲的 10～20 倍，作用时间 12～24 h，有抗血小板聚集功能，促进纤维蛋白溶解，故有血管并发作用。格列本脲（OCH_3, Cl, $C(=O)NH(CH_2)_2$—◯—$SO_2NHC(=O)NH$—◯）的降糖作用比甲苯磺丁脲高 256～500 倍。第二代磺胺脲类降糖药有格列吡嗪（N, N, H_3C, $C(=O)NHCH_2CH_2$—◯—$SO_2NHC(=O)NH$—◯）、格列嘧啶

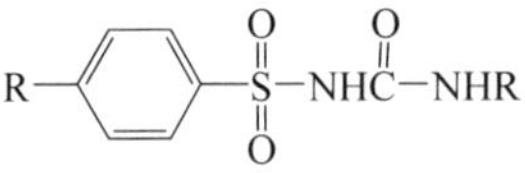

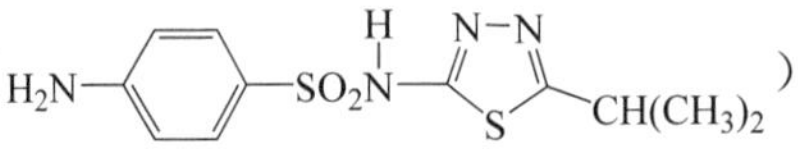

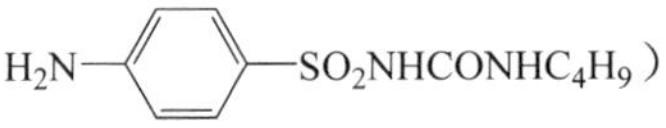

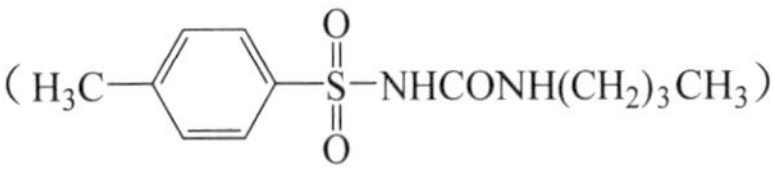

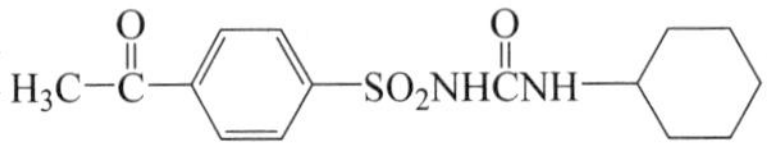

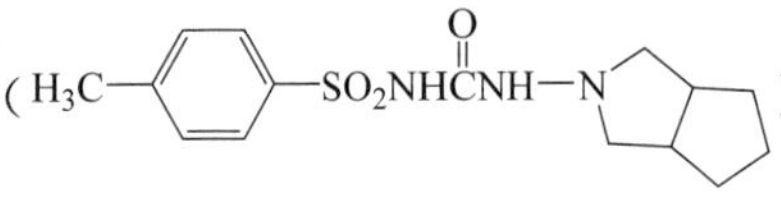

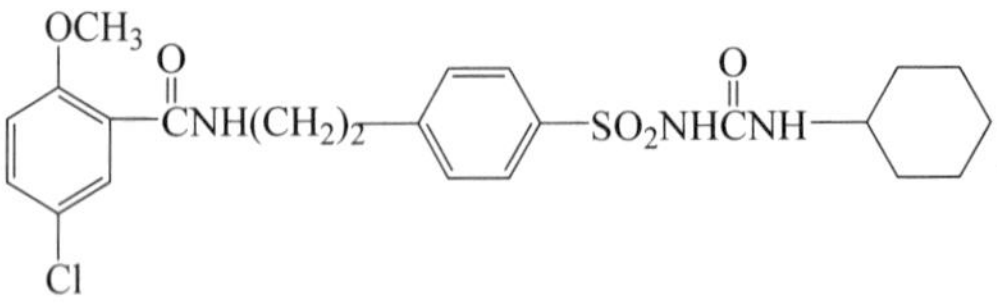

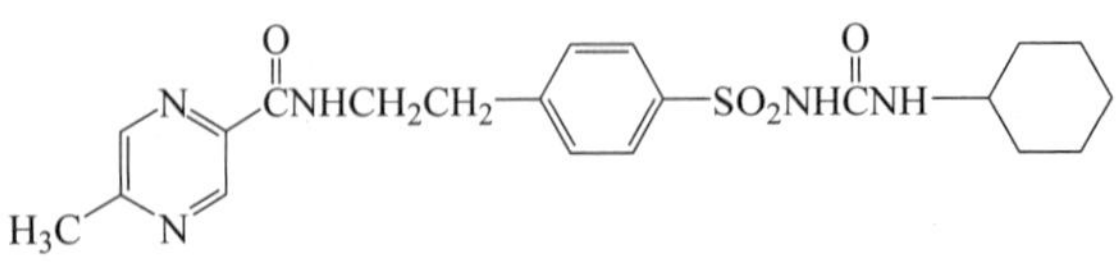

（ 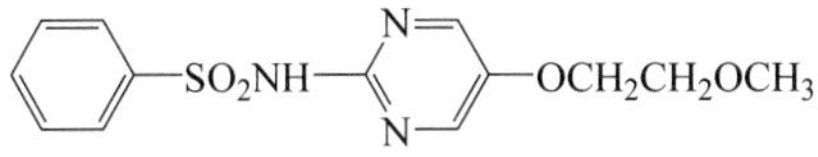　　　）、格列喹酮（ 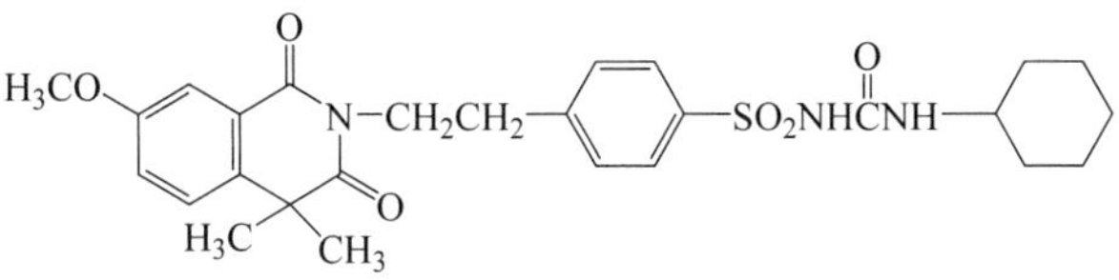　　　）等。格列苯脲（ 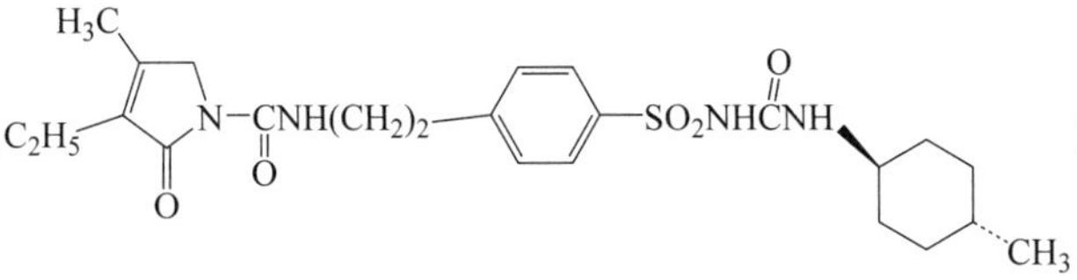　　　）是新一代磺胺脲类药物，比其他降糖药作用快，延续时间长，可与胰岛素合用，还能抗血小板聚集，阻止糖尿病患者视网膜病的发展，引起低血糖风险小，对老年人比较适用。治疗糖尿病的新靶点药不断出现，蛋白酪氨的磷酸酶-1B 抑制剂苯并呋喃类化合物 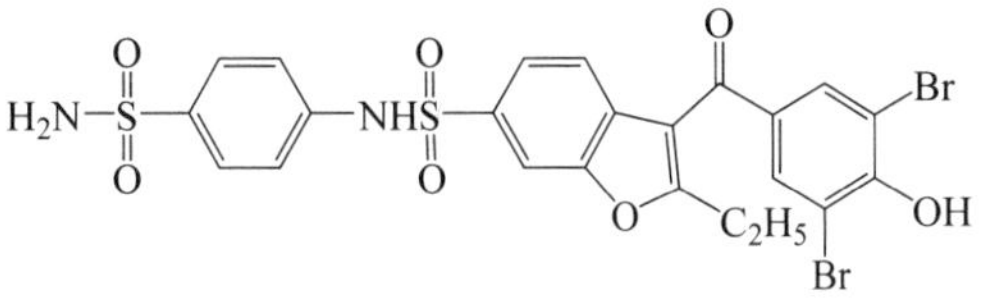　　　及化合物 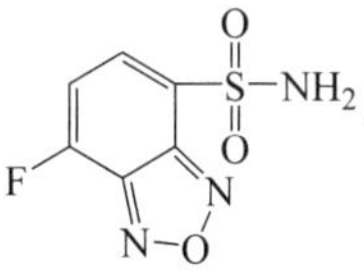　　　能提高胰岛素信号通道敏感性。羟甲戊二酰辅酶 A（HMG-COA）还原酶抑制剂降血脂药的研发成功是降血脂药物研究的突破性进展，现用于临床的如罗苏伐他汀（ 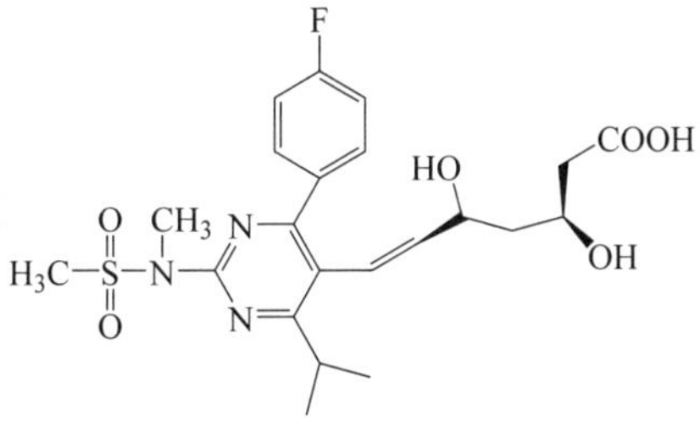　　　），主要用于高胆固醇血症、血脂代谢紊乱症及单纯高甘油三酯血症的治疗。该药通过降低血脂，减少血脂浸润和泡沫细胞形成，延迟动脉硬化病变，还能抑制血小板激活，降低血黏度，抑制凝血。

血栓素抑制剂的药效团（ 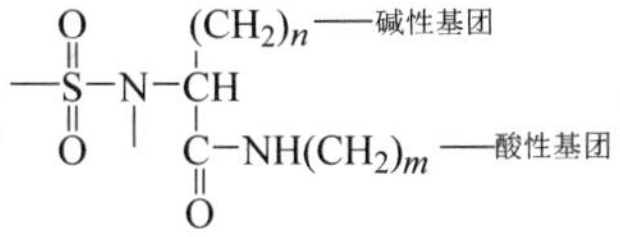　　　）有那加曲班、阿加曲班，对凝血酶有很强的选择性，抑制由凝血酶引起的血小板聚集。适用于慢性动脉闭塞症、急性脑血栓等。

磺吡酮（C_6H_5–S(=O)–CH_2CH_2–，O，N–C_6H_5，N–C_6H_5，O）是另一类抑制血小板与血管内支细胞黏附及血小板聚集的药物，如替罗非班。

抗血栓药有磺曲苯（$HOOCCH_2O$–C_6H_4–$CH_2CH_2SO_2$–NH–C_6H_5）、血管扩张药二氮嗪、抗凝药达曲班。

抗炎药环氧合酶-2抑制剂的药效团是（RO_2S–C_6H_4–，C_6H_5–），是二苯基杂环类，结构多样。但分子基本骨架为：一个顺式二苯乙烯结构与各种杂环或碳环相结合，顺式二苯乙烯结合的可以是五元环、六元环或各类苯并杂环。其中一个苯环的对位有一个甲磺酰基或者磺酰氨基，是这类分子的重要药效基团。（F，S，Br，H_3C–S(=O)(=O)–）为最早被发现的具有选择性抑制环氧合酶-2的作用。塞来昔布（H_2N–S(=O)(=O)–，N，–CF_3，H_3C–）是第一个被用于临床的环氧合酶-2药物。塞来昔布乳酸衍生物的抗炎止痛作用优于塞来昔布。伐地昔布（N–O，H_2NO_2S）起效快，作用时间长。帕瑞昔布（H_3C–C(=O)–NH–S(=O)(=O)–，N–O）可注射用药，用于手术后疼痛治疗。依托昔布（H_3C–，N，Cl，O=S=O，NH_2）俗称新万络，用于强直性脊柱炎、痛经、各类关节炎和急慢性疼痛。罗非昔布（ H_2NO_2S— O O ）对心血管有副作用，Apricoxik（ SO_2NH_2 O CH_3 H_3C ）与塞来昔布相似，用于治疗牙痛。

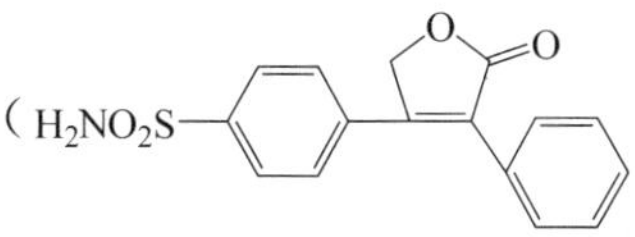

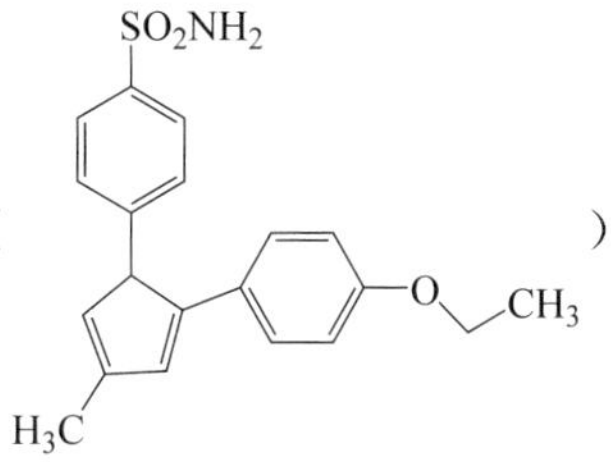

另外一些类型的含磺酰基、磺酰胺基抗炎药也有很多品种，下面举几个例子：尼美苏利（ O H_3C—S—HN— O NO_2 O ）胃肠道副作用少，酮洛芬修饰物 SO_2NH_2 、吲哚美辛酯类似物 O H_3C—S O $COOCH_3$ CH_3 N O Cl 对环氧合酶-2 作用强于吲哚美辛。下列几个化合物对环氧合酶-2 都有很高的选择性： O H_3C—S O CH_2COOEt CH_3 N 、 CH_2COOEt CH_3 O H_3C—S O N F 、 CH_2COOEt O H_3C—S O CH_3 N F F 、 CH_2COOEt O H_3C—S O CH_3 N OCH_3 。

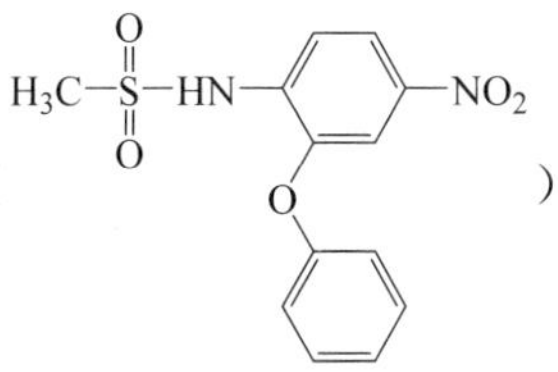

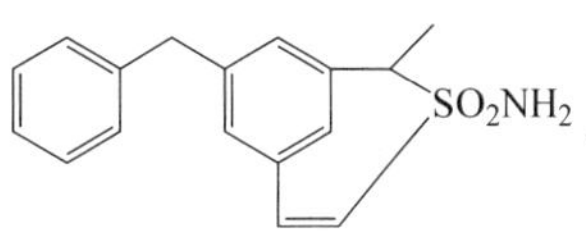

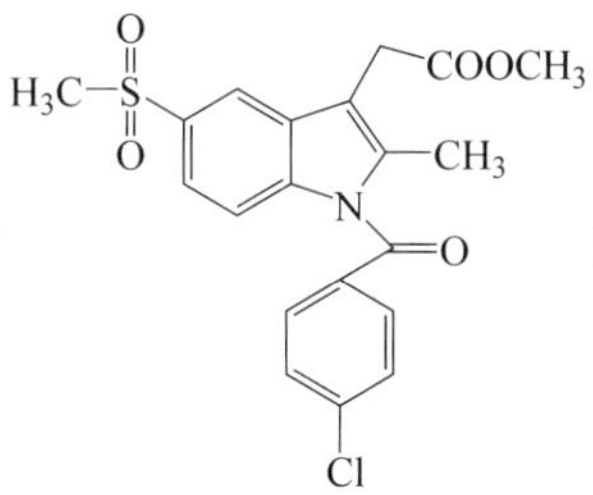

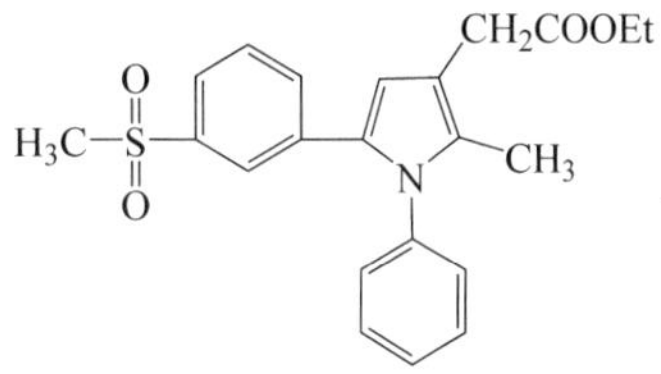

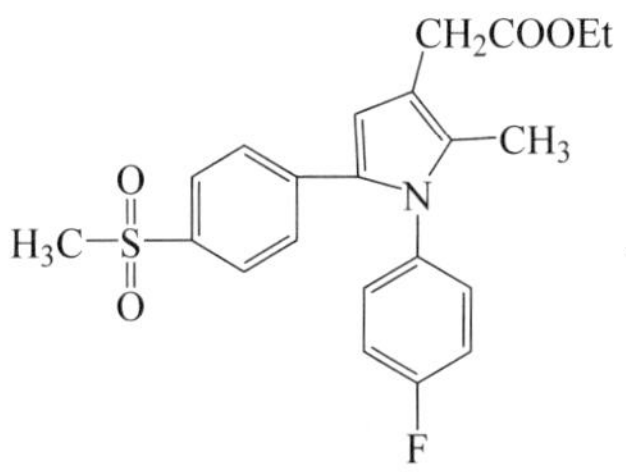

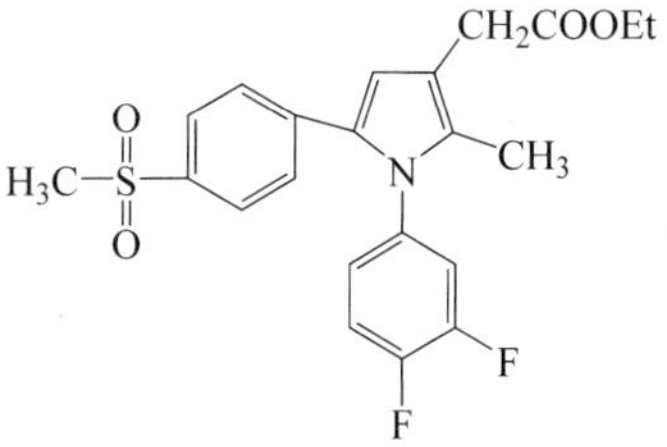

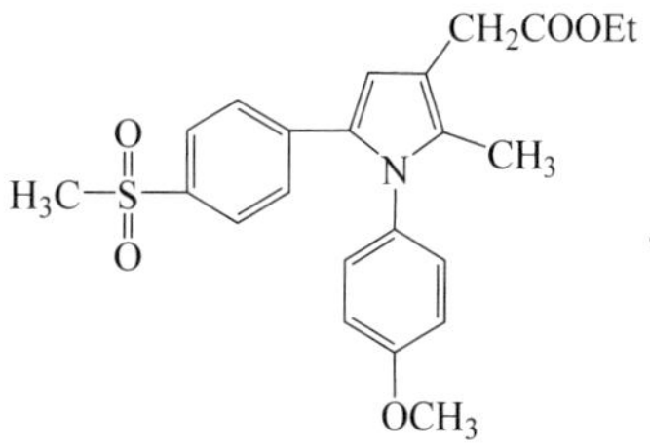

临床用得比较普遍的是安乃近（ CH_3 H_3C N—CH_2SO_3Na H_3C—N NH O ），该药解热、镇痛、消炎、抗风湿，起

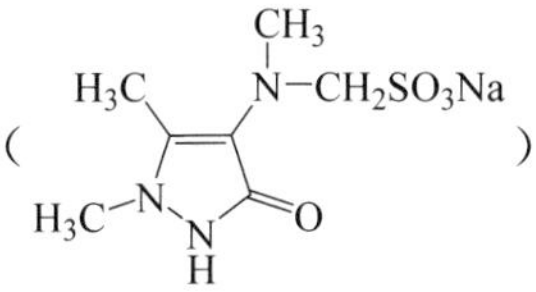

效快，作用强。抗炎、消炎药美洛昔康（ 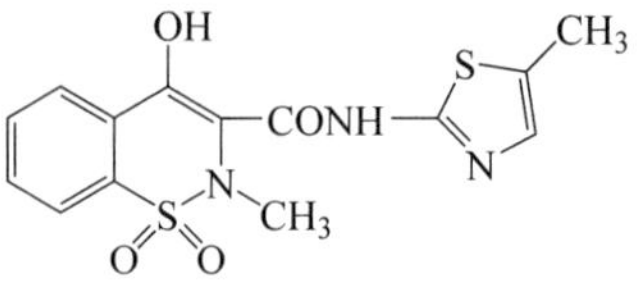 ）、氯洛昔康（ 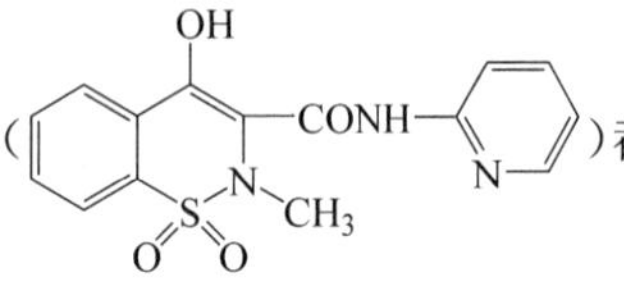 ）都具选择性抑制环氧合酶-2 的作用，抗炎作用强。吡罗昔康（ 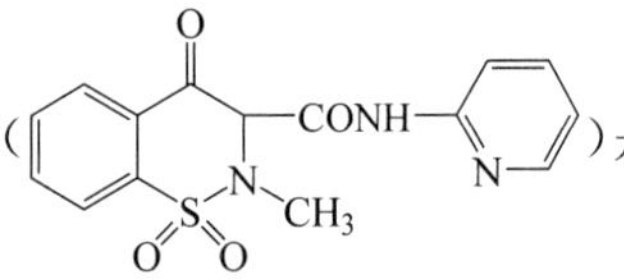 ）是可逆环氧合酶抑制剂。替诺昔康（ 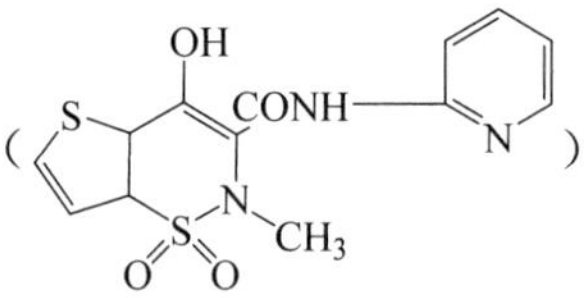 ）对环氧酶和脂氧酶产生双重抑制，抗炎、镇痛作用强，毒性小，药效长。屈昔康前体药（ 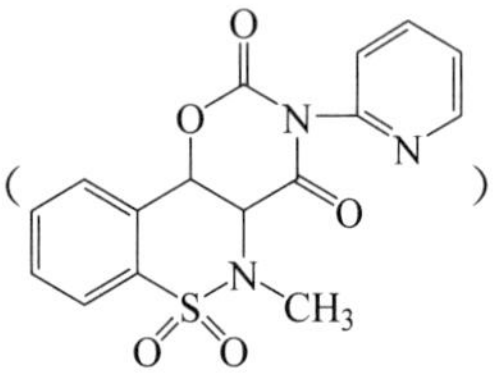 ）口服后在胃肠道转为吡罗昔康产生作用，胃肠耐受性好，安全指数比原药好。

抗痛风药物中也有一些含磺酰胺化合物，如尿酸排泄剂西磺舒（ 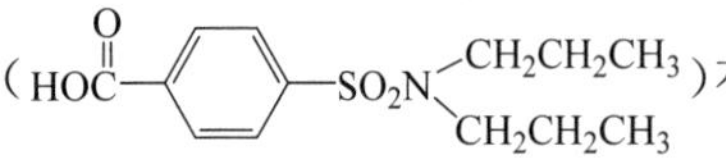 ）有较好的排尿酸盐作用，还可与青霉素、半合成青霉素及头孢菌素等在肾小管同一分泌部位进行竞争，减少这类抗生素从肾小管排出，增加它们在体内的血浓度。磺吡酮（ 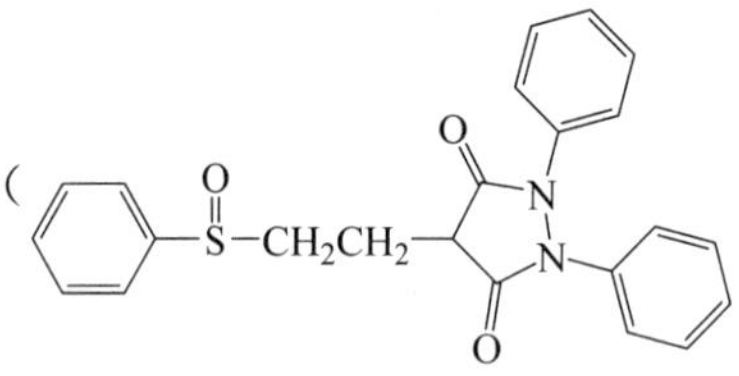 ）能降低血中的尿酸，用于治疗慢性痛风，也有抗炎作用。

一些新型的含磺酰基类抗炎镇痛药，如 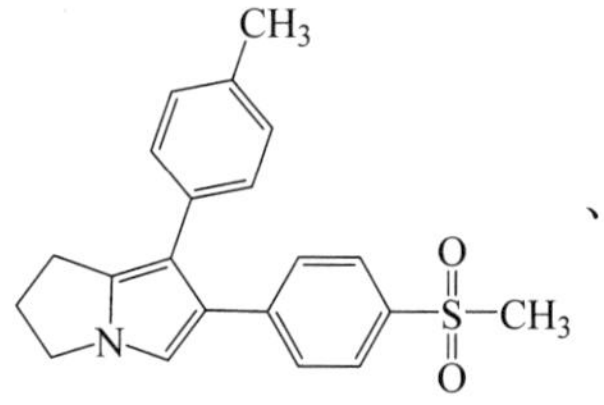 、

（4-Cl-C_6H_4-SO_2-NH-CO-NH-C_6H_4-CO-CH=CH-$C_6H_3Cl_2$）、$H_3C-SO_2-C\equiv C-CO-C_6H_4-CH(CH_3)_2$，都有很强的抗炎镇痛作用。柳氮磺胺吡啶（$C_5H_4N$-$NHSO_2$-$C_6H_4$-N=N-$C_6H_3$(OH)COOH）可用于治疗风湿性关节炎，效果极好，也是强直性脊柱炎及其血清阴性脊柱关节病的常用药。

最新研究发现的环氧合酶-2 与肿瘤病的发生、发展、愈后的转移关系密切。已有学者对环氧合酶-2 抑制剂的抗肿瘤作用进行研究。如化合物（O，N，$N-CH_3$，SO_2）可用于结肠癌治疗，能使癌细胞凋亡。化合物 $HOOC-C_6H_4-SO_2N(CH_2CH_2CH_3)_2$ 可用于乳腺癌治疗，能使肿瘤细胞凋亡。

砜类抗麻风病药的药效团是 $RHN-C_6H_4-SO_2-C_6H_4-NHR'$，治疗麻风病的药物有苯丙砜（$C_6H_5-CH(SO_3Na)-CH_2CH(SO_3Na)-NH-C_6H_4-SO_2-C_6H_4-NHCH(SO_3Na)CH_2CH(SO_3Na)-C_6H_5$），可在体内分解成氨苯砜，产生抗麻作用，毒性小。还有葡氨苯砜（$\left(HOCH_2(CH(OH))_4CH(SO_3Na)-NH-C_6H_4-SO_2-\right)_2$）、阿地砜钠（$\left(NaO_3SCH_2NH-C_6H_4-SO_2-\right)_2$）等。

除了药效团是含磺酰基的药物外，其他药物中也有一些含磺酰基的化合物。如抗心律失常药中有托西溴苄胺（$2\text{-}Br\text{-}C_6H_4-CH_2N^+(CH_3)_2-CH_2CH_3\cdot{}^-O_3S-C_6H_4-CH_3$），是Ⅲ类抗心律失常药，是抗肾上腺素药，能提高心室致颤阈，直接加强心肌收缩力，改善心室传导，适用于各种病因所致的室性心律失常，是抗心律失常较好的药。索他洛尔

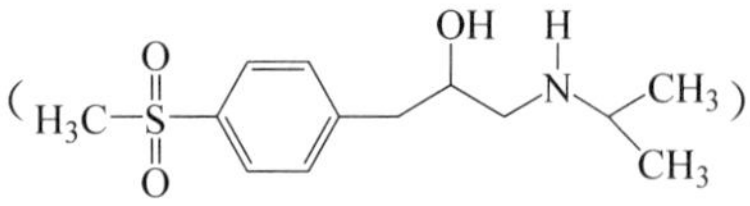

（$H_3C-\overset{O}{\underset{O}{S}}-$ OH H N CH_3 CH_3）为Ⅱ类和Ⅲ类混合型抗心律失常药，其施体只作用于钾通道，不与β受体相互作用，临床口服D-索他洛尔可有效治疗顽固型室上快速心律失常。N-甲磺酰普鲁卡因酰胺（$H_3C-\overset{O}{\underset{O}{S}}-$ O N H N C_2H_5 C_2H_5）是有效的Ⅲ类抗心律失常药。多非利特（$H_3C-\overset{O}{\underset{O}{S}}-$ CH_3 N O H N $-\overset{O}{\underset{O}{S}}-CH_3$）也是强效的Ⅲ类抗心律失常药，作用机理是阻断延迟整流钾通道。口服易吸收，消除半衰期为9.5 h。新型Ⅲ类钾通道阻滞剂伊布利特（$H_3C-\overset{O}{\underset{O}{S}}-$ OH $(CH_2)_6CH_3$ N CH_3）是兼有一定Ⅰ类活性的Ⅲ类抗心律失常药，采用静脉注射给药。2009年FDA批准的抗心律失常新药决奈达隆（$H_3C-\overset{O}{\underset{O}{S}}-$ NH O O N $N(C_4H_9)_2$ O CH_3）的半衰期为1～2天，便于调整药物剂量，能阻滞多种钾通道，具有Ⅰ、Ⅱ、Ⅲ类抗心律失常效应。索他洛尔（$H_3C-\overset{O}{\underset{O}{S}}-$ OH H N CH_3 CH_3）在临床上不仅可以作为抗心律失常药物使用，还可作为抗高血压、心绞痛治疗药物。多非利特（$H_3C-\overset{O}{\underset{O}{S}}-\overset{H}{N}-$ CH_3 N O $-\overset{H}{N}-\overset{O}{\underset{O}{S}}-CH_3$）是强效的Ⅲ类抗心律失常药。阿普卡林（N S O S $NHCH_3$）是含亚砜和硫代酰胺的吡啶类化合物，可作为降压抗心绞痛药。

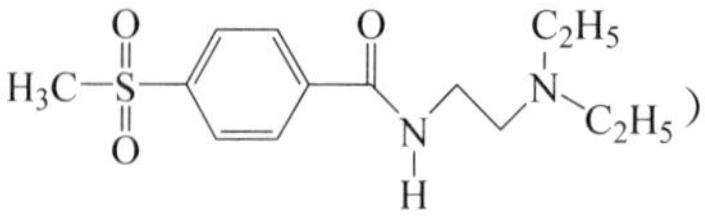

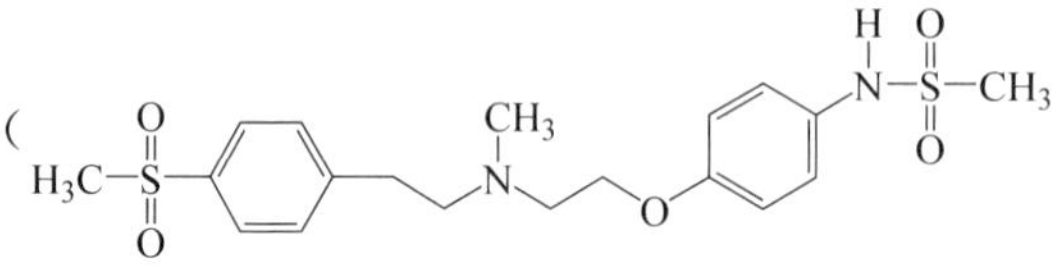

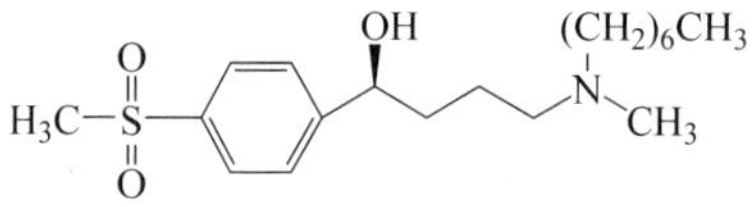

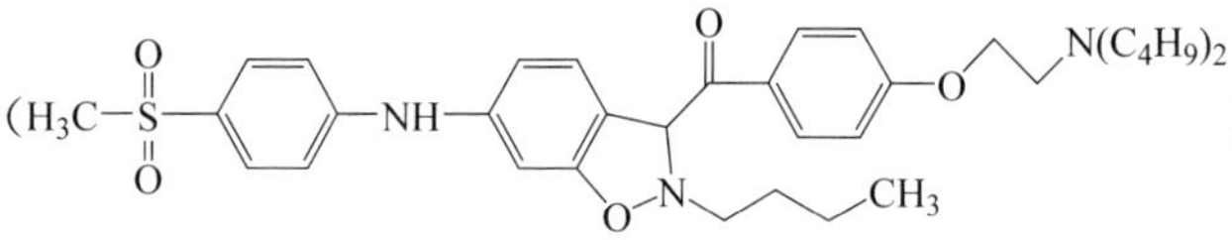

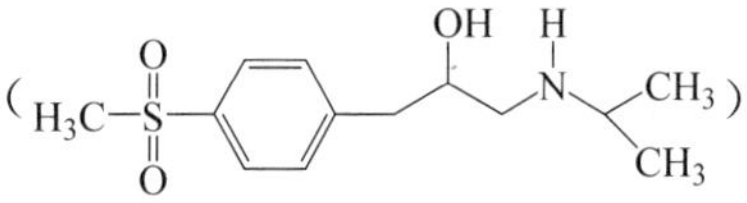

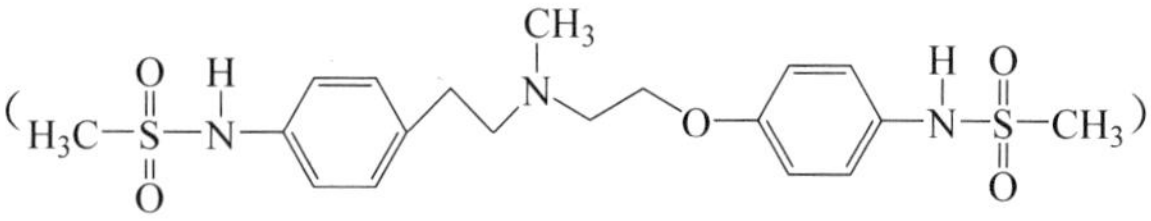

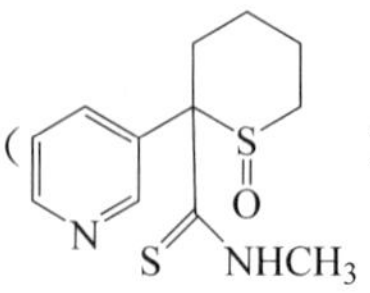

神经系统用药中有不少含有磺酰基的药物，如消炎镇痛药舒马普坦（$CH_3HN\overset{O}{\underset{O}{S}}CH_2-$ H N $CH_2CH_2N(CH_3)_2$）可用于治疗急性偏头痛。替诺普康

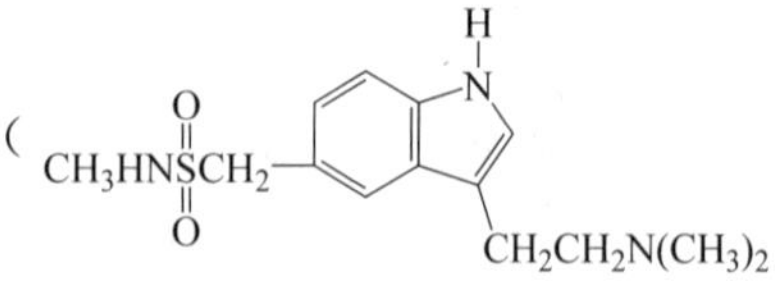

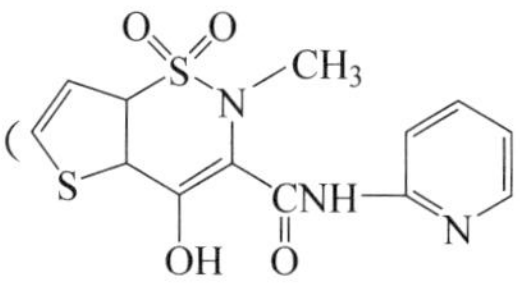

（O O S N CH_3 S OH C NH N O）可消炎镇痛。吡罗昔康（O O NH N S N CH_3 O O）、屈昔康（O O N N O S N CH_3 O O）都是抗炎镇痛药。舒林酸（O H_3C-S O H CH_3 CH_2COOH）可用于治疗类风湿、风湿性关节炎、急性痛风。安比昔康（O O OCH_2CH_3 H_3C O S N CH_3 O O）是广泛应用的镇痛药。美索达嗪（$N-CH_3$ CH_2 CH_2 N O SCH_3 S）可用于治疗慢性精神分裂症。哌泊噻嗪（CH_2CH_2OH N $(CH_2)_3$ N O $SN(CH_3)_2$ S）对妄想型疗效较好。替沃塞吨（CH_3 N N $CHCH_2CH_2$ O $S-N(CH_3)_2$ O S）可用于治疗急慢性精神分裂症的冷漠、孤独、主动性减退等症状，亦用于治疗焦虑症。舒必利（OCH_3 C $-NHCH_2$ O N C_2H_5 O S H_2N O）和舒必利盐酸（OCH_3 C $-NHCH_2$ O N C_2H_5 · HCl O S H_2N O）可用于治疗木僵、退缩、幻觉和妄想型精神错乱病、精神分裂和狂躁型病，还有硫必利

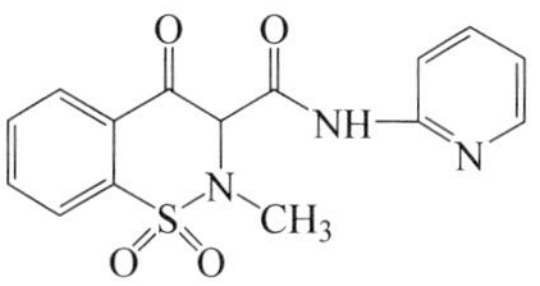

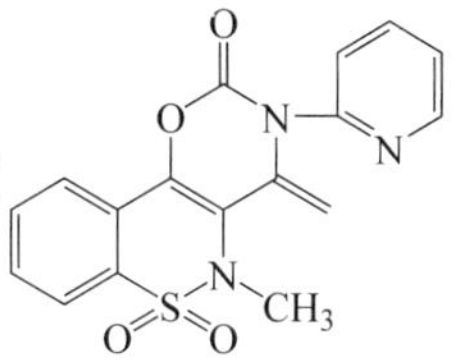

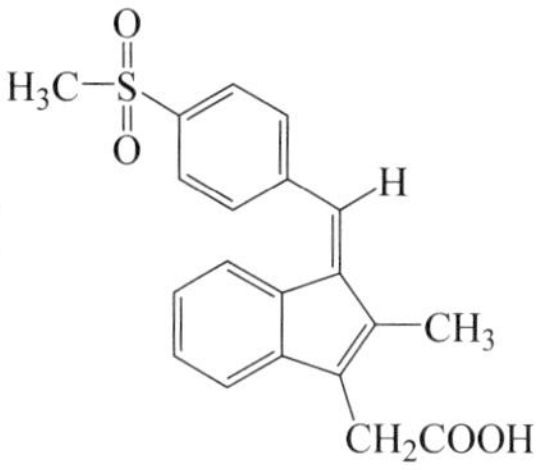

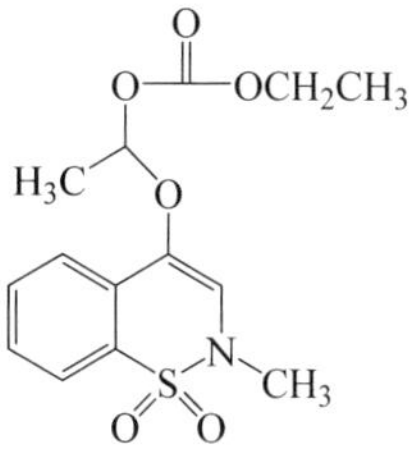

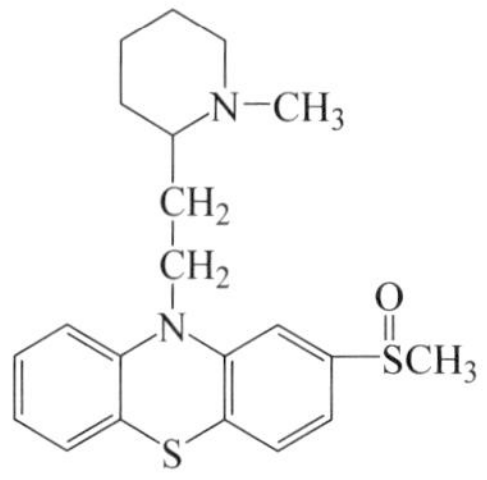

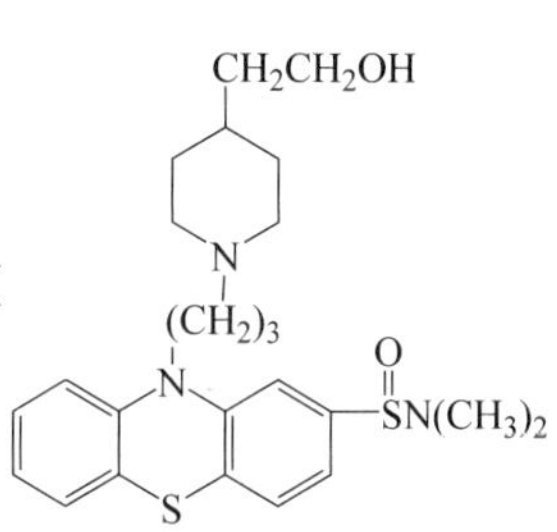

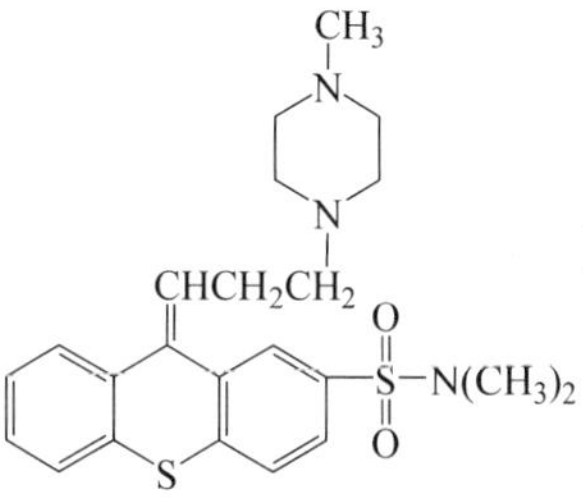

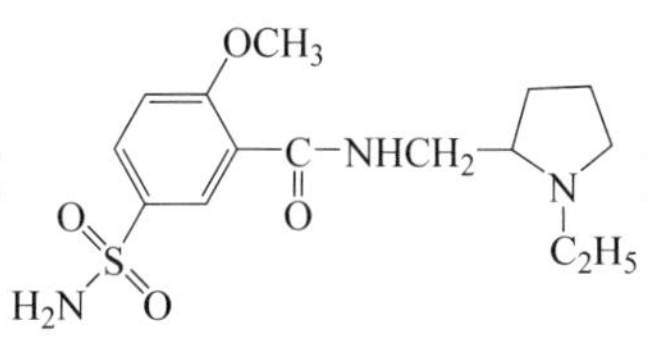

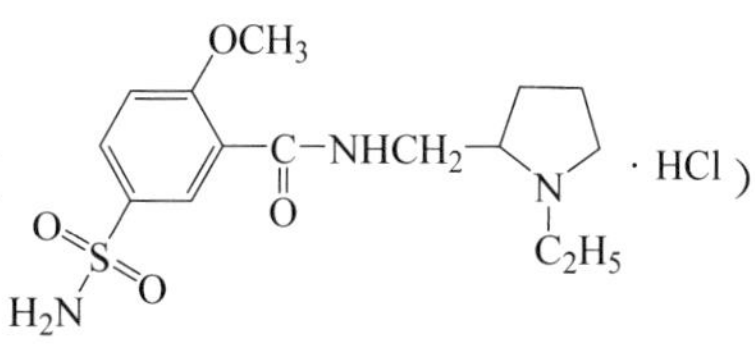

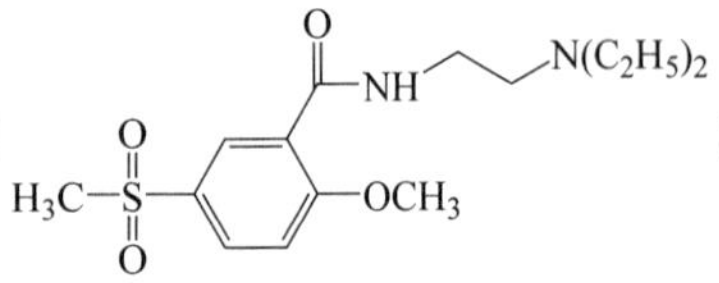

（O, NH, $N(C_2H_5)_2$, H_3C—S(O)(O)—, OCH_3）。氨磺必利（C_2H_5S(O)(O), O, NH, N, C_2H_5）可用于治疗精神分裂症。噻萘普汀（O, O, S—N, CH_3, N, $(CH_2)_6COOH$）可用于治疗抑郁症。唑尼沙胺（O—N, CH_2—S(O)(O)NH_2）可用于治疗癫痫症。舒噻美（S(O)(O), N, SO_2NH_2）可用于治疗精神运动性发作病，常与其他抗癫痫药合用。美达非尼（O=S(O)—CH_2C(O)NH_2, CH）可用于治疗脑梗死的铁血症。磺酰化氨基己内酰胺化合物（F, Cl, S(O)(O), N, O, NH, F, F）、（Cl, S(O)(O), N, O, NH）、（N, S(O)(O)）、（S, N, NH, F, S(O)(O)—NH, O, N, H）对老年痴呆、记忆减退、失语、失认、失用等病变均有疗效。化合物（CH_3, Cl, NH—S(O)(O), N, NH, OCH_3, Cl）是治疗老年痴呆症药。一系列开链磺酰胺类化合物能抑制促使老年人智能下降的酶已经被发现，如化合物（R', Cl, S(O)(O), N, O, NH, R, R）、

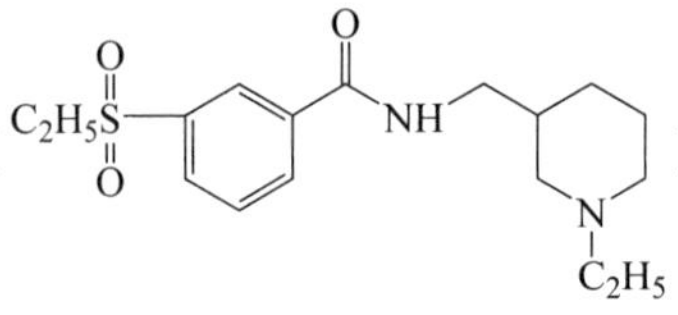

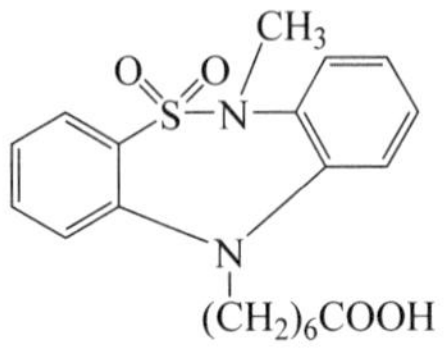

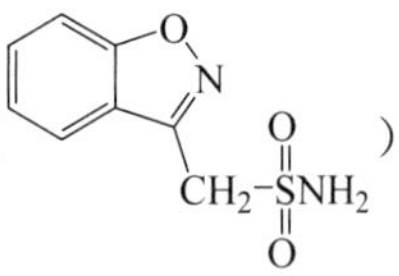

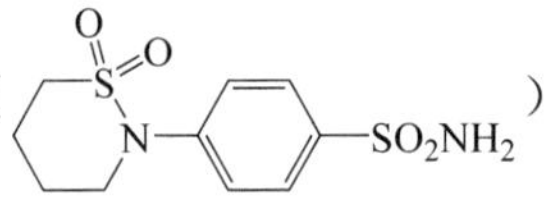

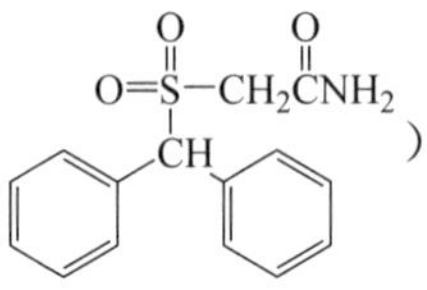

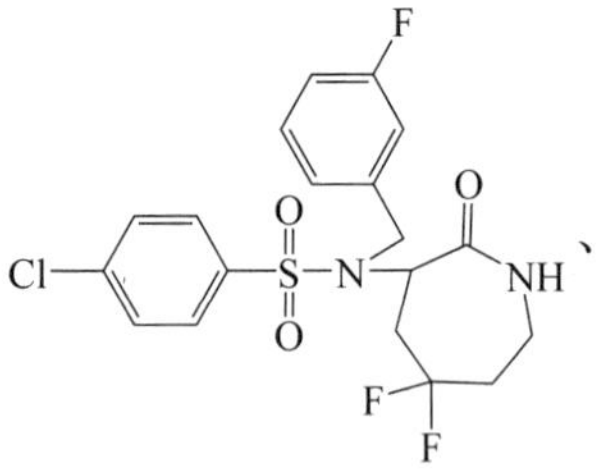

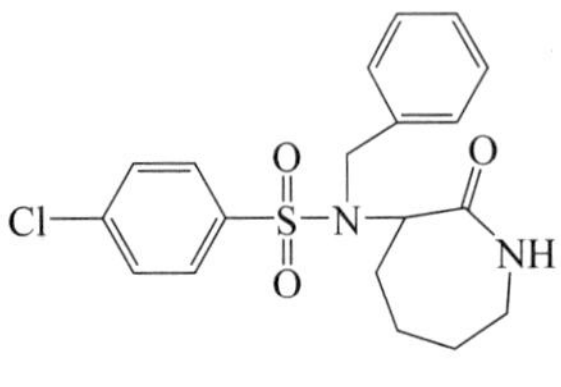

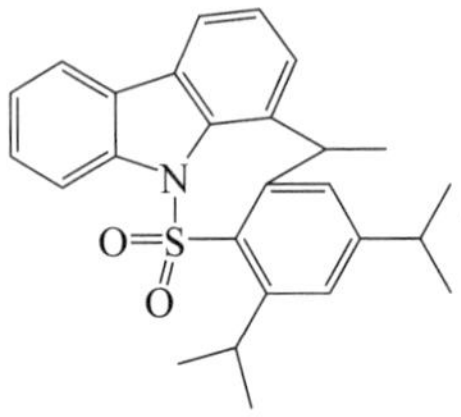

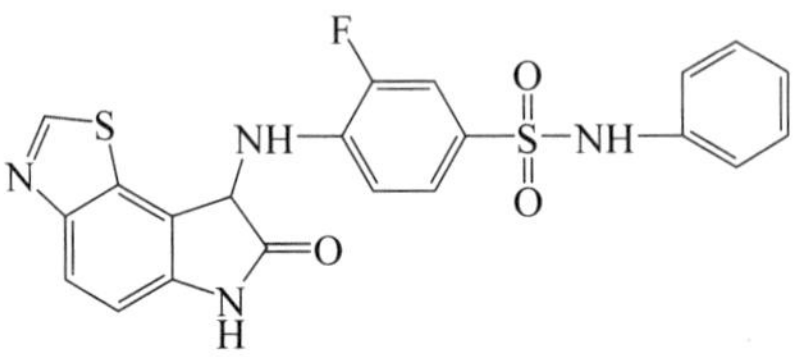

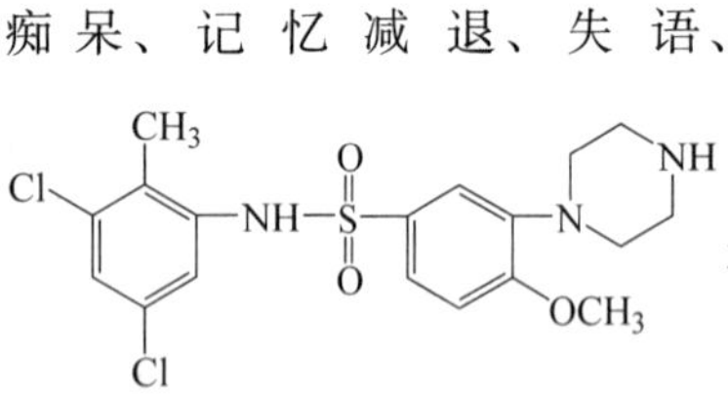

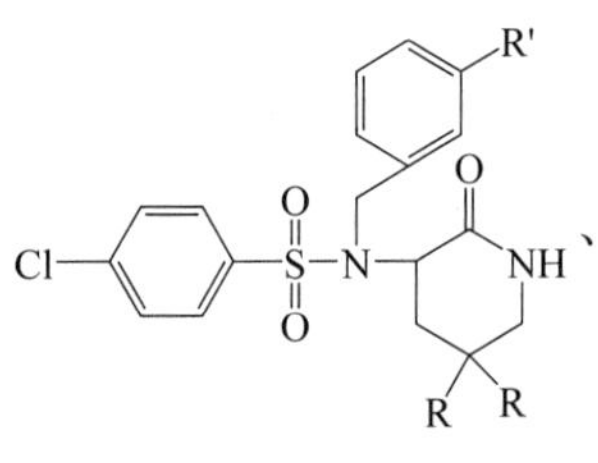

（R_3，Cl，O，S，O，O，N，R_1，O，R_2）、（Cl，OH，Cl，O，S，N，O，O，H，N，O，N）等。舒马普坦（$CH_3NHS(=O)_2$，$(CH_2)_2N(CH_3)_2$，N）是治疗偏头痛的药。氯美扎酮（O，S，O，Cl，N，CH_3，O）是一种较弱的安定药，具有镇静、安定和中枢性肌肉松弛作用，用于精神紧张恐惧、慢性疲劳、焦虑以及某些疾病引起的烦躁不眠等，因其有肌肉松弛等作用，可配合镇痛药。抗癫痫药唑尼沙胺（O，N，$CH_2SO_2NH_2$）用于治疗癫痫大发作、局部发作及精神运动性发作。

含磺酰基的呼吸系统药物有甲磺司特（$CH_3CH_2OCH_2CH(OH)CH_2O-C_6H_4-NHC(=O)CH_2CH_2S^+(CH_3)_2 \cdot TsO^-$），可用于治疗支气管哮喘。萘磺酸左丙氧芬（$(CH_3)_2NCH_2CH(CH_3)-C(C_6H_5)(O-C(=O)CH_2CH_3)-CH_2C_6H_5 \cdot C_{10}H_8SO_3$）是非成瘾中枢镇咳药。喹啉、异喹啉、喹呐啶及其类似物（$CH_3S(=O)_2$，O，N，$O=S=O$，CH_3）、（$CH_3S(=O)_2$，O，N，N，N，$O=S=O$，CH_3）对平喘效果很好。化合物（O，Cl，H_3C，N，CH_3，Cl，$O=S=O$，N，NH，O，N，H，O，H_2N，NH）也有很好的平喘作用。非选择性神经激肽受体拮抗剂（Cl，Cl，S，O，N，N，O，O，OCH_3，OCH_3，OCH_3）对辣椒素引起的咳嗽有显

著镇咳作用。祛痰药是治疗呼吸系统病的必备药物。西维来司钠（ 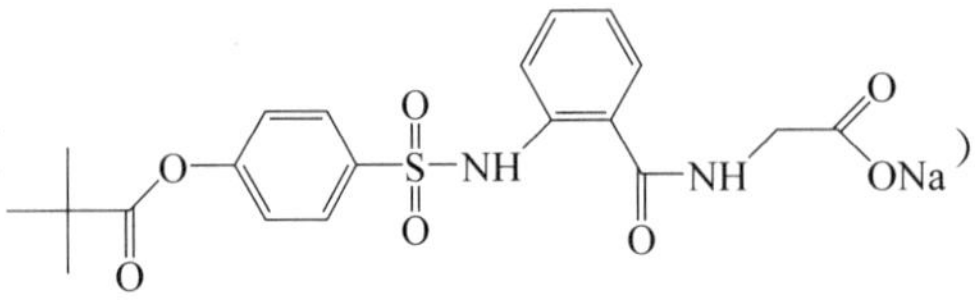 ）对急性肺损伤有疗效，有抗哮喘作用。

含磺酸基消化系统药物如法莫替丁（ 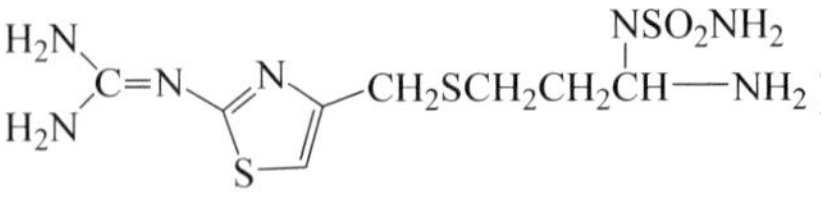 ），用于治疗胃溃疡、十二指肠溃疡。奥美拉唑（ 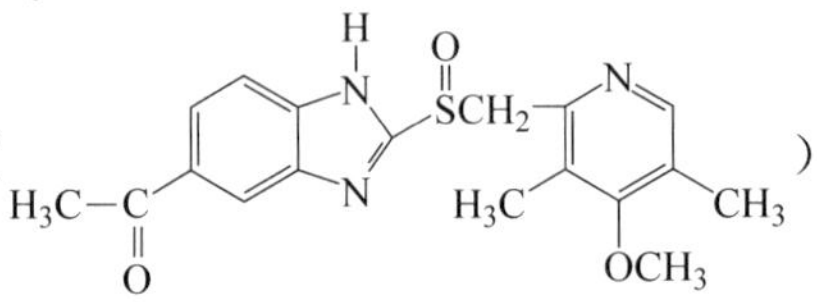 ）用于治疗良性消化性溃疡、反流性食管炎，还有兰索拉唑、洋托拉唑钠。左舒必利（ 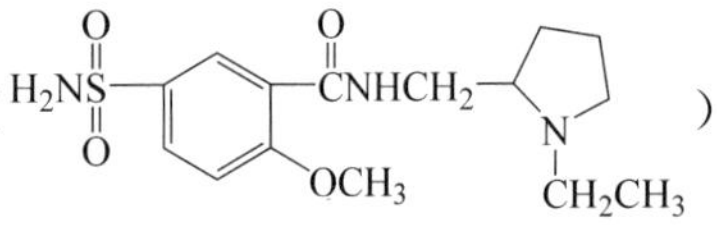 ）用于治疗消化不良、胃烧、嗳气、腹泻等病状。

脂肪酶抑制剂中有含磺酰基的脂肪酶抑制剂 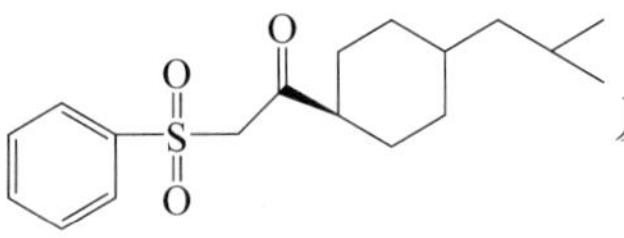 及 CB_1 受体拮抗剂 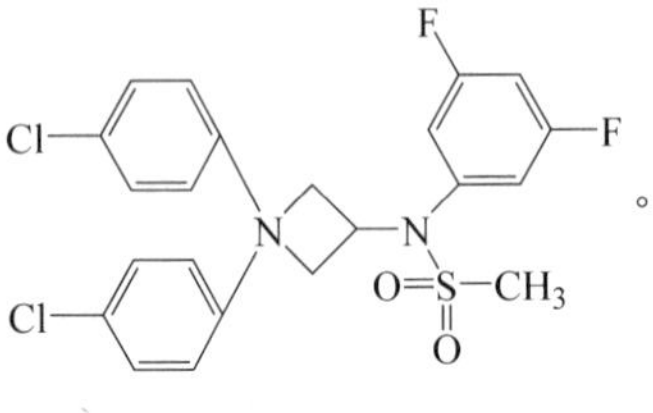 。食物吸入后需 CB_1 参与，阻断 CB_1 受体就能减少机体对食物的吸收。CB_1 受体拮抗剂还有 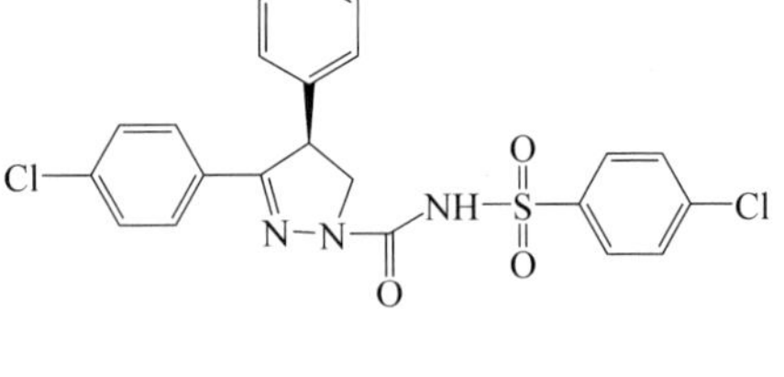 和 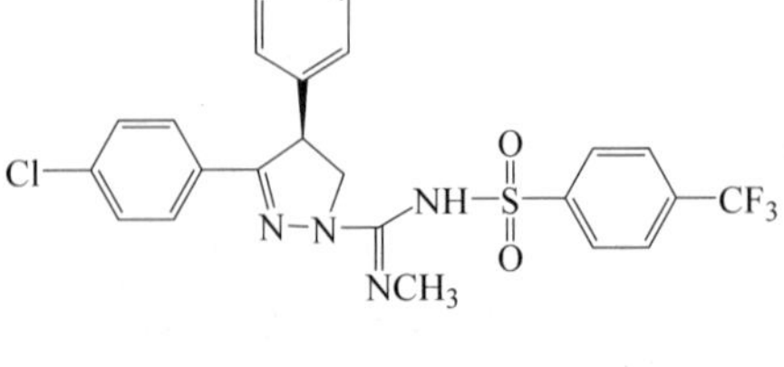 。神经肽 NPY 是下丘脑产生的一类最强的促食欲

神经肽，由 36 个氨基酸残基组成。能影响食欲的 NPY 受体拮抗剂有，可调节 NPY 受体的活性，有望用于肥胖症的治疗。

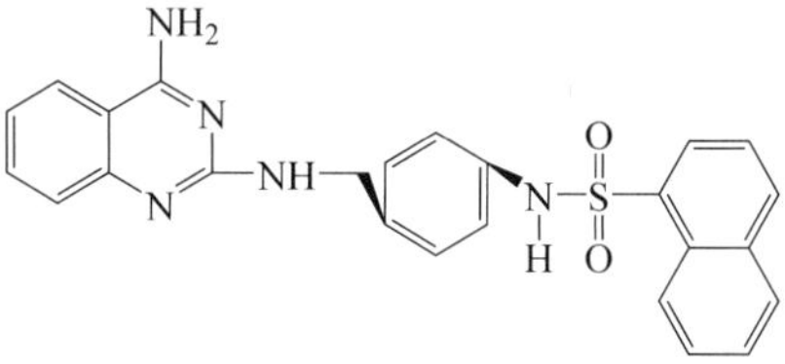

抗酸及治疗胃溃疡药中含磺酰基的，如奥美拉唑（），用于治疗良性消化道溃疡、反流性食管炎。泮托拉唑（）用于胃溃疡、十二指肠溃疡和食管反流急性治疗。阿克吐（）用于消化道异常、慢性胃炎、肠道运动障碍。法莫替丁（）和乙溴替丁（）在治疗消化道溃疡、胃酸分泌过多和反流性食管炎方面药效很好。治疗消化道溃疡、反流性食管炎和非甾体炎消炎药的奥美拉唑在 1988 年上市后，不少新药陆续被研究开发。如第一代兰索拉唑（），第二代雷贝拉唑（）、埃索美拉唑（）、泰妥拉唑

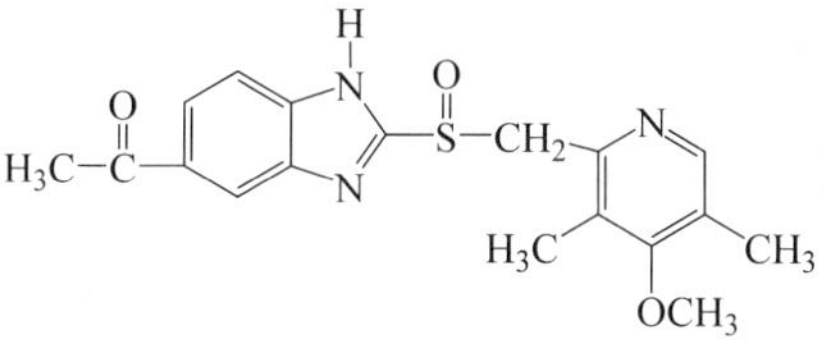

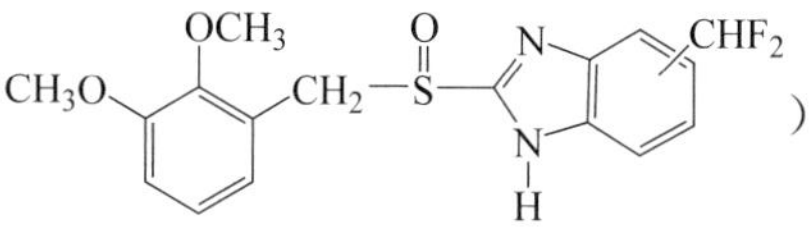

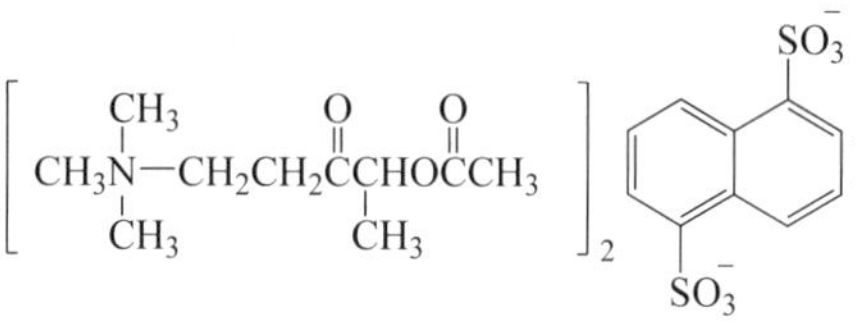

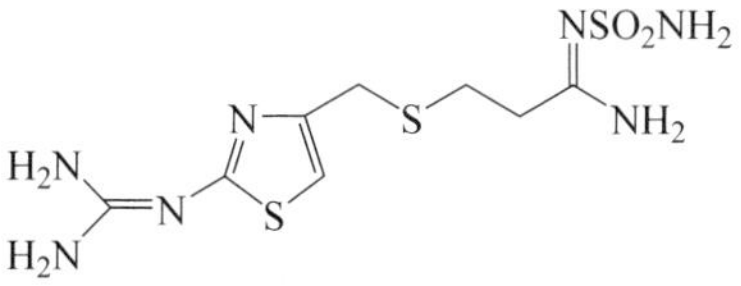

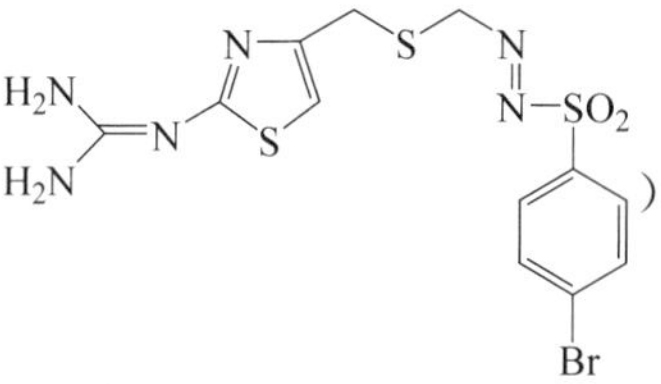

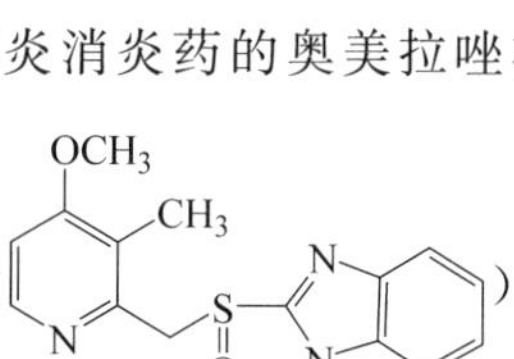

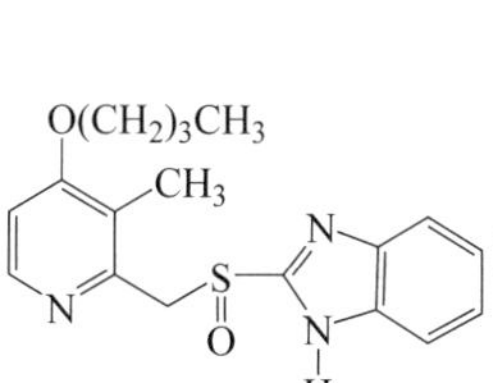

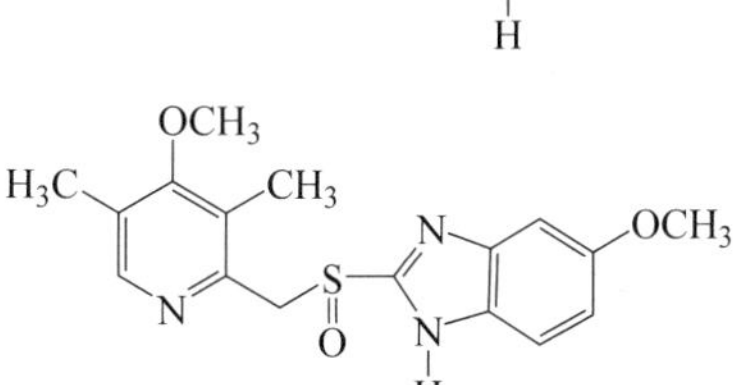

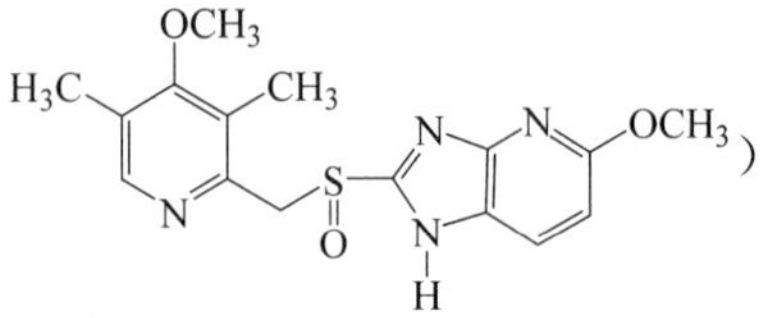

（）、艾普拉唑（）以及雷米拉唑

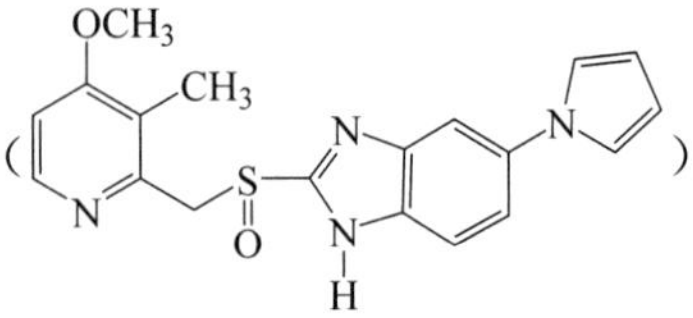

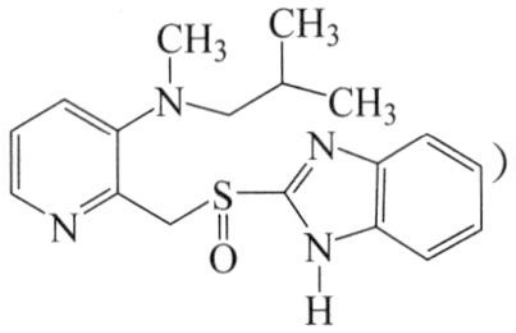

（）都陆续上市，成为治疗消化道溃疡的一线药物。

乙酰胆碱在体内分布广，具有重要的生理功能，能支配心血管功能，包括扩张血管、减慢心率、调控心脏离子通道，还能激活肠胃道平滑肌，增强泌尿道平滑肌蠕动、膀胱逼尿肌收缩等。作用于胆碱的新药不断上市，其中含磺酰基的有含哌嗪结构单元的：

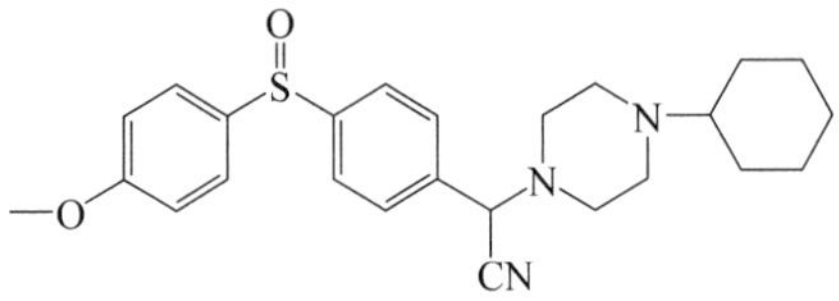

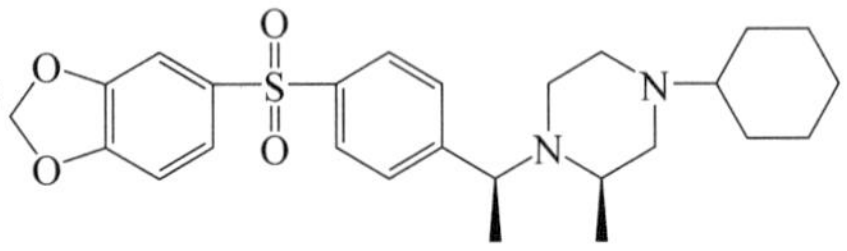

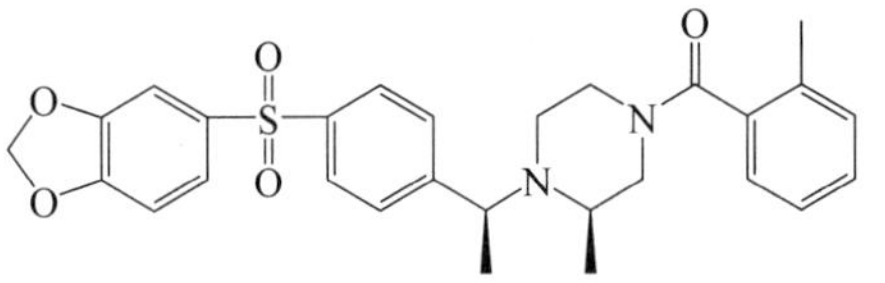

及

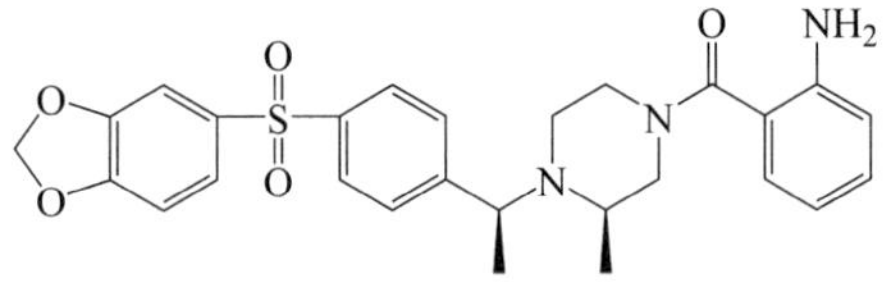

它们能很好地改善大脑记忆和认知功能活性。还有哌啶类结构化合物：

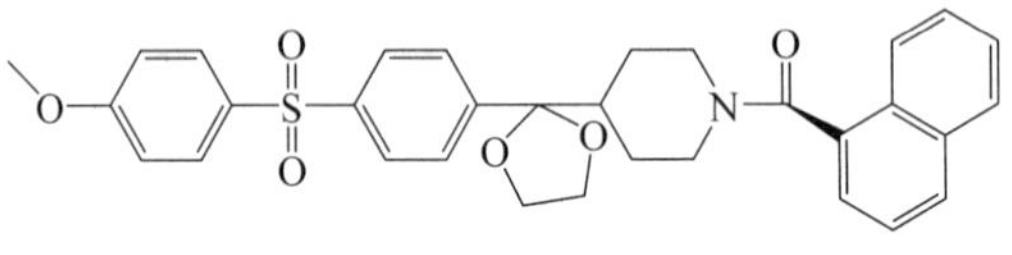

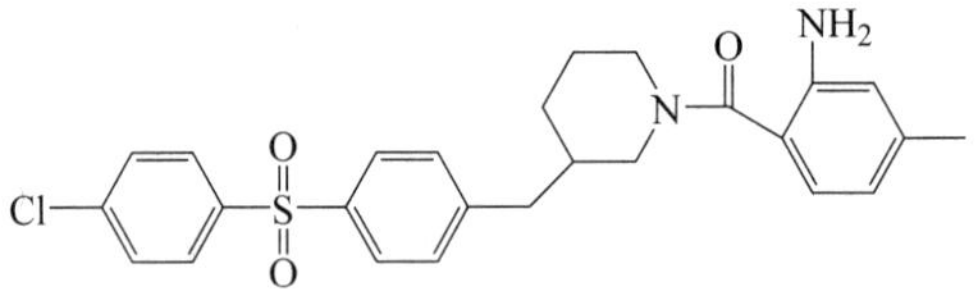

抗癌药物有近百种，但含磺酰基的药物并不多，有磺巯嘌呤钠（），可用于治疗皮肤细胞癌和白血病；安析莱特（）可用于治疗急性

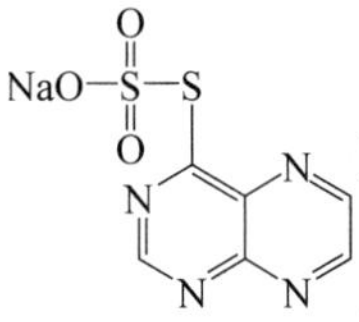

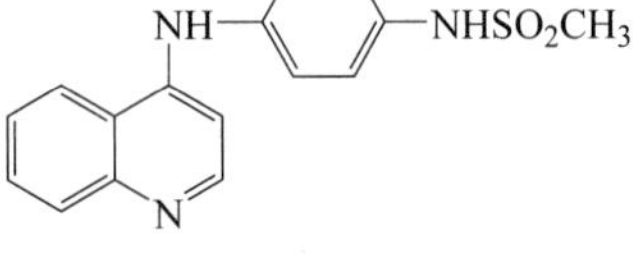

白血病。甲烷磺酸基是较好的离去基，生成正碳离子可与 DNA 结合。直接作用于 DNA 的抗癌药甲烷磺酸酯类药物代表是白消安 1，4-双（甲烷磺酰氧）丁烷

O O
（H_3C—S S—CH_3），可用于治疗慢性粒细胞白血病。抗癌药甲磺酸伊马替尼是蛋
O O

白质酪氨酸激酶抑制剂，可有效阻止癌细胞分裂。比卡鲁胺

HO CH_3 O
（H_3C NH S F）具有很好耐受性，没有明显心血管和代谢方面副作
F_3C O O

用，广泛用于治疗晚期前列腺癌、直肠癌、乳腺癌、胰腺癌和非小细胞肺癌。安吖啶

H_3CO O
NHSCH$_3$
HN O
（ ）是较弱的 DNA 结合剂，与阿糖苷-依托泊苷三联治疗难治性白
N

O
NaO—S—S
O
血病有很好疗效。磺巯嘌呤钠（ N N ）有较好的水溶性，对肿瘤有很好的选择
N N

O
H HN
性。拉帕替尼（ O N Cl F）能选择性抑制癌细胞生
CH_3S O N
O N

长，对炎症性乳腺癌患者有良好耐受性，可用于治疗乳腺癌。喹唑啉类衍生物

CH_3
N
O OH N
CH_3S H NCH$_3$ 和嘧啶衍生物 H_3C—N CH_3 N N NH SO_2NH_2 是良好
O N N N N
NH N CH_3 CH_3

的体内 VEFGR 抑制剂，并有良好的药物代谢动力学性质，主要针对肾细胞癌和其他一些

H
N NH_2 OCH_3
O N O
实体瘤的Ⅱ期和Ⅲ期临床研究。化合物 CH_3S N C 是高效且选择性
O F F

很高的 ATP 竞争性抑制剂，能有效抑制细胞周期蛋白依赖性激酶（CDKY1、2、4），对其他多种激酶没有活性，并可诱导细胞凋亡，在体内表现出显著的抗肿瘤活性。化合物对细胞周期蛋白依赖性激酶 CDK 抑制活性，对多种肿瘤细胞株的肿瘤模型具有 40%～95%生长抑制率。氯代吲哚磺酰胺化合物可降低 CDK1 和 CDK 表达，抑制 CDK2 活性。化合物对丝氨酸、苏氨酸激酶 B 有抑制作用，但不影响激酶 A。如果把磺酰胺类药物中的甲基换成甲氧基，芳环上引入氮原子，苯胺环引入羟基，就变成化合物，该化合物对一系列肿瘤都有很好的活性。由 1,2-双-(烷酰基)-1-(2-氯乙基)肼为细胞毒药，制成含硝基抗癌药物和，这两种化合物对正常细胞毒性低，对癌细胞呈现选择性毒性。其能分解成的醌式亚胺化物是强亲电物，可与癌细胞成分发生 SN_2 反应。

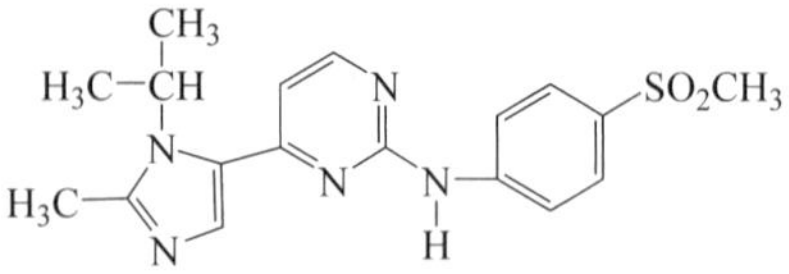

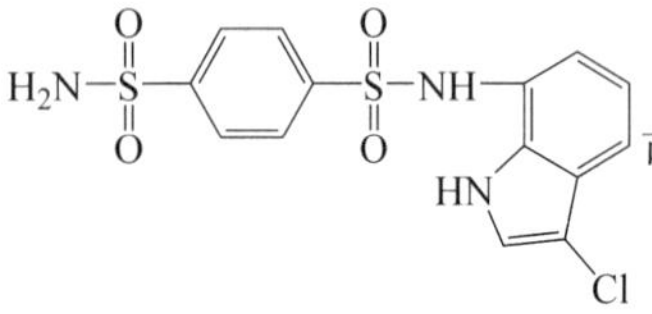

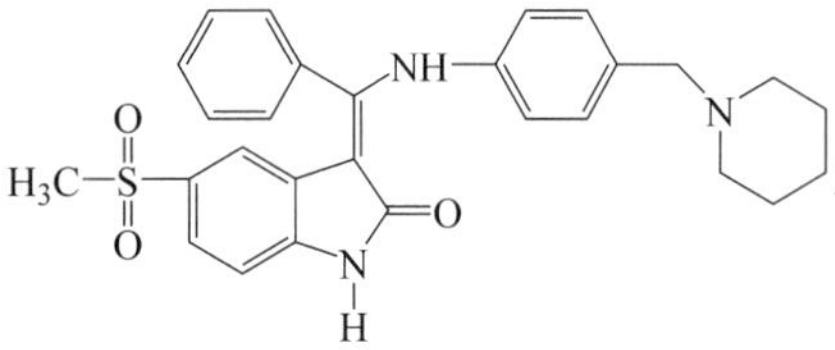

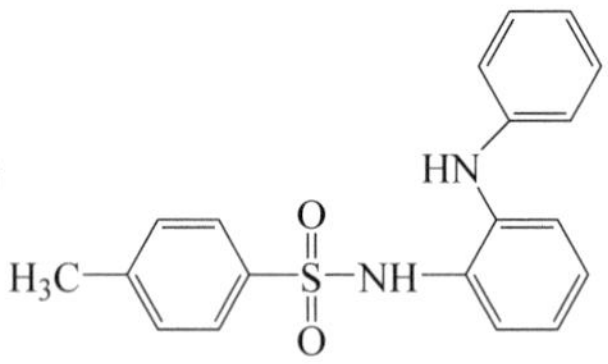

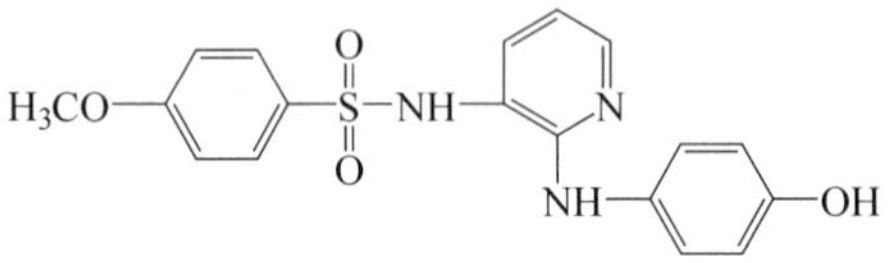

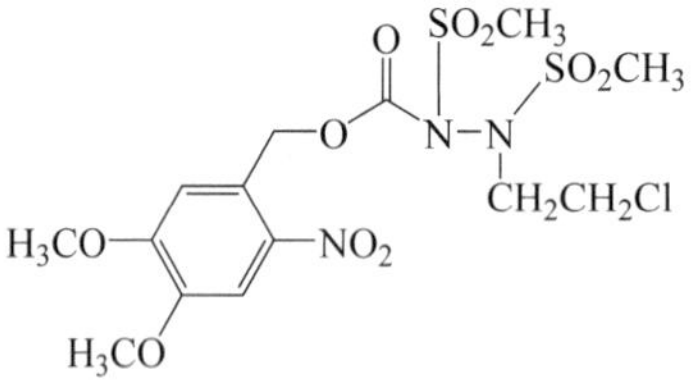

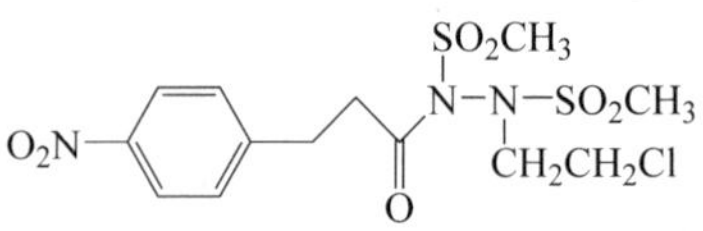

抗癌药、性激素、生育调节剂和雌激素调节剂，如氯维雌醇主要用于抗雌激素无效的、转移性晚期乳腺癌的治疗。

抗艾滋病药物种类也很多，其中也有不少含磺酰基化合物。用于临床的有逆转酶抑制剂地拉丰定（ 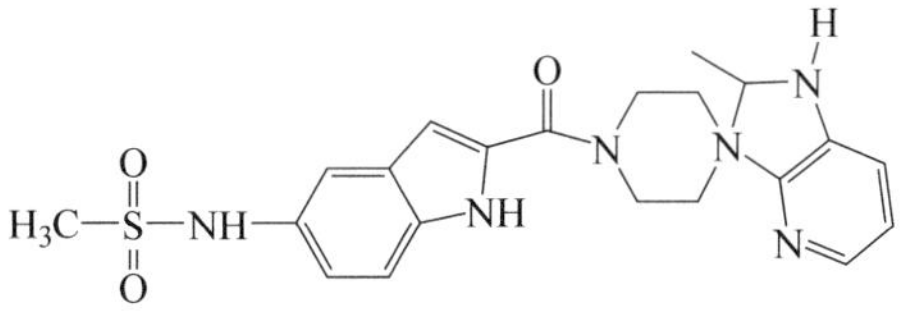　）、安普那韦（ 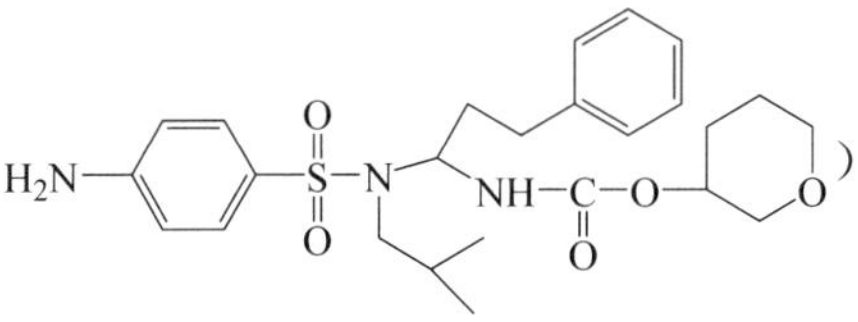　），每日两次，每次八片，有很好的疗效。福沙那韦（ 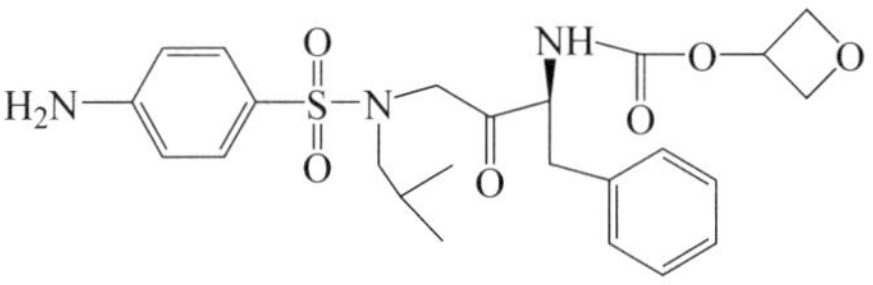　），每日一次，每次两片，药效较好。替拉那韦（ 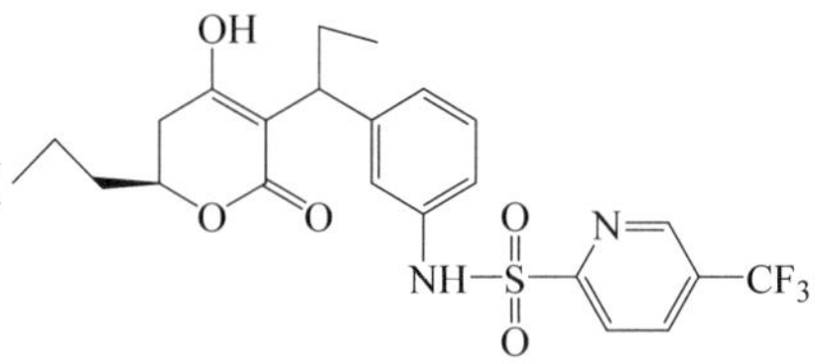　）用于其他药无效的或感染多种耐药的 HIV 病毒株成年艾滋病患者。地瑞那韦（ 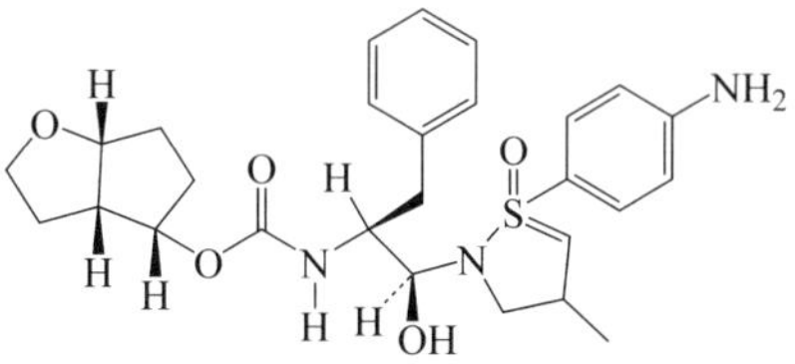　）在许多国家广泛使用，用于其他药不见效的成年人。化合物 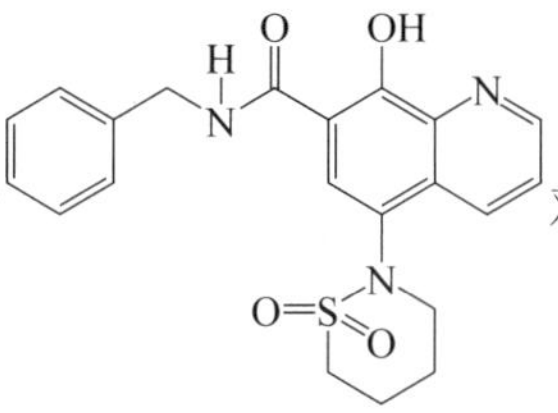　对多重耐药株有效。

抗丙肝病毒药物中含磺酰基的化合物有：

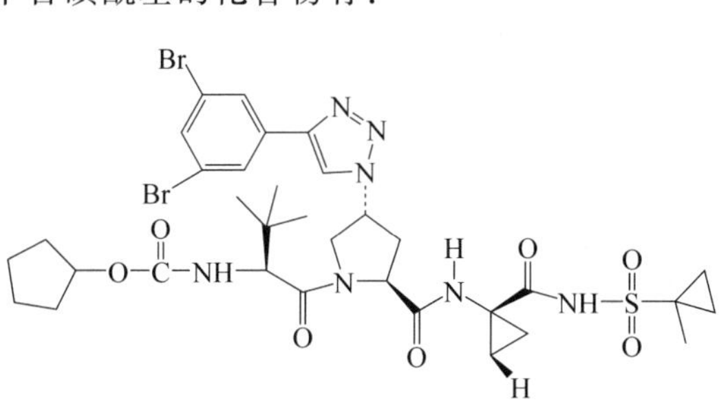

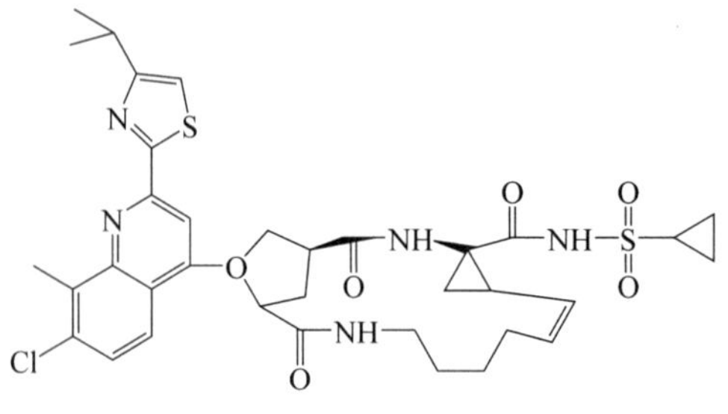

6-羟基喹啉-3-羧酸酯类化合物 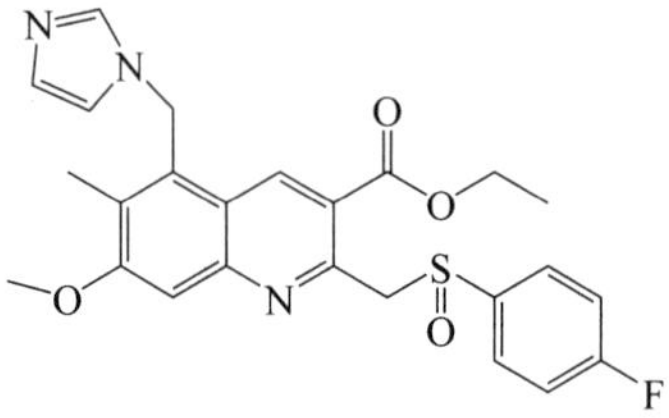 具有很强的乙肝病毒DNA 抑制作用。

很多种药物都含有磺酰基,如性激素和生育调节剂。抗真菌药物中的米卡芬净( )、皮质激素药物中的磺庚甲泼尼龙( )是水溶性前药型糖皮质激素药,临床主要用于治疗一些免疫性疾病。西地那非又称万艾可,是增强男性勃起药。

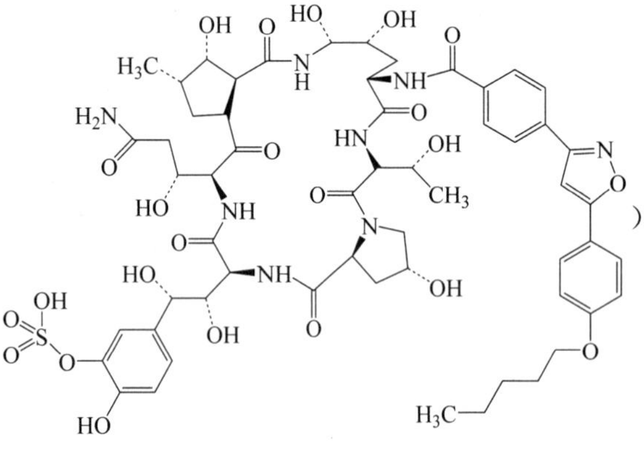

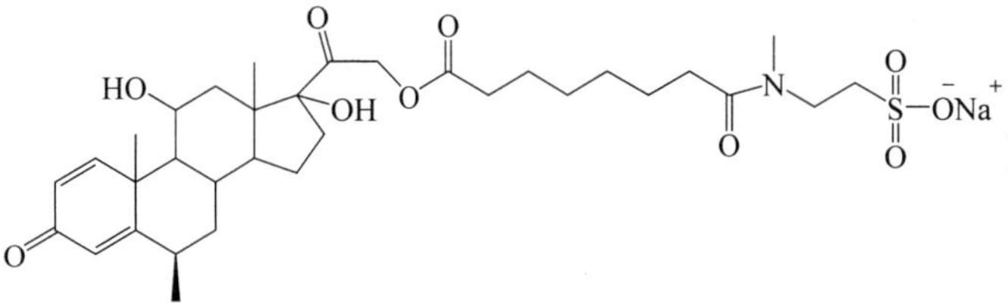

8.2.2 含磺酰基的农药

农药品种繁多,其中广泛使用的化学结构特征不同的农药已有40多类,近千个品种。其中含磺酰基的品种越来越多,这是因磺酰基、磺酰胺基本身是很好的药效基团,对多种霉菌都有一定活性,对多种杂草都有一定杀除能力。

1. 含磺酰基的农药中间体

合成农药中用含磺酰基化合物很多。如脂肪族中的甲磺酸、乙磺酸、羟基甲磺酸、羟基乙磺酸、氨基甲磺酸、氨基乙磺酸，乙基二磺酸、三氟甲基磺酸钠、甲磺酰氯、乙磺酰氯、2-氯乙基磺酰氯、异丙氨基磺酰氯、甲烷磺酸酐、甲磺酸乙酯、丙基磺酸内酯、丁基磺酸内酯、三氟甲磺酸酐$(CF_3SO_2)_2O$。芳香族中的对甲苯磺酸、苯磺酰氯、对甲苯磺酰氯、邻氯苯磺酰氯、对氯苯磺酰氯、苯磺酸异丙酯、苯磺酸苄酯、对甲苯磺酸乙酯、对甲苯磺酸氟乙酯、糖精（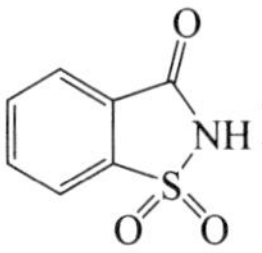）、3-三氟丙基苯磺酸、邻羰甲氧基苯磺酰胺（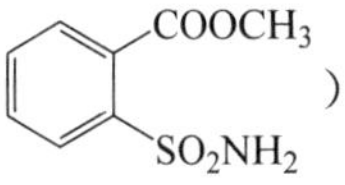
）、邻羰甲氧基苯磺酰异氰酸酯（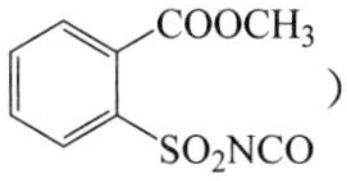
）、邻三氟甲基苯磺酰异氰酸酯（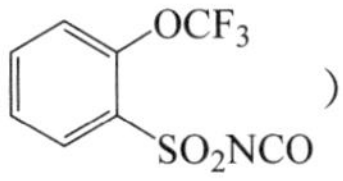
）、邻羰氧环丙醚苯磺酰氯（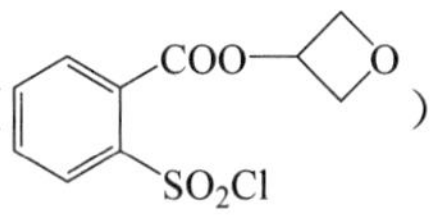
）、2-羰甲氧基-5-硝基苯磺酰氯（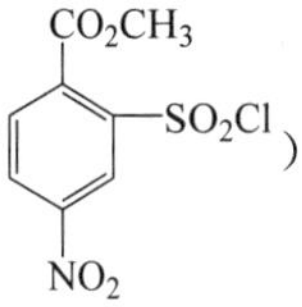
）、3-三氟甲氧基吡啶-2-磺酰胺（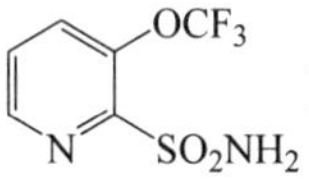
）、2-磺酰氨基吡啶基乙基砜（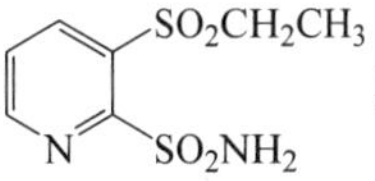
）等。

磺化反应是合成农药中间体和合成农药过程中的重要反应之一。在合成农药过程中，比较多使用的是二氧化硫和含二氧化硫的磺化剂，进行一些磺化反应。如敌磺钠的合成：

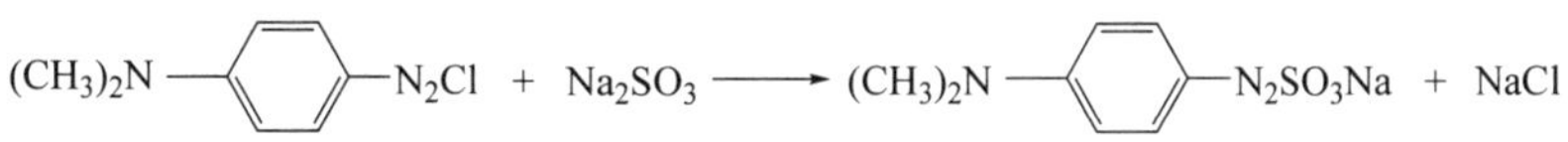

吡嘧磺隆的合成：

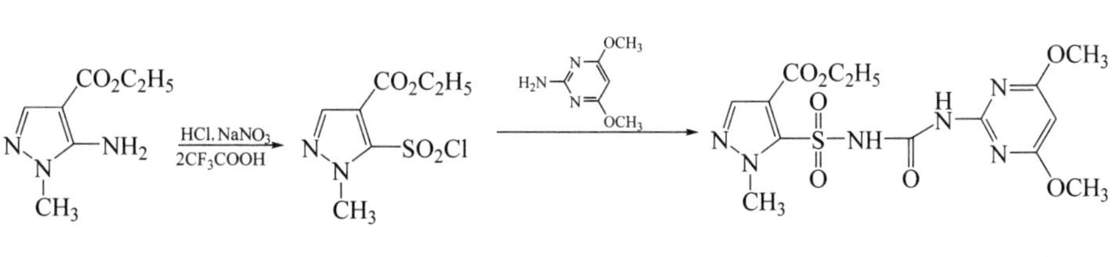

用硫醇、硫醚氧化引入磺酰基的磺化反应在农药合成中也有不少应用，如抗生素的合成：

$$C_2H_5Cl \xrightarrow{Na_2S_2} C_2H_5S{-}S{-}C_2H_5 \xrightarrow{HNO_3} C_2H_5{-}S(=O)_2{-}SC_2H_5$$

啶嘧磺隆的合成是以 2-氯-3-三氟甲基吡啶为原料，与硫化钠反应，再用氯气发生氯氧化反应。

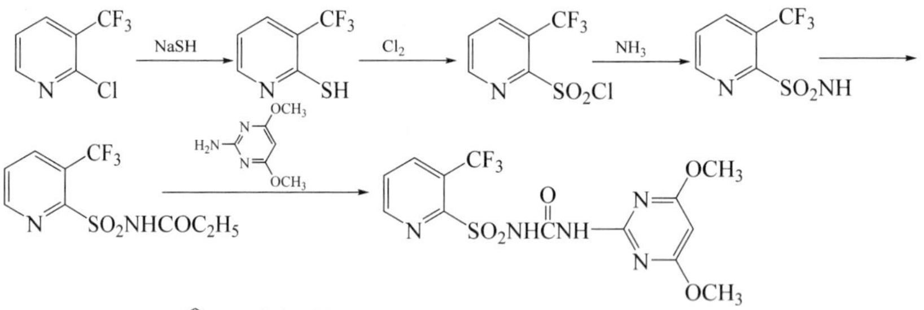

烟嘧磺隆也是以（邻巯基苯甲酸，CO_2H、SH）为原料，用氯氧化引入磺酰氯基。

2. 含磺酰基的农药

（1）除草剂

世界某信息机构把除草剂分成十八类，其中磺酰脲为一大类。磺酰脲类除草剂的发现是除草剂进入超高效时代的标志，除草剂用量由 1～3 kg/hm^2 下降为 1～200 g/hm^2。因磺酰脲类除草剂高效、广谱、低毒和选择性高，品种多，产量大，已经成为当今世界具有最大市场、最高影响力的除草剂。其中销售额最高的有烟嘧磺隆（ ）、苄嘧磺隆（ ）、甲磺隆（ ）、砜嘧磺隆（ ）、碘甲磺隆钠（ ）。已商品化的磺酰脲除草剂还有噻吩磺隆

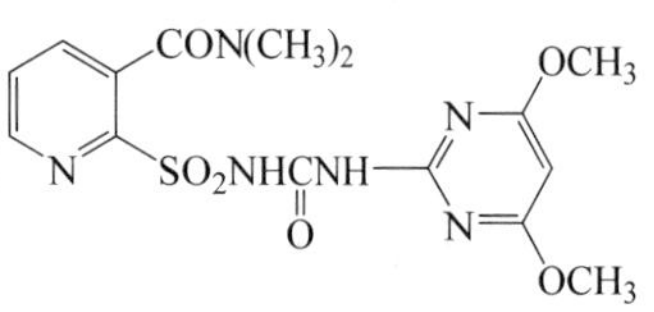

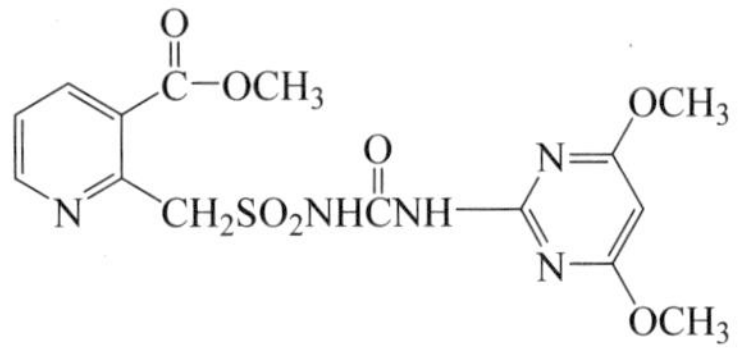

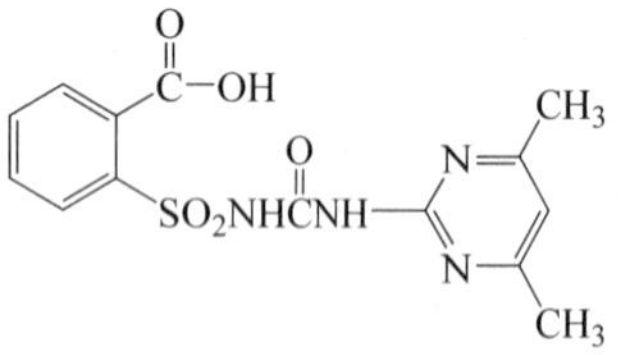

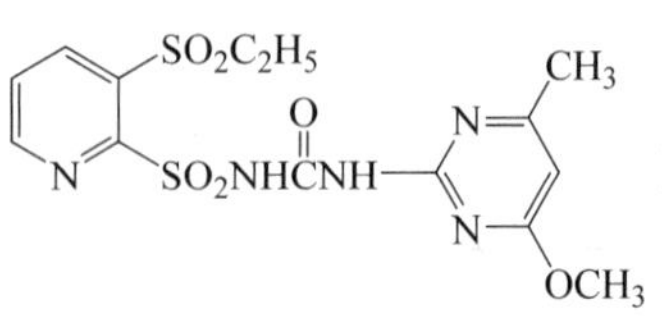

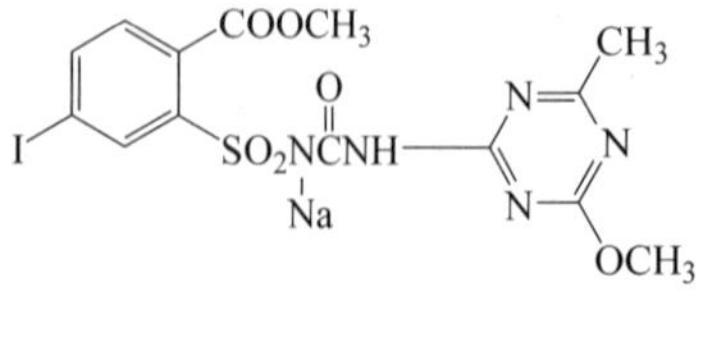

（ 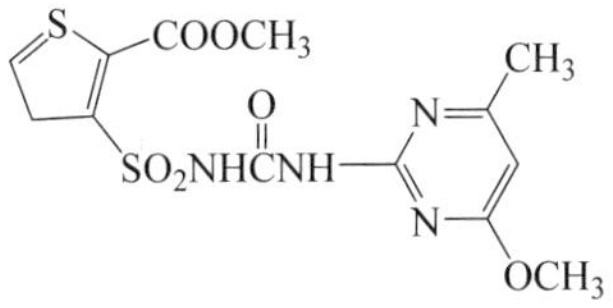 ）、苯磺隆（ 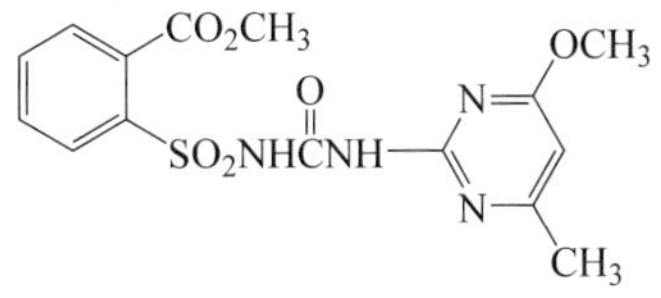 ）、氯嘧磺隆（ 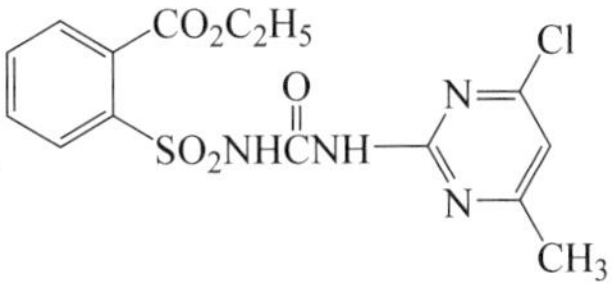 ）、甲酰胺磺隆（ 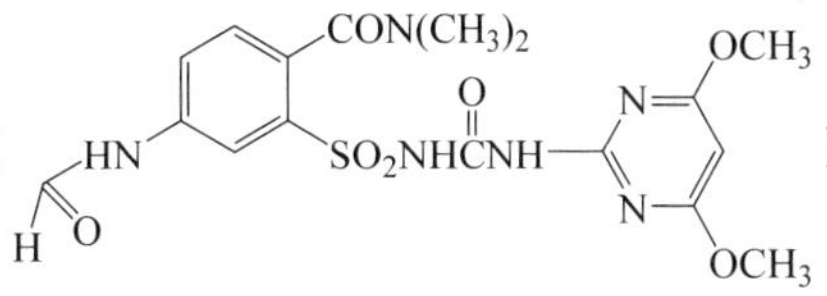 ）、甲磺胺磺隆（ 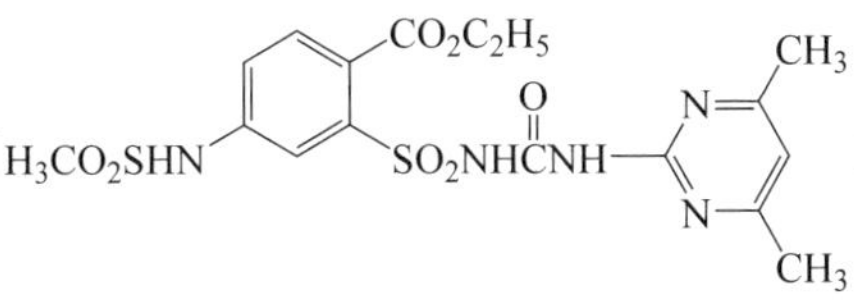 ）、吡嘧磺隆（ 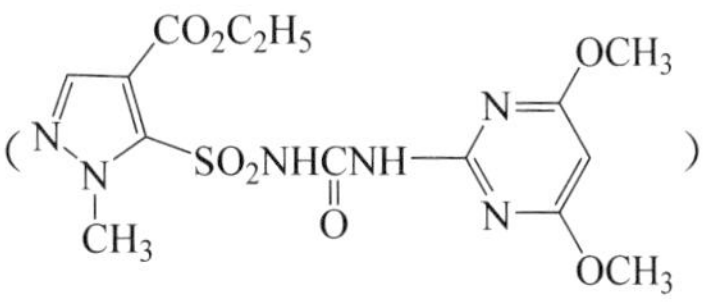 ）、磺酰磺隆（ 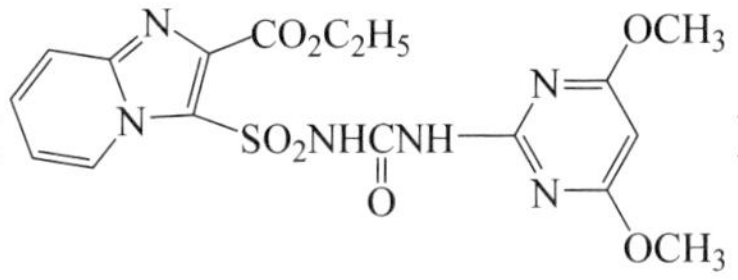 ），均具有发展前景。结构新颖或比较奇特的磺酰脲除草剂有氟啶嘧磺隆（ 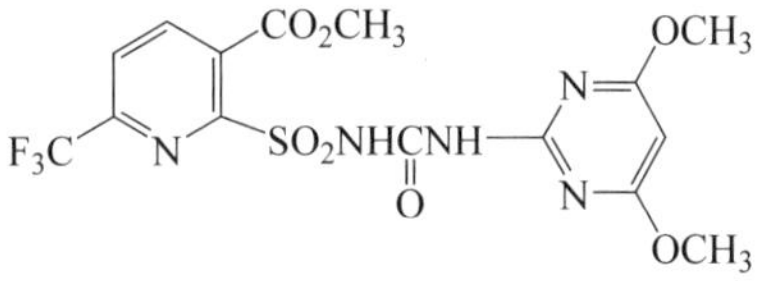 ）、甲嘧磺隆（ 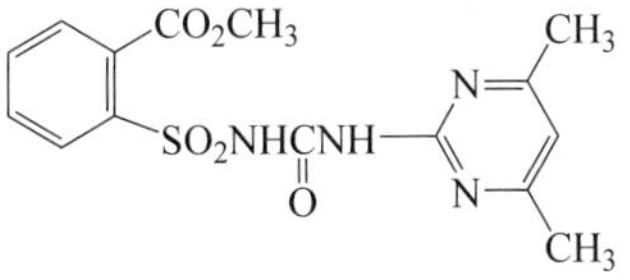 ）、环氧嘧磺隆（ 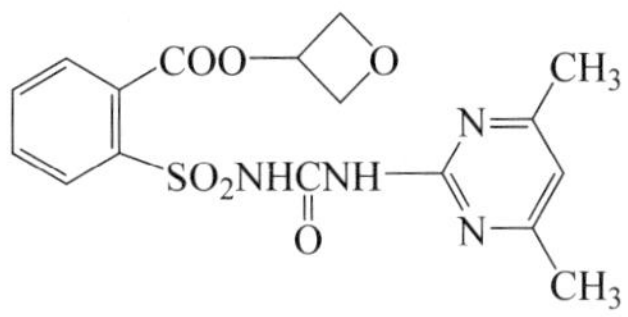 ）、环丙嘧磺隆（ 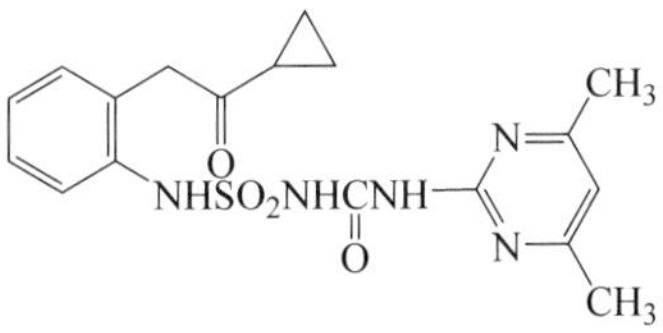 ）、啶嘧磺隆（ 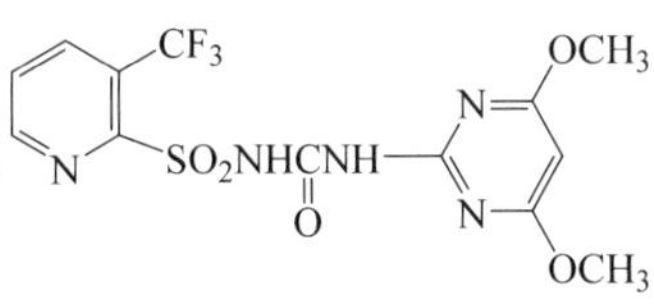 ）、四唑嘧磺隆（ 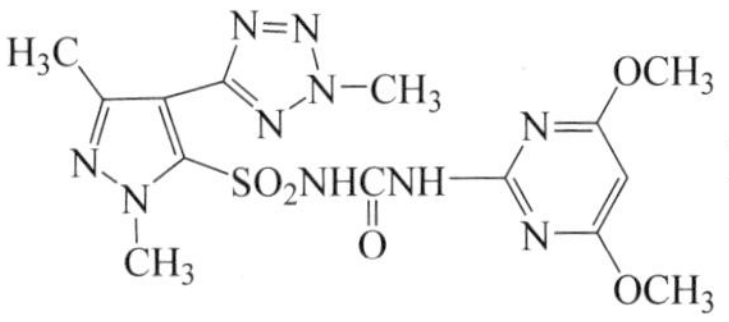 ）、丙苯磺隆（ 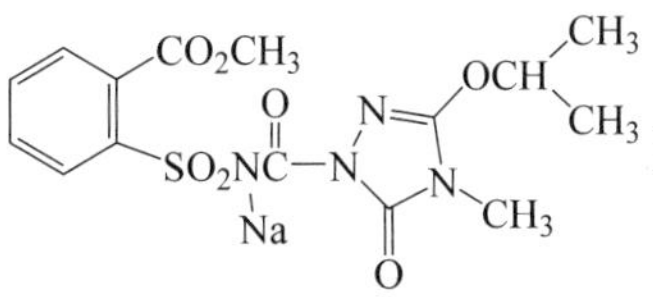 ）、氟酮磺隆（ 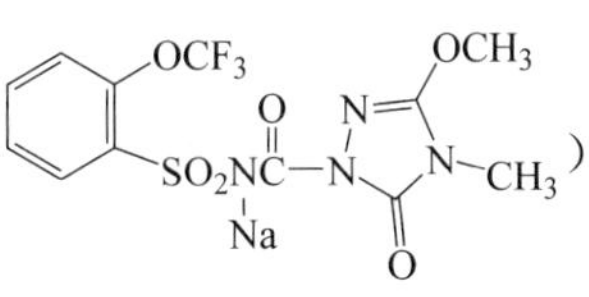 ）、甲磺胺磺隆（ 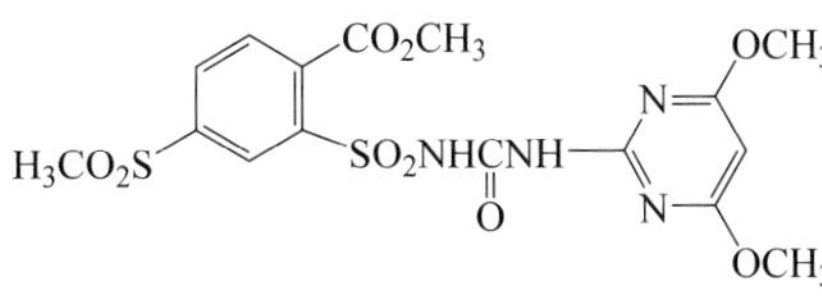 ）、酰嘧磺隆

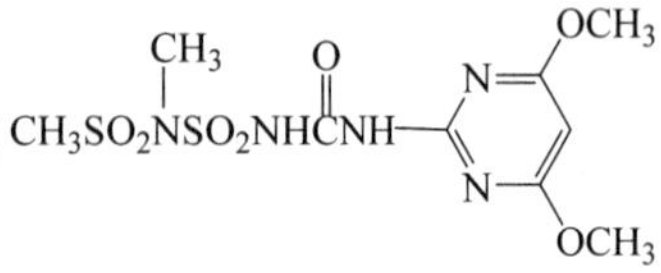

($CH_3SO_2N(CH_3)SO_2NHC(O)NH$–4,6-二甲氧基嘧啶-2-基)、三氟啶磺隆（$OCH_2CF_3$，$SO_2NHC(O)NH$，$OCH_3$，$OCH_3$）、氟胺磺隆（$CO_2CH_3$，$CH_3$，$SO_2NHC(O)NH$，$N(CH_3)_2$，$OCH_2CF_3$）、三氟甲磺隆（$CF_3$，$SO_2NHC(O)NH$，$CF_3$，$OCH_3$）。

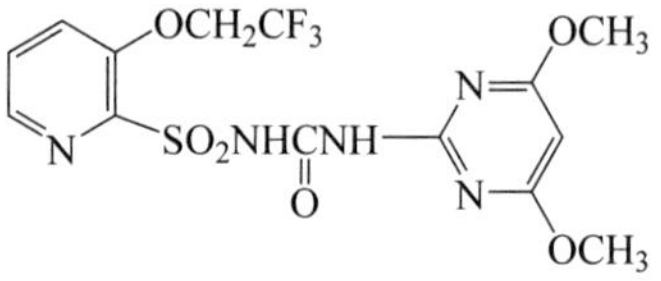

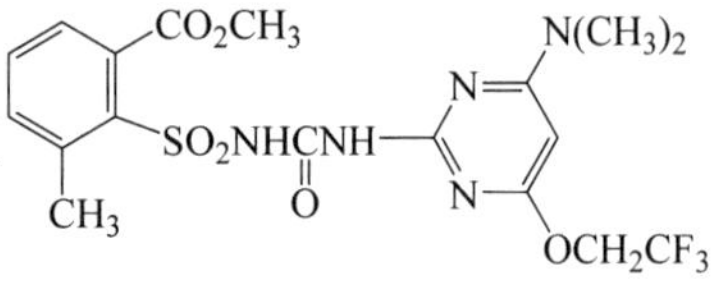

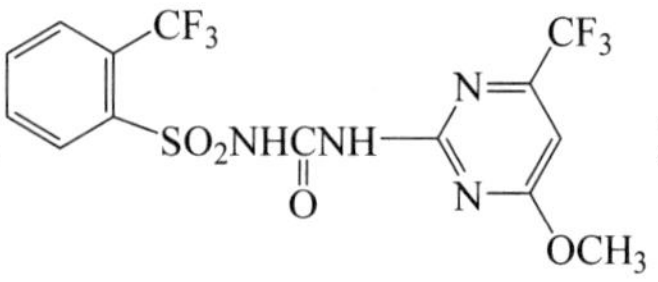

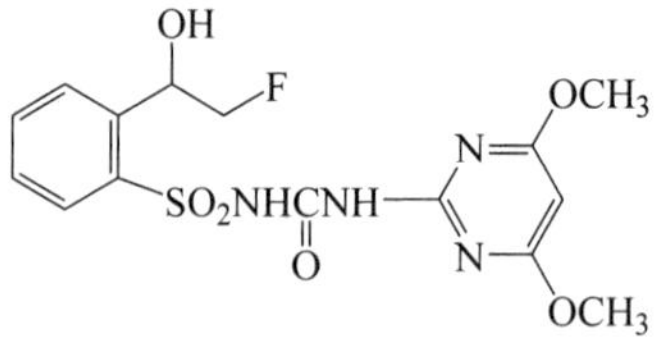

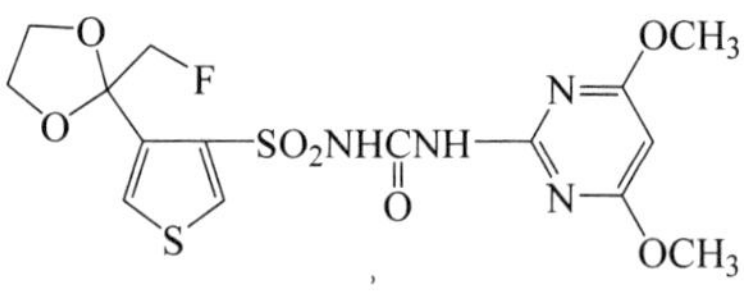

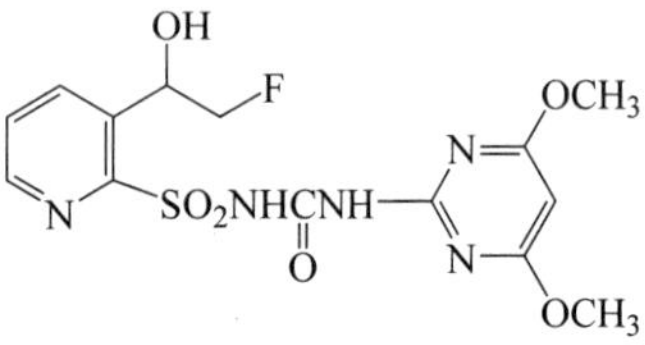

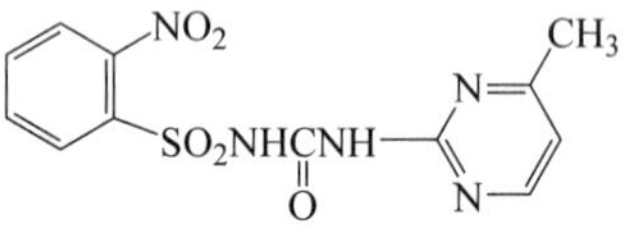

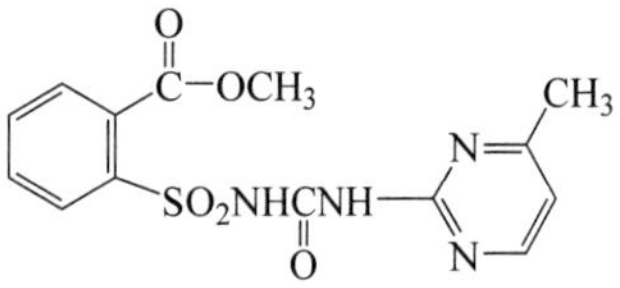

磺酰脲类除草剂如（OH，F，$SO_2NHC(O)NH$，OCH_3，OCH_3）、（O，O，F，S，$SO_2NHC(O)NH$，OCH_3，OCH_3）、（OH，F，N，$SO_2NHC(O)NH$，OCH_3，OCH_3）、单嘧磺隆（NO_2，$SO_2NHC(O)NH$，CH_3）、单嘧磺隆酯（$C(O)OCH_3$，$SO_2NHC(O)NH$，CH_3）、甲硫嘧磺隆（CO_2CH_3，$SO_2NHC(O)NH$，OCH_3，OCH_3）、（$C(O)N(CH_3)_2$，$NHSO_2NHC(O)NH$，OCH_3，OCH_3），磺酰脲类除草剂是对稗草有效的乙酰乳酸合成酶抑制剂，（$H_3CO C(O)O$，CH_3，F，$SO_2NHC(O)NH$，OCH_3，OCH_3）可用于除水田稗草。

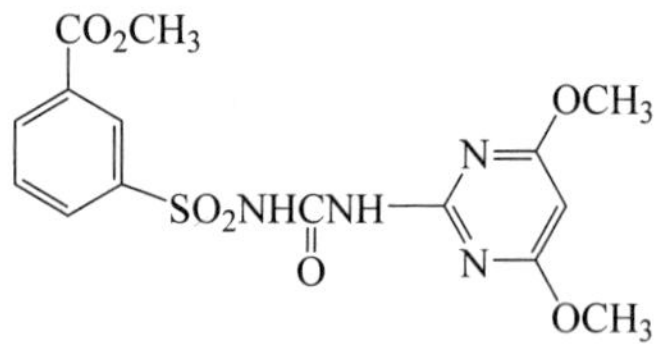

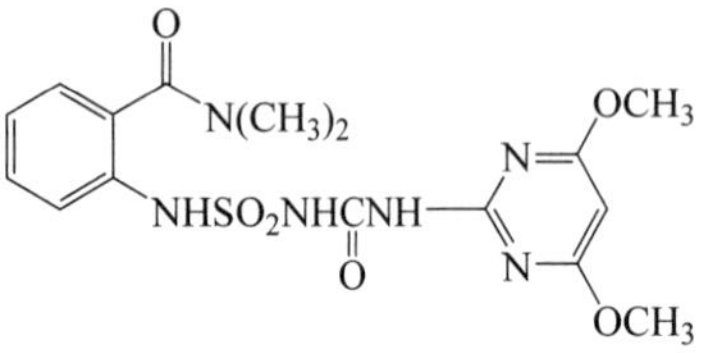

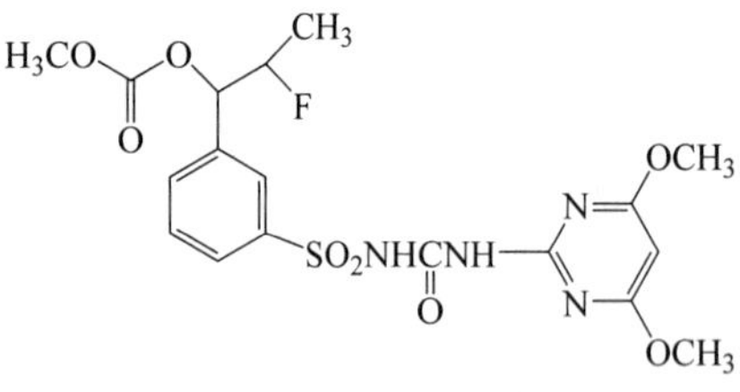

其他类型除草剂中含磺酰基化合物也不少，如磺酰胺类除草剂，此类为支链氨基酸合成酶——乙酰乳酸合成酶抑制剂，现已有不少品种，如唑嘧磺草胺（F，F，$NHSO_2$，CH_3）、磺草唑胺（CH_3，Cl，Cl，$NHSO_2$，OCH_3，OCH_3）、双氟磺草胺

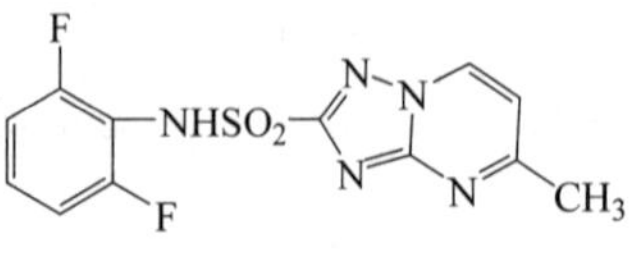

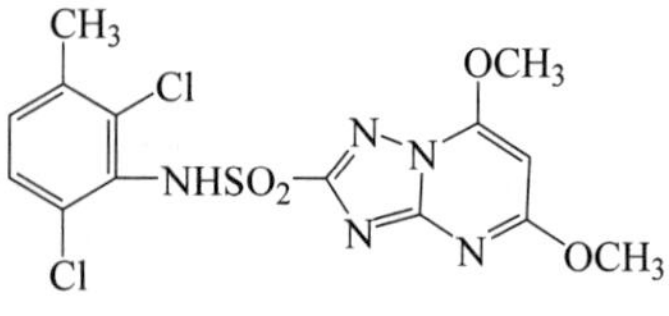

（ 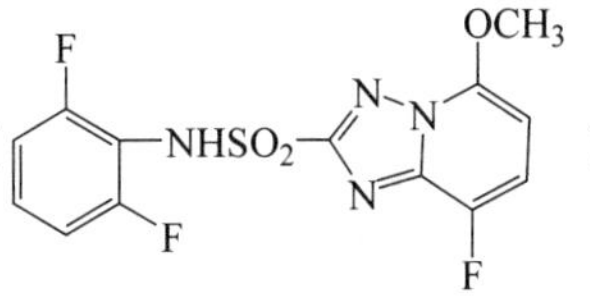　）、双氯磺草胺（ 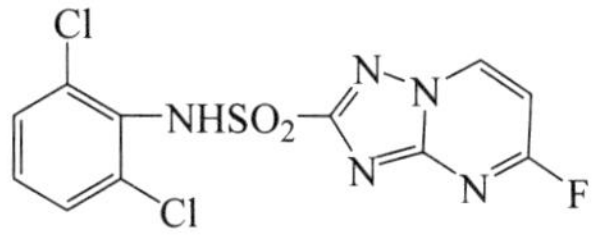　）、磺草灵（$H_2N-C_6H_4-SO_2NHCOOCH_3$）、氯酯磺草胺（ 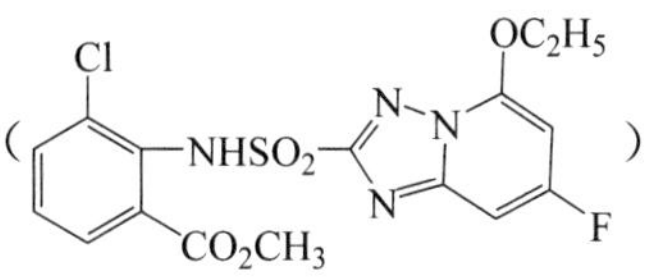　）等。醚类除草剂有氟磺胺类草醚（ 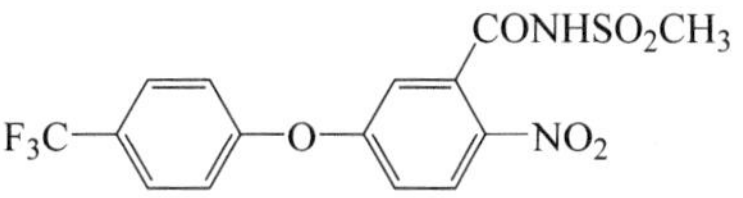　）、Formanfen（ 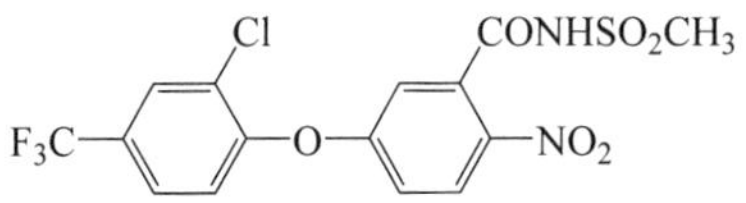　）。杂环类除草剂含磺酰基的有唑草胺（ 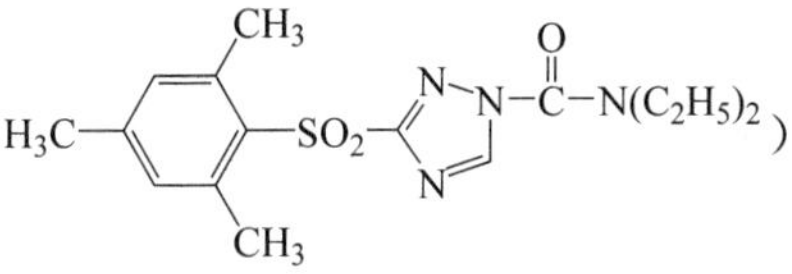　）、异噁氯草酮（ 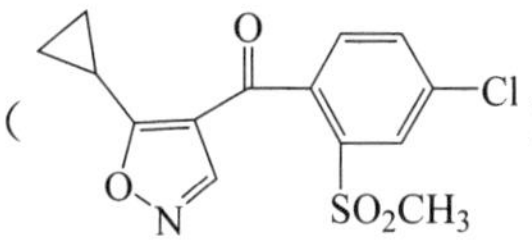　）、异噁唑草酮（ 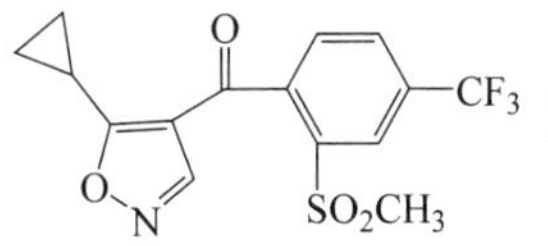　）、五氟磺草胺（ 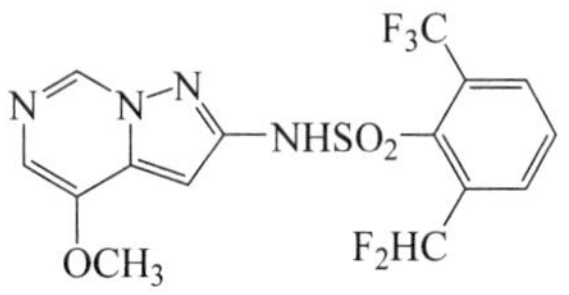　）、吡唑特（ 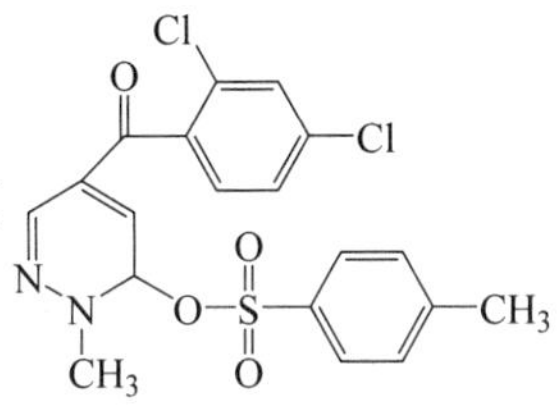　）、磺酰唑草酮（ 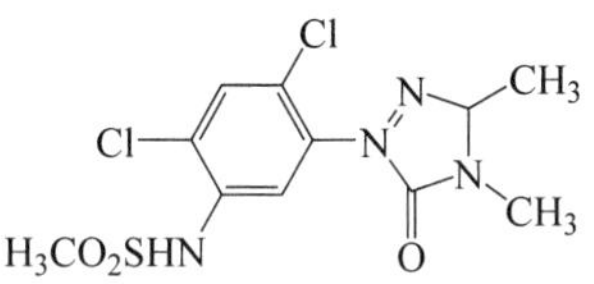　）、乙呋草磺（ 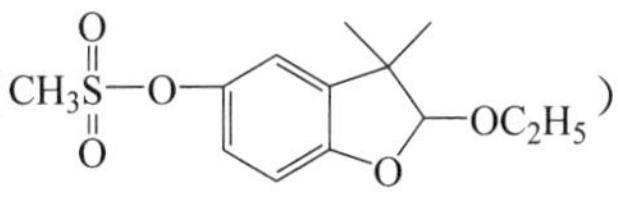　）。另外一些类型除草剂如磺草酮（ 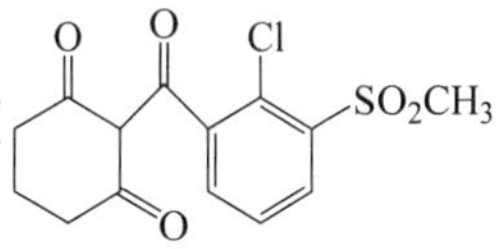　）、硝基磺草酮（ 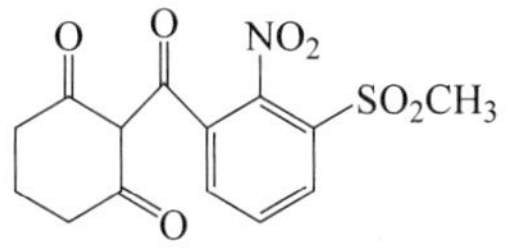　）、灭草松（ 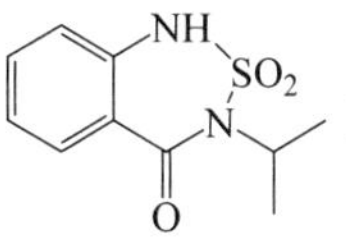　）、双环磺草酮（ 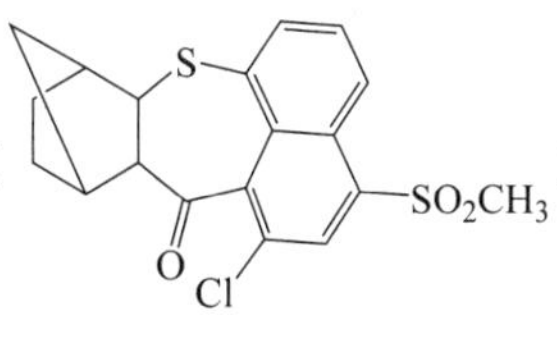　）、磺草磷（$CH_3SO_2N(CH_3)C(=O)CH_2NHCH_2-P(=O)(OH)-OH$）等。

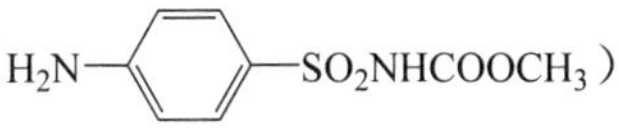

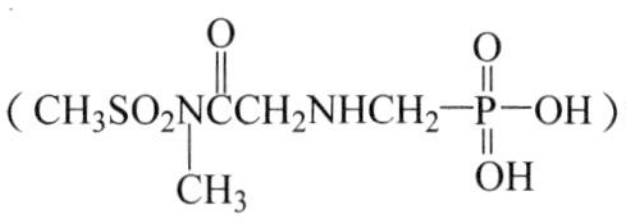

(2)杀虫剂

杀虫剂种类繁多，有十余类三百多个品种，但属于磺化物的并不多，大约有百分之十。蚕毒类杀虫剂是20世纪70年代开发的，到目前为止已成为一个重要品系，其中有杀虫磺($(CH_3)_2N—CH(CH_2SO_2C_6H_5)_2$)、杀虫单($(CH_3)_2N—CH(CH_2SSO_3H)_2$)、杀虫双($(CH_3)_2N—CH(CH_2SSO_3Na)_2$)。杀虫双是我国研制的杀虫剂，由贵州省化工所于1975年开发。自1980年以来，杀虫双在全国大量生产和使用。该类杀虫剂为高效、低毒、经济安全的农药，杀虫谱较广，适应作物较多，如水稻、蔬菜、水果和玉米等。有机磷含砜基、亚砜基杀虫剂如砜拌磷($(C_2H_5O)_2P(=O)—SCH_2CH_2S(=O)—C_2H_5$)、砜吸磷($(CH_3O)_2P(=O)—SCH_2CH_2S(=O)—C_2H_5$)、半丙磷($(PrO)_2P(=O)—SCH_2S(=O)—C_2H_5$)、半索磷($(C_2H_5O)_2P(=O)—O—C_6H_4—S(=O)CH_3$)、磺吸磷($(CH_3O)_2P(=O)—SCH_2CH_2S(=O)_2—C_2H_5$)、异砜磷($(CH_3O)_2P(=O)—SCH_2CH_2S(=O)—C_2H_5$)、伐灭磷($(CH_3O)_2P(=O)—C_6H_4—SO_2N(CH_3)_2$)等，都是内吸杀虫杀螨剂。其他类型含砜基、亚砜基的杀虫剂如氟虫酰胺($(CF_3)_2CF—C_6H_4—NH—C(=O)—C_6H_4—C(=O)—NH—C(CH_3)_2CH_2—S(=O)_2—CH_3$)、苯氟酰胺($(H_3C)_2N—S(=O)_2—N(C_6H_5)—S—CCl_2F$)、磺胺螨酯($Cl—C_6H_3(CO_2C_2H_5)—NH—S(=O)_2—CF_3$)、炔螨特($(CH_3)_3C—C_6H_4—O—C_6H_4—OS(=O)_2CH_2CH_3$)、砜虫啶($F_3C—C_5H_3N—CH(CH_3)—S(=O)(=NCN)—CH_3$)、丁烯氟虫腈。含砜基磺酸基杀螨剂有多种，如三氯杀螨砜($Cl—C_6H_4—S(=O)_2—C_6H_3Cl_2$)、除螨酯($Cl—C_6H_4—OSO_2—C_6H_5$)、二苯砜($C_6H_5—S(=O)_2—C_6H_5$)、氯杀螨砜

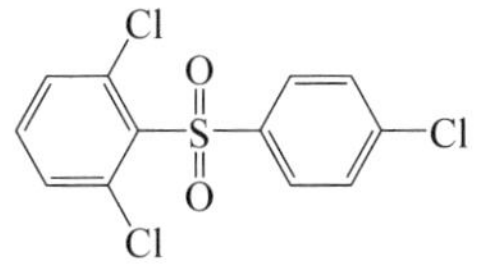

（Cl，Cl，$S(=O)_2$，Cl）、杀螨砜（Cl，Cl，$S(=O)_2$）、杀螨特

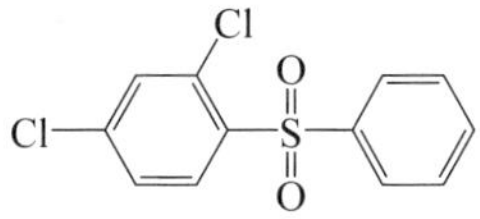

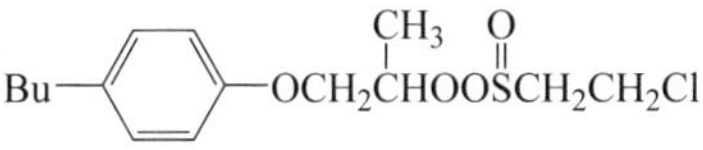

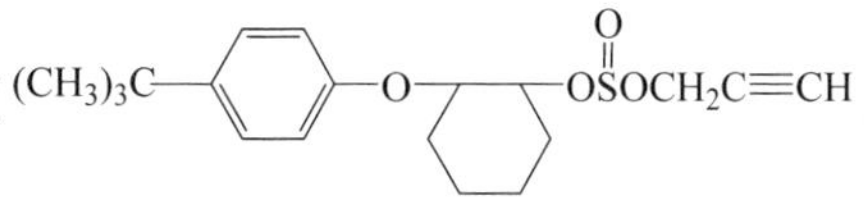

（Bu—$OCH_2CH(CH_3)OOS(=O)CH_2CH_2Cl$）、克螨特（$(CH_3)_3C$—O—$OS(=O)OCH_2C\equiv CH$）、丁酮砜

威（$CH_3S(=O)_2$，CH_3，N—O，$C(=O)NHCH_3$，CH_3）。氟虫胺（$CF_3(CH_2)_7SO_2NHCH_2CH_3$）为有机氟杀虫剂，家庭用于防治蚂蚁和各种害虫。

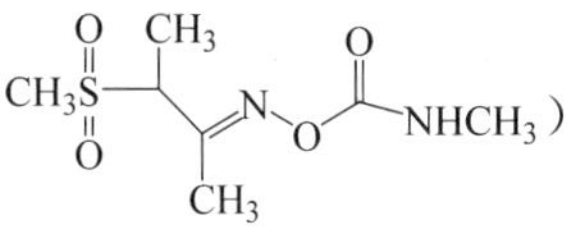

杀虫剂 flutendiamide（$CH_3S(=O)_2$，CH_3，CH_3，NH，O，F，O，NH，CH_3，CF_3，F，CF_3）是抑制害虫专用酶，适用于多种作物，由日本农药公司研究。丁烯氟虫腈对多种害虫有效，与氟虫腈效果相当，但毒性低于氟虫腈，由大连瑞泽农药股份有限公司研制。二苯酮类杀虫剂（$N{=}N{=}C(CH_3)(C_2H_5)$，Cl，SO_2CH_3）的活性效果与虫酰肼相当，由浙江化工研究院研发。

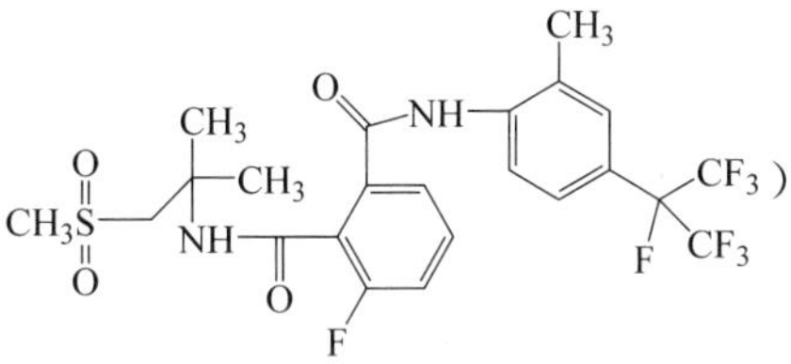

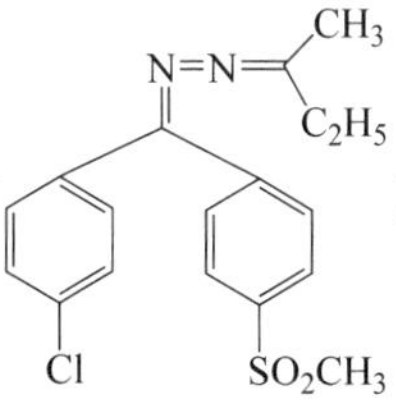

(3)杀菌剂

杀菌剂是人类应用的最古老的药剂。在约公元前 1 000 年，古希腊等国家就有人应用硫黄熏蒸防治作物病害。含磺酰胺广谱药效团的杀菌剂如磺菌胺（Cl—，F_3C，SO_2NH—，Cl，—NO_2）、烯丙异噻唑（$OCH_2CH{=}CH_2$，N，$S(=O)_2$）、对甲抑菌灵（H_3C—，$N(CFCl_2)$—$S(=O)_2$—$N(CH_3)_2$）、甲磺菌胺（H_3C—，$SO_2N(C_2H_5)$—，O_2N，—Cl）、氰唑磺菌胺（H_3C—，Cl，N—CH_3，N，$SO_2N(CH_3)_2$）、磺胺乙汞（H_3C—，$SO_2N(C_2H_5)$—Hg）。磺酸酯型杀菌剂有磺菌威

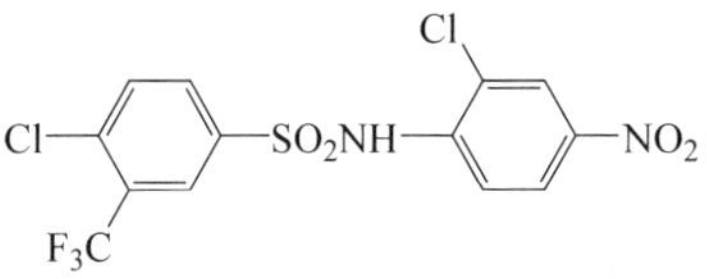

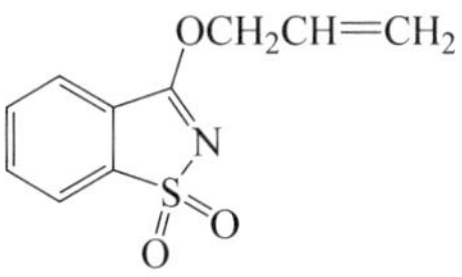

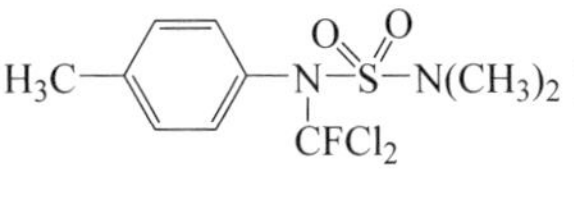

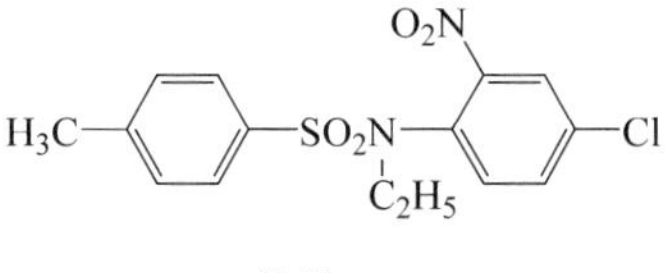

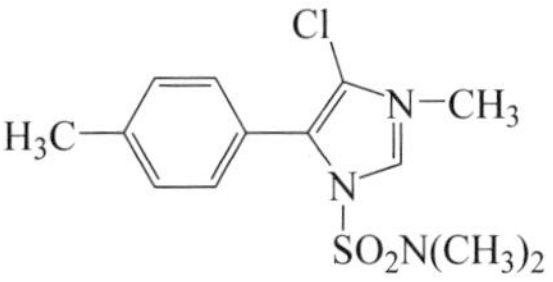

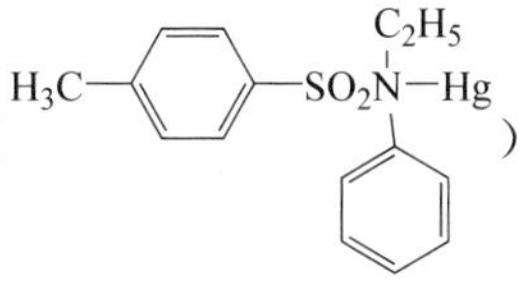

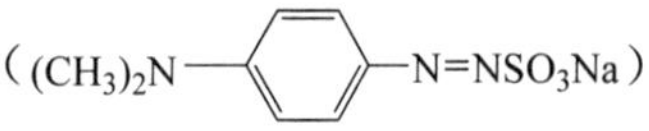

（$(CH_3)_2N$—⟨苯环⟩—$N{=}NSO_3Na$），磺酸型杀菌剂有可的松（$(H_3C)_2N$—⟨苯环⟩—$N{=}NSO_3Na$），杂环类杀菌剂有噻菌腈（$CH_3CH_2S(O)$—噻吩环（S，CN，Cl，NC））、氧化萎锈灵（二氢氧硫杂环己二烯（O，CH_3，SO_2）—$CONH$—⟨苯环⟩）、氰霜唑（CH_3—⟨苯环⟩—咪唑环（N，CN，$N{-}SO_2{-}N(CH_3)_2$））、增效砜（苯并二氧戊环—$CH_2CH(CH_3)S(O)$—$(CH_2CH_2CH_2)CH_3$），吡啶类抗菌剂有（CH_3SO_2—四氯吡啶（Cl，Cl，Cl，Cl，N））。乙蒜素（$CH_3CH_2SO_2$—SCH_2CH_3）抗菌剂能抑制多种真菌和细菌生长，广泛用于水稻、小麦和油菜作物，并具有刺激生长作用。

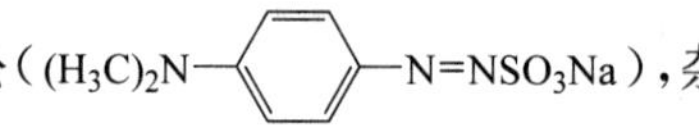

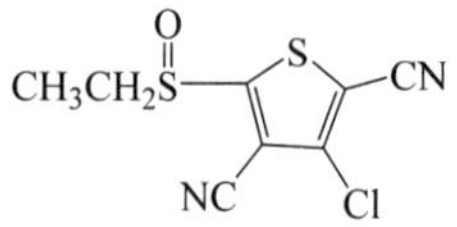

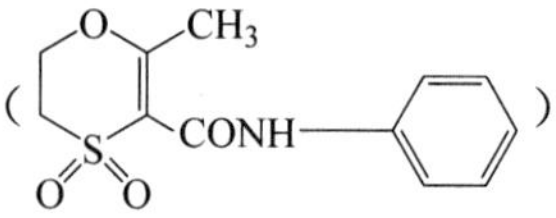

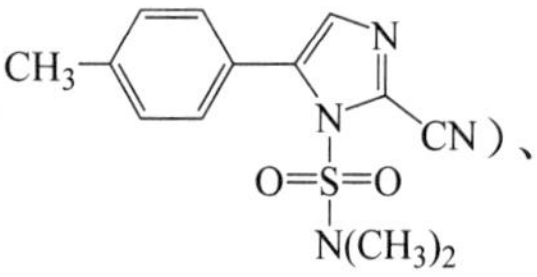

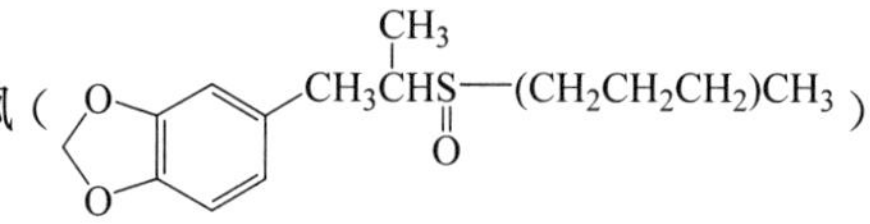

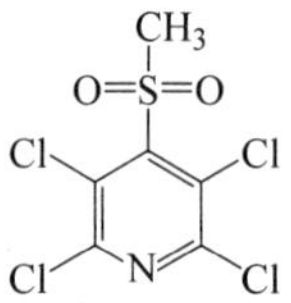

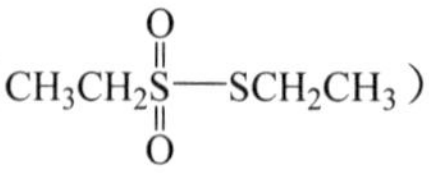

化合物（H_3C，H_3C—异噁唑环（N—O）—$NHSO_2$—⟨苯环⟩—NCS）、（H_3C—异噁唑环（N—O）—$NHSO_2$—⟨苯环⟩—NCS）、（H_3C—异噁唑环（N—O）—$NHSO_2$—⟨苯环⟩—$NHC(O)NHNHC(O)NH_2$）、（⟨苯环⟩—SO_2—吡唑啉环（N，N，CH_3，CH_3）—⟨苯环⟩—F）、（Br，F_3C—苯并三唑（N，N，N）—$O{=}S{=}O$—异噁唑环（H_3C，O—N））、（F，F—二氧戊环并苯并三唑（O，O，N，N，N）—$O{=}S{=}O$—异噁唑环（N，O，CH_3））、（Cl—吡嗪环（N，N，CN，NH_2）—SO_2—H_3C）等都有很强的杀菌活性。磺酰胺化合物，2-甲氧羰基-5-芳甲亚胺基磺酰胺（R—⟨苯环⟩—$CH{=}N$—⟨苯环⟩（SO_2NH_2，CO_2CH_3））中，当 R 为 NO_2 或氯原子，在邻、间和对位时，或 R 为溴原子，在邻、对位时，均有极强的杀菌作用。含砜基的毒鼠强（$O{=}S{=}O$，N，N，$N{-}N$，$O{=}S{=}O$ 笼状结构）是惊厥性毒剂，杀鼠能力极强，可用于防治田鼠。含磺酰基的防腐

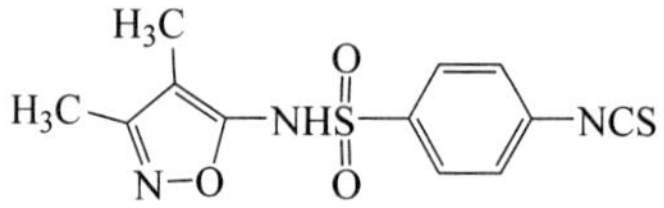

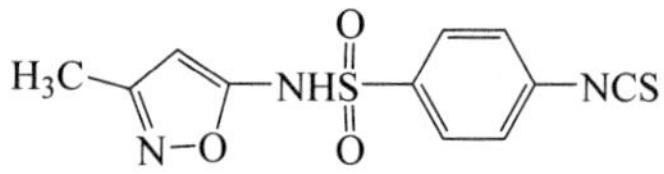

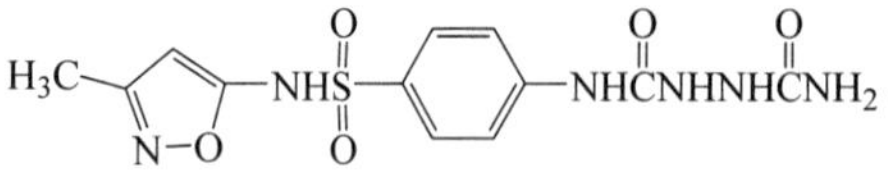

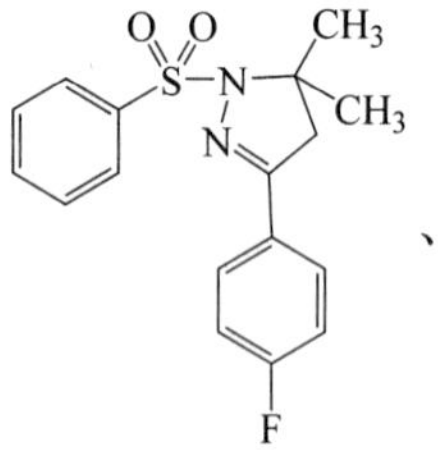

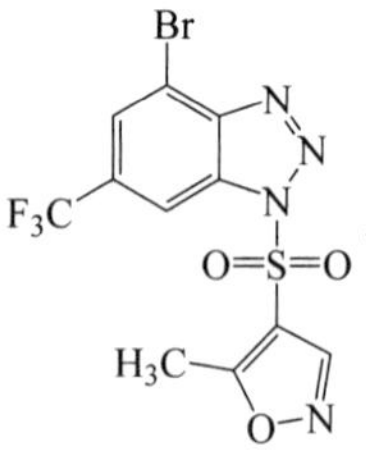

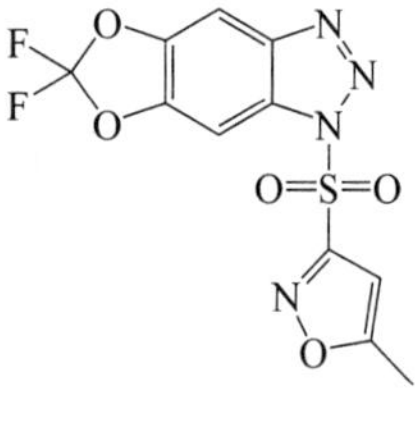

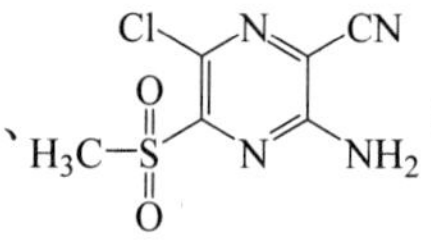

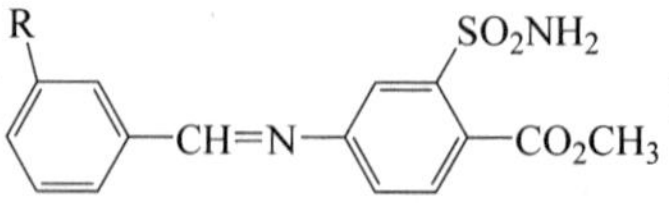

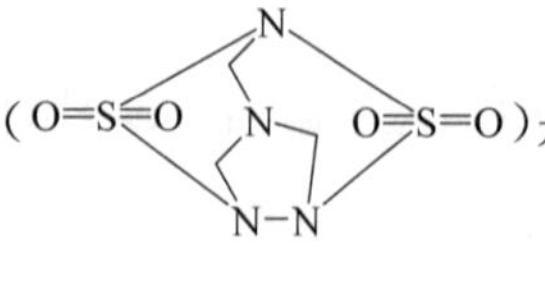

剂 N,N-二甲基-N-苯基氟二氯甲基硫代磺酰胺（ 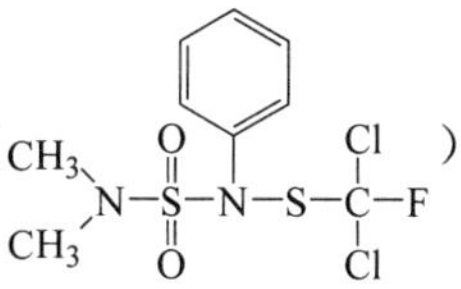 ）被广泛用于多方面防腐。

3. 含磺酰基的饲料添加剂和畜药

不少磺胺药用作畜药，如抗菌药磺胺二甲咪啶（ 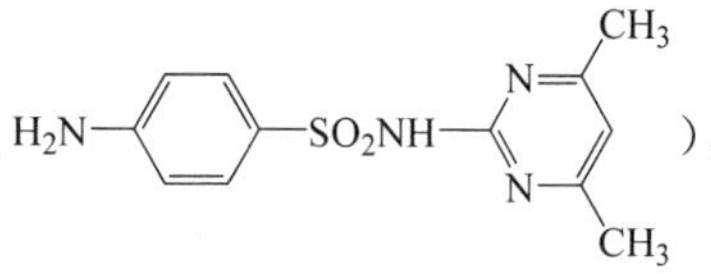 ）、磺胺喹噁啉（ 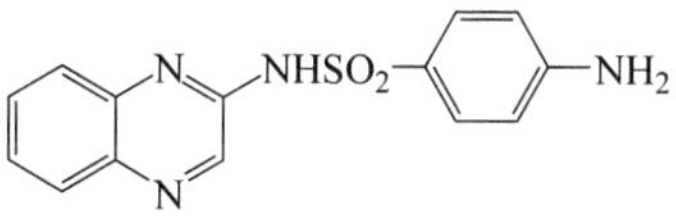 ）、磺胺对甲氧嘧啶（ 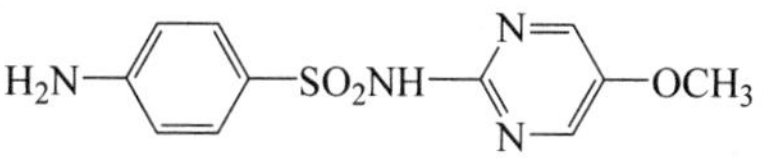 ）、磺胺间甲氧嘧啶（ 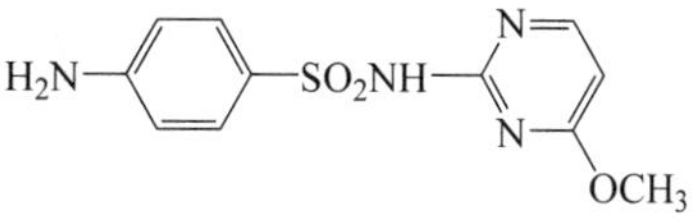 ）、三字球虫粉（ 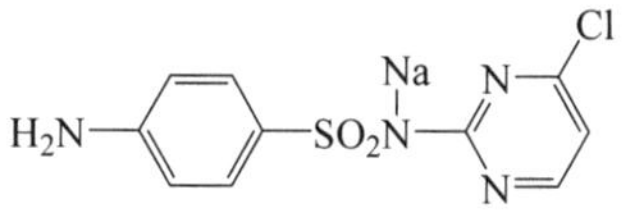 ）、甲磺酸达氟沙星（ 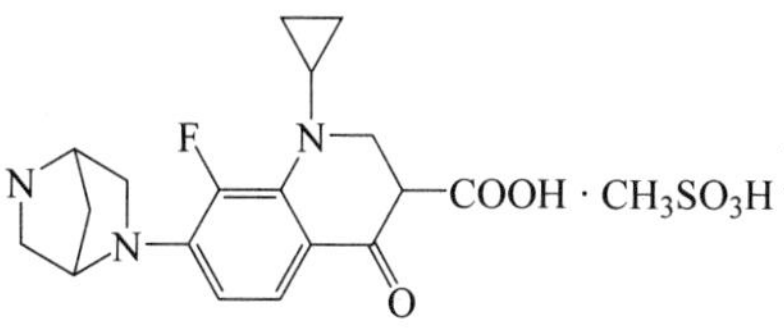 ）。动物用促健康药如驱蠕虫药亚砜苯咪唑、抗球虫药磺胺喹噁啉、抗菌抗球虫药磺胺苯（ 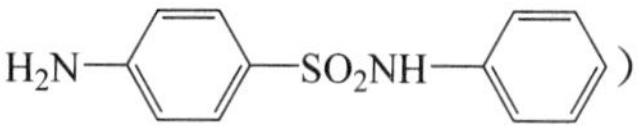 ）。

食欲增进剂如苋菜红（ 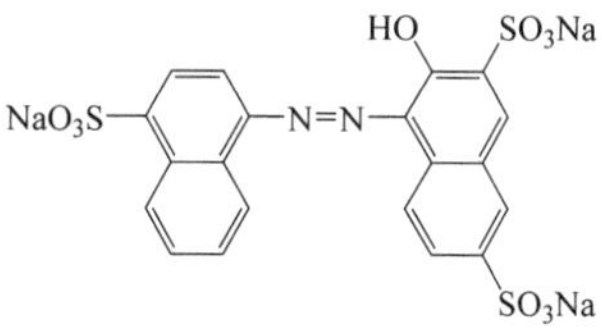 ）、胭脂红（ 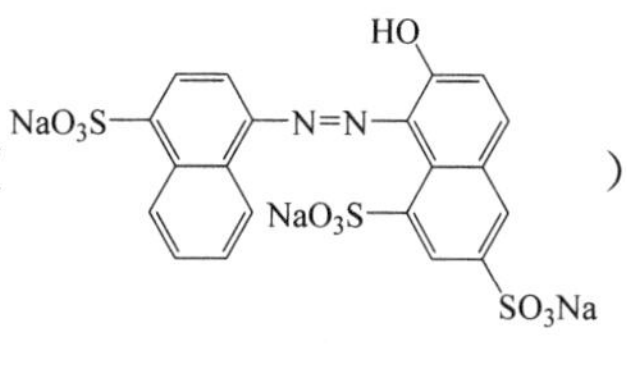 ）、柠檬黄（ 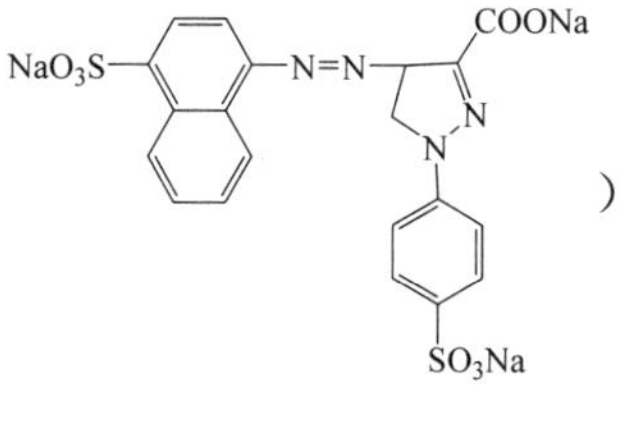 ）及增进健康用维生素 K（ $\cdot 3H_2O$）等。

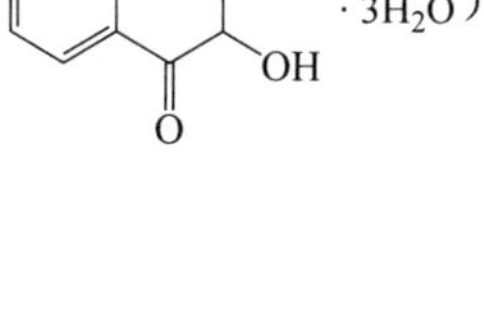

4. 含磺酰基的农药助剂

农药助剂有十几类，每类中又有许多种，其中以磺酸盐和硫酸盐为最多。如农药乳剂以阴离子磺酸盐应用最广，效果最好。有十二烷基苯磺酸钙（$(H_{25}C_{12}-C_6H_4-SO_3)_2Ca$）、十二烷基苯磺酸铵盐（$H_{25}C_{12}-C_6H_4-SO_3NCH(CH_3)_2$），丁二酸酯磺酸盐如丁二酸二辛酯磺酸钠（$C_8H_{17}O_2CH_2C(SO_3Na)HCO_2C_8H_{17}$）、丁二酸二辛酯磺酸钙（$(C_8H_{17}O_2CH_2C(SO_3^-)HCO_2C_8H_{17})_2Ca$）、丁二酸月桂酯磺酸镁（$(C_{12}H_{25}O_2CH_2C(SO_3^-)HCO_2C_{12}H_{25})_2Mg$）、二丁基萘磺酸钙（$(C_4H_9)_2C_{10}H_5SO_3^-)_2Ca$）。农药分散剂有萘磺酸与甲醛缩合物、甲酚磺酸与甲醛缩合物、萘酚磺酸与甲醛缩合物，如分散剂（$[-CH_2-C_6H_2(OH)(CH_2SO_3Na)-CH_2-C_6H_2(OH)(SO_3Na)-CH_2-]_n$）、分散剂 CNF（$[-CH(C_6H_5)-C_{10}H_5(SO_3Na)-CH_2-C_{10}H_5(SO_3Na)-CH-]_n$）、分散剂 MF（$NaO_3S-C_{10}H_6-CH_2-C_{10}H_5(CH_3)-SO_3Na$）、分散剂（$[-C_6(OCH_3)_3(SO_3Na)-CH_2-C_5N(OH)(OCH_3)_2(SO_3Na)-]_n$）、N-甲基脂肪酰基牛磺酸钠、脂肪醇硫酸盐 $ROSO_3Na$、壬醇、十六醇、十八醇硫酸盐、α-烯烃磺酸盐 $RCH=CHCH_2SO_3Na$、脂肪醇聚氧乙烯醚硫酸盐 $RO(CH_2CH_2O)SO_3Na$。农药润湿剂和渗透剂以脂肪醇硫酸盐应用最广，如壬醇、月桂醇、烷基酚聚氧乙烯醚硫酸盐 $R-C_6H_4-O(CH_2CH_2O)SO_3Na$、脂肪酸酯硫酸盐、农药悬浮剂、烷基芳磺酸与甲醛缩合物、脂肪酰胺-N-甲基牛磺酸钠、烷基酸丁二酸磺酸钠、木质素磺酸盐。农药稳定剂有烷基苯磺酰胺盐，如辛胺-2-乙基己胺、月桂胺、苯二胺、苯丙胺、间二甲苯邻二氨基十二烷基苯磺酸铵盐。农药增效剂，如 $Cl-C_6H_4-SO_2N(Cl)-C_6H_4-Cl$、$Cl-C_6H_4-SO_2N(C_4H_9)_2$、$C_8H_5N_2-NHSO_2-C_6H_4-NH_2$、增效砜（$CH_2O_2C_6H_3-CH_2CH(CH_3)-S(O)(CH_2)_3CH_3$）、多元酸（烷基氨基聚氧乙烯醚）酯磺酸盐（$HN(CH_2CH_2O)_nC(=O)CH_2(CH_2)_n-CH(COONa)SO_3Na$）。

5. 有较强杀虫灭菌作用的含磺酰基杂环化合物

含砜基的舒巴坦（O S O CH_3 CH_3 O N H COOH）的杀菌作用很强。1，2-二氮杂环丁烷化合物

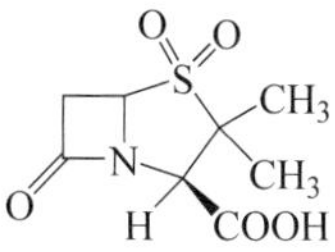

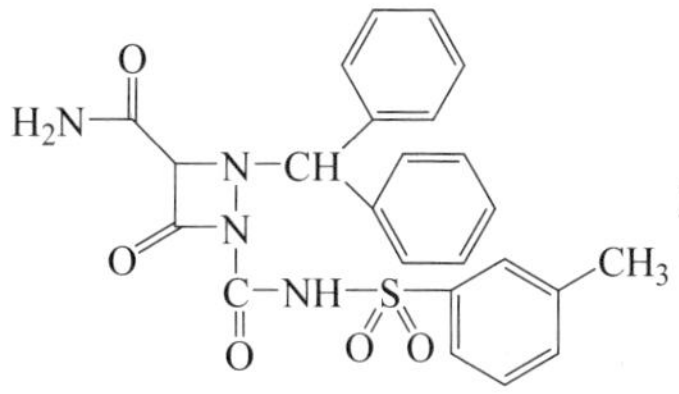

O H_2N N—CH N O C—NH—S CH_3 O O O 对白色念珠菌、荚膜组织胞浆菌等有100%的抑制效果。

1，3-二硫环丁烷化合物 $H_3C—SO_2—N=$(S S)、$H_2C—SO_2—N=$(S S)、Cl—C_6H_4—SO_2—N=(S S)、

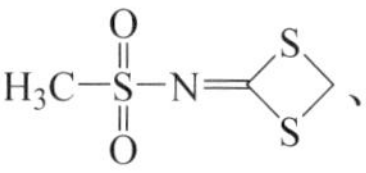

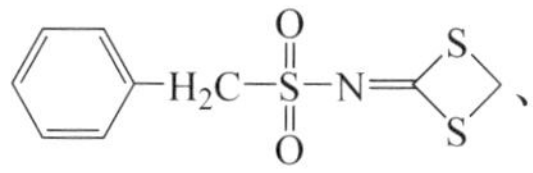

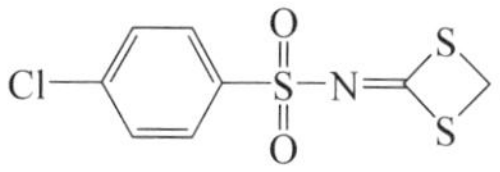

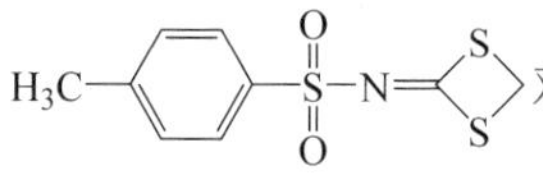

H_3C—C_6H_4—SO_2—N=(S S)对里曲菌、匍枝根霉、深红酵母菌等抑制效率达100%。对其进行构效研究发现，当硫原子上连有链状烷基时，短链活性高，随链增长活性降低；当硫原子上连有苯基时，苯环上有氯、甲基时活性增高，有硝基时失去活性；当环上有烯基同时有硝基和腈基时，活性增高。

单环β-内酰胺（H_3C CH_3 O S O NH O）和（H_3C CH_3 $H_3C—S$ O O NH O）两种化合物对一些菌均有极强的抑制效果。含磺酰基的稠杂环化合物（N N SO_2Fe）、（N N CH_3 SO_2Fe）、

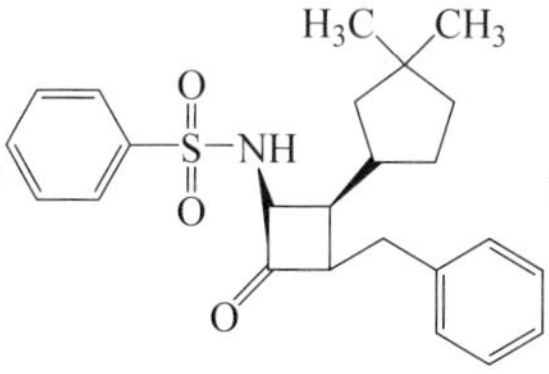

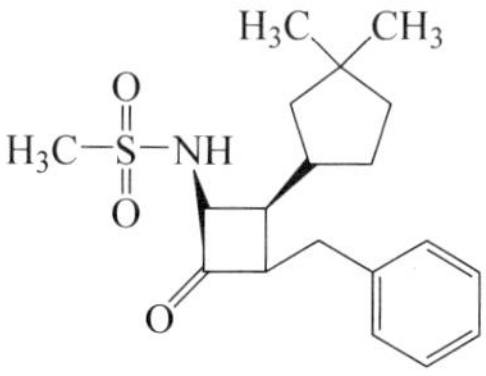

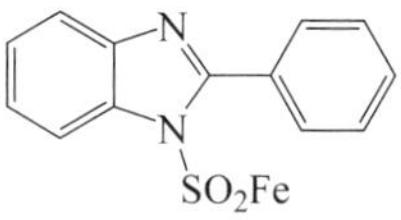

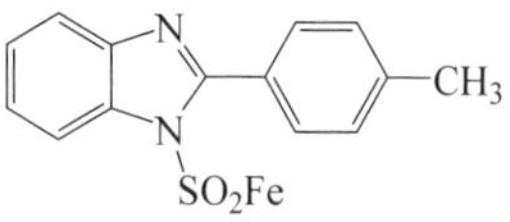

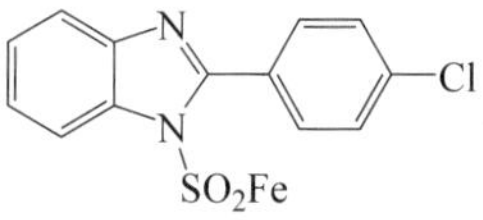

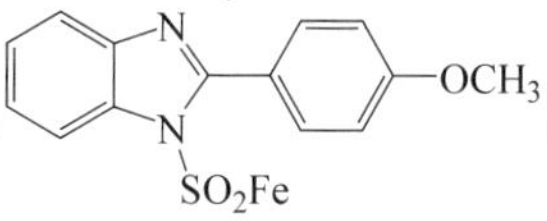

（N N Cl SO_2Fe）、（N N OCH_3 SO_2Fe）对小麦赤霉病、烟草赤星病均有很好的抑制效果。（N N CH_2 SO_2depFe）、（O_2N N N CH_2 SO_2depFe）、（O_2N N N CH_2 SO_2depFe）对马铃薯干腐病都有很好的抑制效果。

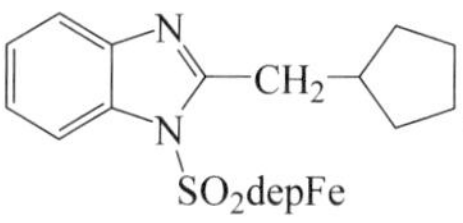

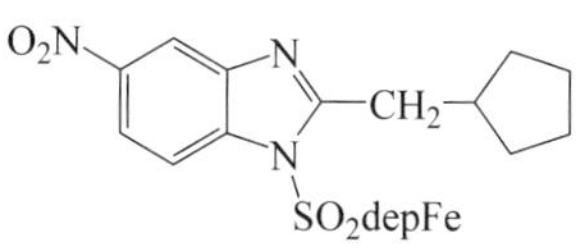

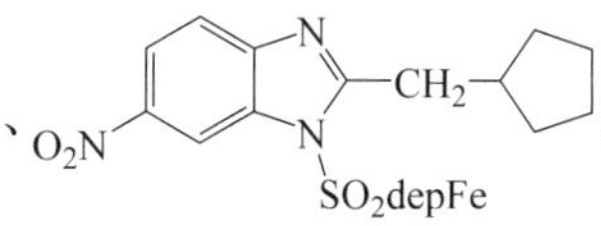

砜咪唑类化合物（1）（Br N Br NO_2 H_3C N—SO_2 H_3C）、（2）（Cl N Cl NO_2 N—SO_2 H_3C）、

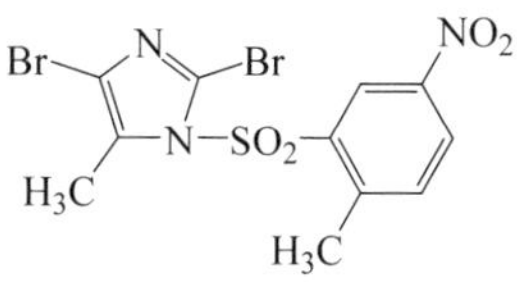

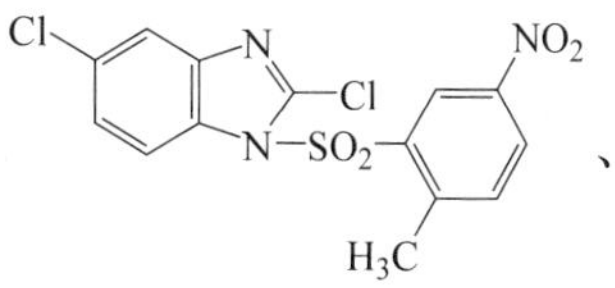

H_3C N Br NO_2 (3) N SO_2 H_3C 、(4) H_3C N CH_3 NO_2 N SO_2 H_3C 、(5) N Cl N—SO_2 NO_2 H_3C 在施药浓度为50 g/hm^2 时,对番茄早疫病抑制率分别为99%、96%、96%、85%、71%。化合物(3)和(4)对葡萄霜霉病的抑制率分别为92%、93%。

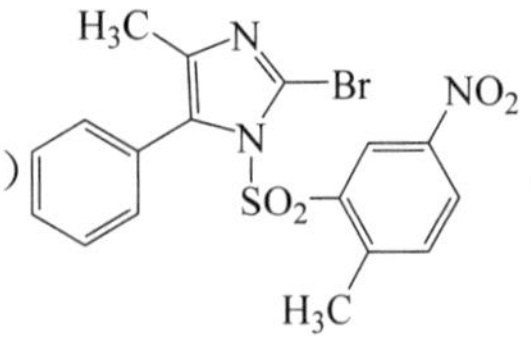

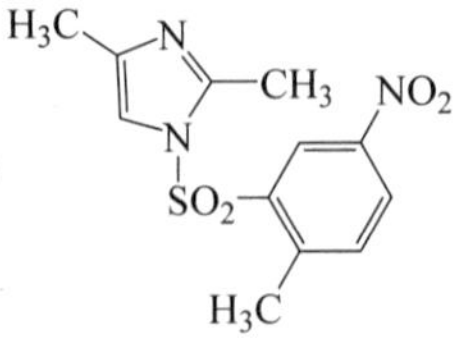

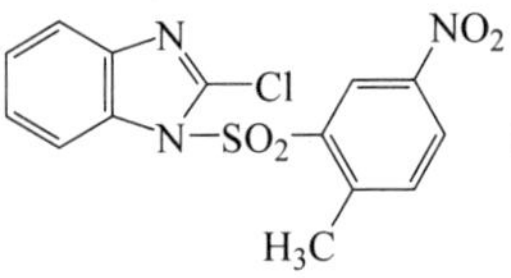

含硫吡唑化合物 $COOC_2H_5$ N N SO_2CH_3 SO_2 NO_2 、$CON(CH_3)_2$ N N SO_2CH_3 SO_2 Cl 有一定杀菌作用。当两种化合物中的甲硫基被氧化成砜,其杀菌活性大大提高。$COOC_2H_5$ N N SO_2CH_3 SO_2 NO_2 对芦笋基枯病抑制率达88%,$CON(CH_2CH_3)_2$ N N SO_2CH_3 SO_2 NO_2 对芦笋基枯病和番茄早疫病也有较好的抑制作用。砜咪唑化合物 CH_3 O S O N OH CF_3 N F 活性很强,对金黄色葡萄球菌有很强的杀伤力。稠环吡啶化合物 N O S O H_3C N O 对稻瘟梨形孢的抑制率大于90%。吡嗪化合物 Cl N CN H_3CO_3S N NH_2 对玉米黑粉病、早疫病及蒜、韭菜灰霉病等的抑制率大于80%。1,2,3-噻二唑-4-乙酰苯胺(吗啉)类化合物 N=N S O NH O SO_2 CH_3 H_3C 对小麦赤霉菌、番茄早疫病菌、烟草赤星病菌、小麦赤霉病菌、西瓜枯萎病菌均有极强的活性。2-哌啶苯并咪唑类化合物

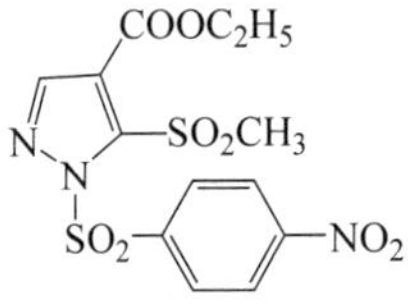

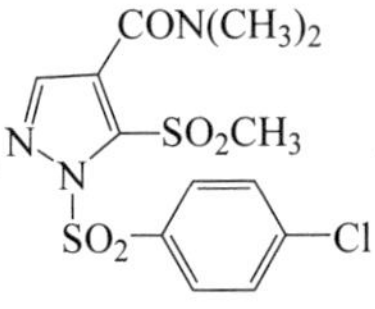

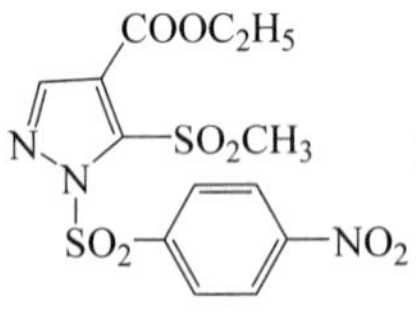

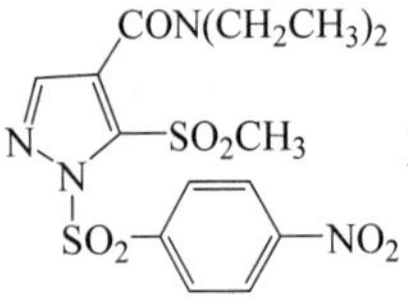

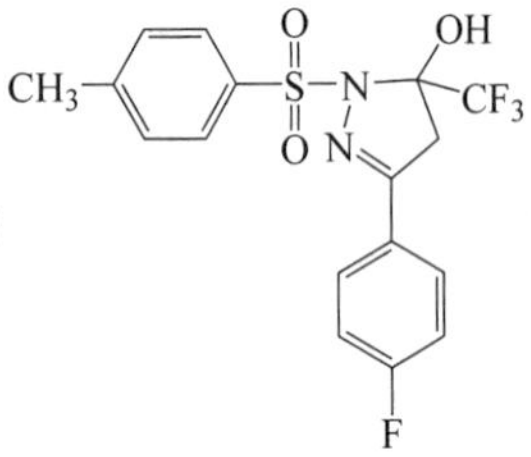

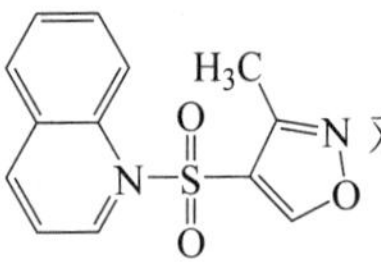

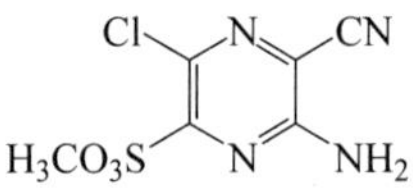

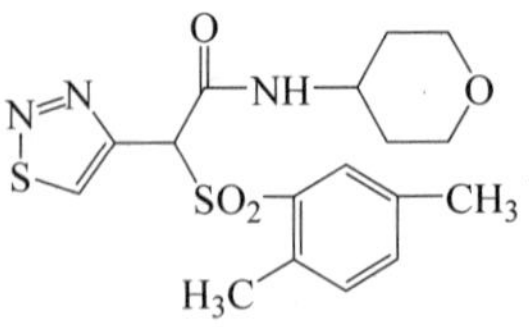

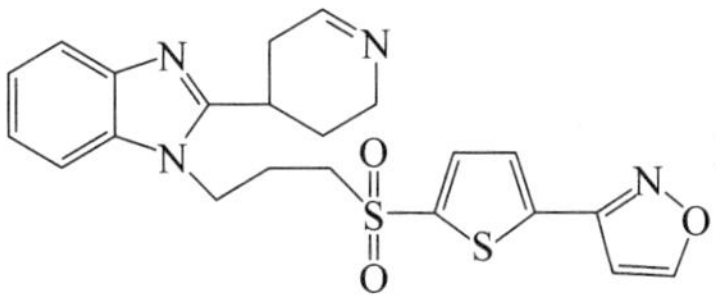

N N N O S O S N O 对金黄色葡萄球菌、希拉肠球菌、化脓性链球菌、肺炎链球菌有极好的抑菌活性。噁唑烷酮的磺内酰胺和磺内酰酯化合物：

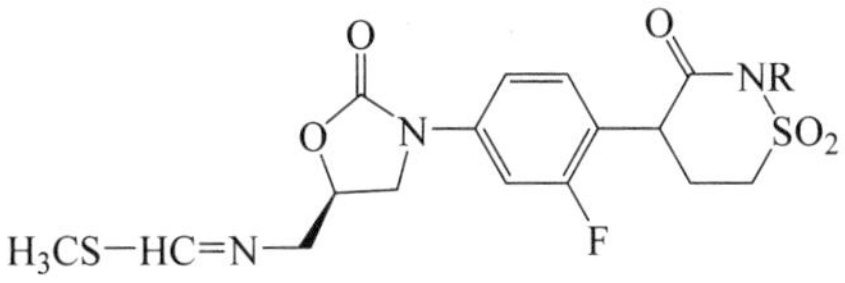

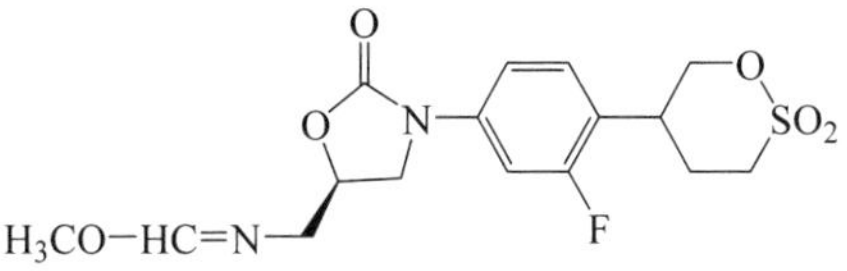

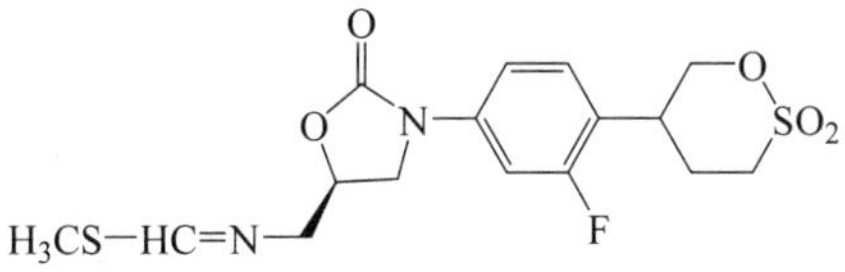

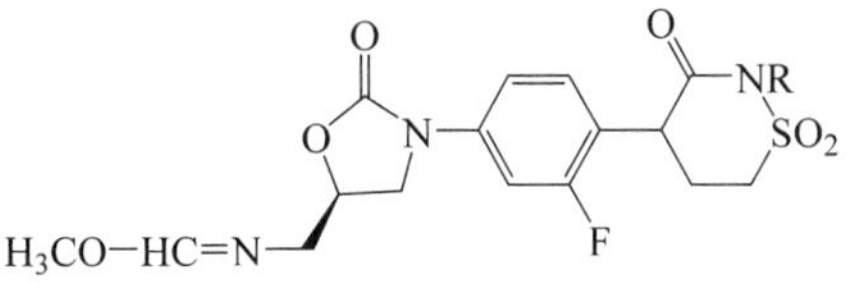

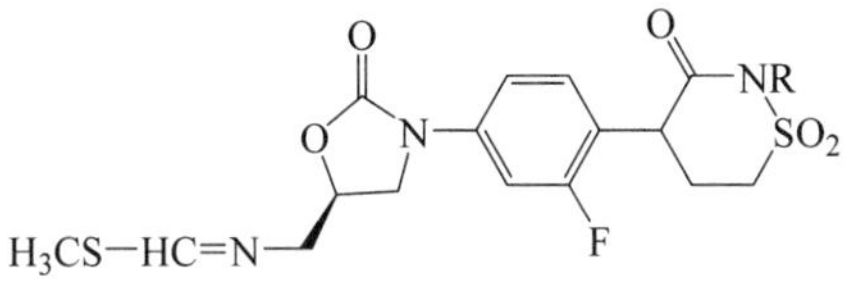

O O NR O N SO_2 $H_3CS-HC=N$ F

O O O N SO_2 $H_3CO-HC=N$ F

O O O N SO_2 $H_3CS-HC=N$ F

O O NR O N SO_2 $H_3CO-HC=N$ F

O O NR O N SO_2（其中 R＝H、F、Cl、OH、CN、NH_2）$H_3CS-HC=N$ F

这些化合物能治疗人或其他温血动物的细菌感染，给药 3.0～50 mg/kg 就能达到抗菌目的。

苯并咪唑化合物 F F F F O O N CN N $O=S-N(CH_3)_2$ O 、Cl F F F O O N CN N $O=S-N(CH_3)_2$ O 对苹果黑星病、大麦白粉病、小麦白粉病均有极强抗菌活性。苯并噻唑化合物 N S NH O S O $NHCOCH_3$、N S NH O S O NH H_3C CH_3 O N，后者对金黄色葡萄球菌、青霉菌有较强的抑制作用。苯并噻唑化合物 N S O S CH_2CH_2F、N S O S O CH_2CH_2F 对稻瘟病病菌、小麦基腐病菌均有很好的抑制效果。

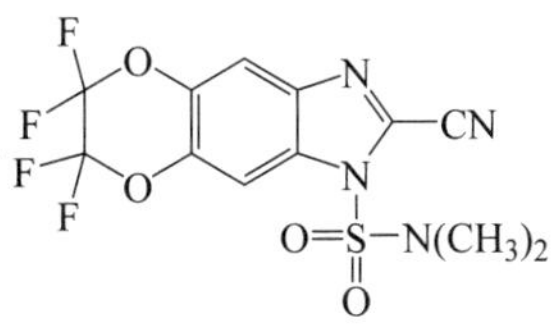

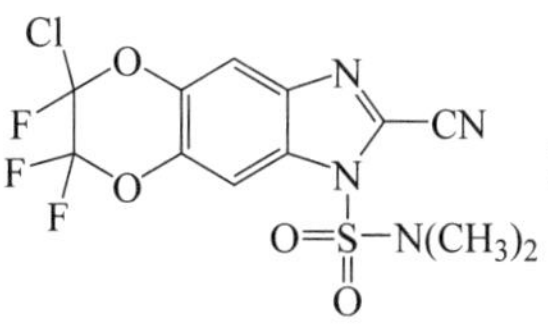

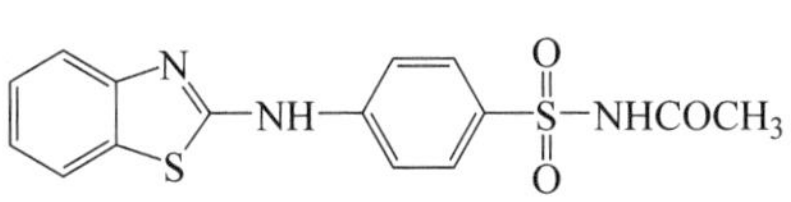

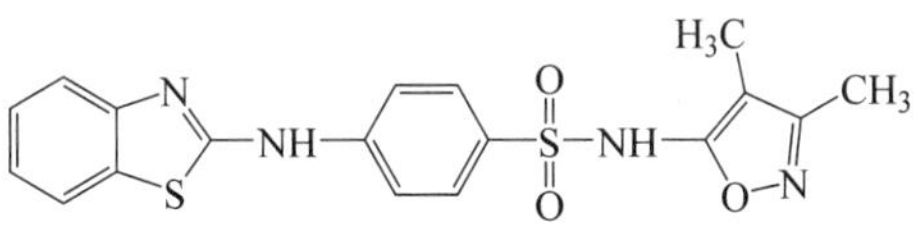

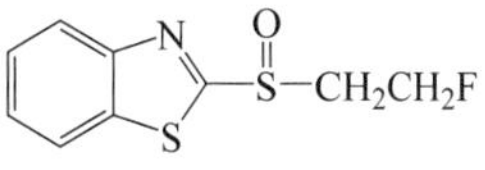

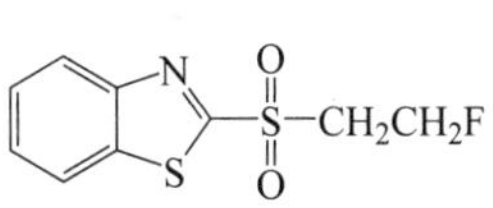

苯并三唑磺酰胺类化合物(1) Cl O N N N O S O CH_3、(2) Cl O Cl N N N O S O CH_3、

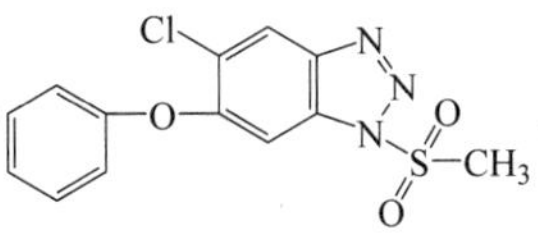

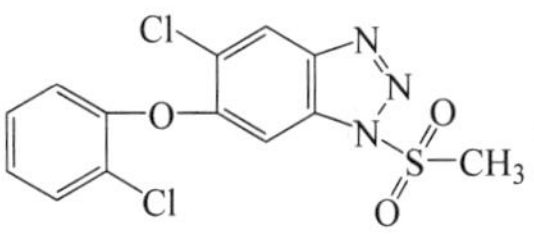

(3) Cl O Cl N N N O=S=O CH_3、(4) Cl O F N N N O S CH_3 O、

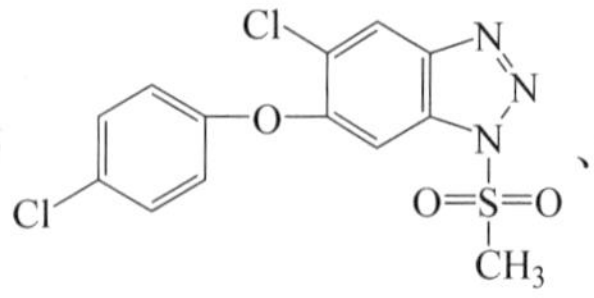

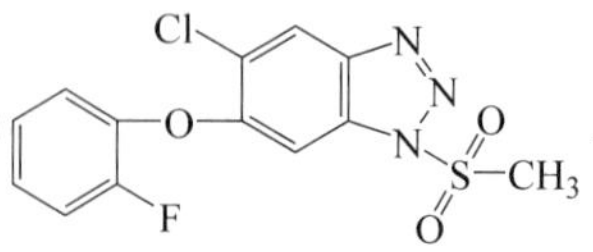

(5) 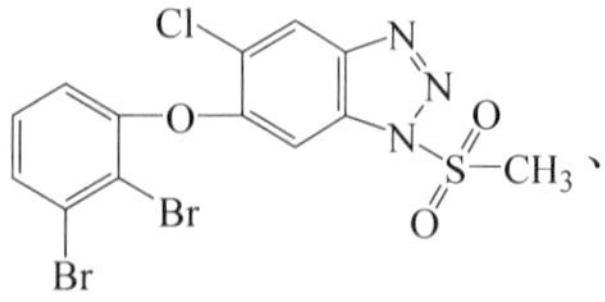 Cl O Br Br N N N O S CH_3 O、(6) Cl H_3CO O N N N O S CH_3 O、

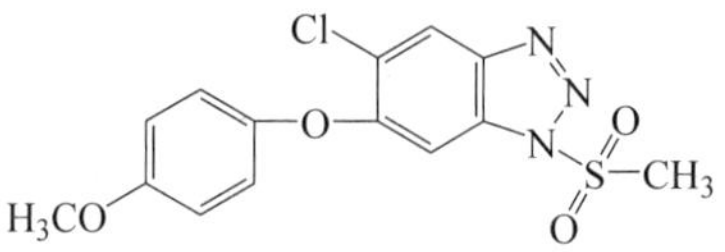

(7) 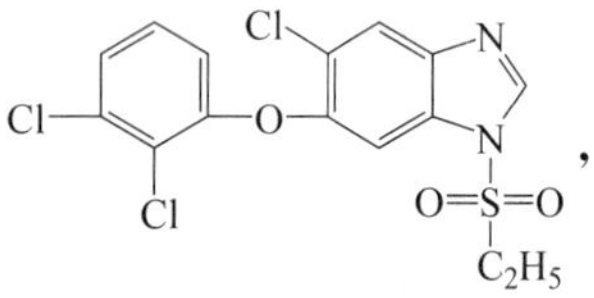 Cl Cl O Cl N N O=S=O C_2H_5，其中(2)、(3)、(4)、(5)、(6)对葡萄霜霉病有很高的活性，抑制率在95%～100%；(1)、(2)、(3)、(4)、(5)对番茄疫霉病有极好的活性，抑制率在95%～100%；(2)、(3)、(4)、(5)、(6)对马铃薯疫霉病抑制率在95%～100%。磺酰胺基为活性基团，苯氧基的2,3,4位被卤素取代而增加了活性。

苯并三唑磺酰胺类化合物(1) F F F F O O N N N O=S=O O-N、(2) F F F F O O N N N O=S=O O-N、

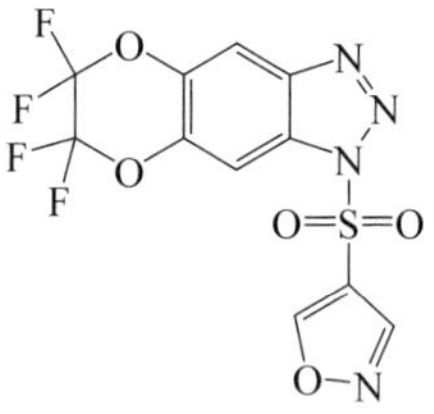

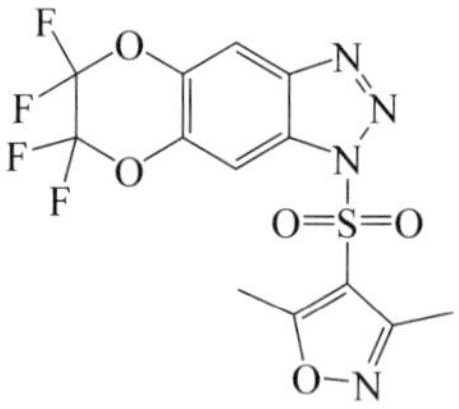

(3) 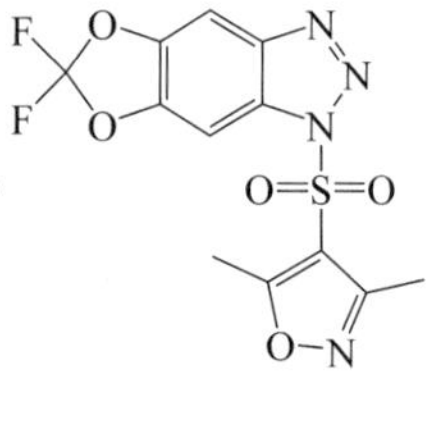 F F O O N N N O=S=O O-N、(4) Br F_3C N N N O=S=O O-N、(5) F F O O N N N O=S=O O-N、

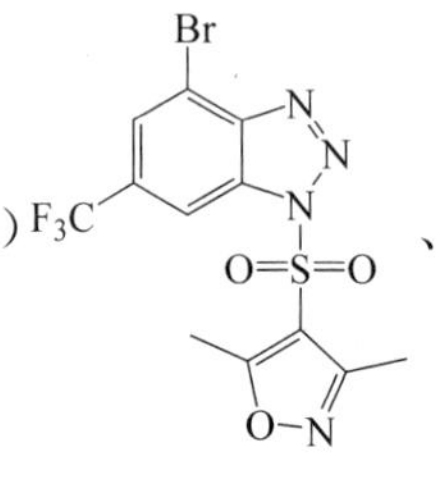

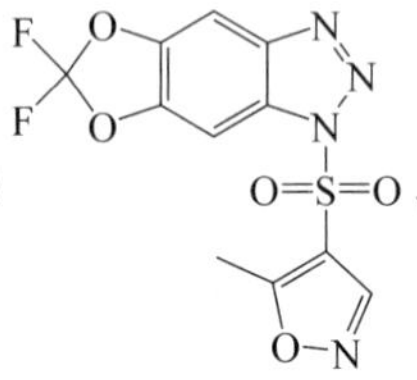

(6) 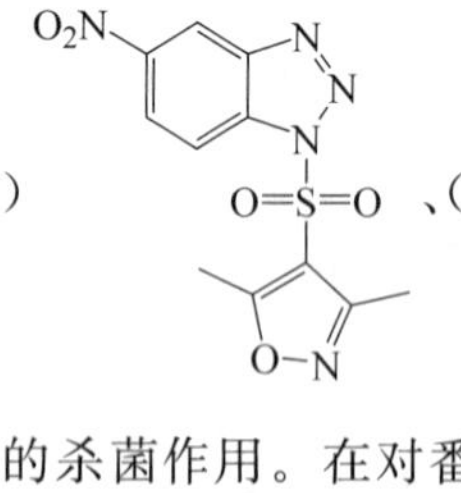 O_2N N N N O=S=O O-N、(7) Cl N N N O=S=O O-N。化合物(1)对短密青霉、球壳霉、黑曲霉有很强的杀菌作用。在对番茄进行免疫病防治时，化合物浓度为100 mg/L时，(2)和(3)防治效果为94%，(4)为95%，(5)为99%，(6)和(7)为100%。

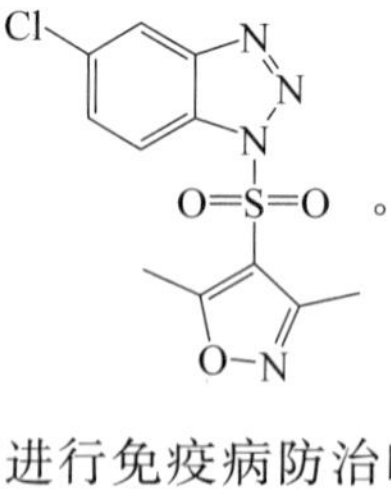

含砜基又有磺酰胺基杂环化合物 N O S O N N N O S O N R_1 R_2、

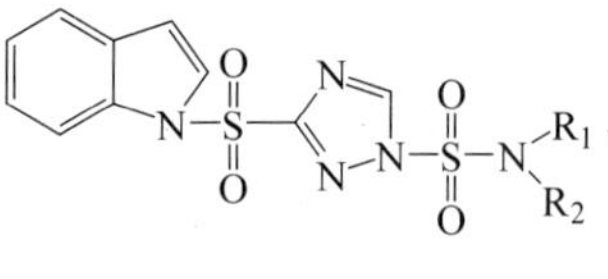

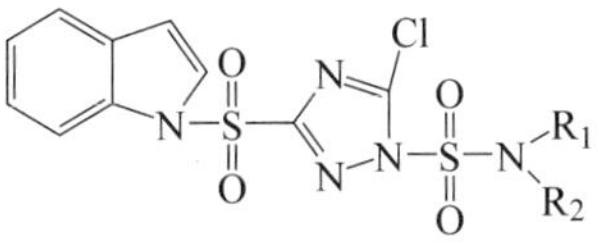

(N—SO_2—三唑(Cl)—SO_2—N(R_1)(R_2))，其中 R_1、R_2 为 $C_1 \sim C_4$ 烷基，对黄瓜霜霉病、番茄晚疫病有极好的抑制作用。

稠杂环噻唑化合物 (Cl，N，S，N，$\overset{O}{\|}$ $SCH_2CH{=}CH_2$) 在施药浓度为 2×10^{-4} g/L 时能 100% 抑制葡萄霜霉病菌。

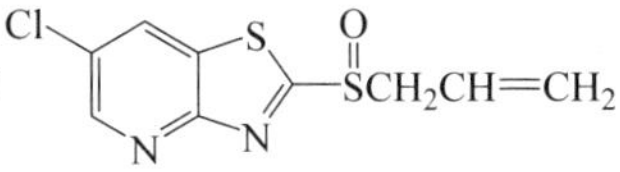

磺酰胺咪唑类化合物 (Cl—苯基—CH_2—N(C_2H_5)—SO_2—咪唑(N，CN)—N—$SO_2(CH_3)_2$) 对马铃薯晚疫病、葡萄霜霉病有较好的抑制效果。而化合物(1) (Br，N，Br，H_3C，N—SO_2，CH_3，NO_2)、

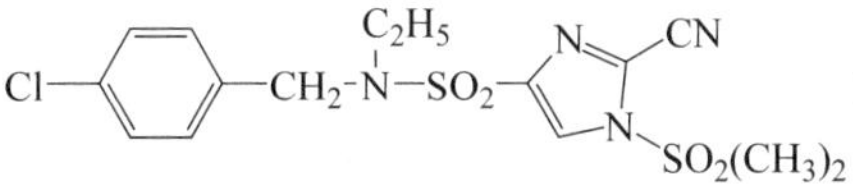

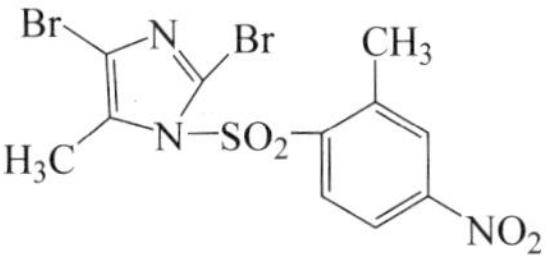

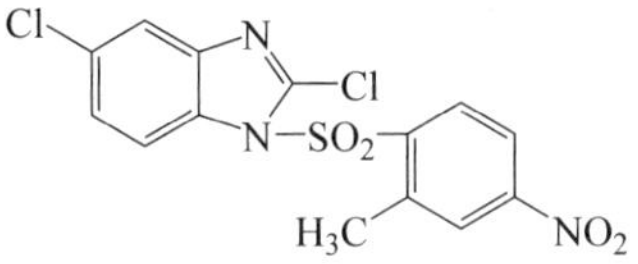

(2) (Cl，N，Cl，N—SO_2，H_3C，NO_2)、(3) (H_3C，N，Br，N—SO_2，H_3C，NO_2)、

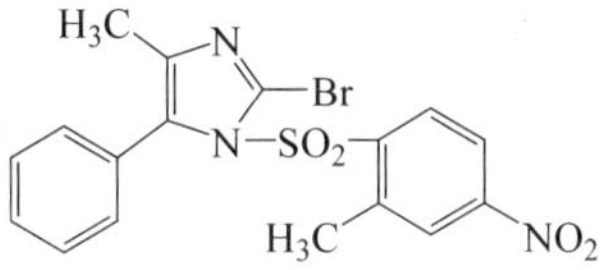

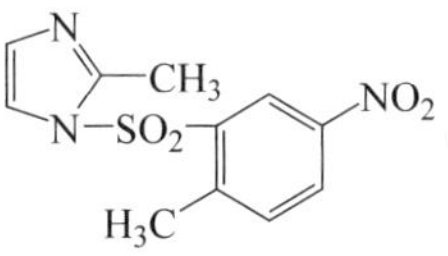

(4) (N，CH_3，N—SO_2，NO_2，H_3C)、(5) (N，Cl，N—SO_2，NO_2，H_3C) 在施药浓度为 50 g/hm² 时，对番茄晚疫病的抑制率分别为 99%、96%、96%、85%、71%。化合物(3)、(4)对葡萄霜霉病的抑制率为 92%、93%。

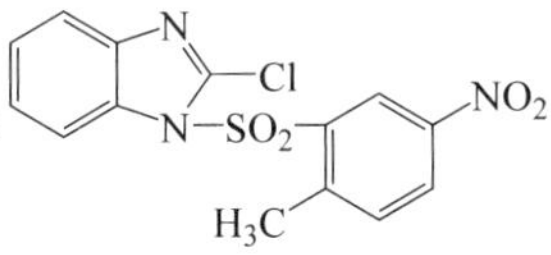

环硫丁烷类杂环化合物、磺酰胺类环硫丁烷化合物 (Cl—苯基—SO_2—N=环硫丁烷(S，S))、

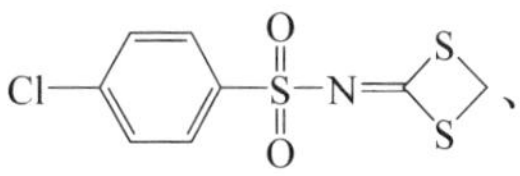

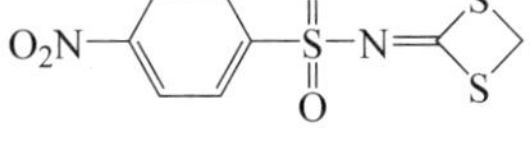

(O_2N—苯基—SO_2—N=环硫丁烷(S，S)) 在施药浓度为 2.5 μg/L 时，对蜗牛的致死率为 100%。α-甲基噻吩类化合物 (Cl—噻吩(S)—CH(CCl_3)—SO_2—苯基—Cl) 在施药浓度为 2 500 mg/L 时，对甘蓝银纹夜蛾的杀死率为 100%。化合物 (Cl—噻吩(S)—CH(CCl_3)—SO_2—苯基—F) 对叶螨的杀死率为 100%。呋喃硫代酰胺化合物 (噻吩(S)—C(CH_3)=N—SO_2—NH—吡啶(N)) 与有机硅螯合物对黄瓜根结虫有较强的杀死力。砜

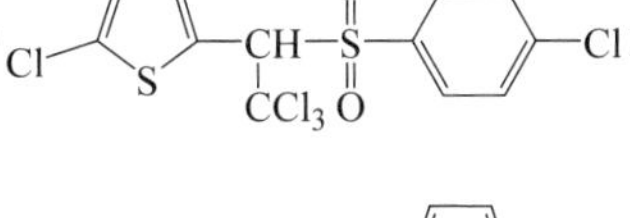

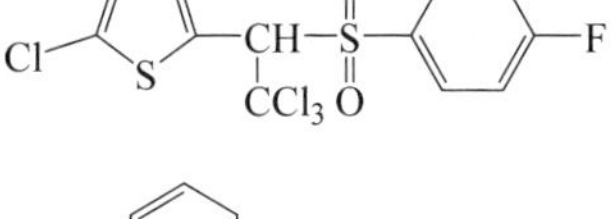

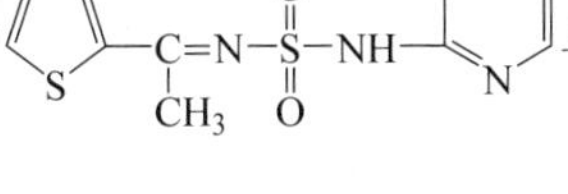

类咪唑衍生物 CN N CN O F_3CH_2C—S— N F 在施药浓度为 20 mg/L 时，对南方根节线虫的杀死率为 100%。咪唑衍生物 N Cl CH_3 NC— N O=S—$CH(CH_3)_2$ O 对园艺害虫、螨虫、线虫有优良的防治效果。吡唑化物如氟虫腈（F_3C— Cl N CN O S—CH_3 Cl NH_2）的杀虫谱广，具有触杀和摄入毒性，叶面用量在 10 ~ 80 g/hm^2，土壤应用剂浓度在 100 ~ 200 g/hm^2。化合物 Br F_3C— N =NH $SCH_2C{\equiv}CH$ Cl NH_2 S O O CF_3 在浓度为 100 mg/L 时，对棉蚜和绿蚜的致死率为 100%，土壤内吸处理 10 mg/L 时致死率为 100%。化合物 NH_2 S= Cl N N —CF_3 O F_3C—S Cl 对烟草蚜虫具有与 acetoprole 和吡虫啉复配物一样的杀虫效果。吡二唑亚砜类化合物 Cl CF_3 N—N N—N N— S —N= Cl CH_3 S=O CH_3 对蚜虫、绿虫苍蝇、龟蝇有很高的杀虫效果。化合物 O CH_3S— N O— S N —R（其中，R=卤素或 C_1~C_4 烷基）施药浓度在 10 000 g/hm^2 时对稻飞虱、稻谷天牛、蚊子、甲虫的致死率在 80%以上。

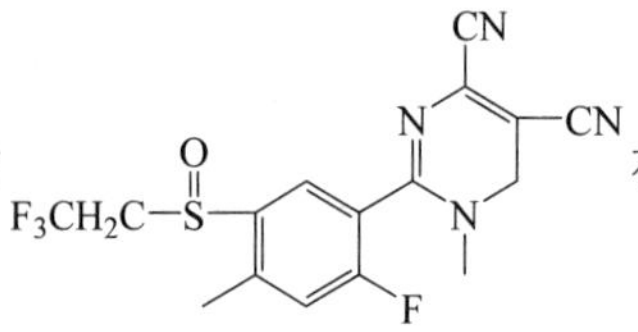

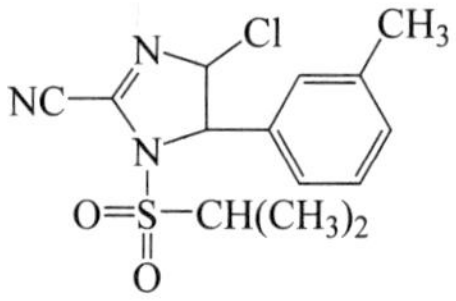

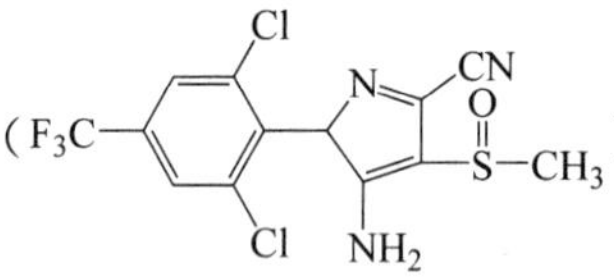

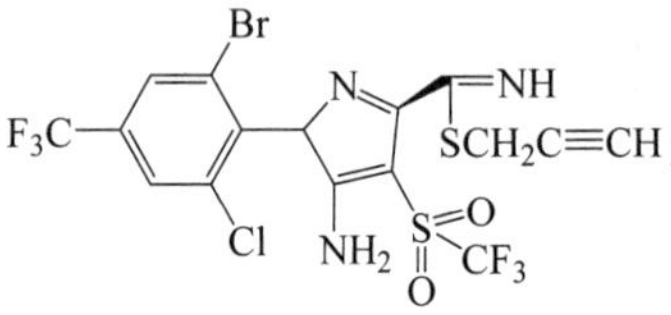

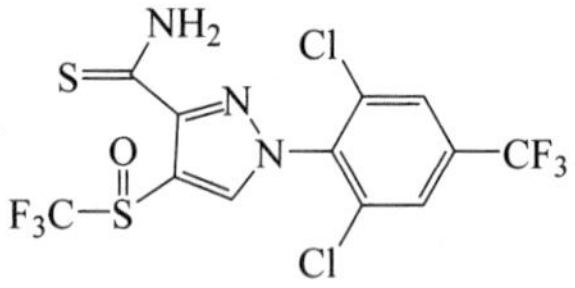

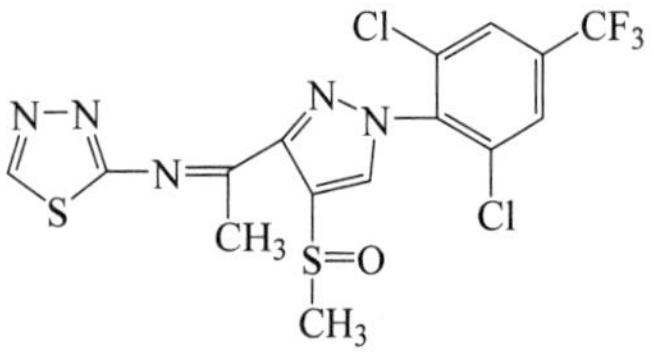

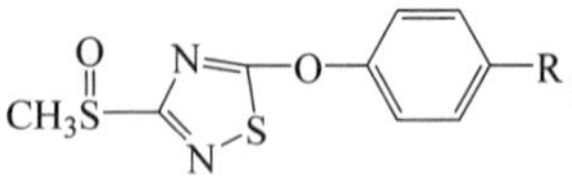

吡啶类衍生物新烟碱杀虫剂 CH_3 S=N—CN O F_3C N 、 CH_3 S=N—CN O F_3C N 、 F_3C S O NCN 、 Cl F C F S O NCN 在施药浓度为 0.049 μg/mL 时，对棉蚜的

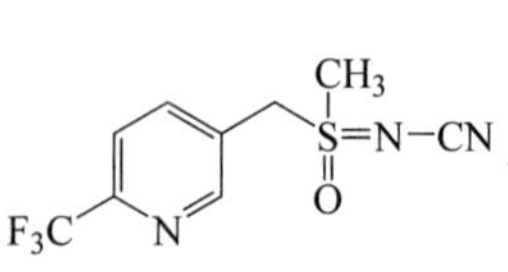

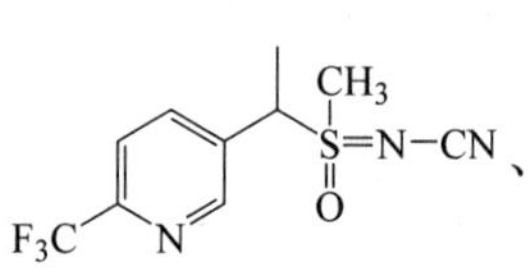

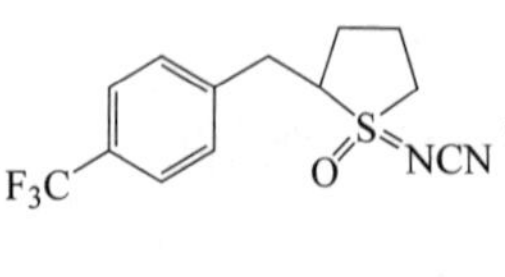

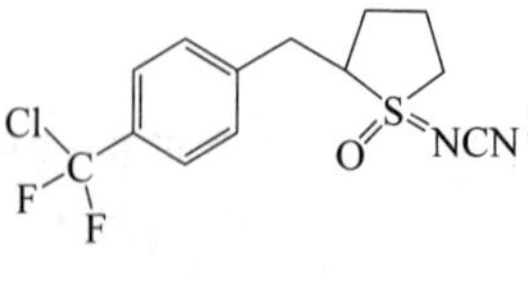

致死率达 90%，这几个化合物对桃蚜、黑尾叶蝉、褐飞虱用较低浓度就有较高的致死率。

化　合　物 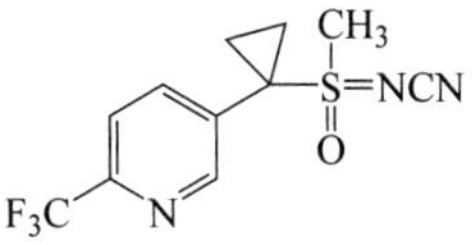　　　、 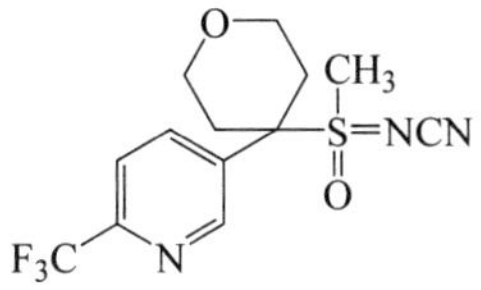　　　、 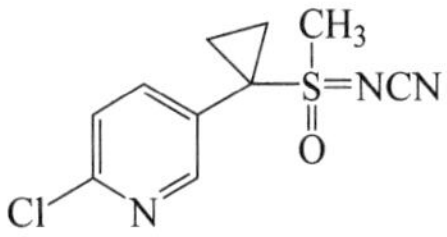　　　、　　　、 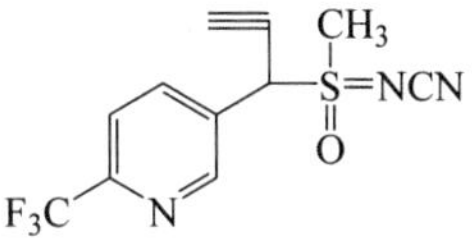　　　、 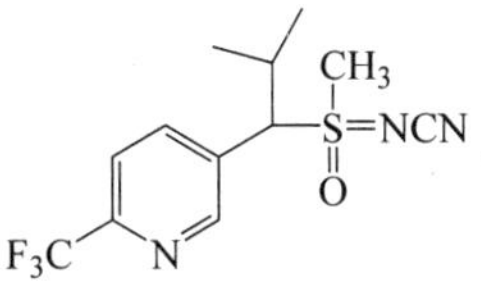　　　、 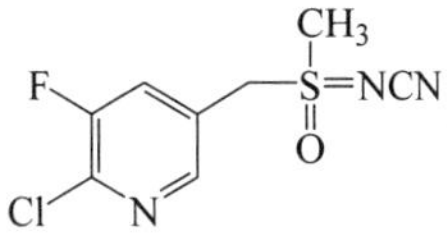　　　在施药浓度为0.78 mg/mL 时，对棉蚜虫的致死率大于 90%，对桃蚜、棉蚜、烟粉虱均有较高的致死率。五元杂环取代吡啶 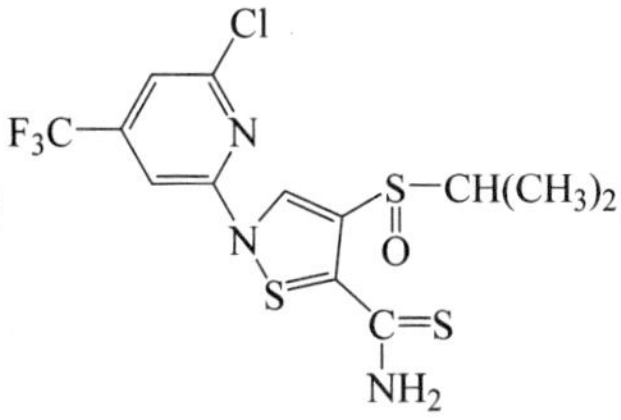　　　在施药浓度为 10 μg/mL 时，对棉蚜麦二叉蚜有良好的防治效果。

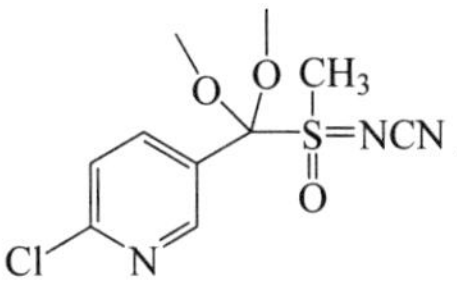

砜和亚砜吡嗪衍生物 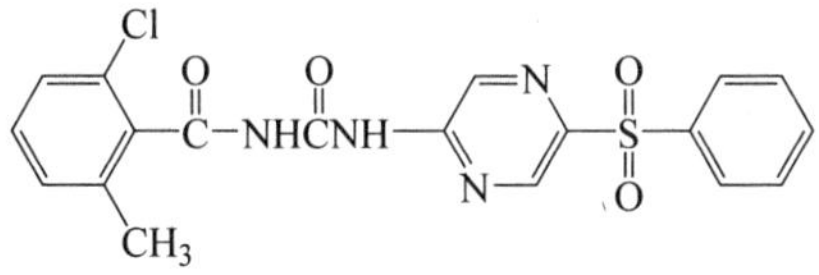　　　在施药浓度为 20 μg/mL 时，对黑尾叶蝉的致死率在 80%～100%，化合物 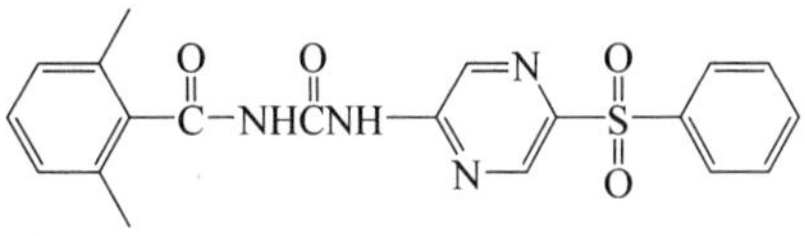　　　、　　　对淡色库蚊的致死率为 100%。化合物 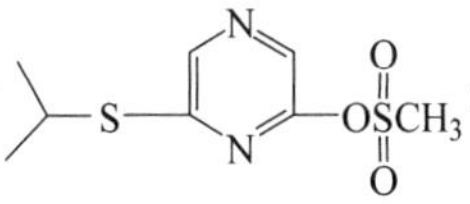　　　在施药浓度为 10 μg/mL 时，对铜色金龟的致死率在 80%～100%。对于化合物　　　，(1) $SO_nR=SOCH_3$、(2) $SO_nR=SOC_2H_5$、(3) $SO_nR=SOCH_2F$、(4) $SO_nR=SOCF_3$、(5) $SO_nR=SOCHF_2$。当这 5 个化合物浓度为 0.2 μg/mL 时，对褐飞虱的致死率达 100%；对于鱼类，(1)、(5) 无毒性。当 $SO_nR=SOCH_3$、SO_2CH_3 时，该化合

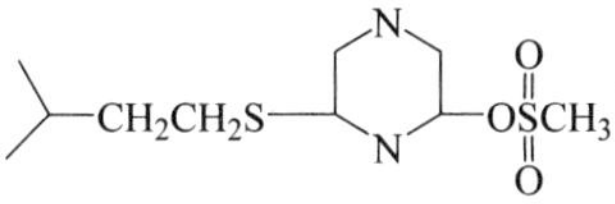

物为高效低毒化合物。

吗啉类化合物(1) $I-CF_2-CF_2OCF_2-CF_2-SO_2-N$(吗啉环)、(2) $F_2ClCCF_2OCF_2-CF_2-SO_2-N$(吗啉环)在施药浓度为 15 μg/L 时,(1)对稻飞虱的致死率在 90%以上,在施药浓度为 100 mg/L 时,(2)对稻飞虱的致死率为 100%。

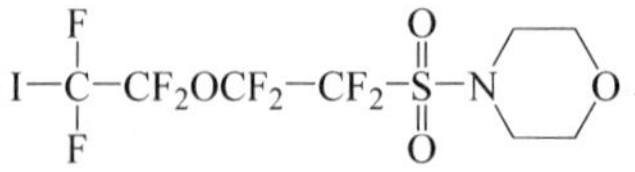

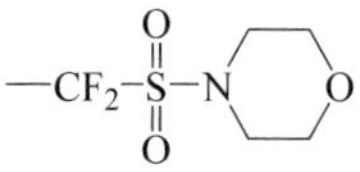

含磺酰胺苯并咪唑化合物(Br、F_3C、CF_3、$N-SO_2NH_2$)、(F_2C-O、F_2C-O、CF_3、$N-SO_2NH_2$)、(F_3CO、F_3CO、CF_3、$N-SO_2NH_2$)对小菜蛾连续三天使用浓度在 0.1%~0.001%的乳剂,其致死率达 100%。

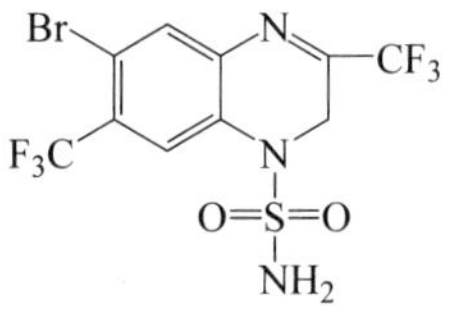

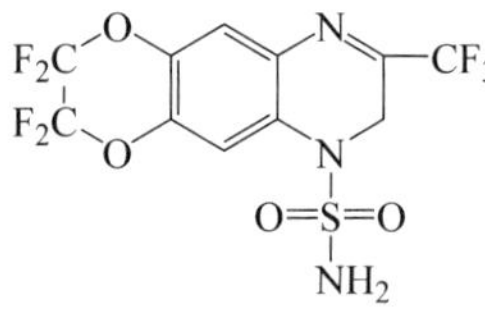

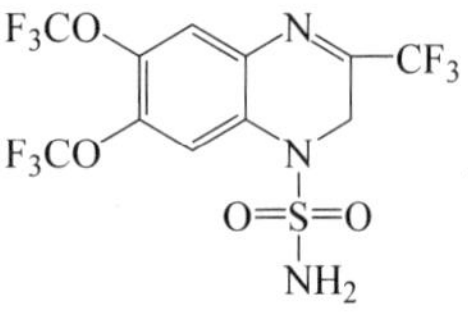

苯并噻吩化合物($SO_2-P(=O)(OR)_2$、SO_2)在施药浓度为 100 μg/L 时,对大豆瓢虫的致死率为 100%。

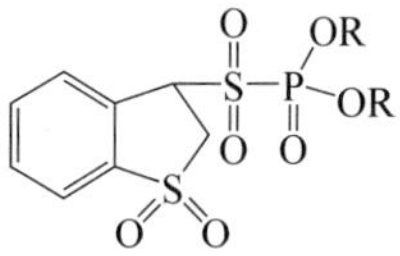

吲哚类化合物(SO_2CF_3、CF_3、N-H)、(SO_2CF_3、CF_3、$N-CH_2OCH_2CH_3$)具有较高的杀虫活性。

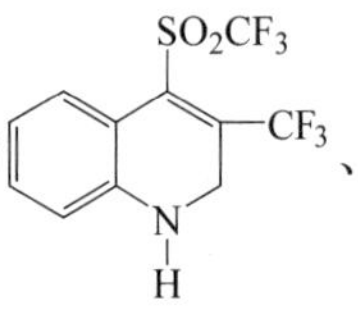

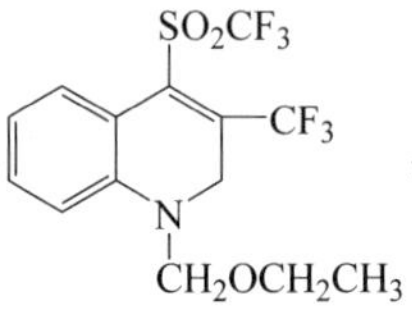

从上面一些例子可以看出含磺酰基杂环化合物在农药合成中的发展前景广阔。

参考文献

[1] 郭宗儒.药物化学总论[M].北京:中国医药出版社,2003.

[2] 彭司勋.药物化学进展(4)[M].北京:化学工业出版社,2005.

[3] 王世玉.合成药物与中间体手册[M].北京:化学工业出版社,2004.

[4] 张旭阳.甲磺酸洛美他派的合成工艺改进[J].合成化学,2015,23(5):445.

[5] 陈万义.农药生产与合成[M].北京:化学工业出版社,2000.

[6] 孙家隆.现代农药合成技术[M].北京:化学工业出版社,2011.

[7] 何普泉,王传品.苯磺隆生产工艺评述[J].农药,2007,46(6):369-371.

［8］ 苏少泉.除草剂的发展及其前景[J].农药译丛,1989,11(1):2-13.
［9］ 中国科学技术情报研究所,化学工业部科学技术局.农药研究报告选集[M].北京:科学技术文献出版社,1981.
［10］ 丹东市农药厂.合成敌克松支农早育秧[J].辽宁化工,1977(1):16.
［11］ 孔繁蕾,胡兴华.新型除草剂苯磺隆的合成[J].化学世界,1992,33(3):117-119.
［12］ 李公春,刘卫敏,汪义丰,等.苯磺酰胺嘧啶类化合物的合成及其除草活性[J].合成化学,2011,19(2):233-235.
［13］ 马献力,黄建新,段文贵,等.新型 α-萜品烯马来酰亚胺基双磺酰胺化合物的合成及其除草活性[J].合成化学,2012,20(2):180-185.
［14］ 张光明,夏正君,林送,等.波生坦的合成工艺改进[J].合成化学,2014,22(2):265-267.
［15］ 王美怡.新型 2-甲氧羰基-5-芳甲亚胺基苯磺酰胺的合成及其生物活性[J].合成化学,2012,20(1):65-68.
［16］ 马献力,黄建新,段文贵,等.α-萜品烯马来酰亚胺基酰腙衍生物的合成及杀菌活性研究[J].有机化学,2012,32(6):1077-1083.
［17］ 苏少泉.高效除草剂——fenoxaprop[J].农药译丛,1989(5):61-62,57.
［18］ 郭胜,杨福民,张林.除草剂磺草酮的合成方法[J].农药,2001,40(7):20-21.
［19］ 张大永,朱圣勇.玉嘧磺隆的合成[J].农药,2005,44(12):541-543.
［20］ 冯秀梅,陈邦银.黄芪多糖硫酸酯的合成及其抗病毒活性研究[J].中国药科大学学报,2002,33(2):146-148.
［21］ 陈文斌,金桂玉.含稠杂环新农药的研究进展[J].农药学学报,2000,2(4):1-10.
［22］ 贺红武,刘钊杰.国外农药开发的现状与发展趋势[J].湖北化工,1999,16(6):1-3.

8.3　磺化反应、磺化物在合成表面活性剂中的应用

表面活性剂是数目庞大的一类有机化合物。其中含磺酸基的化合物是各类化合物中数量最多的。表面活性剂用途广泛,可作为洗涤剂、分散剂、润湿剂、乳化剂、增溶剂、渗透剂、发泡剂、消泡剂、柔软剂、抗静电剂、匀染剂、杀菌剂、染料固色剂、防锈剂和润滑剂等。现已广泛应用于各行各业,如纺织、造纸、制革、石油、油田、机械加工、金属加工、选矿、玻

璃、医药、农药、胶片、化妆品、洗涤剂、食品、运输和环保等。表面活性剂分为水溶性和油溶性两大类。水溶性的可分为非离子型和离子型。离子型表面活性剂分为两性离子型表面活性剂、阳离子型表面活性剂和阴离子型表面活性剂三种。阴离子型表面活性剂种类繁多，产量最大。其中用途最广的为磺酸盐类表面活性剂，其产量约占表面活性剂总量的40%。

1. 烷基苯磺酸及其盐类

十二烷基苯磺酸（$H_{25}C_{12}-C_6H_4-SO_3H$）在国内有几十个厂家生产，是洗涤剂的主料。十二烷基苯磺酸钙（$(H_{25}C_{12}-C_6H_4-SO_3)_2Ca$）是混合型乳化剂，农用较多。十二烷基苯磺酸铵（$H_{25}C_{12}-C_6H_4-SO_3NH_4$）、十二烷基苯磺酸三乙醇胺$\left(H_{25}C_{12}-C_6H_4-SO_3CH_2CH_2OH\right)_3N$是水包油型乳化剂，主要用于提高油田老井采油率，是油基解卡剂，能抗180 ℃高温，又是NH_4HCO_3防结块剂。重烷基苯磺酸的钠盐、钡盐、锂盐和钙盐[$R-C_6H_4-SO_3M$（M：Na、Li、Ba、Ca等，$R\geqslant C_{15}$）]是润滑油添加剂、防锈剂。这类磺酸盐主要生产方法大多用三氧化硫作为磺化剂，也有用发烟硫酸作为磺化剂生产的。

2. 烷基磺酸盐

烷基磺酸钠（RSO_3Na）用途广泛，是工业洗涤剂、民用洗涤剂、染色助剂、采油助剂、选矿浮选分散剂、氯乙烯聚合分散剂，还可用于制革、造纸、印染和合成橡胶等行业。其工艺过程：$C_{12}\sim C_{18}$饱和石油烃在紫外线照射下，用二氧化硫和氯气进行氯磺化反应，得到的烷基磺酰氯与氢氧化钠作用制取。制得的磺酰氯可与氨水反应，就制取了烷基磺酰胺。烷基磺酰胺是皮革加脂剂的乳化剂，是许多产品配方的主要成分。仲烷基磺酸钠$R-\underset{SO_3Na}{\underset{|}{C}}HR'$是链烷烃在光照下进行氧磺化制取的：

$$RCH_2R' + O_2 + SO_2 \xrightarrow{h\nu} R\underset{SO_3H}{\underset{|}{C}}HR' \xrightarrow{NaOH} R\underset{SO_3Na}{\underset{|}{C}}HR'$$

可用于化妆品、洗发香波、浴液、工业洗涤剂、乳液聚合乳化剂、聚苯乙烯塑料抗静电剂、磷矿浮选剂、纺织、印染、皮革工业助剂、采油助剂、金属加工乳化油剂等。

3. α-烯基磺酸钠

α-烯基磺酸钠（$RCH{=}CH(CH_2)_nSO_3Na + R\overset{OH}{\overset{|}{C}}H(CH_2)_nSO_3Na$）是以三氧化硫作为磺化剂，α-烯烃进行磺化制取的：

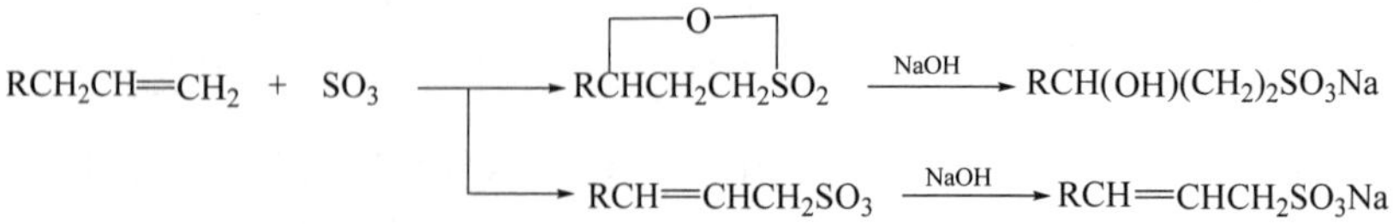

$$RCH_2CH{=}CH_2 + SO_3 \longrightarrow \begin{cases} RCHCH_2CH_2SO_2\ (\text{环状，C与S经O相连}) \xrightarrow{NaOH} RCH(OH)(CH_2)_2SO_3Na \\ RCH{=}CHCH_2SO_3 \xrightarrow{NaOH} RCH{=}CHCH_2SO_3Na \end{cases}$$

α-烯基磺酸钠是白色或浅黄色粉状固体，易溶于水，耐硬水，有良好的洗涤起泡性能，生物降解性好，毒性低，对皮肤刺激性小，也是阴离子表面活性剂中最好的洗涤剂，可用于各种洗涤剂、香波、液体皂、油田助剂。

4. 脂肪酸酯磺酸盐

如 α-磺基脂肪酸甲酯（$R-\underset{SO_3Na}{\underset{|}{CH}}-COOCH_3$），其中 R 为 $C_{12}\sim C_{18}$烷基。这类表面活性剂有良好的水解稳定性、钙皂分散力、生物降解性、去污力、乳化力，起泡性好、低毒、对皮肤无明显刺激，适用于各种洗涤剂、化妆品。也可用于矿物浮选剂，皮革脱脂配方，染料、颜料、农药润湿剂、分散剂，纸张脱墨剂。还可用于塑料、橡胶、纺织、涂料、油田和化学工业领域。以天然脂肪酸或油脂为原料合成，经酯化或酯交换制得脂肪酸甲酯，再用三氧化硫磺化，皂化后可得到产品：

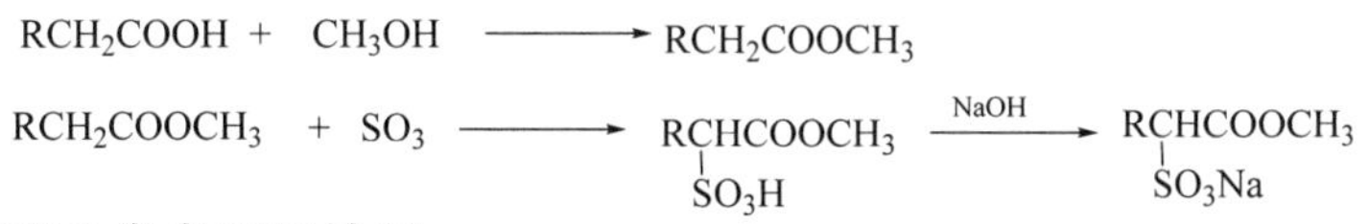

$$RCH_2COOH + CH_3OH \longrightarrow RCH_2COOCH_3$$

$$RCH_2COOCH_3 + SO_3 \longrightarrow R\underset{SO_3H}{\underset{|}{C}}HCOOCH_3 \xrightarrow{NaOH} R\underset{SO_3Na}{\underset{|}{C}}HCOOCH_3$$

5. 琥珀酸酯盐类表面活性剂

与其他各类一样，该系列中有许多品种。如琥珀酸磺酸二酯中的二酯可以是二甲酯、二乙酯、仲辛酯、异辛酯、二癸酯、十三酯及二环己酯等。琥珀酸磺酸钠盐，如二异辛酯磺酸盐（渗透剂 OT）（$\begin{matrix} & & CH_3 \\ & & | \\ CH_2COO & & CH(CH_2)_3CH_3 \\ | & & \\ CHCOO & & CH(CH_2)_3CH_3 \\ | & & | \\ SO_3Na & & CH_3 \end{matrix}$）有良好的润湿渗透能力，是纺织工业浆料助剂，制革工业渗透剂，纺织工业渗透剂、润湿剂。可由顺丁烯二酸酐与异辛醇酯化，再与亚硫酸氢钠加成制得：

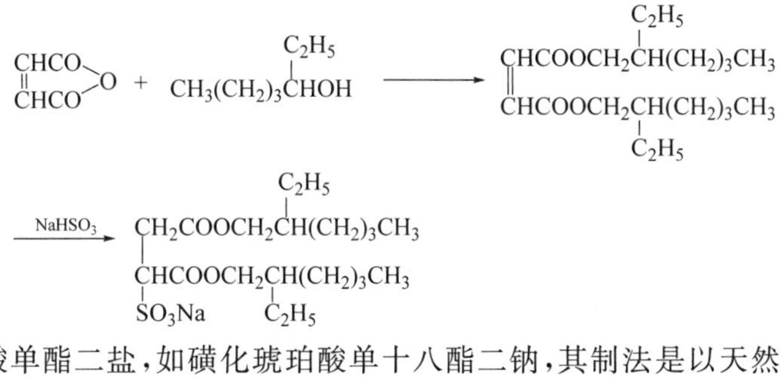

$$\begin{matrix} CHCO \\ \| \quad\; \rangle O \\ CHCO \end{matrix} + CH_3(CH_2)_3\overset{C_2H_5}{\overset{|}{C}}HOH \longrightarrow \begin{matrix} CHCOOCH_2\overset{C_2H_5}{\overset{|}{C}}H(CH_2)_3CH_3 \\ \| \\ CHCOOCH_2\underset{C_2H_5}{\underset{|}{C}}H(CH_2)_3CH_3 \end{matrix}$$

$$\xrightarrow{NaHSO_3} \begin{matrix} CH_2COOCH_2\overset{C_2H_5}{\overset{|}{C}}H(CH_2)_3CH_3 \\ | \\ CHCOOCH_2\underset{C_2H_5}{\underset{|}{C}}H(CH_2)_3CH_3 \\ | \\ SO_3Na \end{matrix}$$

琥珀酸磺酸单酯二盐，如磺化琥珀酸单十八酯二钠，其制法是以天然十八醇与顺丁烯二酸酐酯化，生成琥珀酸单十八酯，然后与亚硫酸氢钠加成：

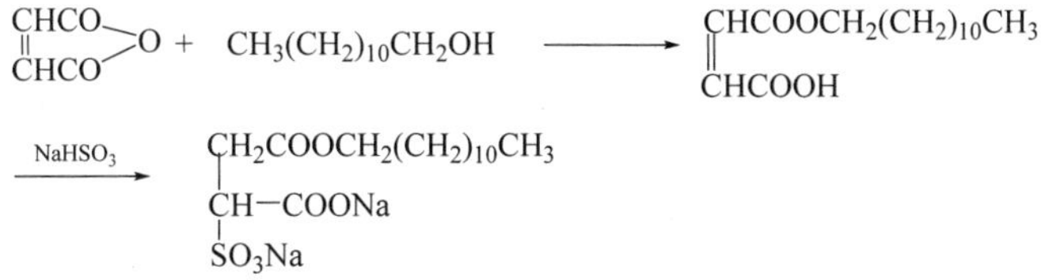

$$\begin{matrix} CHCO \\ \| \quad\; \rangle O \\ CHCO \end{matrix} + CH_3(CH_2)_{10}CH_2OH \longrightarrow \begin{matrix} CHCOOCH_2(CH_2)_{10}CH_3 \\ \| \\ CHCOOH \end{matrix}$$

$$\xrightarrow{NaHSO_3} \begin{matrix} CH_2COOCH_2(CH_2)_{10}CH_3 \\ | \\ CH-COONa \\ | \\ SO_3Na \end{matrix}$$

也可用其他醇如戊醇、癸醇等。磺基琥珀酸烷醇单酯酸（$\underset{SO_3H}{\overset{CH_2COOH}{CHCOOR}}$）可用作发泡剂。

6.脂肪醇聚氧乙烯醚琥珀酸单酯磺酸盐

如 $RO(CH_2CH_2O)\overset{O}{\overset{\|}{C}}CH_2\underset{SO_3Na}{CH}COONa$ 有良好的洗涤、乳化、分散、增溶、发泡和匀染性能，刺激性小，生物降解性能好。用不同的醇与不同数目的环氧乙烷反应生成不同的醇醚，与顺酐进行酯化，可以制得单酯或二酯，再与亚硫酸氢钠加成，可制取多种琥珀酸单酯或二酯磺酸盐。表示如下：

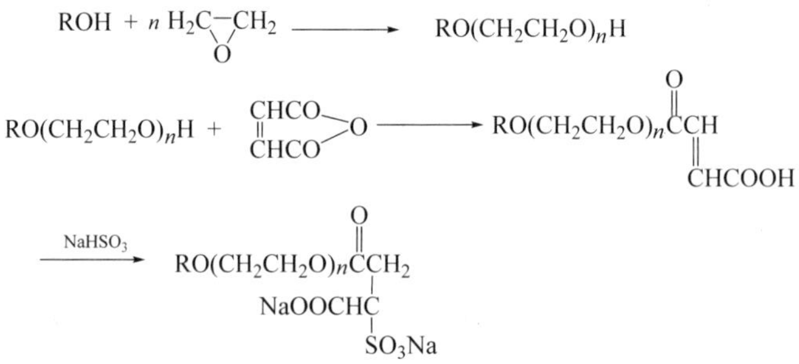

$$ROH + n\ H_2C\overset{O}{-}CH_2 \longrightarrow RO(CH_2CH_2O)_nH$$

$$RO(CH_2CH_2O)_nH + \begin{matrix} CHCO \\ \| \\ CHCO \end{matrix}\!\!>\!O \longrightarrow RO(CH_2CH_2O)_n\overset{O}{\overset{\|}{C}}CH{=}CHCOOH$$

$$\xrightarrow{NaHSO_3} RO(CH_2CH_2O)_n\overset{O}{\overset{\|}{C}}CH_2-\underset{SO_3Na}{\underset{|}{CH}}COONa$$

二酯：

$$RO(CH_2CH_2O)_nH + \begin{matrix} CHCO \\ \| \\ CHCO \end{matrix}\!\!>\!O \longrightarrow RO(CH_2CH_2O)_n\overset{O}{\overset{\|}{C}}CH{=}CH\overset{O}{\overset{\|}{C}}(OCH_2CH_2)_nOR$$

$$\xrightarrow{NaHSO_3} RO(CH_2CH_2O)_n\overset{O}{\overset{\|}{C}}CH_2-CH(SO_3Na)\overset{O}{\overset{\|}{C}}(OCH_2CH_2)_nOR$$

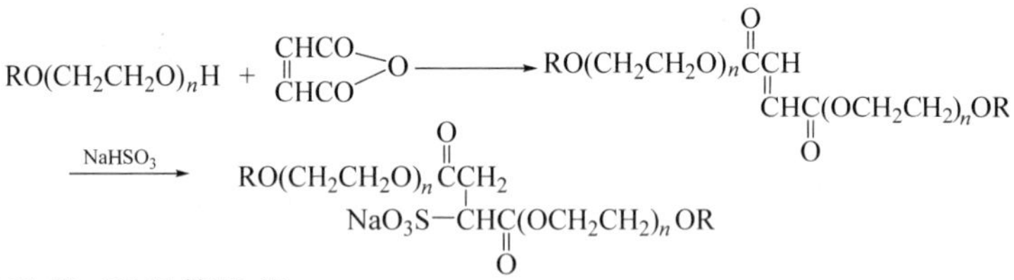

双酯有良好的洗涤、润湿等性能。

还可用不同的聚乙二醇与顺丁烯二酸酐酯化，再与亚硫酸氢钠磺化，制取一系列不同的聚乙二醇单酯、二酯琥珀酸磺酸单盐、二盐：

$$HO(CH_2CH_2O)_n\overset{O}{\overset{\|}{C}}CH_2\underset{SO_3Na}{\underset{|}{CH}}CO(OCH_2CH_2)_nOH$$

烷基酚聚氧乙烯醚琥珀酸酯磺酸盐有单酯、二酯：

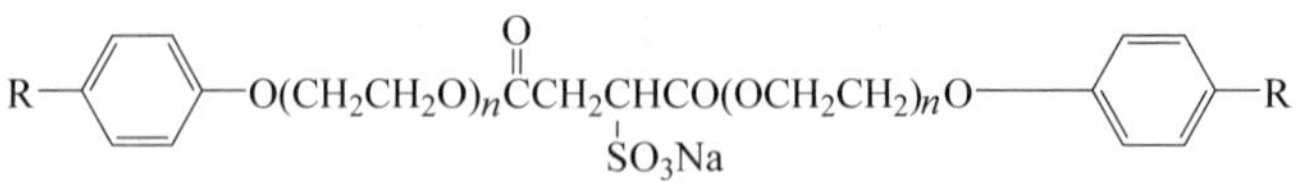

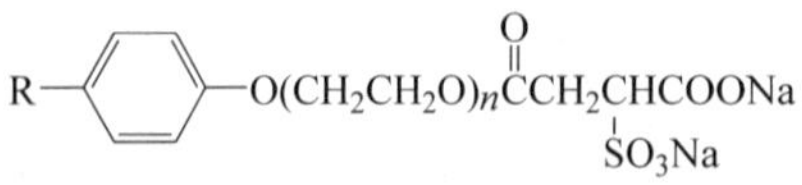

$$R-C_6H_4-O(CH_2CH_2O)_n\overset{O}{\overset{\|}{C}}CH_2\underset{SO_3Na}{\underset{|}{CH}}CO(OCH_2CH_2)_nO-C_6H_4-R$$

$R-C_6H_4-O(CH_2CH_2O)_n\overset{O}{\overset{\|}{C}}CH_2\underset{SO_3Na}{CH}COONa$ 是一类有良好洗涤、发泡和乳化性能的表面活性剂。其制备是用不同的烷基酚与不同数目的环氧乙烷反应，先制得不同的烷基酚聚氧乙烯醚，再与顺丁烯二酸酐酯化，制得不同结构的烷基酚聚氧乙烯单酯、二酯。然后与亚硫酸氢钠加成，制得不同类型的烷基酚聚氧乙烯醚琥珀酸单酯或二酯的磺酸盐：

$$R-C_6H_4-OH + n\,CH_2\text{-}CH_2(O) \longrightarrow R-C_6H_4-O(CH_2CH_2O)_nH$$

$$R-C_6H_4-O(CH_2CH_2O)_nH + \begin{matrix}CHCO\\ \| \\ CHCO\end{matrix}\!\!>O \longrightarrow R-C_6H_4-O(CH_2CH_2O)_n\overset{O}{\overset{\|}{C}}CH{=}CHCOOH$$

$$\xrightarrow{NaHSO_3} R-C_6H_4-O(CH_2CH_2O)_nCH_2-\underset{SO_3Na}{\underset{|}{CH}}-COONa$$

得到烷基酚聚氧乙烯醚琥珀酸单酯磺酸二钠。

同样方法可制取烷基酚聚氧乙烯醚琥珀酸二酯磺酸盐：

$$R-C_6H_4-O(CH_2CH_2O)_n\overset{O}{\overset{\|}{C}}CH_2\underset{SO_3Na}{\underset{|}{C}}HCO(OCH_2CH_2)O-C_6H_4-R$$

R 可以是各种不同的烷基，n 是不同的数目。

烷醇胺琥珀酰胺磺酸盐 $(HOR)_2N\overset{O}{\overset{\|}{C}}CH_2\underset{SO_3Na}{\underset{|}{C}}HCON(ROH)_2$、$(HOR)_2N\overset{O}{\overset{\|}{C}}CH_2\underset{SO_3Na}{\underset{|}{C}}HCOONa$、$HOR\overset{H}{\overset{|}{N}}\overset{O}{\overset{\|}{C}}CH_2\underset{SO_3Na}{\underset{|}{C}}HCONH(ROH)$、$HOR\overset{H}{\overset{|}{N}}\overset{O}{\overset{\|}{C}}CH_2\underset{SO_3Na}{\underset{|}{C}}HCOONa$。其中有 $HOCH_2CH_2N\underset{O}{\underset{\|}{C}}CH_2-\underset{SO_3Na}{\underset{|}{C}}HCON(CH_2CH_2OH)_2$、$HOCH_2CH_2\overset{H}{\overset{|}{N}}\overset{O}{\overset{\|}{C}}CH_2\underset{SO_3Na}{\underset{|}{C}}HCO\overset{H}{\overset{|}{N}}CH_2CH_2OH$ 等是乙醇胺、二乙醇胺与顺丁烯二酸酐反应，再与焦亚硫酸钠磺化制得。

混合脂肪胺的磺基琥珀酸盐可用于乳胶体系泡沫稳定剂，由脂肪胺与顺丁烯二酸酐反应，生成琥珀酰脂肪胺，再与亚硫酸氢钠加成制取。

脂肪酰胺磺基琥珀酸盐有很多种，如单椰子酰胺磺基顺丁烯二酸二钠（$RCO-NH\overset{O}{\overset{\|}{C}}CH_2\underset{SO_3Na}{\underset{|}{C}}HCOONa$，RCO 为椰子酰基）；单油酰胺基磺基琥珀酸三乙醇胺盐（$CH_3(CH_2)_7CH{=}CH(CH_2)_7\overset{O}{\overset{\|}{C}}NHOCCH_2\underset{SO_3N(OCH_2CH_3)_3}{\underset{|}{C}}HCOOH$）；单油酰胺基磺基琥珀酸二钠盐（$CH_3(CH_2)_7CH{=}CH(CH_2)_7\overset{O}{\overset{\|}{C}}NHOCCH_2\underset{SO_3Na}{\underset{|}{C}}HCOONa$）；十八单烷酰胺基磺基琥珀酸二钠（$CH_3(CH_2)_{16}CONHC\overset{O}{\overset{\|}{C}}H_2\underset{SO_3Na}{\underset{|}{C}}HCOONa$）。

烷醇酰胺基磺基琥珀酸二盐（$R\overset{O}{\overset{\|}{C}}N(R'OH)\overset{O}{\overset{\|}{C}}CH_2-\underset{SO_3Na}{\underset{|}{C}}HCOONa$）是由醇胺类化合物与脂肪酸进行酰化反应生成脂肪酸烷醇酰胺，再与顺丁烯二酸酐反应，然后与焦亚硫酸钠加成制

取。如单月桂酰烷醇胺磺基琥珀酸铵盐（$CH_3(CH_2)_{10}CON(ROH)\overset{O}{\overset{\|}{C}}CH_2—\underset{SO_3NH_4}{\underset{|}{C}H}—CO_2NH_4$）、二月桂酰单乙醇胺磺基琥珀酸钠（$\begin{matrix} & & CH_3(CH_2)_{10}\overset{O}{\overset{\|}{C}}NOCCH_2 & CH_2CH_2OH \\ & NaO_3S— & \overset{|}{C}HCON\underset{O}{\underset{\|}{C}}(CH_2)_{10}CH_3 & \end{matrix}$）、二月桂酰异丙醇胺聚氧乙烯基磺酸基琥珀酸钠（$CH_3(CH_2)_{10}\overset{O}{\overset{\|}{C}}\overset{CH_2OH-CHCH_3}{\overset{|}{N}}—(CH_2CH_2O)_n\overset{O}{\overset{\|}{C}}CH_2\underset{SO_3Na}{\underset{|}{C}H}—\overset{O}{\overset{\|}{C}}(OCH_2CH_2)_n\overset{CH_2OH-CHCH_3}{\overset{|}{N}}\underset{O}{\underset{\|}{C}}(CH_2)_{10}CH_3$，$n$ 为中等较多）、二椰子酰单乙醇胺磺基琥珀酸钠（$RCO\overset{CH_2CH_2OH}{\overset{|}{N}}\underset{O}{\underset{\|}{C}}CH_2\underset{SO_3Na}{\underset{|}{C}H}CO\overset{CH_2CH_2OH}{\overset{|}{N}}—COR$，RCO 为椰子酰基）、单月桂酰乙醇胺磺基琥珀酸二钠（$CH_3(CH_2)_{16}\overset{O}{\overset{\|}{C}}\overset{CH_2CH_2OH}{\overset{|}{N}}\underset{O}{\underset{\|}{C}}CH_2\underset{SO_3Na}{\underset{|}{C}H}COONa$）。

琥珀酸系列表面活性剂品种很多，性质、用途各异。

7. 高级脂肪醇的硫酸酯钠盐、钾盐、铵盐

如月桂基硫酸钠（$C_{12}H_{25}OSO_3Na$）可用于洗涤剂、洗发剂、牙膏发泡剂、羊毛洗涤剂、乳液聚合乳化剂、医药乳化分散剂，也可用于制革工业。其生产方法为月桂醇与三氧化硫反应，用氢氧化钠中和：

$$C_{12}H_{25}OH+SO_3 \longrightarrow C_{12}H_{25}OSO_3H \xrightarrow{NaOH} C_{12}H_{25}OSO_3Na$$

C_{12}～C_{18}天然脂肪醇聚氧乙烯醚硫酸盐类钠、铵等三乙醇胺等，如椰子油脂肪酸C_{12}～C_{18}硫酸铵盐，发泡力强，泡沫细腻，脱脂力强，用于化妆品、洗发水、浴液等。脂肪酸聚氧乙烯硫酸钠（AES）$RO(CH_2CH_2O)_nSO_3Na$，C_{12}～C_{18}烷基具有良好的起泡力、去污力、润湿力、乳化力和钙皂分散力，用于各种民用工业用洗涤剂，广泛用于日化、纺织、造纸、矿山、石油、农药、食品、金属加工和皮革等。品种很多，如$C_{16}H_{33}O(CH_2CH_2O)_2OSO_3Na$、$C_{16}H_{33}O(CH_2CH_2O)_3OSO_3Na$、$C_{16}H_{33}O(CH_2CH_2O)_4OSO_3Na$、$C_{16}H_{33}O(CH_2CH_2O)_4OSO_3Na$、$C_{18}H_{37}O(CH_2CH_2O)OSO_3Na$、$C_{18}H_{37}O(CH_2CH_2O)_2OSO_3Na$、$C_{18}H_{37}O(CH_2CH_2O)_3OSO_3Na$、$C_{18}H_{37}O(CH_2CH_2O)_4OSO_3Na$等。其制法是由醇与环氧乙烷反应，生成脂肪醇聚氧乙烯醚，再与三氧化硫进行磺化，中和制得：

$$RO(CH_2CH_2O)_nH+SO_3 \longrightarrow RO(CH_2CH_2O)_nSO_3H \xrightarrow{NaOH} RO(CH_2CH_2O)_nSO_3Na$$

8. 烷基酚聚氧乙烯醚硫酸盐

烷基酚聚氧乙烯醚硫酸盐（APES）[$R—C_6H_4—O(CH_2CH_2O)_nSO_3Na$ 或 $R—C_6H_3(SO_3Na)—O(CH_2CH_2O)_nSO_3Na$（$R=C_4$～$C_{12}$）]无味，可完全溶于水，有良好的乳化、去污、发

泡、分散性能，对皮肤刺激小，在硬水及多种金属离子存在下性能稳定，有良好的钙皂分散力，可用于各种洗涤剂、清洁膏、香波、泡沫溶液及工业清洗剂、乳液聚合、纺织助剂及磨料擦洗剂。如壬基酚硫酸钠（$H_{19}C_9-C_6H_4-O(CH_2CH_2O)_{10}SO_3Na$）有良好的去污、去油性能，泡沫丰富，对皮肤刺激性小。其合成：

$$H_{19}C_9-C_6H_4-OH + 10\ \underset{O}{CH_2-CH_2} \xrightarrow{\text{催化剂}} H_{19}C_9-C_6H_4-O(CH_2CH_2O)_{10}-H$$

$$H_9C_4-C_6H_4-O(CH_2CH_2O)_{10}H + SO_3 \longrightarrow H_9C_4-C_6H_4-O(CH_2CH_2O)_{10}SO_3H$$

$$\xrightarrow{NaOH} H_9C_4-C_6H_4-O(CH_2CH_2O)_{10}SO_3Na$$

9. 硫酸化蓖麻油（土耳其红油）

$$\begin{array}{l} CH_3(CH_2)_5CH(OH)CH_2CH_2CH(CH_2)_7COOCH_2 \\ CH_3(CH_2)_5CH(OH)CH_2CH_2CH(CH_2)_7COO-CH \\ CH_3(CH_2)_5CH(OSO_3Na)CH_2CH_2CH(CH_2)_7COO-CH_2 \end{array}$$

易溶于水，有良好的乳化和渗透能力，用于纺织、造纸、皮革、农药及金属加工。

由蓖麻油经硫酸酸化，中和制取。

10. 烷基二苯醚磺酸盐表面活性剂

如十二烷基二苯醚二磺酸钠（$H_{23}C_{12}-C_6H_3(SO_3Na)-O-C_6H_4(SO_3Na)$）能溶于盐酸和碱液，可用作乳液聚合乳化剂、尼龙印染的匀染剂、洗涤中的润湿剂、偶联剂和稳定剂，铜电解沉积法和去水过程的去雾剂。其制法是用四聚丙烯对二苯醚烷基化，再用三氧化硫磺化中和制取。

$$C_{12}H_{24} + C_6H_5-O-C_6H_5 \xrightarrow{\text{催化剂}} H_{25}C_{12}-C_6H_4-O-C_6H_5$$

$$H_{25}C_{12}-C_6H_4-O-C_6H_5 + 2SO_3 \longrightarrow H_{25}C_{12}-C_6H_3(SO_3H)-O-C_6H_4(SO_3H)$$

$$\xrightarrow{NaOH} H_{25}C_{12}-C_6H_3(SO_3Na)-O-C_6H_4(SO_3Na)$$

11. 萘系磺酸盐表面活性剂

萘系磺酸盐表面活性剂有多种，用途广泛。如丁基萘磺酸钠（$C_{10}H_5(CH_2(CH_2)_2CH_3)_2SO_3Na$），又称拉开粉，可溶于水，对酸、硬水都很稳定。工业上用作渗透剂、润湿剂，合成橡胶中用作乳化剂、软化剂、助染剂、分散剂，造纸工业中用作润湿剂。亚甲基二萘磺酸钠（NaO_3S—萘—CH_2—萘—SO_3Na）耐酸、碱，有良好的扩散性，可作为染料的分散剂，匀染剂，水泥、混凝土的减水剂。苄基萘磺酸甲醛缩合物 $[$$NaO_3S$—萘($CH_2C_6H_5$)—$CH_2$—萘($CH_2C_6H_5$)—$SO_3Na$$]_n$ 可溶于水，可与其他阴离子型表面活性剂、非离子型表面活性剂混用于染料工业匀染剂、皮革助鞣剂、乳胶阻聚剂及水泥减水剂。

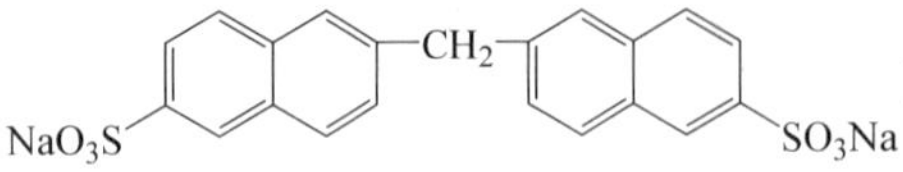

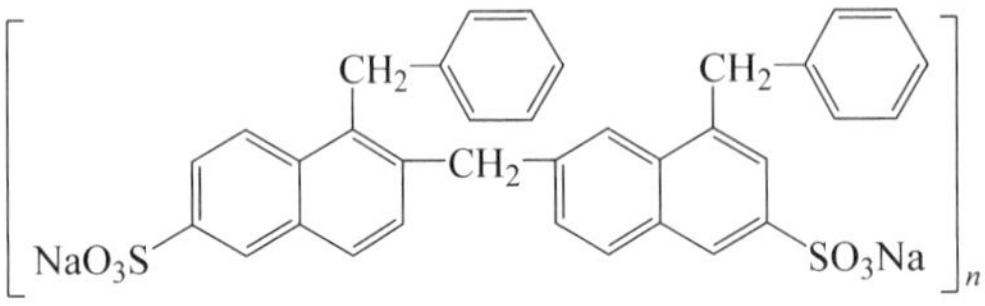

12. 脂肪酰胺磺基琥珀酸单酯二钠盐

$CONHCOR-CHSO_3Na-CH_2COONa$ 是温和、无刺激高级洗涤剂的原料，可用于洗发香波、浴液、洗发膏等各种液体洗涤剂和餐具洗涤剂。磺基琥珀酸单硬质酰胺乙酯二钠（$CH_3(CH_2)_{16}CONHC_2H_4OOCCH_2CH(SO_3Na)COONa$）溶液呈中性，无毒、无味、无污染，有良好的乳化分散渗透能力。可用于制革柔软剂、纺织印染柔软剂。N-十八烷基磺基琥珀酸酰胺二钠（$C_{18}H_{37}NHOCCH_2—CH(SO_3Na)COONa$）有优异的乳化净洗性能，可用作净洗剂、乳化剂、丁苯橡胶乳的高效发泡剂、工业重垢碱性净洗剂。

13. 葵花籽油脂肪酸二乙醇酰胺磺基琥珀酸单脂二钠盐

葵花籽油脂肪酸二乙醇酰胺磺基琥珀酸单脂二钠盐（$RCON(CH_2CH_2OOCCH(SO_3Na)CH_2COONa)_2$，R 为葵花籽脂肪酸烷基）有良好的丝光性能和柔化性能，可用于结合型加脂剂，特别适合绒面革的丝光和软革的加脂柔软，绒面有很好的丝光感。其合成过程：

酯交换：

$$\begin{matrix} RCOOCH \\ | \\ CHOOCR \\ | \\ CH_2OOCR \end{matrix} + CH_3OH \longrightarrow \begin{matrix} CH_2OH \\ | \\ CHOOCR \\ | \\ CH_2OOCR \end{matrix} + RCOOCH_3$$

酰胺化：

$$RCOOCH_3 + HN(CH_2CH_2OH)_2 \longrightarrow RCON(CH_2CH_2OH)_2$$

酯化：

$$RCON(CH_2CH_2OH)_2 + \begin{matrix} CH-CO \\ \| \quad\quad O \\ CH-CO \end{matrix} \longrightarrow RCON(CH_2CH_2OOCCH{=}CHCOOH)_2$$

亚硫酸氢钠加成

$$RCON(CH_2CH_2OOCCH{=}CHCOOH)_2 + NaHSO_3 \longrightarrow RCON(CH_2CH_2OOC\underset{\displaystyle SO_3Na}{\underset{|}{C}}HCH_2COOH)_2$$

14. 木质素类磺酸盐

如木质素磺酸钠（$\left[OC_6H_4CH(OH)\underset{\displaystyle SO_3Na}{\underset{|}{C}}HCH(OH)C_3H_4(OH)(OCH_3)\right]_n$）作为印染扩散剂、橡胶工业耐磨剂。脱糖木质素磺酸钠分散剂 M14（$[$ 两个苯环经 CH_2 相连，各环带 CH_3、H_3CO/OCH_3、SO_3Na/NaO_3S、OH $]_n$）、$C_6(CH_3)(OCH_3)(OH)(CH_2SO_3Na){-}CH_2{-}C_6H_{11}(OCH_3)(OH)(CH_2SO_3Na)_n$ 是染料的分散和填充剂。适用于分散染料和还原染料，扩散性好，耐热，稳定性好。由木材加工的亚硫酸钠废浆经脱糖、转化、缩合制取。

15. 有机膦磺酸盐

如羟基-1，1-亚乙基二膦酸磺酸（$HO{-}\overset{\displaystyle OH}{\underset{\displaystyle O}{P}}{-}\overset{\displaystyle OH}{\underset{\displaystyle CH_3}{C}}{-}\overset{\displaystyle OH}{\underset{\displaystyle O}{P}}{-}OSO_3H$）有极好的防垢性能，可用作水处理剂、循环水系统阻垢分散剂。膦酰基丙烯酸 2-丙烯酰胺基-2-甲基丙磺酸（$HO{-}\overset{\displaystyle O}{\underset{\displaystyle O}{P}}{-}(CH_2{-}\underset{\displaystyle COOH}{CH})_m{-}(CH_2{-}\underset{\displaystyle CONH{-}\overset{\displaystyle CH_3}{\underset{\displaystyle CH_3}{C}}{-}CH_2SO_3H}{CH})_n{-}H$）是新型高效水处理剂，可用作阻垢分散剂，兼有分散缓蚀剂性能，是以亚磷酸和丙烯酸和 2-丙烯酰胺基-2-甲基丙磺酸为原料，进行共调聚而制取的：

$$HO{-}\overset{\displaystyle O}{\underset{\displaystyle H}{P}}{-}OH + \underset{\displaystyle CONH{-}\overset{\displaystyle CH_3}{\underset{\displaystyle CH_3}{C}}{-}CH_2SO_3H}{H_2C{=}CH} \longrightarrow HO{-}\overset{\displaystyle O}{\underset{\displaystyle O}{P}}{-}(CH_2{-}\underset{\displaystyle COOH}{CH})_m{-}(CH_2{-}\underset{\displaystyle CONH{-}\overset{\displaystyle CH_3}{\underset{\displaystyle CH_3}{C}}{-}CH_2SO_3H}{CH})_n{-}H$$

这类含磺酸基有机磷阻垢缓蚀分散剂已有多种。

16. 全氟磺酸类表面活性剂

该类表面活性剂有许多种。如全氟辛基磺酸钾（$CF_3(CF_2)_6CF_2{-}SO_3K$）是电镀铬雾抑制剂，可改善铬层，提高铬层硬度，增加结合力，节省铬酐，节省电能，消除铬雾对环境的影响。此外，全氟辛基磺酰氟是制取多种表面活性剂的中间体，在织物、纸张、皮革、玻璃和陶瓷材料防水、防油、防污染方面有广泛用途。全氟烷基磺酰胺乙酸钾（$RFSO_2NHCH_2COOK$）是非水系胶黏剂安全除净剂。全氟壬基醚苯磺酸钠（$C_9F_{19}O{-}C_6H_4{-}SO_3Na$）是聚合型抗溶型泡沫灭火剂，大量用于消防工业。N-丙基-N-全氟辛基磺酰基甘氨酸盐（$C_8F_{17}SO_2\overset{\displaystyle CH(CH_3)_2}{\overset{|}{N}}CH_2COOH$（Li、Na、K））有水油互斥性、耐腐蚀性，广泛用于热敏材料、感光材料及抑雾剂。

17. 阴离子磺酸盐双子表面活性剂

阴离子磺酸盐双子表面活性剂有极好的抗硬水、抗电介性能，在 24% H_2SO_4、20% HNO_3、27%碱介质中稳定，具有极强的漂洗能力和高温稳定性，可用于三次采油。如化学世界报道的以乙二胺、顺丁烯二酸酐、亚硫酸氢钠和十二醇为原料，合成的双子型表面活性剂，其反应过程如下：

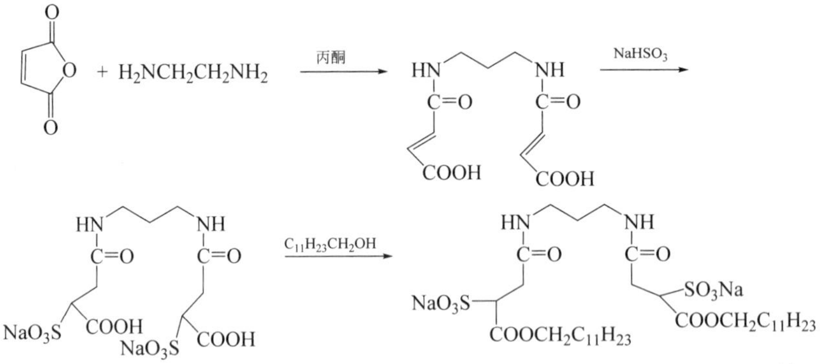

(顺丁烯二酸酐) + $H_2NCH_2CH_2NH_2$ $\xrightarrow{\text{丙酮}}$ HN(C=O–CH=CH–COOH)–CH_2CH_2–NH(C=O–CH=CH–COOH) $\xrightarrow{NaHSO_3}$

HN(C=O–CH_2–CH(SO_3Na)–COOH)–CH_2CH_2–NH(C=O–CH_2–CH(SO_3Na)–COOH) $\xrightarrow{C_{11}H_{23}CH_2OH}$ HN(C=O–CH_2–CH(SO_3Na)–$COOCH_2C_{11}H_{23}$)–CH_2CH_2–NH(C=O–CH_2–CH(SO_3Na)–$COOCH_2C_{11}H_{23}$)

还有乙撑双（N-乙磺酸-十四酰胺）钠（DTM-10），其结构为 $CH_3(CH_2)_{12}CONCH_2CH_2NOC(CH_2)_{12}CH_3$（两个 N 上分别连 $NaO_3SH_2CH_2C$ 和 $CH_2CH_2SO_3Na$）；酒石酸双十四烷酯二磺酸钠双子表面活性剂，其结构为 $C_{14}H_{29}OC(=O)CH(SO_3Na)C(HO)COC_{14}H_{29}$；N，N′-双十二烷基三乙二醚-1，8-二乙基磺酸钠，其结构为 $C_{12}H_{25}N(CH_2CH_2SO_3Na)CH_2CH_2OCH_2CH_2OCH_2CH_2N(CH_2CH_2SO_3Na)C_{12}H_{25}$ 等的研究报道。

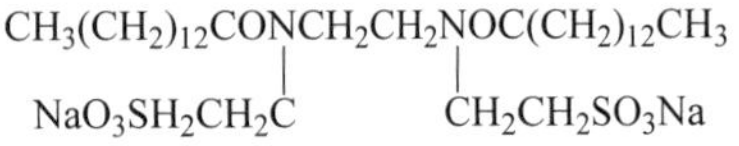

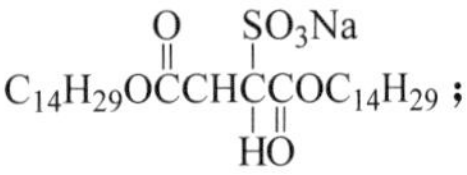

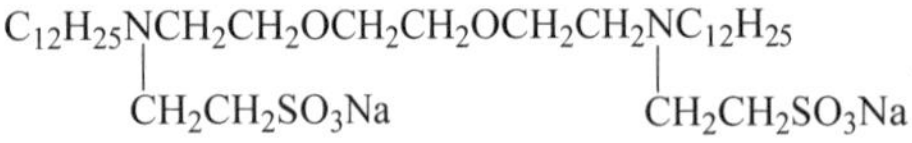

磺酸盐芳烷基双子表面活性剂已有多种类型，如十二烷基二苯醚单/双磺酸盐；双直链烷基二苯甲烷双磺酸盐；脂肪酸双酯双磺酸盐型双子表面活性剂；邻苯二甲酸酯Gemini表面活性剂；乙二醇双子琥珀酸 2-甲基戊基双酯醋酸钠；1，4-丁二醇双子琥珀酸聚醚(3)异辛基混合双酯磺酸钠等。

以上列举仅为磺酸型表面活性剂几大类产品，磺酸型表面活性剂品种还有很多，这里不能一一列举，由此可见磺化反应在表面活性剂合成中的重要性和广泛性。

参考文献

[1] 刘程. 表面活性剂产品大全[M]. 北京：化学工业出版社，1998.

[2] 刘程. 表面活性剂应用大全[M]. 北京：北京工业大学出版社，1992.

[3] 张丹阳. 脂肪醇聚氧乙烯醚硫酸钠盐的研制[J]. 辽宁化工，2002，31(7)：280-281.

[4] 藕民伟. 烯基磺酸盐的开发、生产、性能及其应用[J]. 表面活性剂工业，1999(3)：5-12.

[5] 郑延成，韩冬，杨普华. 磺酸盐表面活性剂研究进展[J]. 精细化工，2005，22(8)：578-582.

[6] 张高勇，王军. 表面活性剂的绿色化学进展[J]. 化学通报，2002，65(2)：73-77.

[7]　隋智慧,林冠发,朱友益,等.三次采油用表面活性剂的制备、应用及进展[J].化工进展,2003,22(4):355-360.
[8]　孙淑华,李真,万晓萌.表面活性剂行业现状及发展趋势[J].精细与专用化学品,2012,20(3):7-10.
[9]　邹专政,贾朝霞,祝勃勃,等.磺酸盐表面活性剂研究进展(一).精细与专用化学品,2014,22(8):46-49.
[10]　邹专政,贾朝霞,祝勃勃,等.磺酸盐表面活性剂研究进展(二).精细与专用化学品,2014(9):42-45.
[11]　孙淑华,李真,石晓萌.表面活性剂行业现状及发展趋势[J].精细与专用化学品,2012,20(3):7-10.
[12]　李杰,田岚,吴文祥,等.磺酸盐型低聚表面活性剂的合成研究进展[J].化工进展,2013,32(6):1385-1394.
[13]　周明,赵金洲,刘建勋,等.磺酸盐型 Gemini 表面活性剂合成研究进展[J].应用化学,2011,28(8):855-863.
[14]　耿慧,许虎君,程玉桥,等.双直链烷基二苯甲烷双磺酸盐的合成与性能[J].精细化工,2012,29(3):240-244.
[15]　韩利娟,李丽娜,罗平亚,等.脂肪酸双酯双磺酸盐型双子表面活性剂的合成及性能[J].精细化工,2012,29(4):322-325.
[16]　金端娣,吴东辉,张海军.Gemini 型磺基琥珀酸酯盐表面活性剂的合成与性能[J].化学世界,2007,48(6):353-356.
[17]　华平,戴宝江,李建华,等.乙二醇双子琥珀酸 2-甲基戊基双酯磺酸钠的合成与性能[J].精细化工,2011,28(10):964-967,998.

8.4　含磺酰基高分子化合物的应用实例

合成橡胶、树脂、塑料及合成纤维中都有一些含磺酰基的化合物。虽然种类和数量不多,但这类化合物都有独特的用途。含磺酰基的高分子化合物的制备一般有两种方法:一是通过共聚或缩聚,把含磺酰基单体与合成该类高分子化合物主要单体共聚或共缩;二是把已合成的高分子化合物进行磺化或氯磺化。

8.4.1　含磺酰基的高分子化合物

1.含磺酰基的合成橡胶

橡胶大分子中含有碳碳双键或芳环,如天然橡胶、聚异戊二烯橡胶、聚丁二烯橡胶、丁苯橡胶,以及乙烯、丙烯三元共聚橡胶,可直接磺化。不饱和橡胶在磺化剂作用下,可发生磺化反应:

$$-\overset{R}{\underset{}{C}}=\overset{H}{C}- + SO_3\cdot \text{二噁烷} \longrightarrow -\overset{R}{C}-\overset{H}{C}-\ (O-SO_2\ \text{环}) \longrightarrow -\overset{R}{C}-\overset{H}{C}-\ (O-SO_3\ \text{环})$$

$$\longrightarrow -\underset{\underset{O}{\|}}{C}-\overset{H}{\underset{SO_3H}{C}}-$$

磺化反应是一种亲电加成反应。如天然橡胶或异戊橡胶，由于甲基供电的影响，很容易进行磺化反应。磺化反应温度为20～80 ℃，在四氯化碳或二氯甲烷中进行。磺化剂有SO_3·N-甲酰二甲胺、SO_3磷酸三乙酯和SO_3噁烷等络合物。磺化后的分子链中存在—SO_3H基团，故磺化橡胶是一种优异的阳离子交换材料，既保留了橡胶的高弹性，又具有成膜和抽丝性能。

不饱和橡胶的磺化产物中含有双键和—SO_3H基团，因此既可用硫黄硫化，也可用金属氧化物硫化。用硫黄或金属氧化物硫化的磺化天然橡胶的物理机械性能都与天然橡胶相近。

聚丁二烯经磺化可制得磺化丁基橡胶，具有较好的黏接性、刚性和回弹性。

丁苯橡胶(SBS)用浓硫酸磺化，其产物 $\left[H_2C-\underset{C_6H_4SO_3H}{CH}\right]_n\left[CH_2CH=CH-CH_2\right]_m\left[CH_2-\underset{C_6H_4SO_3H}{CH}\right]_p$ 的黏结性能有极大改善。

乙烯、丙烯三元共聚物的磺化产物能溶于氯代芳烃和脂烃，不溶于油和酸，耐光、耐臭氧、耐腐蚀性优于聚氯乙烯。氯磺化丁基橡胶能与氟硅橡胶共混，用于制可硫化的覆盖涂层等。其制备方法是以乙烯为第三单体的乙丙橡胶在己烷中用乙酰磺酸酯为磺化剂，在室温下进行磺化，其反应过程如下：

$$\left(CH_2-CH_2\right)_n(\text{双环}=CHCH_3)\left(CH_2-\overset{CH_3}{CH}\right)_m \xrightarrow[H_2SO_4,\ (CH_3CO)_2O]{\text{己烷}} \left(CH_2-CH_2\right)_n(\text{双环}=\underset{SO_3H}{C}-CH_3)\left(CH_2-\overset{CH_3}{CH}\right)_m$$

$$\xrightarrow{CH_3COONa} \left(CH_2-CH_2\right)_n(\text{双环}=\underset{SO_3Na}{C}-CH_3)\left(CH_2-\overset{CH_3}{CH}\right)_m$$

由于双键被磺化，磺化乙烯、丙烯三元共聚物离子聚合体比三元乙丙橡胶有更好的耐氧化、耐候性能。磺化离子弹性体可与填料油品及其他橡胶共混，共混产品广泛用于生产橡胶制品，如水管、鞋底、套鞋和抗冲击材料及黏结剂。磺化离子弹性体还可与热塑性塑料共混，制作设备、零部件、胶管、板材及薄膜等。

(1)氯磺化聚乙烯

氯磺化聚乙烯是由高密度聚乙烯或低密度聚乙烯经氯化和氯磺酰化反应制得的一种特种合成橡胶。用高密度聚乙烯制得的氯磺化聚乙烯呈线型结构，而用低密度聚乙烯制得的氯磺化聚乙烯则为支链结构。氯原子和氯磺酰基在氯磺化聚乙烯大分子碳链上分布是无规则的，其含量需要根据不同性能进行控制。结构可表示如下：

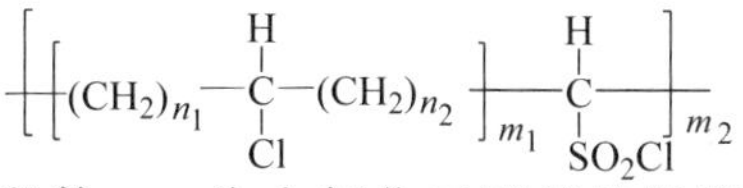

$$\left[\left[(CH_2)_{n_1}-\underset{Cl}{\overset{H}{C}}-(CH_2)_{n_2}\right]_{m_1}\underset{SO_2Cl}{\overset{H}{C}}\right]_{m_2}$$

其中，n_1、n_2 为含亚甲基的链段数，m_1 为含氯化亚甲基的链段数，m_2 为含氯磺酰基的链段数。氯磺化聚乙烯大分子中，氯磺酰基的活泼氯原子反应活性很强，能与许多含活泼氢的化合物或金属氧化物反应，使大分子交联：

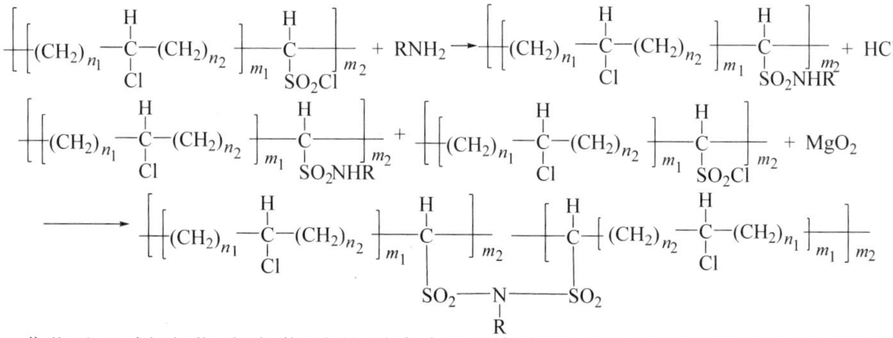

$$\left[\left[(CH_2)_{n_1}-\underset{Cl}{\overset{H}{C}}-(CH_2)_{n_2}\right]_{m_1}\underset{SO_2Cl}{\overset{H}{C}}\right]_{m_2} + RNH_2 \longrightarrow \left[\left[(CH_2)_{n_1}-\underset{Cl}{\overset{H}{C}}-(CH_2)_{n_2}\right]_{m_1}\underset{SO_2NHR}{\overset{H}{C}}\right]_{m_2} + HCl$$

$$\left[\left[(CH_2)_{n_1}-\underset{Cl}{\overset{H}{C}}-(CH_2)_{n_2}\right]_{m_1}\underset{SO_2NHR}{\overset{H}{C}}\right]_{m_2} + \left[\left[(CH_2)_{n_1}-\underset{Cl}{\overset{H}{C}}-(CH_2)_{n_2}\right]_{m_1}\underset{SO_2Cl}{\overset{H}{C}}\right]_{m_2} + MgO_2$$

$$\longrightarrow \left[\left[(CH_2)_{n_1}-\underset{Cl}{\overset{H}{C}}-(CH_2)_{n_2}\right]_{m_1}\overset{H}{C}\right]_{m_2}\left[\overset{H}{C}\left[(CH_2)_{n_2}-\underset{Cl}{\overset{H}{C}}-(CH_2)_{n_1}\right]_{m_1}\right]_{m_2}$$
$$\text{（两个 C 原子经 } SO_2-\underset{R}{N}-SO_2 \text{ 相连）}$$

氯磺化聚乙烯硫化胶有优异的耐臭氧、耐气候、耐老化性能，耐热性好，在 120～140 ℃下可连续使用，在 100～110 ℃下可连续使用数年，可在 140～160 ℃下间断使用。氯磺化聚乙烯难燃烧，本身不自燃，移开火会自行熄灭。其耐水性好，浸没在水介质中，甚至沸水中也可长期使用。因其化学结构饱和，其硫化胶能耐任意浓度的碱，在室温下能耐 95%的硫酸、65%的硝酸及任意浓度的盐酸、有机酸和多种化学药品，特别对强氧化剂具有耐蚀性。氯磺化聚乙烯脆化温度在－60～40 ℃。耐油性能在弹性体中居中等。氯磺化聚乙烯硫化胶介电性能优良，可用作绝缘材料，在 120 ℃的水中仍保持良好的介电性能，主要用于 600 V 的电线、电缆绝缘及高压电线、电缆护套。氯磺化聚乙烯耐磨性能好，刚性大，但伸长率较小，永久变形大，耐撕裂强度不及天然橡胶。

有些品种氯磺化聚乙烯可用于制造各种涂料，如橡胶制品保护层、建筑用屋顶涂料、建筑和化工用的防腐涂料、地板涂料等。

氯磺化聚乙烯也可用磺酰氯（SO_2Cl_2）与聚乙烯进行氯磺化反应制取。其反应如下：

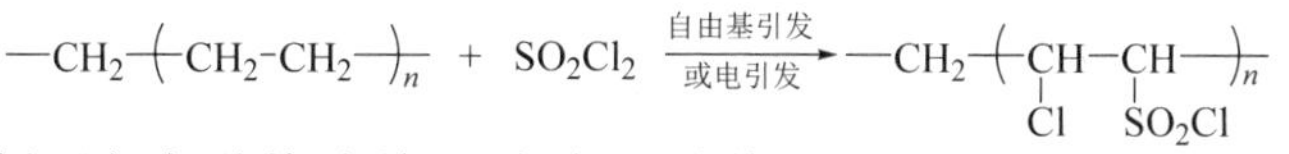

$$-CH_2-\!\left(CH_2-CH_2\right)_n + SO_2Cl_2 \xrightarrow[\text{或电引发}]{\text{自由基引发}} -CH_2-\!\left(\underset{Cl}{CH}-\underset{SO_2Cl}{CH}\right)_n$$

氯磺化聚乙烯可与各种橡胶并用，如与丁腈橡胶并用，与三元乙丙橡胶并用，与顺丁、异戊、氯化聚乙烯并用，与各种橡胶并用制取的硫化胶有良好耐腐蚀性、耐电性、耐油性能等。作为防腐涂料，还有优良抗臭氧性能。

氯磺化聚乙烯涂料在国内有多家企业都有生产，在化工防腐方面应用广泛、效果好。

(2)氯磺化乙丙橡胶

氯磺化乙丙橡胶是将三元乙丙橡胶磨碎，加入叔胺催化剂和偶氮异丁腈引发剂，在 70 ℃下向胶液鼓入氯气和二氧化硫。当氯和硫达到一定含量时，用氮气扫吹中和，再用蒸汽蒸出产物。氯磺化乙丙橡胶可溶于氯化芳烃和脂族烃，但不溶于油类和酸类。

(3)聚砜-聚二甲基硅氧烷嵌段共聚物

端羟基聚砜和端二甲氨基硅氧烷预聚物在氯苯中反应，制取以聚砜为硬段、聚二甲基硅氧烷为软段的嵌段共聚物。其合成反应如下：

$$HO-C_6H_4-C(CH_3)_2-C_6H_4-[O-C_6H_4-SO_2-C_6H_4-O-C_6H_4-C(CH_3)_2-C_6H_4]_a-OH \;+$$

$$(CH_3)_2N-Si(CH_3)_2-[OSi(CH_3)_2]_b-N(CH_3)_2 \xrightarrow[25\sim 70℃]{C_6H_5Cl}$$

$$HO-C_6H_4-C(CH_3)_2-C_6H_4-[O-C_6H_4-SO_2-C_6H_4-O-C_6H_4-C(CH_3)_2-C_6H_4]_a-OSi(CH_3)_2-[OSi(CH_3)_2]_b-N(CH_3)_2$$

这种嵌段共聚物的物理机械性能在很大程度上取决于两种嵌段的相对分子质量。为保持其热塑性能，聚砜含量小于70%，聚二甲基硅氧烷含量至少为30%。由于两相嵌段不相溶，玻璃化温度相差很大，因此其耐低温、耐高温性能优良，使用温度范围宽，耐氧化性优异，在170 ℃也可长期使用。

2. 含磺酰基的树脂、离子交换树脂和离子交换膜

强酸性离子交换树脂是带有磺酸基类树脂，种类很多。

(1)苯乙烯系强酸性阳离子交换树脂

苯乙烯系强酸性阳离子交换树脂是苯乙烯和二乙烯苯共聚形成的球体通过磺化反应，在交链聚苯乙烯苯环上引入磺酸基制成的。其结构如下：

$$-[CH(C_6H_4SO_3H)-CH_2]_n-CH(C_6H_4-CH(-)-CH_2-)-CH_2-$$

(2)缩合型离子交换树脂

强酸性阳离子交换树脂有两种合成方法。第一种方法是苯酚在100 ℃用浓硫酸磺化，一部分生成苯酚磺酸，还剩下一部分苯酚。把混合物调至碱性，加入甲醛水溶液进行缩合，缩合后调至酸性，然后加入氯苯中加热至100 ℃，缩合物分散成一定粒度。其结构如下：

$$-H_2C-C_6H_2(OH)(CH_2-)-CH_2-C_6H(OH)(SO_3H)(CH_2-)-CH_2-$$

另一种方法是用2,4-苯二磺酸甲醛、间苯二酚与甲醛缩合，缩合反应可在酸性介质中进行，也可在碱性溶液中进行。还可用对羟基苄磺酸、苯酚和甲醛缩合，制得磺酸阳离子交换树脂：

$$-C_6H_2(OH)(CH_2SO_3H)-CH_2-C_6H_2(OH)(CH_2-)-CH_2-$$

(3)本体聚合法均质离子交换膜

苯乙烯型阳离子交换膜由苯乙烯、丁二烯用过氧化物引发聚合，聚合物用平削机削成薄膜，再将薄膜磺化。其结构如下：

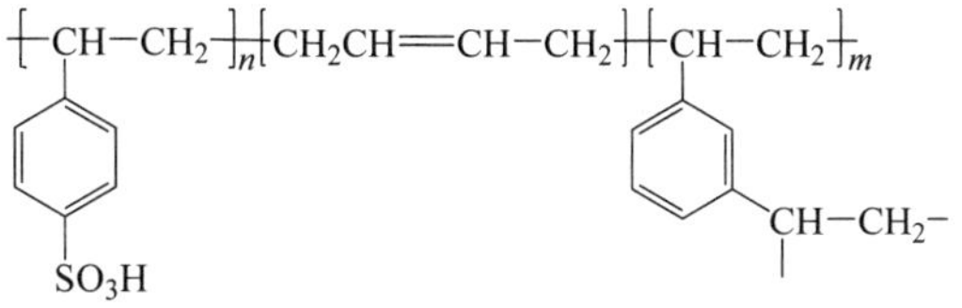

$$\left[CH-CH_2\right]_n\left[CH_2CH{=}CH-CH_2\right]\left[CH-CH_2\right]_m$$

SO_3H　　$CH-CH_2-$

(4)流延法均质离子交换膜

苯乙烯阳离子交换膜结构如下：

$$\left[H_2C-CH\right]_n\left[CH_2-CHCH_2\right]_p\quad\left[CH_2-CH\right]_m$$

SO_3Na　　$CH-CH_2-$

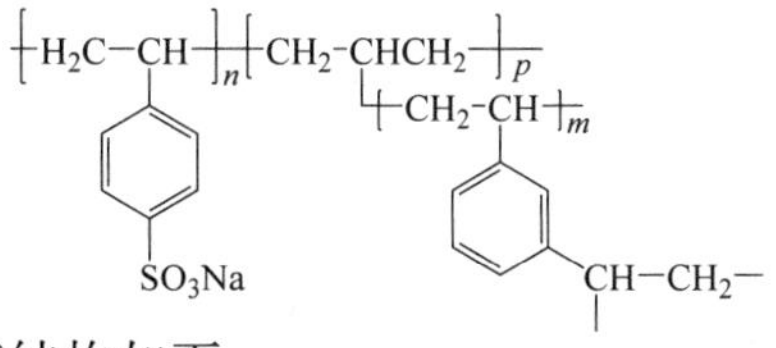

聚苯醚型阳离子交换膜结构如下：

CH_3　O　CH_3　SO_3Na　n

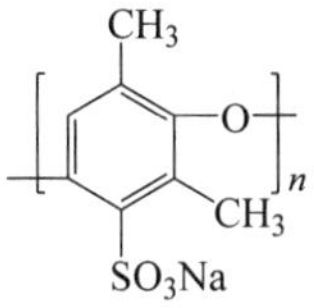

聚砜阴离子交换膜结构如下：

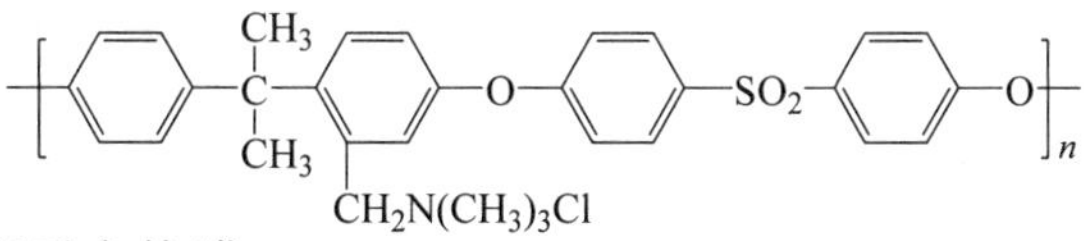

CH_3　C　CH_3　O　SO_2　O　n

$CH_2N(CH_3)_3Cl$

(5)含浸法均质离子交换膜

苯乙烯型聚乙烯均质阳离子交换膜结构如下：

$$\left[CH_2-CH_2\right]_n\left[CH_2-CH\right]_m\left[CH_2CH\right]_p$$

SO_3Na　　$CH-CH_2-$

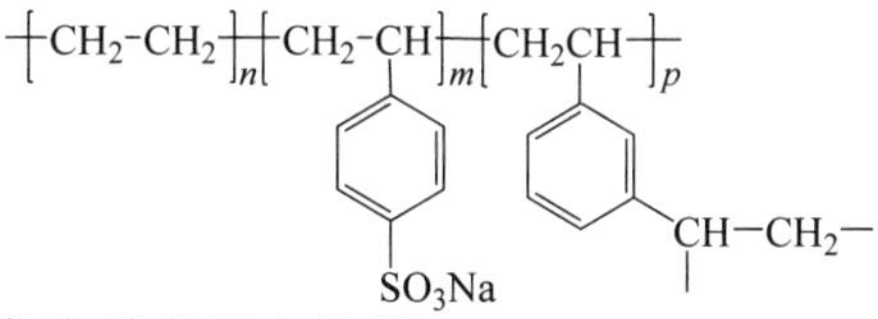

(6)苯乙烯聚氯乙烯半均质离子交换膜

苯乙烯聚氯乙烯半均质离子交换膜结构如下：

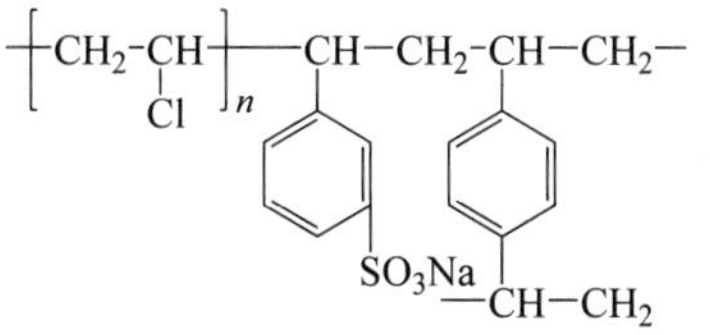

$$\left[CH_2-\underset{Cl}{CH}\right]_n-CH-CH_2-CH-CH_2-$$

SO_3Na　　$-CH-CH_2$

其制法是以聚氯乙烯为基料，浸含苯乙烯、二乙烯苯，制成聚氯乙烯含浸树脂，把其用浓硫酸磺化，就制取了苯乙烯型聚氯乙烯含浸阳离子交换树脂粉。

(7)聚乙烯醇缩聚离子交换膜

聚乙烯醇缩聚离子交换膜的制法:聚乙烯醇水溶液浸于维尼龙网布上,用硫酸铵、硫酸和甲醛溶液于 30 ℃缩醛化,再用磺酰氯的氯仿溶液在 50 ℃磺化,经水洗制得磺酸阳膜。其结构如下:

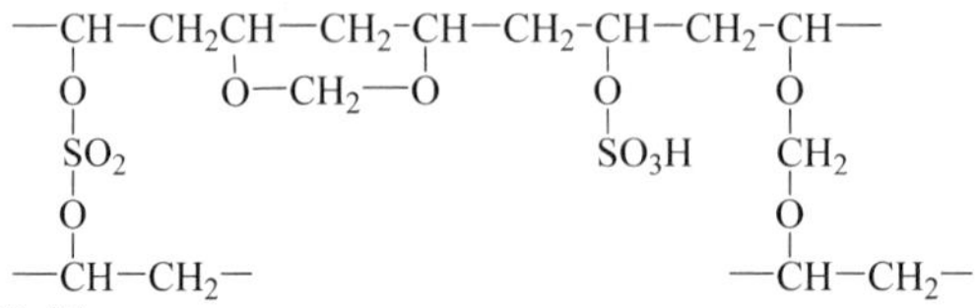

```
—CH—CH2CH—CH2-CH—CH2-CH—CH2-CH—
  |       |        |        |        |
  O       O—CH2—O          O        O
  |                         |        |
  SO2                      SO3H     CH2
  |                                  |
  O                                  O
  |                                  |
—CH—CH2—                          —CH—CH2—
```

(8)葡萄糖离子交换剂

用淀粉或蔗糖制成葡聚糖,其链上带有许多羟基,可用环氧氯丙烷进行交联,再通过醚化、酯化引入多种离子交换基团,如 sepherdex-c-25 中含有—O—$(CH_2)_3SO_3H$,sepherdex-c-50 中含有—$O(CH_2)_3SO_3H$,适用于高分子(如蛋白质)的分离,选择性好,而且不会使生物变性。

(9)磺化煤阳离子交换树脂

是褐煤或烟煤粉碎用发烟硫酸磺化制备的,主要用于锅炉水处理。

离子交换树脂可用于水处理。如锅炉水软化、脱盐纯水制备,电子工业用超纯水制备,废水处理,包括含有机物和金属离子废水的处理。

新型含磺酸基离子交换膜也在不断出现。磺化聚芳醚酮砜/ZnO_2 复合型质子交换膜结构如下:

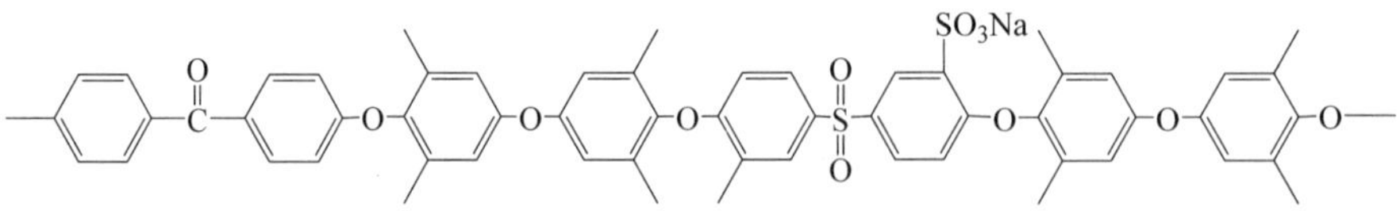

阳离子交换树脂在合成化学中应用广泛。阳离子交换树脂能催化水解反应,强酸性树脂催化酯的水解反应在工业上得到了广泛应用。如维尼龙工业生产中,生产原料聚乙烯醇会产生大量乙酸甲酯副产物,乙酸甲酯经强酸性树脂催化水解成乙酸和甲醇,它们可返回聚乙烯醇生产线,重复使用。糖原、糖苷、淀粉、直链淀粉、纤维素、麦芽糖和乳糖等多糖用磺酸树脂催化水解与用盐酸水解效果相当。用磺酸树脂可催化肽和蛋白质水解,催化活性比盐酸稍低,但产物氨基酸构型不变。用大孔磺酸树脂催化多种烯烃水合效果很好且使用周期较长。由于水合温度在 70～90 ℃,因此树脂寿命受一定影响。如把苯乙烯和二乙烯苯聚合物先卤化再磺化,制得的水合催化剂寿命可以延长。磺酸树脂对醚的裂解反应也有良好催化作用。磺酸树脂可催化脱水和缩醛、缩酮反应。乙二醇和甘油与醛酮缩合用树脂催化比用盐酸催化副反应少。强酸树脂不但能催化羧酸与醇的酯化,而且能催化烯烃与羧酸的酯化反应。磺酸树脂催化羧酸与烯烃直接加成制备酯类化合物是具有重要实际意义的方法。如乙酸与丁烯混合物中异丁烯反应,生成乙酸异丁酯,从而可分离出异丁烯。磺酸树脂催化烷基化和异构化反应。如用强酸树脂填装的固定床,从下边通入乙烯,在回流下通入过量的苯,从反应器顶部回收苯,底部回收乙苯,乙烯转化率为

100%。大孔强酸磺酸树脂有效催化一些化合物异构化，丁烯-1-异戊烯在强酸树脂催化下可发生异构化、缩合和环化，用强酸离子交换树脂催化，由苯酚和丙酮合成双酚A。强酸阳离子催化环化反应，丁二醇脱水环化制四氢呋喃，己二酮催化合成2,5-二甲基呋喃：

$$CH_3CO(CH_2)_2COCH_3 \longrightarrow H_3C\text{-}(\text{furan})\text{-}CH_3$$

二甘醇在大孔强酸树脂催化下，可制高级溶剂二噁烷。如D72树脂与二甘醇(1∶10.6)在170 ℃、6.7×10^4 Pa下反应，可得95%纯度1,4-二噁烷。还可用强酸树脂催化聚合反应和环氧化、过氧化反应。如以过氧化氢和乙酸为环氧化剂，以001×7强酸树脂催化，制备环氧棉籽油。用30%的过氧化氢和30%甲酸在001×7强酸树脂催化下大豆油环氧化已工业化。用磺酸阳离子催化，丁醇和32%盐酸按物质的量比为1∶1.1，催化剂浓度为8%，在100 ℃反应，同时蒸出正氯丁烷和水共沸物，选择性为97%。

在磺酸强酸树脂催化下，有不少石油化工产品实现了工业化。如用丙烯制备乙酸丙酯；从混合丁烯制备乙酸；由丙烯制备丙烯酸异丙酯；用D72强酸树脂催化由丙烯直接水合制备异丙醇；由异丙醇脱水制异丙醚；由丙烯和苯制备苯酚和丙酮，两步都是由磺酸树脂催化进行。

强酸性磺酸离子交换树脂在含金属离子废水的混合物分离中得到许多应用，在天然产物提取和分离，以及有机物纯化中也有一些应用。如含Cr^{3+}和含汞(Hg^{+})废水用强酸阳离子处理。在用铜-钒硝酸盐催化剂生产己二酸过程中排放含钒废水，选用001×7阳离子树脂处理，对废水中VO_2^{+}、Ca^{2+}、Fe^{3+}等金属离子总脱除率达95%以上。阳离子交换树脂提取分离发酵中的氨基酸，如磺化苯乙烯型阳离子交换树脂分离纯化L-缬氨酸，732#阳离子交换树脂分离L-赖氨酸，从结晶母液中回收L-谷氨酸都有比较好的效果。在抗生素生产中，春雷霉素、圈曲霉素、夹竹桃霉素、红霉素和卷曲霉素都用强酸离子交换树脂提取纯化。磺化聚苯乙烯离子交换树脂转化为钙型，用作层析固定相，分离葡萄糖和果糖、木糖醇和山梨醇。用类似树脂从棉籽糖水解液中提取分离D-果糖，都取得令人满意的结果。从甜菜糖稀汁中脱钙用强酸性阳离树脂效果良好。

总之，磺酸阳离子交换树脂、交换膜种类不少，用途广泛。例如，水处理、化学合成、石油化工、制药、食品和环保等。

合成树脂和纤维类化合物含有磺酸基化合物，如合成树脂中有氯磺酰化聚乙烯($\left[\!-CH(Cl)-CH_2-CH(SO_2Cl)-CH_2-\right]_n$)。未硫化氯磺酰化聚乙烯的性能基本与相应的氯化聚合物一样，有很好的室外耐久性，能耐紫外线，化学稳定性很好，能耐氧化、硫酸、硝酸、铬酸、二氧化硫和次氯酸等。

氯磺酰化聚乙烯的制法：聚乙烯用氯气和二氧化硫在四氯化碳中，用光引发或化学引发剂引发氯磺酰化，或者用硫酰氯(SO_2Cl_2)为氯磺酰化剂由二氧异丁腈引发，制得氯磺酰化聚乙烯。

氯磺酰化聚乙烯用途广泛，可制造汽车部件，如汽车窗槽、通风机板、分配器保护罩、火零星赛盖和打火线包皮;工业上用水软管;高压蒸汽软管;化学品工业软管;化学储槽衬里;工厂运输带表层;热物料传送带;制 1 000 V 以下绝缘保护层。用量较大的是配制防护涂料,这类涂料适用于织物、金属、橡胶、建筑物表面装饰。

3. 聚砜类树脂工程塑料

聚砜类树脂(PSF)是一类在主链上含有砜基和芳核($-\!\!\left[C_6H_4-SO_2-C_6H_4\right]\!\!-$)的高分子化合物。主要有以下几类:

(1)双酚 A 型聚砜

结构式为$\left[C_6H_4-C(CH_3)_2-C_6H_4-O-C_6H_4-SO_2-C_6H_4-O\right]_n$,称为聚砜(PSF),是由双酚 A 在二甲基亚砜中与氢氧化钠反应,生成双酚 A 钠盐,再与 4,4-二氯二苯砜反应。

$$HO-C_6H_4-C(CH_3)_2-C_6H_4-OH + 2NaOH \longrightarrow NaO-C_6H_4-C(CH_3)_2-C_6H_4-ONa + 2\,H_2O$$

$$n\,NaO-C_6H_4-C(CH_3)_2-C_6H_4-ONa + n\,Cl-C_6H_4-SO_2-C_6H_4-Cl \longrightarrow$$

$$\left[C_6H_4-C(CH_3)_2-C_6H_4-O-C_6H_4-SO_2-C_6H_4-O\right]_n + 2nNaCl$$

聚砜为三种不同基团连接亚苯基的线型聚合物,是通过亚异丙基($-C(CH_3)_2-$)、醚键($-O-$)、砜基($-SO_2-$),把主链上苯撑连成高分子化合物。所以聚砜有较高的强度和刚性、极佳的热稳定性和高温下抗氧化性,出色的熔融稳定性(熔化温度 320~380 ℃),热变形温度高于 170 ℃,长期使用温度可达 150 ℃。由于二苯砜高度共轭,其原子处于固定空间位置,使其质地坚硬,刚性强,强度高,不易断裂,耐蠕变,耐磨,耐辐射,耐水解,阻燃,成型收缩率低,制造尺寸稳定,而且在很宽温度和频率范围内都有优良的电性能,化学稳定性好,除浓硝酸、浓硫酸和卤代烃外,较能耐酸、碱、盐侵蚀,在酮、酯中溶胀。缺点是耐光、耐候性差,疲劳强度低。

(2)聚醚砜

聚醚砜也称聚醚苯砜($\left[C_6H_4-O-C_6H_4-SO_2\right]_n$)(PES),具有极佳的耐热性、抗氧化性、阻燃性,温度 180~220 ℃下可连续使用。力学性能优良,耐蠕变,尺寸稳定;有良好的耐腐蚀性,对汽油、润滑油、氟利昂等清洗剂耐受性极佳,高温下也能耐酸碱浸蚀。但对丙酮、氯仿耐受性差。其合成是 4,4′-二羟基二苯砜在环丁砜中与碱反应生成二钾盐,再与 4,4′-二氯二苯砜反应:

$$HO-C_6H_4-SO_2-C_6H_4-OH + 2\,KOH \longrightarrow KO-C_6H_4-SO_2-C_6H_4-OK + 2\,H_2O$$

$$n\,KO-C_6H_4-SO_2-C_6H_4-OK + n\,Cl-C_6H_4-SO_2-C_6H_4-Cl \longrightarrow$$

$$\left[-C_6H_4-O-C_6H_4-SO_2-\right]_n + 2n\,KCl$$

用 4,4′-二氯二苯砜和酚酞为原料合成一种新的聚醚砜：

$$\frac{1}{2}n\,Cl-C_6H_4-SO_2-C_6H_4-Cl + \frac{1}{2}n\,\text{酚酞（HO}-C_6H_4-\text{，}-C_6H_4-OH\text{）} \xrightarrow[\text{环丁砜，220℃}]{K_2CO_3} -C_6H_4-SO_2-C_6H_4-O-\text{酚酞残基}(-C_6H_4-OH)$$

(3)聚芳砜

聚芳砜也称聚苯砜(PASF)，是以苯环为骨架，通过砜基和醚基联结而成的：

$$\left[-SO_2-C_6H_4-O-C_6H_4-SO_2-C_6H_4-C_6H_4-SO_2-C_6H_4-C_6H_4-\right]_n$$

是典型的耐热、耐高温聚合物，能承受 260 ℃高温，耐磨，高强度，高硬度，且有好的柔顺性和耐老化性，能抗酸碱浸蚀(除浓硝酸、浓硫酸)，阻燃，耐辐射，电绝缘性好，缺点是融体黏度高，熔融流动性差。主要用于电视机、收音机、电子计算机的集成线路板等，还可用于家用电器、微波炉设备、吹风机、饮料和食品分配器等，以及外科手术工具盘、流体控制器、心脏阀、起搏器、义牙及牙托等，还有聚砜薄膜、中空纤维多种产品，也可用于石油、化工、水处理领域，航空面罩和宇航服等。其合成如下：

$$ClO_2S-C_6H_4-O-C_6H_4-SO_2Cl + n\,C_6H_5-C_6H_4-SO_2Cl$$

$$+n\,C_6H_5-C_6H_5 \xrightarrow[C_6H_5NO_2]{FeCl_2} \left[-O_2S-C_6H_4-O-C_6H_4-SO_2-C_6H_4-C_6H_4-SO_2-C_6H_4-C_6H_4-\right]_n$$

(4)聚羟砜醚型

聚羟砜醚型($\left[-O-C_6H_4-\overset{O}{\underset{O}{\overset{\|}{\underset{\|}{S}}}}-C_6H_4-O-CH_2\underset{OH}{\underset{|}{C}}H-\right]_n$)主链上有砜基、醚键和苯环，决定了聚合物有良好的力学性能和热稳定性，砜基为吸电子基，又有高度的共轭特性，所以这种聚合物有良好的抗氧化性能，醚键使聚合物具有高度柔韧性，使其容易成型加工。羟基使聚合物具有亲水性，使制品对环境有微量吸湿作用。其制法是用 4′,4-二羟基二苯砜的钠盐与环氧氯丙烷缩聚：

$$nNaO-C_6H_4-SO_2-C_6H_4-ONa + nCH_2(O)CHCH_2Cl \longrightarrow [-O-C_6H_4-SO_2-C_6H_4-O-CH_2CH(OH)-CH_2-]_n$$

主要用于高频线圈骨架、照相器材、电话机、电风扇、齿轮等。

(5)聚苯砜树脂

聚苯砜树脂($[-C_6H_4-C_6H_4-O-C_6H_4-SO_2-C_6H_4-O-]_n$)的结构有联苯单元存在，使其有良好的热稳定性，还有良好的抗氧化性能和较好的成型加工性能。聚苯砜树脂可用于电子电气制品，如印刷电路板，还可用于灭菌器托盘、飞机内装材料及外板、侧壁、顶板等，也可用于冷冻食品的包装和托盘等。

(6)聚砜酰胺树脂

聚砜酰胺树脂的结构是 $[-HN-C_6H_4-SO_2-C_6H_4-NHC(=O)-C_6H_4-C(=O)-]_n$ 和 $[-HN-C_6H_4-SO_2-C_6H_4-NHCO-C_6H_4-C(=O)-]_n$。其结构特点使其具有耐高温、耐酸碱、高抗氧化和高强度的性能。制备方法是4,4-二氨基二苯砜或3,3′-二氨基二苯砜与对苯二甲酰氯反应制取。

$$nH_2N-C_6H_4-SO_2-C_6H_4-NH_2 + Cl-C(=O)-C_6H_4-C(=O)-Cl \longrightarrow [-HN-C_6H_4-SO_2-C_6H_4-NH-C(=O)-C_6H_4-C(=O)-]_n$$

用于制反渗透膜耐高温纤维绝缘纸，这种反渗透膜可用于海水淡化，反渗透率高。

(7)聚苯硫醚砜

聚苯硫醚砜($[-C_6H_4-SO_2-C_6H_4-S-]_n$)为非结晶形聚合物，其 T_3 高达 210 ℃，可制耐温在 160～220 ℃的结构件和耐 270 ℃的非结构件。该高聚物有优异的耐热性和阻燃性，有良好的耐化学药品性能。以4,4′-二氯二苯砜和硫化钠或硫氢化钠为原料，在有机胺类(如吡啶等)溶剂中，用乙酸锂或乙酸钠为催化剂，在 180～230 ℃反应制取：

$$nCl-C_6H_4-SO_2-C_6H_4-Cl + nNa_2S \longrightarrow [-C_6H_4-SO_2-C_6H_4-S-]_n + 2nNaCl$$

(8)新型聚砜类化合物

①新型砜基聚苯并咪唑高聚物

随着航天、机械、电子等尖端行业对耐高温、耐热高分子材料需求的快速增长，芳杂环类聚合物材料的研究得到迅速发展，出现了许多含杂环的高分子材料，并在实际中得到了应用。新型砜基共聚苯并咪唑就是这一类材料。以多聚磷酸(PPA)为催化剂，催化4,4′-

二醛基二苯砜与邻苯二胺反应，合成双苯并咪唑二苯砜单体，然后以环丁砜为溶剂，在无水碳酸钾存在下，合成新型砜基聚苯并咪唑，再与 4，4-二氟二苯砜反应，制得新型砜基聚苯并咪唑高聚物，其反应过程如下：

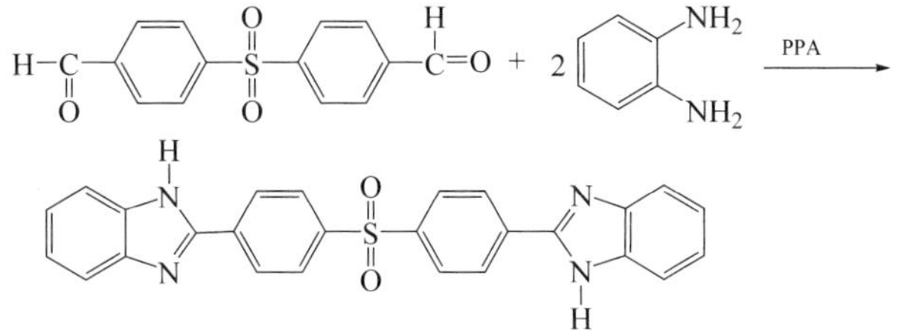

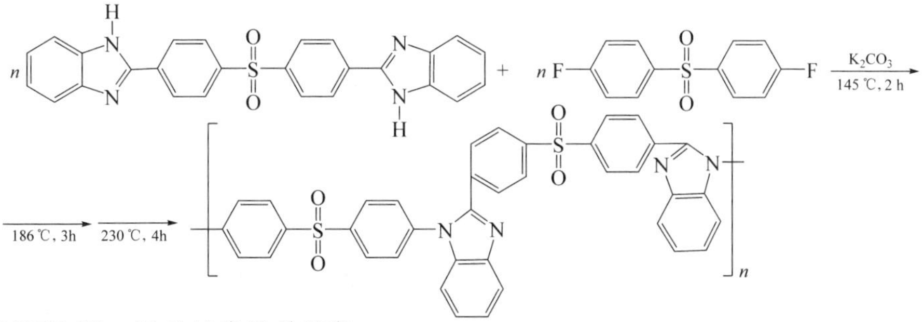

H—C(=O)—C₆H₄—SO₂—C₆H₄—C(H)=O + 2 (o-C₆H₄(NH₂)₂) —PPA→

(bis-benzimidazole: H, N, N, O, S, O, N, N, H)

n (H, N, N, O, S, O, N, N, H) + n F—C₆H₄—SO₂—C₆H₄—F —K_2CO_3, 145 ℃, 2 h→ —186 ℃, 3h→ —230 ℃, 4h→

[—C₆H₄—SO₂—C₆H₄—N(benzimidazole)N— ... O, S, O ... N, N—]$_n$

②聚砜-聚二甲硅烷嵌段共聚物

用端羟基聚砜和端二甲胺聚二甲基硅氧烷预聚物在氯苯中反应，制得以聚砜为硬段、以聚甲基硅氧烷为软段的共聚物。其过程可表示如下：

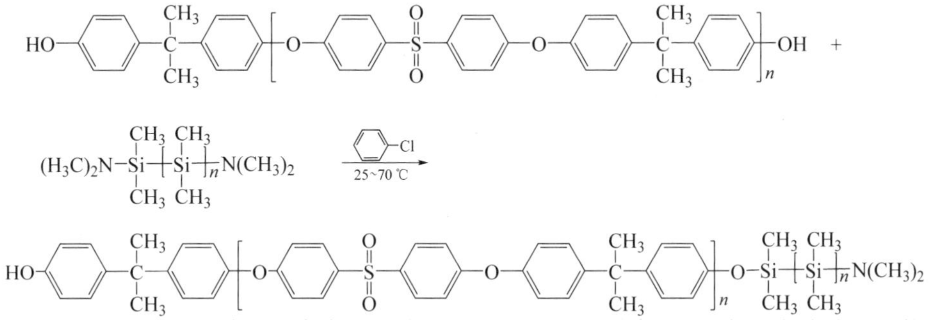

HO—C₆H₄—C(CH_3)₂—C₆H₄—[O—C₆H₄—SO₂—C₆H₄—O—C₆H₄—C(CH_3)₂—C₆H₄]$_n$—OH +

$(H_3C)_2N$—Si(CH_3)₂—[Si(CH_3)₂]$_n$—$N(CH_3)_2$ —(C₆H₅Cl), 25~70 ℃→

HO—C₆H₄—C(CH_3)₂—C₆H₄—[O—C₆H₄—SO₂—C₆H₄—O—C₆H₄—C(CH_3)₂—C₆H₄]$_n$—O—Si(CH_3)₂—[Si(CH_3)₂]$_n$—$N(CH_3)_2$

由于两种相嵌不相容，且玻璃化温度相差悬殊，因此耐高温、耐低温性能优异，使用温度范围甚宽，耐氧化性能优异，可在 170 ℃以下长期使用，而且耐水解稳定性好。

③磺化聚芳醚酮砜/ZnO_2 复合型质子交换膜

结构如下：

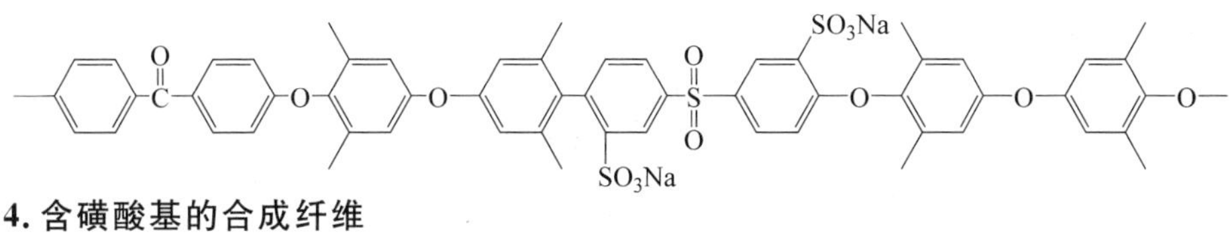

—C₆H₄—C(=O)—C₆H₄—O—(Ar)—O—(Ar)—(Ar, SO_3Na)—SO₂—(Ar, SO_3Na)—O—(Ar)—O—(Ar)—O—

4. 含磺酸基的合成纤维

合成纤维聚酯合成纤维中阳离子染料易使聚 CDP 纤维染色，是因为含有磺酸基的纤维。合成它的主要原料是对苯二甲酸二甲酯和乙二醇，除此之外要加入第三单体，第三单体均带有磺酸基，如 MeOOC、COOMe、SO_3Na 、MeOOC、COOMe、$OCH_2CH_2SO_3Na$ 、

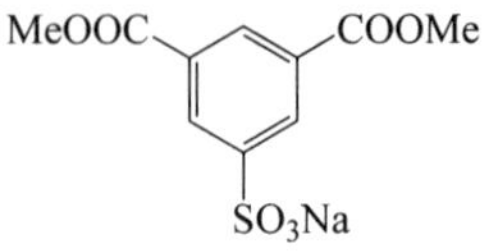

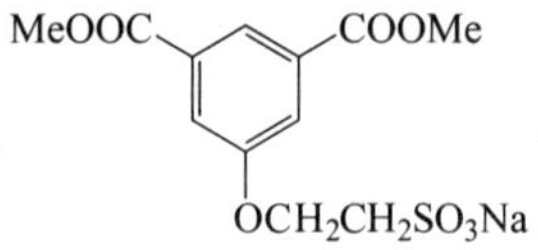

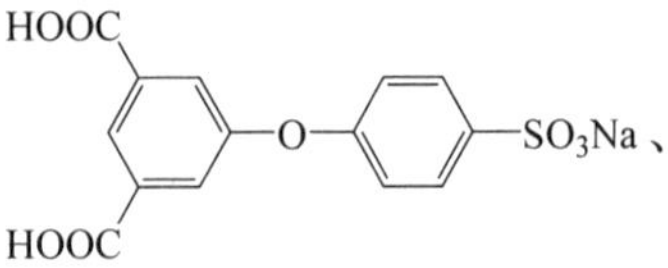

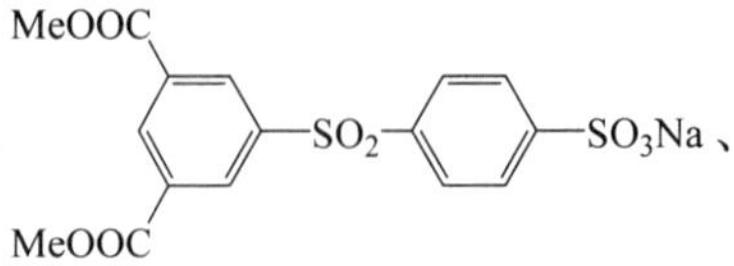

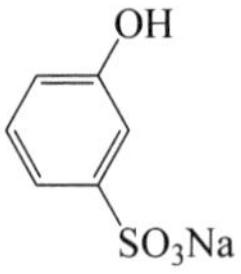

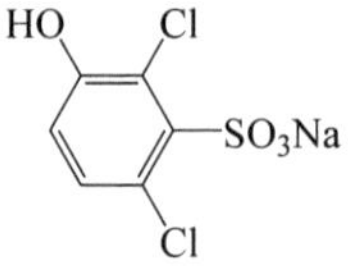

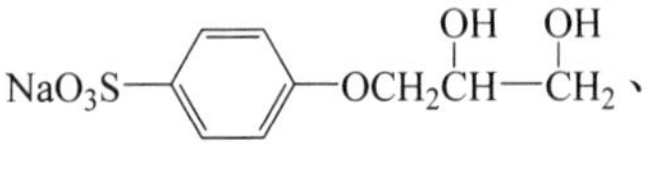

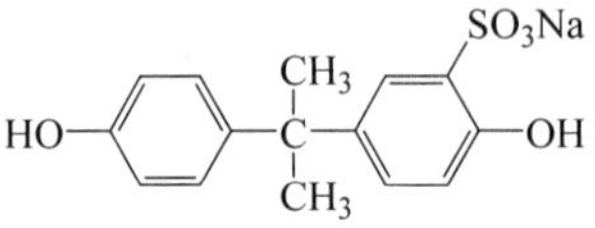

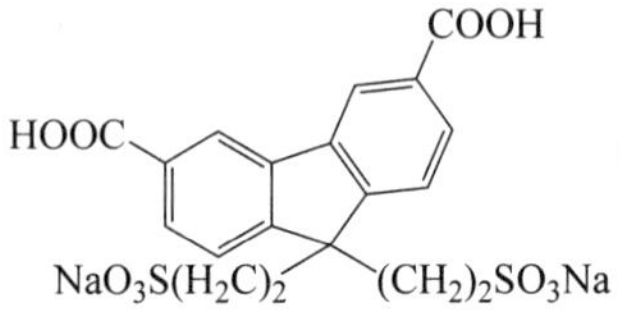

HOOC、HOOC、O、SO_3Na 、MeOOC、MeOOC、SO_2、SO_3Na 、OH、SO_3Na 、HO、Cl、Cl、SO_3Na 、

NaO_3S—$OCH_2CH(OH)—CH_2(OH)$ 、HO—$C(CH_3)_2$—(OH, SO_3Na) 、HOOC、COOH、$NaO_3S(H_2C)_2$、$(CH_2)_2SO_3Na$ 等。其中用得比较多的是间苯二甲酸二甲酯-5-磺酸钠（SIPM）。加入（SIPM）后缩合的酸性聚酯（$\left[O-\overset{O}{C}-C_6H_4-COOCH_2CH_2O-O\overset{O}{C}-C_6H_3(SO_3Na)-COOCH_2CH_2 \right]_n$）称为 CDP 纤维。SIPM 加入量一般为 3％～5％，可使其 CDP 共缩聚酯的结晶度降低，无定形区增加，有利于染料扩散进入纤维，染色牢度、染色性能好于纯聚酯。还可用阳离子染料染色，色泽鲜艳。共聚酯吸湿性好，抗静电性也比常规聚酯好，抗起球性能好。

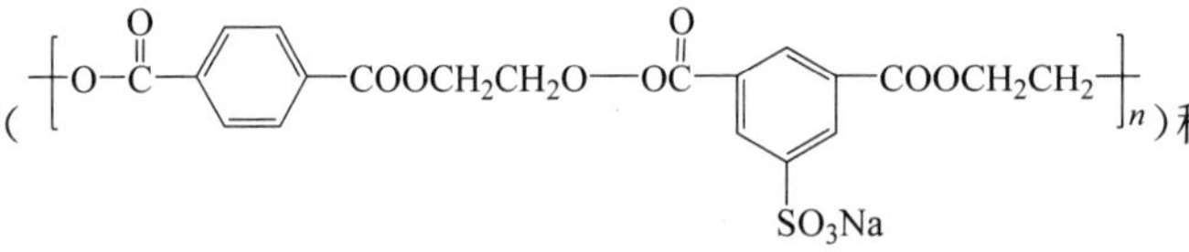

Heim 聚酯纤维是添加 2-羟基苯砜与苯磷二氯反应物 $\left[O-C_6H_4-SO_2-C_6H_4-O-\overset{O}{P}(C_6H_5) \right]_n$ 作为阻燃的聚酯纤维，有良好的耐水解性能，又可用阳离子染料染色，也可阻燃。

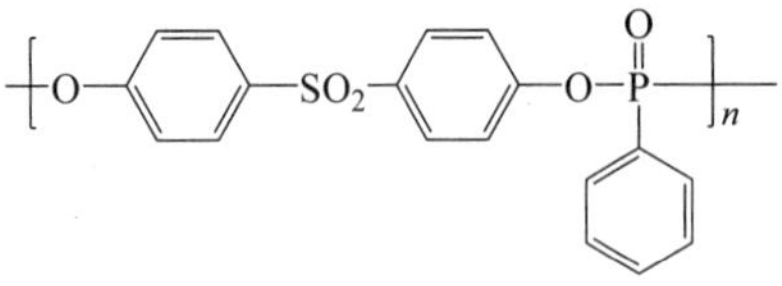

合成丙烯腈纤维即人造羊毛（$\left[CH_2-CH(CN) \right]_n$）时，引入含磺酸基的第二单体会大大改善染色性能。丙烯腈与含磺酸基不饱和化合物，如 2-丙烯磺酸（$CH_2=CH-CH_2SO_3H$）、甲基丙烯磺酸（$CH_2=C(CH_3)-CH_2SO_3H$）、对乙烯基苯磺酸（$CH_2=CH-C_6H_4-SO_3H$）共聚时，在聚丙烯腈大分子中引入磺酸基，改善了聚丙烯腈纤维性能，使染色容易，可用阳离子染料染色，得到色泽鲜艳的纤维。其他性能也有所提高。

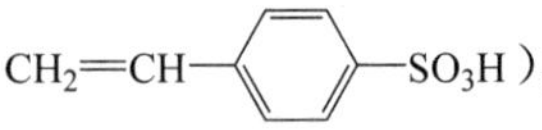

5. 聚苯砜酰胺树脂

对苯二甲酰氯和 4,4-二氨基二苯砜通过低温缩合可制取聚苯砜酰胺纤维，又称聚芳砜纶。该纤维具有良好的热稳定性，有较高的吸湿率，有良好的耐光性能，对辐射有较好的稳定性。主要用于高温滤材、耐高温工作服和电绝缘材料，也可用于阳离子染料染色。

聚砜中空纤维膜是以高性能聚砜工程塑料为原料纺制的。聚砜结构为

$$\left[\!-\!\bigcirc\!-\!\underset{CH_3}{\overset{CH_3}{C}}\!-\!\bigcirc\!-\!O\!-\!\bigcirc\!-\!SO_2\!-\!\bigcirc\!-\!O\!-\!\right]_n$$

。聚砜、添加剂 PVP 或 PEG 和二甲基甲酰胺经充分混合溶解后纺丝，再制成膜。该膜具有优良超滤性能，对中等或较大分子物质具有良好分离能力。可用于制备超纯水终端装置，除去胶体微粒、细菌及其他物质，可用于蛋白质浓缩和其他制药工业，也是性能良好的复合反渗透膜基膜。离子交换纤维中含磺酸基的离子交换纤维，如以聚乙烯醇（PVA）纤维为原料制造的离子交换纤维，是把聚乙烯醇经纺丝后的长丝或短丝、纺织物、无纺布等规定的形式，经碳化后在空气中加热至 180～210 ℃，脱去氢基和羟基后进行磺化，用 98％的浓硫酸引入磺酸基。经后处理除去杂质，便可得到带有磺酸基的阳离子交换纤维。离子交换纤维适用于大量稀溶液短时间处理，也适用高相对分子质量、高黏度溶液处理，对难分离物质的分离有一定优越性。主要应用于原子能发电冷凝水处理，冷凝水要求纯度高、处理量大，离子型和非离子型杂质必须全除去。用于稀土金属分离、氨基酸的分离，能高速分离氨基酸。也可用于模件化，如制成离子交换纸用于分析等。

聚砜和磺化聚砜共混离子交换膜用于燃料电池等。

6. 含磺酸基的液晶

以联苯为液晶的基元通过磺酸内酯开环反应，合成新型的磺酸基团位于分子末端棒状分子，如 4-烷氧基-4′-丁氧烷磺酸基联苯，其反应过程如下：

$$HO\!-\!C_6H_4\!-\!C_6H_4\!-\!OH + \left(CH_2\right)_n\!Br \xrightarrow{DNF,\ KOH} \left(H_2C\right)_n O\!-\!C_6H_4\!-\!C_6H_4\!-\!OH$$

$$\xrightarrow[BuOH]{\text{(butane sultone)}} \left(H_2C\right)_n O\!-\!C_6H_4\!-\!C_6H_4\!-\!O\left(CH_2\right)_4 SO_3Na \xrightarrow[H_2O]{HCl}$$

$$\left(CH_2\right)_n O\!-\!C_6H_4\!-\!C_6H_4\!-\!\left(CH_2\right)_4 SO_3H$$

7. 含磺酸基高分子锂盐共混物

聚甲基丙烯酸低聚氧乙烯酯和甲基丙烯酸己磺酸锂盐共混物：

$$\left[CH_2-\underset{COO(CH_2CH_2O)_nH}{\overset{CH_3}{C}}\right]_n \Big/ \left[CH_2-\underset{COOC_6H_{12}SO_3Li}{\overset{CH_3}{C}}\right]_n$$

聚甲基丙烯酸甲氧基低聚氧化乙烯酯-丙酰胺和甲氧基低聚氧化乙烯磺酸锂复合物、聚甲基丙烯酸-α-甲氧基多缩乙二醇酯（PMGn）和聚氧化乙烯（PEO）、三氟甲磺酸锂（$LiCF_3SO_3$）复合材料都可用于全固态三次电池、电色显示器、化学传感器、滤波器和自动调光玻璃等方面。

8. 含磺酸基的高分子化合物在油田助剂和水处理剂方面的应用

油田用的含磺酸基高分子、大分子化合物多种多样。

(1)油田阻污分散剂

由丙烯酸、马来亚酸酐和烯丙基磺酸钠合成共聚物。

$$n\,CH_2{=}\underset{COOH}{\underset{|}{CH}} + m\,\begin{matrix}CHC(=O)\\ \| \quad\;\; \rangle O\\ CHC(=O)\end{matrix} + p\,CH_2{=}\underset{CH_2SO_3Na}{\underset{|}{CH}} \xrightarrow{\text{引发}}$$

$$\left[CH_2-\underset{COOH}{\underset{|}{CH}}\right]_n\left[\underset{OC-O-CO}{CH-CH}\right]_m\left[CH_2-\underset{CH_2SO_3Na}{\underset{|}{CH}}\right]_p$$

(2)磺化高分子降黏剂

如油田用的 x-B-40 降黏剂，是丙烯和磺化丙烯共聚物。

$$n\,CH_2{=}\underset{CH_3}{\underset{|}{CH}} + m\,CH_2{=}\underset{CH_2SO_3Na}{\underset{|}{CH}} \xrightarrow{\text{引发}} \left[CH_2-\underset{CH_3}{\underset{|}{CH}}\right]_n\left[CH_2-\underset{CH_2SO_3Na}{\underset{|}{CH}}\right]_m$$

(3)油田降失水剂

如磺化苯乙烯聚合物或共聚物。聚甲基酚醛树脂结构为 $\left[C_6H_2(OH)(CH_2SO_3Na)-CH_2\right]_n-OH$。

磺化聚丙烯酰胺（$\left[CH_2-\underset{\underset{NHSO_3H}{|}}{\underset{CO}{\underset{|}{CH}}}\right]_x\left[CH_2-\underset{CONH_2}{\underset{|}{CH}}\right]_y$）的相对分子质量在 300 万左右，磺化度大于 25%，有耐温、降失水、减阻作用，降摩擦效果好，广泛用于煤田、油田钻井的失水剂和油田防塌剂。可用聚丙烯酰胺经磺化制取。

(4)减阻剂

如多环芳烃磺酸盐与甲醛缩合物，磺化苯乙烯与顺丁烯二酸酐、丙烯酸和丙烯酰胺共聚物。

(5)油田阻垢分散剂

是丙烯酸、马来酸酐和烯丙基磺酸钠共聚物，其结构为$\left[CH_2-\underset{COOH}{\underset{|}{CH}}\right]_n\left[\underset{O=C-O-C=O}{CH-CH}\right]_m\left[CH_2-\underset{CH_2SO_3H}{\underset{|}{CH}}\right]_p$。

9. 含磺酸基高分子化合物在制革中的应用

含磺酸基高分子化合物在制革中也有一些应用，如合成鞣革剂 DLT-1，结构如下：

$$HO(HO_3S)C_6H_3-CH_2-\left[C_6H_2(OH)(SO_3H)-CH_2-C_6H_2(OH)(SO_3H)-CH_2\right]_n-C_6H_3(OH)(SO_3H)$$

鞣革 1 号：

$$\left[C_{10}H_5(SO_3H)-CH_2-C_{10}H_5(SO_3H)\right]_n$$

鞣革 7 号：

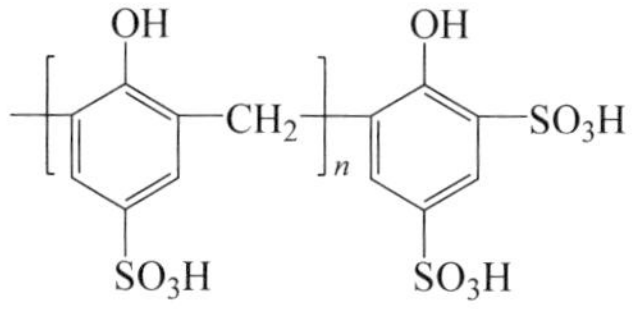

合成鞣革剂 DLT-15：

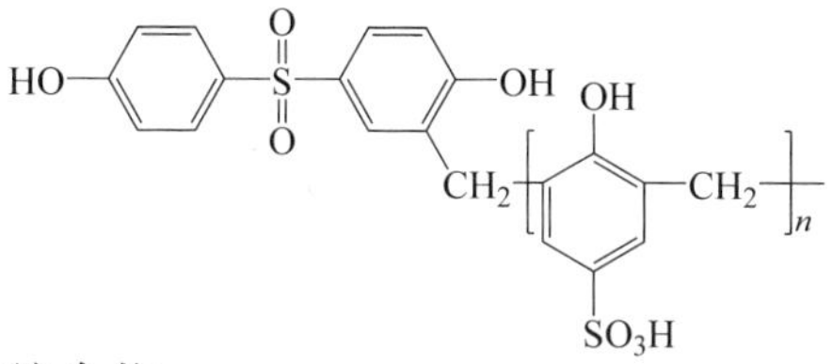

二羟基二苯砜与甲醛缩合物：

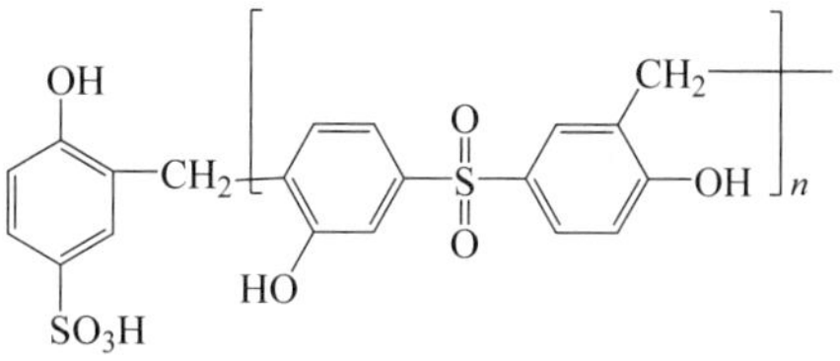

10. 含磺酸基高分子水处理剂

(1)马来酸酐与苯乙烯磺化物共聚物

其合成是由苯乙烯与马来酸酐共聚：

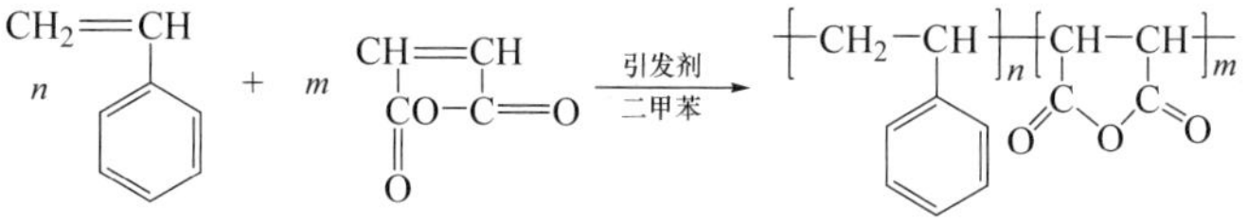

磺化中和：

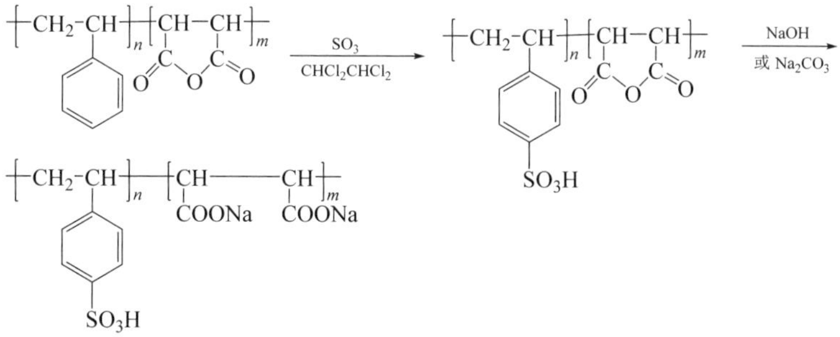

也可用磺化苯乙烯与马来酸酐共聚。

(2)顺丁烯二酸酐与烯丙基磺酸钠共聚物

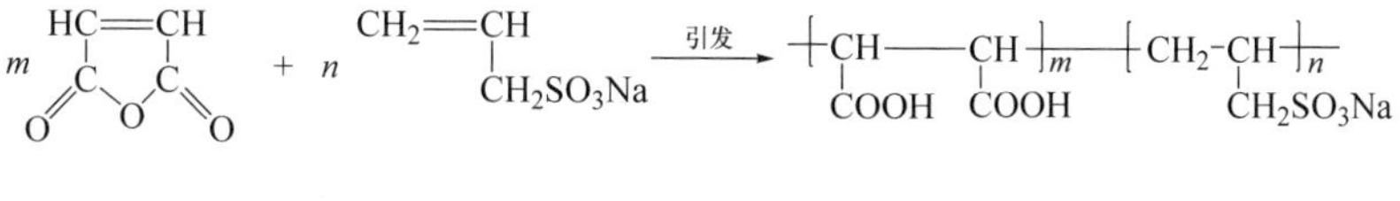

(3)顺丁烯二酸酐与N-丙烯酰基-N′-甲基丙基磺酸共聚物

$$m\ \text{(maleic anhydride, HC=CH, C(=O)–O–C(=O))} + n\ CH_2{=}CH{-}CO{-}N(CH_3){-}(H_2C)_3{-}SO_3Na \xrightarrow{\text{引发剂}} \left[CH(COOH)-CH(COOH)\right]_m\left[CH_2-CH(CO{-}N(CH_3){-}(H_2C)_3{-}SO_3Na)\right]_n$$

8.4.2 磺化物在高分子化合物合成和加工中的应用

1. 合成高分子化合物所用的助剂

聚合、缩合合成高分子化合物的反应需加多种助剂,其中有不少是磺化物。下面举些例子。

氨基磺酸是合成脲醛树脂的催化剂。对甲基苯磺酸($H_3C-C_6H_4-SO_3H$)是溶液缩聚生产聚酯最有效的催化剂。在乳液聚合合成丁苯橡胶、氯丁橡胶反应中,选用烷基芳磺酸钠和烷基磺酸钠作为乳化剂。合成丁苯橡胶时,用α-萘磺酸(1-萘磺酸,$C_{10}H_7-SO_3H$)或β-萘磺酸(2-萘磺酸,$C_{10}H_7-SO_3H$)作为扩散剂。在氯化聚乙烯生产中,用十二烷基硫酸钠($C_{12}H_{25}OSO_3Na$)、十二烷基苯磺酸钠($H_{25}C_{12}-C_6H_4-SO_3Na$)、十二烷基磺酸钠($C_{12}H_{25}SO_3Na$)等作为乳化剂。合成胶乳中,用烷基磺酸盐、烷基硫酸盐、磺化丁二酸盐、烷基苯磺酸盐作为乳化剂。在合成聚丙烯酸酯的反应中,用十二烷基磺酸盐、烷基聚氧乙烯磺酸钠作为乳化剂。

2. 高分子化合物加工中所用的助剂

合成橡胶、树脂和塑料加工时用的助剂中含有磺酸基、磺酰基的磺酸衍生物。增塑剂有磺酸衍生物,如N-丁基苯磺酰胺($C_6H_5-SO_2NHC_4H_7$),可用于合成纤维素树脂和聚醋酸乙烯树脂。邻、对甲苯磺酰胺(邻-$CH_3C_6H_4-SO_2NH$、$H_3C-C_6H_4-SO_2NH_2$)是热固性塑料的优良固体增塑剂,适用于酚醛树脂、脲醛树脂和聚酰胺树脂,能赋予制品优良光泽。N-乙基邻、对甲基苯磺酰胺(邻-$CH_3C_6H_4-SO_2NHC_2H_5$、$H_3C-C_6H_4-SO_2NHC_2H_5$)是聚酰胺最适用的增塑剂之一,用作醋酸纤维和硝酸纤维漆的增塑剂,得到的漆膜有良好的耐溶剂性、耐水性、耐划伤性。还可用作醋酸乙烯酯黏合剂,产品黏性大、柔软性好。烷基磺酸苯酯($R-SO_2\cdot O-C_6H_5$,$R=C_{12}\sim C_{18}$)毒性低,是聚氯乙烯和氯乙烯共聚物的增塑剂,有良好耐候性、力学性能和电绝缘性,适用于人造革、薄膜、电线电缆、鞋底制品;也是天然橡胶和合成橡胶的增塑剂，能改善制品的低温耐挠性和回弹性。

N-环已基-对甲基苯磺酸胺 $H_3C-C_6H_4-SO_2-NH-C_6H_{11}$ 有优良的热稳定性和光稳定性，常用于纸张和纺织品涂料，以及热熔黏合剂的增塑剂。

因为大多数合成高分子材料都具有电绝缘性，其表面电阻率很高，因此使用过程中易积累静电荷，当静电荷积累到一定程度时会产生一系列危害，所以需加抗静电剂。用于橡胶、树脂和塑料中的磺酸衍生物类抗静电剂有多种类型，有阳离子型、阴离子型和两性型。阴离子型中烷基磺酸盐如十八烷基硫酸钠（$C_{18}H_{35}OSO_3Na$）可用于极性聚合物，如 PVC 及苯乙烯塑料。阳离子型如三甲基铵硫酸甲酯（$[C_{12}H_{25}C(=O)NHCH_2CH_2CH_2N(CH_3)_3]^+CH_3\cdot SO_4^-$）是聚氯乙烯、聚苯乙烯、ABS 树脂、聚乙烯、聚丙烯和聚氨酯等塑料的内加抗静电剂，静电消除效果高，热稳定性、流动性好。抗静电剂 609、N，N 双(2-羟乙基)-N-(3′-十二烷氧基-2′-羟基丙基)甲基铵硫酸甲酯（$[C_{12}H_{25}OCH_2CH(OH)CH_2-N(CH_3)(CH_2CH_2OH)_2]^+CH_3\cdot SO_4^-$）的抗静电效能高，热稳定性好，适用于聚氯乙烯、ABS 树脂、丙烯酸树脂等塑料。三羟乙基甲基季铵硫酸甲酯盐（$[H_3C-N(CH_2CH_2OH)_3]^+CH_3\cdot SO_4^-$）是聚丙烯腈、聚酯和聚酰胺等合成纤维优良的抗静电剂。硫酸二甲酯也常用作抗静电剂。

光稳定剂可吸收和反射紫外光物质，种类有几十种，但含磺酸基的化合物不多。2，2′-二羟基-4，-4′-二甲氧基-5-磺酸二苯甲酮（$H_3CO-C_6H_3(OH)-C(=O)-C_6H_2(OH)(SO_3Na)-OCH_3$）是硝酸纤维素、水溶性涂料和橡胶的紫外线吸收剂；2-羟基-4-甲氧基-5-磺基二苯甲酮多水合物（$H_3CO-C_6H_2(OH)(SO_3H)-C(=O)-C_6H_5\cdot 3H_2O$）是涂料，特别是水溶性涂料的紫外线吸收剂；硫酸二甲基酯是生产紫外吸收剂 2-羟基-4-甲氧基二苯甲酮的原料。

防氧化剂、防老化剂如 N-(对甲苯磺酰胺基)-N′苯基对苯二胺（$H_3C-C_6H_4-SO_2-NH-C_6H_4-NH-C_6H_5$）是橡胶防老化剂，适用于天然橡胶、丁苯橡胶、氯丁橡胶及胶乳等，抗氧、抗臭氧作用良好，分散性好，污染较小，而且对氯丁橡胶特别有效。

防霉剂是抑制霉菌生长和杀灭霉菌的助剂，主要是酚类，有机金属化合物，含氮、含卤素、含硫有机化合物。如 N，N-二甲基-N′-苯基（氟二氯甲基硫代）磺酰胺（$(CH_3)_2N—SO_2-N(C_6H_5)-S-CFCl_2$）是橡胶塑料防霉剂，主要用于内外墙防霉涂料。还有 2，3，5，6-四氯-4-（甲磺酰基）吡啶（H_3CO_2S—四氯吡啶基）。

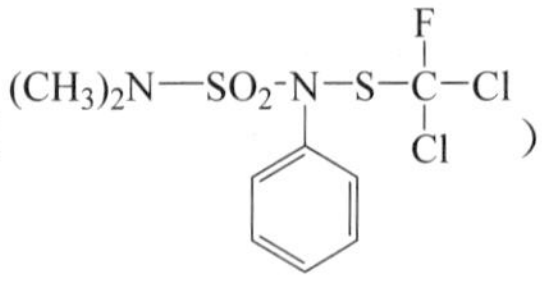

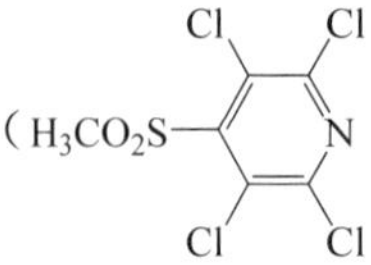

防焦剂是能防止或延缓胶料在硫化前的加工和储存过程中发生提前硫化的物质。防焦剂包括亚硝基化合物、有机酸类化合物和含有 S—N 结构的化合物，其中含有 S-N 结构的化合物如 N-三氯甲基硫代-N-苯基苯磺酰胺（$C_6H_5-SO_2-N(C_6H_5)-S-CCl_3$）是天然橡胶和合成橡胶的防焦剂，不污染，不着色，高温混炼不发泡；N-（异丙基硫代）-N-环己基苯并噻唑基磺酰胺（苯并噻唑基$-SO_2-N(C_6H_5)-S-CH(CH_3)_2$）是天然和合成橡胶的防焦剂，防焦效果好，对各种促进剂的硫化体系均有防焦效果。

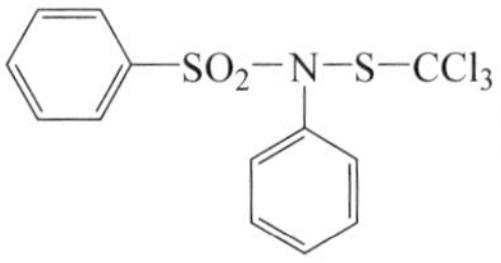

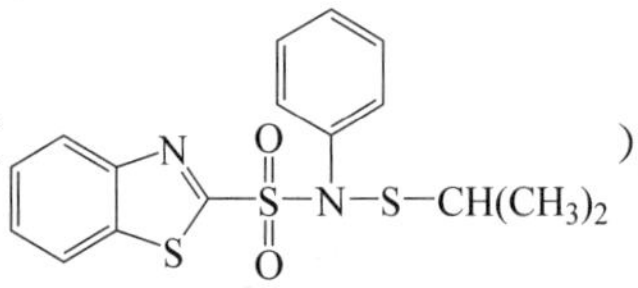

偶联剂是分子中一部分基团可与无机物表面化学基团反应，形成强固的化学饱和，另一部分基团与有机分子反应或物理缠绕，从而把两种材料牢固结合起来。如钛酸酯类三（十二烷基苯磺酰基）钛酸异丙酯（$CH_3-CH(CH_3)O-Ti[O-SO_2-C_6H_4-C_{12}H_{25}]_3$），适用于环氧树脂、聚酯、聚丙烯和聚苯乙烯的填充体系，还可作为环氧树脂和聚酯的触变剂。4-氨基苯磺酰基二（十二烷基苯磺酰基）钛酸异丙酯（$CH_3-CH(CH_3)O-Ti[O-SO_2-C_6H_4-C_{12}H_{25}]_2(O-SO_2-C_6H_4-NH_2)$），有良好热稳定性，可用于软质聚氯乙烯、聚酰胺-酰亚胺、聚碳酸酯、酚醛树脂、合成橡胶等聚合物填充体系，有良好交联效果，制品的抗冲击性和热稳定性较强。

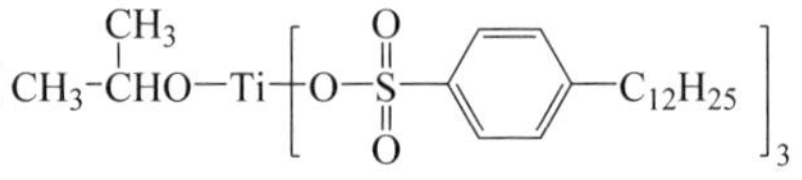

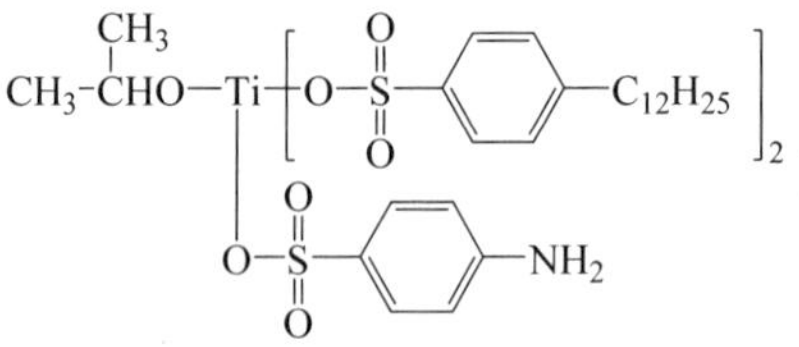

阻燃剂可由双酚 S 经溴化制备，四溴双酚 S（$HO-C_6HBr_2-SO_2-C_6HBr_2-OH$）为阻燃剂，作为添加型阻燃剂可用于聚乙烯、聚丙烯、聚苯乙烯，作为反应型阻燃剂可用于环氧树脂、聚碳酸酯，均有很好的阻燃效果。点燃后，当离开火时，自熄。

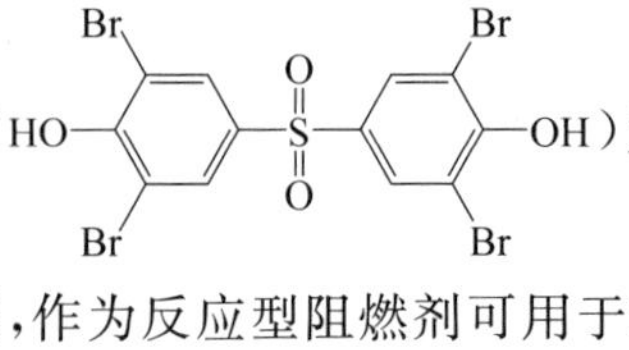

固化剂如二苯砜-3,3′、4,4′-四羧酸二酐（ ）的耐热性和电性能优良，可用于环氧树脂，交联度高，耐热耐老化、耐湿性优良；4,4′-二氨基二苯砜（$H_2N-C_6H_4-SO_2-C_6H_4-NH_2$）、3,3′-二氨基二苯砜（ ）作为环氧树脂固化剂，能提高产品的机械性能、电性能、耐药性能，因此产品有较好的热稳定性和化学稳定性。

橡塑加工中的发泡剂，是使橡胶塑料形成泡孔结构而添加的助剂。有机发泡剂有偶氮化合物、亚硝基类和磺酰肼类化合物。含磺酰基化合物有数十种，如磺酰肼类：苯磺酰肼（$C_6H_5-SO_2NHNH_2$）、对甲苯磺酰肼（$H_3C-C_6H_4-SO_2NHNH_2$）、甲苯 2,4-二磺酰肼、苯二磺酰肼、3,3′-二磺酰肼二苯砜（$O_2S(C_6H_4-SO_2NHNH_2)_2$）；磺酰脲类：对甲苯磺酰氨基脲（$H_3C-C_6H_4-SO_2NHCONH_2$），对，对氧双（苯磺酰氨基脲）（$O(C_6H_4-SO_2NHNHCONH_2)_2$）。还有苯磺酰重氮苯（$C_6H_5-SO_2N_3-C_6H_5$）、对甲苯磺酰重氮（$H_3C-C_6H_4-SO_2N_3$）、对甲苯磺酰丙酮腙（$H_3C-C_6H_4-SO_2NHN=C(CH_3)_2$）等。苯磺酰肼可用于制取天然橡胶和合成橡胶微孔海绵。对甲苯磺酰肼是低温发泡剂，可用于聚氯乙烯等多种塑料和橡胶，产生的泡孔结构细密均匀，制品收缩率低。4,4′-氧代双苯磺酰肼（$H_2NHN-SO_2-C_6H_4-O-C_6H_4-SO_2-NHNH_2$）的适用性广，有万能发泡剂之称，适用于聚氯乙烯、聚乙烯、聚丙烯、ABS 等多种塑料，也用于橡胶和橡胶塑料共混物发泡。3，3′-二磺酰肼二苯砜（$H_2NHNO_2S-C_6H_4-SO_2-C_6H_4-SO_2NHNH_2$）主要用于软质聚氯乙烯发泡，也可用于硬质聚氯乙烯和聚乙烯发泡。1,3-苯二磺酰肼（$C_6H_4(SO_2NHNH_2)_2$）用于以天然橡胶、丁苯橡胶、丁腈橡胶和氯丁橡胶为原料制造高级无臭微孔鞋底，加工安全。对甲苯磺酰氨基脲（$H_3C-C_6H_4-SO_2-NHCONH_2$）适用于高温加工塑料，如 ABS 树脂、尼龙、硬质聚乙烯、高密度聚乙烯、聚丙烯和聚碳酸酯等,也可用于天然和合成橡胶发泡。4,4′-氧代双(苯磺酰氨基脲)($H_2NC(=O)NHNH-SO_2-C_6H_4-O-C_6H_4-SO_2-NHNHC(=O)NH_2$)是高温发泡剂,在 210～220 ℃可以分解,适用硬聚乙烯、高密度聚乙烯、高软化点聚丙烯、聚碳酸酯、ABS 树脂等加工温度高的塑料。

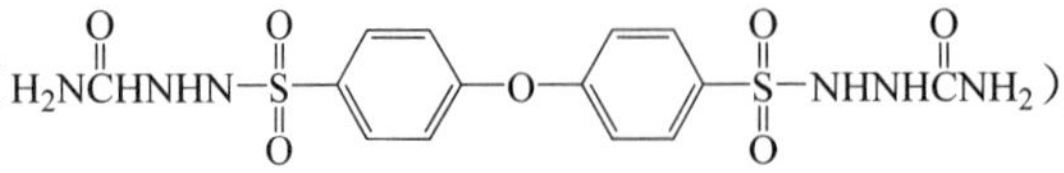

着色剂是加入橡胶塑料中可以改变其固有颜色的物质。有机着色剂数量很多,其中有许多含有磺酸基化合物。如永固红 2BL(结构式 Mn)、永固红 FSR(结构式 Ca)、索尔紫红 2R(结构式 Ca)、耐晒艳红 S_2BL(结构式 Ba)、坚固洋红 FB(结构式)、色淀酱紫 BLC(结构式 Ca)。

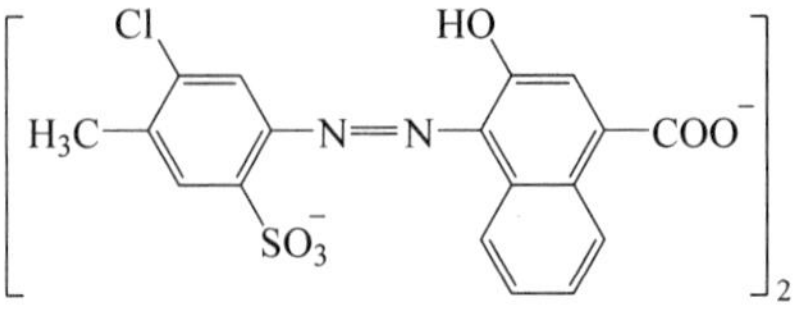

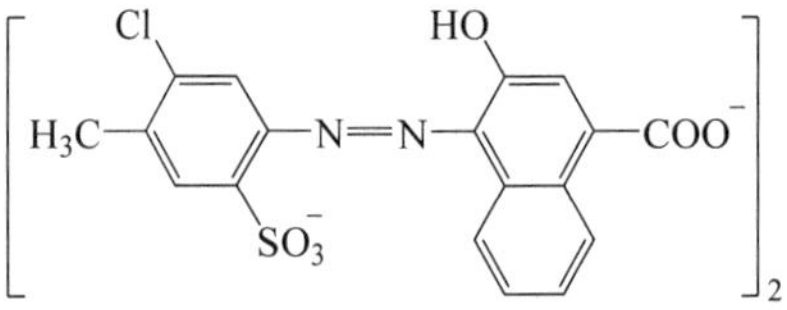

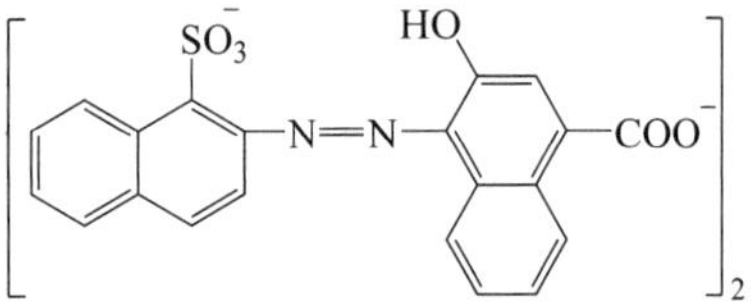

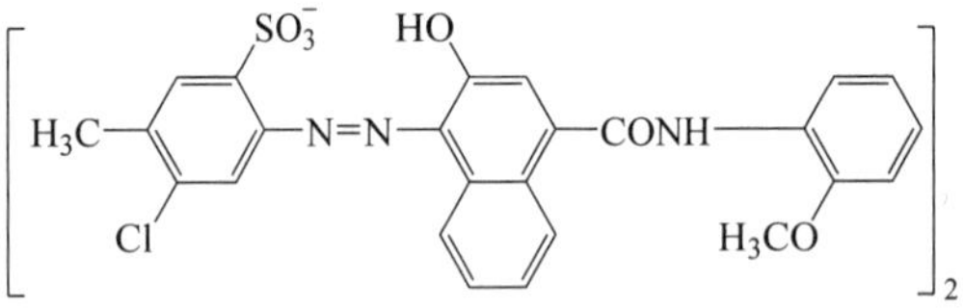

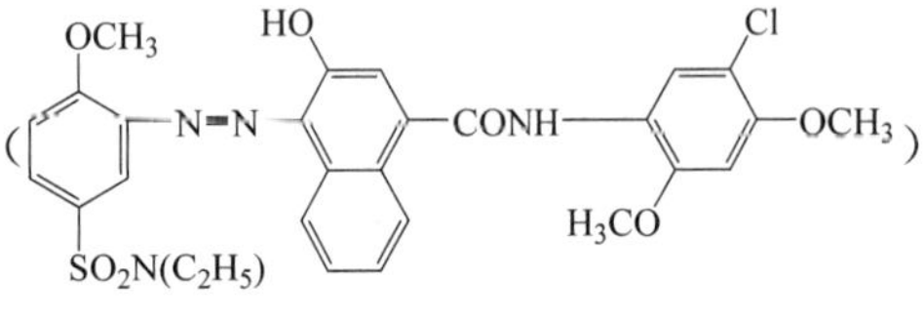

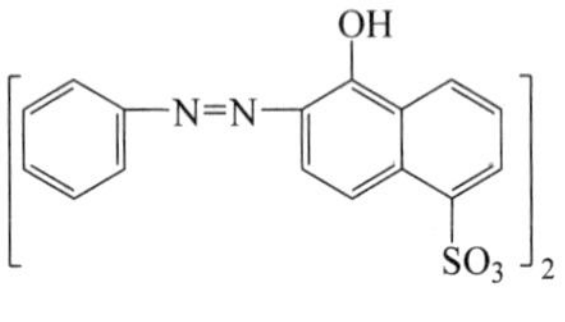

此外,N-(三氯甲烷硫代)N-苯基苯磺酰胺($C_6H_5-SO_2-N(C_6H_5)-S-CCl_3$)还是天然橡胶和合成橡胶的防结皮剂。

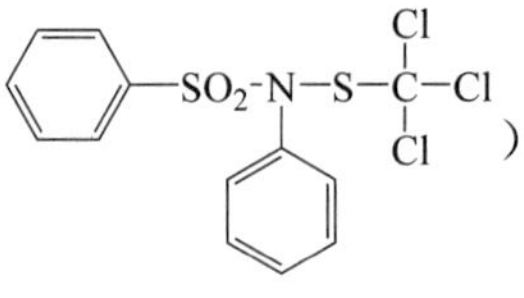

3. 涂料制备中所用的助剂

磺化物在涂料制备中也有一些应用。涂料用的胶乳都是由乳液聚合制备。乳液聚合可制得相对分子质量非常高的聚合物,有好的成膜性,没有黏度问题,可避免使用有机溶剂存在的安全问题。乳液聚合所使用的表面活性剂有非离子型和阴离子型,而阴离子型的主要是磺酸盐。磺化天然油、磺化油酸酯和 α-酯磺化物都被应用于乳液聚合。脂肪醇硫酸盐在乳液聚合早期就被用作乳化剂,以其明显好的乳化性能和制得超细粒径乳液而闻名。十六、十八烷基硫酸盐作为乳化剂,可用于低泡聚合乳液生产。烷基芳基磺酸盐、十二烷基苯磺酸盐可用于制备聚氯乙烯和其他聚合物乳液。四丙基苯磺酸盐也有少量用途。烷基二苯醚二磺酸盐作为乳化剂，在乳液聚合中有较高效率和稳定性。己基和环己基二酯琥珀酸酯基磺酸盐是乳液聚合常用的乳化剂，尤其是在制取大粒径乳液聚合的时候。带支链二-2-乙基己基琥珀磺酸钠的广泛使用原因是除有良好的乳化性能外，还有优良的润湿性。烷基酚醚硫酸盐作为基础乳化剂，广泛用于丙烯酸酯、苯乙烯/丙烯酸酯和醋酸乙烯酯共聚的生产。

涂料和油墨用的润湿剂有离子型和非离子型的。离子型中有阴离子型和阳离子型，阴离子型中有—SO_3Na 磺酸盐，如二异丁基磺基丁二酸盐和硫酸盐（$ROSO_3^- Na^+$），润湿分散剂中还有萘磺酸盐缩合物。海洋防污涂料中要添加海洋防污剂。海洋防污剂有无机防污剂和有机防污剂，有机防污剂有十几种，其中有磺酸衍生物。如 N，N-二甲基-N′-二氯氟甲硫基-N′-苯基磺酰胺（$Cl-C(Cl)(F)-S-N(C_6H_5)-S(=O)_2-N(CH_3)_2$），又称抑菌多，能受热分解有毒的卤化合物、氧化氮和硫化氢等。N，N-二甲基-N′(4-甲苯基)-N′(二氯氟甲硫基磺酰胺（$Cl-C(Cl)(F)-S-N(C_6H_4\text{-}4\text{-}CH_3)-S(=O)_2-N(CH_3)_2$）也是很好的防污剂。

有的涂料需要加抗静电剂，常用的有阴离子型硫酸盐和磺酸盐，硫酸盐中有 $C_{12}\sim C_{18}$ 醇的硫酸盐，磺酸盐是石蜡烃的磺化、中和产物。还有高分子阴离子抗静剂，如聚苯乙烯磺酸等。阳离子型抗静电剂种类较多，如（月桂酰胺丙基三甲基铵）硫酸甲酸盐（$[C_{11}H_{23}CONHCH_2CH_2CH_2N(CH_3)_3]^+ CH_3SO_4^-$），N，N-（2-羟乙基）N-（3′-十二烷氧基-2′-羟基丙基）甲铵硫酸甲酯盐（$[C_{11}H_{23}COCH_2CH(OH)CH_2N(CH_3)(OH)(C_3H_7)]^+ CH_3SO_4^-$）、三羟乙基甲基季铵硫酸甲酯盐（$[CH_3\text{-}N(CH_2CH_2OH)_3]^+ CH_3\cdot SO_4^-$）、N，N-十六烷基乙基吗啉硫酸乙酯盐（$[O(CH_2CH_2)_2N(C_{16}H_{33})(C_2H_5)]^+ C_2H_5SO_4^-$）等。

涂料用缓蚀剂，有机缓蚀剂中有碱式磺酸盐、碱土金属磺酸盐，在涂料中应用较多，主要作为润滑的添加剂。在汽车车身下的沥青类涂料中有广泛应用，在聚氨酯、醇酸树脂、有机硅酸性醇酸树脂和丙烯酸乳胶涂料中也都有应用，添加量较多。二壬基磺酸盐（锌盐、钡盐）能强烈吸附在氧化铁粉末上，有助于抗腐蚀。二壬基萘磺酸锌盐可用于溶剂型、水溶性和高固体涂料中，对于醇酸和醇酸三聚氰胺类的涂料，可以代替铬酸锌提高抗腐蚀性。

磺酸型碳氟表面活性剂在涂料中也有一些应用。如为防止细菌在浸没于水下设施附着，常使用 $F(CF_2CH_2)_{3\sim6}CH_2CH_2SO_3H$ 表面活性剂。对于与水接触的设备涂料，多使用以 N-羟乙基-N-甲基全氟酰基磺酰胺为涂料的分散剂。

水溶性涂料助剂中有基材润湿剂，也是一类表面活性剂，亲水部分在水中，疏水部分朝向空气，形成单分子膜，降低涂料表面张力，促进水溶性涂料更好地润湿基材。在这类润湿剂中有全氟烷基磺酸盐，全氟烷基磺酸盐除了可用于水溶性涂料、对各种基材有优异的润湿作用外，还有促进流平的作用，广泛用于水溶性木器漆、水溶性皮革涂料乳液，有优异流平性、热稳定性和化学稳定性。

水溶性涂料助剂中有润湿分散剂，分为无机类、有机类和高分子聚合物。在有机类中，有烷基硫酸酯、烷基磺酸酯、烷基芳基磺酸酯、聚氧乙烯酸性的烷基硫酸酯和磺酸酯，以及脂肪酰酸胺衍生物硫酸酯或磺酸酯。高分子聚合物中有缩合萘磺酸盐。在高分子分散剂中有一类所谓超分散剂化合物，它具有多个锚固基团的嵌段共聚物，常见的锚固基团有—SO_3H、—SO_3^- 等，它们能与颜料表面产生较强的亲合力，从而有极佳的润湿、分散、稳定的效果。还有二辛基磺化琥珀酸钠，用于色浆分散，底材润湿。萘磺酸缩合物是有机颜料的通用分散剂。磺化脂肪酸能改善消泡剂在涂料中的相容性，使其达到相容与不相容的最佳平衡点，同时促进活性成分渗透到表面膜并迅速展布，加快消泡速度。

防腐防霉剂中干膜防霉剂二碘甲基对甲基苯砜（$H_3C-C_6H_4-S(=O)_2-CH_2I_2$）是广谱长效防霉剂，用于涂料、灰浆、泥子、皮革和木材防霉，特别适用于水溶体系，在乳胶漆中不影响漆膜性能。

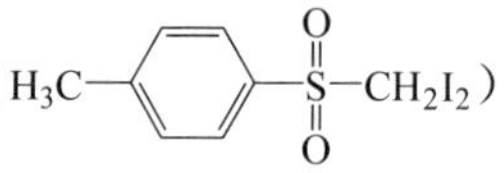

水溶性涂料抗氧化剂和光稳定剂，如 UV_4 紫外线吸收剂，2-羟基-4-甲氧基-5-磺酸二苯酮（$C_6H_5-C(=O)-C_6H_2(OH)(OCH_3)(SO_3H)$），是优良水溶性广谱紫外吸收剂，与多种聚合物有较好的相容性，热稳定性好，挥发性小，不着色，耐迁移，而且吸收率高，无毒，无致敏、致畸副作用，主要用于水溶性涂料，也可添加在水溶性油墨中作紫外线吸收剂，特别适用于化妆品中抗晒、防晒剂。水溶性紫外线吸收剂（UV-T），如 2-苯基苯并咪唑-5-磺酸（HO_3S-苯并咪唑(N, N-H)-苯基结构式），其吸收紫外线能力是普通吸收剂的三倍以上，无毒，无刺激，适用于化妆品防晒剂和水溶性涂料。

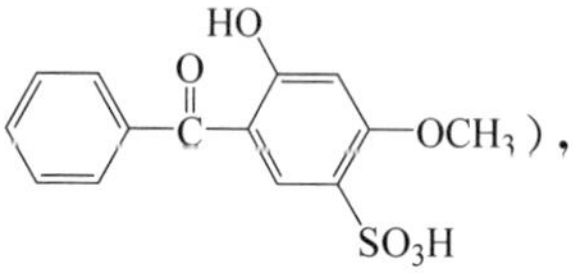

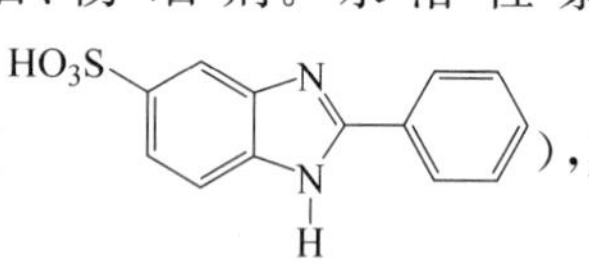

4. 胶黏剂制备中所用的助剂

胶黏剂助剂类型比较多，其中含磺化物的也有一些。如胶黏剂的促进剂糖精（苯并异噻唑结构式：C=O，NH，SO_2），邻磺酰苯甲酰亚胺，可用于厌氧胶固化促进剂和不饱和聚酯树脂的助促进

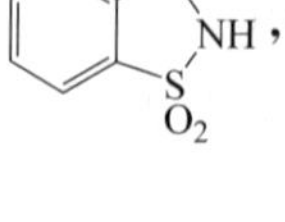

剂，还可用于配制复合型氧化还原引发剂。用作促进剂的还有 4,4′-二羟基二苯砜（$HO-C_6H_4-SO_2-C_6H_4-OH$），可用作阻燃剂、酚醛树脂胶黏剂和固化促进剂。对甲苯磺酸（$H_3C-C_6H_4-SO_3H$）是丙烯酸酯乳液交联的催化剂。用作胶黏剂的催化剂的还有氨基磺酸（H_2NSO_3H），它还用作处理金属表面的酸洗剂。胶黏剂的增韧剂有氯磺化聚乙烯（CSM）（$\left[\left[(CH_2)_{n_1}-\underset{Cl}{\overset{H}{C}}-(CH_2)_{n_2}\right]_{m_1}-\underset{SO_2Cl}{\overset{H}{C}}-\right]_{m_2}$）是快固丙烯酸酯胶黏剂的增韧剂。在 EVA 树脂中加入 CSM 可生产印刷油墨黏合剂。CSM-15 与多元胺反应制取 CA 型环氧固化剂，能用于潮湿和油表面固化，固化合物韧性好，又可防腐。聚砜结构（$\left[-C_6H_4-\underset{OH}{\overset{CH_3}{C}}-C_6H_4-O-C_6H_4-O-\right]_n$，$n=50\sim80$）是环氧树脂增韧剂，可配制出高强度、高韧性、耐高温性能优良的结构胶黏剂，能浸泡盐水中耐大气曝晒十余年。聚苯醚砜 PES（$\left[-O-C_6H_4-SO_2-C_6H_4-\right]_n$）是环氧树脂胶黏剂的增韧剂，可大大增加环氧树脂的韧性。对甲苯磺酰胺（$H_3C-C_6H_4-SO_2NH_2$）是合成水溶性三聚氰胺甲醛树脂的增塑剂。十二烷基苯磺酸钠（$H_{25}C_{12}-C_6H_4-SO_3Na$）是丙烯酸酯乳液聚合的乳化剂，天然橡胶与合成橡胶的分散剂，能提高树脂的稳定性。十二烷基硫酸钠（$C_{12}H_{25}OSO_3Na$）是丙烯酸酯乳液聚合的乳化剂。磺基琥珀酸癸基聚氧乙烯(6)醚酯二钠（$C_{10}H_{21}(OCH_2CH_2)_6OC(=O)-CHSO_3Na-CHC(=O)ONa$），是聚丙烯酸酯、苯乙烯、醋酸乙烯等单体乳液聚合非常适合的乳化剂，也可用作增溶剂、发泡剂等。磺基琥珀酸壬基酚聚氧乙烯（10）醚酯二钠（$H_{19}C_9-C_6H_4-(OCH_2CH_2)_{10}OC(=O)-CH(SO_3Na)CH_2C(=O)-ONa$）特别适合用作醋酸乙烯、丙烯酸酯、苯乙烯等乳液聚合的乳化剂，还可作分散剂、增溶剂等。烷基磺酸钠 RSO_3Na 可作为苯乙烯、丁二烯、丙烯酸酯、氯乙烯和二氯乙烯等乳液聚合的乳化剂。胶黏剂用的发泡剂有苯磺酰肼（BSH）、对甲苯磺酰肼（TSH）、4,4′-氧化双苯磺酰肼（OBSH）、1,3-苯二磺酰肼（BDSH）、4,4′-氧代双(磺酰氨基脲)等。发泡剂（TSH）（$H_3C-C_6H_4-SO_2NHNH_2$）是胶黏剂和密封剂的发泡剂，适用于环氧、酚醛、PVC、PS、ABS 等；发泡剂 OBSH 是 4,4′-氧代双苯磺酰肼（$H_2N-HN-O_2S-C_6H_4-O-C_6H_4-SO_2NHNH_2$）是适应性极广的发泡剂，如 PVC、ABS、氯丁橡

胶、丁腈橡胶等。胶黏剂用的渗透剂有顺丁烯二酸二仲丁酯磺酸钠（$\begin{array}{l} CH-\overset{O}{\overset{\|}{C}}-O\underset{}{\overset{CH_3}{\overset{|}{C}}}H-C_6H_{13} \\ \| \\ C-\underset{\overset{\|}{O}}{C}-OCH(CH_3)-C_6H_{13} \\ NaO_3S \end{array}$）和拉开粉 BX1，即 2-二丁基萘-6-磺酸钠（C_4H_9，C_4H_9，NaO_3S 取代萘），是胶黏剂的渗透剂、分散剂和乳化剂等。二甲基亚砜(DMSO)（$CH_3\overset{O}{\overset{\|}{S}}CH_3$）是胶黏剂的防冻剂，其防冻能力强，可以在－60 ℃以下的 40％水溶液中保持不冻，广泛用于各种胶乳和乳胶防冻剂。

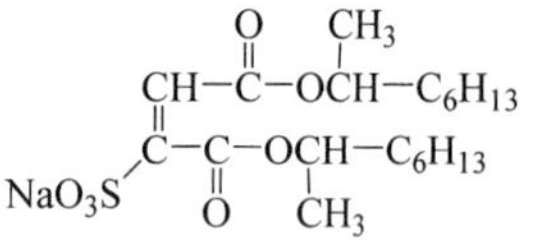

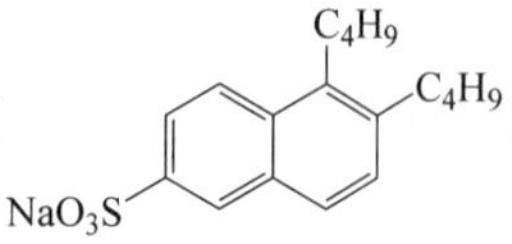

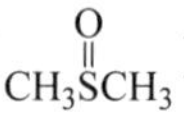

参考文献

［1］ 刘大华. 合成橡胶工业手册［M］. 北京：化学工业出版社，1991.

［2］ 李汉清，王崑国. 热塑性聚氨酯的合成［J］. 合成橡胶工业，1984(5)：385-388.

［3］ 谢洪泉. 热塑性接枝共聚橡胶的合成及其性能［J］. 合成橡胶工业，1983(4)：310-318.

［4］ 金国珍. 工程塑料［M］. 北京：化学工业出版社，2003.

［5］ 辛忠. 合成材料添加剂化学［M］. 北京：化学工业出版社，2005.

［6］ 姚莹. 我国塑料助剂工业的现状与发展［J］. 山西化工，2003，23(2)：49-51.

［7］ 李汝宜. 悬浮聚合中分散稳定剂对苯乙烯-二乙烯苯微球形成的影响［J］. 化学通报，1981(12)：24-25.

［8］ 吴美芳，程学历. 高纯双酚 S 的合成［J］. 江苏化工，1998，26(2)：14-17.

［9］ 修霭田，郭少侃. 两性抗静电剂 HAI 的合成［J］. 山东化工，1999(3)：15-16.

［10］ 骆玉添. 塑料荧光增白剂的应用前景［J］. 广州化工，1992，20(3)：41-45.

［11］ 天津轻工业学院. 塑料助剂［M］. 北京：中国轻工业出版社，1997.

［12］ 李忠义，张刚. 用 SO_3 为磺化剂合成涤纶染色改性剂 SIPM［J］. 大连理工大学学报，1988，28(3)：40.

［13］ 张翠润. 新的工程塑料原料双酚 S［J］. 上海化工，1990，15(5)：45-47.

［14］ 王永鹏，岳喜贵，庞金辉，等. 侧链含有全氟磺酸的聚芳醚砜质子交换膜材料的制备及性能［J］. 高等学校化学学报，2012，33(5)：1100-1105.

［15］ 赵晶，徐宏杰，房建华，等. 磺化聚酰胺的合成及性能［J］. 高等学校化学学报，2012，33(5)：1106-1109.

［16］ 江杰清，李巍，刘东志，等. 聚(3，4-乙撑二氧噻吩)/樟脑磺酸复合材料的合成及电化学性能［J］. 精细化工，2012，29(6)：541-544.

［17］ 王哲，高洪成，赵成吉，等. 磺化聚芳醚酮砜/ZrO_2 复合型质子交换膜的制备与性能［J］. 高等学校化学学报，2011，32(8)：1884-1888.

［18］ 徐晶美，程海龙，白洪伟，等. 用于直接甲醇燃料电池的侧链型磺化聚芳醚酮/聚乙烯醇交联膜的制备与性能研究［J］. 高分子学报，2013(8)：999-1005.

[19] 谭帅,王彩虹,郭勇,等.新型棒状磺酸液晶的合成与表征[J].合成化学,2012,20(1):43-45.

[20] 孙中战,高建峰,周光强,等.端基为磺酸基的希夫碱型侧链聚硅氧烷液晶的合成及表征[J].化工新型材料,2011,39(5):56-58.

[21] 张楠,刘本才.新型 meso-四(4-N-n-十二胺基磺酰苯基)四苯并卟啉的合成及其液晶性能[J].合成化学,2011,19(4):500-503.

[22] 马茶,李龙,孙金声,等.含丹磺酰基树枝状化合物研究进展[J].有机化学,2011(12):1977-1988.

8.5 磺酸、磺酸型离子交换树脂作为有机合成催化剂

磺酸类化合物在基本有机合成中的另一重要作用,是作为有机合成反应的催化剂。一些磺酸类化合物在有机合成反应中作为强酸性催化剂,在有机合成和精细化学品合成中有许多应用。这方面的研究也比较多。因为磺酸化合物具有强酸性、无氧化性和强腐蚀性,可以代替强氧化性的酸作为催化剂,特别是强酸型阴离子交换树脂,在一些有机化工和石油化工生产中有许多应用。在常规磺酸型树脂的存在条件下,羧酸与烯烃的酯化反应,是工业上通常制备酯的方法。

丁烯-1 和丁烯-2 异构化,然后与乙酸酯化得到 2-乙酰氧基丁烯,再用 Bayer 法氧化成乙酸。

$$CH_3CH_2CH(OCOCH_3)CH_3 + 2O_2 \longrightarrow 3CH_3COOH$$

整个过程中,丁烯异构化和酯化都是在常规磺酸离子树脂催化下进行的。

在工业上,用磺酸型强酸树脂催化丙烯酸酯合成。丙烯氧化制得丙烯酸,然后在磺酸型强酸树脂催化下与丙烯酯化:

$$2CH_2 = CHCH_3 + 1.5O_2 \longrightarrow CH_3 = CHCOOCH(CH_3)_2 + H_2O$$

(甲基)丙烯酸在磺酸型强酸树脂催化下,可与 $C_1 \sim C_{12}$ 的醇、二乙二醇、丙三醇进行酯化。如甲基丙烯酸与甲醇在 80 ℃,按物质的量比为 1∶4,用磺酸型强酸树脂催化:

$$CH_3CH_2CH(OCOCH_3) + 2O_2 \longrightarrow 3CH_3COOH \quad (92\%)$$

转化率为 92%,选择性为 100%。磺酸型离子交换树脂还可催化合成尼伯金酯。

磺酸型离子交换树脂催化酯化法在工业上有重要的实际意义。羧酸与醇、与烯烃、酸酐与醇都可用磺酸树脂催化进行酯化,还有用磺化分子筛固定床合成 1-萘乙酸甲酯。磺酸型离子交换树脂可以催化许多种有机反应,如水解、水合、脱水、环氧化、醚化、醚裂解、缩合、缩醛、酮化、烷基化、异构化、齐聚、聚合和重排等反应。如异丁烯水合成叔丁醇,1-丁烯、2-丁烯水合成 2-丁醇。在大孔磺酸树脂的催化下,松节油(α-蒎烯)与水合成松油醇,莰烯与水合成异龙脑。

我国巴陵、胜利等石油化工公司均用强酸性树脂催化,用低相对分子质量醇和 $C_4 \sim C_6$ 的叔碳烯醚化,一般为异丁烯生产甲基叔丁基醚(MTBE)。异丁烯与乙二醇制取乙二醇单叔丁醚,都是用大孔磺酸型树脂催化的。

用磺酸型树脂催化缩醛和缩酮,如乙二醇和甘油与醛或酮生成环状缩醛和缩酮,副反应很少,收率很高。

芳烃用磺酸型树脂催化与烯烃烷基化早已工业化生产。取代或未取代的酚，在磺酸型强酸树脂催化下，可与烯烃(C_3,C_4)发生烷基化，生成烷基取代酚。以甲基乙烯酮、2-甲基丙烯醛作为烷基化剂，可区域选择性地得到取代酚的酮化合物，产率为20%～90%。

$$C_6H_5OH + CH_2C(=O)CH{=}CH_2 \xrightarrow{\text{磺酸树脂}} HO{-}C_6H_4{-}CH_2CH_2C(=O)CH_3$$

$$o\text{-}CH_3C_6H_4OH + CH_2{=}C(CH_3){-}CHO \xrightarrow{\text{磺酸树脂}} HO{-}C_6H_2(CH_3)_2{-}CH_2CH(CH_3)CHO$$

以仲丁基酚和异丁烯为原料，用磺酸树脂催化可合成2,6-二叔丁基对仲丁基苯酚。

$$HO{-}C_6H_4{-}CH(CH_3)CH_2CH_3 + CH_2{=}C(CH_3)_2 \xrightarrow{\text{磺酸树脂}} 2,6\text{-}[(H_3C)_3C]_2\text{-}4\text{-}[CH(CH_3)CH_2CH_3]C_6H_2OH$$

对羟基苯甲酸甲酯用Wifatit型强酸树脂催化，用异丁烯烷基化，可得收率为90%的邻位叔丁基取代酚衍生物。大孔磺酸树脂能有效催化一些化合物发生异构化反应。如物质的量比为1∶1～1∶5的2-甲基丁烯-1和2-甲基丁烯-2，在叔烷基醚存在下，在30～60 ℃时用强酸树脂催化可异构化为2-甲基丁烯-1和2-甲基丁烯-2，产物比例为12∶1。

异丁烯与甲醛首先经过Prins反应得到4,4′-二甲基-1、3-二噁己烷，然后经磺酸树脂催化裂解得到异戊二烯：

$$CH_2{=}C(CH_3)_2 + 2HCHO \longrightarrow \text{4,4-二甲基-1,3-二噁己烷} \xrightarrow{\text{磺酸树脂}} CH_2{=}C(CH_3){-}CH{=}CH_2$$

磺酸树脂超强酸催化剂，如19.3 g Amterlyst-15负载4.7 g BF_3组成的催化剂，在40 ℃条件下催化异丁烷和丁烯的烷基化反应，丁烯的转化率为100%。在$Alal_3$/Amterlyst-15体系固定床反应器中催化正已烷异构化，在358 ℃条件下，裂解成异丁烯和异戊烷，转化率达80%。

磺酸树脂Amterlyst-7可催化环已酮肟溶液重排制得已内酰胺。大孔磺化树脂固载于$AlCl_3$上，催化噻吩烯烃酯化。磺化帖烯酚醛树脂催化酯化反应效果极佳。

不少磺酸化合物都可用作催化剂。如甲烷磺酸是涂料固化促进剂，优良酯化促进剂，又是乙烯、丙烯、丁烯和α-甲基苯乙烯生产低聚物的聚合催化剂，还是生产多环芳烃很好的环化促进剂。

氨基磺酸是合成脲醛树脂的催化剂，也能催化氯乙酸正丁酯的合成，尼伯金丁酯、乙酸戊酯的合成，催化苯甲醛与1,2-丙二醇缩合。

苯磺酸是酯化和脱水反应的催化剂，如催化甲基丙烯酸丁酯的合成，催化7-羟基-4-甲基香兰素的合成。对甲苯磺酸作为酸性催化剂，经常用于酯化、缩醛、脱水、烷基化、脱烷基、贝克曼重排、聚合解聚等酸催化反应的催化剂，如催化软质酸正丁酯的合成，催化大豆油环氧化反应，巯基丙磺酸催化合成双酚芴，磺化胺催化苯甲酸酯化反应。十二烷基苯磺酸催化乙酸苄酯的合成，磺化聚芳醚酮催化合成苯乙酸-β-苯乙酯。

甲磺酰氯是酯化和聚合反应催化剂。2,4,6-三异丙基苯磺酰氯也是酯化的催化剂。

磺酸基官能化介孔固体酸催化剂可催化缩醛化反应，催化效果很好，收率高，不受醇体积限制。磺酸基功能化离子液催化合成甘油缩环己酮。磺酸基功能化吡啶磷酸（SO_3Hpy）（H_2PO_4）催化甘油缩环己酮。（吡啶-N-$CH_2CH_2CH_2SO_3H \cdot H_3PO_4$）催化柠檬酸三丁酯的合成及磺化蓖麻油的合成 $CH_3(CH_2)_5CH(OSO_3H)CH_2CH_2CH(OSO_3H)(CH_2)_7COOH$。

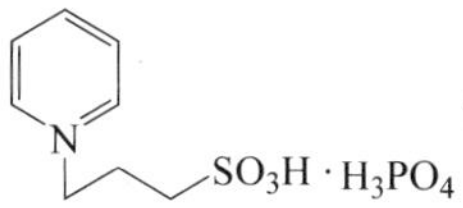

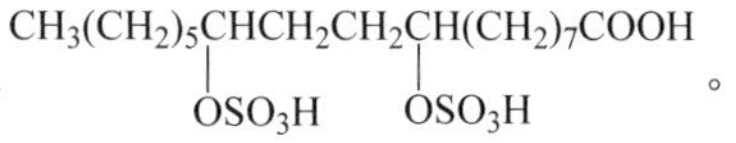

新型磺酰胺类手性催化剂可催化乙基锌对醛类不对称加成反应。手性磺酰胺有机小分子催化剂（吡咯烷-2-基）CH_2—$NH-SO_2CH_3$、（吡咯烷-2-基）CH_2—$NH-SO_2C_4H_9$-n 催化羟醛缩合反应。L-缬氨酸衍生物的磺酸类配体，是二乙基锌对苯甲醛的不对称加成反应的催化剂。N-亚磺酸基脯氨酰胺催化 N-芳基亚胺的不对称性氢化还原反应。以上两反应效果都非常好。

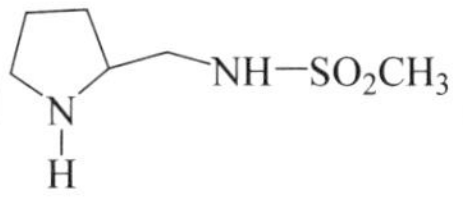

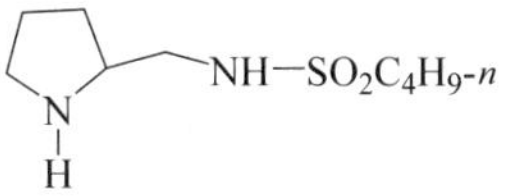

三氟甲磺酸稀土盐（或其他金属盐）能催化许多有机反应，如碳碳键、碳氧键、碳氮键的形成。

Twitcholls 试剂（$HO_3S-C_6H_4-C_{17}H_{35}COOH$）是油脂水解催化剂，可用苯、油酸和硫酸为原料合成。其合成反应：

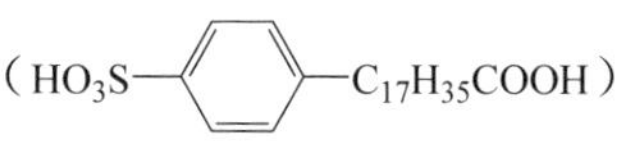

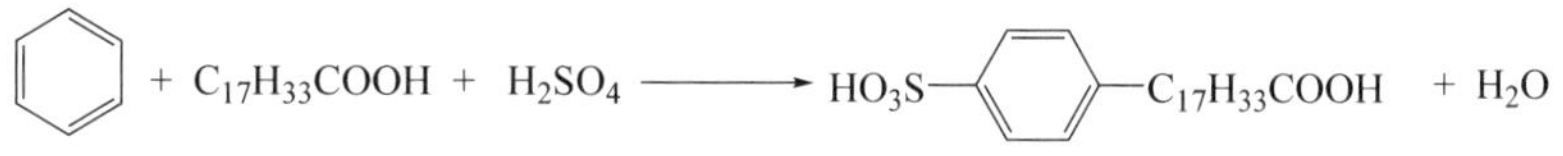

$$C_6H_6 + C_{17}H_{33}COOH + H_2SO_4 \longrightarrow HO_3S-C_6H_4-C_{17}H_{33}COOH + H_2O$$

作为油脂水解催化剂，可水解硬脂酰甘油酯：

$$\begin{array}{l} C_{17}H_{35}COOCH_2 \\ C_{17}H_{35}COO-CH \\ C_{17}H_{35}COO-CH_2 \end{array} + 3H_2O \xrightarrow{\text{Twilhellc 催化}} 3\,C_{17}H_{35}COOH + \begin{array}{l} CH_2CHCH_2 \\ OH\ OHOH \end{array}$$

用量为油脂的 1%时，效果极佳。

磺化功能性离子液体有溶剂和催化性能，无腐蚀，水中溶解性好，是绿色催化剂。目前离子液有多种类型：铵盐、咪唑盐、吡咯盐、吡啶盐和三乙烯二胺盐等，可催化多种有机反应，如硝化反应、烷基化反应、水解反应、缩醛反应、聚合反应、酯化反应等。

参考文献

[1] 何炳林，黄文强. 离子交换与吸附树脂[M]. 上海：上海科技教育出版社，1995.

[2] 齐秀玲. 苯胺产能急剧增加结构调整尚需时日[J]. 精细与专用化学品，2012，20(5)：13-16.

[3] 严兆华，余信权，刘永杰，等. 对甲苯磺酸催化的 2-乙酰氧甲基吡咯衍生物和醇的醚化反应研究[J]. 有机化学，2013，33(9)：1975-1981.

[4] 王哲，高洪成，赵成吉，等. 磺化聚芳醚酮砜/ZrO_2 复合型质子交换膜的制备与性能[J]. 高等学校化学学报，2011，32(8)：1884-1888.

[5] 陈利峰，林铃，刘振华，等. 对甲苯磺酸催化大豆油环氧化反应[J]. 石油化工，2011，40(9)：978-981.

[6] 谭昌会，郑荣选，罗淑云，等. 对甲苯磺酸催化查尔酮的合成[J]. 当代化工，2012，41(1)：23-25.

[7] 喻莉，吴君，杨水金. 对甲苯磺酸催化合成苯甲醛 1,2-丙二醇缩醛[J]. 精细与专

用化学品,2011,19(2):40-42.
[8] 齐秀玲.离子交换树脂催化剂的应用及发展趋势[J].精细与专用化学品,2012,20(7):15-18.
[9] 杜晓晗.对甲基苯磺酸钙催化合成肉桂酸正丁酯的研究[J].化学工程师,2010,24(11):72-74.
[10] 马松艳,赵东江,王德新,等.十二烷基苯磺酸催化合成乙酸异戊酯的研究[J].化学工程师,2011,25(11):10-12.
[11] 胡曦予,崔励,徐同宽.十二烷基磺酸铁催化合成苯甲醛 1,2-丙二醇缩醛[J].化学世界,2011,52(10):607-609.
[12] 李孝琼,张正,杨盟辉,等.甲磺酸催化芳香化合物的酯化反应研究[J].化学工程师,2011(10):68-69.
[13] 朱强,陈志卫.磺酸功能性离子液体在有机合成中的研究进展[J].化工生产与技术,2011,18(2):38-44.
[14] 彭建兵,银董红,喻宁亚.磺酸基官能化介孔材料的表征及其催化性能[J].精细化工中间体,2011,41(1):61-65.
[15] 刘康,陈越,王学军,等.有机合成中的三氟甲磺酸金属盐催化剂[J].有机氟工业,2012(3):58-64.
[16] 陈馥,常李博,熊俊杰,等.对甲基苯磺酸催化合成甲基丙烯酸氯乙酯[J].精细化工中间体,2011,41(5):38-40.
[17] 孙丽,胡之楚,孙汉洲,等.大孔磺酸树脂催化合成 7-羟基-4-甲基香豆素[J].精细化工,2010(10):1035-1037.
[18] 杨玉峰.磺化分子筛固定床合成 1-萘乙酸甲酯的研究[J].精细石油化工,2012,29(4):58-61.
[19] 刘毅,王勰,陈锦杨,等.全氟丁基磺酸锡催化醛烯丙基化和 Mukaiyama-aldol 反应[J].有机化学,2012,32(12):2328-2333.
[20] 周扬志,佘鹏伟,郭凯.三氟甲磺酸催化合成柠檬酸酯[J].现代化工,2012,32(5):67-70.
[21] 宗华,黄华银,边广岭,等.新型磺酰胺手性配体的合成与表征[J].化学试剂,2011,33(9):773-776.

8.6 磺化、硫酸化反应及其产品在制革工业中的应用

皮革的加工过程即制革,是一个非常复杂的工艺过程。从原料皮加工成革,需经过几十道工序,可概括为三部分:准备工程,除去生皮上对制革无用的东西,如毛、表皮、脂肪、纤维间质和皮下组织等,松散胶原纤维,为鞣革做准备;鞣革工程,是使生皮变为革的过程,是整个皮革加工过程的关键;整理工程,通过一系列皮革加工过程化学作用及各种机械加工使皮革获得各种使用价值。整个加工过程的几十道工序中,需使用上百种化工材料,其中磺化、硫酸化对产品有极其重要的作用。

8.6.1 表面活性剂

表面活性剂是制革生产过程中的重要助剂。制革的整个生产过程都以水为介质,因

此要求皮革化学品能稳定分散于水中，这就需要借助表面活性剂，从而达到缩短生产周期、节约材料、提高生产率、改进成皮质量的目的。制革生产中几乎所有湿加工工序，如浸水、脱脂、脱毛、脱灰、软化、浸酸、鞣制、复鞣、中和、染色、加脂、填充和涂饰等均要使用表面活性剂。制革中使用的表面活性剂是多种多样的，有离子型的、非离子型的。离子型的包括阳离子表面活性剂、阴离子表面活性剂和两性的表面活性剂，其中阴离子表面活性剂中的磺酸盐和硫酸盐类表面活性剂用得比较多，见表 8-1。

表 8-1　制革中的磺酸、硫酸型表面活性剂

名称	结构	典型化合物	主要作用
烷基硫酸单酯	$ROSO_2OH$	$C_{12}H_{25}OOSO_2ONa$	乳化、润湿
磺化琥珀酸酯	$ROOCH_2CH(SO_3Na)COOH$	渗透剂 T	渗透、润湿
烷基磺酸盐(AS)	RSO_3Na，R_2CHSO_3Na	$C_{12}H_{25}SO_3Na$	乳化、分散、润湿
脂肪酰胺烷基磺酸盐	$RCON(CH_3)(CH_2)_nSO_3Na$	N-酰基-N 甲基磺酸钠(209)	脱脂、匀染、润湿
硫酸化油	$RCH(OSO_2H)—R'—COOR''$	土耳其红油 硫酸化菜籽油	加脂、乳化、润湿
脂肪醇聚氧乙烯醚磺酸酯	$RO(CHCHO)_nSO_3Na$	$C_{12}\sim C_{14(n=3)}$	润湿、分散、脱脂、乳化
烷基酚聚氧烯醚硫酸酯	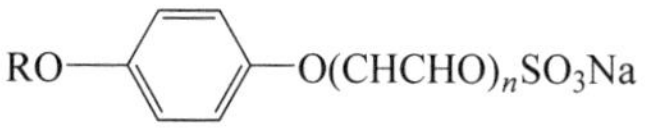 $RO—C_6H_4—O(CHCHO)_nSO_3Na$	$n=7\sim10$	乳化、脱脂
烷基苯磺酸(LAS)	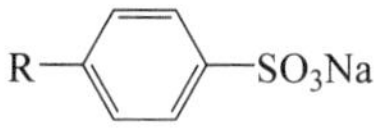 $R—C_6H_4—SO_3Na$	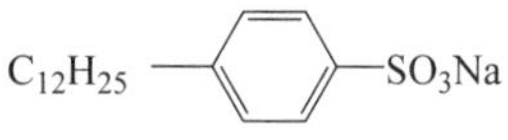 $C_{12}H_{25}—C_6H_4—SO_3Na$	乳化、脱脂、助软
烷基萘磺酸(ANS)	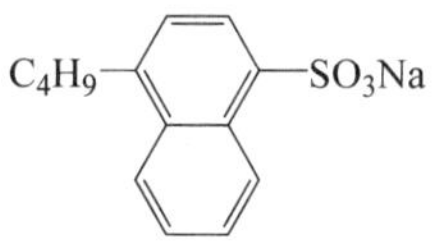 $C_4H_9—C_{10}H_6—SO_3Na$	拉开粉 BX	润湿、助软、分散
烷基萘磺酸(ANS)	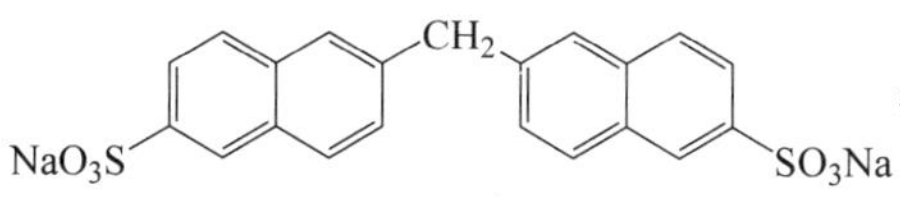 $NaO_3S—C_{10}H_6—CH_2—C_{10}H_6—SO_3Na$	扩散剂 N	匀染

在浸水工序中用的表面活性剂有渗透剂（$CH_3(CH_2)_5CH(CH_3)OOCCH(SO_3Na)CH_2COOCH(CH_3)(CH_2)_5CH_3$）、拉开

粉丁基萘磺酸钠(1-丁基萘-4-磺酸钠结构式)、浸水助剂 M65 即烷基磺酰胺乙酸钠($RSO_3NHCOONa$)、烷基硫酸单酯盐($ROSO_2ONa$)、石油磺酸钠($R-C_6H_4-SO_3Na$)、扩散剂 N-亚甲基二磺酸(亚甲基二萘磺酸钠结构式，CH_2 桥连两个带 SO_3Na 的萘环)，其中渗透剂是拉开粉和烷基磺酸钠复合物。

皮革的脱脂和软化是把表面和脂腺中的油脂消除干净。脱脂效果将直接关系到鞣制、染色和加脂效果，对制革有极大影响。脱脂一般用十二烷基苯磺酸钠($H_{25}C_{12}-C_6H_4-SO_3Na$)、烷基磺酸盐($RSO_2Na$($R$ 为 $C_{12}\sim C_{16}$))和拉开粉 BX(1-丁基萘-4-磺酸钠结构式，C_4H_9，SO_3Na)。

在脱灰中用的表面活性剂有：十二烷基苯磺酸钠($H_{25}C_{12}-C_6H_4-SO_3Na$)、脂肪醇硫酸钠($ROSO_3Na$($R$ 为 $C_{10}\sim C_{16}$))、脂肪醇聚氧乙烯硫酸钠($RO(CH_2CH_2O)SO_3Na$)、丁基萘磺酸(1-丁基萘-4-磺酸钠结构式，C_4H_9，SO_3Na)、琥珀酸二辛酯磺酸钠($C_8H_{17}OOCCH_2CH(SO_3Na)COOC_8H_{17}$)。油酰胺甲基乙基磺酸钠($RC(=O)N(CH_3)CH_2CH_2SO_3Na$)是性能优良的表面活性剂，在制革中作为渗透剂、乳化剂和加脂稳定剂，能使成革粒纹清晰、柔软而富有弹性。

8.6.2 鞣剂

鞣制是制革的关键步骤，对成革的质量起决定作用。鞣制就是各种化学成分和结构不同的鞣剂进入皮子内部与胶原各种官能团发生化学反应，形成多种化学键，提高裸皮的收缩强度、抗张强度和弹性及抗微生物能力，减少裸皮的纤维素、纤维原和纤维之间的黏结性，减少裸皮的膨胀度，使皮子变得松软的过程。常用的复鞣剂有无机鞣剂、有机鞣剂、动物性鞣剂、合成鞣剂和树脂鞣剂等。有机鞣剂如铬鞣剂、铝鞣剂等。合成鞣剂有芳香合成鞣剂，主要是酚醛合成鞣剂、酚醛鞣剂，其中对皮革起作用的是酚羟基。其生产方法中一种是先进行磺化反应，再进行缩合，制得芳香缩合磺化物。由于磺化、缩合反应条件不同，产品主要有亚甲基桥型、磺甲基化型和砜桥型产品。

亚甲基桥型磺酸酚醛鞣剂：

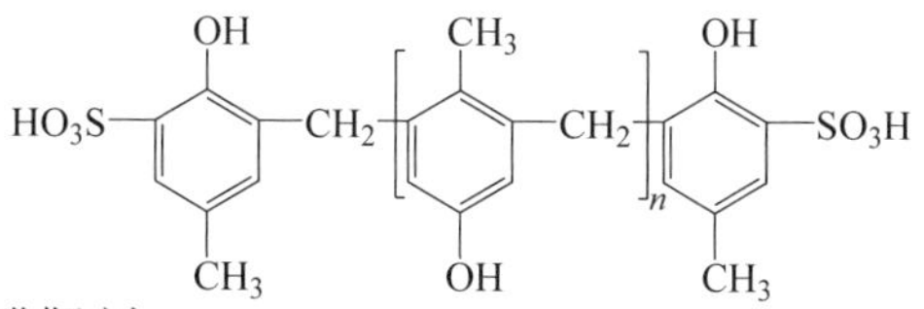

磺甲基化型磺酸酚醛鞣剂：

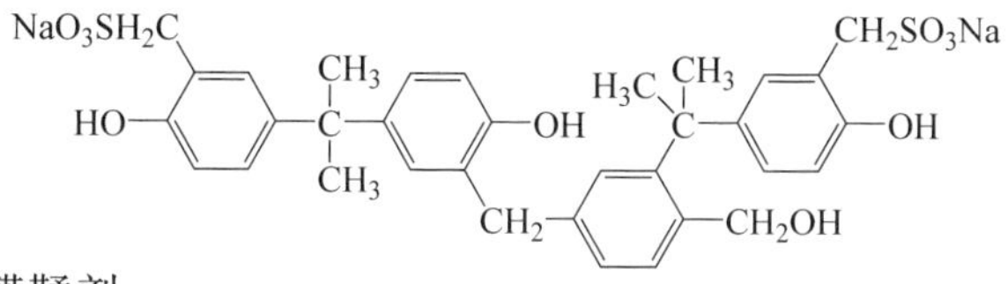

砜桥型磺酸酚醛鞣剂：

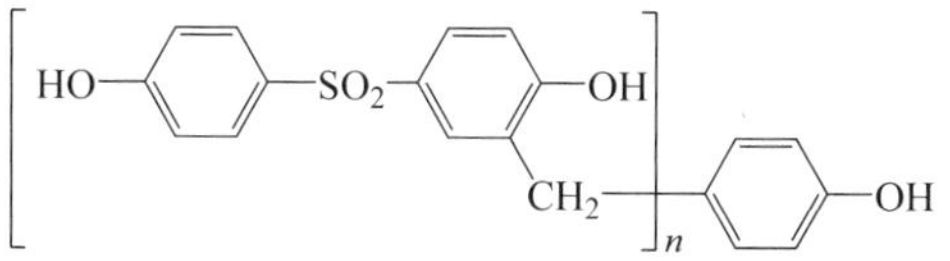

砜桥型磺酸酚醛鞣剂的制备是先合成 4,4′-二羟基二苯砜（双酚 A），然后和苯酚、甲醛缩合制得。其反应过程如下：

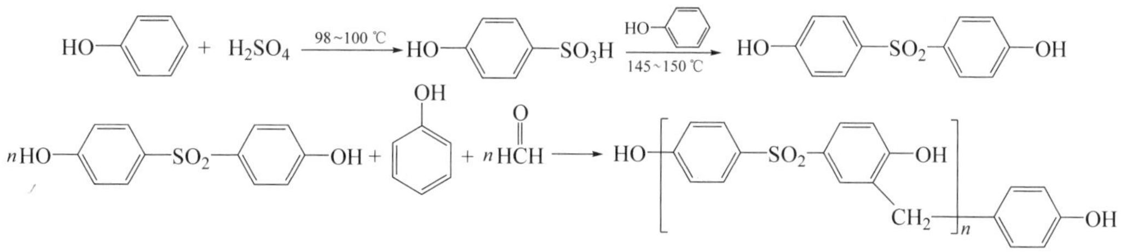

亚甲基桥型辅助鞣剂的合成是苯酚在 100～120 ℃下用 98%的浓硫酸磺化，主要生成对羟基苯磺酸，也有很少的邻羟基苯磺酸生成：

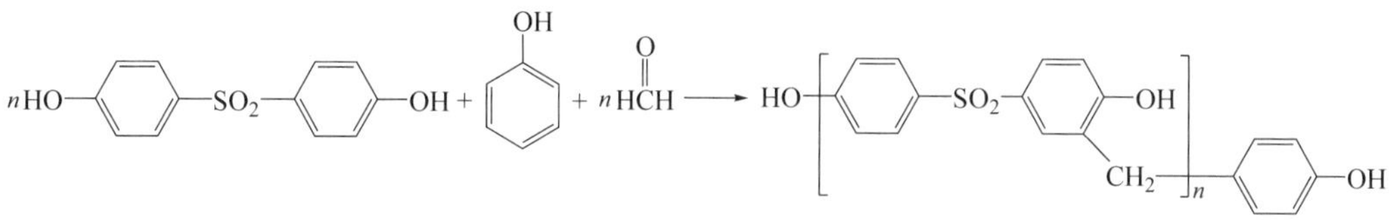

(98%)

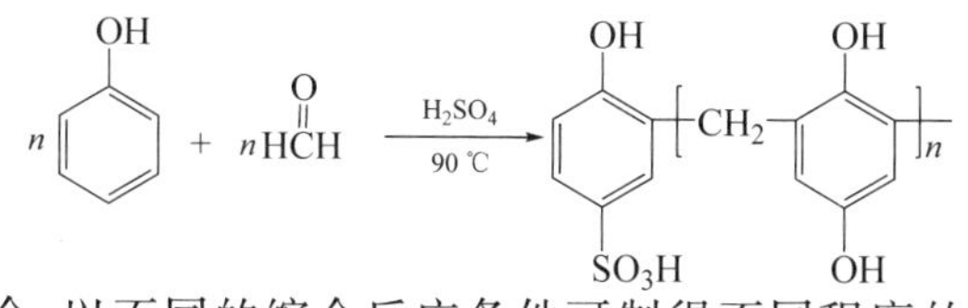

磺化酚与甲醛缩合，以不同的缩合反应条件可制得不同程度的缩合产物。

也可先缩合后磺化：

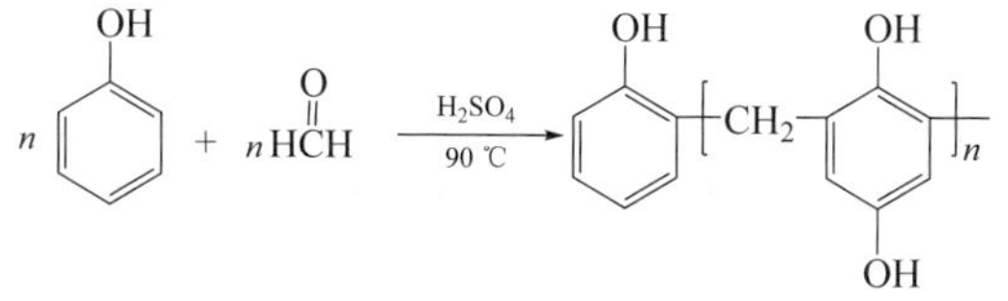

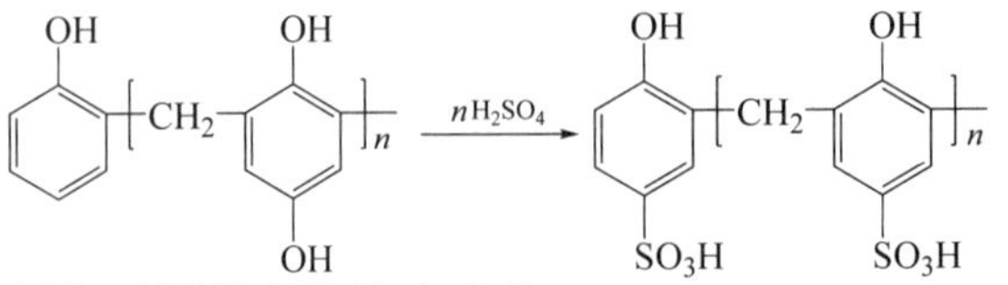

控制缩合反应条件可制备不同程度的缩合产物：

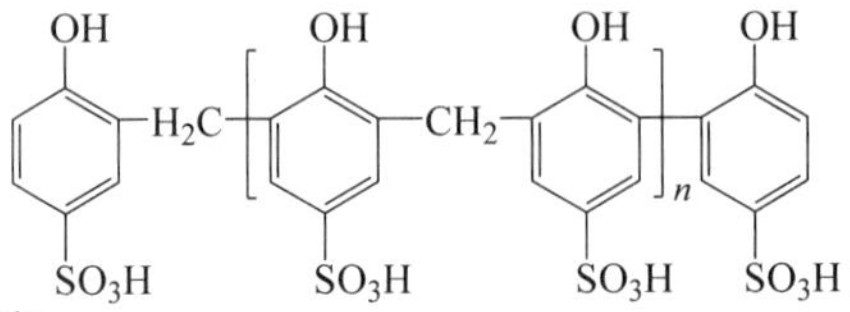

先缩合后磺化反应程序：

将熔化的苯酚加入反应器，在 50～55 ℃下加入 30%左右的硫酸，在 0.5～1 h 内滴完甲醛，升温至 90～95 ℃，保温缩合 3 h 后，再升温至 100～105 ℃，减压脱出反应中生成的水，过程需 3～4 h，然后降温至 78～80 ℃，滴入乙酐，控制温度在 80 ℃，保温 0.5 h。在 65～70 ℃滴加浓硫酸，控制温度在 75 ℃，滴完浓硫酸，在 110～115 ℃下保温磺化 3～4 h。取样加入水中至完全透明，则磺化完成，降温至 45 ℃出料。

磺甲基化亚甲基桥型合成鞣剂是用亚硫酸盐、甲醛进行磺甲基化，反应缓和，产品色泽好。反应分步进行，先发生磺甲基化反应，同时有缩合反应发生。

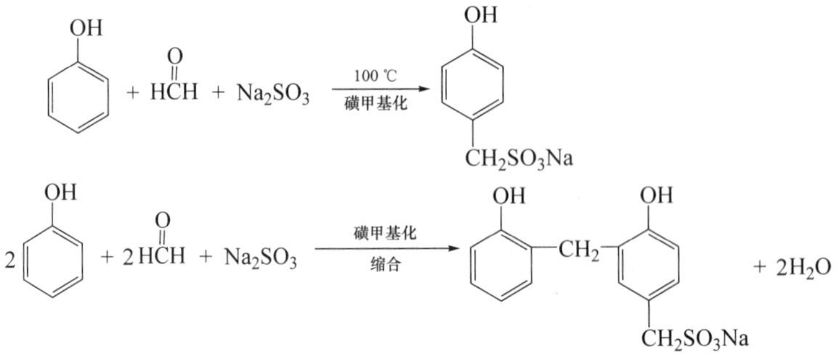

进一步缩合：

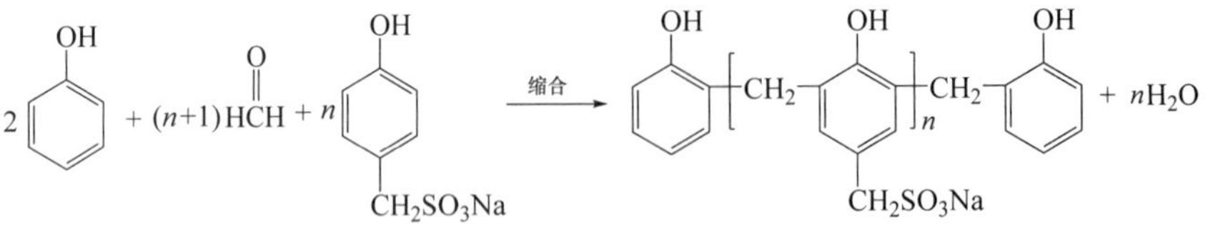

合成过程：先加入熔化的苯酚，搅拌均匀后，再加入甲醛、亚硫酸钠和焦硫酸钠，缓慢升温至沸腾，保温 3 h，直至物料全溶于水。用醋酸酸化至不浑浊后，再加苯酚，于 92～95 ℃下保温 0.5 h，把剩余甲醛全部加入，在 85～90 ℃时反应 0.5 h。降温至 50 ℃左右，加入萘磺酸调 pH 为 4～6，可出料。

酸性芳香族合成鞣剂的水溶性好，分散性强，但耐光性差，填充性不强，而氨基树脂鞣剂填充性强，耐光性好，与皮革能形成牢固结合。两者各有特点，并具有一定的互补性。

所以用氨基树脂酸性芳香族合成鞣剂，改性后的产品同时具有两种鞣剂的优点。

尿素酸性的芳香族合成鞣剂有制备简便、质量稳定的特点。其制备方法是苯酚先磺化，然后再与尿素、甲醛缩合：

$$C_6H_5OH + H_2SO_4 \xrightarrow{90\sim110\ ℃} HO\text{-}C_6H_4\text{-}SO_3H + H_2O$$

缩合：

$$(n+1)\ HO\text{-}C_6H_4\text{-}SO_3H + n\,H_2NCONH_2 + n\,HCHO \longrightarrow HO(HO_3S)C_6H_3\text{-}CH_2\text{-}[NHCONH\text{-}CH_2\text{-}C_6H_2(OH)(SO_3H)]_n + n\,H_2O$$

合成过程：熔化的苯酚先加入反应釜，升温至 75～80 ℃，滴加硫酸，控制温度不高于 90 ℃，在 1～2 h 滴完酸，再升温至 110～126 ℃，反应 2 h，反应物滴入水中呈透明即为磺化终点。在70～80 ℃时加热水稀释，在 40～45 ℃时加入尿素，使其全溶，然后滴加甲醛，滴完后升温至 70 ℃，缩合反应约需 2 h 完成。降温后用氨水调 pH 为 5～7，可出料。

还可用双氰氨、甲醛与酚磺酸缩合制备酸性芳香族合成鞣剂。

上海皮革化工厂用酚磺酸与双氰氨、尿素和甲醛一起缩合合成鞣剂，这种鞣剂的填充性好，水溶性、耐光性也很好。

白色革合成鞣剂的耐光性好，用苯酚和二苯醚磺化后再与尿素、甲醛缩合而合成。其反应过程如下：

磺化反应：

$$C_6H_5\text{-}O\text{-}C_6H_5 + C_6H_5OH + H_2SO_4 \longrightarrow \begin{cases} C_6H_5\text{-}O\text{-}C_6H_4\text{-}SO_3H + HO\text{-}C_6H_4\text{-}SO_2\text{-}C_6H_4\text{-}SO_3H \\ HO_3S\text{-}C_6H_4\text{-}O\text{-}C_6H_4\text{-}SO_3H + HO\text{-}C_6H_4\text{-}O\text{-}C_6H_4\text{-}SO_3H \\ HO_3S\text{-}C_6H_4\text{-}O\text{-}C_6H_4\text{-}SO_2\text{-}C_6H_4\text{-}O\text{-}C_6H_5 \end{cases}$$

缩合反应：

$$2\ HO\text{-}C_6H_4\text{-}SO_2\text{-}C_6H_4\text{-}OH + HCHO + H_2NCONH_2 \longrightarrow$$

$$HO\text{-}C_6H_4\text{-}SO_2\text{-}C_6H_3(OH)\text{-}CH_2NHCONHCH_2\text{-}C_6H_3(OH)\text{-}SO_2\text{-}C_6H_4\text{-}OH$$

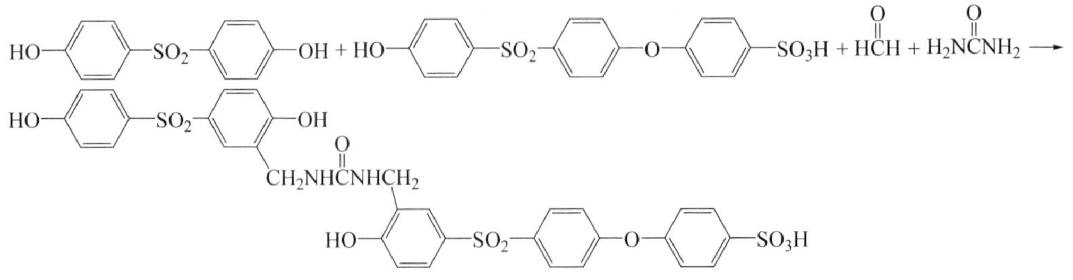

工艺过程：先加入二苯醚，在 105～110 ℃下，用发烟硫酸磺化，再加入苯酚，在 120 ℃时磺化2～3 h。然后进行减压脱水，再在 150 ℃时反应 2 h。然后降温至 35～40 ℃，加入去离子水。再加入尿素和甲醛，升温至 70±2 ℃，进行缩合反应 1 h。反应完成后开始降温，用氨水把 pH 调至 4 左右，得产品。

萘醛鞣剂是一种典型的代替型合成鞣剂，具有极好的鞣制和填充作用，主要用于轻革复鞣，是理想的白革鞣剂。其典型反应过程如下：

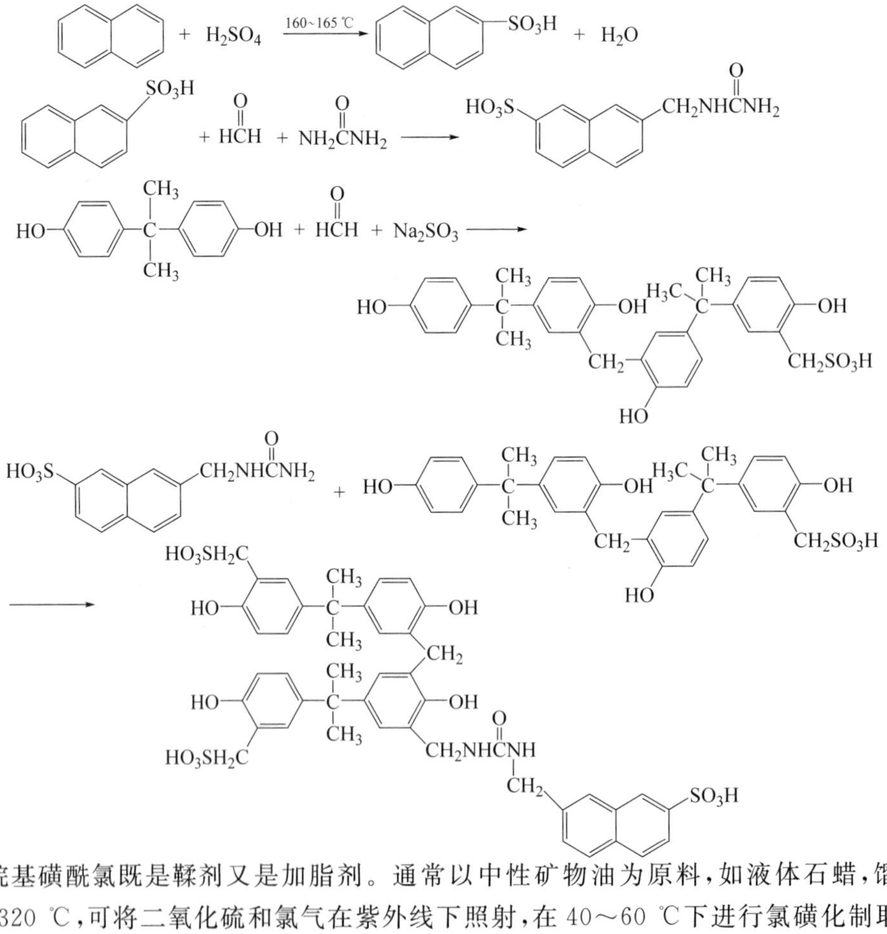

烷基磺酰氯既是鞣剂又是加脂剂。通常以中性矿物油为原料，如液体石蜡，馏程是 251～320 ℃，可将二氧化硫和氯气在紫外线下照射，在 40～60 ℃下进行氯磺化制取。通常和润湿剂、碳酸钠、甲醛鱼油等混合使用。

8.6.3 加脂剂

皮革中加入加脂剂可使其具有适宜的柔软性、丰满度、坚韧性、耐拆性和耐磨性及良好的疏水性。所以在所有皮革化学品中，加脂剂占重要地位，同时也是制革中用量最大的、品种最多的助剂。加脂剂的分类有不同方法，有的按加脂剂材料来源，有的按其功能。按其制备化学方法可分为硫酸化加脂剂、亚硫酸化加脂剂、磷酸化加脂剂、酰胺化加脂剂、氯磺化加脂剂等。硫酸化反应是制备加脂剂的重要化学反应，其典型产品当属硫酸化油。常用的硫酸化油是天然不饱和油脂或不饱和蜡经过硫酸化反应制得，通过硫酸化反应向油脂或含有羟基的酸性油脂分子中引入酸性硫酸单酯，主要通过酯化反应和亲电加成反应实现。实际上硫酸化过程十分复杂。

1. 硫酸化加脂剂

(1)硫酸化蓖麻油加脂剂

硫酸化蓖麻油是皮革的主要加脂剂，又是染料分散剂，可用于纺织印染、合成纤维油剂等。

蓖麻油中的脂肪酸既有羟基，又有碳碳双键。硫酸化时，既有硫酸与羟基的酯化反应，又有碳碳双键的亲电加成反应。其产品结构如下：

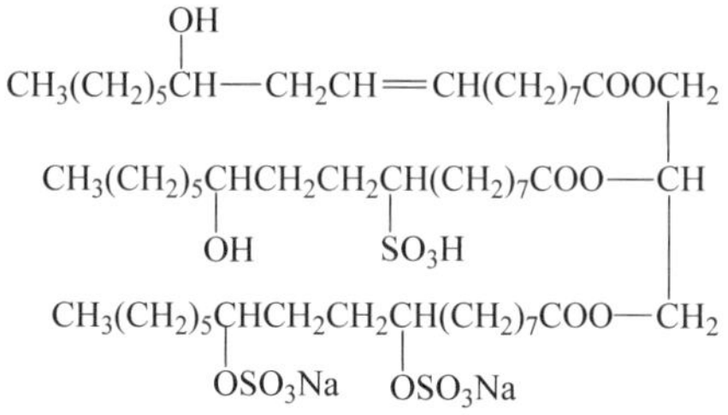

$$\begin{array}{l}
CH_3(CH_2)_5\underset{}{\overset{OH}{\overset{|}{C}}}H—CH_2CH═CH(CH_2)_7COO\underset{|}{C}H_2 \\
CH_3(CH_2)_5\underset{\underset{OH}{|}}{C}HCH_2CH_2\underset{\underset{SO_3H}{|}}{C}H(CH_2)_7COO—\underset{|}{C}H \\
CH_3(CH_2)_5\underset{\underset{OSO_3Na}{|}}{C}HCH_2CH_2\underset{\underset{OSO_3Na}{|}}{C}H(CH_2)_7COO—CH_2
\end{array}$$

或

$$\begin{array}{l}
CH_2O\overset{\overset{O}{\|}}{C}—R_1 \\
CHO\underset{\underset{O}{\|}}{C}—R \\
CH_2O\underset{\underset{O}{\|}}{C}(CH_2)\ \&\ \overset{\overset{OSO_3Na}{|}}{C}HCH_2\underset{\underset{OSO_3Na}{|}}{C}H(CH_2)_5CH_3
\end{array}$$

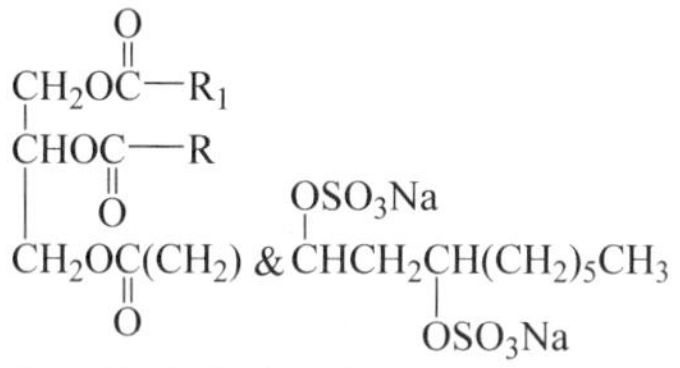

蓖麻油硫酸化制备加脂剂工艺流程如下：

蓖麻油$\xrightarrow[30\sim40\ ℃,4\sim8\ h]{浓硫酸}$碳酸化蓖麻油$\xrightarrow[盐洗\ 30\ ℃]{饱和食盐水}$硫酸化蓖麻油$\xrightarrow[至\ pH\ 为\ 6.5\sim7.0]{中和用\ NaOH}$硫酸化蓖麻油成品

在不断搅拌时向装有蓖麻油的反应釜中滴加硫酸，硫酸量是蓖麻油质量的 15%，在 40 ℃下保温，取样，样品在 60～70 ℃水中无油珠时即为终点，再用饱和食盐水在 30 ℃以下洗涤两次，分去下层水，用液碱中和至 pH 为 6.5～7.0，化验合格后得产品。

(2)硫酸化菜籽油加脂剂

菜籽油分子中没有游离的羟基，含量较多的是芥酸-1，3-二十二烯酸($CH_3(CH_2)_7CH═CH(CH_2)_nCOOH$)，一般含量在 48%以上。如果把菜籽油与低级醇，如甲醇、乙醇或丁醇，进行酯交换，可得到甘油二酯、甘油单酯及芥酸的低醇酯。经过酯交换的菜籽油混合物，绝大多数分子中既有羟基又有碳碳双键，使得酸性菜籽油具有与蓖麻油类似的结构，容易进行硫酸化反应。其反应过程如下：

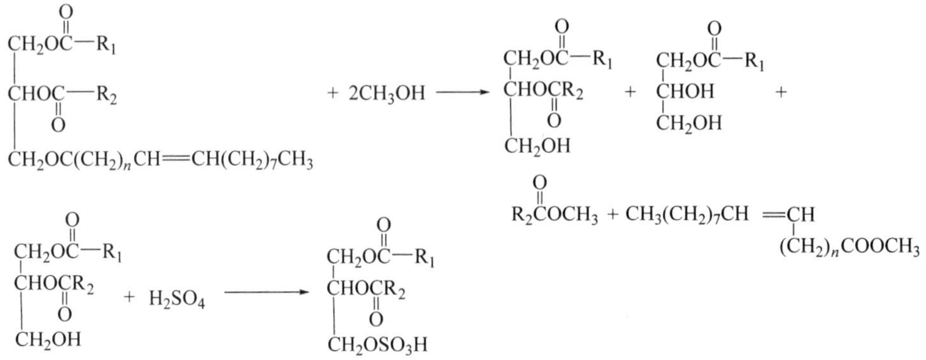

$$\begin{array}{l}CH_2OC(=O)—R_1\\ |\\ CHOC(=O)—R_2\\ |\\ CH_2OC(CH_2)_nCH=CH(CH_2)_7CH_3\end{array} + 2CH_3OH \longrightarrow \begin{array}{l}CH_2OC(=O)—R_1\\ CHOC(=O)R_2\\ CH_2OH\end{array} + \begin{array}{l}CH_2OC(=O)—R_1\\ CHOH\\ CH_2OH\end{array} + R_2C(=O)OCH_3 + CH_3(CH_2)_7CH=CH(CH_2)_nCOOCH_3$$

$$\begin{array}{l}CH_2OC(=O)—R_1\\ CHOC(=O)R_2\\ CH_2OH\end{array} + H_2SO_4 \longrightarrow \begin{array}{l}CH_2OC(=O)—R_1\\ CHOC(=O)R_2\\ CH_2OSO_3H\end{array}$$

工艺过程：把菜籽油加到带有回流减压冷凝系统的反应釜中，升温至 60～70 ℃，加入甲醇，在搅拌时加入甲醇钠，控制温度在 70～80 ℃，反应 2 h。然后减压抽出甲醇，再在温度为 30～35 ℃时滴加硫酸，在 45 ℃下保温 2 h。经测定合格后，用 20%的食盐水洗涤两次，静止后分去下层盐水，再用液碱中和至 pH 为 6.5～7.5，可得成品。

(3)硫酸化猪油加脂剂

由于猪油熔点较高，虽然分子中含 40%的不饱和油酸($CH_3(CH_2)_7CH=CH(CH_2)_7COOH$)，但是常温下仍是固体。因为直接硫酸化后的盐洗难以操作，以及直接硫酸化制备的加脂剂，在革表面会出现“油霜”，影响产品质量，所以硫酸化猪油加脂剂一般采取改性工艺路线制备。其改性方法：先把猪油用烧碱皂化后，用硫酸分离，再用丁醇酯化，酯化后再硫酸化。将猪油彻底分解为单个脂肪酸酯，再硫酸化，消除了硬脂酸甘油脂，消除了产生油霜的因素。硫酸化用氨中和，这样制得的猪油硫酸化加脂剂的主要成分是猪油脂肪酸丁酯的硫酸铵盐及猪油甘油硬脂酸酯的铵盐，具有良好的亲水性、乳化性，能渗入皮革内层，成革丰满。

(4)硫酸化鱼油加脂剂

鱼油中不饱和酸含量达 70%，硫酸化容易，所以要控制硫酸化时硫酸的用量，一般在 10%～20%。在 25 ℃时，缓慢滴加硫酸。硫酸化鱼油加脂剂常与中性油、酸性植物油、矿物油配制复合加脂剂。

硫酸化加脂剂品种很多，上边介绍的只是几个例子。运用酯交换技术扩大了硫酸化原料范围，增加了加脂剂品种，也提高了加脂效果。所有天然油脂都可进行硫酸化改性，制备硫酸化加脂剂。利用硫酸化可合成一系列功能型加脂剂。用高碳脂肪酸，如油酸和多元醇、高碳醇，合成含有羟基的高级脂肪酸酯，再经硫酸化可合成多种性质优异的合成加脂剂。还可运用天然油脂与低聚的含羟基硅油接枝聚合，再经硫酸化制取含硅的具有柔软、丝光、防水等功能的加脂剂。

2. 亚硫酸化加脂剂

合成亚硫酸化加脂剂的原料可以是单一不饱和脂肪酸酯，也可以是混合油脂，包括天然油脂和合成油脂，经过催化氧化，其氧化过程很复杂。早些年认为氧化生成环氧化合物和过氧化物：

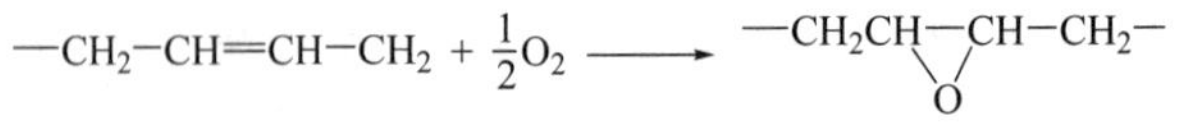

$$—CH_2—CH=CH—CH_2 + \frac{1}{2}O_2 \longrightarrow —CH_2CH\underset{O}{\diagdown\diagup}CH—CH_2—$$

$$-CH_2-CH=CH-CH_2 + \frac{1}{2}O_2 \longrightarrow -CH_2\underset{\underset{O-O}{|\qquad|}}{CH-CH}-CH_2-$$

皮革行业接受了 α-CH_2 氧化理论，认为氧化生成 α-CH_2 过氧化物：

$$-CH=CH-CH_2- + O_2 \longrightarrow -CH=CH-\underset{\underset{OOH}{|}}{CH}-$$

$$-CH_2-CH=CH-CH_2-CH=CH-CH_2- + O_2 \longrightarrow -CH_2-CH=CH-CH_2-CH=CH-\underset{\underset{OOH}{|}}{CH}- + $$

$$-CH_2-CH=CH-\underset{\underset{OOH}{|}}{CH}-CH=CH-\underset{\underset{OOH}{|}}{CH}-$$

实际反应要比上列反应式表示的复杂得多，反应产物为多种成分混合物。此混合物的亚硫酸化用亚硫酸钠（亚硫酸氢钠）进行。其过程表示如下：

$$-CH_2-\underset{\diagdown O \diagup}{CH-CH}-CH_2- + NaHSO_3 \longrightarrow -CH_2-\underset{\underset{OH}{|}}{CH}-\underset{\underset{SO_3Na}{|}}{CH}-CH_2-$$

$$-CH_2-CH=CH-CH_2-CH=CH-\underset{\underset{OOH}{|}}{CH}- + NaHSO_3 \longrightarrow -CH_2-CH=CH-CH_2-CH=CH-\underset{\underset{SO_3Na}{|}}{CH}-$$

$$-HC=CH-\underset{\underset{OOH}{|}}{CH}-CH=CH-CH_2- + NaHSO_3 \longrightarrow -HC=CH-\underset{\underset{SO_3Na}{|}}{CH}-CH=CH-CH_2-$$

亚硫酸化加脂剂的亲水基为磺酸根—SO_3Na，其稳定性比硫酸化加脂剂高。亚硫酸化加脂剂性能优于硫酸化加脂剂，特别是在耐酸、耐碱、耐铬鞣和植鞣液方面更为突出。

油脂的碘值在 170 以上，用空气氧化、亚硫酸化同步工艺进行效果很好。但我国鱼油为湿法鱼油，碘值在 130～150，碘值在 160 时就难以制取符合要求的加脂剂。针对低碘值鱼油，我国成功开发研究出氧化、亚硫酸化方法。采用氧化和亚硫酸化分步工艺路线，使用催化剂和氧化剂增强氧化程度，必要时进行酯交换，增加流动性。在改进工艺基础上，我国成功地生产了亚硫酸化菜油、亚硫酸化羊毛酯，并缩短了氧化和硫酸化时间。利用管道反应器进行氧化和亚硫酸化反应，使亚硫酸化技术得到发展。

下面举几个亚硫酸化制备加脂剂的例子：

(1)亚硫酸化鱼油

高碘值的鱼油氧化和亚硫酸化同时进行。鱼油虽然有碳碳双键，但亚硫酸盐不能加成。双键的 α-H 易氧化，因其受到碳碳双键影响比较活泼，尤其是有共轭的碳碳双键之间 α-H 更活泼，两碳碳双键之间的亚甲基易成为氧化反应中心，容易参加反应被氧化。

工艺过程：把规定量的鱼油、亚硫酸氢钠、催化剂环烷酸钴和十二烷基苯磺酸钠及水加入反应釜，开动搅拌器，鼓入空气，升温至 75～80 ℃，反应 10 h，反应物由白色乳状物变成棕色黏稠液时反应完成，这时碘值在 90～100。浓缩至含水 25%，调节 pH 为 5.5～6.5 即可得成品。原料配比：亚硫酸氢钠是鱼油的 25%～30%，催化剂钴盐用量是 0.2%～0.4%，十二烷基苯磺酸钠为 2%，反应温度在 75～80 ℃。

(2)低碘值鱼油亚硫酸化

碘值在 160 以下的鱼油采用氧化和亚硫酸化分步进行。先用甲醇把鱼油部分醇解成甘油不饱和脂酸二酯、甘油不饱和脂酸单酯和不饱和酸甲酯。再进行氧化，然后亚硫酸化。

$$-HC=CH-\underset{\underset{OOH}{|}}{CH}- + Na_2SO_3 \longrightarrow -HC=CH-\underset{\underset{SO_3Na}{|}}{CH}-$$

工艺过程：在鱼油中加入甲醇和鱼油总量0.5%的硫酸，在70～80 ℃下反应3 h。然后加入过氧甲酸，随后鼓入空气进行强制氧化。再把油量18%～25%的亚硫酸氢钠配成水溶液，在70～75 ℃时加入氧化鱼油中，保温下反应10 h。反应完成后，用氨水调节pH为2～3即可。该产品有良好的乳化、渗透及耐酸、耐碱、耐盐、耐铬液能力，可用多个工序加脂，加脂后柔软、弹性好，无鱼腥味。

(3)亚硫酸化羊毛脂

羊毛脂是多种羟基酸、脂肪酸和大致等量的脂肪醇、胆甾醇形成的脂。羊毛脂酸有150多种，其中α-羟基酸占40%。亚硫酸化羊毛脂是通过间接亚硫酸化法制取的。先利用羊毛脂分子中的羟基与顺丁烯二酸酐酯化，在羊毛脂分子中引入易与亚硫酸氢钠加成的碳碳双键，再引入磺酸基。制备反应如下（$RCH_2CH(OH)COOR'$代表羊毛脂）：

$$RCH_2CH(OH)COOR' + \text{顺丁烯二酸酐} \longrightarrow RCH_2CH(OOCCH{=}CHCOOH)COOR'$$

$$RCH_2CH(OOCCH{=}CHCOOH)COOR' \xrightarrow{NaHSO_3} RCH(COOR)COCCH_2CH(SO_3Na)COOH$$

工艺过程：一定量羊毛脂与二乙醇胺混合，加入甲醇钠催化，在120～140 ℃下反应4 h后，降温至100 ℃，然后加入少量对甲苯磺酸和顺丁烯二酸酐，控制温度在100～120 ℃，反应3～4 h，降温至90 ℃，再加入亚硫酸氢钠的饱和水溶液，反应1 h，用40%氢氧化钠中和至pH为9～10，即得产品。该产品可与植物油、矿物油复配，是各种轻革特别是高档革理想的加脂剂。

(4)亚硫酸化猪油

以猪油、聚乙二醇、顺丁烯二酸酐和亚硫酸氢钠为原料，反应原理如下：

$$\begin{matrix} CH_2OCOR \\ | \\ CHOCOR \\ | \\ CH_2OCOR \end{matrix} + 3HOCH_2CH_2O(CH_2CH_2O)nCH_2CH_2OH \longrightarrow 3RCOOCH_2CH_2O(CH_2CH_2O)nCH_2CH_2OH + \begin{matrix} CH_2CHCH_2 \\ OH\ OH\ OH \end{matrix}$$

$$RCOOCH_2CH_2O(CH_2CH_2O)nCH_2CH_2OH + \text{顺丁烯二酸酐} \longrightarrow RCOOCH_2CH_2O(CH_2CH_2O)nCH_2CH_2OOCCH{=}CHCOOH$$

$$RCOOCH_2CH_2O(CH_2CH_2O)nCH_2CH_2OOCCH{=}CHCOOH + NaHSO_3 \longrightarrow RCOOCH_2CH_2O(CH_2CH_2O)nCH_2CH_2OOCCH_2\text{—}CH(SO_3Na)COOH$$

工艺过程：猪油与聚乙二醇在140 ℃时加入催化剂醇解2 h，降温至60 ℃后加入顺丁烯二酸酐，再降温至90 ℃反应1 h，降温至75 ℃，加入亚硫酸氢钠反应1 h后，用10%氨水中和，调节pH=7.0，即可得到浅黄色浆状物。聚乙二醇选用相对分子质量在200～800的，其耐酸、耐碱、耐盐性能好。

(5)亚硫酸化蓖麻油(透明油)

蓖麻油中含有羟基,以蓖麻油为原料,以 RCH_2OH 代表蓖麻油。反应原理如下:

$$RCH_2OH + \text{(顺丁烯二酸酐 HC=CH, O=C–O–C=O)} \longrightarrow RCH_2OOCCH{=}CHCOOH$$

$$RCH_2OOCCH{=}CHCOOH + NaHSO_3 \longrightarrow RCH_2OOCCH_2CH(SO_3Na)COONa$$

工艺过程:把蓖麻油加入反应釜,升温至 60~65 ℃,分三次加入顺丁烯二酸酐,控制温度在 80 ℃以下,加入对甲苯磺酸,升温至 85~90 ℃,反应 1~2 h,再降温至 60~70 ℃,用液碱调节 pH 为 6~7,再升温至 75~80 ℃,把焦硫酸钠饱和溶液加入反应釜,保温 1~1.5 h,反应结束后调节 pH 为6~7。成品为琥珀色透明蚝油状物。

适用于猪、牛、羊各种软革,但加脂革润湿性不算好。

3. 结合性加脂剂

其代表是 SOF 结合性加脂剂,以菜籽油为原料,经过酰胺化、酰化亚硫酸化等反应制取。反应原理如下:

$$\begin{matrix}CH_2COOR\\ |\\ CHCOOR\\ |\\ CH_2COOR\end{matrix} + 3CH_3OH \longrightarrow 3RCOOCH_3 + \begin{matrix}CH_2OH\\ |\\ CHOH\\ |\\ CH_2OH\end{matrix}$$

$$RCOOCH_3 + H_2NCH_2CH_2OH \xrightarrow{CH_3ONa} RCONH_2CH_2CH_2OH$$

$$RCONH_2CH_2CH_2OH + \text{(顺丁烯二酸酐 HC=CH, O=C–O–C=O)} \longrightarrow RCONHCH_2CH_2OCCH{=}CHCOOH$$

$$RCONHCH_2CH_2OCCH{=}CHCOOH + NaHSO_3 \xrightarrow{NaOH} RCONHCH_2CH_2OOCCH_2CH(SO_3Na)COONa$$

工艺过程:将菜籽油酸甲酯和乙醇胺加入反应釜,搅拌均匀后加入催化剂甲醇钠,加热至 110~120 ℃时减压蒸出甲醇,2 h 后升温至 120~140 ℃,继续蒸直到无甲醇为止,降温至50 ℃,分批添加顺丁烯二酸酐,温度控制在 70 ℃,加入对甲苯磺酸,升温至 85~90 ℃,反应 2 h,再降温至 50 ℃,加适量碱,控制温度在 75~80 ℃,分批添加饱和亚硫酸氢钠水溶液并保温 2 h,以 $KI\text{-}I_2$ 不褪色为终点,在 50 ℃用氢氧化钠中和至 pH 为 6~7,产品为黄色浆状或膏状体,其活性基团(酰胺基、羟基羧基及磺酸基)多,与皮革结合性好。该类加脂剂品种多,用量大,合成工艺较成熟。

4. 蓖麻油加脂剂

(1)用氯磺酸经硫酸化制备加脂剂

氯磺酸是活泼的磺化试剂,与带活泼氢的基团很容易发生反应,故与带羟基的化合物能发生反应,与碳碳双键也能发生加成反应,生成带有磺酸基—SO_3H 和氯的化合物。

蓖麻油、高级脂肪醇、天然油脂醇解物都可与氯磺酸反应制取加脂剂。以蓖麻油为例,其反应如下:

$$\begin{matrix}CH_2OC(=O)—R_1\\ |\\ CHOC(=O)—R_2\\ |\\ CH_2OC(=O)(CH_2)_7CH{=}CHCH_2—CH(OH)(CH_2)_5CH_3\end{matrix} + HSO_3Cl \longrightarrow \begin{matrix}CH_2OC(=O)—R_1\\ |\\ CHOC(=O)—R_2\\ |\\ CH_2OC(=O)(CH_2)_7CH(Cl)—CH(SO_3H)CH_2—CH(OSO_3H)(CH_2)_5CH_3\end{matrix} + HCl$$

在 25～35 ℃下缓慢滴加 HSO_3Cl，控制温度在 45～55 ℃，保温 3～5 h，反应完成后，中和可得产品。由于氯磺酸价格高，此法应用不多。

(2)用三氧化硫制备加脂剂

不论是饱和的还是不饱和的油脂，都可直接用三氧化硫磺化制取加脂剂，目前已广泛应用。三氧化硫分子与油脂的脂肪酸 α-CH_2 进行磺化或与脂肪酸中碳碳双键磺化，引入—SO_3H。磺化原理可示意如下：

$$R\cdots CH_2-\overset{O}{\overset{\|}{C}}-OR' \xrightarrow{SO_3} R\cdots \underset{SO_3H}{\underset{|}{CH}}-\overset{O}{\overset{\|}{C}}-OR' \xrightarrow{NaOH} R\cdots \underset{SO_3Na}{\underset{|}{CH}}-\overset{O}{\overset{\|}{C}}-OR'$$

$$R-CH=CH- \xrightarrow{SO_3} R-\underset{SO_3H}{\underset{|}{CH}}-CH_2- \xrightarrow{NaOH} R-\underset{SO_3Na}{\underset{|}{CH}}-CH_2-$$

用三氧化硫制备的加脂剂残留的盐分含量很低，有活性基含量可控性好的优点。原料走出单一脂肪酸甲酯的局限，可直接使用甘油三酸酯进行三氧化硫磺化。磺化流程如下：

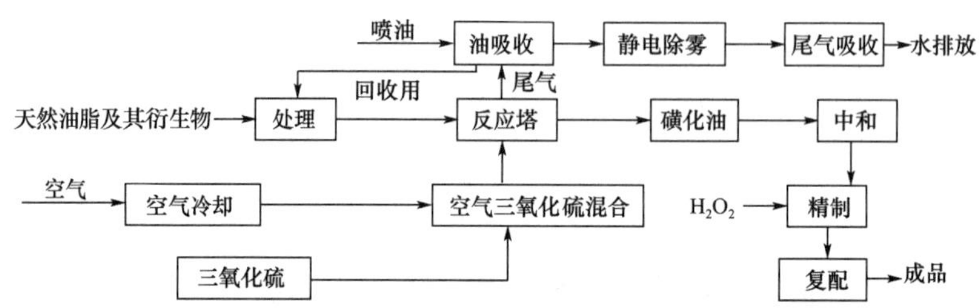

在降膜管式反应器中，以深冷脱水的空气为载气，三氧化硫在混合气中含量占 3.5%～5.0%，磺化反应温度在 50～60 ℃，根据油膜厚度和流速可适当调整。单管 6 000 mm×25 mm，产量为 30 kg/h。反应后用过氧化氢处理磺化油为其脱色。产品外观为棕色或红棕色，透明黏稠液体。有效物含量在 70%～80%，用 10% 氨水溶液调整pH≥7.0。

现已有以菜籽油、豆油、猪油等为原料，或部分醇解的磺化产品供应市场，其组合、复合的产品综合性能、使用效果都很好。

5. 烷基磺酰氯及其衍生物加脂剂

烷基磺酰氯不仅加脂性能好，而且有一定的鞣性，被称为油鞣剂。

制革中使用的烷基磺酰氯有两种：一种是含 100% 活性物，作为有韧性加脂剂使用；另一种规格烷基磺酰氯活性物含量低一些，用作合成加脂剂的原料。烷基磺酰氯能与皮革纤维中的氨基酸结合，用它加脂后不会被有机物溶出来，起到永久加脂作用，使革具有良好的丰满度和柔软性，增加皮革抗撕裂强度，还可起到鞣剂作用，能与其他加脂剂合用。

烷基磺酰氯的制备机制前边已介绍过，是由光照或引发剂引发的自由基型反应。由于仲氢比伯氢活泼，其活性为伯氢的 3 倍，所以仲烷基磺酰氯生成概率高，对制备加脂剂有利，中和后有利于分盐。制备加脂剂通常选用 C_{14}～C_{16} 直链饱和烷烃、300# 液蜡，馏程在 280～320 ℃。制备工艺流程如下：

SO_2→气化 ┐
　　　　　├→混合——→磺酰氯化——→脱气——→成品
Cl_2→气化 ┘　　　　↑　　　　↓　　↙
　　　　　　　饱和烷烃　　　尾气——→吸收

反应在塔式反应器中进行，用 380～470 nm 的日光灯催化，也可用紫外光或过氧化物引发。引发反应稳定后，两种气体体积比 $V(SO_2):V(Cl_2)$ 1.00～1.05∶1.00，在混合器内混合，通入反应器，反应温度在 30～45 ℃，反应 12～18 h，最后脱气，得到主要产品单磺酰氯。

(1)烷基磺酸盐

由烷基磺酰氯与液氨或氨水作用制得。烷基磺酸盐在皮革加脂剂中用量很大，其反应式如下：

$$RSO_2Cl+H_2O \longrightarrow RSO_3H+HCl$$

$$RSO_3H+NH_4OH \longrightarrow RSO_3\cdot NH_4+H_2O$$

按磺酰氯活性物含量、氨水浓度，计算用量并缓慢加入，要很好地冷却，控制温度在 45～50 ℃，反应 2～3 h，补适量水，形成饱和盐水，分离出氯化铵结晶，可得烷基磺酸铵盐。

烷基磺酰胺用量大，主要用于复合加脂剂。以烷基磺酰胺为主要成分多组分的加脂剂，乳化能力强、渗透性好。其制备方法是把液态氨汽化通入盛有磺酰氯的反应釜，该过程强放热，必须有良好的冷却系统。反应后生成的氯化铵容易沉淀：

$$RSO_2Cl+2NH_3 \longrightarrow RSO_2NH_2+NH_4Cl\downarrow$$

$$RSO_2Cl+2R'NH_2 \longrightarrow RSO_2NHR'+R'NH_3Cl$$

烷基磺酰胺乙酸钠是阴离子型加脂剂的原料，对油脂有良好的乳化能力，是复配性能良好的加脂剂。可用烷基磺酰胺与氯乙酸制取：

$$RSO_2NH_2+ClCH_2COOH \longrightarrow RSO_2NHCH_2COOH$$

$$RSO_2NHCH_2COOH+NaOH \longrightarrow RSO_2NHCH_2COONa+H_2O$$

(2)两性加脂剂原料——α-氨基磺酰胺衍生物

由烷基磺酰氯与多元胺反应后，再用氯乙酸反应就可制得 α-氨基酸型烷基磺酰胺。如用乙二胺与磺酰氯反应，再与氯乙酸反应：

$$RSO_2Cl+NH_4CH_2CH_2NH_2 \longrightarrow RSO_2NHCH_2CH_2NH_2$$

$$RSO_2NHCH_2CH_2NH_2+ClCH_2COOH \longrightarrow RSO_2NHCH_2CH_2NHCH_2COOH \xrightarrow{NaOH} RSO_2NHCH_2CH_2NHCH_2COONa$$

该化合物分子中，含有能与皮革结合的氨基、羟基和羧基，能加强与皮革的结合，又能与阳离子、非离子加脂剂复配。因与皮革结合能力强，耐光性好，此类加脂剂能显著提高皮革的丰满性和革面润湿性。

氯代烷基磺酰氯在制革中也有不少应用，其衍生物复合加脂剂在国外应用较普遍。氯代磺酰氯是用含 C_{16} 的直链烷烃与氯气在 40 ℃时氯化至相对密度为 1.14，相应含氯量达 40%以后，再与二氧化硫和氯气进行氯磺化反应，反应至有机物结合的三氧化硫含量达 6%，即制得氯代烷基磺酰氯。该类产品在皮革加脂剂中用量较大。

(3)磺氯化天然油脂

用天然油脂进行磺氯化反应制备加脂剂一直是皮革化工材料研究者的追求。因为天然油脂是可再生资源，合成的加脂剂的加脂性能更具综合性，具有良好的耐光性，可以避免皮革在存放过程中产生异味、生物降解等，这些特点吸引了人们更多的关注。

猪油磺氯化原理：将猪油先进行醇解，氯化降低其碘值，然后光引发与氯气和二氧化硫进行磺氯化，最后再氨化。本工艺过程比烷基磺酰氯化多了醇解和氯化。

猪油磺氯化工艺流程：

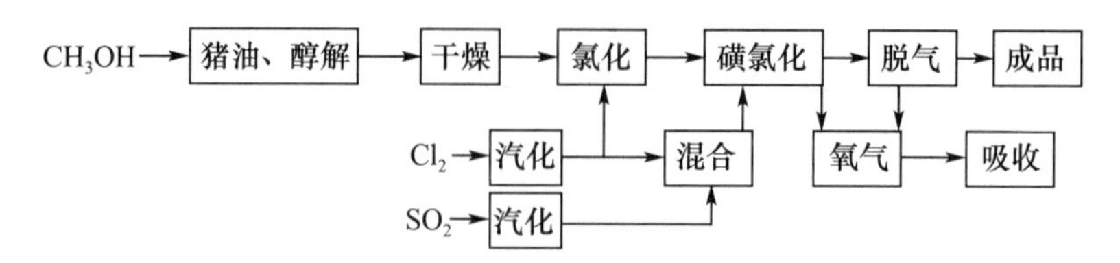

猪油不饱和脂肪酸质量分数为 57%～58%。为使油脂有良好的流动性以利于氯化和后处理，要先醇解，再氯化，氯就和不饱和酸加成。

经过甲醇醇解的猪油，在 25～30 ℃缓慢通入氯气，加氯反应很快又是放热反应，必须加快反应器夹套水流速度，保证氯加成完全。

$$RCH{=}CH{-}CH_2\cdots COOCH_3 + Cl_2 \longrightarrow RCH(Cl){-}CH(Cl){-}CH_2\cdots COOCH_3$$

当加氯后产物相对密度为 1.0～1.05、油脂碘值为 0 时，停止反应，脱除残留的氯气。

(4)氯化猪油的磺氯化反应

氯化后的猪油在规格为 800 mm×50 mm×44 mm、气流分布为 5# 石英玻砂板，用两只 20 W 紫外灯引发氯气，磺氯化反应温度在 80 ℃左右，氯气和二氧化硫体积比 $V(SO_2):V(Cl_2)=1.00:1.00\sim1.05:1.00$，经气体混合器混合后，通入反应器。磺氯化反应时间为4.5～5.5 h。产品相对密度控制在 1.125～1.15 时，就可保证引入—SO_2Cl 的数量。其反应如下：

$$RCH(Cl){-}CH(Cl){-}CH_2\cdots COOCH_3 + SO_2 + \frac{1}{2}Cl_2 \longrightarrow RCH(Cl){-}CH(Cl){-}CH(SO_2Cl)\cdots COOCH_3$$

反应后经脱气得产品，可得到猪油甲酯磺酰氯。

(5)猪油甲酯磺酸铵

把猪油甲酯磺酰氯与氢氧化铵中和，转化成铵盐。

$$RCH(Cl){-}CH(Cl){-}CH(SO_2Cl)\cdots COOCH_3 + NH_4OH \xrightarrow{30\sim40\,℃} RCH(Cl){-}CH(Cl){-}CH(SO_2NH_4)\cdots COOCH_3$$

猪油甲酯磺酸铵需要其他油成分、活性成分一起再组合，制备成品使用，单独用其加脂油润性差。

(6)氯磺化加脂剂

用不饱和油脂与 $HClSO_3$ 反应，引入—SO_2H 的同时，在双键上引入了氯原子。

$$R{-}CH{=}CH\cdots CH_2{-}COOCH_3 + HClSO_3 \longrightarrow R\cdots CH(Cl)CH(SO_3H)\cdots CH_2COOCH_3$$

反应在 25～35 ℃下缓慢加入 $HClSO_3$，在 45～65 ℃保温 3～5 h。反应完用过量盐水洗去未反应的 $HClSO_3$，静置分层，分去水，用 NH_4OH 或 NaOH 中和至 pH 为 6.5～7.2。

8.6.4　皮革染色助剂和皮革用的染料

皮革染色用匀染剂是印染行业使用的扩散剂，如扩散剂 NNO：

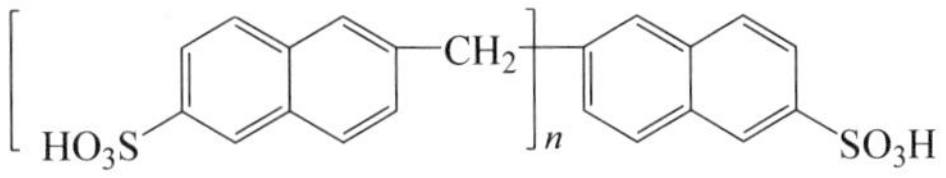

扩散剂 MF，即亚甲基双甲基萘磺酸钠：

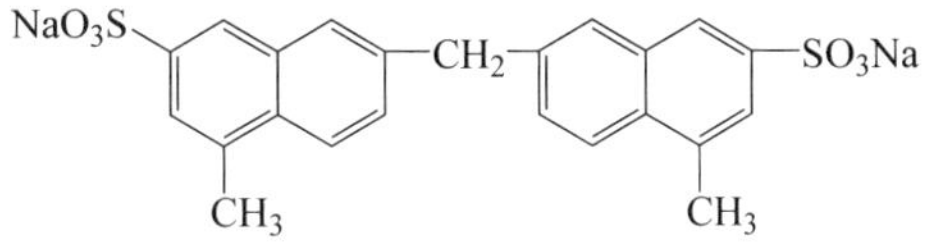

可耐高温。

扩散剂 CNF：

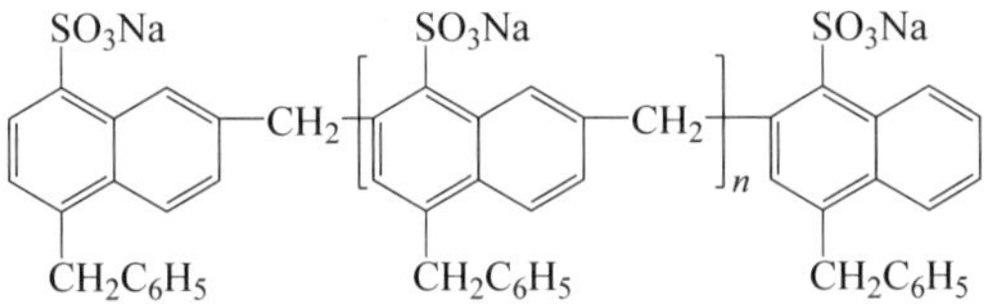

是由 4-苄基萘磺酸和甲醛缩合制备的。

分散剂 S 或称分散剂 HN：

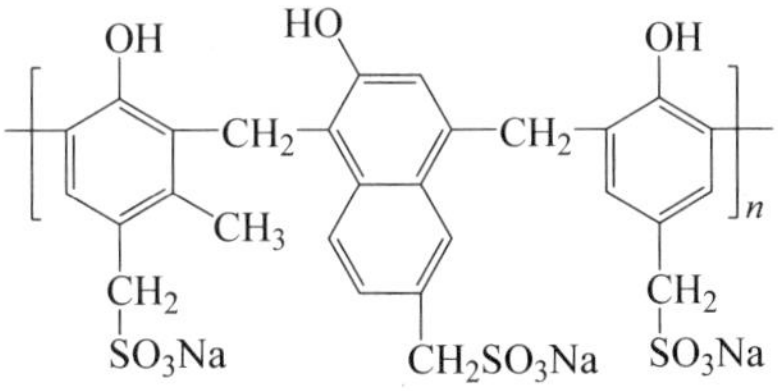

是由甲酚混合物和 β-萘酚经磺甲基化后，再与甲醛缩合制备的，可溶于水，耐酸、耐碱、耐硬水、耐高温。还有甲基酚磺化物、萘酚、甲基萘磺化物与甲醛共缩物。

皮革染色常用的染料有酸性染料、直接染料、碱性染料、活性染料和金属络合染料，其中主要是酸性染料和直接染料。这五种染料之外其他染料用得很少。

酸性染料几乎全部都是含磺酸基染料，如制革染色常用的酸性红 73：

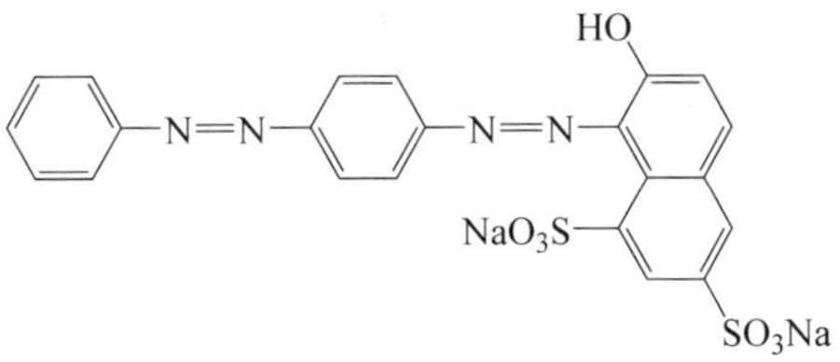

酸性红 B：

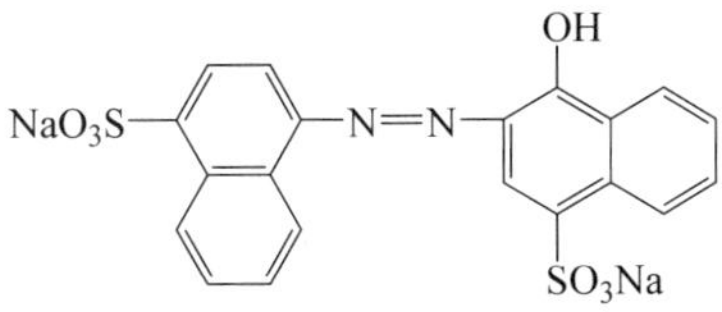

弱酸性蓝 R：

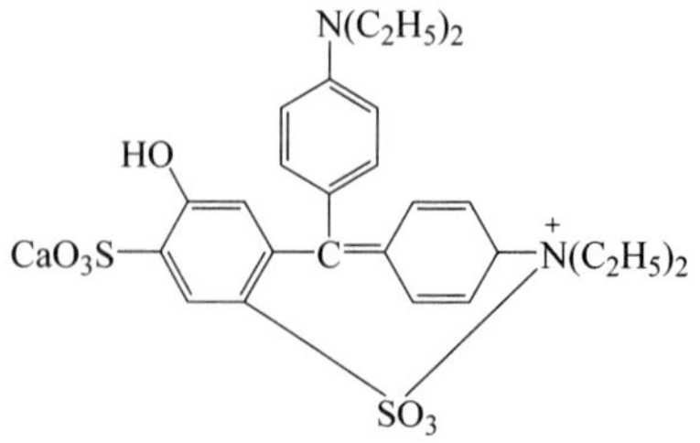

酸性金黄 G：

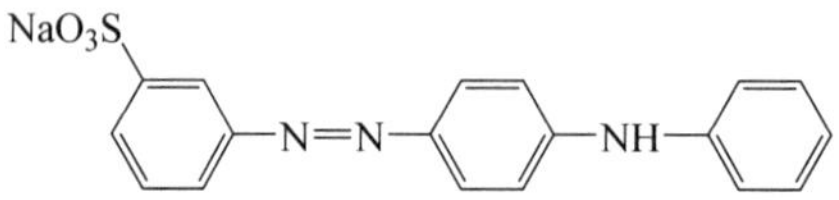

弱酸性深蓝 GR：

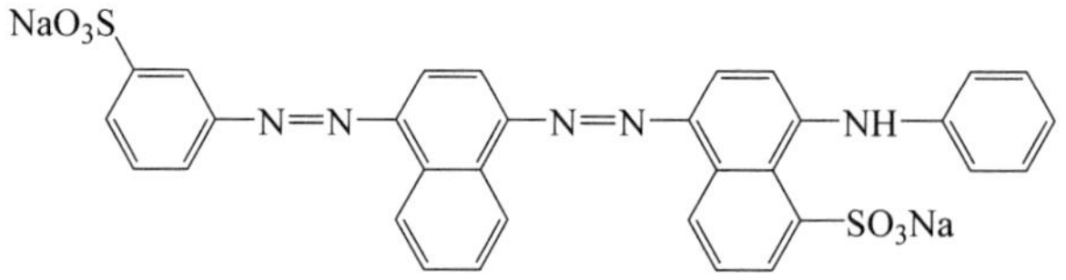

酸性绿：

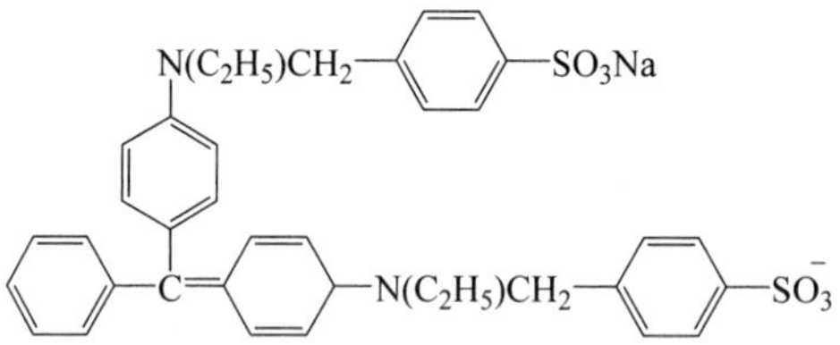

酸性黑 10B：

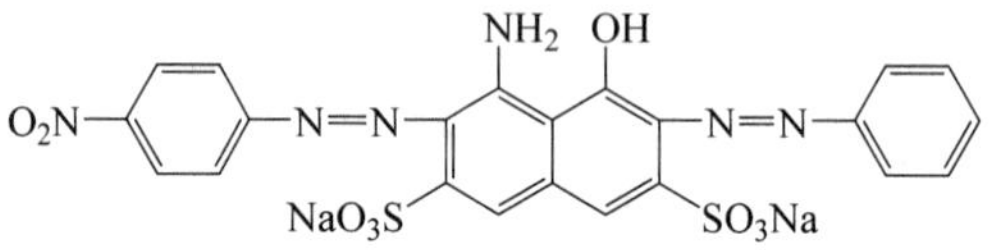

酸性媒介橙 G：

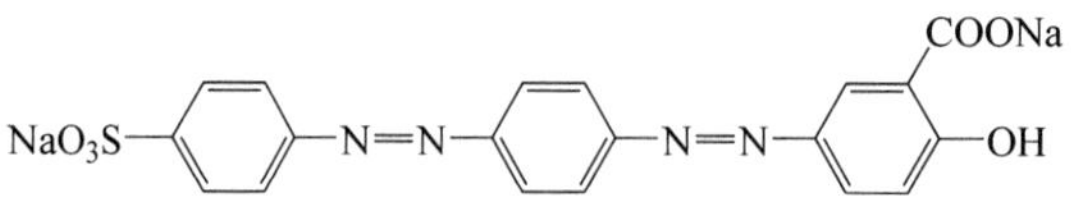

以上几乎全是含磺酸基物。

直接染料几乎全是偶氮型，其中有联苯胺型、尿素型、二苯乙烯型、三聚氯氰型，主要是芳香族磺酸盐，易溶于水。如直接耐晒黑 G：

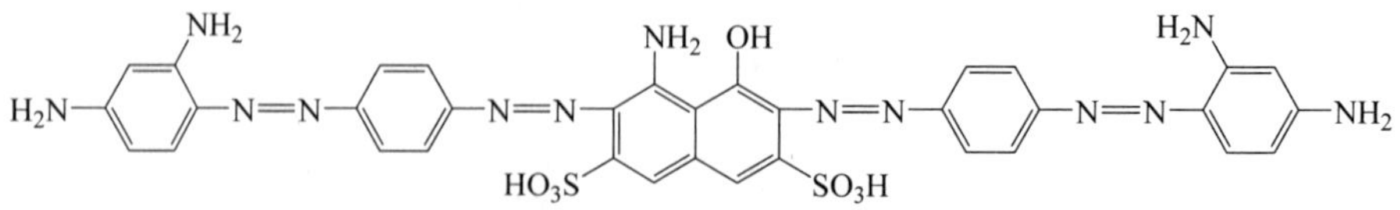

直接耐晒蓝 FR：

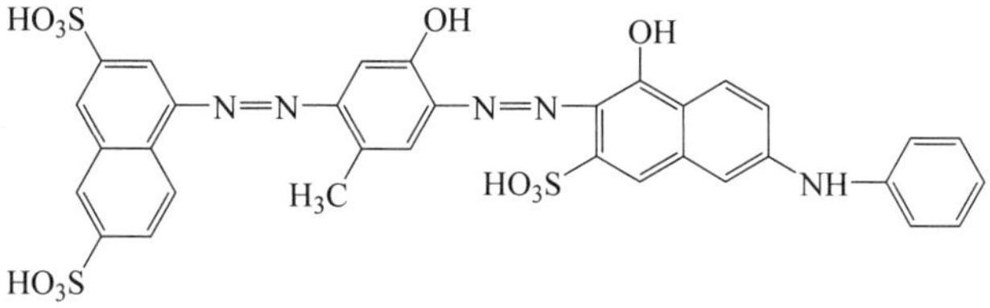

苯乙烯型直接绿 GN：

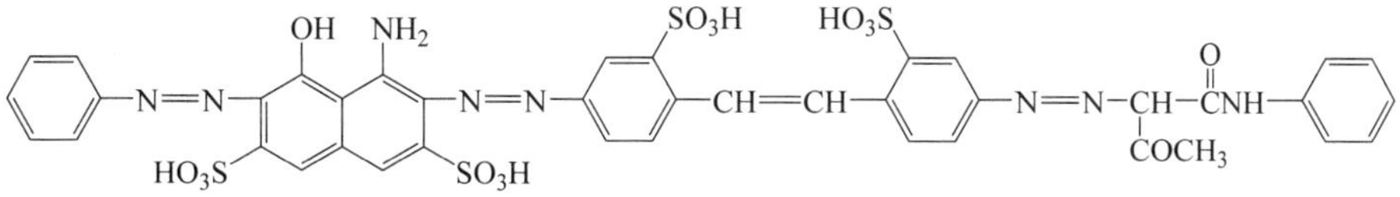

4,4′-二氨基二苯脲即直接耐晒黄：

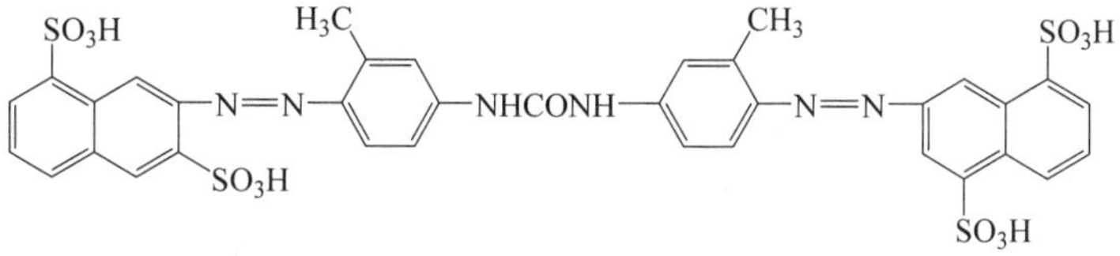

4,4′-二氨基苯磺酰胺即直接黑：

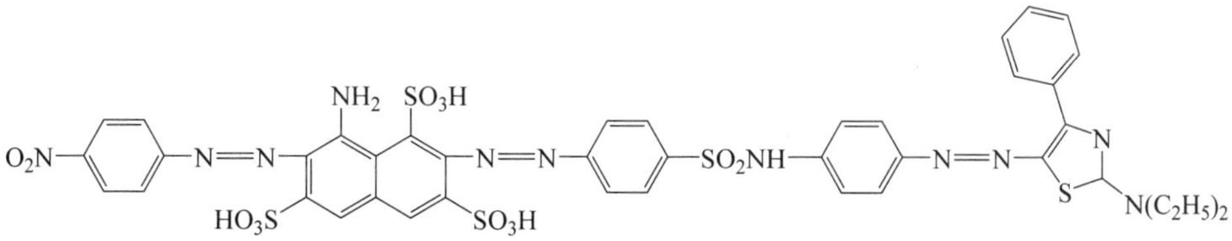

三聚氰胺型的直接耐晒绿 BLL：

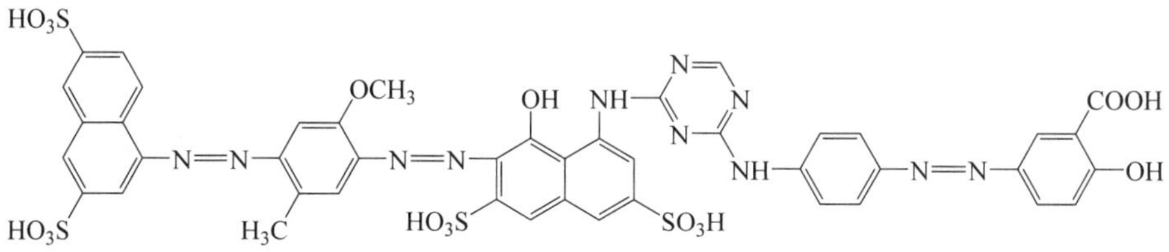

联苯胺型的直接深绿 B：

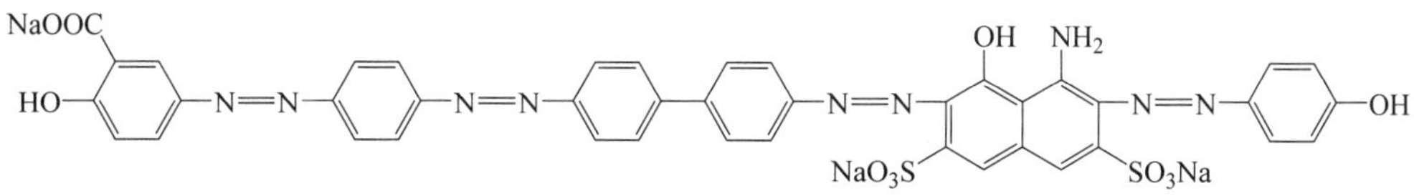

从活性染料性能及皮革染色要求来看，活性染料必将有更大发展，在皮革染色业中会有更广泛应用。按活性基及染色情况将其分为 X、K、M、KN、KD 和 P 型。

X 型含二氯均三嗪活性基，如活性艳黄 X-BR：

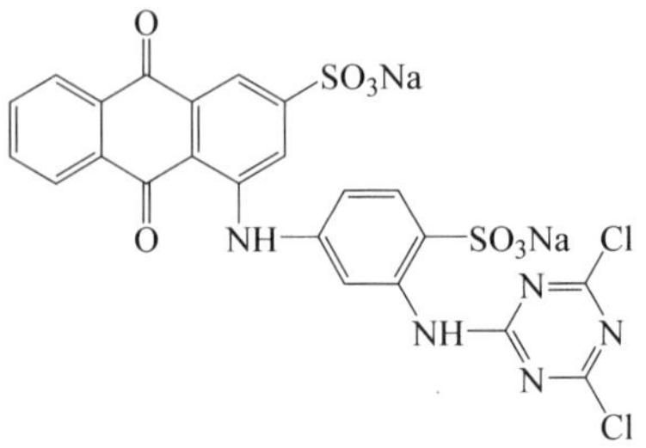

K 型含一氯均三嗪活性基，如活性板黄 K-5G：

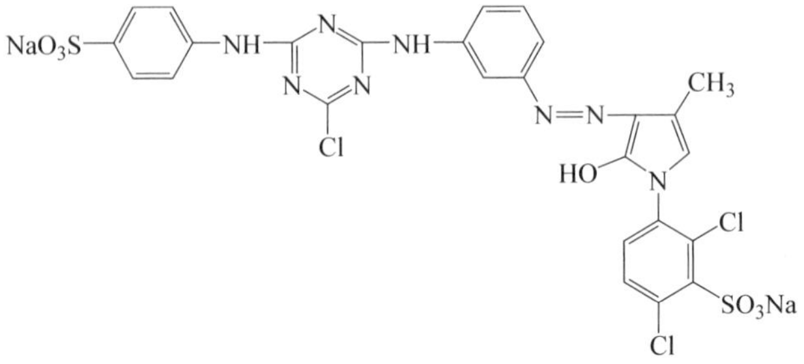

M 型含一氯均三嗪和β-羟乙基砜硫酸酯双活性基，如活性艳红 M-8B：

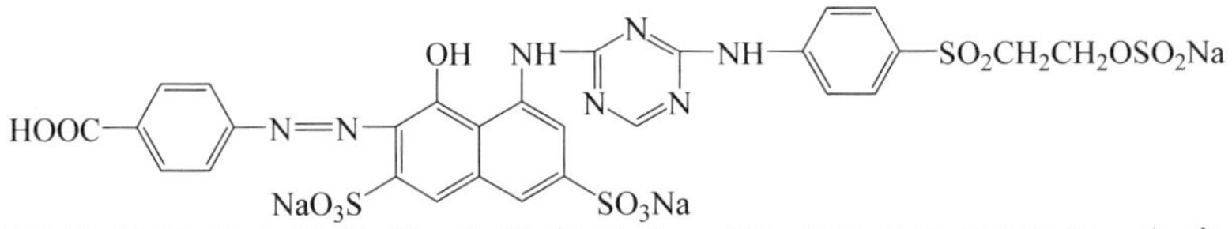

KN 型以乙烯砜基为活性基，在染色时由—$SO_2CH_2CH_2OSO_3Na$ 生成，如活性黑 KN-B：

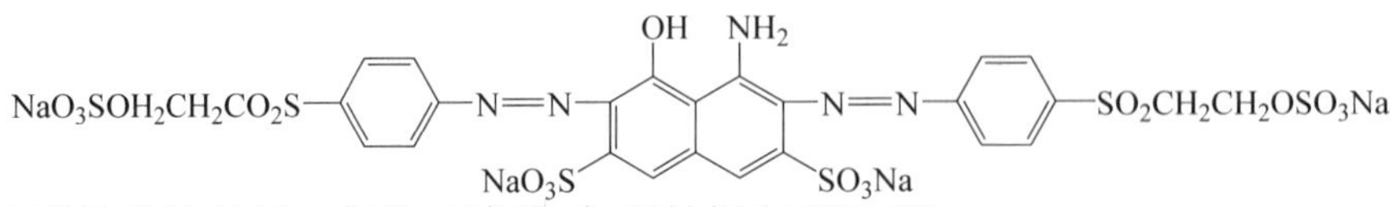

KD 型的活性基是一氯均三嗪基，如活性深红 KD-8B：

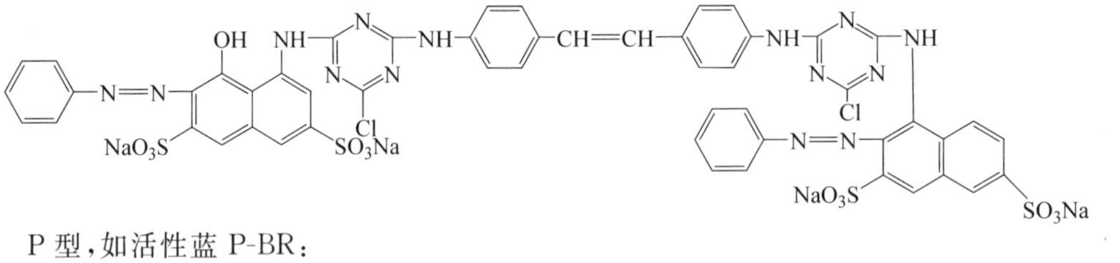

P 型，如活性蓝 P-BR：

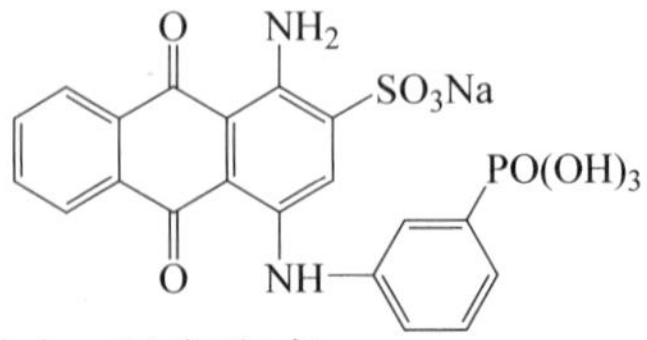

活性染料所染皮革色泽鲜艳、均匀，坚牢度高。

金属络合染料在皮革染色中应用越来越广泛，被称为皮革专用染料。按金属离子与母体染料关系，金属络合染料分为 1∶1 和 1∶2 型。1∶1 型是一个金属离子与一个染料分子形成的络合染料，如酸性铬黄 GRN（ 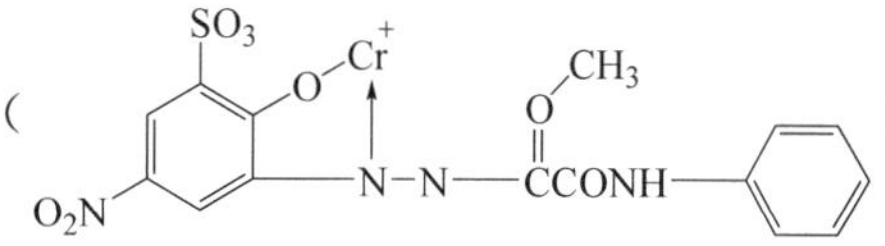　）、酸性枣红 RN（ 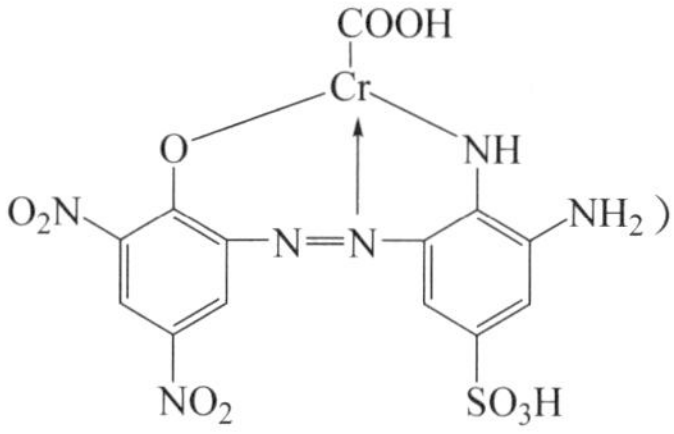　）。

1∶2 型络合染料如中性深黄 GL：

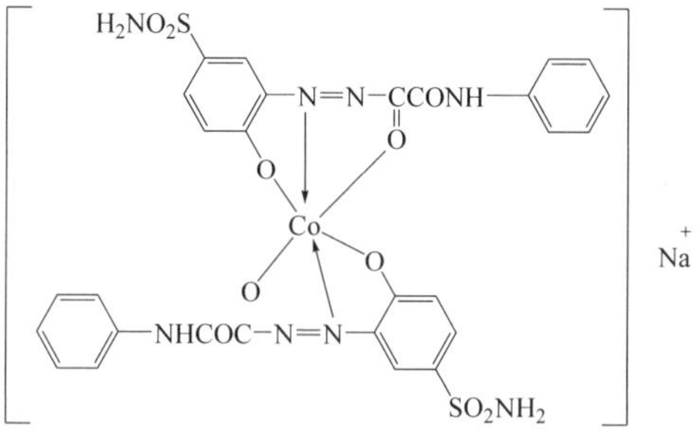

其他类型如硫化染料、醇溶性染料、还原染料、分散染料在皮革中应用很少。

参考文献

［1］ 周华龙，何有节．皮革化工材料学［M］．北京：科学出版社，2010.

［2］ 徐士弘．合成鞣剂［M］．北京：轻工业出版社，1986.

［3］ 沈一丁．表面活性剂在皮革工业中的应用［M］．北京：化学工业出版社，2003.

［4］ 兰云军，李临生，时庆芳．硫酸化技术开发皮革加脂剂的回顾与发展——Ⅰ．硫酸化的原理与生产技术［J］．皮革科学与工程，1996(1)：40-46.

［5］ 兰云军，李临生，时庆芳．硫酸化技术开发皮革加脂剂的回顾与进展——Ⅱ．硫酸化油的应用与硫酸化技术的发展［J］．皮革科学与工程，1996(2)：17-21.

［6］ 李芳，吕生华，刘岗．磺酸盐侧基对丙烯酸树脂复鞣剂应用性能的影响［J］．西部皮革，2007，29(6)：14-17.

［7］ 黄文，石碧．芳香族合成鞣剂的鞣制机理［J］．中国皮革，2000，29(21)：17-19.

［8］ 兰云军，李临生．烷基磺酰氯及其衍生物在皮革加脂中的应用及发展趋势［J］．精细化工，1995，12(2)：6-9.

［9］ 马建中，郑巨孟．国内外皮革用表面活性剂的新进展［J］．皮革化工，1999，16(1)：14-18.

［10］ 黄文，石碧．芳香族合成鞣剂的鞣制机理［J］．中国皮革．2000，29(21)：17-19.

［11］ 栾世方，石碧，范浩军，等．大分子铬鞣助剂的多官能团对铬吸收及成革性能的影响［J］．中国皮革，2003，32(21)：24-28.

［12］ 张静，夏正斌，涂伟萍．低雾化性加脂剂的研究进展［J］．皮革科学与工程，2004，14(4)：34-37.

8.7 磺化物在纺织印染助剂中的应用

在纺织工业中，从纺织、纺纱、上浆、机织或针织、整理到成品加工都要使用纺织助剂。纺织助剂对纺织品非常重要，不仅能使织物更加功能化，而且能使织物更趋高档化，更加绿色化。

8.7.1 洗净剂

洗净剂是用于棉布退浆、煮练、羊毛脱脂洗泥、生丝脱胶、合成纤维除油、织物染色和印花后除去固色的染料。纺织工业中常用的洗净剂有阴离子表面活性剂和非离子表面活性剂。在阴离子表面活性剂中，磺酸化合物最多。下面列举一些例子：

脂肪醇聚氧乙烯醚磺基琥珀酸酯二钠盐：

$$R\text{+}OCH_2CH_2\text{+}OOCCH_2\underset{}{\overset{SO_3Na}{\overset{|}{C}}}HCOONa$$

C_{12}脂肪醇聚氧乙烯(3)醚硫酸铵：

$$C_{12}H_{25}O(OCH_2CH_2O)_3—SO_3NH_4$$

C_{12}脂肪醇聚氧乙烯(7)醚硫酸铵：

$$C_{12}H_{25}O(OCH_2CH_2O)_7—SO_3NH_4$$

C_{12}～C_{16}脂肪醇聚氧乙烯(10)醚：

$$C_{12}H_{25}\sim C_{16}H_{33}O(CH_2CH_2O)_{10}—SO_3Na$$

3-(2-烷基-1,3-二氧杂环戊烷基-4-甲氧基)丙磺酸钠：

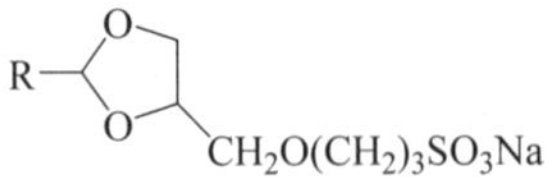

$$R-\text{(1,3-二氧杂环戊烷-2-基)}-4-CH_2O(CH_2)_3SO_3Na$$

N-油酰基-N-甲基牛磺酸钠：

$$CH_3(CH_2)_7CH{=}CO\overset{CH_3}{\overset{|}{N}}CH_2SO_3Na$$

十二烷基羟乙基羟丙基咪唑啉磺酸钠：

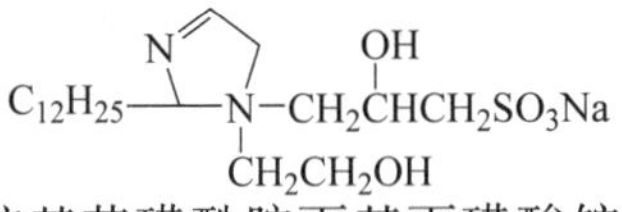

$$C_{12}H_{25}-\text{(咪唑啉环)}\underset{CH_2CH_2OH}{\underset{|}{N}}-CH_2\overset{OH}{\overset{|}{C}}HCH_2SO_3Na$$

N,N-二羟乙基-N-对十八烷基苯磺酰胺丙基丙磺酸铵：

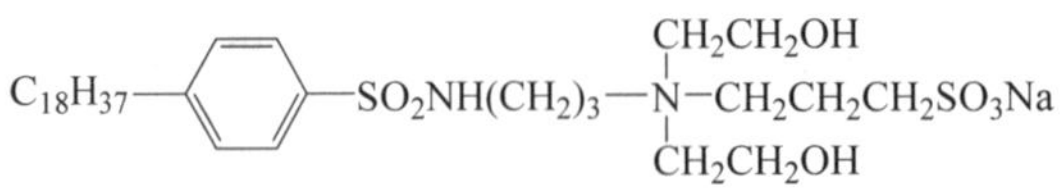

$$C_{18}H_{37}-C_6H_4-SO_2NH(CH_2)_3-\overset{CH_2CH_2OH}{\underset{CH_2CH_2OH}{N}}-CH_2CH_2CH_2SO_3Na$$

仲烷基硫酸钠 $\begin{matrix}R\\R_1\end{matrix}\rangle CHSO_3Na$，由内烯烃与三氧化硫反应制备，反应如下：

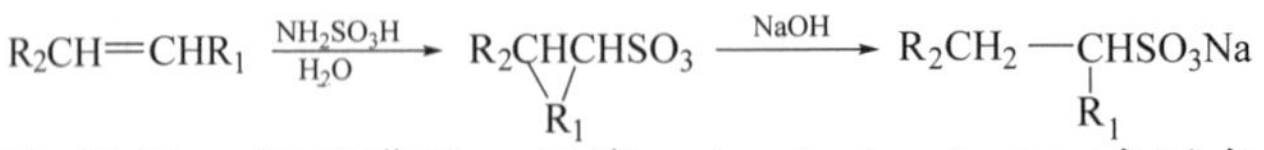

$$R_2CH{=}CHR_1\xrightarrow[H_2O]{NH_2SO_3H}R_2\underset{R_1}{CHCHSO_3}\xrightarrow{NaOH}R_2CH_2—\underset{R_1}{\underset{|}{C}}HSO_3Na$$

在氮气保护下，烯烃：氨基磺酸：尿素＝1：1.2：0.35，减压在0.05 MPa下，于110～120 ℃反应2 h，用27%～28%的碱中和得产品。

磺基咪唑啉甜菜碱（$RCONHC_2H_4N(CH_2CH_2OH)CH_2CH_2SO_3Na$）有良好的去污能力，有腐蚀作用，洗后使织物柔软润泽。由 2-溴乙基磺酸和咪唑啉合成。合成反应如下：

$$BrCH_2CH_2Br + Na_2SO_3 \longrightarrow BrCH_2CH_2SO_3Na + NaBr$$

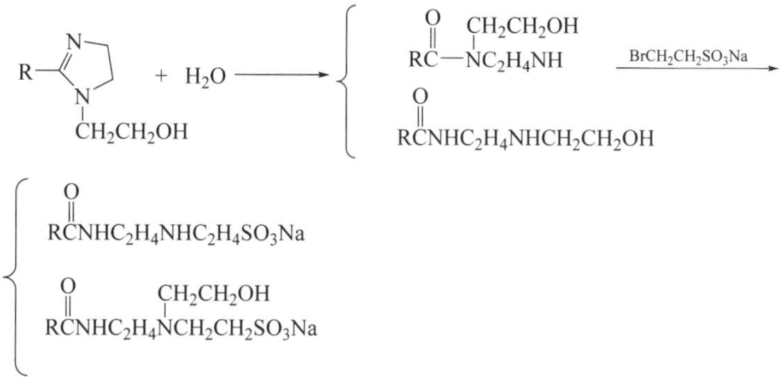

$$\text{R-咪唑啉}(N\text{-}CH_2CH_2OH) + H_2O \longrightarrow \left\{\begin{array}{l} RC(=O)-N(CH_2CH_2OH)C_2H_4NH \\ RC(=O)NHC_2H_4NHCH_2CH_2OH \end{array}\right. \xrightarrow{BrCH_2CH_2SO_3Na}$$

$$\left\{\begin{array}{l} RC(=O)NHC_2H_4NHC_2H_4SO_3Na \\ RC(=O)NHC_2H_4N(CH_2CH_2OH)CH_2CH_2SO_3Na \end{array}\right.$$

8.7.2　精练渗透剂

由于纤维是一种多孔物质，有巨大的表面积，要使溶液沿纤维迅速展开，流入纤维的空隙，把空气取代出来，使空气纤维接触被液体纤维接触代替，就必须加入精练渗透剂。作为精练渗透剂的表面活性剂主要是阴离子表面活性剂和非离子表面活性剂。阴离子表面活性剂主要是磺酸型表面活性剂。如月桂酰胺烷醇硫酸酯（$C_{12}H_{25}CONCH_2CH_2OSO_3Na$）、椰油酰胺烷醇硫酸酯（$RCONHCH_2CH_2OSO_3Na$）、N-甲基油酰氨基乙基磺酸钠（$C_{12}H_{25}CONCH_2CH_2OSO_3Na$）、α-磺基琥珀酸酯两性表面活性剂（$RCOOCH_2CH_2NHCH_2CH_2COOCH_2CH_2(SO_3H)COONa$，R 为 $C_{12}H_{25}\sim C_{18}H_{37}$）、琥珀酸二仲辛酯磺酸钠（$CH_2COOCH(CH_3)C_6H_{13}$—$CH(SO_3Na)COOCH(CH_3)C_6H_{13}$）及渗透剂 BX（1,2-二丁基萘-6-磺酸，$C_4H_9$、$C_4H_9$、$HO_3S$）。

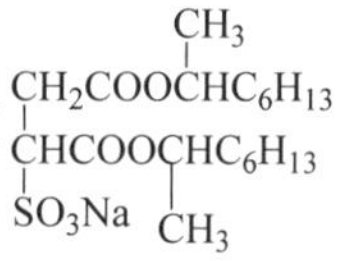

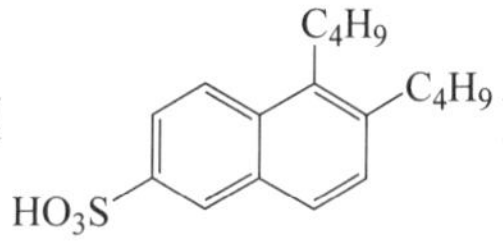

8.7.3　油剂

对于吸湿性小、导电性差、摩擦系数大的纤维，在纺丝和织物成形过程中，必须施加纤维油剂。油剂主要是非离子表面活性剂和脂肪醇聚氧乙烯硫酸盐。脂肪醇聚氧乙烯硫酸盐有十二烷基脂肪醇聚氧乙烯(10)醚硫酸铵（$C_{12}H_{25}O(CH_2CH_2O)_{10}SO_3NH_4$）、十二烷基脂肪醇聚氧乙烯(15)醚硫酸铵（$C_{12}H_{25}O(CH_2CH_2O)_{15}SO_3NH_4$）、十六脂肪醇聚氧乙烯硫酸盐（$C_{16}H_{33}O(CH_2CH_2O)_{15}SO_3Na$）、油酸正丁酯硫酸钠（$CH_3(CH_2)_8CH(OSO_3Na)(CH_2)_7C(=O)-OC_4H_9$）、月桂醇聚氧乙烷（3）醚硫酸三乙醇胺（$C_{12}H_{25}O(CH_2CH_2O)_3SO_3N(CH_2CH_2OH)_3$）。

丝软化剂：有单硬脂酸甘油硫酸酯钠盐（$\begin{array}{l}CH_2COOC_{17}H_{35}\\|\\CHOH\\|\\CH_2SO_3Na\end{array}$）、蓖麻油丁酯硫酸三乙醇胺（$\begin{array}{l}CH_3(CH_2)_9CH(OH)(CH_2)_2CH(OSO_3N(CH_2CH_2OH)_3)(CH_2)_3COOC_4H_9\end{array}$）。

8.7.4 抗静电剂

抗静电剂使纤维的表面具有吸湿性和离子性，从而降低纤维的绝缘性，并能中和电荷，达到消除和防止静电的目的。抗静电剂分为传导型和抑制型。离子型表面活性剂，如油脂、脂肪酸和高碳醇等硫酸盐、烷基磺酸、烷基酚聚氧乙烯醚硫酸酯等，属于传导型的。如化纤抗静电剂（$\begin{array}{l}CH_2COOR\\|\\CH_2COO(CHCH_2O)_nSO_3Na\end{array}$，R 为 $C_9H_{19}\sim C_{17}H_{35}$）和甲基硫酸三羟乙基甲基铵（$[(HOCH_2CH_2)_3NCH_3]^+CH_3SO_4H$），是由三羟乙基胺与硫酸二甲酯反应制得：

$$(HOCH_2CH_2)_3N + (CH_3)_2SO_4 \longrightarrow [CH_3N(CH_2CH_2OH)_3]^+CH_3SO_4^-$$

还有 N-十六烷基氨基-N，N-二丙磺酸钠（$C_{16}H_{33}N(CH_2CH_2CH_2SO_3Na)_2$）。

防水剂：N-乙基全氟辛基磺酰脱胺乙酸盐（$C_8F_{17}SO_2N(C_2H_5)CH_2COONa$）。

紫外线吸收剂 49：2-羟基-4-甲氧基-5-磺酸基二苯甲酮（$C_6H_5CO-C_6H_2(OH)(OCH_3)(SO_3H)$）。

8.7.5 乳化分散剂

乳化分散剂有：

十二烷基磺酸钠（$C_{12}H_{25}SO_3Na$）；

水溶性聚酯表面活性剂（$\begin{array}{l}CH_2COO(CH_2CH_2CO)—H\\|\\CH_2COO(CH_2CH_2O)_mC(=O)—C_6H_4—C(=O)—OH\end{array}$）；

十六脂肪醇硫酸铵（$C_{16}H_{33}OSO_3NH_4$）；

土耳其红油（$CH_3(CH_2)_3CH(OSO_3Na)CH_2CH{=}CH(CH_2)_7COONa$）；

扩散剂 MF（$NaO_3S-C_{10}H_5(CH_3)-CH_2-C_{10}H_5(CH_3)-SO_3Na$）；

分散剂 S(OH　OH　H_2C　CH_2　CH_2　CH_2SO_3Na　SO_3Na　n)；

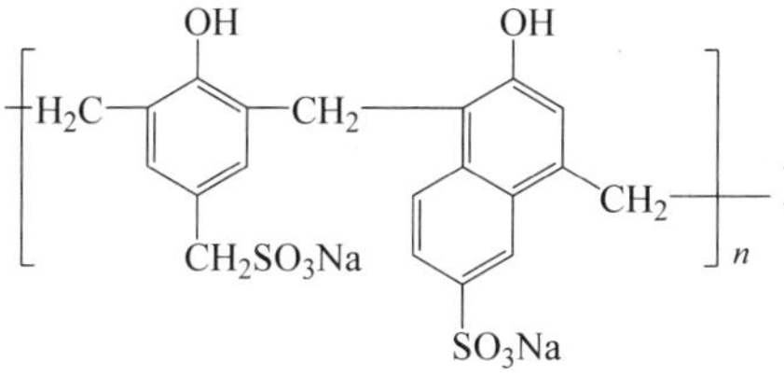

分散剂 BZS(CH_2　N　$C_{16}H_{33}$　N　$(SO_3Na)_2$)；

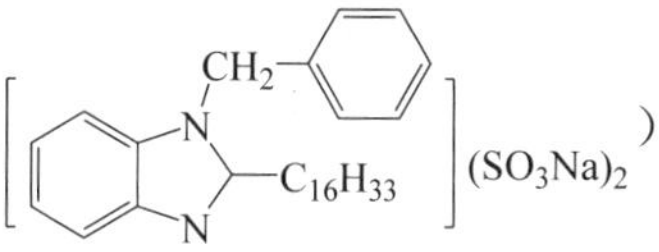

分散剂 DDA881(OH　H_3C　CH_2　NaO_3S　CH_2　SO_3Na　n　CH_2　CH_3　SO_3Na　m　OH　CH_3　SO_3Na)；

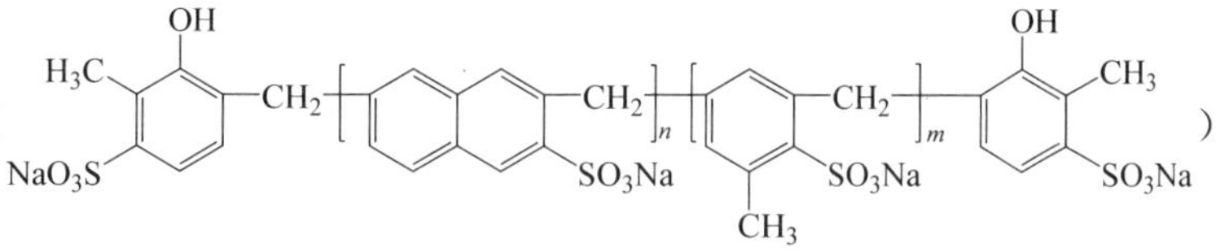

分散剂 CS(NaO_3SOH_2C　NaO_3SOH_2C　OSO_3Na　O　O　OH　n　NaO_3SO　OSO_3Na　CH_2OSO_3Na)。

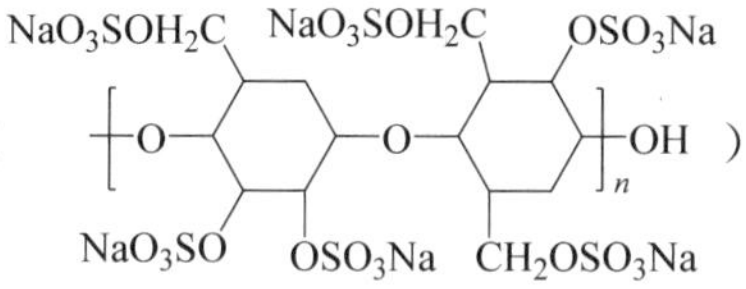

8.7.6　匀染剂

能使染料均布于织物上的助剂，有亲织物和染料之分。匀染剂有几十种，其中磺化物有十二烷醇聚氧乙烯(20)醚硫酸铵($C_{12}H_{25}O(CH_2CH_2O)_{20}SO_3NH_4$)、十六烷基磺酸钠($C_{16}H_{33}SO_3Na$)、N-油酰基-N-甲基牛磺酸钠($CH_3(CH_2)_7CH{=}CH(CH_2)_7C(=O)N(CH_3)CH_2CH_2SO_3Na$)、对苄氨基苯磺酸钠(CH_2NH　SO_3Na)、二苄氨基磺酸钠($(\text{C}_6\text{H}_5CH_2)_2N$　SO_3Na)、烷基酚聚氧乙烯醚硫酸盐(R_1　$O(CH_2CH_2O)_nSO_3Na$　R_2)、十二烷基二苯醚二磺酸钠(SO_3Na　SO_3Na　$C_{12}H_{25}$　O)、3-硝基苯磺酸钠(NO_2　SO_3Na)。

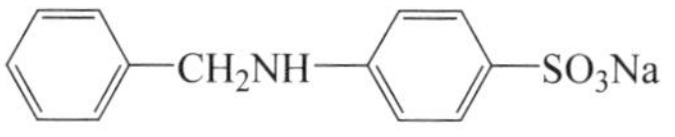

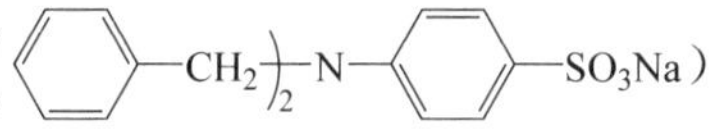

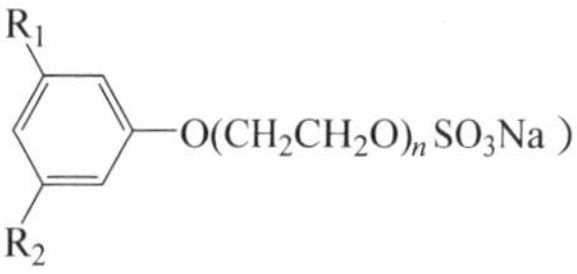

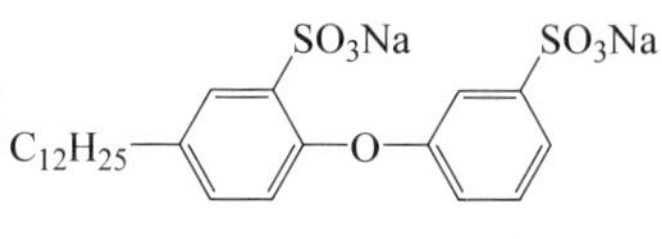

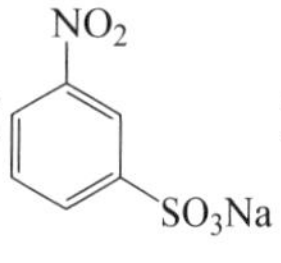

拔白剂有二甲基苯基苄基季胺二磺酸钙(CH_3　CH_3N　CH_3　SO_2　$_2$ Ca)。

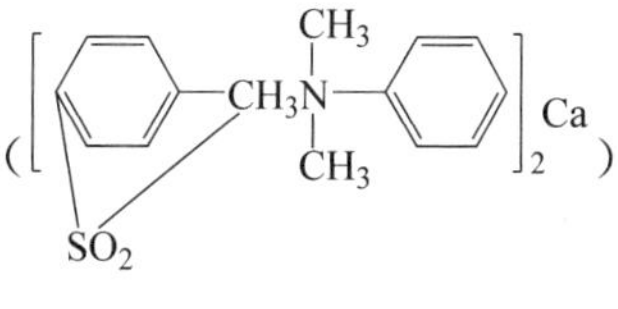

防染剂 H 对苯肼磺酰胺(H_4NO_3S　$NHNH_2$)。

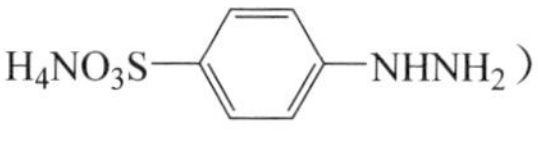

8.7.7 固色剂

固色剂有数十种，其中一半以上含有磺酸基化物，如：

固色剂 A（HO—C₆H₃(SO_3H)$_n$—SO_2—C₆H₄—OH，$n>1$）；

涤纶染色改性剂 3，5-苯二甲酸甲酯磺酸钠（H_3COOC—C₆H₃(SO_3Na)—$COOCH_3$）；

荧光增白剂 ATS-X（C₆H₄(SO_3Na)—CH=CH—C₆H₄—C₆H₄—CH_2CH=CH—C₆H₄(NaO_3S)）；

荧光增白剂 DCB（Cl—C₆H₄—吡唑啉—N—C₆H₄—SO_2—NH_2）；

荧光增白剂 R（C₆H₅—NHCONH—C₆H₃(NaO_3S)—CH=CH—C₆H₄—NHCONH—C₆H₅）；

荧光增白剂 BR（C₆H₅—NHCONH—C₆H₃(SO_3Na)—CH=CH—C₆H₃(NaO_3S)—NH—三嗪(NH—C₆H₅)($NHCH_2CH_2OH$)）；

荧光增白剂 311（Cl—C₆H₄—吡唑啉—N—C₆H₄—$SO_2CH_2CH_2OCH(CH_3)CH_2\overset{+}{N}(CH_3)_3\overset{-}{O}SO_3CH_3$）等。

参考文献

［1］ 徐燕莉. 表面活性剂的功能［M］. 北京：化学工业出版社，2000.

［2］ 邢凤兰. 印染助剂［M］. 北京：化学工业出版社，2002.

［3］ 黄茂福. 印染助剂实用技术讲座连载：第四讲抗静电与抗静电剂［J］. 印染助剂，1997，14(2)：32-34.

［4］ 杨爱民，薛宗佳. 活性染料匀染剂性能的研究［J］. 印染助剂，1996，13(2)：11-14.

［5］ 黄茂福. 荧光增白剂（三）［J］. 印染，2001，27(6)：42-44.

［6］ 黄茂福. 荧光增白剂（二）［J］. 印染，2001，27(5)：47-50.

［7］ 黄茂福. 荧光增白剂（一）［J］. 印染，2001，27(4)：37-41.

［8］ 张济邦. 纺织印染用消泡剂（一）［J］. 印染，1997，23(10)：32-34.

［9］ 张济邦. 纺织印染用消泡剂（二）［J］. 印染，1997，23(11)：38-40.

［10］ 陈荣圻. 我国印染助剂 30 年发展进程［J］. 印染助剂，2015，32(8)：1-5.

8.8　油田化学品中的磺酸类化合物

油田化学品在石油勘探开采中有重要地位，其应用遍及石油勘探、钻采、集输和注水等工艺过程。目前油田化学品用量越来越大，可以说没有油田化学品，石油勘采开发就不能顺利进行，所以油田化学品是保障石油勘采开发顺利进行的关键物品。

油田化学品种类很多，有天然产品、无机化学品和有机化学品。按用途可分为钻井用化学品：钻井液处理剂，油井水泥外加剂；油气开采用化学品：酸化用化学品，压裂用化学品，采油用其他化学品；提高采油率用化学品；油气集输化学品；油田水处理用化学品等。每种化学用品中又有若干不同作用的化学品。

钻井液用化学品按其用途可分为近 20 类，绝大多数是有机化合物，其中磺化物占很大比重。

8.8.1　降滤失剂

降滤失剂是指用来降低钻井液滤失量、提高钻井液稳定性的化学品。现已被广泛使用的降滤失剂有近 90 种，其中含有磺酸基的占一半以上。天然或天然改性的高分子材料中含有磺酸基的，有磺甲基腐殖酸钠、磺甲基腐殖酸钾盐、磺酚腐殖酸铬、淀粉衍生物磺甲基化酸性淀粉等。合成树脂中，有磺化褐煤、磺化酚醛树脂、磺化木质素、磺化树脂缩合物、磺化橡胶、磺甲基苯酚尿素甲醛缩合物及磺甲基酚醛树脂。还有磺化苯氧乙酸——苯酚甲醛树脂，其合成方法：向 33 份氢氧化钠配成的水溶液中加入熔化的 78 份苯酚，再加 80 份氯乙酸和 43 份碳酸钠捏合成氯乙酸钠，在 60～80 ℃反应 1～1.5 h，降温至 40 ℃后，再加 77 份 36%的甲醛溶液和 322 份苯酚，充分搅拌后，再加入 180 份焦硫酸钠，全溶后再加 150 份无水亚硫酸氢钠，在 60 ℃左右搅拌 0.5 h，然后升温至 97～107 ℃，反应 4～6 h，反应完后，降温出料，得固体含量为 35%的水溶液。经喷雾干燥得粉状产物。

还有磺化酚脲树脂、磺甲基酚醛树脂、阴离子酸型磺甲基酚醛树脂。

阴离子酸型磺化酚醛树脂的合成：把 350 份甲醛加到装有 45 份水的反应釜中，再添加 200 份苯酚，搅拌均匀后，加入 60 份焦亚硫酸钠，全溶后缓慢添加 100 份无水亚硫酸钠，在 60 ℃反应 0.5 h，升温至 97～107 ℃，反应 4～6 h，加水控制黏度，再加入 100 份阳离子单体反应 0.5 h。降温出料可得到含量为 35%的固体、液体产物，经喷雾干燥得粉状产品。本品可降低泥浆高温高压下的滤失量，适用于各种水泥体系，仅需添加 1%～2%的水溶液。

用磺化物合成的聚合物钻井液降滤失剂是多单体聚合物。其中 JT-888、COPI-1、CPA901、JST501 等都是以丙烯磺酸钠($CH_2=CHCH_2SO_3Na$)作为单体的聚合物。钻井液降滤失剂 CPA901 是丙烯酸、丙烯酸钙、丙烯酰胺和丙烯磺酸钠的共聚物，其合成方法：在 14 份氢氧化钠配好的水溶液中，在冷却搅拌下缓慢加入 24 份丙烯酸和 4 份氧化钙，搅拌均匀后加入 36 份丙烯酰胺，待其全溶后加入 10 份丙烯磺酸钠，搅拌使其全溶后，再添加过硫酸钠和亚硫酸钠，搅拌至全溶，快速发生聚合。可得到凝胶物，剪切后在 100 ℃下烘干，粉碎得到共聚物。由于有磺酸基的存在，本品具有较强的抗温、抗盐、抗高价金属污染能力，适用于各种类型水基钻井液。一般加入量为 2%～3%的水溶液。

以2-丙烯酰胺基-2-甲基丙烯磺酸钠(AMPS)为主要单体多组分共聚物钻井液降滤失剂有二三十种。如AM/AMPS/AA/HMOPRA共聚物、AM/AMPS/AA共聚物、AMPS/AM/AN共聚物、AMPS/AM/PMAM共聚物及AMPS/AM/DEAM共聚物等。其制备过程,如AM/AMPS/MAA/DADMAC共聚物的制备:

将氢氧化钾、氧化钙和适量的水加入反应釜,然后缓慢添加甲基丙烯酸(MAA),搅拌使其反应,经过0.5 h后,添加2-丙烯酰胺基-2-甲基丙烯磺酸钠(AMPS),当AMPS全溶后,加入二甲基二烯基氯化铵(DADMAC)和丙烯酰胺(AM)。补加水使单体含量保持在45%左右,在30~40 ℃加入占单体0.075%的引发剂,约0.25 h,就会发生激烈的聚合反应,5 min后反应完毕。可得到凝胶状产物,剪切后在80~90 ℃下干燥,粉碎成粉末状共聚物。该产品在各种泥浆中均具有较好的降滤失和抗温能力,同时具有较强的抗塌效果、抗盐、抗钙、抗镁离子污染能力,适合于各种水基钻井液。

用2-丙烯酰胺-2-甲基丙磺酸钠和其他单体一起与聚乙烯醇(PVA)、烤胶、木质素、褐煤,再与淀粉接枝共聚。如AMPS/AM-淀粉接枝共聚物的合成,其合成方法:把25份淀粉调成糊状,在60~80 ℃糊化1.0~1.5 h,向糊化淀粉液中加入65份丙烯酰胺(AM)和40份2-丙烯酰胺基-2-甲基丙烯磺酸钠,搅拌全溶后用7.8~8份氢氧化钠调节pH为4~6,然后升温至60 ℃,加入引发剂,搅拌均匀后封闭反应器,在65±1 ℃下放置0.5~2 h,得凝胶物,在80~100 ℃烘干、粉碎,即可得到接枝共聚产品。本品既有淀粉的抗盐性又有聚合物的耐温性,在淡水、盐水泥浆中均有明显的降滤失作用,适用于各种类型水基钻井液体系,是廉价、高效的新产品。

用丙烯酰氧丁基磺酸合成的共聚钻井液降滤失剂有数种,如Siop-B钻井液降滤失剂、Siop-C钻井液降滤失剂、Siop-D钻井液降滤失剂、Siop-E钻井液降滤失剂。其合成方法:将配方量丙烯酰氧丁基磺酸、丙烯酸等单体溶于适量水中,用适宜浓度的氢氧化钠溶液调至要求的pH,在搅拌下加入丙烯酰胺和无机单体,升温至要求温度范围,加入溶于水的一定量引发剂,在规定温度范围内反应5~10 min,得到的产物经过粉碎,在106~120 ℃温度下烘干,得到产品。本品抗温在135 ℃以上,抗盐能力强,其饱和盐水钻井液、人工海水钻井液均有较强的降滤失作用,适合于深井饱和盐水钻井体系。

8.8.2 降黏剂

钻井液降黏剂是指能够降低钻井液黏度和切力、改善钻井液流变性能的化学剂,主要有天然或天然酸性高分子化合物和合成聚合物。

天然化物改性的聚合物有磺化单宁(SMT),化学名称是磺化甲基单宁酸钠的铬络合物。其合成方法:将精选的五倍子粉碎成2.14 mm颗粒,取300份,经水浸、碱浸、两浸液合并浓缩至17~23波美度的溶液,加到反应釜中,在搅拌下加入15份甲醛,在90~100 ℃反应0.5 h,然后加入10~30份亚硫酸氢钠和30份甲醛,再在90~100 ℃反应3~4 h,后降温60 ℃,把1~5份重铬酸钾配成水溶液加入,反应0.5~1 h后,把反应物喷雾干燥,得到产品。SMT作为钻井液降黏剂,可用于高温深井钻探,也可用于油井水泥缓凝剂和用于配制固井隔离液。

磺化单宁钠络合物、磺化单宁钾络合物,如SMT-88钻井液降黏剂、磺化单宁钾SK-TM,以及钻井液降黏剂XD_2磺化单宁和木质素磺酸盐综合物。

改性褐煤降黏剂的合成过程是将 45 份褐煤、20 份烤胶、15 份木质素磺酸盐加到由 18 份氢氧化钠和 180 份水组成的溶液中。在 80 ℃下搅拌 0.5 h 后，加入 20 份亚硫酸钠和 20 份甲醛，在80～90 ℃反应 4 h，滤出不溶杂质后，在 100～130 ℃下干燥，得到产物。本品适用于各种水基泥浆，可直接加入，加入量在 1.0%～1.5%即可。

改性无铬木质素降黏剂是木质素磺酸盐和磺化腐殖酸钠、单宁酸钠缩合物。泥浆降黏剂 XG-1 是木质素磺酸和腐殖酸络合物的混合物，适用于淡水泥浆、海水泥浆和盐水泥浆，可单独使用也可与其他合用，加入量在 0.5%～1.0%即可。钻井液降黏剂 XD_{21} 是磺化单宁酸钠和木质素磺酸盐的缩合物。

抗高温降黏剂中的 AMPS/AA-烤胶聚合物是 2-丙烯酰胺基-2-甲基丙磺酸、丙烯酸钾与丹宁酸的接枝共聚物。AMPS/AA-木质素共聚物是 2-丙烯酰胺-2-甲基丙磺酸、丙烯酸和木质素磺酸的接枝共聚物。其合成工艺：30 份 AMPS 和 50 份 AA 的水溶液与 30 份木质素磺酸钙混合，在搅拌下加入 0.1 份 $CuSO_4 \cdot 5H_2O$ 水溶的 1/5 和 8 份过硫酸钾水溶液的 1/8。然后升温至 60 ℃，把剩余的引发剂全部加入，升温至 90 ℃，反应 1 h 后，用 86 份 40%氢氧化钠溶液中和，出料经过喷雾干燥可得产品。本品特别适合于高温深井，兼有降滤失作用，可直接单独使用也可与其他配合作用。

合成聚合型降黏剂以乙烯磺酸、丙烯磺酸钠、2-丙烯酰胺基-2-甲基丙烯磺酸和磺化苯乙烯为其中的单体聚合型降黏剂有许多种。如降黏剂 xy27，是 40 份水、10 份丙烯酰胺、80 份丙烯酸钾、30 份乙烯磺酸、5 份二乙基二烯丙基氯化铵、10 份 N，N-二乙基-N-苄基烯丙基氯化铵和 5 份烷基硫醇，加入水中搅拌全溶后，加 7.5 份过硫酸铵和 7.5 份 20%的硫代硫酸钠水溶液，很快反应发生，得到多孔固体，粉碎后得到产品。本品抗高温、抗盐，适用于各种水基钻井液。

SSMA 高温降黏剂的合成是磺化苯乙烯与马来亚酸酐的共聚物。其合成方法：将 300 份甲苯、10.4 份苯乙烯、9.8 份顺酐和适量过氧化苯甲酰在室温下搅拌反应，至反应液呈透明状，然后升温回流 3 h，冷却、过滤出聚合物，把聚合物溶于二氯乙烷中，在 30～35 ℃用 9 份 50%的发烟硫酸磺化。磺化后用氢氧化钠溶液中和至 pH=7，分出产品，经真空干燥，得到产品 SSMA。本品抗 260 ℃高温，适用于各种水基钻井液、油井水泥分散剂和高效水处理阻垢剂。

AMPS-AA 共聚降黏剂是 2-丙烯酰胺基-2-甲基丙磺酸和丙烯酸的共聚物。XB-40 降黏剂是丙烯酸和丙烯磺酸的二元共聚物，DSAA 降黏剂是丙烯酸、丙烯酰胺、丙烯磺酸和二乙基二烯丙基氯化铵的共聚物，HI-401 两性离子钻井液降黏剂是丙烯酸和丙烯磺酸钠、烯丙基三甲基氯化铵的共聚物。

8.8.3　增黏剂

钻井液增黏剂是能增加钻井液黏度和切力、提高钻井液悬浮能力的化学剂，主要是纤维素衍生物的改性高分子材料、合成聚合物和生物聚合物。含磺酸基的共聚物有：

1. SIOP-A 增黏降滤失剂

是丙烯酰胺、丙烯酸、丙烯酰氧丁基磺酸和无机物的多元共聚物。

合成过程：把丙烯酰氧丁基磺酸和丙烯酸溶于氢氧化钠水溶液中，调节至要求的 pH，在搅拌下加入丙烯酰胺和无机单体。再用氢氧化钠溶液调至要求的 pH，在控制要求的温度下加入适量的引发剂水溶液，经5～10 min聚合反应，得到固体产品。把固体产品切碎，在100～120 ℃下烘干，得共聚物产品。本品抗150 ℃以上高温，有较强的降滤失作用，适合深井，饱和盐水和高钙、镁含量的钻井体系。

2. Pams-601 抗温、抗盐、增黏、包被聚合物处理剂

合成过程：把103.5份2-丙烯酰胺基-2-甲基丙磺酸溶于冷水中，调节pH为6～8。在不断搅拌下加入105份丙烯酰胺单体，当其溶解后升温至35 ℃。用氮气排除空气，通氮5～10 min后，加入过硫酸铵和无水亚硫酸钠，反应0.5 h，得到胶状物，切碎、烘干得产品。本品有良好的抗盐、抑制絮凝和包被作用，可有效控制地层造浆，有利于固相控制。适合于海洋高温深井钻井作业，还可与其他处理剂配伍，加入量在0.05%～0.3%就有效。

3. PMMS 抗温抗盐增黏剂

是丙烯酸钠、丙烯酰胺和2-丙烯酰胺基-2-甲基丙磺酸的共聚物，适合于各种类型水基钻井液体系。

4. 磺甲基化聚丙烯酰胺

是丙烯酰胺与N-磺甲基化丙烯酰胺的共聚物。其合成方法是先合成聚丙烯酰胺，然后再磺甲基化成产品：先把71份丙烯酰胺配成20%的水溶液，排除空气后，加入0.1份引发剂，在35 ℃下恒温4～8 h，得聚丙烯酰胺，经造粒后配成20%水溶液，用氢氧化钠溶液调节pH至11后，升温至60～70 ℃，加入85份甲醛和100份亚硫酸氢钠，反应5 h，得到磺甲基化聚丙烯酰胺，经过95%乙醇沉淀分离，在50～60 ℃下真空干燥、粉碎，得磺甲基化聚丙烯酰胺。该品有良好的增黏调节流型能力，可用于各种类型水基钻井液，用量为0.05%～0.2%。

8.8.4 润滑剂

润滑剂是能降低钻具与井壁摩擦阻力的化学处理剂，分为液体润滑剂、固体润滑剂两种。固体润滑剂是玻璃小球、塑料球和石墨粉，液体润滑剂多是复配混合物。含磺化物或含磺酸阴离子的表面活性剂如RH-2润滑剂、RH-3润滑剂、RH-4润滑剂、ABCN润滑剂，都是十二烷基苯磺酸钠等阴离子表面活性剂与非离子表面活性剂的复配物。RT-441、RT-443是植物油、改性植物油、矿物油与含磺酸基阴离子表面活性剂的复合物。低荧光润滑剂是由十二烷基苯磺酸钠与松香酸、油酸和白油配制。无荧光润滑剂是十二烷基苯磺酸钠与三乙醇胺反应制得的棕色液体产品，该品无毒、无污染、无荧光干扰、不影响地质水井和测试，可降低滤饼黏附，预防压差卡钻。My-1防卡剂是由40～45份棉籽油、20份山梨糖酸单油酸酯(sp-80)、33份聚氧乙烯辛基苯酚醚(op-10)，在反应釜中搅拌升温至50～60 ℃，30～40 min后，缓慢加入琥珀磺酸钠，最后加入2份三乙醇胺，混合均匀，得到棕色油状液。本品无毒、无污染、无荧光干扰，防卡性好，能满足深井各种泥浆体系。STOP为妥尔油沥青磺酸钠，是沥青小颗粒充分分散于妥尔油中，在30～45 ℃加入适量发烟硫酸磺化，搅拌80～100 min，用氢氧化钠溶液调节pH为9～10，干燥、粉碎，得到成品。有很好的润湿防卡作用，可稳定泥页岩，巩固井壁，降低高温高压下滤失量。ST为磺化妥尔油，妥尔油用发烟硫酸磺化，磺化后用氢氧化钠溶液中和至pH为8.5～9.5，得到成品。产品能降低泥饼摩阻系数，对防压差卡钻有一定作用。

8.8.5 絮凝剂

钻井液絮凝剂是能使钻井液中黏颗粒聚结、沉降或絮凝的化学剂，主要是高分子聚合物，聚合物分子中有适当的吸附基团。

含磺酸基的高聚物有：

CPS-200A 两性离子磺酸盐的高聚物，是多种单体共聚物。合成方法：把丙烯酰胺溶于水中，加入催化剂的同时加入环氧氯丙烷，在 30 ℃下进行，并于 31 ℃保温 0.5～2 h，得到阳离子中间体，含量在 38%～42%。然后加入适量的氢氧化钾水溶液和氧化钙，再在不断搅拌下加入丙烯酸和 2-丙烯酰氧基-2-甲基丙磺酸，搅拌至混合物透明。加入引发剂，搅拌 5～10 min，得到凝胶物，粉碎后在 120 ℃下烘干。本品为钻井液包被絮凝和降滤失剂，抗温(150 ℃)，抗盐，适用于深井高盐，镁、钙含量高的钻井体系。

抗温抗盐聚合物絮凝剂是 2-丙烯酰胺-2-甲基丙磺酸和丙烯酰胺的共聚物。合成方法：将 84 份 2-丙烯酰胺-2-甲基丙磺酸转化成钠盐，加入聚合釜，再加入 116 份丙烯酰胺，溶解后调节 pH 为 5～9，加热至 30～35 ℃，用氮气排除釜中氧，加入引发剂，于 35 ℃恒温放置 8～10 h，得凝胶物，造粒后于 60～80 ℃烘干。本品有优良的絮凝、增黏及调节流动能力，还有降滤失能力，适用于各种水基钻井液体系。

8.8.6 缓凝剂

缓凝剂是指能够有效地延长或维持水泥浆处于液态和可泵性的时间。水泥缓凝剂有：木质素磺酸盐及其异构体或衍生物；单宁和磺化单宁及其衍生物；羧酸、羟基酸异构体及其衍生物或盐类、葡萄糖、纤维素及其衍生物等。其中磺酸类化物有：

(1)磺化单宁(SMT)，是磺甲基化单宁酸钠的铬络合物。

(2)磺化栲胶(SMK)：将适量氢氧化钠配成水溶液，缓慢加入栲胶，当其全熔后，加入适量亚硫酸氢钠和甲醛，在90 ℃反应 4 h 后得到产品，烘干，粉碎。用量为 0.1%～0.3%。

(3)木质素磺酸钠：高温下分散性好，性能稳定。

8.8.7 油井水泥分散剂

油井水泥分散剂能改善水泥流动性，起到减阻作用。有半数以上是含磺酸基化合物的共聚物，如萘磺酸甲醛缩合物。合成方法：420 份萘与 450 份浓硫酸在 155～162 ℃磺化保温 2 h 后，降温调节总酸度在 24%～27%，在 130～140 ℃加入 360 份甲醛，反应 0.5 h 后，用液碱或石灰乳调节 pH 为 7～9，烘干得到产品。本品对水泥减阻增密作用强，放气量少，早期强度发展快，适用于多种油井水泥。

磺化丙酮、甲醛缩合物的合成方法：

300 份丙酮、800 份甲醛、200 份亚硫酸氢钠，在50～60 ℃全溶后，缓慢加入 50 份催化剂，升温至 80～90 ℃，反应 2～6 h。产物干燥、粉碎，得到流性黄色粉状物。本品适用于多种油井水泥，是油井专用水泥减阻剂。

磺化尿素甲醛缩合物：

磺化密胺甲醛树脂也叫磺化三聚氰胺甲醛缩聚物。按 n(密胺)∶n(甲醛)∶n(亚硫酸盐)=1∶3∶1 投料,在适宜温度和 pH 下反应,经干燥、粉碎得到产品。本品耐温,耐盐,分散能力强,适用于多种类型油井水泥。

低相对分子质量磺化聚苯乙烯:

相对分子质量在 1 300～9 500 的聚苯乙烯在 1,2 二氯乙烯中用氯磺酸磺化,制备的磺化产品适用于多种油井水泥外加剂。

尿素改性磺化丙酮甲醛缩合物:

按 n(丙酮)∶n(甲醛)∶n(亚硫酸盐)∶n(尿素)=2∶6∶1.2∶1 的比例,将四种作用物投入反应釜,搅拌使其全溶,体系升温至 50～60 ℃,在此温度下慢慢加入催化剂,升温至 90～100 ℃,反应 2 h,得到产物。烘干、粉碎后的产品是微黄色自由流动粉状物。水泥减阻剂也可用于混凝土减阻剂。

APG 磺化琥珀酸单酯盐($APGO\overset{O}{\overset{\|}{C}}CH_2\overset{SO_3Na}{\overset{|}{C}}HCOONa$):

APG 是烷基多苷,其合成反应为

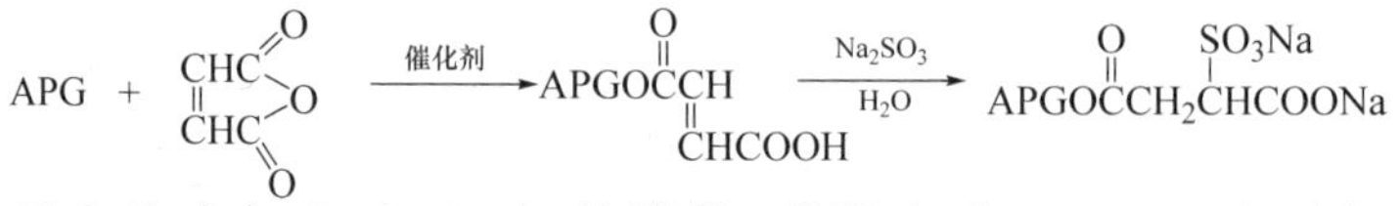

$$APG + \begin{matrix} CHC^{\nearrow O} \\ \| \quad \searrow O \\ CHC_{\searrow O} \end{matrix} \xrightarrow{催化剂} APGO\overset{O}{\overset{\|}{C}}\underset{\underset{CHCOOH}{\|}}{C}H \xrightarrow[H_2O]{Na_2SO_3} APGO\overset{O}{\overset{\|}{C}}CH_2\overset{SO_3Na}{\overset{|}{C}}HCOONa$$

在 100 L 反应釜中加入 APG,加热搅拌,当温度达 75～80 ℃时加入催化剂,按 n(APG)∶n(顺酐)=1∶1.2～1∶1.4,加入顺酐,恒温 4～6 h,经测定酸值在 1 mg KOH/g时为酯化终点,加入酐量的 1.05 倍的 20%～30%亚硫酸钠水溶液,在 75～80 ℃测量亚硫酸钠残留量为 0 时为终点,即得到产品。

8.8.8 压裂酸化用化学品

应用水力压裂技术和酸化技术改造油气层是提高单井产量的最有效方法。在压裂和酸化过程中,需要添加适当的压裂和酸化化学品,这些化学品叫压裂酸化用化学品。

压裂酸化用化学品是采油、采气用化学品中用量最大的产品。品种很多,有稠化剂、交联剂、pH 控制剂、破乳剂、杀菌剂、温度稳定剂、乳化剂、消泡剂、润湿剂、减阻剂等。其中乳化剂大部分为磺酸类阴离子表面活性剂,有烷基磺酸钠、十五烷基磺酸胺、十二烷基苯磺酸、十二烷基苯磺酰胺、二丁基苯磺酸钠、丁二酸二辛酯磺酸钠、太古油(即顺式-1,2-羟基十八碳烯-9-酸甘油酯磺酸钠)等。

缓速剂是指加在酸中能延缓酸与地层反应速度的化学品。缓速剂包括两类,即表面活性剂和聚合物。表面活性剂有烷基磺酸钠、烷基苯磺酸钠、木质素磺酸钠。

聚合物中的一种是 AMPS/AM 共聚物,即 2-丙烯酰胺基-2-甲基丙磺酸和丙烯酰胺共聚物。合成方法:AMPS∶AM=10%～50%∶90%～50%,把 AMPS 投入适量氢氧化钠的水溶液中,当全溶时,降温至 20 ℃以下,在冷却条件下缓慢加入 2-丙烯酰胺。搅拌至全溶,用氢氧化钠把溶液调至要求的 pH。补加水使其浓度在 20%～30%。用氮气保护升温至 40 ℃时加入引发剂,在 40～50 ℃恒温反应 4～8 h,即得到凝胶产物,剪切、造粒、烘干、粉碎,得到产品。本品易溶于水,有极强的调稠能力,主要用作缓速剂,热稳定性好。它在 37%盐酸中能保持良好性能,主要用于 77 ℃以上的地层。

另一种是 AM/AMPS/MAPDMDHPAS 共聚物,是 2-丙烯酰胺基-2-甲基丙磺酸、丙烯酰胺和甲基丙烯酰胺基二甲基二羟基丙磺酸三元共聚物。按 n(AM)∶n(AMPS)∶

n(MAPDMDHPAS)＝60%：50%～30%：10%的比例，先把适量氢氧化钠和水加入反应釜中，待全溶后冷却至 20 ℃以下，在冷却条件下慢慢加入 2-丙烯酰胺基-2-甲基丙磺酸和甲基丙烯酰胺基二甲基二羟基丙磺酸，加完后再加入丙烯酰胺，搅拌至全溶，用氢氧化钠溶液调节 pH 至要求值，补加水使浓度在 20%～30%。在氮气保护下升温至40 ℃，加入引发剂，在 40～50 ℃恒温反应 2～8 h，得到凝胶产物，剪切造粒，烘干、粉碎，得到共聚物。产品有较强的调稠能力，用作缓速剂热稳定性好，也可用于高温地层驱油。

8.8.9　驱油剂

提高采油收率的化学品中所用的聚合物叫驱油剂，其中含有磺酸基的化合物，如丙烯酰胺与 2-丙烯酰胺基-2-甲基丙磺酸共聚物，可直接用于驱油，丙烯酰胺、2-丙烯酰胺基-2-甲基丙磺酸与 2-丙烯酰胺基十四烷基磺酸三元共聚物，可用于高温、高盐和高矿化度地层条件下驱油，还可用作堵水调节剂，可直接用于驱油，也可与表面活性剂合同驱油；丙烯酰胺、2-丙烯酰胺基-2-甲基丙磺酸和 2-丙烯酰胺基十二烷基磺酸三元共聚物与丙烯酰胺、N-癸基丙烯酰胺和 2-丙烯酰胺-2-甲基丙磺酸三元共聚物都适用于高温、高盐、富矿化地质条件下驱油，也可用作堵水调节剂。还有磺化苯乙烯阳离子(SPS)和丙烯酰胺二甲基二烯丙基氯化铵 P(AM-DMPAAC)的复合物，在高温、高剪切环境下具有良好的黏度保持力，可用于提高油田驱油剂采油率。

驱油用的表面活性剂：烷基磺酸钠、十二烷基苯磺酸钙、十二烷基苯磺酸钠、石油磺酸盐、十二烷基苯磺酸铵盐、十八烷基苯磺酸钠、木质素磺酸钙、改性碱性木质磺酸钠、α-烯基磺酸钠(AOS)。三次采油驱油剂石油磺酸盐 WPS-2 是以富含芳烃的抽出油和二次加工副产物催化裂解油浆等产物为原料经过磺化制得的石油磺酸盐。黏弹性高效驱油剂石油磺酸盐 WPS-8 是以润滑油精制中抽出的富含芳烃的抽出油和二次加工催化裂解的油浆为原料经磺化制得的石油磺酸盐。本品可用于水驱后期综合含水率很高时，显著降低含水率，提高采油率，对非均质性严重地区有独特效果。3-十二烷基苯磺酸乙酯基胺($\left(H_{25}C_{12}-C_6H_4-SO_2OC_2H_2\right)_3N$)是水包油型乳化剂，用于提高老井的采油率，亦可作解卡液的乳化剂及钻井液的发泡剂、悬浮剂、油田注入缓蚀剂。其合成方法：

$$3H_{25}C_{12}-C_6H_4-SO_3H + N(CH_2CH_2OH)_3 \longrightarrow \left(H_{25}C_{12}-C_6H_4-SO_2OC_2H_5\right)_3N + 3H_2O$$

合成工艺：将 400 kg 的十二烷基苯磺酸加入反应釜，加入 200 kg 水，搅拌升温，在 70 ℃左右滴加 300 kg 三乙醇胺，滴完后控制温度 0 ℃，反应 3 h，然后加入 100 kg 水，快速搅拌 0.5 h 后，调节 pH 至 7.5，过 120 目筛，可得产品。

磷基磺酸共聚物是含磷(丙烯酸/烯丙基磺酸钠)的三元共聚物。合成过程：在反应釜中先加入 560 份水，开动搅拌器，再加入 45 份第三单体，升温至 70 ℃，再添加 60 份烯丙基磺酸(SAS)和 30 份亚磷酸钠，升温至 80～85 ℃，缓慢加入 180 份丙烯酸及 132 份 30%的引发剂水溶液，在反应温度不超过 90 ℃反应 2～3 h，得到成品。由于本品有多种官能团，能适用高温、高硬度水和高 pH 的水质，是一种新型多功能阻垢剂，还有优良的复配性。

有机磷磺酸-N-甲基磺酸-N-二亚甲基磷酸(DPAMS)阻垢不受金属离子影响，能保持阻垢分散药效力持久，不易结胶，低浓度就能达到阻垢效果，有利于减少循环水中磷含量。

本品的制备:先制备氨基甲磺酸,用25%的氨水,在30 ℃加入一定量37%的甲醛水溶液,升温至50 ℃,反应30 min后,冷却至10 ℃,慢慢通入二氧化硫气体,直到出现白色沉淀后再反应30 min,停止通入二氧化硫,得到氨基甲磺酸。再制备N-甲基磺酸-N-二亚甲基膦酸。将297份氨基甲磺酸溶于72份水中,在不断搅拌下加入16份37%甲醛水溶液,控温在30 ℃~35 ℃,在搅拌下加入137.5份三氯化磷,控温不超过30 ℃,加完后升温至85~90 ℃,反应2 h,用无离子水调至需要的浓度,就可得到有机磷磺酸-N-甲基磺酸-N-二甲基磷酸。该产品用于油田注水系统,防腐,防污。

还有含膦丙烯酸和AMPS等四元共聚物,其合成过程:一定量2-丙烯酰胺基-2-甲基丙磺酸和第三、第四单体在过硫酸盐引发下共聚。本品为液体,无毒,含有多种阻垢磷酸基、羧酸基和磺酸基,能更好满足高温、高盐、高pH的要求。用于油田污水回注系统的阻垢分散剂。

8.8.10 钻井液泡沫剂和乳化剂

钻井液用的泡沫剂都是含磺酸基的化合物,如烷基磺酸钠((AS)R-SO_3Na,R基一般是C_{12}~C_{16}烷基)、烷基苯磺酸(烷基是C_{12}~C_{18}的烷基),还有高效发泡剂LF-Ⅱ是脂肪酰胺与脂肪醇醚经酯化、磺化的产物。适用于油田钻井、洗井、酸化修井和开发生产各个领域,在钻井中用作发泡沫。

钻井液乳化剂主要是阴离子表面活性剂和非离子表面活性剂。阴离子表面活性剂中最常用的是十二烷基苯磺酸钠和琥珀酸二辛酯磺酸盐。

8.8.11 油田水处理用化学品

油田水处理化学剂主要有缓蚀剂、杀菌剂、助滤剂、浮选剂、絮凝剂、防污和除污剂等多种。其中阻垢分散剂中有多种含有磺酸基的共聚物,如丙烯酸、2-丙烯酰胺-2-甲基丙磺酸二元共聚物。其合成是由184份丙烯酸和91份2-丙烯酰胺基-2-甲基丙磺酸在600份水中,在不断搅拌下升温至90 ℃,缓慢加入20%~30%的过硫酸盐水溶液作为引发剂,加完后在95 ℃下反应2 h,得到产品。本品用于工业循环水、油田污水回收系统、煤气洗涤水系统,作为阻垢和分散剂。还可与其他阻垢水处理剂合用。

丙烯酸、马来亚酸酐、烯丙基磺酸钠三元共聚物是磺酸盐类阻垢分散剂,用作工业冷却水、油田污水回住系统的阻垢分散剂。对磷酸钙、碳酸钙和锌盐垢沉淀有卓越的阻垢和分散能力,还有很强的螯合能力。

参考文献

[1] 王中华. AMPS/AM共聚物的合成[J]. 河南化工,1992(7):7-11.
[2] 王中华. AMPS/AM/AN三元共聚物降滤失剂的合成与性能[J]. 油田化学,1995,12(4):367-369.
[3] 王中华,AM/AMPS/DMDAAC共聚物的合成[J]. 精细石油化工,2000(4):5-8.
[4] 赵梦奇,司马义·努尔拉. 驱油用磺酸盐型共聚物的合成及其耐温抗盐性能[J]. 精细石油化工,2012,29(4):38-41.

［5］　王中华. 聚合物凝胶堵漏剂的研究与应用进展[J]. 精细与专用化学品，2011，19(4)：16-20.

［6］　于娜娜，李仕强，游义巧，等. 石油磺酸盐驱油剂合成工艺研究[J]. 精细与专用化学品，2012，20(9)：52-55.

［7］　隋智慧，林冠发，朱友益，等. 三次采油用表面活性剂的制备、应用及进展[J]. 化工进展，2003，22(4)：355-360.

［8］　汪扣保，郑学根，汪道明，等. 三次采油用石油磺酸盐的研制[J]. 安徽化工，2002，28(1)：8-10.

［9］　姚福林. 沥青类钻井液处理剂[J]. 油田化学，1989，6(2)：176-184.

［10］　王中华. AODAC/AA/AS 两性离子型聚合物泥浆降黏剂的研制[J]. 油田化学，1996，13(1)：28-32.

［11］　彭朴. 采油用表面活性剂[M]. 北京：化学工业出版社，2003.

［12］　王景良. 三元复合驱用石油磺酸盐表面活性剂的研究进展[J]. 国外油田工程，2000，16(12)：1-5.

8.9　磺酸及其衍生物在金属防护和机加工中的应用

磺酸及其衍生物在金属防护和机加中有许多应用。所用化合物有一百多种，包括各类含磺酰基化合物，有磺酸、磺酸盐、磺酰胺、磺酸酯、砜和亚砜；脂肪族烃、烯、炔磺酸衍生物、含羟基烃磺酸衍生物、羧酸和酯类磺酸衍生物；芳香族单环、稠环各类化合物一元、二元磺酸及其衍生物等。

下面就几个方面做些介绍。

8.9.1　磺化物在缓蚀和防锈中的应用

金属表面的腐蚀产物是锈。金属制件在大气、土壤和水等条件下，其表面会腐蚀生锈。防止生锈很重要，应从多方面入手。金属制品在加工、储存和运输过程中可用防锈油防锈。防锈油是以石油为主，加有防腐抑制剂，用于防止大气腐蚀金属制品。防腐抑制剂又称缓蚀剂，有许多种，如长碳链羧酸及其盐类、酯类、胺类及含氮化合物、磷酸酯、亚磷酸酯及含磷有机化合物、磺酸盐及含硫有机化合物，如石油磺酸钡$(RSO_3)_2Ba$，是防锈油中最基本的缓蚀剂。石油磺酸钡在湿热及盐雾条件下对黑色金属、有色金属均有良好的防锈性能。石油磺酸钠(RSO_3Na)在防锈油中作缓蚀剂、助溶剂，在乳化油中作亲油乳化剂，对黑色金属、有色金属均有良好的防锈性能。二壬基萘磺酸钡（$\left(C_4H_9 \; C_4H_9 \; SO_3\right)_2Ba$）的油溶性优于石油磺酸钡，缓蚀性能类似于石油磺酸钡，碱性大，单独使用对铜有影响。烷基磺酰胺乙酸钠(RSO_2NHCH_2COONa，R 为 $C_{12}H_{25}$～$C_{18}H_{37}$)，在燃料油中能防止油罐、油管路的腐蚀，防止含铅汽油对轻金属的腐蚀，添加于金属切削液中可用于润滑防锈。烷基多苯磺酸钡、多烷基苯磺酸钡的主要用途与石油磺酸钡类似。许多防锈油配方是用石油磺酸钡作为缓蚀剂，如下面几个防锈油的配方：

(1)FY-3 置换型防锈油配方：

石油磺酸钡	15%	油酸	1.93%
二环己胺	1.07%	30 号机油	25%
煤油	57%		

(2)501 特种防锈油配方：

石油磺酸钡	4%	环烷酸锌	2%
石油磺酸钠	1%	15 号机油	93%

(3)内燃机防锈油配方：

二壬基萘磺酸钠	5%	烷基硫代磷酸锌	0.5%
抗凝剂	0.3%	甲基硅油	0.001%
10 号车用机油	余量		

(4)2 号工序防锈油配方：

石油磺酸钠	2%	span-80	1%
羊毛脂	2%	苯并三氮唑	0.2%
25 号变压器油，含 0.2%抗氧化剂			余量

用于有色黑色金属工序间防锈。

(5)3 号溶剂稀释型防锈油配方：

氧化蜡膏钡皂	100 份	50 号机油	10 份
石油磺酸钙	40.8 份	op-80	2.55 份
200 号溶油	400 份		

用于室内长期封存防锈。

(6)防锈脂配方：

石油磺酸钡	5%	span-80	0.2%
苯并三氮唑	0.1%	凡士林	余量

(7)防锈酯配方：

聚异丁烯	6.0%	叔丁基酚树脂	6.0%
聚丙烯无规物	2.0%	石油磺酸钡	5.0%
聚丁烯乙基醚	1.0%	N-68 机油	余量

在液压中使用的磺酸盐有二壬基萘磺酸、烷基芳基磺酸钠、磺酸型表面活性剂。

美国三氟乙烯不燃液压液使用温度是−59～135 ℃，可用于装甲车和飞机，用的防锈剂是二壬基萘磺酸钡(BSN)和润滑添加剂磺酰胺，其结构为 $C_8F_{17}SO_2N(C_2H_5)CH_2CH_2O(CH_2CH_2O)_nH$，$n=0\sim15$，其用量只需 0.05%，效果极佳。

8.9.2 磺化物在金属表面清洗中的应用

金属清洗剂大致可分为水基型金属清洗剂和溶剂型金属清洗剂。如果细分可分许多种。

水基型金属清洗剂配方中约三分之一含有有机磺化物。其中有牛磺酸、烷氧基甲基二乙基甲基甲酯硫酸铵、$C_{12}\sim C_{18}$烷基(EO)-2-甲基二乙基磺酸铵、烷基苯磺酸钠、二甲苯磺酸、仲烷基硫酸钠、拉开粉 BX、烷基芳基磺酸、氨基苯磺酸、二烷基琥珀酸酯钠盐、十二烷基苯磺酸钠、N-(1,2 乙基)-N-十八烷基磺基琥珀酰胺三钠、萘三磺酸三钠、石油磺酸钠、二苄基亚砜、烷基亚砜、芳基亚砜、氨基亚砜、磺化蓖麻油、烷基磺酰胺、甲氧基脂肪酰胺基苯磺酸钠、N,N-油酰甲基牛磺酸钠、石油磺酸钠、石油磺酸钙、石油磺酸镁、石油磺酸铝和石油磺酸铵盐等。

下面是几种水基型金属清洗剂配方：

(1)烷基苯磺酸　5%　二甲苯磺酸钠　8%

月桂酸二乙醇酰胺　5%　水　72%

焦磷酸钠　10%

为黏稠液体,使用质量分数 5%,有防锈能力。

(2)烷基芳基磺酸(93%)　3.0%　氨基苯磺酰胺　2.0%

聚乙醇叔辛基苯基醚　0.6%　二丙二醇单甲醚　10%

氢氧化钠　0.6%　亚硝酸钠　0.2%

磷酸钾　2.2%　水　80%

使用浓度为 7.5～15 g/L。

(3)广泛使用的 HD-2 清洗剂

磺化油 DAH　39%　油酸二丙醇胺　39%

聚醚(消泡剂)　16%　石油磺酸钠　6%

使用时配成 15%的水溶液。

(4)烷氧基甲基二乙基硫脲　0.7%～1.0%

甲基甲酯硫酸铵　0.5～5%　氯化氨　余量

氨基磺酸　83～88%

能防金属表面生锈和生水垢,配成水溶液。

(5)C_{14}～C_{18}烷基(EO)-乙甲基硫脲

二乙基磺酸氨　0.5～5%　硫　0.7%～1.0%

氨基磺酸　83～88%　氯化铝　余量

含有氨基磺酸的水基型清洗剂是一种安全清洗剂,适用于多种金属清洗。工业上用含7%～10%氨基磺酸清洗剂,可清除 90%以上水垢,当有一定量氯化物时可除铁锈。

酸性金属清洗剂的一个配方：

85%的磷酸　7.0%　丁基溶纤剂　60%

N(1,2-羧乙基)-N-十八烷基磺基琥珀酰胺三钠(35%)　0.3%

水　余量

重圬金属清洗剂的一个配方：

椰子油脂肪酸二乙醇酰胺　5.0%～10%

二甲苯磺酸钠(40%)　3.0%　焦磷酸钾　4.0%

萘三磺酸三钠　2.0%　丁基溶纤剂　5.0%

氢氧化钠(45%)　10%　水　余量

使用浓度 15～30 g/L,是用于工业和公共场所的优良清洗剂。不能用于铝制品。

复合型金属清洗剂含磺酸的配方：

(1)十二烷基苯磺酸	32.7%	煤油	32.7%
三氯乙烯	16.3%	异丙醇	6.5%
NaOH 溶液(38Be)	11.8%		
(2)十二烷基苯磺酸	35%	单乙醇胺	15%
煤油	35%	松油	2%
三氯乙烯	13%		

溶剂型金属清洗剂的一个配方：

200 号工业汽油	94%	苯并三氮唑	1.5%
span-80	1.0%	石油磺酸盐	0.5%
烷基醇酰胺	1.5%	去离子水	1.5%

磺酸盐在磷化表面处理工业和磷酸化中都有使用。如水乳化溶剂脱脂，用相对分子质量高的烃基磺酸盐或铵盐、烷基芳基磺酰胺等。

梁成浩研制的多功能锌系薄膜型磷酸化液使用的就是十二烷基苯磺酸钠。该磷酸化液除油、除锈、磷酸化可一步完成，在室温下进行，磷酸化膜有良好耐蚀性。其配方如下：

氧化锌	4.8%	酒石酸钠	6.24%
85%磷酸	20.3%	A 添加剂	5.3%
B 添加剂	1.68%	十二烷基苯磺酸钠	0.4%
硫脲	0.24%	水	67.3%
pH	1.12%		

8.9.3 磺化物在金属切削液中的应用

机械加工可分为去除加工和成形加工两类。去除加工中有切削加工和磨削加工，均需使用切削油或切削液。

切削液分为油基切削液和水基切削液。油基切削液由多种成分组成，其中有防锈剂，如石油磺酸钡、石油磺酸钙、石油磺酸钠和石油磺酸镁等，是油基切削液中用量最大、使用面最广的。水基切削液中的乳化切削液、微乳切削液用的防锈剂中也含有石油磺酸盐，乳化剂有磺化蓖麻油、磺化动植物油、长碳醇硫酸酯、脂肪醇聚氧乙烯醇硫酸酯。合成切削液用的表面活性剂有磺化蓖麻油、蓖麻油丁酯磺酸三乙醇胺、羟基磺酸酯、二壬基萘磺酸钡、亚甲基二萘磺酸、Germini 型表面活性剂。

切削液中使用各种不同的磺化物，如以下几类典型切削液：

石油磺酸——甘油金属切削液用石油磺酸盐，苯甲酸水基切削液用羟乙基磺酸酯，三乙胺水基切削液用石油磺酸钡，丙烯酸酯水基切削液用十二烷基苯磺酸钠，柴油透明切削液用石油磺酸钡。

下面列举几个配方：

(1)金属切削液配方

机械油	100	高碳酸钾皂	6～7
磺酸钠	20	三乙醇胺	6～7

本品无毒，用途广，具有较强的防锈功能，抗烧功能。

(2)强力水基切削液配方(质量份)

苯甲酸	16	吐温-80	3
还原剂	5	杀菌剂	0.1
磷酸三乙醇胺	10	消泡剂	0.1
羟基磺酸酯	7	水	加至 100

(3)水基切削液

配方(质量份)	1	2
土耳其红油	4.8	6
聚乙二醇	2	1.8
乙醇	1	1
山梨醇	0.3	0.6
硼酸	1.2	3.5

(4)微乳化型不锈钢切削液

配方(质量份)	1	2
三乙醇胺	9	9
单乙醇胺	5	5
氯化石蜡	5	5
脂肪醇聚氧乙烯醚	10	
烷基酚聚氧乙烯醚		10
石油磺酸钠	5	10
油酸	15	10
季戊四醇四月桂酸酯	5	
矿物油	5	5.2
苯并三氮唑	0.5	0.3
甲基硅油	0.5	0.5

(5)无氯极压微乳切削液

配方(质量份)	1	2
混合醇胺	35	20
硼酸	4	2
磺酸盐防锈剂	10	12
阴离子表面活性剂	8	8
多元醇酯	4	2
磺化脂肪酸酯	4	8
分油助剂	2	5
矿物油	24.9	30
苯并三氮唑	0.1	0.1
水	35	20

本品广泛用于金属切削加工,起润滑、冷却清洗和防锈作用。

(6)微乳化切削液典型配方

环烷基油	15%	磺酸盐	5%
链烷醇酰胺	15%	硼酸铵	6%
丁基卡必醇	1.5%	三嗪咪啶硫酮	2%
水	55.5%		

磺酸化合物在金属切削液中，使用面很广。

8.9.4 磺化物在电镀、化学镀等中的应用

金属在电镀前除油是电镀的重要工序。因为被油污黏附的地方通常不导电，导致镀层产生麻点、针孔或结合不牢等问题。除油方法有多种，化学除油中，有碱液除油，用十二烷基苯磺酸钠；乳化除油，用N，N-油酰甲基牛磺酸、甲氧基脂肪酰胺基苯磺酸钠、十二烷基苯磺酸钠、烷基苯磺酸铵；酸性除油，用烷基苯胺磺酸钠；无氰电镀除油，用6201氟碳表面活性剂($C_{10}F_{19}O-C_6H_4-SO_3Na$)；电解除油配方中一般都用十二烷基硫酸钠；浸蚀用的溶液中也加入十二烷基硫酸钠、十二碳脂肪醇聚氧乙烯(3)酰硫酸钠($C_{12}H_{25}O(CH_2CH_2O)_3SO_3Na$)、十二碳醇聚氧乙烯(10)醚硫酸钠，该类化合物也是电镀金属清洗剂中常用的化合物。

1. 镀锌

镀锌是电镀中最大的镀种，约占电镀的60%以上。目前有多种镀法，在以Cl^-为配体的氯化物镀锌时，常用到的磺化物有扩散剂(N.N.O, $HO_3S-C_{10}H_6-CH_2-C_{10}H_6-SO_3H$)、壬基酚聚氧乙烯醚磺酸钠($C_9H_{19}-C_6H_4-O(CH_2CH_2O)_{15}SO_3Na$)、十二烷基聚氧乙烯醚磺酸钠($C_{12}H_{25}O(CH_2CH_2O)_{25}SO_3Na$)、吡啶-N-丙烷磺酸钠($C_5H_5N-CH_2CH_2CH_2SO_3Na$)、4-丙烷磺酸钠吡啶($NC_5H_4-CH_2CH_2CH_2SO_3Na$)。

氯化钾镀锌有许多种配方，经不断改进，其中一种配方如下：

亚苄基丙酮：	208 g/L	邻磺酰苯甲酰胺钠：	10～15 g/L
HW高温匀染剂：	220～300 g/L	吡啶-3-甲酸：	5～8 g/L
苯甲酸钠：	66～80 g/L	对氨基苯磺酰胺：	2～3 g/L
扩散剂N、N、O：	30～40 g/L		

本配方中用了四种含磺酸基化合物。

2. 镀镍

普通镀镍和光亮镀镍都会使用多种含磺酸基的表面活性剂和含磺酸基的光亮剂，如十二烷基硫酸钠、月桂醇聚氧乙烯醚硫酸钠、2-乙基-己基硫酸钠、烯丙基磺酸钠、糖精、苯磺酰胺。初级光亮剂有苯亚磺酸盐、对甲苯磺酸盐、萘磺酸盐、萘二磺酸盐、1，3，6-萘三磺酸、烯丙基磺酰胺、乙烯基磺酸钠、氨基磺酸盐。硫酸盐镀镍光亮剂有丙炔磺酸钠、炔醇基磺酸钠、烯丙基磺酸钠、羰基化合物磺酸盐、二苯磺酰亚胺、苯亚磺酸钠、羟烷基磺酸盐、吡

啶 2-羟基丙磺酸钠盐、2-乙基己基磺酸钠、磺酸丁二酸酯钠盐及磺酸基丁二酸二戊酯盐。

深孔镀镍光亮剂或深镀剂有乙烯基磺酸钠、烯丙基磺酸钠、炔丙基磺酸钠、炔醇基磺酸钠（$HOH_2CC\equiv C-SO_3Na$）、环烷基磺酸盐、芳亚磺酸钠、吡啶羟基丙烷磺酸钠（$C_5H_5N^+CH_2CH(OH)CH_2SO_3Na$）。

柠檬酸镀镍用糖精为光亮剂。

3. 镀铜

镀铜的主光亮剂是含有磺酸基的化合物，通式可表示为 $R-S-S(CH_2)_nSO_3M$，如苯基二硫化丙烷磺酸钠（$C_6H_5-S-S(CH_2CH_2CH_2)SO_3Na$）、聚二硫丙烷磺酸钠（$Na-S-SCH_2CH_2CH_2SO_3Na$）、聚二硫二丙烷磺酸钠（$NaSO_3(CH_2)_3-S-S-(CH_2)_3SO_3Na$）及十二烷基苯磺酸钠，单独使用也有光亮作用，与载体光亮剂配合使用效果更好。硫酸盐镀铜，用苯基二硫代磺酸钠，再加苯酚磺酸（$HO-C_6H_4-SO_3Na$）。镀铜还用到烷基萘磺酸与甲醛缩合物（$HO_3S-C_{10}H_6-CH_2-C_{10}H_6-SO_3H$）、十八烷基苯基咪唑磺酸盐、辛基咪唑-N-丙烷磺酸、癸基二苯醚二磺酸钠（$CH_3(CH_2)_n-C_6H_3(SO_3Na)-O-C_6H_4-SO_3Na$）。焦磷酸镀铜用磺化水杨酸络合。在化学镀铜中加入 8-羟基-7-碘-5-磺酸喹啉（喹啉环上 5 位 SO_3H、7 位 I、8 位 OH）起稳定加速作用。在铜的电解池和脱水过程中用十六烷基二苯基醚单磺酸钠为去雾剂。

4. 镀铬

镀铬是工业上最普遍的镀种之一。镀铬过程中产生的大量铬雾对人有害，对设备也有一定腐蚀。最有效的铬雾抑制剂是含氟的磺酸盐类化合物，也是一类含氟的表面活性剂。如我国生产和应用的 F-53 铬雾抑制剂（$CF_3CF_2CF_2(CFCF_2O)_3CFSO_3K$，两个 CF 上各带 CH_3）、FC-80 铬雾抑制剂（$CF_3(CF_2)_6CF_2SO_3K$），能抑制镀铬过程中铬雾逸出，并能节省 30% 的铬酸。镀铬原来的电流利用效率只有 30%，经多年研究找到一些能提高电流利用率的化合物，其中就有磺酸盐，一些相对分子质量低的物质，如甲磺酸、乙磺酸、丙磺酸、苯磺酸、羟乙基磺酸、羟丙基磺酸等，是优良的镀铬催化剂，能明显提高电流效率和分散能力。

5. 镀锡

锡是无毒金属，不受食品中有机酸腐蚀，镀层质地柔软，受冲击或弯曲时也不会裂开与剥落，在制罐工业和马口铁防腐中广泛应用。许多铜合金电子元件镀锡作保护层。

适合镀锡的配体化合物有多种，其中磺酸类化合物有：磺酸，结构为 $C_nH_{2n+1}SO_3H$，如甲磺酸、乙基磺酸、1-丙基磺酸、1-丁基磺酸；烷醇基磺酸，结构为 $C_nH_{2n+1}CH(OH)C_mH_{2m}-SO_3H$，如 2-羟乙基-1-磺酸、2-羟丙基-1-磺酸、2-羟丁基-1-磺酸等；芳磺酸，如苯磺酸、甲基苯磺酸、酚磺酸、甲酚磺酸、硝基苯磺酸、磺基水杨酸、萘磺酸、萘酚磺酸等；还有磺羧酸，如 2-磺基乙酸、2-磺基丙酸、3-磺基丙酸、磺基丁二酸。

镀锡中的酸性半光亮镀锡分两种工艺：硫酸型和磺酸型，其中甲基磺酸型镀液稳定性好。甲基磺酸型半光亮镀锡的组成和损伤条件：

金属锡/($g \cdot L^{-1}$)	22(18～26)	以甲磺酸亚锡形式加入
甲基磺酸/($g \cdot L^{-1}$)	150(120～180)	
AMT-1B 添加剂/(mL/L)	30(15～35)	
AMT-1S 添加剂/(mL/L)	25(20～30)	
温度/℃	25(15～35)	
阴极电流密度/($A \cdot dm^{-2}$)	2(1～5)	

酸性光亮镀锡有硫酸型、甲基磺酸型、甲酚磺酸型和氟硼酸型四种，其中甲基磺酸型和甲酚磺酸型光亮镀锡液的组成和损伤条件如下：

	甲基磺酸型	甲酚磺酸型
Sn	40(30～50)(g/L)	60(g/L)
甲磺酸	220(200～280)(g/L)	
甲酚磺酸		75(g/L)
硫酸		60(mol/L)
光亮剂	50(mL/L)	
β-萘酚		1
明胶		2
温度	15～30 ℃	25(15～30) ℃
阳极电流	1～5 A/dm^2	1.5(1～3) A/dm^2

氨基磺酸、二羟基二苯砜、乙氧基甲萘磺酸在镀锡中也有应用。

镀锡铜磺酸也是重要配体，可用作配体的有：甲基磺酸、乙基磺酸、丙基磺酸、2-羟乙基磺酸、2-羟丙基磺酸、2-羟丁基磺酸、2-磺基乙酸、2-磺基丙酸、3-磺基丙酸、磺基丁二酸、苯磺酸、甲苯磺酸、羟基苯磺酸、磺基水杨酸、1-萘磺酸硝基苯磺酸等。

日本专利 JP2000-328285 镀锡铜配方：

甲基磺酸锡	60(g/L)	以 Sn^{2+} 计
甲基磺酸铜	1.5(g/L)	以 Cu^{2+} 计
甲基磺酸(70%)	120(g/L)	
甲基磺酸镍	0.2(g/L)	以 Ni^{2+} 计
二乙基硫脲	1(g/L)	
聚氧乙烯聚氧丙烯椰油胺	10(g/L)	
温度	30 ℃	
阳极电流	10(5～20)A/cm^2	

6. 镀镉

镉有延展性，可塑性好，耐大气，可用于铜铁零件防护。镉资源少，又对人和动物健康有危害，因此民用产品都用锌合金代替，主要用于特殊产品和军工方面。

氰化物镀镉用磺化蓖麻油作光亮剂，可使镀层光亮平滑，光泽好。在氨基三乙酸-乙二胺四乙酸为配件的镀镉中用十二烷基磺酸钠作光亮剂。

7. 镀贵重金属和镀合金

镀银、铂、铑、铟和锇都用到一些磺酸和磺酸盐。如氰化镀银用光亮剂($R_1R_2—SO_3Na$)，是大分子磺化物，可扩大电流密度，使镀层结晶细密。还可用磺酸基水杨酸。尿素镀银用十二烷基苯磺酸钠。镀铂用磺酸如氨基磺酸铵。镀铑用氨基磺酸为络合剂。镀铟、镀锇用氨基磺酸、氨基磺酸盐、十二烷基硫酸钠。镀锡铅合金用氨基磺酸和氨基磺酸盐。镀锡镍合金、镍铁合金用氨基磺酸、苯亚磺酸、十二烷基硫酸钠。镀镍钴合金用对甲基磺酰胺、十二烷基硫酸钠和土耳其红油等。

8. 化学镀

化学镀是金属在催化作用下，通过可控制的氧化还原反应，在镀件表面沉积上一层金属镀层。与电镀相比，化学镀具有镀层厚度均匀，针孔少，不需电流设备，能在非导体上沉积镀层等优点，但成本高，镀层厚度不如电镀好控制。化学镀使用的磺酸类化合物有镀钴用十二烷基磺酸钠，镀镍用十二烷基苯磺酸钠、十二烷基硫酸钠、苯基二磺酸。酸性化学镀用萘磺酸、脂肪醇硫酸盐、糖精起光亮作用。镀银用巯基丙烷磺酸盐。镀金用十二烷基苯磺酸钠或十二烷基硫酸钠、磺基琥珀酸类化合物，磺酸盐在镀金中很重要。用置换型和还原型化学镀可在覆聚酰亚胺膜上镀金，形成附着性和均镀性良好的镀层，但在镀金中没有磺酸化合物，聚酰亚胺会出现许多点状金粒子。

在化学镀金中，化学镀无铅的其他金属可用甲烷磺酸、2-丁磺酸、乙烷磺酸、2-萘酚磺酸、二甲苯磺酸。

新型壳聚糖两性高分子表面活性剂 APCTSS(
$$\left[\text{O}-\text{(glucosamine ring, } CH_2OSO_3H\text{)}\right]_n,\quad \text{ring}-NH-CH_2-\underset{SO_3H}{CH}-CH_2-\overset{CH_3}{\underset{CH_3}{N}}-C_{14}H_{28}Cl$$
)用作电镀成膜助剂。

9. 镀层退除中所用的磺酸类化合物

在镀层化学退除中需用氧化剂，如间硝基苯磺酸。因为化学退除需强酸、强碱，有强腐蚀性，需加缓蚀剂，缓蚀剂中有不少磺酸盐及其衍生物。

在卤烷脱漆液中用磺化蓖麻油，在甲酸脱漆液中用烷基苯磺酸钠，在甲酸、氯乙酸、三氯甲烷水性脱漆液中用十二烷基苯磺酸钠等。

8.9.5　磺化物在金属加工、工序间和产品包装防锈中的应用

金属加工过程、工序间传递和成形产品都受到大气中氧、水、润湿剂等氧化，生成的酸性成分易产生锈蚀，因此需要加以防护。防锈化学品有多种，但每种防锈剂防锈性能不同，有的适用于钢铁防锈，有的适用于铜的防锈。如磺酸盐具有优良的抗盐水、抗盐雾、抗潮湿性能，并具有良好置换性、酸中和性，对多种金属均具有优良的防腐蚀性能，但对铜防蚀效果很差。

常用的防锈材料有多种，如防锈水、防锈油脂、润滑油型防锈油、溶剂稀释型防锈油、气相防锈油、乳化防锈油和防锈脂。每种都有几十个配方，除防锈水外，每种、每个配方都

有磺化物。常用的主要磺化物有：石油磺酸钠、石油磺酸钙、石油磺酸钡、磺化羊毛脂钠、磺化羊毛脂钙、二壬基萘磺酸钠、二壬基萘磺酸钡、磺化羊毛钙和磺化蓖麻油等。

下面对不同类型防锈油举几个实例：

(1)置换型防锈油

组分	用量/份	组分	用量/份
石油磺酸钡	5	羊毛脂镁皂	3
石油磺酸钠	9	T703 防锈剂	2
邻苯二甲酸二丁酯	2	苯并三氮唑	0.1
25 号变压器油	77.9		

适用于电机电器外部长期封存，适用于钢、铜及合金镀锌钝化、镀镉钝化。

(2)置换型防锈油

组分	用量/份	组分	用量/份
磺化羊毛脂钙	30	丁醇	3
磺化羊毛脂钠	1.5	己醇	2
N_{15}机械油	55	汽油	10
苯并三氮唑	0.15	水	1.5

适用于钢件工序间防锈及轴承封存。

(3)润滑油型防锈油

组分	用量/份	组分	用量/份
二壬基萘磺酸钡	5	Span-80	0.3
抗凝剂	0.3	烷基硫代磷酸锌	0.5
甲基硅油	0.000 1	N_{15}机械油	83.9

用于内燃机防锈润滑。

(4)气相防锈油

组分	用量/份	组分	用量/份
石油磺酸钡	0.4	癸酸三丁胺	1.0
石油磺酸钠	0.5	苯三唑三丁胺	1.5
Span-80	2.0	N_{13}机械油	94.6

用于钢、黄铜、铝青铜、紫铜和铝的气相和接触性防锈，效果较好。

(5)乳化防锈油

组分	质量分数/%	组分	质量分数/%
石油磺酸钠	15～16	磺化油(DAH)	4
石油磺酸钡	8～9	10# 机械油	加至 100
环烯酸钠	12		

使用 2%～3%的乳化液，用于车磨加工，效果良好。

(6)凡士林基防锈脂

组分	用量/份	组分	用量/份
工业凡士林	65～70	地蜡	6
N_{16}机械油	20～24	石油磺酸钡	8～9
硬脂酸	0.3		

用于机床、工具及设备长期封存防锈。

(7)防锈脂

组分	质量分数/%	组分	质量分数/%
磺化羊毛脂	30	戊醇	5
石蜡油	50	汽油	13
磺化麻油	2		

用于钢件工序间防锈及轴承封存。

(8)工序间置换型防锈油

组分	质量分数/%	组分	质量分数/%
石油磺酸钡	25	span-80	0.8
羊毛脂镁皂	15	30#机械油	0.6
苯并三氮唑	0.4		

参考文献

[1] 张康夫.暂时防锈手册[M].北京:化学工业出版社,2011.

[2] 王毓民.金属加工过程中的清洗与防锈[M].北京:化学工业出版社,2009.

[3] 刘镇昌.金属切削液——选择、配制与使用[M].北京:化学工业出版社,2007.

[4] 魏竹波.金属清洗技术[M].2版.北京:化学工业出版社,2007.

[5] 刘成伟.几种常用镀镍添加剂性能的综合评价[J].电镀与精饰,1985(6):17-23.

[6] 金英哲.酚磺酸型硫酸盐光亮镀锡[J].材料保护,1991,24(1):28-30.

[7] 陈良杰.弱酸性甲基磺酸盐镀暗锡工艺[J].电镀与环保,2011,31(4):19-21.

[8] 刘丽愉,安成强,林雪,等.添加剂对甲基磺酸盐镀锡液性能的影响[J].电镀与精饰,2013,35(4):4-8.

[9] 胡立新,程骄,王晓艳,等.甲基磺酸镀锡添加剂的研究[J].电镀与环保,2011,31(1):11-14.

[10] 龙永峰,安成强,郝建军,等.甲基磺酸盐高速镀锡液性能研究[J].沈阳理工大学学报,2007,26(4):68-70.

[11] 邱文革.表面活性剂在金属加工中的应用[M].北京:化学工业出版社,2003.

8.10 磺化物在建筑业中的应用

作为混凝土第五组分的外加剂有十多种、一百多个配方,其中一半以上配方中都用了含磺酸基化合物。用磺化物最多的为水泥减水剂。这些外加剂改善了混凝土许多性能,如水泥的流变性、硬化性能和耐久性能,能更好地满足施工需要,增强建筑物牢固性,并能节省原材料,方便施工。

1. 水泥减水剂

能减少混凝土拌和时的用水量,改善其易变性。在近四十多种减水剂中,几乎全部都含有磺酸基化合物组分,而且有多种类型。如不饱和烃基含磺酸基化合物与其他不饱和化合物共聚物,萘磺化物与甲醛缩合物,有木质素磺酸镁盐、钠盐,磺化腐质酸钠等。下面对各类减水剂举几个例子。

多元磺酸盐减水剂:由聚氧乙烯丙烯酸酯、甲基丙烯酸和丙烯磺酸经引发产生的共聚物。

接枝不饱和烃减水剂:由丙烯酸、甲基丙烯酸、马来亚酸及丁烯二酸、丙烯酸羟乙基酯、2-丙烯酰胺基-2-甲基丙磺酸经引发产生的共聚物。

由磺基乙基丙烯酰胺、磺甲基丙烯酰胺、2-丙烯酰胺-2-甲基丙磺酸、2-羟基-3-磺基丙基丙烯酰胺,经引发剂引发产生的共聚物。

丙烯酰类减水剂:丙烯酸与甲基丙烯磺酸钠引发共聚物,再与聚乙二醇酯化,经中和,得丙烯酸类减水剂。

萘系磺酸类减水剂:BW 高效减水剂。

萘磺酸与甲醛缩合物结构如下:

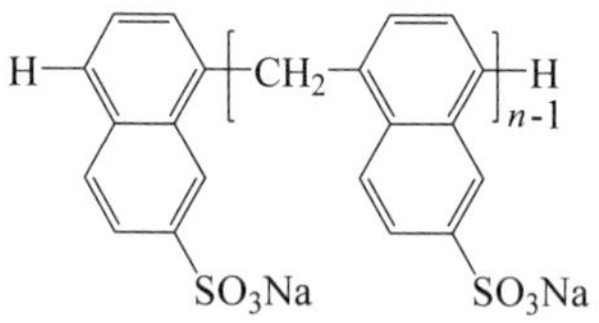

H—[萘环]—[—CH_2—[萘环]—]$_{n-1}$—H (各萘环上带 SO_3Na)

用量为水泥质量的 0.5%~1.5%,减水量为 12%~25%。掺入 BW 的混凝土由于吸水率大大降低,强度、抗冻、抗渗、弹性模量各项硬化混凝土性能均有明显改善。

FDN-2 缓凝高效减水剂:

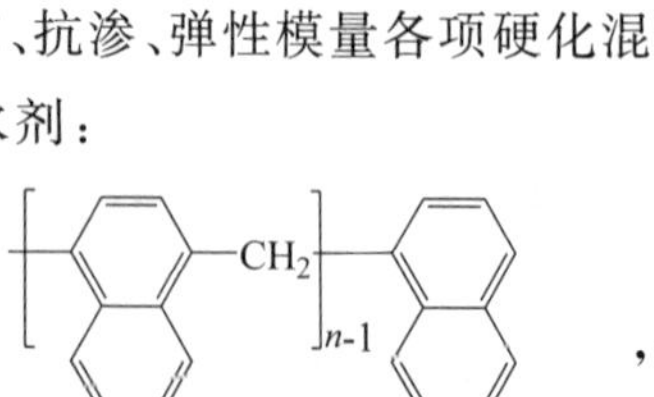

[—[萘环]—CH_2—]$_{n-1}$—[萘环] (各萘环上带 SO_3Na),$n=9\sim11$

掺加量 0.5%~1.2%,减水率为 14%~25%,可延缓混凝土凝结时间 4~12 h,28 天强度同比可提高 20%以上。

MF 减水剂：

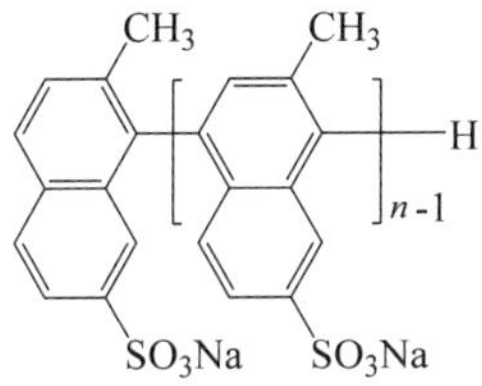

对钢筋无锈蚀，节水 10%～20%，混凝土 1～3 天抗压强度同比未加该减水剂 1～3 天提高 30%～50%。

ASR 高效减水剂：

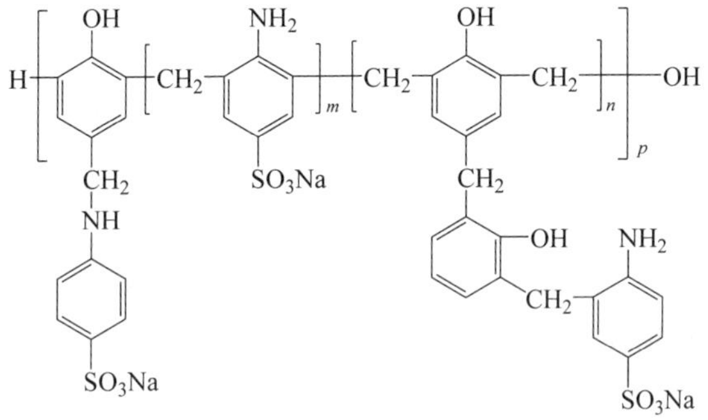

属于氨基苯磺酸酚醛树脂，减水率高，使水泥具有良好的工作性能和耐久性，对钢筋无锈蚀危害，广泛用于混凝土工程。

SM 高效减水剂是磺化三聚氰胺甲醛树脂，单体结构为 HOH_2CHN–(1,3,5-三嗪，N)–$NHCH_2OH$，减水剂是磺化密胺树脂，水溶性阴离子型高聚物 $\left[OCH_2-C_3H_3N_3-(CH_2SO_3Na)-CH_2\right]_n$，减水率高，均质性、触度性好，对钢筋无锈蚀，节水率为 12%～25%。

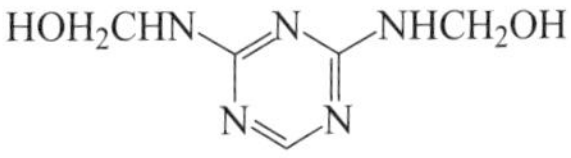

CRS 超塑化剂为氧茚树脂磺化物，结构如下：

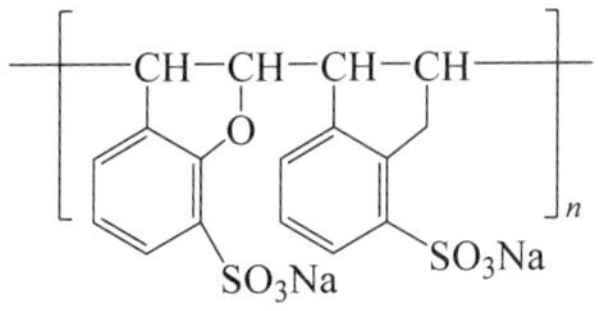

加入量为 0.2%～0.7%，节水率为 19%～25%。当加入量为 0.8%～1.0%时，节水率达 30%，节省水泥 10%～20%，而且对钢筋无锈蚀。

重质洗油减水剂、石油废酚渣减水剂、FDN 缓凝减水剂、无碱早强减水剂、煤焦油馏分无碱减水剂都是磺酸盐型减水剂。

2. 混凝土缓凝剂

缓凝剂能延缓混凝土凝结时间，并对混凝土后期强度无不良影响。其主要成分为木质磺酸盐、羟基酸、糖类碳水化合物等。

3. 膨胀剂

使水泥在凝结硬化时伴随体积膨胀达到补偿收缩和胀拉钢筋产生应力的一种化学外

加剂。如拉开粉、精萘减水剂。

混凝土早强剂:加速混凝土硬化过程,促进混凝土早期达到强度。

4. 混凝土泵送剂

都是由缓凝剂、引气剂和减水剂组成,其中所用的减水剂都是磺酸化合物,如木质素磺酸盐、磺化三聚氰胺甲醛树脂、高效萘磺酸系列减水剂。

5. 脱模剂用石油磺酸盐、壬基酚聚氧乙烯醚硫酸钠

建筑用胶泥有多个配方用对甲苯磺酸、苯磺酰氯、磺化蓖麻油醇酸钠、对甲苯亚磺酸。

6. 建筑用高分子材料

如聚乙烯地砖用烷基磺酸苯酯作为一重要组分。建筑用的玻璃钢,有对甲苯磺酰氯作为一组分。建筑用胶黏剂有磺化甲醛共聚黏合剂,磺化甲醛脲共聚物、磺化密胺甲醛共聚物、磺化甲醛酚共聚物是其主要成分,其他药品为填充物。耐冲击丙烯共聚胶以氯磺化聚乙烯为主要成分。合成板黏合剂用三聚氰胺甲醛胶黏剂,其他配方中都用对甲苯磺酰胺。在合成建筑用高分子材料中有很多产品在合成中使用了含磺酸基的阴离子表面活性剂,如 VA/MMA 共聚乳胶用十二烷基硫酸钠,丙苯建筑乳胶也用十二烷基硫酸钠,地毯底衬黏合板用十二烷基苯磺酸钠。

胶合板褐色染色剂用含磺酸基酸性褐 19、酸性橙 33、萘磺酸制成染色液,制得匀染性好的褐色胶合板。

建筑用的钢筋阻锈剂是 2-亚硝基-苯磺酸钠。

从以上可见,多种磺化物广泛用于建筑业。

参考文献

[1] 宋小平. 建筑用化学品制造技术[M]. 北京:科学技术文献出版社,2007.

[2] 熊大玉. 混凝土外加剂[M]. 北京:化学工业出版社,2002.

[3] 建筑材料科学研究院水泥研究所. 混凝土减水剂[M]. 北京:中国建筑工业出版社,1979.

[4] 中国建筑科学研究院混凝土研究所. 混凝土实用手册[M]. 北京:中国建筑工业出版社,1987.